科学出版社"十四五"普通高等教育本科规划教材

新一代信息通信技术
新兴领域
"十四五"高等教育系列教材

信息网络基础与应用

王剑　刘星彤　张琛　王杉　刘建　编著

科 学 出 版 社

北 京

内 容 简 介

本书以信息为驱动，以 IP 互联为核心，围绕信息的表示、传输、应用，着重讨论异构网络互联的原理、信息资源共享的方法。全书共 6 章，分别介绍信息网络概述、信息网络基础理论、信息网络互联、典型信息网络、信息网络应用与信息网络安全等内容。本书既注重网络基础理论和关键技术，又注重网络演变进化过程，旨在夯实网络基础，培养网络思维，提升网络工程素质。

本书可以作为高等院校通信工程、信息工程、电子信息工程、计算机科学与技术、软件工程、网络空间安全等相关专业的本科生和研究生教材，也可以作为从事信息网络相关研究的科研人员和工程技术人员的参考书。

图书在版编目（CIP）数据

信息网络基础与应用 / 王剑等编著. -- 北京：科学出版社，2024. 12.
（科学出版社"十四五"普通高等教育本科规划教材）（新一代信息通信技术新兴领域"十四五"高等教育系列教材）. -- ISBN 978-7-03-080300-9

Ⅰ. G202

中国国家版本馆 CIP 数据核字第 2024JJ3356 号

责任编辑：潘斯斯 / 责任校对：王　瑞
责任印制：师艳茹 / 封面设计：迷底书装

科 学 出 版 社 出版
北京东黄城根北街 16 号
邮政编码：100717
http://www.sciencep.com
北京中科印刷有限公司印刷
科学出版社发行　各地新华书店经销
*
2024 年 12 月第 一 版　开本：787×1092　1/16
2024 年 12 月第一次印刷　印张：30 1/4
字数：730 000

定价：**168.00** 元
（如有印装质量问题，我社负责调换）

序

习近平总书记强调，"要乘势而上，把握新兴领域发展特点规律，推动新质生产力同新质战斗力高效融合、双向拉动。"以新一代信息技术为主要标志的高新技术的迅猛发展，尤其在军事斗争领域的广泛应用，深刻改变着战斗力要素的内涵和战斗力生成模式。

为适应信息化条件下联合作战的发展趋势，以新一代信息技术领域前沿发展为牵引，本系列教材汇聚军地知名高校、相关企业单位的专家和学者，团队成员包括两院院士、全国优秀教师、国家级一流课程负责人，以及来自北斗导航、天基预警等国之重器的一线建设者和工程师，精心打造了"基础前沿贯通、知识结构合理、表现形式灵活、配套资源丰富"的新一代信息通信技术新兴领域"十四五"高等教育系列教材。

总的来说，本系列教材有以下三个明显特色：

（1）注重基础内容与前沿技术的融会贯通。教材体系按照"基础—应用—前沿"来构建，基础部分即"场—路—信号—信息"课程教材，应用部分涵盖卫星通信、通信网络安全、光通信等，前沿部分包括 5G 通信、IPv6、区块链、物联网等。教材团队在信息与通信工程、电子科学与技术、软件工程等相关领域学科优势明显，确保了教学内容经典性、完备性和先进性的统一，为高水平教材建设奠定了坚实的基础。

（2）强调工程实践。课程知识是否管用，是否跟得上产业的发展，一定要靠工程实践来检验。姚富强院士主编的教材《通信抗干扰工程与实践》，系统总结了他几十年来在通信抗干扰方面的装备研发、工程经验和技术前瞻。国防科技大学北斗团队编著的《新一代全球卫星导航系统原理与技术》，着眼我国新一代北斗全球系统建设，将卫星导航的经典理论与工程实践、前沿技术相结合，突出北斗系统的技术特色和发展方向。

（3）广泛使用数字化教学手段。本系列教材依托教育部电子科学课程群虚拟教研室，打通院校、企业和部队之间的协作交流渠道，构建了新一代信息通信领域核心课程的知识图谱，建设了一系列"云端支撑，扫码交互"的新形态教材和数字教材，提供了丰富的动图动画、MOOC、工程案例、虚拟仿真实验等数字化教学资源。

教材是立德树人的基本载体，也是教育教学的基本工具。我们衷心希望以本系列教材建设为契机，全面牵引和带动信息通信领域核心课程和高水平教学团队建设，为加快新质战斗力生成提供有力支撑。

国防科技大学校长
中国科学院院士
新一代信息通信技术新兴领域
"十四五"高等教育系列教材主编

2024 年 6 月

前　言

21 世纪是一个以网络为核心的信息时代。信息时代中信息的交互和共享必须依靠完善的信息网络。党的二十大报告指出："坚持把发展经济的着力点放在实体经济上，推进新型工业化，加快建设制造强国、质量强国、航天强国、交通强国、网络强国、数字中国。"信息网络基础设施是建设网络强国的基础，是我国经济发展、社会进步的重要支撑。

从网络诞生以来，网络的发展呈现出百家争鸣、百花齐放的态势，涌现出如电话网、移动通信网、卫星通信网、有线电视网、计算机网、物联网、传感器网等多种形态的网络。虽然当前的网络形态多种多样，但网络日益向着融合的方向发展，特别是统一采用 IP 协议以实现异构网络的互联互通。经过多年的发展，网络的传输速率越来越快，网络容量越来越大，网络时延越来越低，网络结构越来越灵活，网络覆盖越来越广。

不论网络采用何种终端设备、何种接入方式或交换设备，其核心都是为信息的传输、存储、处理和应用提供服务，因此这些形态各异的网络都可以称为信息网络。本书将信息网络定义为由终端、传输链路、交换设备和协议等信息网元构成的集合体，用以支撑信息的传输、存储、处理和应用等。当前，针对信息网络还鲜有专门的教材，现有的教材主要针对通信网络或计算机网络。针对通信网络的教材着重通信网络的基础理论和技术，如多址接入、网络时延分析、自动重传请求、流量与拥塞控制等，而对于网络互联的原理、网络应用等方面介绍得不多。针对计算机网络的教材通常从网络体系结构的角度，介绍物理层、数据链路层、网络层、传输层、应用层等各个层次的协议，但是对网络拓扑设计、网络流量分析、网络时延分析等基础理论知识以及电话网、移动通信网等不同的网络形态介绍得不多。

基于此，本书以信息为驱动，以 IP 互联为核心，结合现代信息网络中信息的表示、传输和应用，介绍如何实现异构网络的互联，以及如何实现信息资源的共享和应用。本书以 IP over Everything 和 Everything over IP 为核心思想，基于 IP 实现各种信息网络的互联互通，在统一的 IP 协议上实现各种应用。本书突出了信息网络体系结构、信息网络基础理论、信息网络互联、信息网络应用等重点内容，注重网络结构、网络技术发展演变的过程，脉络更为清晰，重点更为突出。本书通过介绍图、树等网络结构设计基础，Little 定理、排队系统等网络流量设计基础，来夯实学生的网络基础理论知识。本书通过介绍电话网、移动通信网、计算机局域网、移动自组织网、卫星通信网等不同形态网络的体系结构，使学生了解各种网络的组成原理和关键技术，掌握网络在技术推动下的演进过程，把握技术发展规律。本书通过介绍网络互联的原理，使学生掌握网络互联的核心关键，把握网络日益融合的发展趋势。本书注重理论教学和实践教学的结合，通过介绍网络应用及网络编程的相关知识，培养学生的网络工程素质。

具体来讲，本书共 6 章。第 1 章信息网络概述，主要介绍信息网络的内涵、组成、分类、发展历史、发展趋势，同时对网络协议、网络分层、网络体系结构等内容进行了详细阐述。第 2 章信息网络基础理论，主要介绍网络结构设计基础、网络流量设计基础、数据传输、多址接入、交换原理、差错控制、流量控制与拥塞控制等基础理论知识。第 3 章信息网络互联，主要介绍网络互联原理、互联网协议、路由选择、传输协议等内容。第 4 章典型信息网络，主要介绍电话网、移动通信网、计算机局域网、移动自组织网、卫星通信网等各种网络形态。第 5 章信息网络应用，主要介绍网络应用模型、典型网络应用及应用开发等网络应用方法和手段。第 6 章信息网络安全，主要介绍数据链路层安全协议、网络层安全协议、传输层安全协议、应用层安全协议等内容。

本书在编写中着重把握两个思想，一是分层的思想，二是互联的思想，这两个思想贯穿全书。分层是解决网络通信问题非常重要的手段，通过将一个复杂问题划分为若干个简单问题，由每一个层次解决某一个简单问题，来达到复杂问题简单化的目的。例如，网络体系结构、路由选择协议、IP 地址、网络互联、域名结构都是分层的。网络互联将异构网络连接起来以实现各种资源共享，实现互联的方法是采用统一的数据包格式和地址来屏蔽下层网络的差异性。

本书由王剑、刘星彤、张琛、王杉、刘建共同撰写，其中第 1 章、2.1 节、2.5 节、2.6 节、4.3 节、4.5 节由王剑撰写，第 3 章、第 5 章由刘星彤撰写，2.2 节、2.3 节、4.1 节、4.2 节由张琛撰写，2.4 节、4.4 节由王杉撰写，第 6 章由刘建撰写，王剑负责全书的章节内容设计和统稿。衷心感谢科学出版社的大力支持和帮助。

由于作者水平有限，书中难免存在不妥之处，敬请读者批评指正。

作　者

2024 年 3 月于长沙

目　　录

第 1 章

信息网络概述

本章为全书的概述,首先介绍信息网络的基本概念,包括信息网络的内涵、组成、分类、发展历史和发展趋势,然后着重论述信息网络协议与体系结构。

1.1 信息网络的基本概念

从 19 世纪 70 年代电话网的诞生,到 20 世纪 60 年代分组交换网的诞生,然后到 20 世纪 90 年代因特网(Internet)的飞速发展,再到 21 世纪以网络为核心的信息化时代,涌现出各种各样的网络。人们熟知的网络有电话网、移动通信网、有线电视网、计算机网络、物联网、卫星互联网等,这些形态各异的网络虽然由不同的终端设备、不同的交换设备、不同的传输线路以及不同的应用软件构成,但其根本目的都是将各种不同的终端连接起来以实现软件资源、硬件资源以及数据资源的共享。这些网络以信息为驱动,涵盖了信息的产生、传输、处理和应用等过程,因此可以将这些网络统称为信息网络。下面从信息网络的内涵、组成、分类、发展历史以及发展趋势来阐述信息网络的基本概念。

信息网络的
基本概念

▶▶ 1.1.1 信息网络的内涵

关于信息网络的内涵,首先阐述信息的概念,然后阐述网络的概念,最后给出信息网络的概念。

1. 信息的概念

什么是信息?信息是用来表征事物的,是指事物发出的消息、情报、指令、数据、信号中包含的东西。人们从信息论、控制论、全信息理论等不同的角度给出了信息的定义。

1)从信息论的角度看信息

信息论的奠基人香农在《通信的数学理论》中提出:信息是"两次不确定性之间的差异",是用以消除随机不确定性的东西。那么什么是不确定性呢?例如,一个袋子里装了两个球,一个黑球和一个白球,随机从袋子里摸出一个球,在不看它的情况下将它放到一个盒子里,那么这个盒子里的球是黑球还是白球就是不确定的。如果打开盒子看到了这个球,那么关于这个球是何种颜色的不确定性就消除了,因此获得了信息。

那么信息如何度量呢?在信息论中,用

$$I(x) = -\log_2 p(x) \tag{1-1}$$

来表示信息量。其中,$I(x)$ 表示事件 x 发生之前,该事件发生的不确定性,该事件发生后,该事件所提供的信息量由式(1-1)表示；$p(x)$表示该事件发生的概率。也就是说，随机事件的信息量为该事件发生概率的对数的负值。因此，信息量的大小是由事件发生的概率决定的，概率大的事件信息量小，概率小的事件信息量大。例如，一个晴朗的夏天，有人告诉你外面下雪了，这是小概率事件，因此信息量极大。如果今天是周日，有人告诉你明天是星期一，这是确定性事件，信息量极小。

消除的不确定性可以用互信息描述。互信息即已知事件y后消除的关于事件x的随机不确定性，它等于事件x本身的随机不确定性减去已知事件y后对x仍然存在的不确定性，即

$$I(x; y) = I(x) - I(x \mid y) \tag{1-2}$$

通常用熵来表示信源的平均不确定性：

$$H(x) = \sum_{i=1}^{n} p(x_i) I(x_i) = -\sum_{i=1}^{n} p(x_i) \log_2 p(x_i) \tag{1-3}$$

信息熵表征了信源的随机性，信源的随机性越大，熵也就越大，消除它的不确定性所需要的信息量也就越大。熵从平均意义来表征信源的总体特征。一个系统越有序，信息熵就越低。反之，一个系统越混乱，信息熵就越高。因此，信息熵也是系统有序化程度的一个度量。

2）从控制论的角度看信息

控制论的创始人是美国数学家维纳。控制论中最重要的概念是系统概念、信息和反馈原理。维纳认为：信息是人与外部世界相互交换的内容的名称。信息就是信息，不是物质也不是能量，信息是区别物质和能量的第三种资源。也就是说，物质、能量和信息是构成世界的三大要素，信息是人类赖以生存的第三种资源。信息不同于物质和能量，又与物质和能量有密切的关系。任何物质都具有作为信息源的属性，它必然向外界发送信息。信息的传递要依赖物质，信息的存储也只有借助于物质才能实现。获取信息需要消耗能量，驾驭能量又需要信息，二者紧密联系在一起。信息与控制相联系，它是在各种控制与通信过程中进行传递、变换和处理的本质因素，信息的正常流通是各种控制系统正常运转的基本条件。

3）从全信息理论的角度看信息

我国著名信息学家钟义信教授对于信息的理解基于全信息理论。全信息理论认为：信息是一个复杂的研究对象，需要从本体论层次和认识论层次来研究。

本体论层次是纯客观的层次，不受主观因素的影响。从本体论层次来讲，信息是事物的运动状态及其变化方式的自我表述。只要事物运动了，事物就向外界自我表示了信息。宇宙间的一切事物都在运动，都有特定的运动状态和运动状态变化方式，它们都在产生本体论层次的信息。

认识论层次的信息是认知主体所感知的关于事物运动的状态及其变化方式的形式、含义和效用。认识主体具有感觉能力，能够感觉到事物运动状态及其变化方式的形式，也就是语法信息。认识主体也具有理解能力，能够理解事物的运动状态及其变化方式的含义，也就是语义信息。认识主体还具有目的性，能够判断事物运动状态及其变化方式对其目的而言的效用价值，也就是语用信息。由此，同时考虑到事物运动状态及其变化方式的形式、含义和效用的认识论信息就称为全信息，即语法信息、语义信息和语用信息的综合体。

以上是从不同角度对信息的理解。广义地讲，信息就是消息，一切存在都有信息，信息可以被交流、存储和使用。

2. 信息的表示

信息可以用各种文字、数字来表示，如中文、英文、阿拉伯数字等，这是日常生活中经常使用的。

1）数据信息的表示

数据是信息的具体表现形式，是各种符号及其组合，反映了信息的内容。在计算机中，通常采用二进制数来表示数据信息。为什么计算机运算要采用二进制？主要原因如下。

①技术实现简单。计算机由逻辑电路组成，逻辑电路通常只有两种状态，即开关的接通和断开，正好分别用"0""1"表示，易于产生，也易于识别。

②运算规则简单。两个二进制数的和、积运算简单。

③适合逻辑运算。二进制只有两个数码，与逻辑代数中的"真""假"相吻合。

④易于进行转换。二进制数和十进制数转换简单。

此外，为了便于表达和识别，计算机还采用十六进制，因为较大的数用二进制表示过长，用十六进制来表示相对简短。

（1）机器数。

对于一个正数，按照除 2 取余以及乘 2 取整的方法，很容易将十进制数转换为二进制数，但是对于一个负数怎么用二进制表示呢？可以采用带符号位的二进制数。对于一个二进制数，可以用最高位来表示符号位，例如，最高位为 0 表示正数，为 1 表示负数。计算机中参与运算且带有正负属性的二进制数称为机器数。例如，十进制数 12，转换为二进制数为+1100，用最高位表示正数，即+1100=01100；如果是−12，则表示为−1100=11100。

机器数的字长是计算机进行数据存储和数据处理的运算单位。32 位处理器（64 位处理器）指该处理器的字长为 32 位（64 位），一次能处理的最大数值是 32 位（64 位）的数。字长越长，中央处理器（central processing unit，CPU）的数据处理能力越强。

为使机器数的运算方法（冯·诺依曼体系结构的运算器只有加法运算器）适用于所有机器数，而且运算不会出现二义性，在机器数的运算方法设计过程中出现了 3 种不同的机器数编码形式：原码、补码和反码。原码即"原始码位"或"原始编码"，就是对应机器数本身的编码形式。如果字长为 8 位，[+3]的原码=00000011，[−3]的原码=10000011。

原码设计简单，容易理解，但是原码有两个缺点。

一是原码的加减法运算规则复杂，因为其符号位要进行单独处理，而且还有可能出错（同为正数加减法没问题，异号加减法有问题）。例如：

$$1-1 = (00000001)_原 + (10000001)_原 = (10000010)_原 = -2 \qquad (1\text{-}4)$$

这样就导致计算错误。

二是原码中的 0 有二义性。例如：

$$+0 = (00000000)_原, \quad -0 = (10000000)_原 \qquad (1\text{-}5)$$

由于直接采用原码进行机器数的运算不合适，因此产生了补码。正数的补码和原码相同，负数的补码是原码取反加 1（符号位不变）。例如，$(00001001)_原$的补码为$(00001001)_补$，原码和补码相同；$(10001001)_原$的补码为原码取反加 1，即$(11110111)_补$。补码的优点是符号位可以一起参与运算，不需要单独处理，而且 0 只有一种表示形式，没有二义性。例如：

$$+0 = (00000000)_补, \quad -0 = (00000000)_补 \qquad (1\text{-}6)$$

补码是机器数运算的最佳选择，计算机内真正进行运算的是补码，而不是原码。反码只是原码向补码表示形式转变过程中的一种过渡形式，不是可以直接用于机器数运算的一种编码方式。之所以会想到反码，是因为反码太容易从电路上实现了，仅需要取反即可。

（2）定点数和浮点数。

计算机中只有"0"和"1"，数值数据中小数点怎么表示？计算机只能通过约定小数点的位置来表示。数值数据可分为定点数和浮点数。定点数即小数点位置约定在固定位置的数，这个很好理解。浮点数是小数点位置约定为可浮动的数。例如，十进制数 1234.5 可表示为 12.345×10^2，也可表示为 1.2345×10^3，小数点的位置是浮动的。浮点数的定义有许多种，通常采用 IEEE 754 国际标准中的定义。IEEE 754 规定浮点数的格式为

$$V = (-1)^S \times M \times 2^E \tag{1-7}$$

其中，S 表示符号位，当 $S=0$ 时，V 为正数，当 $S=1$ 时，V 为负数；M 表示尾数(mantissa)，当 $1 \le M < 2$ 时，是二进制定点小数，M 决定了浮点数的精度；E 表示阶码或指数，是二进制定点整数，E 决定了浮点数的表示范围，E 越大，浮点数的表示范围越大。因此，计算机中只要表示了 S、M 和 E 三条信息，就能确定浮点数 V 的值。

单精度浮点数用 32 比特来存储，符号位为 1 位，指数 E 为 8 位，尾数 M 为 23 位。浮点数的指数 E 用阶码表示时是可正可负的，这样会使得一个浮点数中出现两个符号位(浮点数自身和指数部分)，因此在比较两个浮点数大小时比较麻烦。为使指数部分均为无符号的正整数，指数部分用移码(偏移的编码)表示，移码=阶码 E+固定正常数(偏移)。IEEE 754 规定，在计算机内部保存尾数 M 时，默认这个数的第一位总是 1，因此其可以被舍去，只保存后面的小数部分。计算浮点数，即用 $V=(-1)^S \times M \times 2^{E+偏移}$ 来统一表示，其步骤包括：

①把要转化的数转换成二进制数；

②把二进制数转换成 $1.XXX \times 2^E$ 格式，E 为阶码；

③计算移码=E+偏移；

④在 1.XXX 的小数点右边第一位插入 E 的二进制形式，同时补足尾数对应的精度位数。

例 1-1 求十进制数 0.5 的单精度浮点数。

解 首先将 0.5 转换为二进制数 0.1；然后转换为 1.0×2^{-1}，阶码为-1；计算移码，移码=-1+127=126(单精度的偏移为 127)，二进制表示为 01111110。因此 0.5 的单精度浮点数可以表示为图 1-1 所示的形式。

图 1-1　0.5 单精度浮点数表示

例 1-2 求十进制数-1.75 的单精度浮点数。

解 首先将 1.75 转换为二进制数 1.11；然后转换为 $1.XXX \times 2^E$ 格式，为 1.11×2^0，得出 E 为 0；根据移码=E+偏移，得出移码=0+127，二进制表示为 01111111，由于原数为负数，因此 $S=1$。从 1.11 的小数点后面的第一位起插入 E，然后补足尾数对应的精度位数。此时尾数是原码格式，尾数是负数(移码总是正数，其补码与原码格式一致)，要转换为补码格式(原码取反加 1)。因此，-1.75 的单精度浮点数表示为图 1-2 所示的形式。

1	01111111	01000000000000000000000
符号位	阶码	尾数

图 1-2　−1.75 单精度浮点数表示

2) 文本信息的表示

在计算机中，所有的数据在存储和运算时都要用二进制数表示。人-机交换信息时用到的信息，如数字、字母、符号等，在计算机中存储时也要用二进制数来表示，但具体用哪些二进制数来表示，可以约定一套规则，这就是编码。编码的目的是便于标定特定的对象。

（1）ASCII 码。

美国信息交换标准码（American Standard Code for Information Interchange，ASCII）用 1 字节来表示一个字符，其中低 7 位用于对字符进行编码，最高位为奇偶校验位。7 位二进制代码能表示 128 种不同的字符，包括 10 个数字（0～9）、52 个英文大小写字母、33 个标点符号及 33 个控制字符等，如图 1-3 所示。为便于书写和记忆，有时也将 ASCII 码写成十六进制的形式，例如，字母 A 的 ASCII 码 01000001，记为 41H。

低四位 \ 高四位		ASCII 码控制字符												ASCII 码打印字符													
		0000 (0)					0001 (1)						0010 (2)		0011 (3)		01/0 (4)		0101 (5)		0110 (6)		0111 (7)	
		十进制	字符	Ctrl	代码	转义字符	字符解释	十进制	字符	Ctrl	代码	转义字符	字符解释	十进制	字符	十进制	字符	十进制	字符	十进制	字符	十进制	字符	十进制	字符	Ctrl
0000	0	0		^@	NUL	\0	空字符	16	▶	^P	DLE		数据链路转义	32		48	0	64	@	80	P	96	`	112	p	
0001	1	1	☺	^A	SOH		标题开始	17	◀	^Q	DC1		设备控制1	33	!	49	1	65	A	81	Q	97	a	113	q	
0010	2	2	☻	^B	STX		正文开始	18	↕	^R	DC2		设备控制2	34	"	50	2	66	B	82	R	98	b	114	r	
0011	3	3	♥	^C	ETX		正文结束	19	‼	^S	DC3		设备控制3	35	#	51	3	67	C	83	S	99	c	115	s	
0100	4	4	♦	^D	EOT		传输结束	20	¶	^T	DC4		设备控制4	36	$	52	4	68	D	84	T	100	d	116	t	
0101	5	5	♣	^E	ENQ		查询	21	§	^U	NAK		否定应答	37	%	53	5	69	E	85	U	101	e	117	u	
0110	6	6	♠	^F	ACK		肯定应答	22	▬	^V	SYN		同步空闲	38	&	54	6	70	F	86	V	102	f	118	v	
0111	7	7	●	^G	BEL	\a	响铃	23	↨	^W	ETB		传输块结束	39		55	7	71	G	87	W	103	g	119	w	
1000	8	8	◘	^H	BS	\b	退格	24	↑	^X	CAN		取消	40	(	56	8	72	H	88	X	104	h	120	x	
1001	9	9	○	^I	HT	\t	横向指标	25	↓	^Y	EM		介质结束	41	)	57	9	73	I	89	Y	105	i	121	y	
1010	A	10	◎	^J	LF	\n	换行	26	→	^Z	SUB		替代	42	*	58	:	74	J	90	Z	106	j	122	z	
1011	B	11	♂	^K	VT	\v	纵向制表	27	←	^[	ESC	\e	溢出	43	+	59	;	75	K	91	[	107	k	123	{	
1100	C	12	♀	^L	FF	\f	换页	28	∟	^\	FS		文件分隔符	44	,	60	<	76	L	92	\	108	l	124	|	
1101	D	13	♪	^M	CR	\r	回车	29	↔	^]	GS		组分隔符	45	-	61	=	77	M	93	]	109	m	125	}	
1110	E	14	♫	^N	SOH		移出	30	▲	^^	RS		记录分隔符	46	.	62	>	78	N	94	^	110	n	126	~	
1111	F	15	☼	^O	SI		移入	31	▼	^_	US		单元分隔符	47	/	63	?	79	O	95	_	111	o	127	⌂	^Backspuce 代码:DEL.

注：表中的ASCII字符可以用"Alt＋小键盘上的数字键"方法输入。

图 1-3　ASCII 码表

（2）汉字的编码。

ASCII 码是美国人发明的，它实现了数字、字母和其他字符的编码，从键盘就能够实现输入，但是对于汉字，键盘上不能直接敲出汉字字符，因此汉字就有了输入码、机内码和字形码的转换关系。输入码可以把英文键盘按键转换成汉字字符，机内码可以把汉字字符转换成二进制序列，字形码将二进制序列输出到显示器成像，如图 1-4 所示。

输入码也称为汉字外码，是用来将汉字输入到计算机中的一组键盘符号。目前常用的外码分为数字编码、拼音编码、字形编码等类型。例如，区位码是一种数字编码，拼音编码有全拼、双拼、自然码等，字形编码如五笔、表形码、郑码等。区位码如《信息交换用汉字编

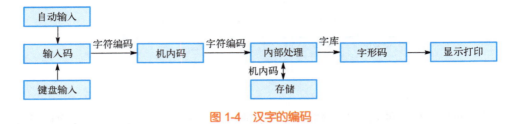

图 1-4 汉字的编码

码字符集 基本集》(GB/T 2312—1980),将整个字符集分成 94 个区,每个区有 94 个位,每个区位对应一个字符。也就是说,GB/T 2312—1980 将包括汉字在内的所有字符编入一个 94×94 的二维表,每个字符由区、位唯一定位。例如,"中"字在 54 区 48 位,所以"中"字的区位码是 5448。

虽然 GB/T 2312—1980 为中文编码,但也要用到英文字母等字符,为了和 ASCII 码兼容,GB/T 2312—1980 在设计时避开了 ASCII 字符中的不可显示字符 00000000~00011111(十六进制为 0~1FH,十进制为 0~31)及空格字符 00100000(十六进制为 20H,十进制为 32)。国标码(又称为交换码)规定表示汉字的范围为 (00100001,00100001)~(01111110,01111110),十六进制为 (21H,21H)~(7EH,7EH),十进制为 (33,33)~(126,126)。因此,必须将"区码"和"位码"分别加上 20H,作为国标码。20H 代表十进制中的 32,国标码相当于将区位码向后偏移了 32,以避免与 ASCII 字符中 0~32 的不可显示字符和空格字符相冲突。例如,"中"字的区位码为 5448,区码和位码分别加上 32,所以"中"字的国标码为 8680,十六进制为 5650H。综上所述,国标码=区位码(十六进制)+2020H,其目的是避免与特殊字符冲突。

国标码还不能直接在计算机上使用,因为还是会和 ASCII 字符中除控制字符外的其他字符冲突。为避免这种情况,规定国标码中的每个字节的最高位都从 0 换成 1,即相当于每个字节再加上 128,十六进制为 80H,从而得到国标码的"机内码"表示,简称"内码"。由于 ASCII 码只用了一个字节中的低 7 位,利用这个特性,这个首位(最高位)上的"1"就可以作为识别汉字编码的标志,计算机在处理到首位是"1"的编码时就把它理解为汉字,在处理到首位是"0"的编码时就把它理解为 ASCII 字符。因此,汉字机内码又称为"汉字 ASCII 码"。机内码是汉字最基本的编码,不管是什么汉字系统和汉字输入方法,输入的汉字外码到机器内部都要转换成机内码才能被存储和进行各种处理。例如,汉字"保"的机内码由 2 字节表示:B1A3。综上所述,机内码=国标码+8080H,其目的是防止与 ASCII 码冲突。

为了将汉字在显示器或打印机上输出,把汉字按图形符号设计成点阵图,就得到了相应的点阵代码(字形码)。字形码本质上是一个 $n \times n$ 的像素点阵,把某些位置的像素设置为白色(用"1"表示),其他位置的像素设置为黑色(用"0"表示),每一个字符的字形都预先存放在计算机内,这样的字形信息库称为字库。图 1-5 中中文"你"的点阵图为 16×16 的像素矩阵,需要 16×16/8 =32 字节的空间来表示,右边的字模信息称为字形码(共 32 字节)。不同的字库(如宋体、黑体)对同一个字符的字形码是不同的。

3. 网络的概念

研究复杂系统的前沿科学家梅拉妮·米歇尔在《复杂》一书中给出了网络的定义,即网络是由通过边连接在一起的节点组成的集合,节点对应网络中的个体,边对应个体之间的关联。

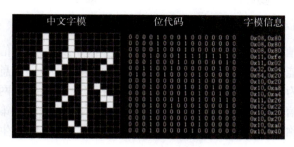

图 1-5　汉字的字形码

用数学语言描述，即网络是一种由节点和连线构成的图，表示研究诸对象及其相互关系。网络是从某种相同类型的实际问题抽象出来的模型。

除了数学定义外，不同的网络还具有不同的物理含义。对于交通网络，其节点是地点、车站，连线是公路、铁路，反映了地点和地点之间的连接关系，网络上传输的是货物或人。对于电路网络，可以把元器件理解成一个点，把导线理解成连线，研究如何将电信号从一个元器件传输到另一个元器件。把人与人之间的关系用点、线画出来就构成了社交网络，微信、QQ 等社交软件将人与人之间的关系在计算机网络上呈现出来。计算机网络的节点是计算机、交换机、路由器等，连线是光纤、双绞线等，反映了计算机、交换设备之间的连接关系，其目的是实现信息资源的共享。

网络作为一门科学，目前普遍认同的观点是从欧拉开创图论科学开始算起，而后相继有随机图理论、小世界网络、无标度网络逐渐提出并兴起。

匈牙利著名的数学家保罗·埃尔德什和阿尔弗雷德·莱利建立了随机图理论，这一理论最重要的假设是网络节点之间的连接是随机选择而建立的。他们认为网络图和它所代表的世界从根本上说是随机的，并用相对简单的随机图来描述网络。

1998 年，美国康奈尔大学的 Watts 和 Strogatz 在 *Nature* 上发表了论文《"小世界"网络的群体动力行为》，提出了小世界网络模型。在小世界网络中，各节点之间的连接状况(度数)具有均匀分布性，网络中大部分节点不与彼此邻接，但大部分节点可以从任一其他点经少数几步到达。若小世界网络中的一个点代表一个人，而连线代表人与人认识，则小世界网络可以反映陌生人由彼此共同认识的人而联结的小世界现象。小世界现象来源于 20 世纪 60 年代美国哈佛大学的心理学家米尔格伦提出的"六度分隔"。"六度分隔"指任意 2 个人最多通过 6 个人就能够彼此认识。人们经常有这样的体验，当与新认识的朋友交谈时，发现他认识自己的朋友，自己认识他的朋友，大家不由得感叹："这个世界真小！"这就是"小世界效应(现象)"。

1999 年，美国圣母大学的 Barabási 和 Albert 在 *Science* 上发表了论文《随机网络中标度的涌现》，提出了一个无标度网络模型，发现了复杂网络的无标度性质。他们认为对于许多现实世界中的复杂网络，如互联网、社会网络等，各节点拥有的连接数服从幂律分布(分布函数服从幂函数)。也就是说，大多数"普通"节点拥有很少的连接，而少数"热门"节点拥有极其多的连接，这样的网络称为无标度网络(scale-free network)。

网络科学的两大发现(小世界网络和无标度网络)以及随后许多真实网络的实证研究表明，真实世界网络既不是规则网络，也不是随机网络，而是兼具小世界和无标度特性，具有与规则网络和随机网络完全不同的统计特性。

4. 信息网络的概念

前面分别阐述了信息和网络的概念，那么什么是信息网络？钟义信教授定义信息网络为能够完成全部信息功能的网络。全部信息功能包括获取信息、传递信息、处理信息、再生信息、施用信息。他认为全部信息功能是一个标志性的特征，如果某个网络只具有其中某一项功能，那么它要么是信息获取网络，要么是通信网络、信息处理或决策网络，或者是控制与显示网络等，而不能称为信息网络。因此，信息网络涵盖了信息的产生、传输、处理与应用的全过程。

通俗地讲，信息网络就是感知信息、传递信息、处理信息以及应用信息的网络。一般认为，信息网络是由信息网元组成的集合体，用以支持组织之间和组织内部的语音、文本、数据或它们的组合体的产生、传输、处理与应用等各种要求。信息网元是信息网络的基本组成部件，如终端、路由交换设备、协议软件等。信息网元在不同的网络中有不同的形式。例如，电话网的信息网元为电话终端、交换机、电话线、信令等；计算机网络的信息网元为计算机、服务器、路由器、交换机、网络协议等；有线电视网的信息网元有电视机终端、电缆调制解调器、电缆调制解调器端接系统、电缆、信号放大器等；卫星网络的信息网元包含卫星终端、调制解调器、天线、信关站、卫星通信协议等。

1.1.2 信息网络的组成

信息网络从逻辑功能上可分为通信子网和资源子网；按网络的物理位置分布，可分为用户驻地网、接入网和核心网。

1. 按逻辑功能划分

（1）通信子网。

通信子网是由一定数量的节点（包括终端设备和交换设备）和连接节点的传输链路相互有机地组合在一起，以实现两个或多个规定点间信息传输的通信体系。通信子网是信息网络的基础网络，通信子网的硬件包含终端设备、传输链路和交换设备。

终端设备是用户与通信子网之间的接口设备，其主要功能包括：

①将待传送的信息与在传输链路上传送的信号进行相互转换；

②将信号与传输链路相匹配；

③信令的产生和识别，以完成一系列控制作用。

传输链路是信息的传输通道，是连接网络节点的媒介。信道有狭义信道和广义信道之分。狭义信道是指单纯的传输媒介，如一根电缆、电话线或网线；广义信道除了传输媒介外，还包括相应的变换设备（或通信设备）。这里的传输链路指广义信道。

交换设备完成接入交换节点链路的汇集、转接接续和分配，实现一个呼叫终端（用户）和它所要求的另一个或多个用户终端之间的路径选择和连接建立。

除了硬件之外，要使全网能够协调合理地工作，使用户间快速接续并有效交换信息，实现通信质量一致、运转可靠和信息透明等目标，还需要有各种软件的支持，如信令方案、各种网络协议、路由方案、编号方案等。

（2）资源子网。

资源子网是信息网络中实现资源共享功能的硬件及软件的集合，其硬件包括网络主机、服务器、网络存储系统、网络打印机等，软件包括各种系统软件和应用软件。资源子网的主要功能包括：

①负责全网的数据处理业务；

②向网络用户提供各种网络资源和网络服务。

从网络逻辑功能角度出发，另一种更加细致的划分方法是将信息网络分为业务网、传送网和支撑网。

(1)业务网。

顾名思义，业务网负责向用户提供语音、图像、数据、多媒体等各种通信业务的支持，采用不同交换技术的交换节点通过传送网互联在一起就形成了不同类型的业务网。例如，电话网采用电路交换技术，交换节点为数字程控交换机，主要提供对语音业务的支持；计算机网采用分组交换技术，交换节点为路由器、交换机等，主要提供对数据业务的支持。

(2)传送网。

传送网独立于具体业务网，是整个网络的基础，负责为交换节点/业务节点之间的互连分配电路，在这些节点之间提供对透明传输通信的支持。传送网具有复用、传输、交换、交叉连接、网络管理等功能，是一个服务于多业务、多环境的统一传送平台。同步数字分级/同步光纤网络(synchronous digital hierarchy/synchronous optical network，SDH/SONET)和光传送网(optical transport network，OTN)是目前主要的两种传送网类型。

(3)支撑网。

支撑网为整个网络的正常运行提供必要的支撑，负责提供业务网正常运行所必需的信令、同步、网络管理、业务管理等功能。前面介绍的业务网主要提供对不同的通信业务(语音、数据、图像)的支持，传送网将交换节点连起来以提供对数据传输的支持，而支撑网传送的是控制、检测等信息。支撑网可分为信令网、管理网和同步网。信令网负责在网络节点之间传送控制信息，如进行呼叫控制、建立连接、释放连接等。管理网负责监视业务网的运行情况，并采取相应的控制和管理手段，以达到充分利用网络资源、优化网络性能、发现和排查故障的目的。同步网位于网络的最底层，主要负责网络节点、传输设备之间的时钟同步、帧同步以及全网的网同步，保证信号的正确接收和发送。

2. 按网络的物理位置分布划分

1)用户驻地网

用户驻地网简称用户网，是业务网在客户端的自然延伸，位于信息网络的边缘，是用户终端到网络接口之间包含的网络部分，如校园网、小区局域网、企业内联网、家庭网络等。

2)接入网

接入网是核心网到用户网之间的所有设备，其长度一般为几百米到几千米，因而被形象地称为"最后一千米"。接入网可看成传送网在核心网之外的延伸(从用户网到核心网之间的那一部分网络)。接入网的引入是为了将用户接入部分的网络与业务分离，实现不同类型信息的综合传送，用户通过接入网的传输，能够灵活地接入到不同的电信业务节点上。接入方式包括混合光纤同轴电缆(hybrid fiber coax，HFC)、各种数字用户线(X digital subscriber line，XDSL)、光纤接入、双绞线接入、无线接入等。

3) 核心网

核心网是信息网络的骨干部分，是一个规模大、要求高速运转和安全可靠的网络，包含业务、传送、支撑等网络功能要素，由大量大容量传输和高速交换设备组成。

1.1.3　信息网络的分类

信息网络的分类方式有很多种，可以从业务类型、组网信道、运营方式等角度进行分类。

1. 按业务类型

按照业务类型，信息网络可分为电话网、电报网、传真网、有线电视网(cable television network，CATV 网)、数据通信网等。

电话网提供对电话业务的支持，采用电路交换的方式，后来的 IP 电话采用了分组交换的方式，提供对语音、图像和视频业务的支持。电报网采用报文交换提供对电报业务的支持，当然电报业务已经退出了历史舞台。传真网一般建立在电话网的基础之上，传统的传真网基于电路交换提供对传真业务的支持，IP 传真网则基于分组交换提供对传真业务的支持。传统的 CATV 网是一种单向传输网络，主要提供广播电视服务，进行双向改造后的有线电视网不仅能提供广播电视服务，而且能提供对双向数据业务的支持。数据通信网通常采用存储转发的方式提供对数据业务的支持。

2. 按组网信道

按照组网信道，可以将信息网络分为有线网络和无线网络。

有线网络是采用双绞线、同轴电缆或光纤等导向性传输媒介来传输信息的网络。无线网络则是使用无线电波在自由空间中传输信息的网络，如移动通信网、卫星通信网、无线传感器网、短波/超短波通信网等。当然，现在有很多网络是有线和无线并存的网络，例如，移动通信网中的接入部分采用的是无线信道，但是在基站和核心网之间则采用有线信道来传输信息。

3. 按运营方式

按照运营方式，可以将信息网络分为公共网络(简称公网)和专用网络(简称专网)。

公共网络指由国家电信部门组建的网络，网络内的传输和转接装置可供任何部门或个人使用，如电信、移动、联通、有线电视建设的电话网、电视网、IP 网等。专用网络指某个部门为本系统的特殊业务工作需要而建造的网络，这种网络不向本系统外的人提供服务，即不允许其他部门和单位使用，如军队指挥网、金融网络、公安专网等。

1.1.4　信息网络的发展历史

信息网络的发展历史大致可分为五个阶段。

1. 第一阶段：19 世纪中叶至 20 世纪 30 年代

1844 年，有线电报的发明人莫尔斯从华盛顿向巴尔的摩发出人类历史上的第一份电报，电报电文是"上帝创造了何等奇迹！"。实际上有线电报最早是 1834 年由高斯和韦伯发明的，只不过他们发明的是一个实验系统，只能传送数字数据。莫尔斯发明了莫尔斯码，用点、划的组合来表示 26 个字母，使有线电报系统真正实用化。有线电报的出现具有划时代的意义，它使人类获得了一种全新的信息传递方式，这种方式看不见、摸不着、听不见，完全不同于以往的信件、旗语、号角等。1854 年，美国军队在克里米亚战争中，建立了从司令部到下属部队的电报通信网。在美国内战中，联邦政府共架设了 24000 km 的电报线。1901 年，马可尼用莫尔斯码跨越大西洋发送无线电报，这是无线通信的首次应用，从而诞生了长距离的无线电通信。

1876 年，贝尔发明了电话，用电线来传输语音信号。在电话被发明出来以后，人们很快意识到电话线应该汇接到一个中心，在中心点建立两个电话的线路连接，这就是以人工交换台为基础的电话通信网。人工交换台是由话务员人工接续的电话交换机，电话交换过程中的接线、拆线等作业完全由话务员通过手工操作完成。

1889 年，史瑞桥发明步进式交换机，采用机械装置、继电器进行电话接续，取代了人工接续。史端乔是美国堪萨斯城一家殡仪馆的老板。他发觉电话局的话务员不知是有意的还是无意的，常常把他的生意电话接到他的竞争者那里，他因此丢掉了多笔生意。为此他大为恼火，发誓要发明一种不需要话务员接线的自动接线设备，于是步进式交换机就这样奇妙地诞生了。步进式交换机即用户可以通过电话拨号脉冲直接控制步进接线器做升降和旋转动作，从而自动完成用户间的接续。为什么称为"步进式"？这是因为它是靠用户拨号脉冲直接控制交换机的接线器一步一步动作的。例如，用户拨号"1"，则发出一个脉冲，这个脉冲使接线器中的电磁铁吸动一次，接线器就向前动作一步；用户拨号"2"，则发出两个脉冲，使电磁铁吸动两次，接线器就向前动作两步，以此类推。

1926 年，瑞典人研制了纵横式交换机。纵横式交换机由一些纵棒、横棒和电磁装置构成，控制通过电磁装置的电流可吸动相关的纵棒和横棒动作，使得纵棒和横棒在某个交叉点接触，从而实现接线。相对于步进式交换机，纵横式交换机提高了可靠性和接续速度。

这个阶段的主要技术特征：信息开始以电磁信号的形式实现远距离传输，即电话、电报传输。

2. 第二阶段：20 世纪 40 年代至 60 年代

1947 年，美国贝尔实验室的威廉·肖克利发明了晶体管。晶体管的诞生掀起了微电子革命的浪潮，也为后来集成电路的降生吹响了号角。

1951 年，美国建成第一条有 100 个中继站的微波接力通信线路，工作频率为 4GHz，带宽为 20MHz，从此中大容量模拟无线接力系统在全世界推广应用。

20 世纪 60 年代，基于脉冲编码调制（pulse code modulation，PCM）体制的数字传输体系开始建立，PCM 通过采样、量化、编码将模拟信号变成数字信号。对于语音来说，最高频率为 3.5kHz，根据采样定理，将采样频率设为 8kHz，即每秒采样 8000 次，用 8 比特对采样值编码，因此每路语音的速率为 64kbit/s。PCM 体制至今仍是通信网传输体系的骨干。

1962 年，美国国际电话电报公司（American Telephone & Telegraph，AT&T）发射了一颗通信卫星，即"电星一号"，第一次实现跨越大西洋的电视转播。

1965 年，美国贝尔公司成功生产了世界上第一个商用存储程式控制交换机，也就是程控交换机，如图 1-6 所示。程控交换机的实质是利用计算机程序来控制接续动作。该系统采用的是空分交换的方式，空分是指用户在打电话时要占用一对线路，即占用一个空间位置，直到打完为止。

图 1-6　美国贝尔 1 号电子交换机

这个阶段的主要技术特征：自动交换、数字传输体系、卫星通信等共同作用而实现的综合通信网。这里的综合通信网是指可以采用不同的手段（如微波、卫星、电话）来实现语音业务，而不是某一种手段可以支持语音、数据等多种业务，不同的手段仍然要采用各自不同的交换设备，还不能以统一的信号形式实现综合交换。

3. 第三阶段：20 世纪 70 年代至 80 年代

1970 年，法国在拉尼翁开通了世界上第一个程控数字交换系统 E10，标志着人类进入了数字交换的新时期。该系统采用了时分交换的方式，时分是指通过时隙交换实现语音信息的交换。

1970 年，光纤研制取得了重大突破，美国康宁公司首次研制成功损耗为 20dB/km 的光纤，从而展现了光纤通信的美好前景。光通信的进步来源于激光器的发明和光导纤维概念的提出。美国科学家梅曼发明了第一个红宝石激光器，激光与普通光相比，谱线很窄，方向性极好，是一种频率和相位都一致的相干光。外籍华人高锟博士首次利用无线电波导通信原理，提出了低损耗光导纤维的概念。2009 年，高锟因发明光纤获得诺贝尔奖。激光器和光纤的出现使光通信进入了一个崭新的阶段，光纤通信时代由此开始。

1969 年，由美国国防部高级研究计划局（Defense Advanced Research Projects Agency，DARPA）资助建立的第一个分组交换实验网——阿帕网（Advanced Research Project Agency network，ARPANET）投入实验运行。当时正处于冷战阶段，美国对其树型结构的网络非常担忧，一旦根节点被炸毁，整个网络就都不能通信了。那么应该设计一个什么样的网络才能使网络的生存性更高呢？美国兰德公司通过调研分析，发现只有建立一个无中心的分组交换网，才能解决这个问题，这就是 ARPNET 产生的背景。最初的 ARPANET 由西海岸的四个节点构成，第一个节点选在加利福尼亚大学洛杉矶分校，其他三个节点分别为斯坦福大学、加利福尼亚大学圣巴巴拉分校、犹他大学。

1972 年，国际电报电话电话咨询委员会（International Telegraph and Telephone Consultative Committee，CCITT）初步定义了综合业务数字网（integrated services digital network，ISDN）的概念。在 ISDN 提出之前，尽管已建立了综合传输体系，但各通信网都以各自专用目的来建设，如电话网、电报网、有线电视网。随着用户对各种新业务需求的增长，人们很自然地产生了建立一个支持各种业务的数字通信网的想法。ISDN 利用单一网络提供对电话、数据、文字、图像和线路承载(租用)等多种业务的支持，这是一种全数字化、业务综合化、一体化和具有标准用户接口的全新通信网。1984 年，CCITT 通过了 ISDN 的 I 系列建议，这成为 ISDN 发展的第一个里程碑。窄带 ISDN 是一种以数字系统代替模拟电话系统的巨大尝试，这种数字系统既要适应语音通信，又要适应非语音通信。由于基本速率接口标准已在全世界范围内达成一致，人们认为这将产生对 ISDN 设备的大量需求，因此出现了大规模生产、廉价的超大规模集成电路(very large scale integration circuit，VLSI)ISDN 芯片。不幸的是，这一标准化过程花费了许多时间，而这一领域内的技术发展非常迅速，因此当标准最终制定出来时，它已经过时了。以太网(Ethernet)发展迅速，窄带 ISDN 被以太网所取代。

1977 年，国际标准化组织(International Organization for Standardization，ISO)提出了开放系统互连参考模型。20 世纪 80 年代，美国开始建设国防数据通信网，建立了 500 多个分组交换节点。

1986 年，美国国家科学基金会建立了自己的计算机通信网，即国家科学基金会网(national science foundation network，NSFNET)。这是一个三级的计算机网络，分为主干网、地区网和校园网，覆盖了全美主要的大学和研究所。NSFNET 逐渐取代了 ARPANET 在 Internet 的地位，成为 Internet 的主干网。1989 年，NSFNET 主干网的速率提高到 1.544Mbit/s，成为 Internet 的主要部分。

这个阶段的主要技术特征：数据网络、分组交换系统、大容量光纤、综合业务数字网、互联网形成，传输网向信息网转化。 原来的通信网仅仅是一张传输网，而现在的网络可以支持多种类型的业务，不仅关注信息的传输，而且注重信息的处理、应用、融合。

4. 第四阶段：20 世纪 90 年代至 21 世纪第一个十年

20 世纪 90 年代，全球移动通信(Global System for Mobile Communications，GSM)标准用于时分多址(time division multiple access，TDMA)蜂窝系统。GSM 源于欧洲，早在 1982 年，欧洲已有几大模拟蜂窝移动系统在运营，如北欧多国的北欧移动电话(Nordic mobile telephone，NMT)和英国的全接入通信系统(total access communication system，TACS)，西欧其他各国也提供了对移动业务的支持。当时这些系统是国内系统，不可能在国外使用。为了方便全欧洲统一使用移动电话，需要一种公共的系统。1982 年，北欧国家向欧洲邮电管理委员会(Confederation of European Posts and Telecommunications，CEPT)提交了一份建议书，要求制定 900MHz 频段的公共欧洲电信业务规范，以解决欧洲各国由于采用多种不同模拟蜂窝系统而造成的互不兼容、无法提供漫游服务的问题。同年，成立了欧洲移动通信特别小组(Group Special Mobile，GSM)。1982～1985 年，讨论的焦点是制定模拟蜂窝网还是数字蜂窝网的标准，直到 1985 年才决定制定数字蜂窝网标准。1986 年，GSM 在巴黎对欧洲各国经大量研究和实验后所提出的 8 个数字蜂窝系统进行了现场实验。1987 年，GSM 成员国经现场测试和论证比较，选定窄带 TDMA 方案。1988 年，18 个欧洲国家达成 GSM 谅解备忘录，颁布了 GSM 标准，即泛欧数字蜂窝网通信标准，包括两个并行的系统 GSM 900 和 DCS 1800，这两个系统功能相同，主要的差异是频段不同。在 GSM 标准中，未对硬件做出规定，只对功能、接口等做了详细规定，便于不同公司的产品互联互通。

1989 年，美国高通公司成功开发了码分多址(code division multiple access，CDMA)蜂窝系统。1993 年，美国电信工业协会通过了基于 CDMA 的 IS-95 标准，其与 GSM 标准并称为第二代移动通信系统中的两大技术标准。1995 年，全球第一个 CDMA 商用网络在香港地区开通。CDMA 吸引人的地方包括抗干扰性能好、保密性强、信道容量大、不会掉线（采用软切换）、信号质量好、绿色环保（功率不用很大也能得到很好的通话质量）。但是，CDMA 起步较晚，GSM 已经在全球占据了大部分的市场份额，形成了事实上的全球主流标准，再加上使用高通公司的 CDMA 需要缴纳巨额的专利授权费，所以 CDMA 的市场规模无法与 GSM 相提并论。

1990 年，欧洲核子研究组织（European Organization for Nuclear Research，CERN）的科学家蒂姆·伯纳斯-李开发了万维网（world wide web，WWW，也称为 Web）。1991 年，美国政府决定将因特网主干网转交给私人公司经营，并开始对接入因特网的用户收费。从 1993 年开始，由美国政府资助的 NSFNET 逐渐被若干个商用的因特网服务提供商（Internet service provider，ISP）网络代替。为使不同 ISP 经营的网络都能够互通，1994 年开始，NSFNET 创建了 4 个网络接入点（network access point，NAP），分别由 4 个电信公司经营，因特网主干网的速率提高到 45Mbit/s。1994 年，Netscape 发布，成为点燃因特网热潮的火种之一。因特网逐渐演变成多级结构的网络。人们在多级结构的因特网之上，开发了很多商业应用，这些商业应用反过来又极大促进了因特网的发展。

随着网络的飞速发展，为了提高手机的上网速率，国际电信联盟电信标准化部门（International Telecommunication Union-Telecommunication，ITU-T）提出了第三代移动通信系统的概念。当时考虑到该系统将于 2000 年左右进入商用市场，工作频段在 2000MHz，且最高业务速率为 2000kbit/s，因此 3G 称为国际移动通信 2000（international mobile telecommunication-2000，IMT-2000）。3G 的三大标准分别是欧洲主导的宽带码分多址（wideband code division multiple access，WCDMA）、美国主导的 CDMA2000 和中国推出的时分同步码分多址（time division-synchronous code division multiple access，TD-SCDMA）。3G 相比于 2G 具有更快的传输速率，下行速率可以达到 14.4Mbit/s（WCDMA 理论下行速率），能够在全球范围内更好地实现无线漫游，处理图像、音乐、视频等多种媒体数据，提供网页浏览、电话会议、电子商务等多种信息服务。3G 被视为开启移动通信新纪元的关键。2009 年 1 月 7 日，工业和信息化部正式为中国移动、中国联通、中国电信发放 3G 牌照。从这一刻起，中国正式进入了 3G 时代，因此 2009 年称为中国 3G 的元年。

这个阶段的主要技术特征：移动通信网和因特网迅猛发展。移动通信网由模拟蜂窝演变成数字蜂窝，由语音业务向数据业务扩展；因特网由民用三级网络演变成商用多级网络。这个阶段的重点是实现了从模拟到数字，从电路到 IP，从语音到多媒体，并且向网络信道光纤化、容量宽带化、接入无线化、业务数据化等方向发展。网络给人们的工作、生活带来翻天覆地的变化，人类正式步入信息网络时代。

5. 第五阶段：21 世纪第二个十年至今

3G 使人们进入多媒体时代，4G 使人们进入移动互联网的时代，5G 使人们迈向万物互联的时代。2012 年，ITU 正式审议通过将先进的长期演进计划（long term evolution-advanced，LTE-Advanced）和先进的无线城域网（wireless metropolitan area network-advanced，WirelessMAN-Advanced）技术规范确立为 IMT-Advanced（4G）国际标准。4G 在传输速率上相比 3G 有很大的提升，其理论上网速度是 3G 的 50 倍，实际的上网体验也是 3G 的 10 倍左右。2013 年，工业和信息化部向中国联通、中国电信、中国移动正式发放了 4G 牌照，标志中国电信产业正式进入 4G 时代。2019 年 6 月 6 日，工业和信息化部向三大电信运营商及中国广电发放了 5G 牌照。5G 的峰值理论传输速率可达每秒数十吉比特，比 4G 网络的传输速率快数百倍。随着 5G 技术的诞生，用智能终端分享 3D 电影、游戏以及超高画质的时代到来。值得注意的是，5G 不仅是以通信技术为主导演进的系统，也是通信技术与计算技术(边缘计算、云计算)、网络技术(网络功能虚拟化、网络切片)等融合演进的信息网络。

随着云计算、软件定义网络、网络虚拟化等技术的发展，传统的网络架构被一一颠覆重构，形成了以云计算为中心、云网融合的网络体系结构。云计算将大量的硬件(如服务器、存储设备、网络产品)以及操作系统、应用软件等资源进行集中部署，形成了一个巨大的云计算资源池(称为云平台)，包括性能超强的计算环境、海量存储空间等。云平台使用户能随时随地应用云平台里的各种资源，实现了资源利用效率的最大化。在云计算改造传统信息产业的步伐下，软件定义网络应运而生，成为下一代计算机网络变革的重要推手。软件定义网络是对传统网络架构的一次重构，由原来分布式控制的网络架构重构为集中控制的网络架构。软件定义网络以及网络功能虚拟化能够将网络服务虚拟化并从硬件中抽象出来，将网络设备的控制面和数据面分离开，通过控制器负责网络设备的管理、网络业务的编排和业务流量的调度，从而实现对网络的灵活控制，用户不需要更新已有的硬件设备就可以为网络增加新的功能。

低轨卫星星座具有低时延、可靠传输、全球无死角覆盖的优势，成为跨越全球网络信息鸿沟的新选项。各主要航天大国纷纷基于低轨卫星星座开启本国的卫星互联网计划，从而抢占市场。现有的卫星互联网计划有第二代铱星系统(Iridium　Next)、全球星(Globalstar)、轨道通信(Orbcomm)、星链(Starlink)、一网(OneWeb)、O3b、鸿雁、虹云等。其中，最具规模性与代表性的是美国太空探索技术公司(SpaceX)的"星链"计划。该计划是迄今为止规模最大的星座项目，通过搭建由 1.2 万颗卫星组成的星链网络，提供覆盖全球、速率高、容量大和时延低的互联网服务。图 1-7 为星链卫星星座。

图 1-7　星链卫星星座

这个阶段的主要技术特征：网络的传输速率越来越快，网络容量越来越大，网络时延越来越低，网络结构越来越灵活(云网融合的网络架构)，网络覆盖范围越来越广(卫星互联网实现全球无死角通信)。

▶▶ 1.1.5　信息网络的发展趋势

(1)信息网络高速、泛在发展，将实现万物互联。

人类正从今天的物联网(internet of things，IoT)迈向"万物互联"(internet of everything，IoE)的时代，智能传感终端将加快"人-机-物"多元互联。未来网络将实现超高速率(>1Tbit/s)、超低时延(毫秒级)和超大规模连接(>1000 亿条连接)，泛在网络将打造"无盲区"的信息社会空间。泛在网络即广泛存在的网络，它以无所不在、无所不包、无所不能为基本特征，以任何时间、任何地点、任何人、任何物都能顺畅通信为目标。未来网络将以地面网络为基础，以空间网络为延伸，承载陆海空天各类网络业务，为各类用户的活动提供信息保障。

(2)信息网络向网络、计算、存储一体化发展。

随着大数据时代下数据采集、分析、处理与应用，以及虚拟现实、自动驾驶等新业务的快速发展，网络不仅需要具备高速传输的能力，还需要具备高速缓存和计算的能力。云计算、雾计算、边缘计算等网络计算技术的发展，多云管理、云网协同、软件定义网络等网络、计算、存储统筹协调技术的发展，能够为大数据的存储与应用提供保障，为未来网络和应用提供更好的服务。

(3)信息网络与人工智能融合发展，网络向知化迈进。

"知化网络"将是信息网络在这个新时代演进的终极阶段，也是网络适应人工智能时代的最终解决办法。与现有的固化演进的网络不同，这里定义的"知化网络"将是能够随时学习、不断快速更新的网络。

"知化"具有三层含义。

一是感知。网络能够感受到内部的流量变化和外部的环境变化。

二是知道。网络不仅能够感受到以上变化，同时还知道这些变化代表了什么意义，以及应该如何处理。

三是知识。通过经验累积和不断学习，以上能力最终将转化为网络自身的知识体系，网络能够自主判断和行动、进化更新。

"知化网络"不仅仅是网络的简单升级，它将完全颠覆现有的竞争环境和商业模式。网络将以不同的方式处理各种情况，包括提升运营商的网络技术、提高网络突发事件的预测精准度、快速解决各种复杂问题、提供全新的产品和更高的服务质量，最终提高网络本身的生产力。"知化网络"将是网络的一次巨大变革。未来的"知化网络"将是集连接、感知、计算和数据服务于一体的网络，将实现超级安全、自主优化、进化更新等三大能力。

1.2　信息网络协议与体系结构

信息网络
协议与体
系结构

▶▶ 1.2.1　网络协议

协议是两方或多方为完成某一项任务而制定的规则，网络协议则是两方或多方为实现网络数据交换而制定的规则。如图 1-8 所示，人类协议和计算机网络协议其实是非常类似的。例如，要问时间时，首先要向对方打招呼，对方有回应之后，再问对方现在的时间。计算机网络也一样，例如，要浏览网络时，首先要向对方服务器发出连接请求，对方服务器有了应答之后，再获取服务器上的网页。

网络协议有三大要素：语法、语义和同步。

(1)语法是数据与控制信息的结构或格式。网络协议中交换的报文可分成两种：用于传输数据的数据报文和用于协议控制的控制报文。数据报文中的控制信息(通常在报文的首部)和各种控制报文的结构、格式就是语法。例如，将报文划分为几个域，每个域的名称、意义、数据类型、长度等都属于语法的范畴。

(2)语义是协议数据报文中控制信息和控制报文所约定的含义，即需要发出何种控制信息、

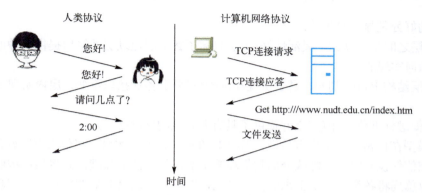

图 1-8　人类协议与计算机网络协议对比

完成何种动作以及做出何种响应。例如，报文首部控制信息中的目的地址指明了报文的目的地，则接收到此报文的网络节点均将其作为路由选择的依据。再如，发送方发送一个请求连接的控制报文，接收方根据控制字段的值(SYN=1)知道这是一个连接请求报文，然后给出允许连接或拒绝连接的响应。

(3)同步是事件实现顺序的详细说明。具体来说，同步是指通信过程中各种控制报文传送的顺序关系，也就是说完成一项任务应该先干什么后干什么。例如，在传输控制协议(transmission control protocol，TCP)中，首先要建立连接，建立连接之后再发送数据，数据传输完毕后断开连接。

▶▶ 1.2.2　网络分层

网络分层是指网络可以分成不同的层次，每个层次完成相应的功能。例如，计算机网络中的计算机 1 向计算机 2 发送文件，看起来比较简单，其实有很多工作要做。如图 1-9 所示，可以将要做的工作进行如下划分：①第一类工作与文件传输有关；②第二类工作与通信服务有关；③第三类工作与网络接入有关。通过分层，每一层只实现一种相对独立的功能，因而可以将一个难以处理的复杂问题分解为若干个较容易处理的、更小的问题。这样，整个问题的复杂程度就下降了。

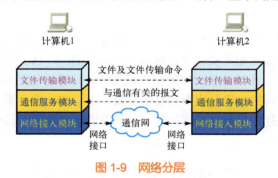

图 1-9　网络分层

1. 网络层次模型

分层是网络中非常重要的思想，不仅网络体系结构要分层，后面要介绍的路由协议(分为内部网关协议与外部网关协议)、IP 地址(分为主机号、网络号)、域名结构(分为一级域名、二级域名等)等都要分层。分层的目的是把复杂问题简单化。

分层的好处是显而易见的：

(1)各层之间是独立的，灵活性好(上层只需了解下层通过层间接口提供何种服务，不用管下层是如何实现的)；

(2)各层结构上可分割开，易于实现和维护(只要服务和接口不变，层内实现方法可任意改变)；

(3)能促进标准化工作(定义并提供了具有兼容性的标准接口)。

层次模型在日常生活中也有体现，如图 1-10 所示的邮政系统。寄信人书写好信件后，贴上邮票并把信件投入邮箱。邮政分局收集邮箱中的信件，盖上邮戳，并将信件按照地址进行分拣。邮政总局将各个分局交上来的信件打包，例如，到北京的信件装在一个邮政信袋里，写上到北京，到上海的信件装在另一个邮政信袋里，写上到上海，然后将邮政信袋交给运输部门，运输部门根据邮政信袋上的地址运送信件。邮政信袋到了目的地之后，送到当地的邮政总局。邮政总局拆开邮政信袋，按照地址将信件发送给相应的邮政分局。邮政分局再按照收信人的地址，将信件送到收信人手中。这就是邮寄一封信时邮政系统的工作过程。这个过程看起来十分复杂，但是对于寄信人来讲，只需要把信件放到邮箱里就可以了，至于信件是如何交给收信人的，不用去管。邮政分局做分局的事，邮政总局做总局的事，运输部门做运输部门的事，每个部门各司其职，每一层都是独立的。

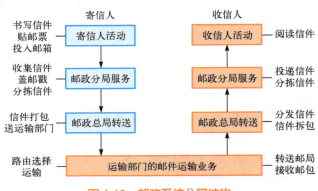

图 1-10　邮政系统分层结构

计算机网络的层次模型如图 1-11 所示，从最低层到最高层，分为若干层次，低层向高层提供服务。N 层是 $N+1$ 层的服务提供者，向 $N+1$ 层提供服务。N 层同时又是 $N-1$ 层的用户，接受 $N-1$ 层提供的服务。在计算机网络的层次模型中，同等层是指对等实体的相同层次。同等层之间的通信采用相同的协议，称为同等层协议。除了在传输介质上进行的是实通信外，其余各对等层实体间进行的都是虚通信，对等层的虚通信必须遵循该层的协议。

2. 层次模型中的接口、服务原语和服务访问点

网络层次模型中有一些术语，如接口、服务原语、服务访问点(service access point，SAP)等，如图 1-12 所示。

接口是系统层次间的通信规则。接口定义了服务原语操作，可以实现层与层之间的交互，下层通过接口向上层提供服务。

服务原语是上层与下层之间的交换命令，如请求(request)、证实(confirm)、指示

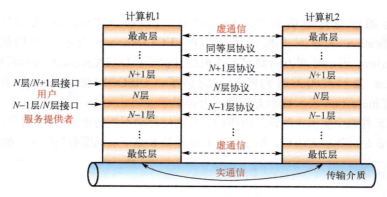

图 1-11　计算机网络层次模型

(indication)、响应(response)。请求是上层对下层发起的；证实是下层对上层请求的响应；指示是下层对上层发起的，表示有某个事件发生了；响应是上层对下层指示的响应。

服务访问点是相邻两层信息交换的位置。

例如，N 层上运行的是 N 层的协议，两个对等实体的同等层通信(N 层与 N 层的通信)称为对等通信。对于同一实体来讲，N 层通过层间接口为其上层($N+1$ 层)提供服务。当然，N 层可以提供很多类型的服务，不同类型的服务通过接口上的不同服务访问点提供。

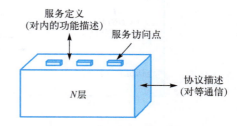

图 1-12　网络层次模型中的术语

协议和服务是两个不同的概念。协议是控制两个对等实体进行通信的规则的集合，在协议的控制下，两个对等实体间的通信使得本层能够向上一层提供服务，而要实现本层协议，还需要使用下一层提供的服务，例如，图 1-9 中，要实现文件传输，还需要通信服务模块、网络接入模块的支持。协议的实现保证了本层能够向上一层提供服务。本层的用户只能看见服务而无法看见下层的协议，下层的协议对上层的用户是透明的。

协议是水平的，即协议是控制对等实体之间通信的规则。简单地说，协议是不同实体之间的对等通信。服务是垂直的，即服务是由下层向上层通过层间接口提供的，服务是针对同一实体之间的上下层通信。

上层使用下层所提供的服务时必须与下层交换一些命令，这些命令称为服务原语。下面介绍一个实例，在该实例中用到了一些服务原语：

(1) CONNECT.request，请求建立连接；

(2) CONNECT.indication，向被叫方指示连接请求；

(3) CONNECT.response，被叫方用以表示接受或拒绝连接请求；

(4) CONNECT.confirm，通知呼叫方建立连接的请求是否被接受；

(5) DATA.request，请求发送数据；

(6) DATA.indication，数据到达；

(7) DISCONNECT.request，请求释放连接；

(8) DISCONNECT.indication，向对等实体指示释放连接。

这些服务原语与打电话非常类似。例如，CONNECT.request 表示拨电话号码；CONNECT.indication 表示对方振铃了；CONNECT.response 表示对方摘机或挂机了；CONNECT.confirm 表示呼叫方听到对方摘机或挂机了；DATA.request 表示呼叫方说话了；DATA.indication 表示被叫方听到呼叫方说话了；DISCONNECT.request 表示挂机了；DISCONNECT.indication 表示被叫方听到对方挂机了。

下面具体来看这个实例。假设，两座楼上有两位行动不便的老人(服务用户)要进行通信。老人 A 和老人 B 是同等层的用户，电话员 A 和电话员 B 是下层的服务提供者，如图 1-13 所示。

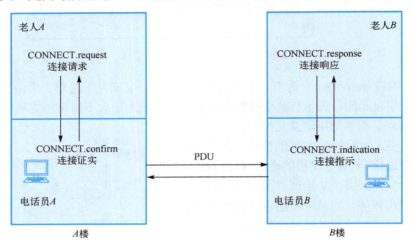

图 1-13　服务原语实例

第一个阶段：建立连接。老人 A 请电话员 A 拨电话，相当于通过 CONNECT.request 服务原语向下层发起连接请求；电话员 A 将连接请求封装成协议数据单元(protocol data unit，PDU)发送给电话员 B。电话员 B 通过 CONNECT.indication 服务原语向老人 B 发起连接指示，相当于告诉老人 B 有电话来了。老人 B 拿起电话准备应答，相当于向下层电话员 B 发出一个同意连接的响应。电话员 B 将这个响应封装成 PDU 发送给电话员 A。电话员 A 通过 CONNECT.confirm 向老人 A 发出连接的证实。这样老人 A 和老人 B 就可以通过 DATA.request、DATA.indication 等服务原语通话了。通话完毕之后，双方通过 DISCONNECT.request 和 DISCONNECT.indication 等服务原语释放连接。从这个例子可以看到，层与层之间通过交换服务原语实现下层为上层提供服务，同等层协议的实现需要用到下层提供的服务。

3.　相邻层的关系

任何相邻层的关系都可以用图 1-14 来表示。N 层是服务提供者，$N+1$ 层是服务用户。服务提供者通过在服务访问点交换服务原语为用户提供服务。对等实体之间同等层次的通信采用相同的协议。图 1-14 形象地说明了实体、协议、服务、服务访问点之间的关系。

如图 1-15 所示，$N+1$ 层向 N 层传递服务数据单元(service data unit，SDU)，SDU 是层与层之间交换的数据单元。$N+1$ 层首先将 SDU 加上接口控制信息(interface control information，ICI)，构成接口数据单元(interface data unit，IDU)。然后将 IDU 通过 SAP 发送给 N 层。N 层将 IDU 中的 ICI 去掉，取出 SDU。假设 N 层想要把收到的 SDU 发送给对端，那么它将 SDU

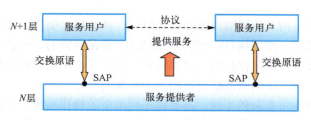

图 1-14　相邻层的关系

加上该层协议的头部(head)，将其封装成一个 PDU 或者拆分成多个 PDU 发送给对端。PDU 是在对等层之间传送的数据。

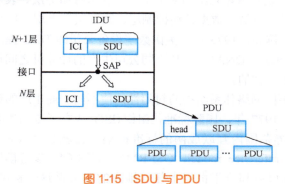

图 1-15　SDU 与 PDU

如图 1-16 所示，计算机 1 把数据传给计算机 2，看起来好像数据直接从计算机 1 的最高层传送到计算机 2 的最高层，但是同等层之间的通信只是虚通信，真正的实通信是上层把数据和控制信息层层下传，直到最低层，最后通过传输介质将数据传送到计算机 2。在每一层，数据都会被加上该层协议的头部信息，这就是数据的封装。协议头部信息包括地址信息、控制信息、校验信息等，通信双方利用协议头部信息实现数据的传输。

图 1-16　数据的封装

1.2.3　网络体系结构

网络体系结构是网络的层次和各层协议的集合，即网络及其所应完成功能的精确定义。

通俗地讲，网络体系结构是指网络由哪些层次组成，以及每个层次包含哪些协议。

体系结构是抽象的，而实现(运行的计算机软硬件)是具体的。也就是说，网络的层次结构是抽象出来的，并不是实际存在的，而实际存在的是真正在运行的硬件和软件。体系结构相当于对象的类型，而具体的网络结构则相当于对象的一个实例。

网络其实是一种非常复杂的系统，需要将不同类型的操作系统、不同类别的终端通过不同的传输介质、不同的网络设备连接起来。为了将网络终端之间的通信这种复杂的工作协调好，需要设计网络体系结构。

1974 年，IBM 提出第一个网络体系结构，即系统网络体系结构(system network architecture，SNA)。系统网络体系结构从上至下包含事务服务层、表示服务层、数据流控制层、传输控制层、路径控制层、数据链路控制层、物理层等七层。此后，其他公司分别提出自己的网络体系结构，例如，1975 年，美国数字设备公司即 DEC 提出了数字网络体系结构(digital network architecture，DNA)。但是不同公司生产的计算机之间很难相互通信，因为它们的网络体系结构是不一样的。

为了打破各厂商不同网络体系结构的封闭性，使不同厂商生产的计算机能够互联，实现更大范围的资源共享，1977 年，国际标准化组织(ISO)成立了专门的委员会，提出了一个试图使各种计算机在世界范围内互联成网的标准框架，也就是开放系统互连参考模型(open system interconnection reference model，OSI-RM)，简称 OSI 参考模型。开放是指只要遵循 OSI 标准，一个系统就可以和位于世界上任何地方的也遵循这一标准的其他任何系统进行通信。

1.2.4 OSI 参考模型

OSI 参考模型是一个三级抽象模型。

首先是参考模型。它是网络系统在功能上和概念上的抽象模型，是三级中最高一级的抽象概念，定义了层次结构、层间关系及所有可能的服务，属于框架性描述。

然后是服务定义。服务定义是较低一级的抽象概念，定义并详细描述各层所提供的服务。某一层的服务是指该层及其以下各层通过层间接口提供给上层的一种能力。

最后是协议规范。协议规范是 OSI 标准中最低级的抽象概念，每一层的协议规范都精确描述了双方约定的通信规则。

OSI 参考模型分层的原则主要有 3 个。

(1)每层的功能应是明确的，并且相互独立。某一层并不需要知道它的下一层是如何实现的，而仅需知道下一层通过层间接口所提供的服务。

(2)层间接口清晰。由于每一层都是通过层间接口为上层提供某种功能的服务，因此需要明确清晰的层间接口。当某一层的具体实现方法更新时，只要保持层间接口关系不变，不会对该层的相邻层造成影响。

(3)层数应适中。若层数太少，会使层间功能划分不够明确，多种功能混杂在一层中，造成每一层的协议太复杂。若层数太多，则网络体系结构过于复杂，对描述和完成各层的拆装任务将增加很多困难。

如图 1-17 所示，OSI 参考模型是一个七层模型，从上到下分为应用层、表示层、会话层、传输层、网络层、数据链路层和物理层。那么为什么要分成这样七层呢？

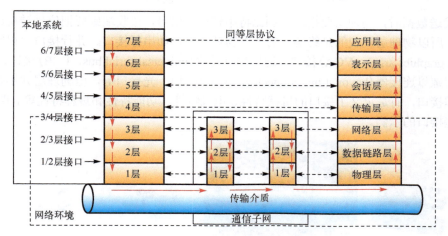

图 1-17　OSI 参考模型

　　首先，两台计算机之间要能够进行通信，需保证它们之间有一条物理链路将它们连接起来。计算机传递的消息其实就是 0101…的二进制比特串。因此，物理层要实现将一台主机上的二进制比特串通过一条物理链路传到另一台主机上，即物理层要将二进制比特串转换成信号从传输介质上发送出去。物理层协议约定如何用信号来表示二进制比特串。现在二进制比特串能够通过传输介质发送出去了，但是信息在传输过程中可能会出错，那么如何解决出错的问题？这就需要数据链路层来提供纠错的服务，协议双方约定好检错或纠错的方式，使得二进制比特串能够正确传输到对方。有了物理层和数据链路层的支持，能够实现一台计算机直接把数据传给另一台计算机，但是如果通过网络环境进行传输，则需要网络层的支持。网络层协议约定如何为通信双方提供一条网络通路。计算机和计算机之间的通信实际上是一台计算机的某一个应用进程和另一台计算机的某一个应用进程之间的通信，因此需要传输层来实现将数据从一个应用进程传输给另一个应用进程。会话层主要是在通信双方之间建立起一个会话，发送方要和接收方通信时，希望接收方事先准备好。例如，客户机要请求一个 Web 服务，但服务器根本就没启动，那么客户机的这个请求就不会有响应，所以需要会话层来保证双方做好通信的准备。由于不同的计算机采用的信息表示方法不一样，有的采用 ASCII 码，有的采用二进制编码的十进制数（binary coded decimal，BCD）或者广义二进制编码的十进制交换码（extended binary coded decimal interchange code，EBCDIC），有的用 2 字节表示一个整数，有的则用 4 字节来表示整数，因此需要有一个翻译来实现不同表示方法之间的转换，这个工作就由表示层来完成。最后，不同的应用也有不同的表示方法，例如，网页有网页的格式，电子邮件有电子邮件的格式，应用层协议则约定了不同应用数据的格式和数据交换的方式。综上所述，为了能够在网络环境下实现信息的交互，OSI 参考模型将网络分成了七层，因此 OSI 参考模型也称为七层模型。下面对模型每一层的概念、功能进行阐述。

1. 物理层

　　物理层提供点到点的信号传输服务。点到点是一点把数据传输给另一点，中间不经过其他的点。物理层提供与传输媒体的接口，完成传输媒体的信号与二进制数据之间的转换。物理层向上是二进制数据，向下则是适合信道传输的信号。

在发送数据时，物理层要把二进制比特串转换为信号，接收端则要把信号转换成二进制比特串，所以物理层反映的是终端上的一些物理接口，如串行接口、并行接口、视频图形阵列（video graphics array，VGA）接口、通用串行总线（universal serial bus，USB）接口、RJ45接口、刺刀螺母连接器（bayonet nut connector，BNC）接口、光接口等，但物理层并不是这些实际的物理接口，而是定义了接口的机械特性、电气特性、功能特性和规程特性等。图1-18给出了一些接口的示例。

图 1-18　串行接口、RJ45 接口、BNC 接口、光接口

1）机械特性

机械特性指明接口所采用的接线器的形状和尺寸、引线数目和排列、固定和锁定装置等，也就是说这个接口是长方形的还是正方形的，多长、多宽，有多少个引脚，引脚是怎么排列的，采用卡口进行固定还是采用螺丝扣进行固定。

2）电气特性

电气特性指明接口电缆的各条引线上出现的信号电平（电压）的范围以及传输速率和传输距离限制等参数属性，也就是说用一个多大范围的电平表示 0 和 1，信号的脉冲宽度是多少，传输速率是多少，传输距离是多少。

物理层接口电气特性主要分为 3 类，如图1-19所示。

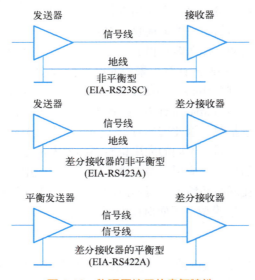

图 1-19　物理层接口的电气特性

（1）非平衡型：每路信号只在一根导线上传输，由于使用单线传输，没有用于抵消干扰

和串扰的线对，不同导线上的信号串扰严重，传输速率低(速率越高，线间串扰越大)。通常用 5～15V 表示 0，–15～–5V 表示 1。

(2)差分接收器的非平衡型：每个信号用一根导线传输，但接收器为差分工作方式，接收信号的电平由两根导线的差值决定，可有效消除干扰和串扰。4～6V 表示 0，–6～–4V 表示 1。

(3)差分接收器的平衡型：发送器采用双线平衡发送方式，每个信号用两根导线传输，但它们是等幅、反相的，一个信号是 5V，另一个则是–5V，两者相减等于 10V，相当于放大了原始信号，传输速率高，抗干扰性能强。

3) 功能特性

功能特性指明各条引线的功能分配和确切定义，以及引线上出现某一信号电平的电压表示何种意义。如图 1-20 所示，RJ45 接口的 1 号线和 2 号线用于接收，3 号线和 6 号线用于发送。

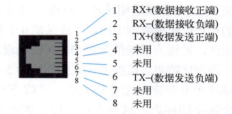

图 1-20　RJ45 接口的功能特性

4) 规程特性

规程特性指明对于实现某一项功能，各种可能事件出现的顺序，也就是说要实现某一项功能，信号线的工作顺序和时序是什么。例如，发送方要发送数据，首先要通过某一条信号线请求发送，接收方则通过另一条信号线允许发送；然后发送方通过一条发送数据线把数据发送过去，接收方用一条接收数据线接收。规程特性对应的是协议三要素中的同步。

2. 数据链路层

数据链路层提供点到点的可靠传输服务。数据链路层介于网络层和物理层之间，因此它有两个接口，一个是对网络层的接口，另一个是对物理层的接口。

数据链路层的主要作用有：

(1)为网络层提供一个比较好的服务接口，网络层要用数据链路层来一段一段传递数据；

(2)定义一个比较合适的传输差错率，因为数据传输过程中会有一定的差错；

(3)对传输双方的数据流量进行管理，因为发送方的发送速率和接收方的数据处理速率可能不一样，要保证接收方能够来得及处理发送方发送的数据。

物理层传输的单元是比特串，要把比特串变成信号来传输。数据链路层要把数据分成一块一块的，每一块称为数据帧，所以数据链路层的协议数据单元是帧。数据链路层主要有以下几个功能。

1) 帧定界

帧定界也称为帧同步。帧定界使得接收方能从收到的比特流中区分帧的开始和结束。帧的组成必须保证能识别一个完整的帧，并保证因出现传输差错而导致前一个帧丢失时，也必须能识别后一个帧，即具有再同步功能。那么怎么区分帧的开始和结束呢？如图 1-21 所示，可以在数据的两头分别加上帧头和帧尾，帧头里面包含一些控制信息，帧尾里面包含一些校验信息，帧头和帧尾中都有一个帧标识符来表示帧的开始和结束。

数据链路层协议通常用 01111110，也就是十六进制的 7EH，作为帧头和帧尾的标志。因此，一个帧开始的时候前面有一个 01111110，当又碰到一个 01111110 时，就表示这个帧结束了。

帧头 (控制信息)	信息	帧尾 (校验信息)

图 1-21　帧的组成

2) 透明传输

透明传输即不管所传数据是什么样的比特组合，接收方都能正确接收，并能将数据与控制信息分开。物理层对于数据链路层是透明的。

假设采用 7EH 作为帧标识符，如果在数据信息中出现了 7EH，接收方就会误认为这是一个帧的结束标志。那么如何解决这个问题呢？可以采用比特插入法(也称为位填充法或位插入法)来实现透明传输，从而解决这个问题。比特插入法保证在传输的数据中不会有连续的6个1。如果数据中出现了连续的6个1，就在连续的5个1后自动插入一个0，变成01111101。因此，发送方发送的数据中不可能出现连续的6个1，也就不可能出现与帧头、帧尾同样的二进制比特串。接收方在收到连续的5个1以后就检查第6个比特，如果第6个比特是0，则这个0肯定是刚才插入的，接收方就把0去掉；如果第6个比特是1，那么肯定就是一个帧尾的标志。这种方式就称为透明传输。

3) 差错控制

差错控制即收到有差错的数据帧时，能检错重传或纠错。当传输过程中出现了错误时，如某一个0变成了1或某一个1变成了0，接收方要能发现这种情况并告诉对方传输出错了，这个问题称为差错控制。

(1) 避免帧错误的保证：帧的校验。

为了检测帧错误，需要设计一些帧的校验方式。数据链路层常用的校验方式有奇偶校验、校验和、循环冗余校验(cyclic redundancy check，CRC)等。第2章将具体介绍这几种校验方式。

(2) 避免帧丢失的保证：超时和重传。

帧除了出现错误外，还有可能丢失，那么如何判断帧是否丢失呢？收发双方在传输数据帧时，会约定接收方在收到数据帧后，将向发送方回送一个应答帧。如果数据帧传输正确，则接收方返回一个确认帧；否则，接收方返回一个否认帧，表示传输的帧有错误。发送方在发送数据帧时通常会设定一个计时器，如果在规定的时间内没有收到接收方的应答帧，则说明发送方传输的帧可能丢失了。因此，如果出现超时，发送方就要重传数据帧。但是如果发送方没有收到应答帧，可能存在以下两种情况：一种情况是接收方没有收到这个帧，没有收到帧自然不会向发送方回送应答帧；另一种情况是接收方收到了这个帧，但是回送给发送方的应答帧丢失了。对于发送方来讲，它无法区分这两种情况。因此，只要出现超时，发送方就会重传数据帧。但是，对于第二种情况，如果发送方超时重传数据帧，则接收方可能收到重复的帧。

(3) 避免帧重复的保证：帧有序号。

那么如何避免接收方收到重复帧？解决的方法是给每一帧加一个序号。例如，接收方已经收到了2号帧，如果发送方又发来一个2号帧，那么这个2号帧肯定是一个重复帧，接收方将丢弃该帧。

因此在差错控制中，主要解决以上3个问题。

4）流量控制

发送方和接收方数据传输和处理的速率可能不一样。如果发送方发送数据的速率太快，而接收方的数据处理能力有限，就需要双方协调来控制发送速率，称为流量控制。流量控制即发送方发送数据的速率必须使得接收方来得及处理。当接收方来不及处理时，就必须及时控制发送方发送数据的速率。在信息网络中，发送方的发送速率一般由接收方来控制。第 2 章将具体介绍如何采用停等协议、滑动窗口协议等进行流量控制。

因此，数据链路层的主要功能是解决差错控制和流量控制问题。当局域网出现以后，由于局域网采用的是广播通信方式，因此数据链路层又增加了一个信道共享的功能，即介质访问控制（medium access control，MAC）功能。

3．网络层

网络层提供端到端的网络通路。端到端是一点把数据传到另一点，中间可能要经过很多的节点。由于一台主机与另一台主机通过网络进行通信，其间可能存在多条通路。因此网络层要实现的功能主要包括路由选择、拥塞控制、协议转换、分段重组等。

路由选择即从源主机与目的主机之间的很多条路径中选择一条合适的路径。合适的路径可以是最短路径，也可以是时延最小的路径。第 3 章将具体介绍距离向量路由协议、链路状态路由协议、路径向量路由协议等。

除了路由选择之外，在网络层还可能碰到拥塞的问题。例如，很多主机发送的数据包都要经过某一台路由器进行路由，但该路由器的处理能力有限，来不及处理这么多数据包，路由器只好丢弃一些数据包，这种情况称为网络拥塞。网络层需要解决网络拥塞的问题，解决办法通常采用通知的方法。如果某一台路由器发生拥塞，则该路由器会通知其他路由器不要再把数据包发过来了，请选择其他的路由器，以缓解拥塞问题，这称为拥塞控制。

随着互联网的出现，每一种网络采用的协议可能不一样，例如，一台路由器的一边连着以太网，另一边连着基于令牌环的光纤分布式数据接口（fiber distributed data interface，FDDI）网。以太网的某一台主机要向 FDDI 网的某一台主机发消息时，路由交换设备要将以太网协议封装的数据包转换成令牌环网协议封装的数据包，这就是协议转换。

不同的网络协议允许传输的数据包长度可能不一样，例如，以太网支持的最大帧长为1518 字节，令牌环网对帧的长度没有限制。因此，令牌环网发往以太网的数据可能需要分段，即把较长的数据分割成一个一个短的分组。以太网在收到一个个短分组后，需要对短分组进行重组，从而恢复原来较长的数据，这就是分段重组。

4．传输层

传输层提供应用程序到应用程序的通路。严格地讲，两台主机之间的通信实际上是两台主机中应用进程之间的通信。由于通信的两个端点是源主机和目的主机中的应用进程，因此把应用进程之间的通信称为端到端通信。传输层把高层要求传输的数据分成若干个报文段，端到端通信意味着报文段的传输要经过很多中间节点，因此必须保证从源主机到目的主机的正确传输。传输层使高层用户看见的好像是在两个传输层实体之间有一条端到端、可靠、全双工的通信通路（即数字管道）。可靠在传输层有两层含义：一层含义是数据不会丢失；另一层含义是数据的发送顺序和接收顺序是一致的，因为传输层是一根数字管道，数据以什么顺序塞进去，也将以什么顺序取出来。

前面提到数据链层要保证可靠传输，现在传输层也要保证可靠传输，这两者有何不同？表 1-1 给出了数据链路层与传输层的对比分析。

表 1-1　数据链路层与传输层的对比分析

对比项	数据链路层	传输层
可靠传输	点到点可靠传输	端到端可靠传输
连接建立	连接建立简单(发送方和接收方通过物理媒体直接通信，启动进程，连接就建立好了)	连接建立复杂(传输通道是一个网络，网络可能会丢包)
数据接收	发送方发送出去的数据，一定是接收方来接收	数据接收需要区分应用进程
传输性能	传输性能容易确定(无中间节点，传播时延固定)	传输性能难以确定(有很多中间节点)
缓冲区管理	缓冲区管理简单(只有一个发送窗口和一个接收窗口)	缓冲区管理复杂(对于每一个连接，都需要分配一个缓冲区)

(1)数据链路层保证点到点的可靠传输。在数据链路层，源主机与目的主机用一条物理媒体直接连接起来，因此数据链路层的连接建立很简单，只要进程一启动，连接就建立好了。发送方通过该连接发送消息时，接收方肯定会收到。在传输层，源主机与目的主机之间通过一个网络连接，由于网络层的分组有可能丢失，传输层的报文段也有可能丢失，因此传输层要保证端到端的可靠传输。传输层通过顺序号和确认号来保证可靠传输。例如，接收方收到的报文顺序号是 1，报文长度是 100，则接收方期望收到的下一个报文段应该从 101 开始。如果不是，则说明传输的报文有问题。此外，对于数据链路层，发送方只要发送数据，一定是接收方来接收；而对于传输层，需要区分是发送方的哪一个应用进程发送给接收方的哪一个应用进程。

(2)数据链路层的传输性能很容易确定，因为其传播时延固定，只要知道这一段链路的长度，就可以计算出传播时延。但对于传输层，发送方和接收方之间经过的是一个网络，网络当中有很多中间节点，数据在每个中间节点停留的时间不一样，而且有可能被中间节点丢弃，所以很难确定网络的传输性能。

(3)数据链路层的缓冲区管理很简单，只有一个发送窗口和一个接收窗口，发送窗口存放的是已经发送出去但还没有收到应答的数据，接收窗口存放的是接收方当前收到的数据，接收方可以把收到的数据交给数据链路层的上层(网络层)。传输层的上层有很多的应用进程，例如，若计算机打开了 5 个 IE 浏览器，传输层就需要指明把数据发给哪一个 IE 浏览器。对于每一个浏览器，都要分配一个缓冲区，用于存放发送方传输过来的数据，因为数据到达的顺序可能与发送的顺序不一致，需要在缓冲区中缓存，排好序之后再交给应用进程。因此，传输层的缓冲区管理较复杂。

综上所述，传输层与数据链路层看上去都提供可靠传输服务，但是实现起来完全不一样。数据链路层提供的是点到点的可靠传输服务，因此简单得多，而传输层提供的是端到端的可靠传输服务，要考虑很多复杂的问题。

5. 会话层

会话层主要是建立通信双方之间的会话关系，确定有关会话的机制，包括如何开始、控制和结束一个会话，如何确定会话的参数。会话层有三大主要功能。

(1)建立会话：A、B 两台主机之间要通信，需要在主机之间建立一个会话，在建立会话的过程中也会有身份验证、权限鉴定等环节。

（2）保持会话：会话建立后，通信双方开始传输数据。当数据传输完成后，会话层不一定立刻将这个会话断开，它会根据应用层的设置对该会话进行维护。在会话维持期间，通信双方可以随时使用这个会话传输数据。

（3）断开会话：当应用层规定的超时时间到期后，会话层将释放会话。当主机重启、关机或手动执行断开连接操作时，会话层也会将主机之间的会话断开。

Windows 系统中共享文件使用的服务消息块（server message block，SMB）协议就是一个会话层协议。A、B 两台主机之间共享文件时需要根据 SMB 协议建立会话关系，并对会话进行管理。

6. 表示层

表示层以下的层次关注的是信息的传送，即如何将数据从源主机发送给目的主机，而表示层和应用层关注的是信息的理解。不同的计算机体系结构采用的数据表示法不同。例如，IBM 主机使用 EBCDIC 码，而大部分 PC 使用 ASCII 码。因此需要表示层进行信息的语法转换，即将数据格式转换为公共表示。表示层的主要功能是格式转换，此外文件压缩和解压缩、文件加密和解密也是表示层提供的表示变换功能。

假设主机 A 浏览网站 B，网站 B 里有一张 JPEG 图片，但是主机 A 无法识别 JPEG 格式的图片，因此主机 A 的浏览器无法显示这张图片。主机 A 的表示层应该安装 JPEG 格式的图片的解码工具，以实现对 JPEG 图片的解码和显示。

7. 应用层

应用层是 OSI 参考模型的最高层，它是用户以及各种应用程序和网络之间的接口。应用层直接向用户提供服务，在其他 6 层工作的基础上，完成用户希望在网络上完成的各种工作。应用层的具体功能如下。

（1）用户接口：应用层是用户与网络以及应用程序与网络间的直接接口，使用户能够与网络进行交互式联系。

（2）实现各种服务：应用层的各种应用程序可以实现用户请求的各种服务。

应用层提供各种各样的应用层协议，这些协议嵌入在各种应用程序中，为用户与网络提供一个通信接口。例如，浏览器工作在应用层，是浏览网页的工具。浏览器基于超文本传输协议（hypertext transfer protocol，HTTP）开发，HTTP 是一种应用层协议。Foxmail、Outlook 等邮件客户端软件也工作在应用层，是管理邮件的工具。Foxmail、Outlook 基于简单邮件传输协议（simple mail transfer protocol，SMTP）和邮局协议第 3 版（post office protocol version 3，POP3）开发，SMTP、POP3 也是应用层协议。

8. OSI 参考模型中的数据传输

两台主机之间的通信实际是主机上应用进程之间的通信。发送方有一个发送进程，接收方有一个接收进程。发送进程将待发送的消息加上应用层的头部，称为应用层的封装，其数据部分称为应用层的服务数据单元（SDU），服务数据单元前面加上一个头部则称为该层的协议数据单元（PDU）。应用层将本层的 PDU 发送给下层——表示层。表示层把应用层的协议数据单元当作自己的服务数据单元，然后加上表示层的头部，进行表示层的封装。以此类推，会话层、传输层、网络层、数据链路层都将进行对应层次的数据封装，最后将数据发送给物理层。物理层将二进制比特串转换为信号，通过传输介质将信号发送给接收方。接收方收到后，其物理层将信号转换成二进制比特串并提交给数据链路层。数据链路层进行数据的校验，如果校验正确，则去掉帧头、帧尾后将其交给网络层，这个过程称为数据的解封装。同理，网络层、传输层、会话层、表示层、应用层均去掉对应的协议头部，进行数据的解封装，最终将数据交给接收进程处理。这样，一条消息就从一台主机的发送进程传到了另一台主机的接收进程，如图1-22所示。

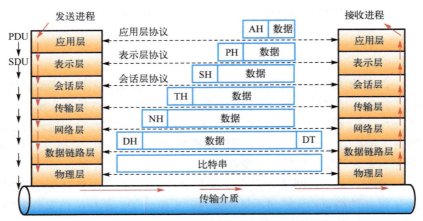

图 1-22　OSI 参考模型中的数据传输

从图1-22可以看到，发送方在发送数据时有一个数据封装的过程，接收方在接收数据时有一个解封装的过程，每一层的协议头部占用了很多的开销，而真正要传输的数据只有一部分。因此，在进行网络层次划分时，不是层次越多越好，也不是越少越好。如果层次太少，则每一层的功能太复杂；如果层次较多，一方面协议头部的开销变大，传输效率变低，另一方面逐层调用所花费的时间变多，时延增大。因此，分层要合理，层数要适中。

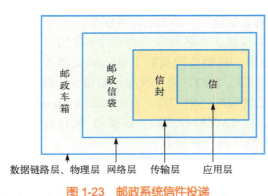

图 1-23　邮政系统信件投递

邮政系统的信件投递与网络中的数据传输非常类似，如图1-23所示。寄信人首先要按照一定的格式来书写信件，如求职信、邀请信等，不同类型的信件有不同的格式要求。信件的格式类似于应用层的协议，按照一定的格式写信类似于应用层的封装。寄信人把写好的信件装入信封，并在信封上写好收信人的地址，即表明传输的端点是谁，相当于传输层的封装。邮政分局按照信封上的地址分拣信件，将发往不同城市的信件分别打包放在一起，例如，发往北京的信件放在一个邮政信袋里，发往广州的信件放在一个邮政信袋里。在邮政信袋上只写明发送地点和接收地点，所以这个邮政信袋相当于网络层的封装。接下来，把邮政信袋装入邮政车箱，这相当于数据链路层的封装。邮政信袋装好后，信件就通过邮政车箱运到了目的地。到达目的地后，把邮政信袋从邮政车箱中取下来，相当于数据链路层的解封装。邮政分局把邮政信袋拆开，相当于网络层的解封装。拆开以后，按照收信人的地址把信件送到收信人的手里，收信人拆开信封，相当于传输层的解封装。收信人阅读信件，从信中得知寄信人要表达的信息，相当于应用层的解封装。因此，通过邮政系统进行信件投递，同样也有类似的数据封装和解封装过程，与网络当中的数据传输非常相像。

计算机系统是分层的，可以分为硬件层、内核层、应用层，计算机网络也是分层的，应该区分计算机系统分层和计算机网络分层的目的和含义。计算机系统分层是为计算机本身的数据处理服务的，而计算机网络分层是为网络通信服务的。

▶▶ 1.2.5　TCP/IP 参考模型

OSI 参考模型是国际标准的参考模型，而 TCP/IP 参考模型是非国际标准的参考模型。TCP/IP 参考模型主要用于解决当前网络互联的实际问题，即目前已经有很多个网络，如何将不同的网络互联起来的问题。

1. TCP/IP 的由来

计算机及网络出现以后，不同的公司都研发了自己的产品。每一家公司的产品相互之间可以连接起来，但是不同公司的产品由于硬件设备、操作系统、协议等方面的不同，难以实现互联互通。美国国防部高级研究计划局担任信息处理技术办公室主任的罗伯特·卡恩以及他的工作伙伴温顿·瑟夫一直致力于研究如何实现不同类型计算机及网络的互联。

1974 年，瑟夫和卡恩在 IEEE 期刊上发表了一篇题为《关于分组交换的网络通信协议》的论文，正式提出 TCP/IP，用以实现计算机网络之间的互联。TCP/IP 诞生之初，受到很多人的强烈抵制。特别是 ISO 推出了著名的 OSI 参考模型，使得显得比较简陋的 TCP/IP 处境比较艰难。但卡恩和瑟夫并没有放弃，经过 4 年的不断改进，TCP/IP 终于完成了基础架构的搭建。1983 年，美国国防部高级研究计划局决定淘汰网络控制协议（network control protocol，NCP），用 TCP/IP 取而代之。从论文发表到 TCP/IP 正式被采用，过去了近 10 年时间。更可贵的是，卡恩和瑟夫没有将 TCP/IP 据为己有，而是将其免费供所有计算机厂家使用，这才造就了如今的互联网。1986 年，美国国家科学基金会网（NSFNET）采用 TCP/IP。20 世纪 90 年代，Internet 迅速发展，使之成为事实上的工业标准或国际标准。卡恩和瑟夫后来被称为"互联网之父"，他们是现代全球互联网发展史上最著名的两个科学家。

2. 模型的层次划分

OSI 参考模型是一个理论模型，计算机网络专家根据实现网络通信需要具备的功能，将模型划分为七个层次。但是，到目前为止并没有一个计算机网络的通信协议完全按照七层模型来设计。当然，很多网络在设计过程中参考了七层模型，所以 OSI 参考模型是一个最为经典的参考模型。TCP/IP 参考模型主要瞄准解决不同网络之间的互联问题，对与这个问题无关的其他问题考虑不多，所以 TCP/IP 参考模型是一个简化的四层模型，如图 1-24 所示。

TCP/IP 参考模型的最上层是应用层，这一层与 OSI 参考模型的应用层一样。TCP/IP 参考模型中没有表示层和会话层。表示层主要关注信息的理解，如不同编码字符之间的

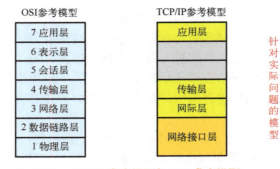

图 1-24　TCP/IP 参考模型与 OSI 参考模型

转换。在 OSI 参考模型刚提出来时是大型机的时代，每家公司生产的大型机采用的编码各不相同，而到了 TCP/IP 参考模型，已经是微型机的时代，微型机的编码基本上都采用 ASCII 码。由于表示层的工作量大大减少，所以 TCP/IP 参考模型去掉了表示层，而表示层的其他工作（如加密解密、压缩解压缩）放到了应用层。会话层主要建立通信双方之间的会话关系，其功能比较简单，因此这些功能就合并到了传输层。TCP/IP 参考模型的传输层一方面和 OSI 参考模型的传输层一样提供端到端的通信功能，另一方面提供会话层的功能。TCP/IP 参考模型的第三层是网际层，对应 OSI 参考模型的网络层，着重解决不同网络的互联问题，因此其主要功能包括路由选择以及协议转换。由于 TCP/IP 参考模型主要考虑如何将网络互联起来，因此数据从一个网络传到另一个网络后，在另一个网络中的数据传输就由该网络负责，因为该网络有能力在其网络内部实现数据传输。由于 TCP/IP 参考模型不需要负责数据在网络内的传输，因此其并没有定义数据链路层和物理层，只有一个网络接口层。一般认为，TCP/IP 参考模型划分为 4 个层次，但是 TCP/IP 参考模型基于与具体的物理传输介质无关的考虑，没有对最低两层做出规定，实际上 TCP/IP 参考模型只有 3 个层次。

TCP/IP 参考模型的应用层主要为用户提供所需要的各种服务，包括了所有的高层协议。TCP/IP 定义了很多应用层标准协议，如超文本传输协议（HTTP）、文件传输协议（file transfer protocol，FTP）、域名系统（domain name system，DNS）、简单邮件传输协议（SMTP）、简单网络管理协议（simple network management protocol，SNMP）等。这些协议将在第 5 章详细介绍。

TCP/IP 参考模型的传输层主要为应用层实体提供端到端的通信功能，保证数据包的顺序传送及数据的完整性。传输层定义了两个主要的协议：传输控制协议（TCP）和用户数据报协议（user datagram protocol，UDP）。TCP 协议是一种可靠的面向连接的协议，实现数据无差错、无丢失、按顺序传送。TCP 协议同时要实现流量控制功能，协调收发双方的发送与接收速率，使得接收方能够正确接收发送方的数据。UDP 协议是一种不可靠的无连接协议，但是它的开销小，主要用于对可靠性要求不是很高，但要求网络延迟较小的场合，如语音和视频数据的传输等。

TCP/IP 参考模型中最关键的是网际层，主要实现不同网络之间的互联。一方面，网际层赋予主机一个 IP 地址来完成对主机的寻址；另一方面，网际层定义了一个统一的 IP 数据包格式以实现分组的传输。此外，网际层还负责分组在网络中的路由。该层有四个主要协议：

互联网协议(internet protocol，IP)、互联网组管理协议(internet group management protocol，IGMP)、互联网控制报文协议(internet control message protocol，ICMP)、地址解析协议(address resolution protocol，ARP)。之所以称为 TCP/IP 参考模型，是因为网际层最主要的协议为 IP 协议，传输层最主要的协议为 TCP 协议。

　　网络接口层与 OSI 参考模型中的物理层和数据链路层相对应，负责监视数据在主机和网络之间的交换。事实上，TCP/IP 参考模型并未定义该层的协议，而由参与互联的各网络使用自己的物理层和数据链路层协议。TCP/IP 参考模型在网络接口层提供了各种接口，包括 Ethernet、Token Bus、FDDI、X.25 等，表明 TCP/IP 参考模型可以连接各式各样的网络，这体现出 TCP/IP 参考模型的兼容性与适应性，也为 TCP/IP 参考模型的成功奠定了基础。TCP/IP 参考模型各层的协议如图 1-25 所示。

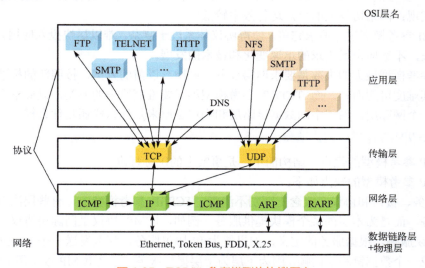

图 1-25　TCP/IP 参考模型的协议层次

1.2.6　OSI 参考模型与 TCP/IP 参考模型的对比分析

　　OSI 参考模型与 TCP/IP 参考模型的共同之处是都采用了层次结构，利用层次化的方法将复杂的问题转化为较小的、容易解决的问题，只不过 OSI 采用的是七层模型，而 TCP/IP 采用的是四层模型。

　　TCP/IP 参考模型从一开始就考虑到多种异构网互联的问题，并将互联网协议(IP)作为其重要组成部分。但是，国际标准化组织最初只考虑在全世界使用一种统一的标准公用数据网，基于这种统一的标准将各种不同的系统互联在一起。后来，他们才意识到互联网协议(IP)的重要性，但是因特网已经抢先在全世界覆盖了相当大的范围，OSI 参考模型只好在网络层中划分出一个子层来完成类似 TCP/IP 参考模型中 IP 的作用。TCP/IP 参考模型一开始就并重考虑面向连接和无连接服务功能，网际层向上只提供无连接的服务，而不提供面向连接的服务，而传输层既提供面向连接的服务，又提供无连接的服务。OSI 参考模型一直到很晚才开始制定一种无连接服务的标准。TCP/IP 参考模型较早就有较好的网络管理功能，而 OSI 参考模型到后来才开始考虑这个问题。

1. OSI 参考模型的优缺点

OSI 参考模型的优点：结构严谨、科学、完备，是一个国际标准，非常适合网络初学者用于理解网络。OSI 参考模型最大的贡献是明确了服务、接口、协议这三个概念之间的区别。下层通过接口为上层提供服务，协议是对等实体之间进行通信的规则，而 TCP/IP 参考模型最初没有明确区分服务、接口和协议。

OSI 参考模型的缺点如下。

(1) OSI 参考模型各层的功能和重要性相差较大，会话层和表示层在大多数应用中很少用到，而数据链路层和网络层任务繁重。因此，OSI 参考模型的数据链路层和网络层有很多子层，每个子层都有不同的功能。

(2) OSI 参考模型的设计受通信思想所支配，较少考虑计算机的特点，服务定义较复杂，难以完全实现；网络协议大而全，运行效率较低。

(3) OSI 参考模型过分追求完美，使得协议体系过于复杂，难以尽快投入应用。其标准制定周期太长，不适应市场需求的迅速变化和技术的发展。

OSI 参考模型最大的失败是要求网络设备厂商抛弃以前的方案，按照新的标准来重新设计产品，其难度可想而知。而 TCP/IP 参考模型不需要推翻原来的方案，只要求在原来的基础上增加一个网际层，网络中的数据链路层和物理层原来是什么样还是什么样。

2. TCP/IP 参考模型的优缺点

TCP/IP 参考模型的优点：结构简单，是事实上的国际标准。

TCP/IP 参考模型的缺点如下。

(1) 服务、接口和协议在概念上区别不清晰。TCP/IP 参考模型中，有些层次并没有为上层提供服务，而是为本层的某个模块提供服务。例如，ICMP 协议是网际层协议，但是为本层的 IP 协议服务。根据服务的定义，如果要为 IP 协议服务，那么发送一个 ICMP 报文，应将其封装成一个数据链路层的帧，因为下层为上层提供服务。但是 ICMP 报文用 IP 协议来封装，而 ICMP 和 IP 是同一层的协议。

(2) TCP/IP 参考模型的网络接口层本身不是一层，仅仅是一个接口，不区分物理层和数据链路层，而这两层完全不同，好的模型应该把物理层和数据链路层区分开。

从体系结构上看，TCP/IP 参考模型的四层结构比 OSI 参考模型的七层结构简单，也没有 OSI 参考模型复杂的服务定义，制定的时机合适，在实践中明显占据优势，成为既成事实的网络标准。

3. 建议采用的模型

OSI 参考模型是一个概念框架（理论模型），目前尚未有严格按照 OSI 参考模型定义的网络协议集及其网络实现。TCP/IP 参考模型应用广泛，但其层次划分不是很科学。现代信息网络一般采用五层参考模型，即物理层、数据链路层、网络层、传输层和应用层。

习 题 一

1-1　什么是信息？什么是网络？什么是信息网络？

1-2　如何理解分层的思想？

1-3　什么是网络协议？什么是网络体系结构？

1-4　网络协议的三要素是什么？三要素是如何定义的？

1-5　试阐述协议和服务的不同。

1-6　什么是服务原语？服务原语有哪几种类型？

1-7　使用层次协议的两个理由是什么？使用层次协议的一个可能缺点是什么？

1-8　如何理解物理层的含义？物理层的四大特性是什么？

1-9　数据链路层的主要功能是什么？

1-10　传输层与数据链路层有何不同？

1-11　假设一个系统具有 n 层协议，应用层产生长度为 M 字节的报文，在每一层加上长度为 h 字节的报文头。试问报文头所占的网络带宽比例是多少？

1-12　假设实现第 k 层操作的算法发生了变化。试问这会影响到第 $k-1$ 层和第 $k+1$ 层的操作吗？为什么？

1-13　假设第 k 层提供的服务发生了变化。试问这会影响到第 $k-1$ 层和第 $k+1$ 层的服务吗？为什么？

1-14　OSI 参考模型和 TCP/IP 参考模型分别由哪几层构成？

1-15　试比较 OSI 参考模型与 TCP/IP 参考模型的优缺点。

1-16　试列举计算机网络中的应用，并比较这些应用之间的差别。

1-17　请考虑如何构建一个信息网络(不要拘泥于电话网、有线电视网和计算机网)，说明该信息网络具备什么功能，可以提供什么服务，然后解释如何实现这些功能和服务。

第2章

信息网络基础理论

本章主要介绍信息网络的基础理论，包括网络结构设计基础、网络流量设计基础、数据传输、多址接入、交换原理、差错控制、流量控制、拥塞控制等。

2.1 网络结构设计基础

信息网络由终端节点、交换节点和传输线路构成，从数学模型来讲是一个图论的问题。因此，信息网络的结构设计问题可以用图论问题来表述。网络结构设计经常转化为求网络的最小支撑树，得到支撑树后就得到一个网络结构，然后在网络中计算节点之间的最短路径。

2.1.1 图的基本概念

1. 图的定义

信息网络的结构是一个点线图，由若干个点和点间的连线组成。图 G 由两个集合 V 和 E 组成，其中 V 是顶点的有限集合，$V=\{v_1,v_2,\cdots,v_n\}$，E 是连接 V 中两个不同顶点(顶点对)的边的有限集合，$E=\{e_1,e_2,\cdots,e_m\}$。当边集 E 与顶点集 V 中 2 个元的关系 R 满足

$$V \times V \xrightarrow{\ R\ } E \tag{2-1}$$

时，V 和 E 组成图 G，记为 $G=(V,E)$。

图可以分为无向图和有向图。在图 G 中，若代表边的顶点对是无序的，则称 G 为无向图。无向图中代表边的无序顶点对通常用圆括号括起来，用以表示一条无向边。

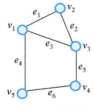

图 2-1 无向图

例 2-1 无向图，如图 2-1 所示。

该例中顶点的集合为 $V=\{v_1,v_2,v_3,v_4,v_5\}$，边的集合为 $E=\{e_1,e_2,e_3,e_4,e_5,e_6\}$，其中 $e_1=(v_1,v_2)$，$e_2=(v_2,v_3)$，$e_3=(v_1,v_3)$，$e_4=(v_1,v_5)$，$e_5=(v_3,v_4)$，$e_6=(v_4,v_5)$，由于该图是无向图，因此边是没有方向的，即 $e_1=(v_1,v_2)$ 也可以表示为 $e_1=(v_2,v_1)$。

如果代表边的顶点对是有序的，则称 G 为有向图。在有向图中，代表边的顶点对通常用尖括号括起来，用以表示一条有向边。

例 2-2 有向图，如图 2-2 所示。

该例中顶点的集合为 $V=\{v_1,v_2,v_3,v_4,v_5\}$，边的集合为 $E=\{e_1,e_2,e_3,e_4,e_5,e_6\}$，其中 $e_1=<v_2,v_1>$，$e_2=<v_3,v_2>$，$e_3=<v_3,v_1>$，$e_4=<v_5,v_1>$，$e_5=<v_4,v_3>$，$e_6=<v_4,v_5>$。由

于该例是有向图，因此边是有方向的，$e_1 = <v_2, v_1>$ 就不能表示为 $e_1 = <v_1, v_2>$。

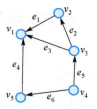

图 2-2 有向图

2. 图的基本术语

1) 端点和邻接点

在一个无向图中，若存在一条边 (v_i, v_j)，则称 v_i 和 v_j 为此边的两个端点（又称为顶点），并称它们互为邻接点。

在一个有向图中，若存在一条边 $<v_i, v_j>$，则称此边是顶点 v_i 的一条出边，同时也是顶点 v_j 的一条入边；称 v_i 和 v_j 分别为此边的起始端点（简称起点）和终止端点（简称终点），v_i 和 v_j 互为邻接点。

2) 顶点的度

在无向图中，顶点所具有的边的数目称为该顶点的度。在有向图中，以顶点 v_i 为终点的入边的数目称为该顶点的入度；以顶点 v_i 为起点的出边的数目称为该顶点的出度；一个顶点的入度与出度的和为该顶点的度。

例 2-3 顶点的度、入度和出度，如图 2-2 所示。

该例是一个有向图，图中 v_1 的度是 3，3 个入度；v_2 的度为 2，入度为 1，出度也为 1；v_3 的度为 3，入度为 1，出度为 2。

若一个图有 n 个顶点和 e 条边，每个顶点的度为 $d_i (1 \leqslant i \leqslant n)$，则有

$$e = \frac{1}{2} \sum_{i=1}^{n} d_i \tag{2-2}$$

即边的数目等于所有顶点的度之和再除以 2。因为任意一条边都有两个顶点，每一条边对顶点度的贡献为 2，所以边的 2 倍就是所有顶点的度之和。

3) 完全图

若无向图中的每两个顶点之间都存在一条边，有向图中的每两个顶点之间都存在方向相反的两条边，则称此图为完全图。n 个端点的完全无向图的边数为 C_n^2，n 个端点的完全有向图的边数为 A_n^2。

4) 路径和路径长度

在图 $G = (V, E)$ 中，从顶点 v_i 到顶点 v_j 的一条路径是一个顶点序列 $(v_i, v_{i1}, v_{i2}, \cdots, v_{im}, v_j)$。路径长度是指一条路径经过的边的数目。

例 2-4 路径和路径长度，如图 2-2 所示。

在该例中存在一条路径 (v_4, v_5, v_1)，路径长度为 2。v_3 到 v_1 有 2 条路径，即 (v_3, v_2, v_1) 和 (v_3, v_1)，路径长度分别为 2 和 1；v_1 到 v_2 没有路径。

5) 回路或环

若一条路径的开始点与结束点为同一个顶点，则此路径称为回路或环。

6) 连通图与非连通图

若图 $G = (V, E)$ 中任意两个点之间至少存在一条路径，则称 G 为连通图，否则为非连通图。

例 2-5　连通图与非连通图，如图 2-3 所示。

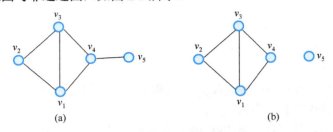

图 2-3　连通图与非连通图

该例中，图 2-3(a) 为连通图，图 2-3(b) 为非连通图。

7) 子图

设有两个图 $G=(V,E)$ 和 $G'=(V',E')$，若 V' 是 V 的子集，即 $V'\subseteq V$，且 E' 是 E 的子集，即 $E'\subseteq E$，则称 G' 是 G 的子图，即 $G'\subseteq G$。

例 2-6　子图，如图 2-4 所示。

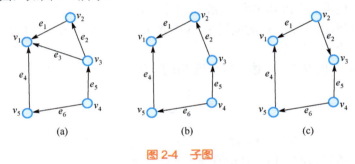

图 2-4　子图

该例中，图 2-4(b) 是图 2-4(a) 的子图，而图 2-4(c) 不是图 2-4(a) 的子图。任何图都是自己的子图。

8) 有权图和无权图

图中每一条边都可以附一个对应的数值(可为正值或负值)，这种与边相关的数值称为权。权可以表示从一个顶点到另一个顶点的距离或花费的代价(在实际构建局域网中，边的长度是有限制的，例如，采用双绞线≤100m，采用细缆≤150m，采用粗缆≤500m)。边上带有权的图称为有权图，否则为无权图。

例 2-7　请写出图 2-5 的点集、边集和边的权值。

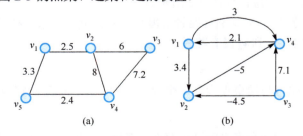

图 2-5　图的点集、边集和边的权值

解　该例中图 2-5（a）是无向图，记为 $G=(V,E)$，其中点集 $V=\{v_1,v_2,v_3,v_4,v_5\}$，边集 $E=\{(v_1,v_2),(v_2,v_3),(v_3,v_4),(v_2,v_4),(v_4,v_5),(v_1,v_5)\}$，与边集 E 相对应（按顺序）的边的权值为 $p_1=2.5$，$p_2=6$，$p_3=7.2$，$p_4=8$，$p_5=2.4$，$p_6=3.3$。

图 2-5（b）是有向图，记为 $G=(V,E)$，其中点集 $V=\{v_1,v_2,v_3,v_4\}$，边集 $E=\{<v_1,v_4>,<v_4,v_1>,<v_1,v_2>,<v_2,v_4>,<v_3,v_2>,<v_3,v_4>\}$，与边集 E 相对应（按顺序）的边的权值为 $p_1=3$，$p_2=2.1$，$p_3=3.4$，$p_4=-5$，$p_5=-4.5$，$p_6=7.1$。

▶▶ 2.1.2　树的基本概念

1. 树的定义

一个无回路的连通图称为树。树的边称为树枝，树枝分为树干和树尖。

树干：树枝的两个端点至少与两条边关联。因此，树干的一个端点的度至少为 2。

树尖：树枝的一个端点仅与此边关联，并称该端点为树叶。因此，树叶的度为 1。

树记为 T，并用全部树枝的集合来表示。

例 2-8　请指出图 2-6 中的树干、树尖。

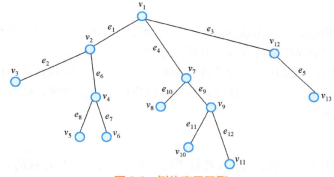

图 2-6　树的表示示例

解　该例的树可表示为 $T=\{e_1,e_2,e_3,e_4,e_5,\cdots,e_{11},e_{12}\}$。图用顶点的集合和边的集合来表示，而树是一种特殊的图，仅用边的集合来表示。该例一共有 12 个树枝，其中树干有 e_1、e_3、e_4、e_6、e_9，树尖有 e_2、e_5、e_7、e_8、e_{10}、e_{11}、e_{12}。

2. 树的性质

（1）树中任意两个点之间只存在一条路径。如果还存在其他路径，就会构成回路。

（2）树是连通的，但去掉任何一条边便不连通，即树是最小连通图。树去掉任何一条边时，便由连通图变成非连通图。

（3）树无回路，但增加一条边就可以得到一个回路。具有 n 个点的树共有 $n-1$ 个树枝，例如，具有 5 个点的树共有 4 个树枝。因此，树可以定义成 n 个节点、$n-1$ 条边的连通图。

（4）任一棵树至少有两个端点的度为 1。度为 1 的节点即为树叶，那么这两个端点称为树叶，即一棵树至少有两片树叶。最简单的树就是一条边和两个端点。

3. 图的支撑树

如果一棵树 T 为一个连通图 G 的子图，且包含 G 中所有的点，则称该树为 G 的支撑树（或生成树)。只有连通图才有支撑树，因为树就是一个最小连通图。一个连通图有不止一棵支撑树，除非该图本身就是一棵树。

例 2-9　图 G 的支撑树，如图 2-7 所示。

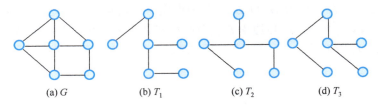

(a) G　　　(b) T_1　　　(c) T_2　　　(d) T_3

图 2-7　图 G 的支撑树示例

该例中，T_1 和 T_2 是 G 的支撑树。首先 T_1 和 T_2 是树，因为 T_1 和 T_2 都是没有回路的连通图；其次 T_1 和 T_2 都是 G 的子图，因为 T_1 和 T_2 的点集和边集都是图 G 的子集，而且 T_1 和 T_2 包含图 G 所有的点。T_1 和 T_2 满足支撑树的定义，因此它们都是 G 的支撑树。T_3 不是图 G 的子图，因此 T_3 不是图 G 的支撑树。

2.1.3　最短路径

在进行网络结构设计和路由选择时，经常遇到以下问题：一是建立多个城市之间的有线通信网时，如何确定能够连接所有城市并使线路费用最小的网络结构；二是在一定的网络结构下，如何选择路由，以及如何确定首选路由和迂回路由等。这些都是路径选择或路径优化的问题。确定线路费用最小的网络结构即找到该网络的最小支撑树，而路由选择则是在网络中寻找最短或最优路径。

1. 最小支撑树

若连通图本身不是一棵树，则其支撑树不止一棵。各支撑树树枝权值之和一般各不相同，权值之和最小的那棵树称为最小支撑树。寻找最小支撑树是一个常见的优化问题，分两种情况：无限制条件的情况和有限制条件的情况。无限制条件下找最小支撑树的常用方法有两种：Kruskal 算法和 Prim 算法。

1）Kruskal 算法

Kruskal 算法(简称 K 算法)是一种顺序取边的方法，由美国数学家克鲁斯卡尔于 1956 年提出。该方法的步骤如下。

(1)排列：将连通图 G 中的所有边按权值递增(或非减)的次序排列(若有两条以上边的权值相等，这些边可以任意次序排列)。

(2)选边：选择 G 中权值最小的边为树枝，后面的每一步都从 G 中所有剩下的边中选取与前面选出的诸边不构成回路的另一条最短边(若有几条权值相同的边，可依次选取)。

(3)继续下去，直到选够 $n-1$ 条边。选出的 $n-1$ 条边就构成最小支撑树。n 是连通图 G 的顶点的个数。

例 2-10　如图 2-8 所示，要建设连接 5 个城镇的线路网，图中所标权值为两城镇之间的距离，用 K 算法找出连接这 5 个城镇线路费用最小的网络结构图，并求其最短路径长度(假设线路费用与距离成正比)。

解　首先将各城镇之间的距离(权值)按递增次序排列得到表 2-1。

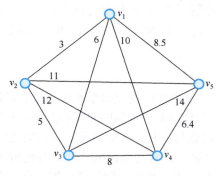

图 2-8　5 个城镇的线路网

表 2-1　权值排序表

顺序	边	距离	顺序	边	距离
1	(v_1,v_2)	3	6	(v_1,v_5)	8.5
2	(v_2,v_3)	5	7	(v_1,v_4)	10
3	(v_1,v_3)	6	8	(v_2,v_5)	11
4	(v_4,v_5)	6.4	9	(v_2,v_4)	12
5	(v_3,v_4)	8	10	(v_3,v_5)	14

　　然后开始选边。选边有两个要求:一是选权值最小的;二是所选边不要与已选边构成回路。该例一共有 5 个顶点,因此只要选够 4 条边就可以了。首先选边 (v_1,v_2),权值为 3;其次选边 (v_2,v_3),权值为 5,与已选边没有形成回路,保留;然后选边 (v_1,v_3),权值为 6,但是这条边与前面已选边构成回路,因此要舍去这条边;接着选边 (v_4,v_5),权值为 6.4,与已选边没有形成回路,保留;最后选边 (v_3,v_4),权值为 8,与已选边没有形成回路,保留。至此,已选够 $n-1=4$ 条边,形成一棵最小支撑树,如图 2-9 所示。

　　图 2-9 是一棵树,并且是图 2-8 的子图,所以图 2-9 是图 2-8 的支撑树,其网络总长度(最短路径长度)为 3+5+8+6.4=22.4,是最小支撑树。

　　从例 2-10 中可以看出,K 算法在实现过程中的关键和难点是如何判断欲加入的一条边是否与生成树中已选边形成回路。

　　对于这个问题,可以采用链表的方法来解决。每一棵树的节点可以用一个单向链表来表示。刚开始计算时,每

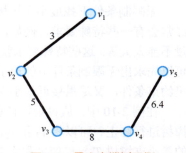

图 2-9　最小支撑树示例

一个链表对应一个节点,n 个节点共有 n 个链表。判断所选边的两个端点是不是属于同一链表,如果属于同一链表,则这条边加入后将形成回路;如果边的两个端点分别属于不同的单向链表,则这条边加入后不会形成回路,然后将两个链表合成一个链表。

　　在该例中,有 5 个节点,因此一开始链表为 $\{v_1\},\{v_2\},\{v_3\},\{v_4\},\{v_5\}$。首先选边 (v_1,v_2),v_1 和 v_2 分别属于两个不同的链表,加入后不构成回路,将链表合并为 $\{v_1,v_2\},\{v_3\},\{v_4\},\{v_5\}$;其次选边 (v_2,v_3),v_2 和 v_3 分别属于两个不同的链表,加入后不构成回路,将链表合并为

$\{v_1,v_2,v_3\}$，$\{v_4\}$，$\{v_5\}$；然后选边(v_1,v_3)，v_1和v_3属于同一个链表，加入后构成回路，所以舍去；接着选边(v_4,v_5)，v_4和v_5分别属于两个不同的链表，加入后不构成回路，将链表变为$\{v_1,v_2,v_3\}$，$\{v_4,v_5\}$；最后选边(v_3,v_4)，v_3和v_4分别属于两个不同的链表，加入后不构成回路，这时链表变为$\{v_1,v_2,v_3,v_4,v_5\}$。

2）Prim 算法

Prim 算法（简称 P 算法）于 1930 年由捷克数学家亚尔尼克发现，后来在 1957 年由美国计算机科学家普里姆改进而成。P 算法是一种顺序取点的方法，其实现步骤为：

(1) 任意选择一个点v_i，将它与v_j相连，同时使(v_i,v_j)具有的权值最小；

(2) 从v_i、v_j以外的点中选取一点v_k与v_i或v_j相连，并使所连两点的边具有最小的权值；

(3) 重复这一过程，直至将所有点相连，即得到连接n个节点的最小支撑树。

例 2-11 采用 P 算法求图 2-8 的最小支撑树。

解 先取一个点v_1，构成集合$G_1=\{v_1\}$；然后比较从v_1到v_1之外的点v_2、v_3、v_4、v_5的距离，选取所构成边的权值最小的点v_2，把这个点加进去，构成集合$G_2=\{v_1,v_2\}$；接着比较G_2中各点到$G-G_2$中各点的所有边的权值，取权值最小的边。重复以上步骤，直到所有的点都选完，就得到了最小支撑树，d_{12}，d_{23}，d_{34}，d_{45}，如表 2-2 所示。这两种方法得到的同一图的最小支撑树可能不同，但两棵最小支撑树的权值之和一定相同，都是 22.4。

表 2-2　顺序取点

顺序	端点	边，权值
1	$G_1=\{v_1\}$	—
2	$G_2=\{v_1,v_2\}$	d_{12}最小，为 3
3	$G_3=\{v_1,v_2,v_3\}$	d_{23}最小，为 5
4	$G_4=\{v_1,v_2,v_3,v_4\}$	d_{34}最小，为 8
5	$G_5=\{v_1,v_2,v_3,v_4,v_5\}$	d_{45}最小，为 6.4

无限制条件下找最小支撑树可以采用以上介绍的 K 算法、P 算法。在设计网络的过程中，经常会有一些特殊要求，例如，两个交换中心通信时，转接次数不能太多，某条线路的话务量不能太大等。这些特殊要求就是有限制条件或约束条件。对于有限制条件下找最小支撑树，可以先求出无限制条件下的最小支撑树，然后根据约束条件对网络结构进行调整，使之既满足约束条件，又尽量接近最小支撑树。

在例 2-10 中，假设规定任意两点间的转接次数不能超过 3，那么如何对已求得的最小支撑树进行修正？可以将v_2和v_3、v_3和v_4断开，而将v_1和v_5、v_1和v_3连接，得到有限制条件的最小支撑树T_2，权值之和为 23.9，如图 2-10 所示。

K 算法、P 算法用于求最小支撑树，即根据需求得到一个网络结构。在网络结构确定后，任意两点之间通信时，首选路由是它们之间的最短路由，这是求两点间最短路径的问题。下面介绍两个最短路径算法：一个是 Dijkstra 算法，它是求指定点到其他点的最短路径的算法；另一个是 Floyd 算法，它是求任意两点间最短路径的算法。

2. Dijkstra 算法

Dijkstra 算法（简称 D 算法）由荷兰著名计算机科学家迪杰斯特拉于 1959 年提出，它应用

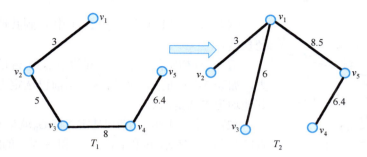

图 2-10　有限制条件下求最小支撑树示例

了贪心算法模式。贪心算法是指在对问题求解时，总是做出在当前看来最好的选择。也就是说，贪心算法不从整体最优考虑，所得出的仅是在某种意义上的局部最优解。D 算法解决的是单个源点到其他顶点的最短路径问题，其主要特点是以起点为中心向外层层扩展，直到扩展到终点为止。

1）D 算法思路

设给定图 G（共有 n 个点）及各边权值 d_{ij}，指定根节点为 v_s。把点集分成两组：已选定点集（工作节点）G_p 和未选定点集（临时节点）$G-G_p$，每个点都有一个权值 w_i。对于已选定点，权值是根节点 v_s 到该点的最短路径长度。对于未选定点，w_i 是暂时的，是 v_s 经当前 G_p 中的点到该点的最短路径长度。将 $G-G_p$ 中路径最短的点归入 G_p，然后计算 $G-G_p$ 中各点的 w_i，与上次的 w_i 做比较，取最小的。如此下去，直到 G_p 中有 n 个点，所设定的权值就是最短路径长度。

D 算法采用了迭代的思想，迭代是函数内某段代码实现的循环。D 算法每次迭代时选择的下一个顶点是标记点之外距离根节点最近的顶点。

2）D 算法具体步骤

（1）初始化：指定节点 v_s，得到 $G_p=\{v_s\}$，其权值 $w_s=0$，$w_j=\infty\,(v_j\in G-G_p)$。这里假设一开始其他节点都没有和指定节点 v_s 相连，因此权值为无穷大。

（2）计算暂设值：

$$w_j^* = \min_{\substack{v_j\in G-G_p \\ v_i\in G_p}} (w_j, w_i + d_{ij}) \tag{2-3}$$

其中，w_j 是上一次的暂设值；w_i 是上一次某一点 v_i 到 v_s 的最小距离的设定值。这里 v_i 是已选定点集 G_p 中的一个点，相当于新的工作节点，w_i 是这个工作节点到指定节点 v_s 的距离（最小距离），v_j 是未选定点集 $G-G_p$ 中的某一个节点，w_j 是这个点到 v_s 的距离（上一次计算出来的暂设值），d_{ij} 是 v_i 到 v_j 的距离。这一步简单地说就是做一个纵向的比较，即比较这一次计算的暂设值 w_i+d_{ij} 和上次计算的暂设值 w_j，哪个值小选哪个。

（3）取最小值：

$$w_i = \min_{v_i\in G-G_p} w_j^* \tag{2-4}$$

将 v_i 并入 G_p 得到新的 G_p，若新的 G_p 中的点数为 n，算法结束；否则返回到上一步。这一步相当于做一个横向的比较，在未选定点集中选一个到指定节点 v_s 距离最短的点，然后把这个点加入到 G_p 当中，作为工作节点。

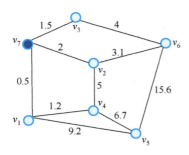

图 2-11　D 算法示例

例 2-12　用 D 算法求图 2-11 中 v_7 到其他各点的最短路径长度。

解　(1)初始化。$w_s=0$，其他节点到 v_7 的距离均为无穷大，如表 2-3 中的第二行所示。当前已选定点集中只有 v_7，其他均为未选定的点。

(2)计算暂设值。当前已选定点集 G_p 就是 v_7 这个点，和 v_7 直接相连的点有 v_1、v_2 和 v_3，v_1、v_2 和 v_3 到 v_7 的距离分别为 0.5、2 和 1.5，这些新计算出来的暂设值均小于原来的暂设值无穷大，因此要用新的暂设值代替原来的暂设值。对与 v_7 不直接相连的节点 v_4、v_5、v_6，它们到 v_7 的距离还是无穷大，因此这些节点的暂设值还是无穷大，不变；因为这里的暂设值是经过已选定点到根节点的距离，而已选定点是 v_7，所以 v_4、v_5、v_6 到不了 v_7。

(3)取最小值。在计算好的暂设值中，最小的是 0.5，对应的节点是 v_1，如表 2-3 中的第三行所示，将节点 v_1 加入已选定点集 G_p。

然后开始迭代，回到步骤(2)计算暂设值。此时节点 v_1 是工作节点，与 v_1 直接相连的点是 v_4 和 v_5，那么 v_4 通过 v_1 到 v_7 的距离为 1.7，v_5 通过 v_1 到 v_7 的距离为 9.7。同样先做一个纵向的比较，1.7 和 9.7 均小于原来的暂设值无穷大，因此替换掉原来的暂设值。然后做一个横向的比较，如表 2-3 第四行所示，此时最小的暂设值是 v_3 对应的 1.5，因此将 v_3 加入 G_p。

现在 v_3 作为工作节点，与 v_3 直接相连的点是 v_6，因此 v_6 可以通过 v_3 到达 v_7，距离是 5.5<无穷大，因此替换原来的暂设值。如表 2-3 第五行所示，此时最小的暂设值是 v_4 对应的 1.7，因此将 v_4 加入 G_p。

现在 v_4 作为工作节点，与 v_4 直接相连的点有 v_2 和 v_5。v_2 可以通过 v_4 到 v_7，但现在 v_4 的暂设值是 1.7，v_2 到 v_4 的距离是 5，加起来是 6.7，大于原来的 2，因此 v_2 的暂设值保持不变。v_5 也可以通过 v_4 到达 v_7，距离为 8.4，原来 v_5 通过 v_1 到达 v_7 的距离是 9.7，显然要用 8.4 来代替 9.7。如表 2-3 第六行所示，此时最小的暂设值是 v_2 对应的 2，因此将 v_2 加入 G_p。

现在 v_2 作为工作节点，与 v_2 直接相连的点是 v_6。v_6 可以通过 v_2 到 v_7，距离是 5.1，小于原来的暂设值 5.5，因此要用新的暂设值替代原来的暂设值。如表 2-3 第七行所示，此时最小的暂设值是 v_6 对应的 5.1，因此将 v_6 加入 G_p。

现在 v_6 作为工作节点，与 v_6 直接相连的点是 v_5。v_5 可以通过 v_6 到 v_7，距离是 20.7，大于原来的暂设值 8.4，因此保持原来的暂设值不变。最后把 v_5 加入已选定点集，这样已选定点集中已经包含 7 个点，算法结束。

表 2-3　D 算法示例

v_7	v_1	v_2	v_3	v_4	v_5	v_6	设定	最短路径长度	G_p	$G-G_p$
0	∞	∞	∞	∞	∞	∞	v_7	$w_s=0$	v_7	v_1、v_2、v_3、v_4、v_5、v_6
	0.5	2	1.5	∞	∞	∞	v_1	$w_1=0.5$	v_7、v_1	v_2、v_3、v_4、v_5、v_6
		2	1.5	1.7	9.7	∞	v_3	$w_3=1.5$	v_7、v_1、v_3	v_2、v_4、v_5、v_6
		2		1.7	9.7	5.5	v_4	$w_4=1.7$	v_7、v_1、v_3、v_4	v_2、v_5、v_6
		2			8.4	5.5	v_2	$w_2=2$	v_7、v_1、v_3、v_4、v_2	v_5、v_6
					8.4	5.1	v_6	$w_6=5.1$	v_7、v_1、v_3、v_4、v_2、v_6	v_5
					8.4		v_5	$w_5=8.4$	v_7、v_1、v_3、v_4、v_2、v_6、v_5	

最终可以得到图 2-11 的最小支撑树，如图 2-12 所示。根节点到其他节点的最短路径如表 2-4 所示。

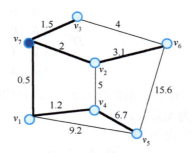

图 2-12 D 算法最短路径计算结果

表 2-4 D 算法最短路径计算结果

最短路径	(v_7,v_1)	(v_7,v_3)	(v_7,v_1,v_4)	(v_7,v_2)	(v_7,v_2,v_6)	(v_7,v_1,v_4,v_5)
长度	0.5	1.5	1.7	2	5.1	8.4

3. Floyd 算法

Floyd 算法(简称 F 算法)由斯坦福大学计算机科学系教授弗洛伊德提出，用于求任意两点之间的最短路径。F 算法的原理与 D 算法相同，只是采用矩阵形式计算，便于计算机处理。F 算法又称为插点法。插点法是指直接在图的带权邻接矩阵中用插入顶点的方法依次构造出 n 个矩阵 $D(1)$、$D(2)$、…、$D(n)$，使最后得到的矩阵 $D(n)$ 成为图的距离矩阵，同时也求出插入点矩阵(路由矩阵)以便得到两点间的最短路径。与 D 算法不同的是，F 算法采用递归的方法。递归是重复调用函数自身实现的循环，算法进行 n 次更新，得到 n 个矩阵。F 算法的具体思路如下。

(1)建立初始距离矩阵：

$$D^{(0)} = [D_{ij}^{(0)}]_{n \times n} \tag{2-5}$$

其中

$$D_{ij}^{(0)} = \begin{cases} d_{ij}, & i、j\text{相连} \\ 0, & i = j \\ \infty, & i、j\text{不相连} \end{cases} \tag{2-6}$$

(2)建立初始路由矩阵：

$$R^{(0)} = [R_{ij}^{(0)}]_{n \times n} \tag{2-7}$$

其中

$$R_{ij}^{(0)} = \begin{cases} j, & D_{ij}^{(0)} < \infty \\ 0, & D_{ij}^{(0)} = \infty \text{或} i = j \end{cases} \tag{2-8}$$

例 2-13 写出图 2-13 的初始距离矩阵和初始路由矩阵。

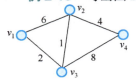

图 2-13　例 2-13 图

解　根据式(2-6)，可得初始距离矩阵为

$$D^{(0)} = \begin{bmatrix} 0 & 6 & 2 & \infty \\ 6 & 0 & 1 & 4 \\ 2 & 1 & 0 & 8 \\ \infty & 4 & 8 & 0 \end{bmatrix}$$

例如，矩阵的第一行表示：v_1 到 v_1 的距离为 0，v_1 到 v_2 的距离为 6，v_1 到 v_3 的距离为 2，v_1 到与它不相邻的点 v_4 的距离为无穷大。

根据式(2-8)，可得初始路由矩阵为

$$R^{(0)} = \begin{bmatrix} 0 & 2 & 3 & 0 \\ 1 & 0 & 3 & 4 \\ 1 & 2 & 0 & 4 \\ 0 & 2 & 3 & 0 \end{bmatrix}$$

例如，矩阵的第一行表示：v_1 到 v_1 没有路由，v_1 到 v_2 下一跳就是 v_2，v_1 到 v_3 下一跳就是 v_3，v_1 到 v_4 的距离为无穷大，没有路由。

(3)在原路径中增加一个新节点。

如果产生的新路径的距离比原路径的距离更小，则用新路径的值代替原路径的值。这样依次产生 n 个矩阵。对于 $k=1,2,3,\cdots,n$，第 k 个距离矩阵和路由矩阵分别表示为

$$D^{(k)} = [D_{ij}^{(k)}]_{n \times n} \tag{2-9}$$

$$R^{(k)} = [R_{ij}^{(k)}]_{n \times n} \tag{2-10}$$

其中

$$D_{ij}^{(k)} = \min\{D_{ij}^{(k-1)}, D_{ik}^{(k-1)} + D_{kj}^{(k-1)}\} \tag{2-11}$$

$$R_{ij}^{(k)} = \begin{cases} R_{ij}^{(k-1)}, & D_{ij}^{(k)} = D_{ij}^{(k-1)} \\ k, & D_{ij}^{(k)} < D_{ij}^{(k-1)} \end{cases} \tag{2-12}$$

式(2-11)表示，当插入顶点 v_k 时，计算 v_i 到 v_k 的距离 D_{ik} 以及 v_k 到 v_j 的距离 D_{kj}，将 D_{ik} 加上 D_{kj} 得到新计算的 v_i 到 v_j 的距离，并将其与原来 v_i 到 v_j 的距离 D_{ij} 相比较，取最小的作为更新后的距离。式(2-12)表示，如果新得到的距离与之前的距离相同，则不改变路由；如果新得到的距离小于之前的距离，则更新路由，即路由经过 v_k。

(4)运算过程中 k 从 1 开始，然后 k 加 1，直到 $k=n$。

例 2-14　用 F 算法求图 2-11 中任意两点之间的最短路径。

解　首先得到初始距离矩阵和初始路由矩阵分别为

$$D^{(0)} = \begin{bmatrix} 0 & \infty & \infty & 1.2 & 9.2 & \infty & 0.5 \\ \infty & 0 & \infty & 5 & \infty & 3.1 & 2 \\ \infty & \infty & 0 & \infty & \infty & 4 & 1.5 \\ 1.2 & 5 & \infty & 0 & 6.7 & \infty & \infty \\ 9.2 & \infty & 6.7 & 0 & 15.6 & \infty \\ \infty & 3.1 & 4 & \infty & 15.6 & 0 & \infty \\ 0.5 & 2 & 1.5 & \infty & \infty & \infty & 0 \end{bmatrix}$$

$$R^{(0)} = \begin{bmatrix} 0 & 0 & 0 & 4 & 5 & 0 & 7 \\ 0 & 0 & 0 & 4 & 0 & 6 & 7 \\ 0 & 0 & 0 & 0 & 0 & 6 & 7 \\ 1 & 2 & 0 & 0 & 5 & 0 & 0 \\ 1 & 0 & 0 & 4 & 0 & 6 & 0 \\ 0 & 2 & 3 & 0 & 5 & 0 & 0 \\ 1 & 2 & 3 & 0 & 0 & 0 & 0 \end{bmatrix}$$

然后插入顶点 v_1，得到更新的距离矩阵和路由矩阵分别为

$$D^{(1)} = \begin{bmatrix} 0 & \infty & \infty & 1.2 & 9.2 & \infty & 0.5 \\ \infty & 0 & \infty & 5 & \infty & 3.1 & 2 \\ \infty & \infty & 0 & \infty & \infty & 4 & 1.5 \\ 1.2 & 5 & \infty & 0 & 6.7 & \infty & 1.7 \\ 9.2 & \infty & \infty & 6.7 & 0 & 15.6 & 9.7 \\ \infty & 3.1 & 4 & \infty & 15.6 & 0 & \infty \\ 0.5 & 2 & 1.5 & 1.7 & 9.7 & \infty & 0 \end{bmatrix}$$

$$R^{(1)} = \begin{bmatrix} 0 & 0 & 0 & 4 & 5 & 0 & 7 \\ 0 & 0 & 0 & 4 & 0 & 6 & 7 \\ 0 & 0 & 0 & 0 & 0 & 6 & 7 \\ 1 & 2 & 0 & 0 & 5 & 0 & 1 \\ 1 & 0 & 0 & 4 & 0 & 6 & 1 \\ 0 & 2 & 3 & 0 & 5 & 0 & 0 \\ 1 & 2 & 3 & 1 & 1 & 0 & 0 \end{bmatrix}$$

插入 v_1 节点后，可以看到和 v_1 直接相连的节点是 v_4、v_5、v_7，对于没有和 v_1 直接相连的点，增加 v_1 对它们的路径是没有帮助的，所以只有 v_4、v_5、v_7 这些点到其他点的路径可能有变化。接着，观察插入 v_1 节点后，v_4、v_5、v_7 到其他节点的距离是不是变短了，如果变短了就用新的距离来替代。该例中 v_4 可以通过 v_1 到 v_5 和 v_7，v_4 通过 v_1 到 v_5 的距离为 10.4，但是 10.4 大于原来的距离 6.7，因此此距离不变。v_4 通过 v_1 到 v_7 的距离为 1.7，1.7 小于原来的距离无穷大，因此用新的距离替代原来的距离。v_5 可以通过 v_1 到 v_4 和 v_7，v_5 通过 v_1 到 v_4 的距离为 10.4，10.4 大于 6.7，因此距离不变。v_5 通过 v_1 到 v_7 的距离为 9.7，9.7 小于原来的距离无穷大，因此用新的距离替代原来的距离。同理，v_7 也可以通过 v_1 到 v_4 和 v_5，距离分别是 1.7 和 9.7。距离矩阵变化的地方，路由矩阵也要进行相应的变化，表示现在通过插入节点 v_1，到达目的节点的距离更短。

下一步插入节点 v_2，得到更新的距离矩阵和路由矩阵分别为

$$D^{(2)} = \begin{bmatrix} 0 & \infty & \infty & 1.2 & 9.2 & \infty & 0.5 \\ \infty & 0 & \infty & 5 & \infty & 3.1 & 2 \\ \infty & \infty & 0 & \infty & \infty & 4 & 1.5 \\ 1.2 & 5 & \infty & 0 & 6.7 & 8.1 & 1.7 \\ 9.2 & \infty & \infty & 6.7 & 0 & 15.6 & 9.7 \\ \infty & 3.1 & 4 & 8.1 & 15.6 & 0 & 5.1 \\ 0.5 & 2 & 1.5 & 1.7 & 9.7 & 5.1 & 0 \end{bmatrix}$$

$$R^{(2)} = \begin{bmatrix} 0 & 0 & 0 & 4 & 5 & 0 & 7 \\ 0 & 0 & 0 & 4 & 0 & 6 & 7 \\ 0 & 0 & 0 & 0 & 0 & 6 & 7 \\ 1 & 2 & 0 & 0 & 5 & 2 & 1 \\ 1 & 0 & 0 & 4 & 0 & 6 & 1 \\ 0 & 2 & 3 & 2 & 5 & 0 & 2 \\ 1 & 2 & 3 & 1 & 1 & 2 & 0 \end{bmatrix}$$

插入 v_2 节点后，和 v_2 直接相连的节点是 v_4、v_6、v_7。v_4 可以通过 v_2 到达 v_6 和 v_7。v_4 通过 v_2 到达 v_7 的距离为 7，大于原来的 1.7，因此这里的距离保持原来的不变。v_4 通过 v_2 到达 v_6 的距离为 8.1，小于原来的无穷大，因此将无穷大替换为 8.1。v_6 可以通过 v_2 到达 v_4 和 v_7，距离分别为 8.1 和 5.1，小于原来的距离，因此都要替换。v_7 可以通过 v_2 到达 v_4 和 v_6，距离分别为 7 和 5.1，7 大于原来的 1.7，5.1 小于原来的无穷大，因此只替换距离变短的。类似的，对应位置的路由节点改为可以通过节点 v_2 到达目的节点。

重复以上步骤，插入节点 v_3、v_4、v_5、v_6、v_7 后，得到最终的距离矩阵和路由矩阵分别为

$$D^{(7)} = \begin{bmatrix} 0 & 2.5 & 2 & 1.2 & 7.9 & 5.6 & 0.5 \\ 2.5 & 0 & 3.5 & 3.7 & 10.4 & 3.1 & 2 \\ 2 & 3.5 & 0 & 3.2 & 9.9 & 4 & 1.5 \\ 1.2 & 3.7 & 3.2 & 0 & 6.7 & 6.8 & 1.7 \\ 7.9 & 10.4 & 9.9 & 6.7 & 0 & 13.5 & 8.4 \\ 5.6 & 3.1 & 4 & 6.8 & 13.5 & 0 & 5.1 \\ 0.5 & 2 & 1.5 & 1.7 & 8.4 & 5.1 & 0 \end{bmatrix}$$

$$R^{(7)} = \begin{bmatrix} 0 & 7 & 7 & 4 & 4 & 2 & 7 \\ 4 & 0 & 7 & 7 & 7 & 6 & 7 \\ 7 & 7 & 0 & 7 & 7 & 6 & 7 \\ 1 & 7 & 7 & 0 & 5 & 7 & 1 \\ 4 & 7 & 7 & 4 & 0 & 7 & 4 \\ 7 & 2 & 3 & 7 & 7 & 0 & 1 \\ 1 & 2 & 3 & 1 & 4 & 2 & 0 \end{bmatrix}$$

例如，距离矩阵的第一行表示从 v_1 到 v_1、v_2、$\cdots$、v_7 的距离分别是 0、2.5、2、1.2、7.9、5.6、0.5，路由矩阵的第一行表示从 v_1 到 v_1、v_2、$\cdots$、v_7 的路由。例如，v_1 到 v_2 要经过 v_7，v_1 到 v_3 也要经过 v_7，v_1 到 v_5 要经过 v_4，v_1 到 v_6 要先到 v_2。v_1 到 v_6 的路径是 $v_1 \rightarrow v_7 \rightarrow v_2 \rightarrow v_6$。

F 算法的优点是容易理解，而且可以计算出任意两个节点之间的最短距离，方便用计算机实现。其缺点是时间复杂度比较高，节点数越多，其计算矩阵越大，因此 Floyd 算法不适用于大规模网络。

▶▶ 2.1.4　网络拓扑

网络拓扑指网络节点设备和传输介质通过物理连接所构成的逻辑结构图。网络拓扑表现

了节点间的相互连接和服务关系。

这里需要区分节点和结点、链路和路径的概念。节点是指一个网络端口，如交换机、路由器的各个网络端口；结点是指一台网络设备，通常连接了多个节点。链路指两个相邻节点间的线路，通常包含物理链路和逻辑链路；路径是指从源节点到目的节点之间的一串节点和链路的组合。

网络拓扑的类型包括总线型拓扑、星型拓扑、环型拓扑、树型拓扑、网型拓扑、混合型拓扑等。

1. 总线型拓扑

总线型拓扑指所有节点都连接到一条作为公共传输介质的总线上，网络中节点的通信都必须通过这个传输介质，如图 2-14 所示。匹配电阻用于抵消回波，避免不必要的信号在信道中回环传送。

匹配电阻

总线网

图 2-14　总线型拓扑

所有节点都可以通过总线传输介质以"广播"方式发送或接收数据，因此出现"冲突"(collision)是不可避免的，"冲突"会造成传输失败，必须解决多个节点访问总线的介质访问控制问题，包括哪个节点发送、会不会冲突、有冲突怎么办等。

总线型拓扑的优点是结构简单、容易布线、方便扩充、设备量少、成本低。其缺点是当任一节点发生故障时，会影响整个网络的运行，并且故障节点难以排查；由于信号损耗的影响，总线长度受限制；当节点过多时，传输效率降低。

2. 星型拓扑

星型拓扑是目前应用最广、实用性最强的网络拓扑结构，如图 2-15 所示。网络上所有节点均以"点到点"的形式连接到一个中央节点，中央节点也就是一个交换中心，任何两个节点之间的通信都必须经过它。采用交换机、路由器构建的网络属于星型拓扑。

星型拓扑的优点是结构简单、检错容易、控制简便、易于扩充。此外，相对于总线型拓扑，星型拓扑中每个节点的数据传输对其他节点的数据传输影响小。其缺点是所有的数据传输都要经过中央节点，使得中央节点负荷太重，中央节点有可能成为整个网络的瓶颈；每个节点采用专门的线缆与交换设备相连，网络布线较为复杂。

中央节点

图 2-15　星型拓扑

注意：用集线器构建的局域网在物理上是星型拓扑，在逻辑上是总线型拓扑。

3. 环型拓扑

环型拓扑即网络上的所有节点均串接在一条闭合的环路上。信息沿环路按固定方向在各个节点之间顺序传递，穿越环中所有环路接口，直至传回发送它的原节点为止。环型拓扑在20 世纪 90 年代使用较多，如 IEEE 802.5-令牌环。

如图 2-16 所示，如果 A 站点要发送数据给 C 站点，首先 A 站点要获得一个令牌，有了令牌才能发送数据。A 站点将令牌的状态控制位置为 1，表示处于忙的状态，然后在令牌上附加要发送的数据 D，发送出去。B 站点比较自己的 MAC 地址与帧中的目的 MAC 地址，发现不匹配，于是不接收该数据帧，继续转发此帧。C 站点将自己的 MAC 地址与帧中的目的MAC 地址进行比较，发现匹配，于是 C 站点的干线耦合器复制其中的数据帧并传送给 C 站点，原来的数据帧继续向下传递。D 站点不接收该数据帧，继续转发此帧。A 站点将返回的数据帧与原来保存在缓存中的数据帧进行比较，如果有错，则重传；如果没错，则将令牌的状态控制位置 0，表示处于空闲状态，释放令牌。

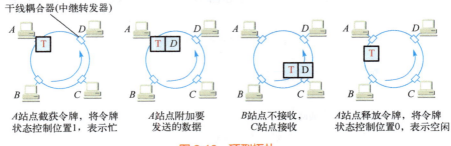

A站点截获令牌，将令牌　　A站点附加要　　　B站点不接收，　　A站点释放令牌，将令牌
状态控制位置1，表示忙　　发送的数据　　　C站点接收　　　状态控制位置0，表示空闲

图 2-16　环型拓扑

环型拓扑的优点是信息沿固定方向流动，节点间的路径唯一，路径控制简单。其缺点是当任一节点发生故障时，会影响整个网络的运行，因此维护困难；每发送一个数据帧，要先取得令牌，传输效率低；连接用户的数量非常少，最多几十个用户；增加节点必须中断整个网络，扩展性能差。

4. 树型拓扑

树是无回路的连通图。树型拓扑中节点按层次进行连接，信息交换在上下节点之间进行，主要用于用户接入网，如图 2-17 所示。

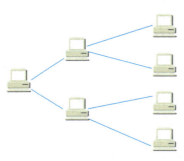

关于树型拓扑有两种说法。其中一种说法为树型拓扑是总线型拓扑的扩展，各交换设备通过"总线"互联；另一种说法为树型拓扑是星型拓扑的扩展，各交换设备连接各个节点就构成了一个个星型拓扑。这两种说法都对，如图 2-18 所示。

树型拓扑的优点是扩展方便、便于维护。其缺点是高层交换机负荷大，容易出现单点故障。

5. 网型拓扑

图 2-17　树型拓扑

网型拓扑即网内任何两个节点之间均有线路相连，因此对于有 n 个节点的网络，需要 $n(n-1)/2$ 条传输链路。网型拓扑的线路冗余度大，通常用于核心骨干网。网型拓扑有全网状拓扑结构和半网状拓扑结构，如图 2-19 所示。半网状拓扑结构只是一部分节点互联，并非每个节点与网络中的其他节点都有直连的线路。

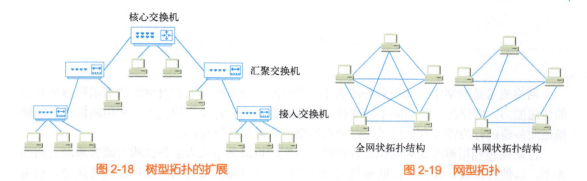

图 2-18　树型拓扑的扩展　　　　　　图 2-19　网型拓扑

网型拓扑的优点是线路冗余度大、稳定性好、可靠性高。其缺点是线路利用率不高、经济性较差、配置复杂。

6. 混合型拓扑

混合型拓扑是分布式大中型局域网中应用最广泛的拓扑结构，它突破了单一网络拓扑传输距离和连接用户数扩展的双重限制。对于星型网络，其连接用户的数量多，但是双绞线的传输距离远小于同轴电缆或光纤，传输距离受限；对于总线型网络，其传输距离远，但连接用户的数量受限。混合型拓扑结合了星型拓扑和总线型拓扑的优点，同轴电缆或光纤用于垂直或横向干线，基本上不连接工作站，只连接各楼层或各建筑物中的核心交换机，双绞线用于连接用户终端，如图 2-20 所示。

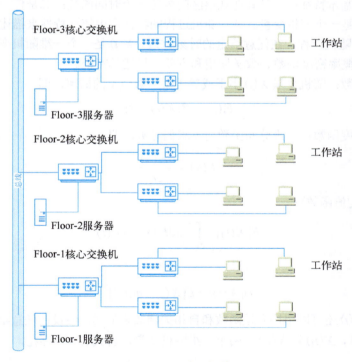

图 2-20　混合型拓扑

2.2　网络流量设计基础

网络流量是网络中传输的业务流大小，业务流大小反映了人们对网络的需求和网络具有的传送能力。网络流量随时间不断变化，因此具有不确定性和不稳定性。利用随机过程能够描述业务流的行为特征和处理过程，能对网络流量数据进行建模。

排队论是利用概率论和随机过程理论，研究随机服务系统内服务机构与顾客需求之间的关系，以便合理设计和控制排队系统的数学理论。网络流量设计的基础理论是排队论。利用排队论，一方面可以有效解决通信服务系统中信道资源的分配问题，另一方面通过系统优化，找出用户和服务系统之间的平衡点，既减少了排队时间，又不浪费信道资源，从而实现最优的设计。

▶▶ 2.2.1　随机过程

1．随机过程的基本概念

随机过程是随机变量概念在时间域上的延伸，是时间 t 的函数的集合，在任一观察时刻，随机过程的取值是一个随机变量，或者说依赖于时间参数 t 的随机变量所构成的总体称为随机过程。

随机过程的基本特征：一是其在观察区间内是一个时间函数；二是任一时刻上观察到的值是不确定的，是一个随机变量。某一随机过程的特征常用统计特性来描述。

设 $X(t)$ 为一随机过程，在任意给定的时刻 $t \in T$，$X(t)$ 是一个一维随机变量，可以用一维分布函数、一维概率密度函数、数学期望和方差来描述其特征。

一维分布函数：随机变量 $X(t)$ 小于或等于某一数值 x 的概率，即

$$F_t(x) = P\{X(t) \leqslant x\} \tag{2-13}$$

一维概率密度函数：一维分布函数对 x 求偏导数，即

$$f_t(x) = \frac{\partial F_t(x)}{\partial t} \tag{2-14}$$

数学期望（均值函数）：

$$E[X(t)] = \int_{-\infty}^{\infty} x \mathrm{d}F_t(x) = m_x(t) \tag{2-15}$$

方差：

$$D[X(t)] = E[X(t) - m_x(t)]^2 \tag{2-16}$$

随机过程 $X(t)$ 还可以用协方差函数和自相关函数来描述。假设在任意给定的两个时刻 t_1 和 t_2（$t_1 \in T$，$t_2 \in T$），$X(t_1)$ 和 $X(t_2)$ 是两个一维随机变量，若式（2-17）存在，

$$C_X(t_1, t_2) = E[(X(t_1) - m_x(t_1))(X(t_2) - m_x(t_2))] \tag{2-17}$$

则称 $C_X(t_1, t_2)$ 是随机过程 $X(t)$ 的协方差函数。若式（2-18）存在，

$$R_X(t_1, t_2) = E[X(t_1)X(t_2)] \tag{2-18}$$

则称 $R_X(t_1, t_2)$ 是随机过程 $X(t)$ 的自相关函数。

另外，设 $X(t)$ 和 $Y(t)$ 分别表示两个随机过程，若式 (2-19) 存在，

$$R_{XY}(t_1, t_2) = E[X(t_1)Y(t_2)] \tag{2-19}$$

则称 $R_{XY}(t_1, t_2)$ 是随机过程 $X(t)$、$Y(t)$ 的互相关函数。

可以证明，对于一维随机过程，其协方差函数、自相关函数、数学期望有以下关系：

$$C_X(t_1, t_2) = R_X(t_1, t_2) = m_x(t_1)m_x(t_2) \tag{2-20}$$

2. 典型随机过程

1) 马尔可夫过程

设随机过程 $\{X(t), t \in T\}$，其所有可能取值的集合即状态空间为 I，对参数集 T 中的任意 n 个数值，$t_1 < t_2 < \cdots < t_n$，$n \geq 3$，$t_i \in T$，如果

$$P\{X(t_n) \leq x_n \mid X(t_1) = x_1, X(t_2) = x_2, \cdots, X(t_{n-1}) = x_{n-1}\} = P\{X(t_n) \leq x_n \mid X(t_{n-1}) = x_{n-1}\} \tag{2-21}$$

成立，则称过程 $\{X(t), t \in T\}$ 具有马尔可夫 (Markov) 性或无后效性，并称此过程为马尔可夫过程。

关于马尔可夫性的进一步理解如下：过程 (或系统) 在时刻 t_0 所处的状态已知的条件下，过程在时刻 $t > t_0$ 所处状态的条件分布与过程在时刻 t_0 之前所处的状态无关。通俗地说，在已经知道过程"现在"的条件下，其"将来"不依赖于"过去"。

2) 独立增量过程

设 $X(t_2) - X(t_1) = X(t_1, t_2)$ 是随机过程 $X(t)$ 在时间间隔 $[t_1, t_2)$ 上的增量，如果对于时间 t 的任意 n 个值，增量 $X(t_1, t_2), X(t_2, t_3), \cdots, X(t_{n-1}, t_n)$ 是相互独立的，则称 $X(t)$ 为独立增量过程。该过程的特点是：在任一时间间隔上，过程状态的改变并不影响未来任一时间间隔上状态的改变，可以证明独立增量过程是一种特殊的马尔可夫过程。

3) 泊松过程

泊松过程是一个具有负指数间隔的计数过程。设一个随机过程为 $\{S(t), t \geq 0\}$，其取值为非负整数，如果该过程满足下列条件，则称该过程为到达率为 λ 的泊松过程。

(1) $S(t)$ 是一个计数过程，它表示在区间 $[0, t)$ 内到达的用户总数，其状态空间为 $\{0, 1, 2, \cdots\}$，$S(0) = 0$。任给两个时刻 t_1 和 t_2，且 $t_1 < t_2$，则 $S(t_2) - S(t_1)$ 为 $[t_1, t_2)$ 内到达的用户总数。

(2) $S(t)$ 是一个平稳独立增量过程，即在互不重叠的时间区间内到达的用户总数是相互独立的。

(3) 在任一个长度为 τ 的区间内，到达的用户总数服从参数为 $\lambda\tau$ 的泊松分布，即有式 (2-22) 成立：

$$P[S(t+\tau) - S(t) = n] = \frac{(\lambda\tau)^n}{n!}e^{-\lambda\tau}, \quad n = 0, 1, 2, \cdots \tag{2-22}$$

其均值和方差均为 $\lambda\tau$，即 $E(\tau) = \sigma^2 = \lambda\tau$。

因为方差 $\sigma^2 = E[(\tau - E(\tau))^2] = E(\tau^2) - [E(\tau)]^2$，而均方值 $E(\tau^2) = \lambda\tau + (\lambda\tau)^2$，故方差 $\sigma^2 = \lambda\tau$。

泊松过程的特性如下。

(1)顾客到达时间间隔τ_n相互独立，且服从指数分布，其概率密度函数为

$$P(\tau_n) = \lambda e^{-\lambda \tau_n}, \quad n = 0, 1, 2, \cdots \tag{2-23}$$

(2)从微观角度来看，在充分小的时间间隔内，有两个或两个以上用户到达排队系统几乎不可能(稀疏性)。

设τ为很小的值，将式(2-22)中的$e^{-\lambda\tau}$用泰勒级数展开：

$$e^{-\lambda\tau} = 1 - \frac{\lambda\tau}{1!} + \frac{(\lambda\tau)^2}{2!} - \frac{(\lambda\tau)^3}{3!} + \cdots \tag{2-24}$$

可得

$$P\{S(t+\tau) - S(t) = 0\} = 1 - \lambda\tau + O(\tau) \tag{2-25}$$
$$P\{S(t+\tau) - S(t) = 1\} = \lambda\tau + O(\tau) \tag{2-26}$$
$$P\{S(t+\tau) - S(t) \geqslant 2\} = O(\tau) \tag{2-27}$$

式中，$O(\tau)$表示τ的高阶无穷小。

式(2-25)～式(2-27)说明，在充分小的时间间隔内，没有顾客到达的概率近似为$1-\lambda\tau$，到达一个顾客的概率近似为$\lambda\tau$，同时到达两个及两个以上顾客的概率近似为零。

(3)多个相互独立的泊松过程之和仍为泊松过程，其到达率$\lambda = \lambda_1 + \lambda_2 + \cdots + \lambda_n$。

(4)如果将一个泊松过程顾客的到达以概率p和$1-p$独立地分配给两个子过程，则这两个子过程也是泊松过程。但如果把顾客的到达交替地分配给两个子过程，则两个子过程分别由奇数号和偶数号到达组成，所以这两个子过程不是泊松过程。

(5)在任意有限区间内，到达事件发生次数为限个(即非负整数个)的概率总和为 1，即$\sum\limits_{k=0}^{\infty} p_k(t) = 1$(归一性)。

4)生灭过程

生灭过程是一类特殊的离散状态的连续时间马尔可夫过程，或者称为连续时间马尔可夫链，更是一种特殊的泊松过程。稳态的生灭过程常常用于分析顾客(如帧、数据分组、信息流等)的排队性能。

生灭过程的特殊性在于状态为有限个，并且系统的状态变化一定是在相邻状态之间进行的。如果用$N(t)$表示系统在时刻t的状态，且$N(t)$取非负整数值，当$N(t)=k$时，称在时刻t系统处于状态k，则当满足以下条件时，系统称为生灭过程。

(1)在时间$(t,t+\Delta t)$内，系统从状态$k(k\geqslant 0)$转移到$k+1$的概率为$\lambda_k \cdot \Delta t + O(\Delta t)$，这里$\lambda_k$为系统在状态$k$的出生率。

(2)在时间$(t,t+\Delta t)$内，系统从状态$k(k\geqslant 0)$转移到$k-1$的概率为$\mu_k \cdot \Delta t + O(\Delta t)$，这里$\mu_k$为系统在状态$k$的死亡率。

(3)在时间$(t,t+\Delta t)$内，系统发生跳转(状态变化数超过 2)的概率为$O(\Delta t)$。

(4)在时间$(t,t+\Delta t)$内，系统停留在状态k的概率为$1-(\lambda_k+\mu_k)\Delta t + O(\Delta t)$。

生灭过程有着极为简单的状态转移关系，如图 2-21 所示。该图直观地表示了系统的特征，状态的变化仅仅发生在相邻的状态之间，所以整个状态图是一个有限或无限的链。

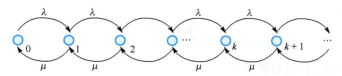

在较长一段时间后，系统进入稳态分布。下面首先分析生灭过程满足柯尔莫哥洛夫（Kolmogorov）方程，然后指出稳态分布满足的条件。

首先假设 $p_k(t)=p\{N(t)=k\}$，$p_{ik}(t)$ 表示系统从状态 i 经过时间 t 后转移到 k 的条件概率，则条件概率满足

$$p_{ik}(t) \geqslant 0, \quad \sum_{k=0}^{\infty} p_{ik}(t) = 1 \tag{2-28}$$

根据生灭过程的条件（1）～（4），有

$$
\begin{aligned}
p_k(t+\Delta t) &= \sum_{i=0}^{\infty} p_i(t) p_{ik}(\Delta t) \\
&= p_k(t) p_{k,k}(\Delta t) + p_{k-1}(t) p_{k-1,k}(\Delta t) + p_{k+1}(t) p_{k+1,k}(\Delta t) + O(\Delta t) \\
&= p_k(t)[1-(\lambda_k+\mu_k)\Delta t + O(\Delta t)] + p_{k-1}(t)[\lambda_{k-1}\Delta t + O(\Delta t)] \\
&\quad + p_{k+1}(t)[\mu_{k+1}\Delta t + O(\Delta t)] + O(\Delta t) \\
&= p_k(t)[1-(\lambda_k+\mu_k)\Delta t] + \lambda_{k-1}p_{k-1}(t)\Delta t + \mu_{k+1}p_{k+1}(t)\Delta t + O(\Delta t)
\end{aligned}
\tag{2-29}
$$

或者

$$\frac{p_k(t+\Delta t) - p_k(t)}{\Delta t} = \lambda_{k-1}p_{k-1}(t) + \mu_{k+1}p_{k+1}(t) - (\lambda_k+\mu_k)p_k(t) + \frac{O(\Delta t)}{\Delta t} \tag{2-30}$$

当 $\Delta t \to 0$ 时，$p_k(t)$ 在 t 处的一阶导数为

$$\frac{\mathrm{d}p_k(t)}{\mathrm{d}t} = \lambda_{k-1}p_{k-1}(t) + \mu_{k+1}p_{k+1}(t) - (\lambda_k+\mu_k)p_k(t) \tag{2-31}$$

式中，$k=0,1,2,\cdots$；$\lambda_{-1}=\mu_0=p_{-1}(t)=0$。

式（2-31）即非稳态分布的柯尔莫哥洛夫方程，表示在时刻 t 进入状态 k 的速率与离开状态 k 的速率之差为状态 k 的变化率。下面分析稳态分布（极限分布）的柯尔莫哥洛夫方程。

当 $t \to \infty$ 时，有 $\lim\limits_{t \to \infty} \dfrac{\mathrm{d}}{\mathrm{d}t} p_k(t) = 0$，$\lim\limits_{t \to \infty} p_k(t) = p_k$，式（2-31）就变为

$$\lambda_{k-1}p_{k-1}(t) + \mu_{k+1}p_{k+1}(t) - (\lambda_k+\mu_k)p_k(t) = 0 \tag{2-32}$$

即

$$(\lambda_k+\mu_k)p_k = \lambda_{k-1}p_{k-1} + \mu_{k+1}p_{k+1} \tag{2-33}$$

式（2-33）就是生灭过程稳态时的柯尔莫哥洛夫方程，即稳态分布满足的必要条件。在稳态时，顾客进入状态 k 的速率与顾客离开状态 k 的速率应该一样。

另外，存在概率归一性：

$$\sum_{k=0}^{\infty} p_k = 1 \tag{2-34}$$

于是形如式(2-33)的方程就有解了。

生灭过程状态变换只限于相邻状态之间，且稳态时易解，可用于分析顾客(帧、数据分组、信息流等)的排队性能。

2.2.2 利特尔定理

利特尔定理(Little's law)也称利特尔法则，由美国麻省理工学院教授利特尔于 1954 年首次提出。该定理是排队论中的一个重要原理，它描述了驻留在系统中的平均顾客数、顾客驻留平均时间和顾客到达率之间的关系。

令 $N(t)$ 表示系统在 t 时刻的顾客数，N_t 表示在时间$[0,t]$内的平均顾客数，即

$$N_t = \frac{1}{t} \int_0^t N(t)\mathrm{d}t \tag{2-35}$$

系统稳态$(t \to \infty)$时的平均顾客数为

$$N = \lim_{t \to \infty} N_t \tag{2-36}$$

令 $\alpha(t)$ 表示在$[0,t]$内到达的顾客数，则在$[0,t]$内顾客的平均到达率为

$$\lambda_t = \frac{\alpha(t)}{t} \tag{2-37}$$

稳态时顾客的平均到达率为

$$\lambda = \lim_{t \to \infty} \lambda_t \tag{2-38}$$

令 T_i 为第 i 个到达的顾客在系统内的时延，则在$[0,t]$内顾客的平均时延为

$$T_t = \frac{\sum_{i=0}^{\alpha(t)} T_i}{\alpha(t)} \tag{2-39}$$

稳态时顾客平均时延为

$$T = \lim_{t \to \infty} T_t \tag{2-40}$$

则稳态时，N、λ、T 的关系为

$$N = \lambda T \tag{2-41}$$

以上就是利特尔定理，该定理表明：在稳态情况下，系统中平均顾客数=顾客的平均到达率×顾客的平均时延。举个例子，一个商店平均每分钟来两个人，每个人平均待 10min，那么可以认为这个商店里每个时刻(的人数)大概为 20 人，即每个时刻商店内人数的均值为 20 人。

利特尔定理对于统计平均值有相同的结论，即

$$\bar{N} = \bar{\lambda} \cdot \bar{T} \tag{2-42}$$

式 (2-42) 成立的要求是系统具有各态历经性，并可以达到稳态。令 $p_k(t)$ 表示在 t 时刻系统顾客数为 k 的概率，系统达到稳态的要求是

$$\lim_{t \to \infty} p_k(t) = p_k, \quad k = 0,1,2,\cdots \tag{2-43}$$

令 $N(t)$ 的统计平均值为 $\overline{N(t)} = \sum_{k=0}^{\infty} k p_k(t)$，则各态历经性的要求是式 (2-43) 以概率 1 成立。

$$N = \lim_{t \to \infty} N(t) = \lim_{t \to \infty} \overline{N(t)} = \bar{N} \tag{2-44}$$

式 (2-44) 说明，若系统具有各态历经性，则顾客数的时间平均值等于顾客数的统计平均值。同理可得 $\lambda = \bar{\lambda}$ 及 $T = \bar{T}$，则式 (2-41) 和式 (2-42) 是等价的。

例 2-15　考察分组通过一个节点在一条链路上的传输过程。假设分组的到达率为 λ（分组/秒），分组在输出链路上的平均传输时间为 X（秒），分组在节点中等待的时间（不包括传输时间）为 W（秒）。求在该节点中等待的分组个数 N_Q，以及该输出链路上的平均分组数 ρ（由于该链路中最多只能有一个分组在传输，所以 ρ 表示信道处于"忙"这个状态的时间所占的比例，即信道利用率）。

解　把节点中等待传输的分组作为考虑对象，应用利特尔定理，有

$$N_Q = \lambda W$$

把输出链路作为考虑对象，应用利特尔定理，有

$$\rho = \lambda X$$

可代入一个具体的数字进行理解。若 $\lambda = 0.05$ 分组/秒，即每 100s 来 5 个分组，每个分组的平均传输时间为 $X = 10$s，则 $\rho = \lambda X = 0.05 \times 10 = 0.5$，表示在 1s 内，输出链路处于工作状态的时间为 50%，即 0.5s。

例 2-16　假定一个网络有 n 个节点，节点 i 的分组到达率为 $\lambda_i (i = 1, \cdots, n)$，节点 i 中的平均分组数为 N_i，平均时延为 T_i，求网络中分组的平均时延。

解　把节点 i 作为考虑对象，应用利特尔定理，有

$$N_i = \lambda_i T_i$$

网络中的平均分组数为 N，则网络中每个分组的平均时延为

$$T = N / \lambda$$

其中，$N = \sum_{i=1}^{n} N_i$；$\lambda = \sum_{i=1}^{n} \lambda_i$。

例 2-17　某服务大厅有 K 个服务窗口，该服务大厅最多可容纳 N 个顾客（$N \geq K$）。假定服务大厅始终是客满的，即离开一个顾客后，将会有一个新顾客立刻进入大厅，设每个顾客的平均服务时间为 X，顾客到达时发现服务窗口被占满就立即离开大厅（即顾客被阻塞或丢失）。设顾客的到达率为 λ，问顾客被阻塞的概率 β 为多少？

解　因为顾客是随机到达的，大厅有时满，有时空。平均而言，处于"忙"的平均窗口数为 $k (k \leq K)$，则大厅中的平均用户数为

$$k = (1 - \beta) \lambda X$$

其中，$(1-\beta)\lambda$ 表示没有被阻塞部分(或被正常服务部分)的顾客到达率。

因此，顾客被阻塞的概率 β 为

$$\beta = 1 - \frac{k}{\lambda X} \geq 1 - \frac{K}{\lambda X}$$

可代入具体的数字进行理解。假设一个电话交换机同时可以服务 $K=300$ 个用户的呼叫，每个用户的平均通话时间为 3min。设该交换机服务区内有 6000 个用户，如果在忙时，每个用户至少半小时打一次电话，则呼叫到达率 $\lambda \geq 6000/30=200$ 次/分钟，顾客被阻塞的概率 β 为

$$\beta = 1 - \frac{k}{\lambda X} \geq 1 - \frac{K}{\lambda X} = 1 - \frac{300}{200 \times 3} = 0.5$$

▶▶▶ 2.2.3 排队论的基本概念

1. 排队现象及排队模型

排队是日常生活中司空见惯的现象，如借书要排队、取钱要排队、买票要排队、吃饭要排队、坐车要排队等。表 2-5 所示为日常生活中的排队现象。

表 2-5 日常生活中的排队现象

序号	顾客	要求的服务	服务机构
1	借书的学生	借书	图书管理员
2	打电话者	通话	交换台
3	提货者	提货	仓库管理员
4	待降落的飞机	降落	指挥塔台
5	储户	存款、取款	储蓄窗口、ATM 取款机

日常生活中的这些排队是有形排队。除了有形排队之外，还有无形的排队，比如，上网人数多时，网速大大减慢，这是因为分组在排队(在分组交换网中，数据是以分组为单位传送的，各个分组到达网络节点进行存储转发的过程中，当多个分组抵达网络节点时，就要进行排队)；打电话占线，也是因为线路在排队。事实上，排队论起源于 20 世纪初的电话通话，是为了解决自动电话设计问题而形成的，当时称为话务理论。

排队论的应用非常广泛，它适用于一切服务系统，尤其在通信系统、交通系统、计算机网络、生产管理系统等方面应用得最多。网络流量设计的基础理论就是排队论。

顾客和服务机构构成的系统称为排队系统，由于顾客需求是随机的(顾客要求提供服务的时间、顾客到达的数目都是随机的)，而服务设施是有限的，绝大多数排队系统工作于随机状态。怎样排队才能使得服务机构和顾客需求之间达到平衡呢？增加服务机构，可以减少排队现象，但却增加了服务成本(当顾客比较少时，必然会造成资源闲置)；反之，减少服务机构，固然提高了服务机构的利用率，降低了成本，但却增加了顾客的排队时间。

排队论属于概率论与随机过程理论的分支，利用概率论与随机过程理论，研究排队系统内的服务机构和顾客需求之间的关系，合理地设计和控制排队系统，以便在所需的服务质量标准得到充分满足的条件下，服务机构的费用最为经济。这就是排队论研究的目的。

把排队系统抽象为一个模型，如图 2-22 所示。顾客不断地到达服务机构，超过服务机构

的容量便形成排队，服务机构按照服务规则进行服务，服务结束后顾客离去。排队系统研究的就是根据顾客到达的规律来设计排队规则和服务规则。

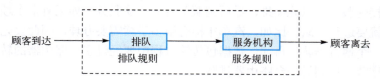

图 2-22　排队模型

2. 排队系统的基本概念

1) 排队系统的分类

根据顾客排队的方式和服务的方式，排队系统可分为四类。

（1）单服务台单队。

系统只有一个服务台，顾客到达后排成一队，依次到服务台获得服务，如图 2-23 所示，如机场登机口登机、商场收银台付款等场景下的排队。

图 2-23　单服务台单队排队系统

（2）多服务台单队。

系统有多个服务台，顾客到达后排成一队，然后依次到空闲的服务台获得服务，如图 2-24 所示，如医院分诊叫号、访问新浪网服务器等场景下的排队。

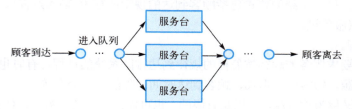

图 2-24　多服务台单队排队系统

（3）多服务台多队。

系统有多个服务台，顾客到达后排成多个队到服务台获得服务，如图 2-25 所示，如到火车站买票、到汽车站买票、到大超市买东西等场景下的排队。

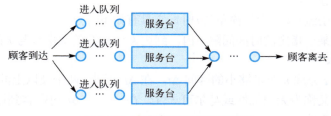

图 2-25　多服务台多队排队系统

(4) 多服务台串联。

系统有多个串联的服务台,如图2-26所示。顾客首先在服务台1接受服务,服务结束后再到服务台2接受服务,以此类推,最后到服务台 n 接受服务。如果有多个顾客同时到达某一个服务台,就要进行排队。比如,汽车年检有很多手续需要办理,因此要先到第一个地方排队,再到另一个地方排队;再如,数据包传输过程中要经过多台路由器的转发,因此要先到一台路由器排队,再到另一台路由器排队。

图 2-26　多服务台串联排队系统

2) 排队系统基本的参数

排队系统基本的参数包括顾客到达率、服务员数目、服务员的服务速率等。

(1) 顾客到达率 λ:单位时间内到达排队系统的平均顾客数。若任意相邻两顾客到达的时间间隔为 T,其统计平均值为 $\bar{T}$,则 $\lambda = 1/\bar{T}$。顾客到达率反映了系统的负荷。

(2) 服务员数目 m:排队系统中可以同时提供服务的设备或窗口数。服务员数目反映了服务机构的资源。

(3) 服务员的服务速率 μ:单位时间内由一个服务员进行服务而离开排队系统的平均顾客数。若一个顾客被服务的时间为 τ,其统计平均值为 $\bar{\tau}$,则 $\mu = 1/\bar{\tau}$。服务员的服务速率反映了系统的处理能力。

3) 排队系统的基本组成

根据图2-22,排队系统的要素包括顾客到达的规则或行为(输入过程)、排队规则、服务机构与服务规则(服务过程)。

(1) 输入过程。

输入过程指要求服务的顾客按怎样的规律到达排队系统的过程,有时也称为顾客流。输入过程包括顾客源、顾客到达形式、顾客到达时间间隔的概率分布等。

① 顾客源:又称为输入源,可以是有限的,也可以是无限的。例如,对于公司的打卡机,它的顾客总数不会超过公司的员工数目。但是对于超市,顾客过来买了东西,可以过一会儿再回来买,因此它的顾客数是无限的。

② 顾客到达形式:描述顾客是怎样来到系统的,是单个到达还是成批到达。

③ 顾客到达时间间隔的概率分布:又称为顾客流的概率分布,一般有负指数分布、定长分布、埃尔朗分布等。

当顾客流为泊松流(又称为最简单流)时,它具有如下特点。

① 平稳性:在某一指定的时间间隔 t 内,到达 k 个顾客的概率只与 t 的长度有关,与间隔的起始时刻无关。

② 稀疏性:将 t 分成 n 个足够小的区间 Δt,在 Δt 内到达两个及以上的顾客的概率为 0。

③ 无后效性:又称为无记忆性或马尔可夫性,在某一个 Δt 内顾客到达的概率与其他 Δt 内顾客到达的概率无关。

当输入过程为最简单流时,在给定的时间间隔 t 内,到达系统的顾客数量 k 服从泊松分

布，令概率分布函数为 $P_k(t)$，则

$$P_k(t) = \frac{(\lambda t)^k}{k!} e^{-\lambda t} \tag{2-45}$$

其中，$k=0,1,2,\cdots$，λ 为顾客到达率。

用 $F_T(t)$ 表示顾客到达时间间隔 T 的概率分布函数，则

$$F_T(t) = P(T \leq t) = 1 - P(T > t) \tag{2-46}$$

其中，$P(T > t)$ 为顾客到达时间间隔 T 大于时间 t，即在时间 t 内没有顾客到达的概率：

$$P(T > t) = P_0(t) = e^{-\lambda t} \tag{2-47}$$

因此，顾客到达时间间隔 T 的概率分布函数为

$$F_T(t) = 1 - P_0(t) = 1 - e^{-\lambda t} \tag{2-48}$$

顾客到达时间间隔 T 的概率密度函数为

$$f_T(t) = \frac{dF_T(t)}{dt} = \lambda e^{-\lambda t} \tag{2-49}$$

即顾客到达时间间隔 T 服从负指数分布。

(2) 排队规则。

排队规则指服务台从队列中选取顾客进行服务的顺序和方式，一般可以分为损失制、等待制和混合制等三大类。

①损失制：也称为即时拒绝方式，如果顾客到达排队系统时，所有服务台已被先来的顾客占用，那么系统就立即拒绝该顾客。例如，电话拨号后出现忙音，表明对方占线，顾客只能挂断电话，如果要再打，就需要重新拨号。

②等待制：顾客到达系统时，所有服务台都不空，顾客加入排队序列等待服务。等待制中，服务台在选择顾客进行服务时，常有如下四种规则：一是先到先服务，按顾客到达的先后顺序对顾客进行服务，这是最普遍的情形；二是后到先服务，对于仓库中叠放的钢材，后叠放上去的先被领走，就属于这种情形；三是随机服务，即当服务台空闲时，不按照排队序列而随意指定某个顾客去接受服务；四是优先权服务，老人、儿童先进车站，以及危重病员先就诊均属于这种情况。

③混合制：等待制与损失制相结合的一种方式，一般是指允许排队，但又不允许队列无限长。具体说来，其大致有三种情况：一是队长有限。当排队等待服务的顾客数超过规定数量时，后来的顾客就自动离去，另求服务，即系统的等待空间是有限的。二是等待时间有限。顾客在系统中的等待时间不超过某一给定的长度，当等待时间超过某一给定的长度时，顾客将自动离去，并不再回来。例如，顾客到饭店就餐，等了一定时间后不愿再等而自动离去另找饭店就餐。三是逗留时间(等待时间与服务时间之和)有限。

损失制和等待制可看成混合制的特殊情形，例如，记 m 为系统中服务台的个数，k 为系统中的顾客数，当 $k=m$ 时，混合制即成为损失制；当 $k=\infty$ 时，混合制即成为等待制。

(3) 服务过程。

服务过程包括三个方面。

①服务台数量及构成形式：从数量上说，服务台有单台和多台之分。从构成形式上看，服务台有单服务台单队式、多服务台单队并联式、多服务台多队并联式、多服务台串联式等。

②服务方式：在某一时刻接受服务的顾客数，有单个服务和成批服务两种。

③服务时间的分布：在多数情况下，对某一个顾客的服务时间是一随机变量，与顾客到达的时间间隔分布一样，服务时间的分布有定长分布、负指数分布、埃尔朗分布等。

如果顾客接受服务的过程也满足最简单流的三个条件，类似地，可以求得服务时间 τ 的概率分布函数 $F_\tau(t)$ 为

$$F_\tau(t) = 1 - e^{-\mu t} \tag{2-50}$$

其中，μ 为系统的服务速率。系统服务时间 τ 的概率密度函数为

$$f_\tau(t) = \frac{dF_\tau(t)}{dt} = \mu e^{-\mu t} \tag{2-51}$$

即系统服务时间 τ 服从负指数分布。

2.2.4 *M/M*/1 排队系统

1. 排队系统表示

排队系统一般用 *X/Y/Z/A/B/C* 表示。

X：顾客相继到达的时间间隔的分布。

Y：服务时间的分布。

Z：服务台的数目，1 台或者多台。

A：系统容量的限制，系统中是否存在顾客的最大数量限制。

B：顾客源数目，顾客源是否有限。

C：服务规则，先到先服务或者后到先服务等。

其中，顾客到达的时间间隔分布常用符号如下。

M：负指数分布。

D：确定型分布。

E_k：k 阶埃尔朗分布。

G：一般服务时间分布。

本节考虑系统容量无限制、顾客源无限、先到先服务，因此缺省最后三个特征。例如，*M/M*/1 模型表示输入过程服从负指数分布，服务时间服从负指数分布，服务台的数目为 1 的排队模型。这是最简单也是最重要的模型，其他的排队模型都可以由 *M/M*/1 模型推导出。

2. *M/M*/1 排队系统的指标

假设 *M/M*/1 排队系统的顾客到达时间间隔服从参数为 λ 的泊松分布，服务时间服从参数为 μ 的负指数分布。如果用系统中的顾客数表征系统的状态，容易验证这是一个生灭过程。

在排队论中，"生"指的是顾客到达系统，"灭"指的是顾客离开系统。因为 *M/M*/1 模

型的队列长度无限且参与人数亦无限，故系统状态数目无限。如图 2-21 所示，状态 0 表示模型闲置，状态 1 表示模型中有一人在接受服务，状态 2 表示模型中有二人(一人正接受服务、一人在等候)，以此类推。

此模型中，出生率(即顾客加入队列的速率)λ 在各状态中均相同，死亡率(即完成服务后顾客离开队列的速率)μ 亦在各状态中相同(除了状态 0，因其不可能有顾客离开队列)。因此，在任何状态下，只可能发生两种情况。

(1)有顾客加入队列。如果模型在状态 k，它会以速率 λ 进入状态 $k+1$。

(2)有顾客离开队列。如果模型在状态 k(k 不等于 0)，它会以速率 μ 进入状态 $k-1$。

由此可见，模型的稳定条件为 $\lambda < \mu$。如果死亡率小于出生率，则队列中的平均人数为无限大，故这种系统没有平衡点。

定义 $\rho = \lambda / \mu$ 为排队强度，$\rho < 1$ 表明顾客的到达率小于系统的服务速率，这时系统是稳定的，则模型在状态 k($k=0,1,2,\cdots$)的平衡公式为

$$\lambda p_0 = \mu p_1$$
$$(\lambda + \mu) p_1 = \lambda p_0 + \mu p_2$$
$$\vdots$$
$$(\lambda + \mu) p_k = \lambda p_{k-1} + \mu p_{k+1}$$

(2-52)

可以得到

$$p_1 = \frac{\lambda}{\mu} p_0 = \rho p_0$$
$$p_2 = (1+\rho) p_1 - \rho p_0 = \rho^2 p_0$$
$$\vdots$$
$$p_k = \rho^k p_0$$

(2-53)

又由概率的归一性：

$$\sum_{k=0}^{\infty} p_k = 1$$

(2-54)

可以得到 $p_0 = 1 - \rho$，因此系统中有 k 个顾客的概率为

$$p_k = (1-\rho) \rho^k$$

(2-55)

$M/M/1$ 排队系统的基本指标如下。

(1)排队强度 ρ，顾客到达率与系统的服务速率之比，$\rho = \lambda / \mu$。$\rho < 1$ 表明顾客到达率小于系统的服务速率，这时系统是稳定的。

(2)排队长度 k，系统中有 k 个顾客，其概率为 $p_k = (1-\rho) \rho^k$。

(3)平均队长 N，系统中顾客数为 k 的统计平均值：

$$N = \sum_{k=0}^{\infty} k p_k = (1-\rho)(\rho + 2\rho^2 + 3\rho^3 + \cdots) = \frac{\rho}{1-\rho}$$

(2-56)

(4)平均系统时间 S，每个顾客在系统内停留的平均时间。根据利特尔定理，有

$$S = \frac{N}{\lambda} = \frac{\rho}{\lambda(1-\rho)} = \frac{1}{\mu(1-\rho)} \tag{2-57}$$

(5) 平均等待时间 W，每个顾客的平均排队时间：

$$W = S - \overline{\tau} = \frac{1}{\mu(1-\rho)} - \frac{1}{\mu} = \frac{\rho}{\mu(1-\rho)} \tag{2-58}$$

从以上可知，$M/M/1$ 排队系统的主要指标都和排队强度 ρ 相关。$M/M/1$ 排队系统指标的所有公式中的 ρ 均要满足 $\rho<1$，否则系统不能正常工作。

例 2-18 某火车站有一售票窗口，若买票者以泊松流到达，平均每分钟到达 1 人，假设售票时间服从负指数分布，平均每分钟可售 2 人，求平均队长、平均等待时间及平均系统时间。

解 这是典型的 $M/M/1$ 排队系统，根据题意，可得 $\lambda=1$ 人/分钟，$\mu=2$ 人/分钟。

$$\rho = \frac{\lambda}{\mu} = \frac{1}{2}$$

因为 $\rho<1$，所以该排队系统是稳定的。

平均队长：

$$N = \frac{\rho}{1-\rho} = \frac{\frac{1}{2}}{1-\frac{1}{2}} = 1(\text{人})$$

平均等待时间：

$$W = \frac{\rho}{\mu(1-\rho)} = \frac{\frac{1}{2}}{2 \times \left(1-\frac{1}{2}\right)} = \frac{1}{2}(\text{min})$$

平均系统时间：

$$S = \frac{\rho}{\lambda(1-\rho)} = \frac{\frac{1}{2}}{1-\frac{1}{2}} = 1(\text{min})$$

例 2-19 在以 $M/M/1$ 为模型的分组传输系统中，设分组的平均到达率 $\lambda=1.25$ 分组/秒，分组的平均长度为 960bit，输出链路的传输速率 $C=2400\text{bit/s}$，求每一分组在系统中所经过的平均时延和系统中的平均分组数。

解 这是典型的 $M/M/1$ 排队系统，根据题意，可得 $\lambda=1.25$ 分组/秒，$\mu=2400/960=2.5$ 分组/秒。

$$\rho = \frac{\lambda}{\mu} = 0.5$$

因为 $\rho<1$，所以该排队系统是稳定的。

平均时延就是平均系统时间：

$$S = \frac{\rho}{\lambda(1-\rho)} = \frac{0.5}{1.25(1-0.5)} = 0.8(\text{s})$$

平均分组数就是平均队长：

$$N = \frac{\rho}{1-\rho} = \frac{0.5}{1-0.5} = 1(分组)$$

2.3　数据传输

数据传输是网络通信的基础。广义上说，数据传输是在终端之间存储、处理和传输信息的一种通信手段，数据传输的目的就是传递信息。

▶▶ 2.3.1　传输媒介

传输媒介又称为传输介质或传输媒体，是数据传输系统中发送器和接收器之间的物理路径。传输媒介一般分为两类：导向媒介和非导向媒介，如图 2-27 所示。导向媒介是看得见的固体媒介。在导向媒介中，电磁波被导向沿着固体媒介传播。根据媒介所使用材料的不同，有双绞线电缆、同轴电缆和光纤三种。双绞线电缆和同轴电缆使用金属介质传输电流形式的信号。光纤通过二氧化硅，也就是一种玻璃制成的纤维材料传输光脉冲。非导向媒介指自由空间，在自由空间中电磁波的传输常称为无线传输。

1. 导向媒介

1）双绞线电缆

双绞线由两根采用一定规则并排绞合的、相互绝缘的铜导线组成。绞合是为了提高抗电磁干扰能力。实际使用时，由多对双绞线一起包在一个绝缘封套里形成双绞线电缆，日常生活中一般把双绞线电缆直接称为双绞线。双绞线电缆结构如图 2-28 所示。

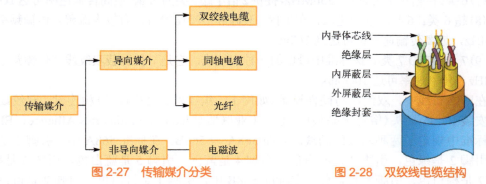

图 2-27　传输媒介分类　　　　图 2-28　双绞线电缆结构

双绞线根据外面是否带有金属丝编织成的屏蔽层，分为非屏蔽双绞线和屏蔽双绞线，如图 2-29 所示。

图 2-29　非屏蔽双绞线和屏蔽双绞线

(1)非屏蔽双绞线(unshielded twisted pair，UTP)广泛用于以太网和电话线中，具有以下优点：①无屏蔽外套，直径小，减小了所占用的空间，成本低；②重量轻，易弯曲，易安装；③将串扰减至最小或加以消除；④具有阻燃性；⑤具有独立性和灵活性，适用于结构化综合布线。

(2)屏蔽双绞线(shielded twisted pair，STP)是在双绞线与外层绝缘封套之间有一个金属屏蔽层。屏蔽层可减少辐射，防止信息被窃听，也可阻止外部电磁干扰的进入，使屏蔽双绞线比同类的非屏蔽双绞线具有更高的传输速率。但是在实际施工时，很难全部完美接地，从而使屏蔽层本身成为最大的干扰源，导致其性能甚至远不如非屏蔽双绞线。因此，除非有特殊需要，通常在综合布线系统中只采用非屏蔽双绞线。

双绞线除了可分为屏蔽和非屏蔽双绞线之外，还可以按照电气特性分为以下几类。

(1)1类：主要用于语音传输(1类标准主要用于 20 世纪 80 年代初之前的电话线缆)，不用于数据传输。

(2)2类：传输频率为 1MHz，用于语音传输和最高传输速率 4Mbit/s 的数据传输，主要用于 4Mbit/s 旧的令牌网。

(3)3类：传输频率为 16MHz，用于语音传输和最高传输速率 10Mbit/s 的数据传输，主要用于 10BASE-T 网络。

(4)4类：传输频率为 20MHz，用于语音传输和最高传输速率 16Mbit/s 的数据传输，主要用于令牌环网。

(5)5类：传输频率为 100MHz，用于语音传输和最高传输速率 100Mbit/s 的数据传输，主要用于 100BASE-T 网络和 10BASE-T 网络。

(6)超 5 类：传输频率为 100MHz，相比 5 类线在近端串扰、串扰总和、衰减和信噪比等指标上有较大改进，性能得到很大提高，传输速率最高也为 100Mbit/s。

(7)6类：传输频率为 200～250MHz，提供 2 倍于超 5 类的带宽，最高传输速率可达 1Gbit/s。

(8)超 6 类：6 类线的改进版，在串扰、衰减和信噪比等方面有较大改善，传输频率可达 500 MHz，最高传输速率也可达到 1Gbit/s。

(9)7类：ISO 7 类/F 级标准中最新的一种双绞线，它是一种屏蔽双绞线，传输频率可达 600MHz，传输速率可达 10Gbit/s。

在网络布线中，双绞线与硬件设备(如网卡、集线器、交换机等)相连时，双绞线两端必须安装 RJ-45 插头(俗称水晶头)。电子工业联盟(Electronic Industries Alliance，EIA)的布线标准中规定了两种双绞线的线序，即 568A 与 568B。在标准 568A 中，引脚 1 是绿白色，引脚 2 是绿色，引脚 3 是橙白色，引脚 4 是蓝色，引脚 5 是蓝白色，引脚 6 是橙色，引脚 7 是棕白色，引脚 8 是棕色；在标准 568B 中，引脚 1 是橙白色，引脚 2 是橙色，引脚 3 是绿白色，引脚 4 是蓝色，引脚 5 是蓝白色，引脚 6 是绿色，引脚 7 是棕白色，引脚 8 是棕色；RJ-45 接线方式规定引脚 1、引脚 2 用于发送，引脚 3、引脚 6 用于接收，引脚 4、引脚 5、引脚 7、引脚 8 是双向线。双绞线的连接方式按照适用范围不同，可分为直接连接和交叉连接两种方式。

(1)直接连接方式。

直接连接方式即两端 RJ-45 插头中的线序排列完全相同，即双绞线两端的发送端口与发送端口直接相连，接收端口与接收端口直接相连，如图 2-30 所示。网卡/路由器-交换机/HUB、

HUB-HUB(级联端口)之间的连接采用直接连接。

(2)交叉连接方式。

交叉连接方式指双绞线两端的发送端口与接收端口交叉连接，要求双绞线两头的引脚 1
和引脚 3、引脚 2 和引脚 6 进行交叉连线，如图 2-31 所示。交换机-交换机、网卡-网卡以及
HUB-HUB(标准端口)之间的连接采用交叉连接。

图 2-30　直连线 EIA-568A

图 2-31　交叉线 EIA-568B

关于双绞线的连接方式，有一个口诀：相同端口使用交叉连接，不同端口使用直接连接。
现在的网卡都有自适应功能，能自动识别直接或交叉连接，因此只需要统一使用直接连接就
可以了。

2)同轴电缆

同轴电缆由铜芯内导体、隔离材料、网状导体屏蔽层和塑料外层构成，其中内导体可以
是单股的铜质实心线，也可以是多股铜质绞合线，如图 2-32 所示。由于网状导体屏蔽层的作
用，同轴电缆抗干扰性更好，可用传输较高速率的数据，传输距离更远。

铜芯内导体
隔离材料
网状导体屏蔽层
塑料外层

图 2-32　同轴电缆结构

同轴电缆根据特性阻抗值分为 75Ω 同轴电缆和 50Ω 同轴电缆，前者主要用于传输宽带
信号，故称为宽带同轴电缆，主要用于有线电视系统。后者主要用于传输基带数字信号，故
而又称为基带同轴电缆，在局域网中应用广泛。

基带同轴电缆的常用型号有粗缆和细缆。粗缆与细缆最直观的区别在于电缆直径。粗缆
适用于比较大型的局域网，它的特点是：具有较高的可靠性，网络抗干扰能力强；具有较大
的地理覆盖范围，最长距离可达 2500m；网络安装、维护和扩展比较困难，造价高。粗缆以
太网结构如图 2-33 所示，建立一个粗缆以太网需要终端匹配器、收发器、收发器电缆(AUI
电缆)、粗缆和中继器等硬件设备。粗缆每段最长 500m，最多 5 段，因此网络最大跨度可达
2500m，收发器间隔最小 2.5m，收发器电缆最长 50m，每干线最大节点数 100 个。

细缆用于局域网的主干连接，它的特点是：容易安装，造价较低；网络抗干扰能力强；
网络维护和扩展比较困难；电缆系统的断点较多，影响网络系统的可靠性。细缆以太网结构
如图 2-34 所示，建立一个细缆以太网需要终端匹配器、BNC-T 型连接器(BNC 接头)、细缆
和中继器等硬件设备。细缆每段最长 185m，最多 5 段，因此网络最大跨度可达 925m，BNC
接头间隔最小 0.5m，每干线最大节点数 30 个。

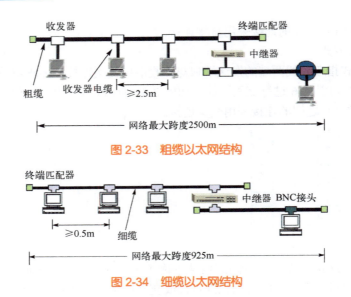

图 2-33　粗缆以太网结构

图 2-34　细缆以太网结构

无论是使用粗缆还是细缆连接网络，故障点往往都会影响到整根电缆上的所有机器，故障的诊断和修复都很麻烦。因此，基带同轴电缆已逐步被非屏蔽双绞线或光缆所取代。

3) 光纤

光纤是光导纤维的简称，是一种由玻璃或塑料制成的纤维，可作为光的传导工具。光纤的构造接近同轴电缆，但与同轴电缆不同的是，光纤中没有附加网状导体屏蔽层。光纤玻璃内芯外的封套由具有较低折射率的玻璃纤维制成，用于反射纤芯内的光线，保证光纤通信的正常进行。封套外是一层由聚乙烯制成的塑料外套，用于保护光纤的内部结构。实际中，通常使用塑料外套将多束光纤缚在一起，外面有外壳保护，制成光缆。光纤和光缆结构如图 2-35 所示。

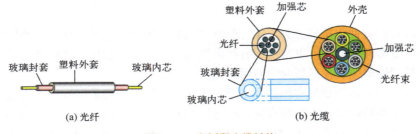

(a) 光纤

(b) 光缆

图 2-35　光纤和光缆结构

如图 2-36 所示，当光线从高折射率介质射向低折射率介质时，其折射角会大于入射角。如果不断增大入射角 θ_0，可使折射角 θ_1 达到 90°，这时的 θ_0 称为临界角。当入射角大于临界角时，就会产生全反射现象，光线折射返回纤芯，然后不断反复折射传输下去。光纤就是利用这种全反射来传输光信号的。

相对于传统通信介质，光纤具有如下优势。

(1) 光纤通信具有低损耗、频带宽的特点，特别适用于远距离通信。

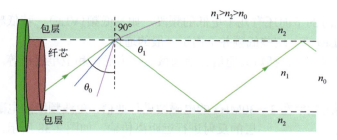

图 2-36   光纤传输光信号原理图

(2)光纤在传输光信号时不会产生电磁干扰。

(3)光信号通过光纤时无辐射磁场,有效降低了数据被窃听或截取的风险。

(4)光纤通信不需要金属导线,减少了线缆的重量及所需的空间。

光纤的缺点如下。

(1)质地较脆、机械强度低是它的致命弱点,容易折断。

(2)光纤的安装需要专门设备,保证光纤的端面平整,以便光能透过,施工人员要有比较好的切断、连接、分路和耦合技术。

(3)通常情况下,使用光纤连网时,网络拓扑被设计为由若干点到点连接组成的环型网络,节点的故障会引起全网故障。

光纤传输系统具有光源、光纤及探测器这三个要素。通过将光源连接至光纤的一端,并在另一端安装探测器,即可组成一个简单的单向数据传输系统。该系统接收电信号作为输入,并将其转换为光信号,通过光源发送至光纤。接收端的探测器感应到光信号后,将其转换为对应的电信号输出。

2. 非导向媒介

非导向媒介指自由空间,利用无线电波在自由空间的传播可以较快地实现多种无线通信。无线传输可使用的频段很广,人们现在已经利用了好几个频段进行通信。图 2-37 给出了 ITU 对频段取的正式名称。LF、MF 和 HF 的中文名字分别是低频、中频和高频。更高频段中的 V、U、S 和 E 分别对应于 very、ultra、super 和 extremely,相应频段的中文名分别为甚高频、特高频、超高频和极高频,最高的一个频段中的 T 对应于 tremendously,目前尚无标

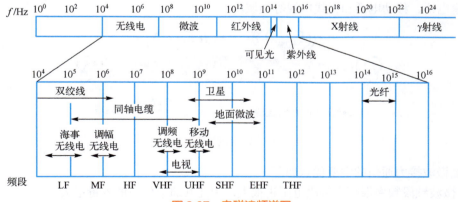

图 2-37   电磁波频谱图

准译名。在低频(LF)的下面还有几个更低的频段，如甚低频(VLF)、特低频(ULF)、超低频(SLF)和极低频(ELF)等，这些低频并不用于一般的通信。

常用的无线通信方式包括短波通信、地面微波接力通信和卫星通信等。

1)短波通信

短波通信指利用频率在 3～30MHz 的电磁波进行通信，短波频段的电磁波主要通过电离层的反射进行远距离传输，如图 2-38 所示。由于电离层的高度和密度容易受昼夜、季节、气候等因素的影响，所以短波通信的稳定性较差，噪声较大。

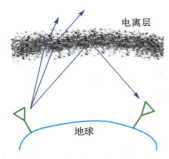

图 2-38　短波通信

当使用短波通信时，通常以低速传输，每条信道的传输速率在每秒数十比特到每秒数百比特。要提高数据的传输速率，需使用更加复杂的调制解调技术。尽管新型无线通信系统不断涌现，但是短波通信作为传统的通信方式，仍然受到全世界普遍重视，不仅没有被淘汰，还在不断快速发展，因为它有着其他通信系统不具备的优点。

(1)短波是唯一不受网络枢纽和有源中继体制约束的远程通信手段，如果发生战争或灾害，各种通信网络都会受到破坏，卫星也会受到攻击。无论哪种通信方式，其抗毁能力和自主通信能力都与短波无法媲美。

(2)在山区、戈壁、海洋等地区，超短波覆盖不到，主要依靠短波。

(3)与卫星通信相比，短波通信不用支付话费，运行成本低。

2)地面微波接力通信

微波是指频率在 300MHz～300GHz，波长在 1mm～1m 的电磁波。由于微波会穿透电离层而进入宇宙空间，因此它不像短波那样可以经电离层反射传播到地面上很远的地方。微波在地面上的通信方式为地面微波接力通信。

微波在空间中是直线传播的，而地球表面是个曲面，因此其传播距离受到限制，一般只有 50km 左右。但若采用 100m 高的天线塔，则传播距离可增大到 100km。为实现远距离通信，必须在一条微波通信信道的两个终端之间建立若干个中继站。中继站把前一站送来的信号经过放大后再发送到下一站，故称为"接力"，如图 2-39 所示。地面微波接力通信广泛应用于长途电话、移动电话和无线电视等领域。

图 2-39　地面微波接力通信

地面微波接力通信的主要优点如下。

(1)微波频段频率很高，频段范围也很大，因此其通信信道的容量很大。

(2)因为工业干扰和天线干扰的主要频谱成分比微波频率低很多，对微波接力通信的危害比对短波通信小很多，所以微波接力通信的传输质量较高。

（3）与相同容量和长度的电缆通信比较，微波接力通信建设投资少，见效快，易于跨越山区、江河。

地面微波接力通信也存在如下缺点。

（1）相邻站之间必须直视，不能有障碍物（常称为视距传播）。有时一个天线发射出的信号也会通过几条略有差别的路径到达接收天线，因而造成失真。

（2）微波的传播有时也会受到恶劣气候的影响。

（3）与电缆通信比较，微波接力通信的隐蔽性和保密性较差。

（4）对大量中继站的使用和维护要耗费较多的人力和物力。

3）卫星通信

卫星通信是地球上（包括地面和低层大气中）的无线电通信站间利用卫星作为中继器而进行的通信，如图 2-40 所示。在地面上用微波接力通信系统进行的通信，因视距传播，当地面距离为 2500km 时，要经过 54 次接力转接。若利用通信卫星进行中继，地面距离长达 1 万多千米的通信经通信卫星 1 跳即可连通（由地至星，再由星至地为 1 跳）。

常用的卫星通信方法是在地球站之间利用位于约 36000km 高空的人造同步地球卫星作为中继器的一种微波接力通信。同步地球卫星绕地球运行周期为 1 恒星日，与地球自转同步，因而与地球之间处于相对静止状态，故称为静止卫星或固定卫星。

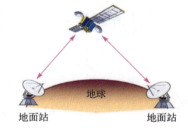

图 2-40　卫星通信

卫星通信的最大特点是通信距离远，且通信费用与通信距离无关。同步轨道卫星发射出的电磁波能够覆盖地球上跨度达 18000 多千米的区域，面积约占全球的 1/3。只要在地球赤道上空的同步轨道上等距离地放置 3 颗相隔 120° 的卫星，就能基本上实现全球通信。和地面微波接力通信相似，卫星通信的频带很宽，通信容量很大，信号所受到的干扰也较小，通信比较稳定。卫星可以使用不同的频段来进行通信，总的通信容量很大。

卫星通信的另一特点是具有较大的传播时延。由于各地球站的天线仰角并不相同，因此不管两个地球站之间的地面距离是多少（相隔一条街或相隔上万千米），从一个地球站经卫星到另一个地球站的传播时延都在 250～300ms，一般取 270ms。对比之下，地面微波接力通信链路的传播时延一般为每千米 3.3μs。

表 2-6 对常用传输媒介的特征进行了比较。

表 2-6　常用传输媒介特征

传输媒体	速率	传输距离	抗干扰性	价格	应用
双绞线	10～1000Mbit/s	几十千米	可以	低	模拟/数字传输
50Ω 同轴电缆	10Mbit/s	<3km	较好	低	基带数字传输
75Ω 同轴电缆	300～450Mbit/s	100km	较好	较高	模拟电视、数据及音频传输
光纤	几十 Gbit/s	>30km	很好	较高	远距离传输
短波	<50Mbit/s	全球	较差	较低	远距低速通信
地面微波	4～6Gbit/s	几百千米	好	中等	远程通信
卫星	500Mbit/s	18000km	很好	高	远程通信

2.3.2 传输原理

1. 数据和信号

信息的物质载体是消息，如语音、图像、温度、文字、数字和符号等。相同的信息可以通过不同的消息来承载。相同的消息可以表达不同的信息。在信息网络世界里，消息可以称为数据。数据是事实或观察的结果，是用于表示客观事物的未经加工的原始素材。数据可以是连续的值，如声音、图像，称为模拟数据。数据也可以是离散的，如符号、文字，称为数字数据。

信号是数据的电气或电磁表现，是数据在传输过程中的存在形式。信号有模拟信号和数字信号两种基本形式。如图 2-41 所示，模拟信号指连续变化的物理信号，其特征量(如幅度、频率或相位)随时间连续变化，或在一段连续的时间间隔内，其代表信息的特征量可以在任意瞬间呈现为任意数值的信号。数字信号指离散变化的物理信号，其特征量(如幅度、频率或相位)随时间离散变化，或在一段连续的时间间隔内，其代表信息的特征量可以在任意瞬间呈现为有限数值的信号。

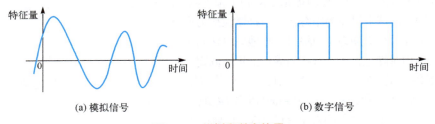

(a) 模拟信号   (b) 数字信号

图 2-41 模拟和数字信号

信道是信号的传输媒介，按照传输信号的不同可分为数字信道和模拟信道。数字信道传输数字信号。模拟信道传输模拟信号。数据的传输可分为模拟传输和数字传输。模拟传输指模拟数据的传输，不关心所传输信号的内容，只关心尽量减少信号的衰减和噪声，长距离传输时，采用信号放大器放大被衰减的信号，但同时也放大了信号中的噪声。数字传输指数字数据的传输，关心所传输信号的内容，可以用数字信号传输，也可以用模拟信号传输，长距离传输时，采用转发器——信号的再生设备，可消除噪声的累积。长距离传输通常采用数字传输。

2. 数字信号的傅里叶分析

19 世纪早期，法国数学家傅里叶证明了：任何周期函数 $g(t)$ 都可以用正弦函数和余弦函数构成的无穷级数来表示，即

$$g(t) = \frac{1}{2}c + \sum_{n=1}^{\infty} a_n \sin(2\pi nft) + \sum_{n=1}^{\infty} b_n \cos(2\pi nft) \tag{2-59}$$

其中，$f=1/T$ 是基本频率；T 是周期；a_n 和 b_n 是 n 次谐波的正弦振幅和余弦振幅；c 是常数。这种分解称为傅里叶级数(Fourier series)。利用傅里叶级数可以重构出函数，即如果已知周期 T，并且给定振幅，利用式(2-59)进行求和可以得到原始函数 $g(t)$。也就是说，一个周期函数

$g(t)$ 可以分解成无限多个 n 次谐波的和，信号的传递可以看成无限多个正弦波和无限多个余弦波在这条物理媒体上传输。在物理媒体上传输时，每个傅里叶级数的信号分量被等量衰减，因此合成后，振幅有所衰减，但基本形状不变。

对一个有限时间的数字信号的处理可以想象成一次又一次地重复着整个模式，即在 $T\sim 2T$ 的信号与在 $0\sim T$ 的信号完全一样，以此类推。对于任何给定的 $g(t)$，在式(2-59)的两边同时乘以 $\sin(2\pi kft)$，然后在 $0\sim T$ 求积分。因为

$$\int_0^T \sin(2\pi kft)\sin(2\pi nft)\mathrm{d}t = \begin{cases} 0, & k\neq n \\ \dfrac{T}{2}, & k=n \end{cases} \tag{2-60}$$

所以，可计算得到振幅 a_n：

$$a_n = \frac{2}{T}\int_0^T g(t)\sin(2\pi nft)\mathrm{d}t \tag{2-61}$$

类似地，在式(2-59)两边同时乘以 $\cos(2\pi kft)$，然后在 $0\sim T$ 求积分，可计算得到振幅 b_n：

$$b_n = \frac{2}{T}\int_0^T g(t)\cos(2\pi nft)\mathrm{d}t \tag{2-62}$$

另外，直接在式(2-59)两边在 $0\sim T$ 求积分，可以得到常数 c：

$$c = \frac{2}{T}\int_0^T g(t)\mathrm{d}t \tag{2-63}$$

根据上述数学分析，实际信道对不同频率信号有不同的影响。什么时候信号的传输质量好？考虑一个特殊的例子：传输一个 ASCII 字符 b。该字符被编码成一个 8 比特长的字节，发送的比特串是 01100010，那么可以把它看成一个函数 $g(t)$，周期 $T=8$。图 2-42 的左半部分显示了计算机传输该字符时的电压输出。对该信号进行傅里叶分析，可以得到以下的系数：

$$a_n = \frac{1}{\pi n}[\cos(\pi n/4) - \cos(3\pi n/4) + \cos(6\pi n/4) - \cos(7\pi n/4)]$$

$$b_n = \frac{1}{\pi n}[\sin(3\pi n/4) - \sin(\pi n/4) + \sin(7\pi n/4) - \sin(6\pi n/4)]$$

$$c = 3/4$$

把这个波形用傅里叶级数展开成无限多个正弦波和无限多个余弦波的和。最初几项的均方根振幅 $\sqrt{a_n^2 + b_n^2}$，如图 2-42 右半部分所示。这些值的平方与对应频率的传输能量成正比。

信号在传输过程中都要损失一些能量。如果所有的傅里叶分量都等量地衰减，则信号将会在振幅上有所减小，但不会变形(即它将与图 2-42(a)有同样的方波形状)。但是对于任意一条物理媒体，并不是任意频率的信号都能通过，能够通过的只是某一个频率宽度范围中的信号。因此，信号到了接收端后，其实不可能是由无穷多个正弦波和无穷多个余弦波组成的，只能是由一部分谐波组成。假设某传输信道的带宽很小，只能通过一次谐波，则 $n=2$、3、4、5 一直到无穷大的这些谐波全部被过滤掉了，那么接收端只能得到如图 2-42(b)所示的波形，它的失真非常严重。如果该信道可以通过 2 个谐波，那么可以得到如图 2-42(c)所示的波形。如果可以通过 4 个谐波，那么可以得到如图 2-42(d)所示的波形，信号失真就小了。如

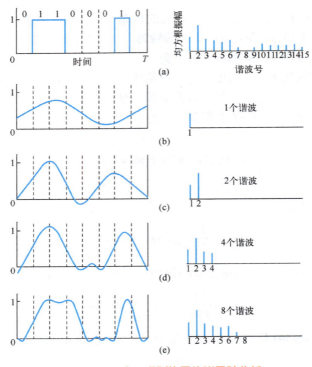

图 2-42　一个二进制信号的傅里叶分析

果可以通过 8 个谐波，那么可以得到如图 2-42(e)所示的波形，这时候接收的信号就和原始信号很接近了。如果信道能够通过无穷多个谐波，那么将还原出一个完全吻合的信号。因此，可以看到在一条物理媒体上，信道能够通过的谐波数越多，信号传输的质量就越好；反之，信道能够通过的谐波数越少，信号传输的质量就越差。

3. 带宽与数据传输速率

对传输介质而言，在 0 到某个截止频率 f_c(Hz) 的范围内，信号振幅在传输过程中不会衰减，而在此截止频率之上的所有信号的振幅都将有不同程度的衰减。在传输过程中信号振幅不会明显衰减的频率宽度即带宽(bandwidth)。实际上，截止频率没有那么尖锐，通常所指的带宽是从 0 到使接收能量保留一半的频率位置之间的频率宽度。

带宽是传输介质的一种物理特性，通常取决于介质的构成、厚度和长度。对模拟信道而言，如果其可传输最低频率为 f_1(Hz) 的信号和最高频率为 f_2(Hz) 的信号，则该模拟信道的带宽是 f_2-f_1 ($f_2>f_1$)，如图 2-43 所示。模拟信道的带宽限制了其通过的谐波数，带宽越窄，通过的谐波数越少，信号越容易失真；带宽越宽，失真越小。与此区别的是信号带宽，指信号的波长或频率的范围，在实际应用中指信号能量比较集中的频率范围。比如，人的声波信号，其绝大部分能量集中在 300～3400Hz 这个范围，因此语音信号的带宽是 3.1kHz。

数据传输速率也经常称为带宽，比如，以太网的带宽是 10Mbit/s，千兆以太网的带宽是 1000Mbit/s。数据传输速率的单位为 bit/s，就是每秒发送多少个比特到这条物理媒体上面，称为比特率。如前所述，信道带宽应为物理媒体所能通过的频率范围，因为信道能够通过的频率范围决定了数据传输速率，所以很多时候把这两个概念混为一谈了。

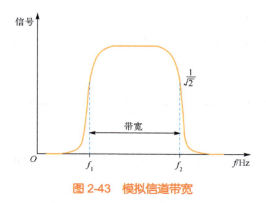

图 2-43　模拟信道带宽

　　还有一个非常容易和数据传输速率混淆的概念，就是信号传播速度。信号传播速度是信号在传输介质中传播的速度，比如，在光纤中的信号传播速度和在双绞线中的信号传播速度是不一样的。假设一条物理信道就是一条高速公路，数据传输速率是这条高速公路上每秒能够进几辆车，而信号传播速度则是车在高速公路上行驶的速度。

　　有一个与比特率非常接近的概念，称为波特率(band)。波特率就是码元的速率，即每秒能得到多少个信号。如果把信号分成两个等级，那么在这种情况下波特率和比特率相同。如果信号分为四个等级，即一次信号变化得到 2 比特(一次采样可表示 2 比特)，那么比特率等于 2 倍的波特率；如果信号分为 V 级，则比特率等于 $\log_2 V$ 倍的波特率。

　　假设在上例中，数据传输速率为 b bit/s，发送 8 比特(一个字节看成一个周期函数)所需要的时间 T 为 8/b s，因此信号的第一个谐波频率(基频 f)是 b/8 Hz。设信道截止频率为 F，则能通过的最大的谐波数 n 满足 $nf \leqslant F$，即 $n \leqslant F/f = 8F/b$。

　　如表 2-7 所示，假设有一条物理媒体的截止频率是 3000 Hz，如果数据传输速率是 300bit/s，可计算得到能够通过的谐波数是 80，对于能够通过 80 个谐波的信道来讲，其传输质量就相当好；如果数据传输速率是 600bit/s，能够通过的谐波数是 40，传输质量也不错；但是如果数据传输速率是 9600bit/s，能够通过的谐波只有 2 个，信号失真将会非常严重。因此信道的传输速率是有限的，因为传输速率越高，通过的谐波数就越少，传输质量就越差。

表 2-7　当截止频率 F 为 3000Hz 时数据传输速率与通过的谐波数的关系

数据传输速率/(bit/s)	300	600	1200	2400	4800	9600	19200	38400
通过的谐波数(n)	80	40	20	10	5	2	1	0

4. 调制与编码

　　数据有模拟数据和数字数据。无论信源产生的是模拟数据还是数字数据，在传输过程中都要将其转换为适合信道传输的某种信号。模拟数据和数字数据都可以用模拟信号和数字信号表示，从而产生了数据调制和编码技术。调制是把数据变换为模拟信号的过程，编码是把数据变换为数字信号的过程。模拟数据可以通过放大器或调制器转换成模拟信号传输，也可以通过 PCM 编码器转换成数字信号传输；数字数据可以通过调制器转换成模拟信号传输，也可以通过数字发送器转换为数字信号传输，如图 2-44 所示。

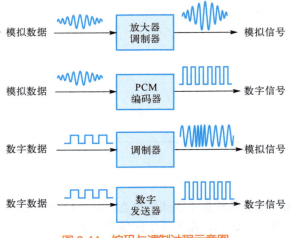

图 2-44　编码与调制过程示意图

1)模拟数据在模拟信道上传输

模拟数据可以在模拟信道上直接传输，但要使用模拟调制技术，主要原因有两个：一是模拟数据以模拟信号为载体进行传输时，通常模拟信号的频率不高，有效的传输需要较高的频率；二是通过调制可以做到信道复用。常见的模拟调制方式如下。

(1)调幅(amplitude modulation，AM)：载波(通常是连续正弦波)的幅度随原始数据的幅度变化而变化，而载波的频率不变。

(2)调频(frequency modulation，FM)：载波的频率随原始数据的幅度变化而变化，而载波的幅度不变。

(3)调相(phase modulation，PM)：载波的相位随原始数据的幅度变化而变化，而载波的幅度不变。

2)模拟数据在数字信道上传输

模拟数据必须转换为数字信号才能在数字信道上传送，这个过程称为数字化。脉冲编码调制(PCM)是最常用的一种数字化技术，通常需要经过采样、量化、编码三个步骤。

(1)采样：对模拟信号进行周期性采样，把时间上连续的信号变成时间上离散的信号。

(2)量化：对于采样得到的瞬时值，将其幅度离散，即规定一组电平，把瞬时值用最接近的电平值来表示。

(3)编码：用一组二进制码组来表示每一个有固定电平的量化值。量化是在编码过程中同时完成的，故编码过程也称为模/数转换，可记作 A/D 转换。

例如，电话网的电话到电话局传输的是模拟语音信号，电话局会把它变成数字信号来传输，采用的技术就是 PCM 技术，如图 2-45 所示。

第一步采样，每间隔一定的时间就对语音信号采样一次。采样的时间间隔根据奈奎斯特采样定理，以大于或等于信号最高频率两倍的速率来对信号进行采样。

第二步量化，采到的样本幅度值是实数，要把它量化成整数。量化成多少等级根据具体的应用而定。语音信号的量化等级分为–127～127，共 256 个等级。

第三步编码，对量化数值用二进制进行编码。256 个等级用二进制表示正好是 8 位，所

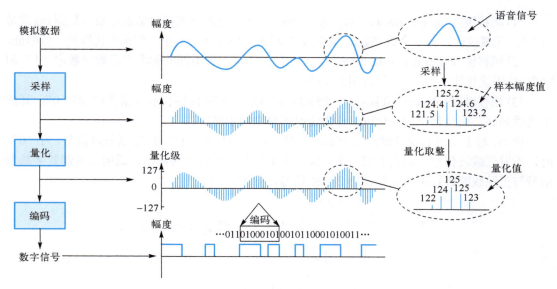

图 2-45　语音信号的 PCM 过程

以每个量化值用 8 位二进制数表示。这样连续信号就变成了一串二进制比特串，接着就可以用数字传输方法传输信号。

在电话网中，语音信道允许的最高频率是 3500Hz，人耳能够听到的声音范围为 16~20000Hz。经实际测量，只要保留语音频谱中 200~3500Hz 这段较窄范围内的声音，就可以相当清晰地辨别语音信号。按照奈奎斯特采样定理，要得到信号的完整信息，必须对它进行信号最高频率两倍或者以上的采样，所以在电话系统中，以每秒 8000 次的采样频率进行采样，在接收端还原出的信息是人耳可以接收的信息。每一路语音信号用 8 位二进制数表示一个采样值，对每一路语音信号进行 PCM 编码后得到的数据传输速率为 8bit × 8000 次/秒 = 64kbit/s。

3）数字数据在模拟信道上传输

数字数据使用模拟信道传送时，必须先转换为模拟信号，这个过程称为数字调制。同样地，可以通过调制模拟载波的三个参数——幅度、频率和相位来表示数字数据。如图 2-46 所示，常用的数字调制技术如下。

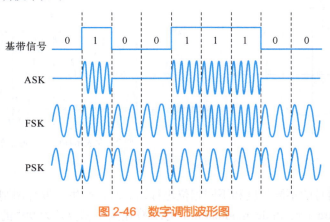

图 2-46　数字调制波形图

(1) 幅移键控 (amplitude-shift keying，ASK)：用恒定的载波振幅值表示数字数据 (通常是 "1")，无载波表示另一个数字数据 (通常是 "0")。ASK 实现简单，但抗干扰性差、效率低。

(2) 频移键控 (frequency-shift keying，FSK)：使用两种不同的频率表示数字数据 "1" 和 "0"，抗干扰性比 ASK 强，但占用带宽较大。

(3) 相移键控 (phase-shift keying，PSK)：用载波的相位偏移表示数据 "1" 和 "0"，其抗干扰性最好，而且相位的变化可以作为定时信息来同步时钟。

例如，对于二进制幅移键控 (2ASK)，当数字基带信号为 "1" 时，发送载波信号，为 "0" 时，不发送载波信号，相当于用一个开关电路来控制载波信号的输出，或用二进制数字基带信号与正弦载波进行乘法运算得出 2ASK 信号，如图 2-47 所示。

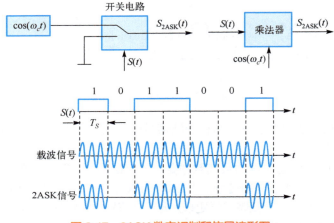

图 2-47　2ASK 数字调制和信号波形图

又如，对于正交相移键控 (quadrature phase shift keying，QPSK) 信号，其载波信号有 4 个离散相位状态，即 45°、135°、225°、315°，每个载波相位可以携带 2bit 数字信息，分别表示数字信号 "00" "01" "11" "10"。因此，QPSK 数字调制就是把两个连续的二进制比特映射成一个复数符号，也可以用星座图表示这种相位关系，如图 2-48 所示，其中 I 表示同相分量，Q 表示正交分量。

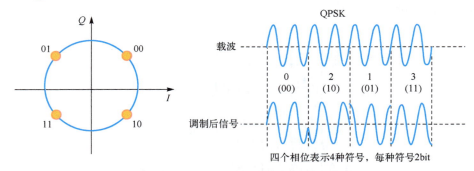

图 2-48　QPSK 数字调制星座图和波形图

当选择载波信号的不同幅度和不同相位进行调制时，产生了混合调制技术。例如，正交幅度调制 (quadrature amplitude modulation，QAM) 在两个相位差为 90° 的正交载波上进行幅度调制，因此 QAM 信号的幅度和相位同时变化。比如，16QAM 将数字信号映射为 16 个复数符号，每 4 比特规定了 16 个符号中的一个。因此，16QAM 的每个符号传送 4 比特。星座图和波形图如图 2-49 所示。

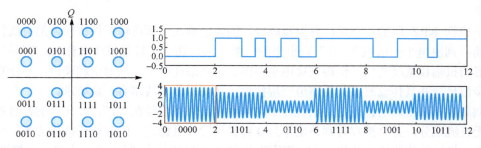

图 2-49　16QAM 数字调制星座图和波形图

4）数字数据在数字信道上传输

数字数据在数字信道上传输在计算机网络中得到了广泛运用，但是数字数据并不适合直接在数字信道上传输，需要对信号进行编码以提升数据传输的效率，并实现通信双方的信号同步。在数字信道中传输原始数字数据时，利用特定电平信号来表示二进制"0"和"1"，然后进行传输，这种方法称为基带数字编码。常用的基带数字编码方法如下。

（1）非归零（non-return zero，NRZ）码：信号电平在表示完一个二进制码元"0"或"1"后，不回到零电平（也就是无电流）。NRZ 的每个码元宽度都是一样的，中间点是采样时间，判决门限为半幅电压。

（2）归零（return zero，RZ）码：信号电平在一个码元宽度内（通常是在 1/2 个码元时）必须回归为零电平，直到该码元宽度结束。

NRZ 码和 RZ 码都有单极性波形和双极性波形，如图 2-50 所示。

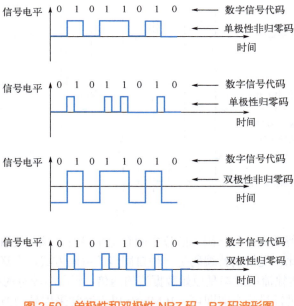

图 2-50　单极性和双极性 NRZ 码、RZ 码波形图

单极性波形：波形中仅用正（或负）电平值来表示二进制码元"1"，用零电平表示二进制码元"0"，判决电平为 1/2 电压。

双极性波形：波形中分别用正和负电平值表示二进制码元"1"和"0"，判决电平就是零电平。

单极性 NRZ 码的特点是：有直流成分，因此很难在低频传输特性比较差的有线信道进行传输；判决电平一般取为"1"码电平的一半，因此在信道特性发生变化时，容易导致接收波形的振幅和宽度变化，使得判决电平不能稳定在最佳电平，从而引起噪声；不能直接提取同步信号，并且传输时必须将信道一端接地，从而对传输线路有一定要求。

双极性 NRZ 码的特点是：从统计平均来看，该码型信号在"1"和"0"的数目各占一半时无直流成分，并且接收时判决电平为 0 容易设置并且稳定，因此抗干扰能力强；可以在电缆等无接地的传输线上传输，因此应用极广，常用于低速数字通信；不能直接从双极性 NRZ 码中提取同步信号，并且"1"码和"0"码不等概时，仍有直流成分。

单极性 RZ 码的特点是：可以直接提取同步信号，意味着单极性 RZ 码是其他码型提取同步信号可采用的一个过渡码型。

双极性 RZ 码的特点是：接收端根据接收波形归于零电平就可以判决这一比特的信息已接收完毕，然后准备下一比特的接收，因此发送端不必按一定的周期发送信息，可以经常保持正确的比特同步，此方式也称为自同步方式。由于这一特点，双极性 RZ 码的应用十分广泛。

（3）曼彻斯特编码：在每个二进制码元的位中间均有一个电平跳变，第一个编码自定义，比如，由低电平到高电平的跳变表示"0"，由高电平向低电平的跳变表示"1"。

（4）差分曼彻斯特编码：在每个二进制码元的位开始处有一个电平跳变，有电平跳变表示"0"，无电平跳变表示"1"。

图 2-51 描绘了数字数据 010011100 的 NRZ 码、曼彻斯特编码和差分曼彻斯特编码波形图。

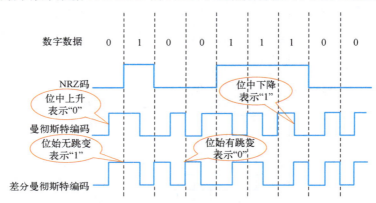

图 2-51　NRZ 码、曼彻斯特编码和差分曼彻斯特编码的波形图

曼彻斯特编码的特点是：每一码元的位中间有电平跳变，该跳变既可作为时钟信号，又可作为数字信号。因此，曼彻斯特编码是一种自同步的编码方式，发送曼彻斯特编码信号时无须另发同步信号；传输流的速率是原始数据流的两倍，要占用较宽的频带；信号恢复简单，只要找到信号的边缘进行异步提取即可；10Mbit/s 以太网常采用曼彻斯特编码。

差分曼彻斯特编码的特点是：具有曼彻斯特编码的优点和差分码可靠的优点；相比曼彻斯特编码，可以处理极性反转引起的译码错误，因此更适合传输高速的信息，广泛用于宽带高速网中。

5. 信道的极限容量

在数据传输过程中，由于实际上任何信道都不完美、不理想，信号会产生各种失真。如图 2-52 所示，输入一个数字信号，当它通过实际的信道后，输出信号波形会产生失真。当失真不严重时，在输出端还可以根据失真的波形还原出发送的码元。但当失真严重时，在输出端就很难判断这个信号在什么时候是"1"，在什么时候是"0"。

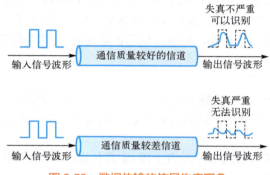

图 2-52　数据传输的信号失真现象

信号波形失去码元之间的清晰界限称为"码间串扰"。失真因素主要有码元传输速率、信号传输距离、噪声干扰、传输媒介质量等。码元传输速率越高，信号传输的距离越远，噪声干扰越大，传输媒介的质量越差，在波形接收端的失真就越严重。奈奎斯特准则和香农定理分别阐述了在不同信道条件下的信息传输速率。

1) 奈奎斯特准则

1928 年，奈奎斯特提出了著名的奈奎斯特准则。奈奎斯特准则给出了在假定的理想条件下，为了避免码间串扰，码元传输速率的上限。

奈奎斯特准则：对于一个带宽为 H Hz 的理想低通信道(对于信号的所有低频分量，只要其频率不超过某个上限值，都能够不失真地通过此信道)，为了避免码间串扰，最高码元传输速率为 $2H$ Baud。设信号状态数为 V，则理想低通信道的最高信息传输速率为 $2H\log_2 V$ bit/s。

奈奎斯特准则表明以下几点。

(1)在任何信道中，码元传输速率是有上限的。若传输速率超过此上限，就会出现严重的码间串扰问题，使接收端对码元的完全正确识别成为不可能。实际的信道所能传输的最高码元速率要明显低于奈奎斯特准则给出的这个上限数值。这是因为奈奎斯特准则是在假定的理想条件下推导出来的，它不考虑传输距离、噪声干扰、传输媒介质量等其他因素。

(2)信道的频带越宽，即能通过的信号高频分量越多，就可以用越高的速率进行码元的有效传输。

(3)根据奈奎斯特准则可知，码元传输速率有上限，但其并没有对信息传输速率给出限制。要提高信息传输速率，就必须设法使每一个码元能携带更多比特的信息，这需要采用多进制调制方法，但信号状态数 V 是否可以无限大，使得信息传输速率无限大？答案是否定的。当 V 分成无限多个等级时，对发送方和接收方的设备要求就很高，发送方发出去的信号要精确地区分 V 个等级，接收方同样要对接收到的信号精确地区分出 V 个等级。而且每一条信道不可能是无噪声的，信号如果分的等级很多，稍微有一点噪声的干扰，就会产生误码。因此，当一条信道的噪声较小时，信号等级可以多分一些；当信道的噪声较大时，信号等级就要少分一些。

2）香农定理

1948 年，香农用信息论推导出了带宽受限且有高斯白噪声干扰的信道的最高信息传输速率。

香农定理：在带宽受限且有噪声的信道中，信息的传输速率有上限。对于一个带宽为 H Hz 的有噪信道，为了不产生误差，设信噪比为 S/N dB，其中 S 是信道内所传送信号的平均功率，N 是信道内的高斯噪声功率，则最高信息传输速率（又称为信道容量）为 $H\log_2(1+S/N)$ bit/s。

香农定理表明以下几点。

（1）信道带宽或信道中信噪比越大，则最高信息传输速率越高。

（2）只要信息传输速率低于信道的最高信息传输速率，就一定可以找到某种办法来实现无差错的传输。

（3）若信道带宽 H 或信噪比 S/N 没有上限（实际信道不可能达到），则信道的最高信息传输速率也就没有上限。

（4）实际信道能够达到的信息传输速率要比香农推导的最高信息传输速率低不少。这是因为在实际信道中，信号还要受到其他一些影响，如各种脉冲干扰、信号在传输中的衰减和失真等。

例 2-20　电话系统的典型参数是信道带宽为 3500Hz，信噪比为 30dB，则该系统最高信息传输速率是多少？

解　信噪比为 30dB，则由 $30=10\lg(S/N)$ 可知，$S/N=1000$。

语音信道为带宽受限且有噪信道，利用香农定理计算系统最高信息传输速率：

$$H\log_2(1+S/N) = 3500\log_2(1+1000) \approx 35000\,(\text{bit/s})$$

语音信道最高信息传输速率为 35kbit/s，这是在噪声信道中的最高信息传输速率，实际上是不可能达到的，例如在使用电话线路进行数据传输时，modem 拨号速率通常是 33.6kbit/s。

例 2-21　在无噪声情况下，若某通信链路的带宽为 3kHz，采用 4 个相位，每个相位具有 4 种振幅的 QAM 调制技术，则该通信链路的最高信息传输速率为多少？

解　根据奈奎斯特准则可知，该通信链路的最高码元传输速率为

$$2 \times 3k = 6k\,(\text{Baud}) = 6k\,(\text{码元/秒})$$

采用 4 个相位，每个相位 4 种振幅的 QAM 技术，可以调制出 16 个不同的基本波形（码元），采用二进制对 16 个不同的码元进行编码，每个码元可以携带的信息为 4 比特。

因此，该通信链路的最高信息传输速率为

$$6k\,(\text{码元/秒}) \times 4\,(\text{比特/码元}) = 24\,\text{kbit/s}$$

例 2-22　若信道在无噪声情况下的最高信息传输速率不小于信噪比为 **30dB** 条件下的最高信息传输速率，则信号状态数至少是多少？

解　设信号状态数为 V，则每个码元可携带的比特数量为 $\log_2 V$。设信道带宽为 H Hz，用奈奎斯特准则计算在无噪声情况下的最高信息传输速率为

$$2H（码元/秒）= 2H\log_2 V（比特/秒）$$

用香农定理计算在 30dB 信噪比条件下的最高信息传输速率为

$$H\log_2(1+1000)（比特/秒）$$

根据题意，$2H\log_2 V \geqslant H\log_2(1+1000)$，求解得出 $V \geqslant 32$，即信号状态数至少是 32。

6. 数据传输方式

数据传输方式是数据在信道上传送所采取的方式，按数据传输的顺序可分为并行传输和串行传输；按数据传输的同步方式可为异步传输和同步传输；按数据传输的流向和时间关系可分为单工、半双工和全双工传输。

1）并行传输和串行传输

并行传输指数据以成组的方式，在多条并行信道上同时传输，如图 2-53（a）所示，有多个数据位同时在设备之间传输。并行传输时，一次可以传一个字符，收发双方不存在同步的问题，而且速度快，控制方式简单。但是，并行传输需要多个物理通道，所以并行传输只适用于短距离、要求传输速度快的场合。

串行传输是使用一条数据线，将数据一位一位地依次传输，每一位数据占据一个固定的时间长度，如图 2-53（b）所示，只需要一条数据线就可以在系统间交换信息，所以串行传输特别适用于计算机与计算机、外设之间的远距离通信。串行传输时，计算机内的发送设备首先将总线上的并行数据通过并/串转换器转换成串行数据流，再逐位传输到接收端。接收端再通过串/并转换器将串行数据流重新转换成并行数据。串行传输的优点是成本低，只需要一个通道就可以，支持长距离传输；其缺点是速度慢，需要进行并/串转换和串/并转换。

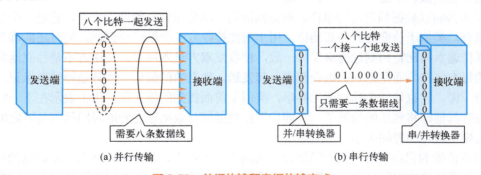

图 2-53　并行传输和串行传输方式

2）异步传输和同步传输

异步传输以字符为单位，发送每一个字符时，在字符前附加一位起始位，标记字符传输的开始，在字符后附加一位停止位，标记字符传输的结束，从而实现收发双方数据传输的同

步。"异步"是指字符和字符之间的时间间隔是可变的，并不需要严格限制它们之间的关系。异步传输方式如图 2-54 所示。

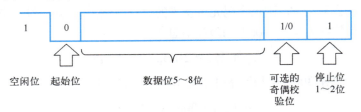

图 2-54　异步传输方式

使用异步传输方式传送一个字符的信息时，规定有空闲位、起始位、数据位、奇偶校验位、停止位。其中各位的意义如下。

空闲位：处于逻辑"1"状态，表示当前线路上没有数据传送。

起始位：先发出一个逻辑"0"信号，表示传输字符的开始。

数据位：紧跟在起始位之后。数据位的位数可以是 5～8 位不等，构成一个字符。通常采用 ASCII 码。从最低位开始传送，靠时钟定位。

奇偶校验位：数据位加上这一位后，使得"1"的位数应为偶数（偶校验）或奇数（奇校验），以此来校验数据传输的正确性。

停止位：一个字符数据的结束标志，可以是 1～2 位的高电平。

无数据传输时，传输线处于空闲停止状态，即高电平；当检测到传输线由高电平变成低电平时，即检测到起始位，接收端启动定时机制，收发双方按约定的时钟频率对约定好的比特（5～8 bit）进行接收，并按约定的校验算法进行差错控制；等待传输线状态从低电平变为高电平时，即检测到停止位，接收结束。

异步传输方式中，收发双方虽然有各自的时钟，但是它们的频率必须保持一致，并且每个字符传输时都要同步一次，从而保证数据的正确传输。异步传输的优点是实现方法简单，收发双方不需要严格地同步；缺点是每个字符都要加入"起始位"和"停止位"，增加了开销，效率也较低，不适合高速数据传输。

同步传输以数据帧为传输单位。数据帧的第一部分包含一组同步字符，它是一个独特的比特组合，类似于前面提到的起始位，用于通知接收方一个帧已经到达，同时还能确保接收方的采样速率与比特的到达速率保持一致，使收发双方进入同步。发送方不是独立地发送数据帧的每个字符，而是把它们组合起来一起发送。数据帧的最后一部分是帧结束标记。与同步字符一样，它也是一个独特的比特串，类似于前面提到的停止位，用于表示在下一帧开始之前没有其他即将到达的数据了。"同步"指数据帧与数据帧之间的时间间隔是固定的，必须严格规定它们的时间关系。

同步传输的优点是每个数据帧进行一次同步，开销小、效率高，适合大量数据的传输；缺点是如果传输中出现错误，将影响整个数据帧的正确接收。根据同步通信规程，同步传输又分为面向字符的同步传输和面向位流的同步传输。

（1）面向字符的同步传输。

面向字符的同步传输要求发送方和接收方以一个字符为通信的基本单位，通信双方将需要发送的字符连续发送，并在头部用一个或两个同步字符 SYN 标记数据帧的同步信息，后面紧跟一个文始字符（start of text，STX）标记帧内数据的开始，在尾部用一个文终字符（end of text，ETX）标记帧内数据的结束。在接收方检测出约定个数的同步字符后，后续就是被传输的字符，直到接收方收到文终字符 ETX 时字符传输结束。如果传输的帧内数据中也包含相同的同步字符，则需要采用转义字符的方法进行透明传输。面向字符的同步传输如图 2-55(a)所示。

(2)面向位流的同步传输。

面向位流的同步传输中，数据帧作为位流处理，而不是字符流。每个数据帧的头部和尾部用一个特殊的比特序列（如 01111110）作为帧起始序列和帧结束序列，用来标记数据帧的开始和结束。如果传输的数据帧中恰巧出现了和起始以及结束序列相同的二进制位流，则采用位插入法来区分。通常采用的位插入法如下：发送端发送数据时，每 5 个连续的 1 后面插入一个 0；接收方接收数据时，如果检测到连续的 5 个 1，则还要检查其后的一位是 0 还是 1，如果是 0，则先删除该 0 并视其为正常传输的数据，如果是 1，则说明是数据帧的结束标记，转入结束处理。面向位流的同步传输如图 2-55(b)所示。

(a) 面向字符的同步传输

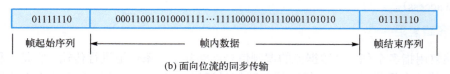

(b) 面向位流的同步传输

图 2-55　面向字符的和面向位流的同步传输

3)单工、半双工和全双工传输

单工传输：数据只能向一个方向传输，任何时候都不能改变数据的传输方向，就像在单行道上一样。例如，键盘和传统显示器的关系，键盘只能将输入发送到显示器，显示器只能接收输入并显示在屏幕上，显示器无法回复或发送任何反馈到键盘。

半双工传输：在同一时刻只能进行单向数据传输，但是在不同时刻可以进行另一个方向的数据传输，就像双向单车道一样。例如，对讲机在同一时间内只允许一方讲话，不能同时讲话。

全双工传输：在任何时刻都可以进行两个方向的数据传输，而且互不影响，就像双向双车道一样。例如，在电话交谈中，双方都可以同时自由地说话和倾听。

单工、半双工和全双工传输如图 2-56 所示。

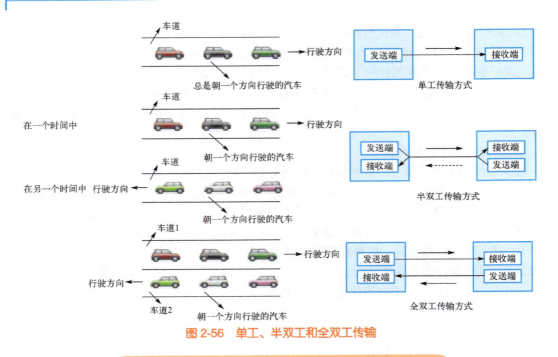

图 2-56　单工、半双工和全双工传输

2.4　多址接入

在学习多址接入技术之前，首先需要明晰两个概念：多路复用（multiplexing）与多址接入（multiple access）。

1. 多路复用

多路复用指多个（多路）数据流的调制信号能够共享一条信道进行传输，它是一种信道共享技术，其基本思想是将多个低速的单路信号通过一条高速的传输介质互不干扰地并发传输，主要目的是扩充或提高单一信道的传输容量。

多路复用时，需要通过某一维度来区分不同路的信号，即复用后的多个信号可以在某一维度上区分开。常见的多路复用方式如下。

时分复用（time division multiplexing，TDM）：将信道的使用从时间维度上划分为 N 个时隙，将不同的信号分配在不同的时隙中发送，同时也可以通过时隙来区分复用的多个信号。

频分复用（frequency division multiplexing，FDM）：将一条信道从频率的维度上划分为 N 个不重叠的载波频带，再将不同的信号在不同的载波频带上并行发送，同时也可以通过载波频带来区分复用的多个信号。

码分复用（code division multiplexing，CDM）：将一条信道从编码方式上划分为 N 个码道，不同的信号被不同的且相互正交的码字进行扩频再发送，同时也可以通过这些正交的码字来区分所复用的多个信号。

2. 多址接入

多址接入技术要解决的问题与多路复用有所不同。在通信系统中往往多个用户共享同一条信道进行传输，如果不加控制，就会产生很多的传输冲突，多址接入就是解决这种冲突的有效手段。常见的多址接入方式有时分多址（TDMA）、频分多址（frequency division multiple access，FDMA）和码分多址（CDMA）等。

多路复用和多址接入都是为了实现通信资源共享的一种技术，也常常容易被混淆。二者存在一些区别：多路复用往往在发送设备内部完成多路信息的混合，通信资源（如带宽、时隙、码字等）都是预先分配给各用户的，其适用于单路传输未占满物理媒介传输能力的情况。多址接入则在信道（即传输媒介）中完成多路信息的混合，通信资源（如带宽、时隙、码字等）往往会根据用户的需求动态分配，其适用于多路信息在同一通信系统中共享信道传输的情况。图 2-57 显示的是一种典型的通信系统实现，其中橙色标注框图标明了多路复用和多址接入的工作位置，可以比较清楚地看到多路复用与多址接入在通信系统中的功能区别。简单地讲，多路复用是多路信号在基带信道上的复用，多址接入是多个用户终端的射频信号在射频信道上的复用。

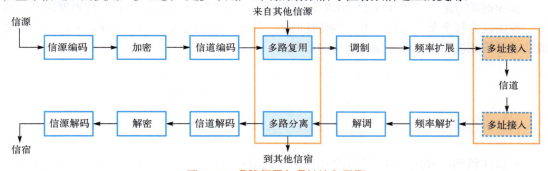

图 2-57　多路复用与多址接入示例

需要注意的是，多路复用强调的是"共同使用"，即多个信号源共同使用同一物理或逻辑信道；而多址接入强调的是"能够区分用户的共用资源"，即多址接入不仅要进行通信资源的复用，而且还要通过不同的"址"来区分不同的用户，因此就会要求多址接入中的"址"能够在时间、频率或编码方式等某一维度上相互正交、互不干扰。

以时分复用（TDM）和时分多址（TDMA）为例，二者相同之处是都将时间资源划分为或大或小的时间片段，也称为时隙。二者不同之处在于：TDM 把这些时间片段都用在了复用，这些时隙可以用来区分不同的信号源；而在 TDMA 中，这些时间片段不仅用来复用时域资源，还需要通过不同的时隙来区分不同的用户。因此在很多通信系统中，常常将 TDM 用于下行通信链路，而将 TDMA 用于上行通信链路，即 TDM 常常用于一对多传输时的多路复用，TDMA 则用于多对一传输时的多址接入。

在了解了多路复用与多址接入概念后，本节重点讲述多址接入技术。在通信网络中，多址接入可分为基于调度的接入机制和基于竞争的接入机制两大类，前者以时分多址（TDMA）接入为代表，后者以载波监听多路访问（carrier sense multiple access，CSMA）为代表，两种接入机制各有优缺点，与网络拓扑、传输信道、性能要求等特点相关，适用的通信场景也有较大区别：基于调度的接入机制更适用于节点密度较大、网络负载较高的情况；基于竞争的接入机制则在节点密度较小、网络负载较低时非常有效。

2.4.1　基于调度的多址接入协议

基于调度的多址接入协议以 TDMA 协议为主。典型的 TDMA 协议采用固定时隙分配方式与集中调度算法，根据预先设计的网络节点总数来构建时隙分配策略：假设网络中有 N 个节点，就会采用具有 N 个时隙的帧并为每个节点分配唯一的时隙。由于每个节点所分配的时隙是唯一的，所以数据报文的传输不会存在冲突，并且节点接入的时延只与帧的长度有关。但是这种时隙分配方式无法充分利用信道，所以性能一般较低，而且可以看出固定时隙分配方式无法适应像自组织网这一类动态变化的网络，此类多址接入协议的研究大都围绕时隙如何进行更优的分配而展开。

1. 固定时隙分配方式

在固定时隙分配方式中，时间轴被分割成时帧，每一帧又依据网络节点数设定为总数固定的一个个时隙，每个节点在预先分配好的时隙开始占用信道并进行数据传输。固定时隙分配方式能够确保每个节点发送数据的公平性，并且协议相对简单，具有较小的开销。

固定时隙分配方式的 TDMA 协议典型的帧结构如图 2-58 所示，其中 N 代表网络节点数目，该协议为每个节点分配了唯一的传输时隙，优点是信道分配公平、实现简单，这种调度策略适用于规模不大且业务量较为均匀的网络。

图 2-58　固定时隙分配方式的 TDMA 协议典型的帧结构

可以注意到，时帧的循环周期是由网络中的节点数目决定的，因此当网络规模较大时，时帧的循环周期相对较长，那么网络时延就会比较大，影响协议的可扩展性。而且使用固定时隙分配方式时，无法针对节点的负载变化等因素进行时隙调整，特别是当网络中不同节点的业务量不一致时，很难实现差别化的服务保障，造成信道利用率不高。因此，时隙分配的方式需要进行更好的动态规划。

2. 动态时隙分配方式

在动态时隙分配方式中，典型的时帧结构如图 2-59 所示，它一般包括两个部分：时隙预留竞争部分与数据传输部分，前者由预留帧（reserved frame，RF）构成，而后者则由信息帧（information frame，IF）构成。两者又分别由若干个对应的时隙组成，分别称为预留时隙（reserved slot，RS）、信息时隙（information slot，IS）。在这种数据帧结构下，网络中的所有节点都会在时隙预留竞争部分与其他节点交互时隙预留申请等控制报文，通过相互确认时隙的使用权后，就可以在数据传输部分中对应的时隙进行数据的发送。

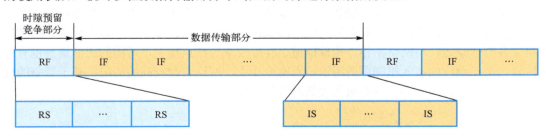

图 2-59　动态时隙分配中的典型时帧结构

动态时隙分配体现在时隙的数目可以经过交互协商而定,当节点需要发送数据时,就会向邻域内其他节点发送时隙预留申请信息,并通过与邻节点的信息交互确认此次预留申请是否发生了冲突。如果不冲突,则说明自己可以使用所申请的预留时隙。如果有多个节点同时申请同一个时隙,就会产生冲突,此时会根据具体的冲突解决策略来协商彼此对该时隙的使用权,并根据协商结果重新发起预留时隙的申请。

从协议设计的角度来看,动态时隙分配方式的信道利用率较高,可扩展性较强,并且支持分布式算法。但是在这种方式中,预留信息的交互以及冲突的协商解决等都会增加网络的开销,尤其是当网络节点移动速度较快时,拓扑的变化也会加快,时隙预留申请的冲突概率就会增加,时隙预留部分的收敛速度就会变慢,此时会较为明显地影响网络性能。近些年来,越来越多的优化策略用于应对动态时隙分配所面临的这些挑战,尤其是在无线通信网络中,例如,在美军的 Link 数据链系统中,动态时隙分配方式已成为主要的通信资源调度方式之一,相关细节将在后面具体描述。

3. 基于时隙分配的典型接入协议

1)Link-16 数据链

随着高科技在军事领域的广泛应用,现代作战模式正发生着深刻的变化,作战环境呈现出陆、海、空、天一体化的战争模式,其中以装甲车、坦克、导弹发射车为代表的陆基作战平台,以航空母舰、潜艇、舰艇为代表的海上作战平台,以有人/无人飞行器为代表的空中作战平台等,都必须在保证攻击火力的基础上具备信息化的优势,才能使高科技武器装备的作战能力得到最大限度的发挥。这种情况下,一种链接各作战平台、共享信息资源、有效调配和使用作战资源的数据链技术日益得到各方重视,并广泛运用于链接整合军队的各个作战单元。

数据链常常被定义为:通过单网或多网结构和通信介质,将两个或两个以上的指挥系统或武器系统链接在一起形成的一种适合传送标准化数字信息的通信链路。美国国防部称数据链为战术数字信息链(tactical digital information link,TADIL),北大西洋公约组织(简称北约)和美国海军将战术数字信息链简称为 Link。我国通常将战术数字信息链简称为数据链。

作为信息化战争的产物,数据链采用无线网络技术,将指挥系统与各作战平台通过组网的方式紧密地联系在一起,实现了各作战单元之间的信息共享,在现代战争中具有举足轻重的地位。随着无线通信网络技术的蓬勃发展以及现代电子战争复杂度的提高,数据链面临越来越复杂的网络环境。为了实现良好的网络资源调控,适应复杂的外部环境,数据链网络对其协议设计提出了一定的要求。

(1)数据链网络的组网单元通常是为了完成指定的作战任务或作战目标而自发进行组网的,因此数据链组网须具备快速灵活的特点,并且在网络通信过程中,拓扑结构会随终端的高速移动而进行动态调整。

(2)数据链网络建立在一个公共的频点或频段上,所有在网单元共享单一的通信信道,为保障数据传输的无冲突及可靠性,必须建立良好的通信协议来协调管理通信单元的数据收发,合理调度无线资源。

(3)数据链网络处于十分复杂的电磁环境中,通信存在较大的不稳定性,尤其是当信道受到敌方干扰时,如果无法及时侦测与调整,通信就会受到很大的干扰,甚至会导致网络处于瘫痪状态而无法工作。

(4)数据链网络对通信的实时性要求较高。战术指挥命令必须尽快传达给网络中的执行实体，否则将贻误战机；而战场的态势信息也必须及时更新，使全体在网单元的信息保持同步性与准确性。

目前将 TDMA 作为组网协议的主要有 Link-4A、Link-16 以及 Link-22 数据链，Link-4A 以及 Link-22 采用集中式组网方式，而 Link-16 采用分布式组网方式。对于基于时隙分配方式的网络来说，其本质在于将时隙作为基本单元，再把时间分割成周期性的时帧，所有网络节点利用各自时隙进行信息的传输，从而避免彼此干扰。Link-16 数据链是美国和北约部队广泛采用的一种新型战术数据链，这里重点以 Link-16 数据链为例，对其采用的多址接入通信机制进行介绍。

Link-16 的工作频段为 L 频段，它是一种视距通信系统，标准模式下覆盖范围可达 556km，延伸距离模式下覆盖范围可达 926km。它采用无中心组网架构、分布式的运行机制，通过事先规划将时隙资源分配给网络通信节点。同时，它采用了伪随机码直接序列扩频、快速跳频、RS 纠错编码、密码加密和信源编码等技术，使信号在传输过程中具有低跟踪率和低截获率的优点，实现了通信的保密性，并且具有很强的抗随机干扰和抗突发干扰的能力。

与 Link 系列的其他数据链功能相比，Link-16 能支持的作战任务和系统实现均有所增强，如表 2-8 所示。

表 2-8　Link-4/11/16 数据链功能表

链路类型	Link-4	Link-11	Link-16
数据链功能	飞行控制	监视、定位、电子战、任务管理、武器协调	监视、定位、电子战、任务管理、武器协调、飞行控制
信息标准	V/R 系列	M 系列	J 系列
工作频率	UHF 225～399MHz	HF/UHF	Lx 969～1008MHz、1053～1065MHz 和 1113～1206MHz
数据速率	5kbit/s	1.36kbit/s、2.256kbit/s	238.08kbit/s
语音功能	无	无	有(加密语音)
入网协议	指令/回应	轮询	TDMA
视距外传输功能	无	有(HF 频段)	有(中继方式)
导航功能	无	无	有
抗干扰功能	无	无	有
保密功能	无	有	有

在 Link-11 数据链中，其网络中心站(network centric station，NCS)如果出了问题，整体网络就无法正常工作。而 Link-16 数据链中没有中心控制节点，每个成员节点按照统一的系统时间基准开展同步工作。信息被发送到网络数据库中，网内所有用户都能共享该数据库的资源，用户和用户之间交换信息时不需要经过中心站的控制和中继，这样就组成了一个无中心节点的通信网络。无论哪个用户遭到破坏，均不会削弱系统的功能，故 Link-16 系统具有很强的生存能力。

Link-16 的强生存能力不仅源于其独特的组网架构，还因为其引入了网络参与群(network participate group，NPG)的概念，Link-16 系统的整体功能就由这些网络参与群来实现，每个网络参与群代表系统的一个功能，每个网络参与群有定义好的报文格式，并根据其任务功能特性要求，专门用于某种类型报文的传输。各网络节点即参与单元根据其任务和能力需求加入到各个 NPG 中。由此可以看出，NPG 是一个虚拟的功能网，每一个 NPG 中的所有网络节点的任务功能是相同的。同时，每一个网络节点也可以具备不同的任务功能，所以它也能够同时存在于多个 NPG 中。因此，Link-16 系统中 NPG 还被作为时隙划分的子单元。

如图 2-60 所示，假设一个 Link-16 系统中有三个 NPG（$A/B/C$），并采用时元、时帧以及时隙作为三个基本单位来描述一天的时长：一天等于 112.5 个时元，一个时元等于 64 个时帧，一个时帧等于 1536 个时隙。若以秒为时间单位，则每个时元长 768s，每个时帧长 12s，每个时隙长 7.8125ms。因此，每个时元包含 98304 个时隙，而且 Link-16 系统将这些时隙交替分配给不同的 NPG 成员（即以 $A_1B_1C_1$、$A_2B_2C_2$ 的方式分配），从而形成整个 Link-16 网络的时隙分配表。

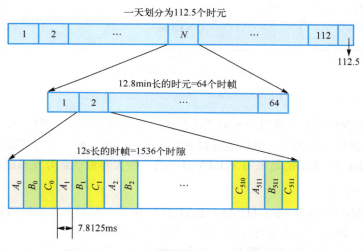

图 2-60　Link-16 系统的 TDMA 协议时隙划分

Link-16 传输信号的形式有两种：一种是单脉冲（single pulse，SP）发送，即一个码元使用一个脉冲发送；另一种是双脉冲（double pulse，DP）发送，即一个码元使用两个脉冲发送。由于每个脉冲的周期为 13μs，使用双脉冲时，一个码元就需要 26μs。

Link-16 系统的数据帧格式有四种：①标准双脉冲（standard double pulse，STDP）封装格式；②两倍打包单脉冲（packed-2 single pulse，P2SP）封装格式；③两倍打包双脉冲（packed-2 double pulse，P2DP）封装格式；④四倍打包单脉冲（packed-4 single pulse，P4SP）封装格式，具体封装格式如图 2-61 所示。可以看出，四种数据帧的帧长均为 7.8125ms，即 Link-16 系统采用 TDMA 协议的一个时隙长度。

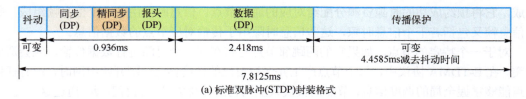

(a) 标准双脉冲(STDP)封装格式

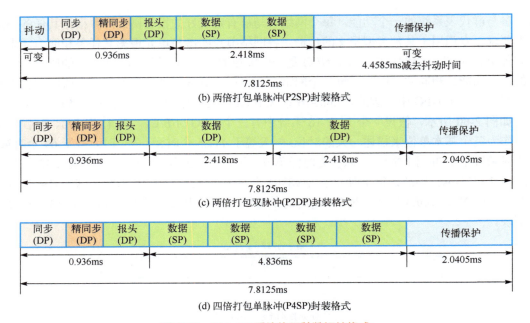

图 2-61　Link-16 系统的四种数据帧格式

Link-16 的数据封装格式是以码元形式进行的。数据首先经过奇偶校验，以及 RS 编码，然后经过扩频就形成一个码元，最后经过调制发送出去。所有网络参与群以及参与单元均按此运转，所以 Link-16 数据链是采用 TDMA 方式的一种大容量信息分发系统。

2）E-TDMA 协议

演进型 TDMA（evolutionary-TDMA，E-TDMA）协议主要对节点的时隙预约过程进行了改进，可以实现一跳邻节点内无冲突的单播、多播以及广播业务。

E-TDMA 协议分为两种调度形式：一种是控制调度，在控制调度期间，E-TDMA 协议为每个节点分配一个广播时序表，用来交互控制信息；另一种是信息调度，节点可以根据自身的发送需要来预约相应数量的时隙，用于数据传输。控制调度和信息调度这两种调度形式都反映了网络的拓扑，而且当网络拓扑和带宽需求改变时，调度算法会进行相应调整以保持无冲突地传输。E-TDMA 协议采用一种递增的方式处理网络拓扑和带宽需求的变化，以达到重新调度的开销最小化，而且这种调度算法也支持服务质量（quality of service，QoS）保证。

根据调度形式，E-TDMA 协议将信道分为控制时段和信息时段，其帧结构如图 2-62 所示。

其中，控制时段用来更新节点的时序列表，可以进一步细分为竞争阶段与分配阶段。竞争阶段由若干个竞争时隙组成，主要完成信道资源的竞争预约；分配阶段由若干个分配时隙组成，它将预约成功的时隙资源分配给对应的通信节点。信息时段由若干个信息帧组成，每个信息帧又包括若干个信息时隙，这些信息时隙用于传输对应节点的数据信息。

对于一个特定的节点，如果它的两跳邻节点与它在同一个时隙进行数据传输，就会造成冲突。在 E-TDMA 协议中，每个节点产生并保持自己的调度信息，刚开始组网时，没有任何节点能够掌握全局的调度信息，节点间仅仅只能同它的一跳邻节点进行互动。通过这些互动，

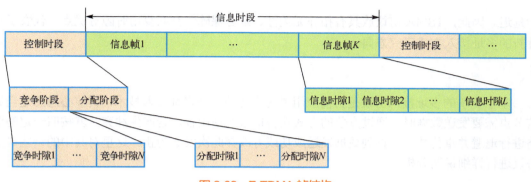

图 2-62 E-TDMA 帧结构

所有节点的调度信息就很容易被相互收集到，通过与一跳邻节点进行调度信息的交换，节点就可以间接地知道两跳邻节点的调度信息，这样就可以避免两跳内的冲突发生。那么对于相距更远的节点该怎么处理呢？E-TDMA 协议中，节点在控制时段周期性地交互彼此的调度信息，并在邻居表中维持相应的邻节点信息，通过跟踪邻节点的调度信息，进一步采用五步预留协议(five-phase reservation protocol，FPRP)这一类的广播预约协议，就可以掌握相距三跳甚至更远的节点的调度信息，从而无冲突地进行时隙预约。

3) TSMA 协议

时间扩展多址接入(time-spread multiple-access，TSMA)协议的设计目的是使时隙分配尽量不依赖于具体的拓扑结构，它只依赖于两个网络全局参数：网络节点总数 N 和网络最大节点密度 $D_{\max}$。

传统的时隙分配机制要求每个时隙的数据传输都必须是无冲突的，而 TSMA 协议的目标是在变化的网络拓扑条件下，仍能保证每帧中每个节点都能向其邻节点至少成功发送一次数据信息。因此，TSMA 协议将这个条件弱化为：对每个节点和它的邻节点，在每一帧中至少存在一个时隙，在该时隙中数据分组可以被其邻节点正确接收。

为了满足这个弱化的条件，TSMA 协议为每个节点在每帧中分配了多个时隙，尽管某些时隙会与其他节点发生冲突，但每帧结束时这个弱化的条件是可以得到满足的。因此，问题现在变成：怎样确定这个时隙子集，使节点在这个子集中可以进行发送并满足上述弱化条件。为了解决这个问题，TSMA 协议利用了有限 Galois 域的数学性质，采用有限 Galois 域上的多项式来产生适当的 TSMA 码。

在 TSMA 协议(或衍生出来的其他 TSMA 协议族)中，每个节点分配有唯一的 TSMA 码，这个 TSMA 码明确指出该节点在哪些时隙具有发送权，即在指定的这些(多个)时隙中该节点被允许发送数据。可以看到，这种时隙分配没有排除冲突，但是由于采用了特殊的编码技术，可以保证每一帧中每个节点与其邻节点的发送至少有一次是成功的，而且与网络拓扑无关。需要指出的是，在每帧的多次尝试中，哪次会成功事先并不知道，但发送成功的存在性是可以保证的，因此成功的概率在时间上被扩展开，TSMA 协议也由此而得名。

TSMA 协议给每个用户分配的 TSMA 码都是固定的，并且当网络拓扑变化时无须更新。协议的帧长 L 与网络节点数 N 有关，且正比于网络最大节点密度 $D_{\max}$ 的平方。对于大规模网络而言，只要满足条件 $N \leqslant D_{\max}^2$，该协议就可以提供比固定时隙分配的 TDMA 协议小得多的延迟。因此，TSMA 协议族具有拓扑无关性、延迟保障、空间复用时隙等优点，代表了一种新的多址接入方式研究方向。

▶▶ 2.4.2　基于竞争的多址接入协议

基于竞争的多址接入协议是目前应用最为广泛的一类多址接入技术，其核心思想是当通信节点需要发送数据时，通过竞争的方式获得信道的使用权，若产生冲突，就按照一定的策略进行退避并重传数据，直到数据发送成功或者放弃此次发送为止。这里对其中的一些典型协议进行详细说明分析。

1.　纯 ALOHA 协议

20 世纪 70 年代，夏威夷大学的 Norman Abramson 提出了一种用于解决信道分配问题的通信系统，将其命名为 ALOHA 系统，它解决了无协调关系的多个用户对单一共享信道的竞争使用问题，该系统中使用的多址接入协议称为纯 ALOHA 协议。

纯 ALOHA 协议的设计思想非常简单：当通信节点有数据需要发送的时候，它可以进行传输。显然这样的做法可能会产生数据冲突，而且冲突的数据帧也是被损坏的。由于广播信道的反馈特性，发送方只要侦听信道，就可以知道它发送的数据帧是否被损坏，当然，其他的节点也可以做到这一点。但是由于很多通信系统工作在半双工方式，所以节点无法在传输数据的同时进行接收侦听，此时"确认"机制就很有必要了。如果发送出去的帧被损坏了，接收方没有正确收到这一帧，也就无法给发送方回复"确认"报文，则发送方就需要等待一段随机的时间再次重传该数据帧。这里需要注意的是，重传等待的时间必须是随机的，因为如果冲突节点的重传节奏完全一致，就会不停地反复产生冲突。

纯 ALOHA 协议中，典型的数据帧传输过程如图 2-63 所示。从图中可以看出，在发送期内，如果某一用户独享发送信道，该数据帧是能够正常传输的。但是，如果存在两个及以上的不同用户试图同时或者发送期有重叠地在信道上发送各自的数据帧，就会产生数据冲突，所有存在重叠的冲突数据帧都会遭到破坏，而且即使前后两个不同数据帧只有 1 比特重叠，这两个数据帧也都会被影响，从可靠通信的角度来讲，这两个受影响的数据帧都需要重新传输，因此系统的通信性能就会下降。

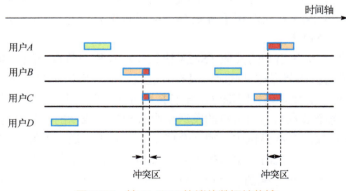

图 2-63　纯 ALOHA 协议的数据帧传输

下面对纯 ALOHA 协议所能达到的传输性能进行简要的理论分析。

假设系统内足够多的节点按照泊松分布生成数据帧并进行传输，平均每个帧时产生了 N 帧数据(帧时表示传输一个标准的、固定长度的帧所需要的时间)。如果 $N>1$，即节点生成帧的速度大于信道的传输处理速度，则几乎每一帧都会发生冲突，所以对于吞吐量而言，应该有 $0<N\leqslant 1$。

除了新生成的数据帧外，每个节点也会由于数据传输冲突而重传数据帧。在传输业务量较低的情况下，数据冲突很少发生，重传情况也会比较少；但是当传输业务量较高时，就会发生很多的数据冲突。在每个帧时中，重传旧帧及发送新帧的概率符合泊松分布，其均值为 G(即在一个帧时内总共发送的平均帧数，包括发送成功和发送失败的帧)，生成帧的概率为 e^{-G}，因此，在一个帧时中生成 k 帧的概率可以表示为

$$p_k = \frac{G^k \mathrm{e}^{-G}}{k!} \tag{2-64}$$

若数据发送时没有产生冲突，则意味着数据发送时信道上没有其他数据帧在发送，即只有当 $k=0$ 时，没有生成新帧，此时发送的数据才不会产生冲突，所以 p_0 也代表了传输成功的概率。此时，ALOHA 系统的吞吐量 S(在一个帧时内成功发送的平均帧数)就可以表示为业务量 G(或称为网络负载)与传输成功概率 p_0 的乘积，即

$$S = G p_0 \tag{2-65}$$

那么，成功概率 p_0 是如何得出的？在数据传输中，即使两个数据帧之间只存在 1 比特的重叠，也会产生数据冲突。如图 2-64 所示，为了便于分析，假设所有数据帧的长度相同，即发送一帧所需的时间均为 T(表示 1 个帧时)。可以看出，当任意两个数据帧的传输时间总和小于 $2T$ 时(如数据帧 3 和数据帧 4)，无论怎么安排这两个帧的发送顺序，它们都必然存在重叠的比特，即此次通信一定会发生冲突。只有当两个数据帧的传输时间总和不小于 $2T$ 时(如数据帧 1 和数据帧 2、数据帧 5 和数据帧 6)，才有可能保证相互的传输没有比特的重叠。

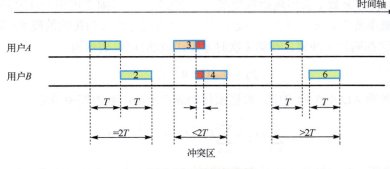

图 2-64　数据帧传输

基于上述分析可知，在纯 ALOHA 协议中，为了保证数据帧传输成功，需要考虑至少两个帧长的间隔，即在该帧发送时刻的前后各一段时间 T(一共 $2T$ 的时间间隔)内没有其他数据帧发送，所以 $2T$ 的时间长度也称为冲突危险期。在一个帧时 T 内数据帧生成的均值为 G，那么在 $2T$ 的冲突危险期内数据帧生成的均值即为 $2G$。

由式(2-64)可知，在 $2T$ 时间内没有帧生成的概率 $p_0 = e^{-2G}$。进一步根据式(2-65)可得，纯 ALOHA 协议的吞吐量为

$$S = Gp_0 = Ge^{-2G} \tag{2-66}$$

对式(2-66)求极值可得，当 $G=0.5$ 时，即 2 个帧时内发送一个帧，纯 ALOHA 协议的吞吐量可以达到最大值，约为 0.184，即纯 ALOHA 协议的信道利用率最大为 18.4%，该性能对于通信系统而言其实并不理想，还有进一步优化提升的空间，因此时隙 ALOHA 协议应运而生。

2. 时隙 ALOHA 协议

为了提升通信性能，研究人员提出可以将时间分成离散的间隔，每个间隔用于一帧的传输，这种方式也称为时隙 ALOHA(slotted ALOHA)协议。与纯 ALOHA 协议不同的是，在时隙 ALOHA 协议中，当节点有数据需要传输的时候，并不会立即执行发送的动作，而是必须等到下一个时隙开始的时候才被允许发送，此时的接入协议就变成了一种离散的以时隙为单位的 ALOHA 协议。

这种设计使得在时隙 ALOHA 协议中，潜在冲突的危险周期即"冲突危险期"被约束在一个时隙 T 中，在同一时隙中要么没有数据帧发送，要么有一个或多个数据帧发送。因此在时隙 ALOHA 协议中，传输成功概率 p_0 表明在一个时隙 T 内没有其他数据帧发送的概率。根据式(2-64)，在 T 时间内没有帧生成的概率为 e^{-G}，所以时隙 ALOHA 协议的吞吐量可以表示为

$$S = Gp_0 = Ge^{-G} \tag{2-67}$$

对式(2-67)求极值可以得出，时隙 ALOHA 协议的峰值发生在 $G=1$ 处，此时的吞吐量为 $S = \frac{1}{e} \approx 0.368$，因此，时隙 ALOHA 协议的吞吐量性能可以达到纯 ALOHA 协议的两倍。

进一步可以推导出，如果通信系统在更大的业务量上运行(即 G 值增大)，则系统的空时隙数量会降低，而冲突数量会出现指数型增长。考虑到一个时隙 T 内中无冲突的概率是 e^{-G}，则发生冲突的概率就为 $1-e^{-G}$，因此系统中通过 k 次发送才能成功传输的概率(意味着该数据帧前 $k-1$ 次发送都遇到了冲突，在第 k 次时才发送成功)可以表示为

$$p_k = e^{-G}(1-e^{-G})^{k-1} \tag{2-68}$$

因此，在时隙 ALOHA 协议中，数据帧传输成功所需次数的期望值为

$$E = \sum_{k=1}^{\infty} kp_k = \sum_{k=1}^{\infty} ke^{-G}(1-e^{-G})^{k-1} = e^{G} \tag{2-69}$$

式(2-69)表明，数据帧传输成功所需次数的期望值随业务量 G 成指数增长，也就是说，即使信道载荷发生微小的增长，也会极大地影响系统的传输性能，这与之前的分析是一致的。

3. CSMA 协议

在纯 ALOHA 协议或时隙 ALOHA 协议的设计中，每个节点发送数据完全根据自身需要，并不关心其他节点是否也在发送数据，因此当业务量较大时，频繁发生冲突在所难免。实际

上，在通信网络中，每个节点都可以侦听到信道上是否存在数据传输，利用这一特性，能够获得比 ALOHA 协议好得多的性能，这一类协议称为载波监听多路访问协议（CSMA）。围绕该类协议已经有了大量研究，下面讨论几种典型的 CSMA 协议。

1）1-坚持 CSMA 协议

在 1-坚持 CSMA（1-persistent CSMA）协议中，当节点有数据要发送的时候，它首先侦听信道，确定当时是否有其他节点正在传输数据。如果信道空闲，它就发送数据；如果信道忙，该节点将一直等待，直至信道变成空闲，此时立即发送数据。在该协议中，如果有多个节点都在等待信道空闲，那么当信道变成空闲时多个节点就会同时发送数据，即产生冲突。如果发生了冲突，所有待发送节点都会再等待一段随机的时间，然后按照上述约定重新发起发送过程。该协议之所以称为"1-坚持"，是因为当发送节点发现信道空闲时，它发送数据的概率为 1。

2）非坚持 CSMA 协议

在非坚持 CSMA（nonpersistent CSMA）协议中，节点在发送数据之前需要先侦听信道。如果没有其他节点在发送数据，则该节点可以开始发送数据；如果信道当前正在使用中，则该节点并不会持续地对信道进行侦听，相反，它会等待一段随机时间再去侦听信道的使用情况，然后重复上述算法。从理论上分析，该协议会得到更高的信道利用率，但相比 1-坚持 CSMA 协议，也带来了更大的传输时延。

3）p-坚持 CSMA 协议

在 p-坚持 CSMA（p-persistent CSMA）协议中，当节点准备发送数据时，仍需要侦听信道。如果信道忙，节点就会等到下一个时隙再侦听信道的忙闲；如果信道是空闲的，则它将以概率 p 发送数据（意味着它会以概率 $1-p$ 推迟发送；如果下一个时隙信道也是空闲的，则它还是会以概率 p 发送数据，或者以概率 $1-p$ 再次推迟发送）。这个过程周而复始，直至该数据帧被发送出去。

图 2-65 显示了纯 ALOHA 协议、时隙 ALOHA 协议、1-坚持 CSMA 协议、非坚持 CSMA 协议，以及 $p=0.1$ 和 $p=0.5$ 时的 p-坚持 CSMA 协议的系统吞吐量与负载仿真图。

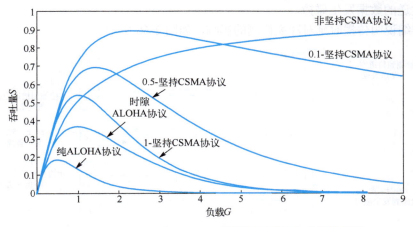

图 2-65　典型 CSMA 与 ALOHA 协议的吞吐量与负载仿真图

从纯 ALOHA 协议到上述各种 CSMA 协议的演进可以看出，随着对时隙资源的利用越来越细化，通信系统的性能得到了很大的提升，当然代价就是协议设计的复杂度越来越高。

4. CSMA/CD 协议

对 CSMA 的进一步改进是增加了冲突检测机制所形成的 CSMA/CD（carrier sense multiple access with collision detection）协议，即带冲突检测的载波监听多路访问协议。当两个数据帧发生冲突时，被损坏的帧继续传送将毫无意义，而且此时信道也无法被其他站使用，对于有限的信道资源来讲，这是很大的浪费。因此，如果站点能够边发送边监听，并在监听到冲突之后立即停止发送，就可以提高信道的利用率。

CSMA/CD 的工作过程为：

(1) 所有站点使用 CSMA 协议进行数据发送；

(2) 发送期间如果检测到冲突，立即中止发送，并发出一个瞬间信号，使所有的站点都知道发生了冲突；

(3) 所有站点随机等待一段时间，再重复上述过程。

那么，CSMA/CD 协议是如何检测到冲突呢？冲突检测就是计算机边发送数据边检测信道上的信号电压大小（除了信号电平检测法外，还有过零点检测法、自收自发检测法等，这里以信号电平检测法为例说明冲突检测的方法）。当几个站点同时在总线上发送数据时，总线上的信号因相互叠加而导致电压幅值增大。当一个站点检测到信号电压摆动值超过一定的门限值时，就认为总线上至少有两个站点在同时发送数据，表明此时信道上产生了冲突。发生冲突时，总线上传输的信号产生了严重的失真，无法从中恢复出有用的信息。每一个正在发送数据的站点一旦发现总线上出现了冲突，就要立即停止发送，以免继续浪费网络资源，然后等待一段随机的时间后再次发送。

既然每一个站点在发送数据之前已经监听到信道为空闲，那为什么还会出现数据在总线上的碰撞（也称为冲突）呢？这是因为信号传播时延对冲突检测有很大的影响。

当某个站点监听到总线空闲时，总线可能并非真正的空闲。例如，站 A 向站 B 发送数据，由于存在传播时延，A 发出的数据要经过一段时间才能传送到 B。B 若在 A 发送的数据到达之前发送了自己的数据（因为这时 B 的载波监听检测不到 A 发送的数据），则 B 发送的数据必然会和 A 发送的数据发生碰撞。

下面详细说明传播时延对冲突检测的影响，如图 2-66 所示。

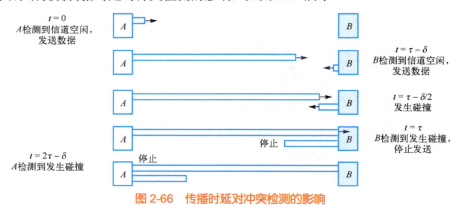

图 2-66 传播时延对冲突检测的影响

当 $t=0$ 时，站 A 检测到信道空闲，就向站 B 发送数据；$t=\tau-\delta$ 时，A 发送的数据还没有到达 B，B 检测到信道空闲，所以它也开始发送数据，τ 为 A 到 B 的传播时延；$t=\tau-\delta/2$ 时，A 发送的数据与 B 发送的数据发生碰撞；$t=\tau$ 时，B 检测到发生碰撞，停止发送数据；$t=2\tau-\delta$ 时，A 检测到发生碰撞，也停止发送数据。A 和 B 发送数据均失败，它们都要推迟一段时间再重新发送。可见，每一个站在自己发送数据之后的一小段时间（2τ）内，都存在着遭遇碰撞的可能性。这个 2τ 称为争用期或碰撞窗口（将在以太网的介绍中详细阐述），只要在争用期内没有发生碰撞，则这次发送肯定不会发生碰撞。

5. CSMA/CA 协议

CSMA/CD 协议主要用于有线网络环境，在无线网络环境下不能简单地照搬使用 CSMA/CD 协议，主要有两个原因：

（1）CSMA/CD 协议要求一个站点在发送本站数据的同时必须不间断地检测信道，但要在无线网络设备中实现这种功能代价就会过大。

（2）即使不考虑代价的问题，即能够实现碰撞检测的功能，并且在发送数据时检测到信道是空闲的，在接收方仍然有可能发生碰撞。在有线网络中，能保证信号顺利地传到接收方，而在无线网络中，无法保证信号一定能传到接收方。产生这种结果是由无线信道本身的特点决定的。无线电波能够向所有的方向传播，但传播距离受限。在传播中遇到障碍物时，其传播距离就更加受到限制。在无线网络中存在隐蔽站和暴露站的问题。

如图 2-67 所示，图中 A 和 C 相距较远，彼此收不到对方的信号。A 发射的信号 C 检测不到，C 发射的信号 A 也检测不到。当 A 和 C 检测不到信号时，都以为 B 是空闲的，因而都向 B 发送数据。这样 A 的数据和 C 的数据同时到达 B，在 B 处造成了冲突，而这个时候 A 认为发送正确，C 也认为发送正确，其实大家都没有发送正确，但是这个冲突 A 检测不到，C 也检测不到。可见在无线网络中，在发送数据前未检测到媒体上有信号并不能保证接收方能够成功地接收到数据。这种未能检测出媒体上已存在的信号的问题称为隐蔽站问题（hidden station problem）。图中 C 站对于 A 站是隐蔽站，A 站对于 C 站也是隐蔽站。

暴露站的问题（exposed station problem）如图 2-68 所示，B 要发送消息给 A，那么 B 有它的作用范围，A 在它的作用范围内，同时 C 也在 B 的作用范围之内。这个时候 C 要给 D 发送消息，但是 C 检测到信道上有信号，因为 B 给 A 发的信号同时也传到了 C，此时 C 认为信道是忙的，不能发送数据，但事实上 C 给 D 发送数据根本就不会影响 B 给 A 发送数据。图中，B 站是暴露站，B 站的暴露导致 C 站不能和 D 站通信，从而造成 C 到 D 信道的浪费。

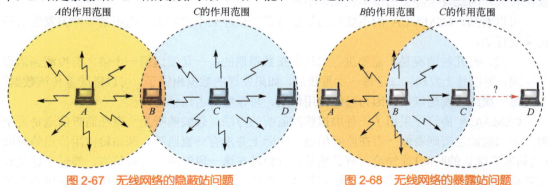

图 2-67　无线网络的隐蔽站问题　　　　图 2-68　无线网络的暴露站问题

正是因为无线通信存在隐蔽站和暴露站的问题，无线网络中不能直接采用 CSMA/CD 协议，改进的方法是在 CSMA 协议的基础上增加一个冲突避免（collision avoidance）的功能，形成 CSMA/CA 协议，这也是目前无线局域网 IEEE 802.11 广泛采用的多址接入协议。

下面简要介绍 CSMA/CA 协议的原理。

(1) 欲发送数据的站检测信道，也就是进行载波监听。

(2) 通过判断收到的相对信号强度是否超过一定的门限数值就可判定是否有其他的移动站在信道上发送数据。

(3) 若源站检测到信道空闲，则在等待一段时间——分布式协调功能帧间间隔（distributed inter-frame spacing，DIFS）后就可发送它的第一个 MAC 帧。DIFS 的长度为 128μs。那么为什么信道空闲还要等待呢？这是因为考虑到可能其他站有高优先级的帧要发送。如果有，就要让高优先级的帧先发送。

(4) 如果没有高优先级的帧要发送，则源站发送自己的数据帧。

(5) 目的站若正确收到此帧，则经过短帧间间隔（short inter-frame spacing，SIFS）后，向源站发送确认帧 ACK。SIFS 的长度为 28μs。

(6) 若源站在规定时间（由重传计时器控制这段时间）内没有收到确认帧 ACK，就必须重传此帧，直到收到确认为止。如果经过若干次的重传失败，则放弃发送。

这就是带冲突避免的载波监听多路访问，那么什么地方体现了冲突避免呢？CSMA/CA 协议避免冲突的方法如下。

(1) 任何一个站发送完一个数据帧以后，必须等待一段时间才能发送下一个帧，这段时间称为帧间间隔。每个站发送帧的间隔时间都是不一样的，间隔时间的长度取决于发送帧的优先级。如果发送帧的优先级高，则间隔时间短；反之，如果发送帧的优先级低，则间隔时间长。由于优先级高的帧等待时间短，优先级低的帧等待时间长，因此高优先级的帧会先发送，低优先级的帧一旦侦听到信道忙，就不发送了。

(2) 当侦听到信道从忙转为空闲时，任何站在发送数据前，都要采用二进制指数退避算法减小发生冲突的概率。当然，无线局域网采用的二进制指数退避算法和以太网采用的二进制指数退避算法是不一样的。在以太网中，当发生冲突后，将从 $[0, \cdots, 2^i-1]$ 中选择一个数 r，等待 $r \times$ 基本退避时间后再发送数据。在无线网络中，当侦听到信道从忙转为空闲时，将从 $[0, \cdots, 2^{2+i}-1]$ 中选择一个数 r，等待 $r \times$ 基本退避时间后再发送数据。也就是说，无线网络第一次退避将从 $[0, \cdots, 7]$ 中选一个数，第二次退避将从 $[0, \cdots, 15]$ 中选一个数，它一开始选取的范围就比较大，因此发生冲突的概率就比较小。

可以看到，CSMA/CA 的主要目的是想方设法让冲突不要发生，而不是等冲突发生以后再采取行动。

当然，有几种情况是不需要进行二进制指数退避的：一是发送第一个帧之前检测到信道为空闲，可以马上发送；二是每一次重传后，如果发送的数据出错了，可以继续重传该数据；三是每一次成功发送以后，因为已经占用信道，可以继续占用信道。

CSMA/CA 协议还采用了一种虚拟载波监听的方法。载波监听是一直在监听信道是否空闲，虚拟载波监听则看似一直在监听信道，实际上并没有一直监听。源站将占用信道的时间（包括发送确认的时间）通知给所有其他站，其他站在这一段时间不监听信道，等过了这段时间之后再监听。虚拟载波监听可以达到载波监听的效果，而且在信道被占用的时间里不需要一直监听，极大降低了无线通信系统的开销。

虚拟载波监听的实现方式是源站将所需时间填入 MAC 帧的"持续时间"字段中，其他站根据该字段值调整自己的网络分配向量(network allocation vector，NAV)。NAV 指出需要多少时间才能使信道转为空闲。因此，其他站在这段时间就不去监听了，过了这段时间之后再去监听，这种效果好像是其他站都监听了信道，因此称为虚拟载波监听。

IEEE 802.11 标准是第一个在国际上被广泛认可的无线局域网(wireless local area network，WLAN)标准(将在第 4 章讨论 802.11 标准)。在 IEEE 802.11 标准中，详细定义了其 MAC 层规范，在该规范中，它提供了两种不同类型的服务：点协调功能(point coordination function，PCF)和分布式协调功能(distributed coordination function，DCF)。

图 2-69 为 DCF 信道争用的一个流程。假设源站要向目的站发送数据，此时源站监听到信道是空闲的，那么它会等待一个帧间间隔时间再发送。帧间间隔时间的长度取决于源站发送帧的优先级，优先级低的帧等待一个 DIFS 后再发送，优先级高的帧等待一个 SIFS 后再发送。源站发送第一个帧后，目的站收到该帧。目的站经过一个 SIFS 后向源站发送确认帧。确认帧是优先级很高的一类帧，所以其帧间间隔时间较短。在源站与目的站的通信过程中，其他站也要发送数据，但是它监听到信道是忙的。其他站根据源站 MAC 帧中的"持续时间"字段，调整自己的 NAV，并等到过了这段时间之后再去监听信道。如果信道由忙转为空闲了，其他站要先经过一个帧间间隔，再进行二进制指数退避，然后才能发送数据。

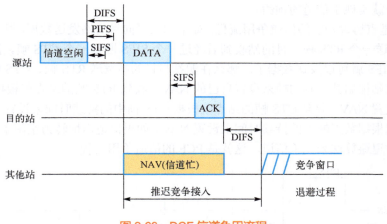

图 2-69　DCF 信道争用流程

802.11 还提供了一种点协调功能(PCF)。点协调功能提供的是无争用的服务，它通过预约信道的方式来实现数据传输。如图 2-70 所示，源站 A 在发送数据前，先发送一个请求发送的控制帧 RTS(request to send)，其中包括源地址、目的地址和所需时间；若信道空闲，目的站 B 发回一个允许发送的控制帧 CTS(clear to send)；A 收到 CTS 后，相当于把这条信道预约下来了，就可开始发送数据帧，而且在发送数据的过程中，其他站都不会干扰它们。

那么为什么发了这两个帧以后，其他站就不会干扰它们呢？如图 2-70 所示，假设 A 要向 B 发送数据，那么 A 有其作用范围，B 也有其作用范围，A 的作用范围覆盖了 B、C 和 E，B 的作用范围覆盖了 A、D、E。A 发送一个 RTS 帧，然后 B 回复一个 CTS 帧。

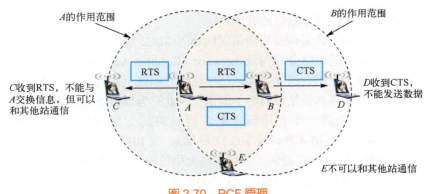

图 2-70　PCF 原理

　　站点 E 既在 A 的作用范围之内，又在 B 的作用范围之内，所以 E 既收到了 A 发过去的 RTS 帧，又收到了 B 发过去的 CTS 帧。E 知道 A 和 B 之间有一个预约的信息要发送，所以它不可以和其他站通信，否则会影响 A 与 B 之间的通信。站点 C 收到了 A 发过来的 RTS 帧，但是 C 在 B 的作用范围之外，所以 C 收不到 B 的 CTS 帧，这个时候 C 不能与 A 交换信息，但是 C 可以跟其他站通信。站点 D 收到了 B 的 CTS 帧，D 知道 B 将和 A 通信，在这段时间内，D 不能发送数据，以免干扰 B 接收数据。综上所述，站点 A 和 B 通过发送 RTS 帧和 CTS 帧，使得附近的站点都知道 A 和 B 在发送数据，其他站如果影响 A 或 B 的通信，就不能发送数据了。这样就实现了信道的预约。

　　图 2-71 是点协调功能的信道争用流程，如果源站要向目的站发送数据，那么源站经过一个 DIFS 后发送一个 RTS 帧，目的站收到后经过一个 SIFS 回复一个 CTS 帧。源站收到 CTS 后经过一个 SIFS 就可以发送数据了。那么在源站与目的站发送 RTS 帧、CTS 帧以及数据帧的时候，其他站根据其收到的帧来设置自己的 NAV。收到 RTS 帧的站点就根据 RTS 帧中的持续时间来设置 NAV，收到 CTS 帧的站点就根据 CTS 帧中的持续时间来设置 NAV，收到数据帧的站点就根据数据帧中的持续时间来设置 NAV。如果信道由忙转为空闲了，其他站再采用二进制指数退避算法来竞争信道。这就是 PCF 的信道争用流程。

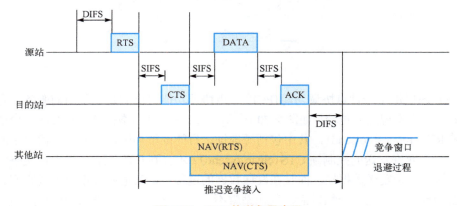

图 2-71　PCF 信道争用流程

6. 退避竞争类多址接入的数学模型

　　为了对多址接入协议的性能进行准确评估，可以构建合适的数学模型。常用的方法是将信道的接入过程或者信道的状态看作一个随机过程，而这个随机过程的特性跟 Markov 过程极为相似。Markov 过程是一种用于描述随时间进化"无后效性"系统的随机过程，这一点与无线信号在竞争信道时所呈现出来的特征是相似的。

节点在竞争信道以传输数据时，首先要检测信道的状态：空闲（idle）或者忙碌（busy）。在 CSMA/CA 协议中，在退避阶段，退避计数器值每减小 1，节点就会检测一次信道状态：如果信道忙碌，节点将进入下一个退避阶段；如果信道空闲，节点就会等待一个 DIFS 间隔后传输数据。节点在检测信道状态时，只能获得当前的信道状态（"idle"或"busy"），但是通过当前的信道状态和之前的信道状态并不能确定信道下一个时刻或者以后时刻的状态，因为未来信道的状态是"idle"还是"busy"取决于届时是否有节点正在发送数据，这是一个随机过程，这样传输数据的随机性与 Markov 过程的特征是相通的，因此可以用 Markov 过程来描述退避竞争类多址接入协议中信道的状态变化情况。

典型的数学分析模型有以下几类。

1）Bianchi 模型

最早提出采用 Markov 链构建带有二进制指数退避的 CSMA/CA 协议模型的研究者是 Bianchi。图 2-72 是 Bianchi 模型中的状态转移图，可用于表示和分析 CSMA/CA 协议中节点接入信道的过程。

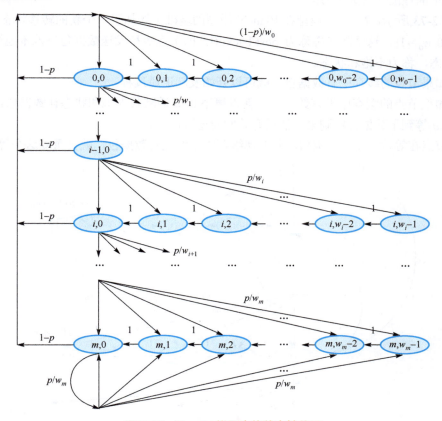

图 2-72　Bianchi 模型中的状态转移图

(1)节点在$[0,w_0-1]$（w_0为初始退避窗口大小）中随机选择一个数值作为退避计数器值，在等待一个时间单位后，如果检测到信道为空闲，退避计数器的数值就会减1，直到退避计数器值递减到0后，如果检测到信道仍为空闲，那么节点就可以开始发送分组数据包（RTS分组或者DATA数据帧）了。

(2)如果数据包在发送时以概率p与其他节点的分组数据发生了冲突，节点就会重传该数据包。重传过程中，有两个重要参数会发生改变：①重传计数器值i增加1；②退避计数器在$[0,w_i-1]$（其中，$w_i=2^i w_0$）中重新随机选择一个数作为退避计数器值。

(3)如果在重传计数器值i达到最大重传次数m限值后仍然存在冲突，节点会宣布此次发送失败并丢弃该数据包。

Bianchi模型主要用于分析业务量饱和情况下的多址接入协议性能，对于业务量不饱和情况下的性能分析，比较典型的是Malone模型。

2）Malone模型

实际上，Malone模型是Bianchi模型的一种改进，其主要思路是在分析模型中增加了更多的节点状态细节。该模型提出的后退避机制（post-backoff）主要用于分析不饱和情况下的网络性能，它考虑了节点队列的动态特性以及负载流量的变化特性，使得带有缓存限制、不同负载条件下的性能分析成为可能。

如图2-73所示，Malone模型在Bianchi模型的基础上增加了一个新的转移状态$(0,k)_e$，其中$k\in[0,w_0-1]$，这些新状态称为post-backoff，即节点等待发送数据包进入本地缓存之前的一种状态，称为不饱和状态。

(1)如果节点的缓存中有数据包，就可以开始发起退避过程。

(2)如果节点的缓存中没有数据包，就以概率$1-q$递减其不饱和状态计数器值，直到节点以概率q等到了数据包的到来，然后开始发起退避过程。

(3)节点在等待了k个时隙后，若发现缓存中依然没有数据包，就会重复这个等待过程。

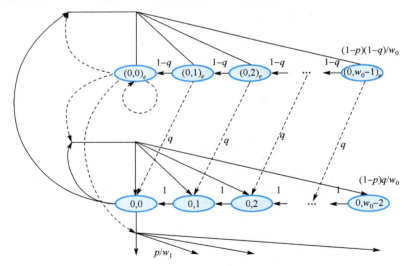

图2-73 Malone模型中的状态转移图

Malone 模型中这样的 post-backoff 过程既描述了不饱和负载流量情况，又保证了在两个连续的数据包传输之间至少有一个时隙的间隔。

2.4.3 基于混合机制的多址接入协议

混合 MAC 协议可以理解为两种或两种以上不同多址接入协议的组合。混合 MAC 协议中的"混合"常常是竞争协议要素和调度协议要素的综合，目的是使一个多址接入协议的性能在负载轻的时候近似表现为竞争协议的性能，而在负载重的时候近似表现为调度协议的性能。混合 MAC 协议的提出是希望既能保持各组合协议的优点，又能避免各组合协议的一些缺陷。

1. 混合 TDMA/CSMA 协议

一种典型的混合 TDMA/CSMA 协议的数据帧结构如图 2-74 所示。一般来说，混合协议的超帧结构包括信标(beacon)部分、TDMA 部分和 CSMA 部分，其中 beacon 的作用是衡量业务负载的大小，并根据衡量结果决定是否需要加入可变(即动态分配)的 TDMA 部分(由若干时隙组成)，这样做的好处是能够满足不同负载的网络应用场景。

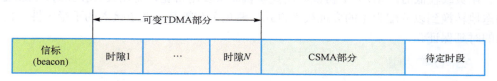

图 2-74　典型的混合 TDMA/CSMA 协议的数据帧结构

在混合 TDMA/CSMA 协议中，所有节点均分配有专用的通信时隙，该协议将载波监听技术结合调度机制，能够确保节点优先使用其分配的时隙。如果某一节点一直没有使用给其分配的时隙，则其他节点在等待一段随机时间后，就可以尝试竞争该空闲时隙的使用权。此外，为了避免隐蔽站问题，规定节点不能竞争与其相隔两跳的邻节点所分配的时隙。由此可见，混合 TDMA/CSMA 协议提供了一定的多址接入性能保障，但是由于没有引入握手机制以及有效的退避算法，其竞争机制的性能仍不理想，空闲时隙的利用率不高。

2. ADAPT 协议

针对上述混合 TDMA/CSMA 协议的不足，动态自适应传输(a dynamically adaptive protocol for transmission，ADAPT)协议对时隙进行了进一步的划分，如图 2-75 所示。ADAPT

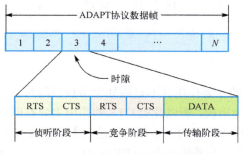

图 2-75　ADAPT 协议的数据帧结构

协议以固定时隙分配的 TDMA 机制为基础，为了避免隐蔽站带来的冲突，每个时隙又分为侦听阶段、竞争阶段以及传输阶段三个时段，并将 RTS/CTS 握手机制引入到竞争阶段中，提高了空闲时隙的利用率，是目前使用较为广泛的一种混合多址接入协议。

ADAPT 协议为网络中的每个节点分配一个固定时隙，假定节点 I 对应时隙 I，并称节点 I 为时隙 I 的主节点。ADAPT 协议规定，任何节点都可以使用时隙 I，在主节点 I 不使用该时隙的情况下，其他节点可以竞争使用该时隙资源。此外，空间距离足够远的节点还可对各时隙进行空间复用。

ADAPT 协议的具体执行过程为：若节点 I 需要使用时隙 I，则在时隙 I 的侦听阶段发送 RTS，目的节点回送 CTS，其他节点在该阶段处于侦听状态，于是节点 I 便成功地占用了自己的主时隙。若其他节点在侦听阶段发现此时信道为空闲，意味着该时隙的主节点 I 此时并不使用该时隙，则其他节点就可以在接下来的竞争阶段通过 RTS/CTS 来竞争该时隙，竞争成功的节点可以使用该时隙的传输阶段来发送自己的数据报文。

ADAPT 协议可以根据当前的网络状态条件，动态调整其运行方式。它结合了固定分配与随机竞争各自的优势，提供了最差性能保障，同时具有对业务负载和拓扑局部变化的自适应性。在负载较低时，ADAPT 协议利用竞争机制来复用带宽，而在负载较高时，ADAPT 能够动态地转换到以分配为主的多址接入方式，避免了纯粹基于竞争接入的不稳定性，提供了有限的时延保证。

3. ABROAD 协议

自适应广播（adaptive broadcast，ABROAD）协议是无线自组织网环境下的一种可靠广播协议，它是 ADAPT 协议的广播版本，其协议主体与 ADAPT 协议基本相同，但有以下两点差别。

首先，在侦听阶段，若主节点发送了 RTS，则其所有邻节点都会回送一个 CTS。

其次，在竞争阶段，若有节点发送了 RTS，则其邻节点只有在发现产生了冲突的情况下才会回复一个 NCTS 报文，否则会保持沉默。

ABROAD 协议的数据帧结构如图 2-76 所示。

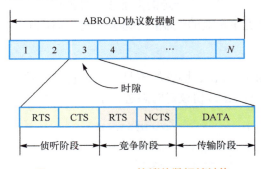

图 2-76 ABROAD 协议的数据帧结构

可以看到，此处 CTS 的主要作用并不是通知主节点预约时隙成功。因为主节点在任何情况下都有对本时隙的默认使用权，所以此处 CTS 的作用主要有两点：一是可以让网络节点获得两跳距离的拓扑信息，排除潜在的隐蔽站；二是若主节点没有收到回复的 CTS，就可发现自身处于孤立状态，即周围没有通信节点。ABROAD 协议沿袭了 ADAPT 协议的有限时延保障以及时隙空间复用的优点。

▶▶▶ 2.4.4　接入网技术

接入网是指从用户网到核心网之间的那部分网络。接入网要解决的问题是如何将用户连接到各种网络上以及如何提高接入带宽。接入网的长度一般为几百米到几千米，因此被形象地称为"最后一千米"。接入网的接入方式包括拨号接入、光纤接入、混合光纤同轴电缆接入等。

1. 拨号接入

拨号接入是 20 世纪 90 年代最常用的一种网络接入方式。这种方式利用拨号连接，通过模拟电话线，将计算机与因特网服务提供商(ISP)的服务器连接起来，并通过 ISP 接入因特网，如图 2-77 所示。电话网是为模拟信号传输而设计的，计算机中的数字信号无法直接在普通电话线上传输，因此需要使用调制解调器。在发送端，调制解调器将计算机中的数字信号转换成能够在电话线上传输的模拟信号；在接收端，将接收到的模拟信号转换成能够在计算机中识别的数字信号。电话线拨号接入非常简单，但速度很慢，理论上只能提供 33.6kbit/s 的上行速率和 56kbit/s 的下行速率。

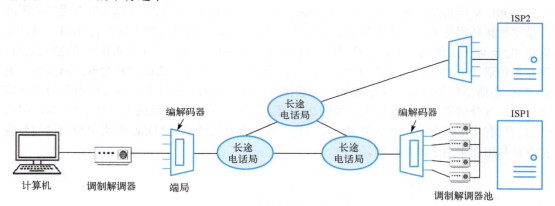

图 2-77　电话线拨号接入

为了提高电话线上网的速率，人们又提出了数字用户线(digital subscriber line，DSL)的接入方式。DSL 是基于普通电话线的宽带接入技术，它在同一条铜线上分别传送数据和语音信号，语音信号通过电话交换机设备，但数据信号不通过电话交换机设备。数字用户线将用户到电话局的模拟信号传输改成数字信号传输。数字用户线技术有多种类型，用"X"代表各种数字用户线技术，按上行(用户到电话局端)和下行(电话局端到用户)的速率是否相同，可分为速率对称型和非对称型两类。对称型的称为高比特率数字用户线(high-bit-rate digital subscriber line，HDSL)，非对称型的称为非对称数字用户线(asymmetric digital subscriber line，ADSL)。非对称是指上行带宽和下行带宽不一样。用户上网时，通常上传的信息较少(如一个网址)，而下载的信息较多(如一个网页或一个文件)，因此用户通常希望下行的速率快一些。ADSL 将大部分带宽用来传输下行信号，只使用一小部分带宽来传输上行信号，其下行传输速率接近 8Mbit/s，上行传输速率可达 1Mbit/s。

如图 2-78 所示，ADSL 采用频分复用的方式，用户侧计算机的数据信号和电话的语音信号通过频分复用设备复用到同一根电话线上传输。本地局利用频分复用设备将语音信号送给程控交换机处理，并将数据信号交给 ADSL 调制解调器处理，连接到因特网上。这样就在一根电话线上同时实现了语音信号和数据信号的传输。因此采用 ADSL 接入时，打电话和上网是互不影响的。

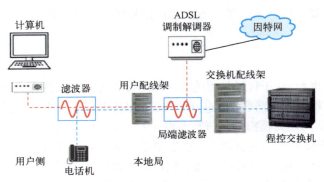

图 2-78　ADSL 拨号接入

ADSL 采用离散多音(discrete multi-tone，DMT)调制技术，将电话线上没有用到的那部分带宽重新利用起来。电话线的带宽约为 1.1MHz，语音信道只用到了其中的 4kHz，ADSL 则将 4kHz 以上的带宽用于计算机网络。ADSL 将 1.1MHz 分成了 256 个 4.3kHz 的独立信道，第 0 条信道(0～4.3kHz)还是原来的电话信道，第 1～5 条信道作为语音和数据的隔离带。第 6～255 条信道作为计算机网络的数据传输信道，计算机网络将其中一部分信道作为上行信道，另一部分信道作为下行信道。如图 2-79 所示，可以看到电话线的带宽有 1.1MHz，但语音通信只利用了其中的一部分带宽，相当另一部分带宽浪费了，ADSL 则将浪费的这部分带宽重新利用起来用于数据传输。

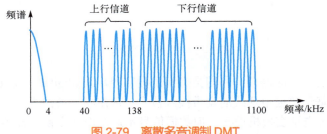

图 2-79　离散多音调制 DMT

2. 光纤接入

光纤接入网(optical access network，OAN)指在接入网中用光纤作为主要传输媒介来实现信息传输的网络形式。OAN 分为有源光网络(active optical network，AON)和无源光网络(passive optical network，PON)。

AON 指从端局设备到用户分配单元之间均由有源光纤传输设备(如光电转换设备、有源光电器件等)连接而成的光网络。PON 指从端局设备到用户分配单元之间不含有任何电子器件及电子电源，全部由光分路器等无源器件连接而成的光网络。

　　PON 和 AON 都有光线路终端(optical line terminal，OLT)和光网络单元(optical network unit，ONU)。不同于 AON，PON 在 OLT 和 ONU 之间的光分配网络(optical distribution network，ODN)中没有任何有源电子设备，光信号在传输过程中不需要经过"光—电—光"的有源变换，而这个变换在 AON 的链型、环型、树型等拓扑结构中是不可避免的。PON 在 ODN 中使用的是光分路器(又称为光耦合器)，光分路器是一种无源的光器件，其通过熔锥技术将一路光分成多路光。光分路器的关键指标是插入损耗，插入损耗越小，性能越好，衰减越小。光分路器如图 2-80 所示，图 2-80(a)为 1 分 2 的光分路器，图 2-80(b)为 1 分 8 的光分路器。

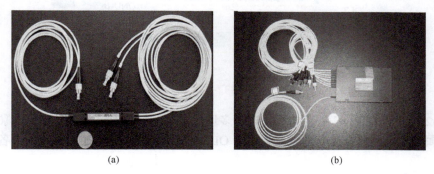

图 2-80　光分路器

　　这里主要介绍 PON，其结构如图 2-81 所示。OLT 是光接入网中的核心部件，相当于传统通信网中的汇聚交换机，同时也是一个多业务管理平台。OLT 通常部署在核心或节点机房，汇聚光接入网络的业务数据并将其分发到不同的 IP 网。ODN 由光纤、光纤配线架、光连接器、光分路器等无源器件组成，为 OLT 和 ONU 之间的物理连接提供光传输媒介，具有传输距离长(可传输 20~40km)、无源、易于安装部署、扩展灵活等特点。ONU 是与 ODN 分支光纤连接的光网络设备，是一种光电一体设备，一般部署在用户侧，通过 ODN 与上层的 OLT 设备连接，并受 OLT 设备的统一管控。

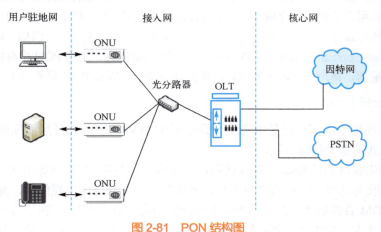

图 2-81　PON 结构图

　　PON 系统采用非对称的 TDM/TDMA 传输技术，非对称也就是其上行和下行所采用的技术不一样，即下行采用 TDM 传输技术，上行采用 TDMA 传输技术。

如图 2-82 所示，其下行采用时分复用的方式为每个 ONU 分配时隙，将送往各 ONU 的信号复用后送至馈线光纤，通过光分路器以广播的方式送给所有与 OLT 相连的 ONU，各个 ONU 收到信号后分别在预先分配的时隙内接入并取出属于自己的信息即可。

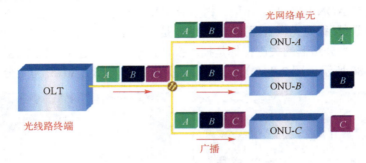

图 2-82　PON 的下行采用 TDM 技术

如图 2-83 所示，PON 的上行采用时分多址的方式，每个用户都分配一个时隙，每个用户分别在属于自己的时隙独立地发送数据给 OLT，OLT 则根据不同的时隙来区分各个用户。

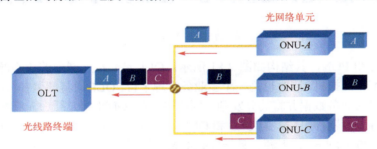

图 2-83　PON 的上行采用 TDMA 技术

PON 的优点包括两个方面：一是可靠性高。由于消除了户外的有源设备，所有信号处理功能均在交换机和用户宅内设备完成，避免了外部设备的电磁干扰，减小了线路和外部设备的故障率，提高了系统可靠性；二是带宽高。光纤的带宽远大于电话线的带宽，例如，以太网无源光网络（Ethernet passive optical network，EPON）带宽可达到 10Gbit/s。当然 PON 也有缺点，由于采用无源光功率分配器，将产生比较大的损耗，使光功率降低，因此 PON 只适用于短距离传输。

3. 混合光纤同轴电缆接入

混合光纤同轴电缆接入网是由传统有线电视（CATV）网引入光纤后演变而成的一个双向的、媒体共享式的宽带传输系统。

传统有线电视网的结构如图 2-84 所示，由头端、干线网、配线网等组成。头端主要负责视频信号的接收与处理，它接收来自卫星、本地等各种信号源的电视信号，并将接收到的各路信号通过 FDM 合路器下传到干线网。干线网的距离一般为 15km，在干线上可以采用放大器对信号进行放大。配线网主要由信号分配器、配线、分支器等组成。信号分配器将干线信号分成几路，以覆盖更大的范围。主配线用于连接信号分配器与分支器，中间连有放大器。放大器用于对信号放大，使信号能覆盖更大的范围。分支器是用户的接入点，下引线（引入线）是用户的接入线缆，用户通过下引线连接到分支器。

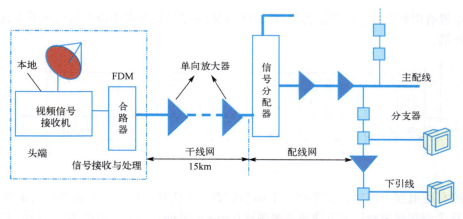

图 2-84　传统 CATV 网结构

　　CATV 的优点是覆盖面很大，几乎每家每户都接入了有线电视网。此外，CATV 采用同轴电缆作为传输介质，带宽可达 800MHz。当然，CATV 也有其局限性，它仅用于传输视频信号，业务单一，且只能进行下行通信，不能双向交互。传统的 CATV 已不能满足现代业务（交互式、综合业务）的要求，对其进行双向改造势在必行。

　　为了适应现代业务，最重要的就是将单向通信改造成双向通信。如图 2-85 所示，改造后的 HFC 在网络结构上与 CATV 相同，还是由头端、干线网和配线网等组成。只不过头端不仅能接收来自各种信号源的视频信号，还能接入到电话网、因特网等网络中。干线网将传输介质由同轴电缆换成了光纤，因为光纤的带宽更大。多条光纤连接到光节点，光节点再把光信号转换为电信号，交由同轴电缆传输，同轴电缆上原来连接的单向放大器改为双向放大器，然后通过下引线连接到千家万户。这里需要注意的是光纤干线网，即头端到服务区光节点之间的部分（光纤），其拓扑结构为星型；配线网和下引线与 CATV 完全相同（放大器除外），其拓扑结构为树型。

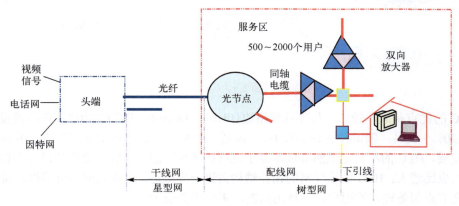

图 2-85　HFC 网结构

　　HFC 采用 FDM 对多路信号进行复用，其频谱划分如图 2-86 所示，分为上行信道和下行信道，其中下行信道又分为 CATV 业务和数字下行。当然，不同地区的频谱划分是不一样的。例如，中国将 5～65MHz 作为数字上行信道，65～550MHz 作为 CATV 业务信道，550～750MHz 作为数字下行信道，750～1000MHz 作为个人通信信道。HFC 与 ADSL 类似，ADSL 利用了电话线中没有用到带宽进行数据传输,而 HFC 则利用了同轴电缆中没有用到的带宽进行数据的双向传输。

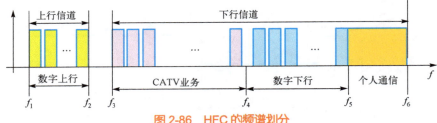

图 2-86　HFC 的频谱划分

当用有线电视上网时, 需要有一个调制解调器来实现模拟信号与数字信号的转换,在 HFC 中这个调制解调器称为电缆调制解调器(cable modem,CM),如图 2-87 所示。CM 放在用户家中,属于客户端设备,一端接计算机,另一端接 CATV 端口,其功能是对数据进行调制(QPSK/QAM, 上行速率可达 10Mbit/s)/解调(QAM, 下行速率可达 40Mbit/s)并传输,实现网络与用户数据的双向交互。对于有线电视的 ISP,需要一个电缆调制解调器端接系统(cable modem termination system,CMTS),以实现数据网与 HFC 的连接。CMTS 的主要功能是数据的调制/解调,将模拟信号变成数字信号。除此之外,CMTS 还要对每一个 CM 的接入进行控制。接入控制包括了认证许可以及带宽管理。认证许可也就是说 CM 只有通过认证后才能接进来。带宽管理即 CMTS 要为每一个 CM 分配一条上行的信道和一条下行的信道(采用频分复用的方法),但是上行和下行信道并不是一个 CM 独占的,而是要和很多 CM 共享的,所以 CMTS 除了给每一个 CM 分配上行和下行信道外,还要为其分配一个上行信道的时隙,当某一个 CM 要向 CMTS 发送消息时,只能在为其分配的时隙内发送,也就是说 CM 在上行的时候采用是时分复用的方式。由此看来,HFC 的技术体制较为复杂,既采用了频分复用,又采用了时分复用。

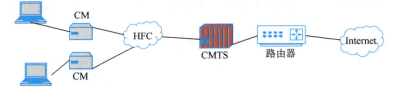

图 2-87　通过 HFC 接入互联网

HFC 的优点是成本较低,与光纤到路边(fiber to the curb,FTTC)相比,仅线路设备成本就要低 20%~30%;频带较宽(800MHz),能适应未来一定时间内的业务需求,并能向光纤接入网发展。HFC 的不足是虽然其成本低于光纤接入网,但其干线网要取代现存的铜线环境所需投入也比较大;HFC 中配线网的拓扑结构需进一步改进,以提高网络可靠性,因为 HFC 中一个光节点服务较多的用户,一旦出问题,影响面会很大。

2.5　交　换　原　理

交换是按照某种方式动态地分配传输线路资源。假设一个网络存在 N 个终端,如果没有交换设备,则需要用到 $N(N–1)/2$ 对线,而且每增加一个用户,就要增加 N 对线,当 N 较大时，无法实用化。如果在用户中心安装一个交换设备，每个用户的终端设备经各自的专用线路(用户线)连接到交换设备上，就可以解决全连接存在的问题。当任意两个用户要交换信息时，交换设备将这两个用户的通信线路连通。用户通信完毕，两个用户间的连线就断开。有了交换设备，N 个用户只需要 N 对线就可以满足要求，线路的投资费用大大降低，用户线的维护也变得简单。尽管增加了交换设备的费用，但它的利用率很高，相比之下，总的投资费用将下降。

交换设备的基本功能如下。

(1)接入功能：完成用户业务的集中和接入，通常由各类用户接口和中继接口完成。

(2)交换功能：信息从通信设备的一个端口进入，另一个端口输出。这一功能通常由交换模块或交换网络完成。

(3)信令功能：负责呼叫控制及连接的建立、监视、释放等。

(4)其他控制功能：路由信息的更新和维护、计费、话务统计、维护管理等。

实现交换的方法主要有电路交换、报文交换和分组交换。例如，电话网采用电路交换实现线路资源的分配；电报网采用报文交换实现数据的交换；计算机网采用分组交换实现数据的共享。

2.5.1　电路交换、报文交换、分组交换的原理

1. 电路交换

电路交换必然包含连接建立、数据传输、释放连接三个过程。

若两个用户要进行通信，则用户之间必须建立一条端到端的路径。主叫用户首先要发起一个连接请求，连接请求通过交换机到达被叫用户，这样就从主叫到被叫建立了一条连接，如图 2-88 所示。这个连接可能经过多个交换机，每个交换机都必须提供连接。一旦建立连接，整条路径都会被该用户独占，其他用户不能使用这条路径。电话网采用的就是电路交换的方式。电话用户打电话时，电话局根据用户的电话号码来接续。接续就是把交换机的某个输入端口和某个输出端口连接起来。如果用户的电话要经过很多电话局，那么这些电话局的交换机都要为该用户服务。当电话接通后，主叫和被叫之间就有了一条直连的路径。连接建立后就可以进行数据传输。只要数据在这条连接的路径上发送，对方就会收到，所以也不需要有目的地址。数据传输完毕后，就通知交换机释放刚才使用的这条物理连接。

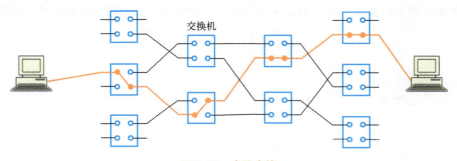

图 2-88　电路交换

电路交换是面向连接的，其特点是在通信的全部时间内，用户始终占用端到端的固定传输带宽。

电路交换的优点如下。

(1)设备及操作简单。

(2)线路接通后，数据是直通的，因此时延较小。一旦连接建立起来，这条路径就是该用户独占的，别人是不能够用的，所以电路交换一旦建立起连接后，服务质量相当好，相当于在一条马路上不准有其他的车跑，而且一路上都是绿灯。

(3)信息能按顺序传送，也就是说信息的发送顺序和接收顺序是一致的。这对一些流媒体来说非常重要，所以电路交换比较适合流媒体数据的传输，如声音和图像的传输。

电路交换的缺点如下。

(1)接通线路的时间较长，因为建立一条连接需要把路径中的一段一段链路连接起来，而且连接建立时发生冲突的概率较高。

(2)一旦接通后，线路就被该用户独占，其他用户无法使用，因此通信的效率低、费用高。

电路交换并不适合计算机网络，因为计算机网络的数据传输具有突发性，也就是说计算机的数据是突发式地出现在传输线路上的，传输线路上一会儿有数据要传，一会儿没有，线路上真正用来传输数据的时间往往不到10%。因此，在绝大部分时间里，已被用户占用的信道实际上是空闲的，这导致信道的利用率很低。

2. 报文交换

既然电路交换不适合计算机网络，那么可以考虑一种存储转发技术。存储转发是指交换设备将接收到的数据先存储下来，待信道空闲时再转发出去，通过交换设备一级一级中转，直到将数据传输到目的地。报文交换是一种存储转发技术，它将整个报文作为整体一起发送。

如图 2-89 所示，源主机想要将报文 M 发送给目的主机。源主机首先将报文 M 发送到与它直接连接的节点 A。节点 A 先将报文 M 保存下来，然后选择路由。假设节点 A 选择的下一跳是节点 B，那么节点 A 将报文 M 发送到节点 B，节点 B 先把报文 M 保存下来，再来选择路由。假设节点 B 选择的下一跳是节点 E，节点 B 把报文转发给节点 E。节点 E 把报文收下来之后，再选择下一跳节点 G，并把报文转发给节点 G。节点 G 与目的主机是直接连接的，就将报文交给目的主机。这就是报文交换的工作方式，当然报文 M 也可以选择不同的路径到达目的节点，如图 2-89 所示，报文 M 也可以经路径 A—D—G 到达目的主机。报文交换在数据发送之前并没有连接建立的过程，它采取的方法是走一步看一步，到了下一个节点先把报文保存下来，再来选择下一跳，通过中间节点的存储转发，最后将报文转发给目的主机。

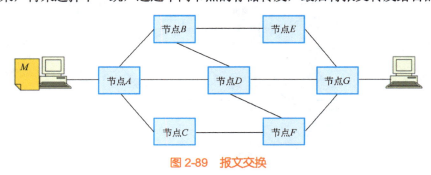

图 2-89　报文交换

报文交换的优点是信道的利用率高。报文交换与电路交换不一样，电路交换有连接建立的过程，一旦建立好连接，从源节点到目的节点的这条路径都被占用，而报文交换没有连接建立的过程，它没有占用从源节点到目的节点的某条路径，而是等路径中的某一条链路空闲时才发送报文，因此报文交换是逐段地占用路径中的某一条链路。由于报文交换没有一直独占信道，因此提高了信道的利用率。

报文交换的缺点也是显而易见的。

(1)报文大小不一，缓冲区管理复杂。

网络中传输的报文并没有大小限制，报文可能很小，如十几字节，也可能很大，如几千字节、几万字节。当报文到达转发节点时，首先要保存下来。对于计算机来讲，要么将其保存到内存空间中，如 ROM、RAM、Cache 等 CPU 能直接寻址的存储空间，要么将其保存到外存空间中，如硬盘、光盘、U 盘等。由于内存资源相对于外存资源比较有限，如果将报文保存在内存空间里，则需要事先分配一个内存空间。由于报文大小不一，难以给报文预留一个合适的内存空间，因此只能将报文保存到外存空间。但是，若保存到外存空间，报文存储的速度就会变慢，存储报文带来的时延就会增大，这是造成报文交换速度比较慢的一个原因。

(2)大报文存储转发的时延过大。

一方面报文存储带来的时延较大；另一方面每个报文到达每一个转发节点之后都要查找路由，选择下一跳节点，也会带来较大的时延。如果很多个报文同时到达一个转发节点，这些报文就需要排队等待转发，特别是如果交换设备处理不过来，还有可能造成拥塞，所以报文交换的一个很大的问题是时延难以估计。如果网络繁忙，难以估计报文从源节点传输到目的节点需要多少时间。

(3)出错后整个报文全部重传。

由于报文的大小是没有限制的，如果报文很大，花费很长时间才把这个大报文传到目的节点，却发现传输出错了，那么出错以后整个报文都要重传，这样会大大降低传输的效率。

3. 分组交换

由于报文交换存在缓冲区管理困难、传输时延大等缺点，下面考虑分组交换技术。分组交换其实也是一种存储转发技术，它是在报文交换的基础上发展起来的。分组交换即将报文划分为较小的数据单元——分组，每个分组作为独立的信息单位发送。结点交换机进行存储、转发和路由选择。因此，分组交换和报文交换最大的区别是定义了一个最大报文长度，可以在内存中预留存储空间，加快了存储的速度。

1)分组交换的原理

假如在发送端有一个较长的报文不便于传输，则将这个长报文划分成若干个较短的、固定长度的数据段，每一个数据段前面添加上首部构成分组。在分组交换中，每一个分组都是独立地采用存储转发的方式传输的，因此每个分组的传输路径可能不一样，分组到达的顺序也可能不一样。接收端收到分组后，剥去分组的首部，将各个分组组合还原成发送端要发送的原始报文，这就是分组交换的原理。分组交换网中的结点交换机根据分组首部中的地址信息，把分组转发到下一个结点交换机。下一个结点交换机同样根据分组的首部信息，再将其转发到下一个结点交换机，直到将分组交给目的节点，如图 2-90 所示。

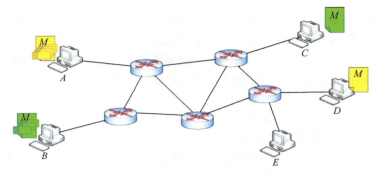

图 2-90　分组交换

分组交换具有高效、灵活、迅速、可靠等优点，这些优点都是相对于电路交换而言的。

（1）高效体现在分组传输的过程中传输带宽是动态分配的，对通信链路是逐段占用的。也就是说，分组的一次传输只占用从一个中间节点到下一个中间节点的这段链路，没有占用整条路径，而电路交换则占用了整条路径，这条路径被独占后，其他用户就不能使用了，因此分组交换的信道利用率远高于电路交换。

（2）灵活体现在每一个分组都独立地选择路由。因此，各个分组可以从不同的路径到达目的地，这样就比较灵活。而在电路交换中，只要连接建立好了，所有的数据都将沿着这条路径传输。

（3）迅速体现在分组交换以分组为传输单位，不必事先建立连接就能向其他主机发送分组。电路交换首先要建立连接，但是连接建立的时延较大，尤其是对于一条很长的路径，把一段一段链路连接起来要花费很长的时间，而且连接建立时发生冲突的概率也较高。此外，在分组交换中整条路径不是一个用户独占的，因此分组交换能够充分使用链路带宽。

（4）可靠体现在针对分组交换开发了完善的网络协议。自适应路由选择协议使网络有很好的生存性，网络中一条路径上的某个节点出现故障对整个网络的影响不大，分组可以根据自适应路由选择协议选择其他的路径到达目的节点。而对于电路交换，若路径上的某一个节点发生故障，整条路径就被破坏了，需要重新建立连接。

2）分组交换的方式

分组交换有数据报和虚电路两种方式。

（1）数据报（datagram）方式。

数据报方式是无连接的。在发送数据时，不必事先建立一条连接，每个分组独立地寻找路径。如图 2-91 所示，假设终端 A 有 3 个分组，每一个分组都包含目的节点的地址信息（头部），分组交换机为每一个分组独立地寻找路由。每个分组都可以走不同的路径，例如，分组 a 走上面的路径，分组 b 走中间的路径，分组 c 走下面的路径。终端 B 根据分组的头部信息对收到的分组进行重组。但是，数据报方式只提供尽最大努力交付的服务，也就是说不能保证分组一定能够正确到达对方，只能尽力传输分组。

（2）虚电路（virtual circuit）方式。

虚电路方式是面向连接的，在通信时同样存在建立连接、数据传输、释放连接三个步骤。虚电路方式是指用户在数据传送之前通过网络建立一条端到端的、逻辑上的虚连接。

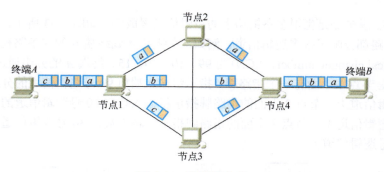

图 2-91　数据报方式

虚电路方式把电路交换的概念引入到分组交换中，即在信息传递的过程中还是以一个一个分组的方式来传递，但是把电路交换中的连接建立过程加了进来，事先确定了分组的传输路径，因此具有分组交换信道利用率高以及电路交换数据传输实时性好、发送顺序和接收顺序一致等优点。当然，虚电路方式事先确定的路径是一条虚路径。虚路径相当于在每一个中间节点上加了一个指路牌。分组到达中间节点时不需要再去寻找路由，只要按照指路牌的指示走就可以了，因此节约了路由查找的时间，而且所有分组走的是同一条路径，保证了数据发送顺序与接收顺序的一致性。

虚电路方式和电路交换的区别在于电路交换是物理连接，虚电路方式是逻辑连接。电路交换在建立实连接时，不但确定了数据传输的路径，还为数据传输预留了带宽资源；虚电路方式在建立虚电路时，仅仅确定了数据传输端到端的路径，并不一定要求预留带宽资源。在电路交换中，用户始终占用一条端到端的物理信道，而虚电路采用的是存储转发的方式，只是断续地占用一段又一段链路。

如图 2-92 所示，在终端 A 和终端 B 之间建立一条路径(终端 A—节点 1—节点 2—节点 3—终端 B)，在终端 C 和终端 D 之间建立一条路径(终端 C—节点 1—节点 2—节点 4—节点 5—终端 D)。分组到了节点 1，就不用再去寻找路由了，节点 1 根据指路牌直接把分组转发给路径中的下一个节点，这样存储转发的时延就变小了。当然，这些路径并不是终端 A 或终端 C 独占的，例如，终端 A 和终端 C 可以共用节点 1—节点 2 的这段链路，节点 1 并没有为终端 A 或终端 C 预留带宽资源，而是等到链路空闲了再为终端 A 或终端 C 转发分组。

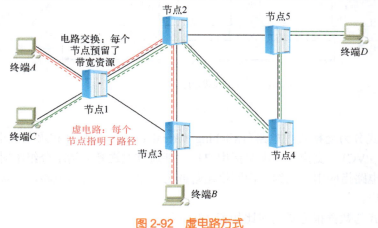

图 2-92　虚电路方式

　　具体地讲，虚电路是由很多条链路上的逻辑信道组成的。如图 2-93 所示，分组传输路径上的每一段链路都分配了很多逻辑信道。例如，在终端 A 到终端 B 的这条路径上，分配的逻辑信道号（logical channel number，LCN）为 99、10、30、15。终端 A 的分组通过 99 号逻辑信道到达节点 1，节点 1 上面有一个指路牌，指示将输入端口 99 号逻辑信道的分组转发到输出端口 10 号逻辑信道上。节点 2 上面的指路牌指示将输入端口 10 号逻辑信道的分组转发到输出端口 30 号逻辑信道上。节点 3 上面的指路牌指示将输入端口 30 号逻辑信道的分组转发到输出端口 15 号逻辑信道上。

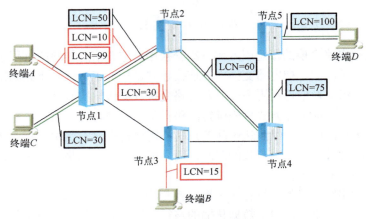

图 2-93　虚电路与逻辑信道

　　逻辑信道代表子信道的一种编号资源。一条虚电路由多条逻辑信道链接而成，每条线路的逻辑信道号是独立进行分配的。例如，图 2-93 中终端 C 到节点 1 的这条链路上的逻辑信道号是 30，节点 2 到节点 3 的这条链路上的逻辑信道号也可以是 30。

　　如图 2-94 所示，逻辑信道 LC 的下标表示物理链路号，括号内的数字表示该链路上的逻辑信道号。用户 A_1 到用户 B_1 的虚电路可以表示为 $VC(A_1, B_1) = LC_1(2) + LC_2(1) + LC_3(2)$，用户 A_2 到用户 B_2 的虚电路可以表示为 $VC(A_2, B_2) = LC_1(1) + LC_2(2) + LC_3(1)$。

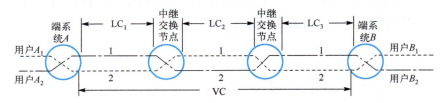

LC 表示逻辑信道，VC 表示虚电路

图 2-94　虚电路工作示意图

　　虚电路方式分为交换式虚电路（switching virtual circuit，SVC）和永久虚电路（permanent virtual circuit，PVC）。交换式虚电路指用户每次都通过发送呼叫请求分组临时建立虚电路的方式。永久虚电路指应用户预约，由网络运营商为之建立的固定虚电路，一般适用于业务量较大的集团用户。

　　虚电路方式与数据报方式的对比如表 2-9 所示。

表 2-9　虚电路方式与数据报方式对比

比较项目	虚电路方式	数据报方式
建链过程	必须有	不需要
目的地址	仅在连接建立时使用，建立好连接后，分组使用虚电路号	每个分组都含有目的地址
路由选择	在虚电路建立时进行，所有分组均按同一路由传送	每个分组独立选择路由
节点出故障	经由故障点的虚电路均中断	丢失分组，但可经由其他路由
分组顺序	总是按发送顺序到达目的站	到目的站时可能与发送顺序不同
差错处理	由通信子网负责	由主机负责
流量控制	由通信子网负责	由主机负责

4. 三种交换的比较

下面对电路交换、报文交换以及分组交换进行对比分析。

电路交换是面向连接的，在传输数据之前有连接建立的过程。如图 2-95 所示，连接建立过程的第一步就是要找到从 A 节点到 D 节点的路径。根据路由，从 A 到 D 首先要到 B 节点。到了 B 节点同样要查找到 D 节点的路由，根据路由，要到 D 节点先要到 C 节点。到了 C 节点查找路由，D 与 C 直接相连。D 节点如果同意建立连接，就把同意建立连接的应答一路传回来，这样就建立起从 A 节点到 D 节点的连接。注意，每个节点查找路由都有一定的时延。连接建立好之后就可以直接传输数据，因为每个节点都为这个连接预留了带宽资源。数据传输完毕之后，就逐段链路地释放连接。

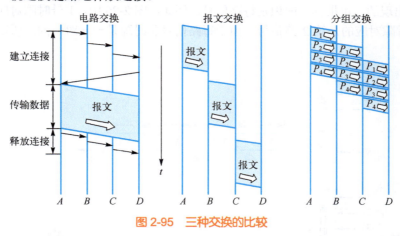

图 2-95　三种交换的比较

报文交换基于存储转发的方式，事先没有连接建立的过程。A 节点在发送报文之前先进行路由查找，发现要到 D 节点首先要到 B 节点。如果 A 节点到 B 节点的信道是空闲的，A 节点就向 B 节点发送报文。B 节点将整个报文存储下来以后再进行路由查找，发现要到 D 节点首先要到 C 节点。同理，C 节点先存储报文，再进行路由查找，最后将报文发送给目的节点 D。这就是报文交换的方式，由于每个节点首先要将报文存储下来，再选择路由并转发报文，显然报文交换的时延非常大。

分组交换也采用存储转发的方式，但是分组交换将报文划分为一个个较小的分组，加速了数据在网络中的传输。因为分组是逐个传输的，可以使后一个分组的存储操作与前一个分组的转发操作并行处理，这种流水线式的传输方式减少了报文的传输时间。如图 2-95 所示，A 节点将报文分成 4 个分组，每个分组都独立地寻找路由。可以看到，B 节点在收到分组 P_1 时，不管后面的分组有没有到达，都可以查找路由转发分组 P_1，而且在转发分组 P_1 的同时也可以存储分组 P_2。因此，分组交换的信道利用率比报文交换高，且时延小。

报文交换和分组交换不需要预先分配传输带宽，在传输突发数据时可提高整个网络的信道利用率；分组交换比报文交换的时延小，但其结点交换机必须具有更强的处理能力。当要传输的数据量很大，且其传输时间远大于连接建立的时间时，采用电路交换较为合适；当端到端的路径由很多段链路组成时，采用分组交换传输数据较为合适。从提高整个网络的信道利用率上看，报文交换和分组交换优于电路交换，其中分组交换比报文交换的时延小，尤其适合计算机之间突发式的数据通信。

2.5.2　ATM 交换原理

电路交换和分组交换各有各的优点，能否将它们的优点结合起来？设想一种新的方案，既具有电路交换控制简单、实时性好的特点，又具有分组交换信道利用率高的特点。基于以上思路，人们提出了异步传输模式（asynchronous transfer mode，ATM）的概念。

1．ATM 交换基本概念

异步传输模式是相对传统电路交换采用的同步传输模式（synchronous transfer mode，STM）而言的。同步传输模式的主要特征是采用了同步时分复用技术，各路信号都是按一定的时间间隔周期性出现的，可根据时间识别每路信号。例如，图 2-96 中，1 号时隙对应的是第 1 路信号，2 号时隙对应的是第 2 路信号。由于每路信号和时隙是一一对应的，所以它们是"同步"的。

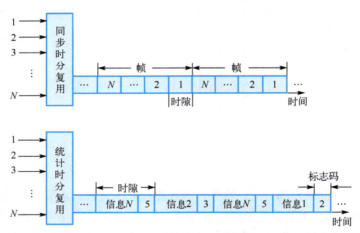

图 2-96　同步时分复用与异步时分复用

异步传输模式则采用统计时分复用（异步时分复用），各路信号不是按一定的时间间隔周期性出现的，要根据标志码来识别每路信号。例如，图 2-96 中标志码为 2 表示是第 2 路信号，标志码为 5 表示是第 5 路信号，哪一路信号有数据要发送就可以多占用时隙，没有数据发送就不占用时隙。由于统计时分复用中的时隙是动态分配的，时隙并不和哪一路信号对应，从这个角度来讲是"异步"的。

　　同步时分复用是位置复用，用时间位置来区分不同的用户信息，信息插入是周期性的。异步时分复用是标志复用，用标志码来区分信元所属信道，信息插入是随机的。同步时分复用中每个用户都占用一个时隙，不管用户有没有数据传输，这样导致很多时隙被白白浪费了。异步时分复用能够统计地、动态地占用信道资源，它对公共信道的时隙实行"按需分配"，即只对需要传送信息或正在工作的终端才分配时隙，这样就使所有的时隙都能得到充分的使用，可以使服务的终端数大于时隙的个数，提高了信道利用率。

　　ATM 交换本质上是一种高速分组传送模式，具有以下特点。

　　(1)ATM 采用固定长度的短分组，称为信元(cell)。

　　固定长度的短分组决定了 ATM 系统的处理时间短、响应快，便于用硬件实现，特别适合实时业务和高速应用。

　　(2)ATM 采用异步时分复用技术。

　　信元随机占用信道资源，也就是说信元不按照一定的时间间隔周期性地出现，因此这种传送模式是异步的。异步时分复用是按需分配带宽的，可以满足不同用户针对不同业务的带宽需要。

　　(3)ATM 采用面向连接的工作方式。

　　面向连接的工作方式使得在数据传输时，交换节点不必进行复杂的路由选择，减少了传输过程中交换设备为每个分组进行路由选择的开销。此外，面向连接的工作方式能使数据的发送顺序和接收顺序一致。当然，ATM 交换采用的是虚电路方式，也就是说在进行数据传输之前，首先建立起一个从源节点到目的节点的逻辑连接。

　　(4)ATM 取消了逐段链路的差错控制和流量控制。

　　分组交换协议设计运行的环境是误码率很高的模拟通信线路，所以要执行逐段链路的差错控制；同时，由于没有预约资源的机制，任何一段链路上的数据量都有可能超过其传输能力，因此有必要执行逐段链路的流量控制。

　　ATM 协议运行在误码率很低的光纤传输网上，同时预约资源机制保证了网络中传输的负载小于网络的传输能力，所以 ATM 取消了网络内部节点之间链路上的差错控制和流量控制。但是，通信过程中必定会出现的差错如何解决呢？ATM 将这些工作交给了位于网络边缘的终端设备来完成。如果信元头部出现差错，将导致信元传输的目的地发生错误，即信元丢失和信元错插。如果网络发现这样的错误，就简单地丢弃信元。至于由于这些错误而导致信息丢失的情况，则由通信的终端来处理。如果信元净荷部分(用户的信息)出现差错，判断和处理同样由通信的终端完成。对于不同的传输媒体，可以采取不同的处理策略。例如，对于计算机传输的文本信息，显然需要使用请求重传技术，要求发送方重新发送出现错误的信息；而对于语音或视频这类实时性信息发生的错误，接收方可以采用某种修复措施(不需要重传错误的信息)，以减少信息丢失对接收方的影响。

　　(5)简化了信元头部的功能。

　　由于 ATM 网络中链路的功能变得非常有限，因此信元头部变得异常简单。信元头部的功能主要包括标志虚电路、纠错和检错等。

　　ATM 充分利用了电路交换和分组交换在信息传输过程中的优势，尽量把交换处理的负担从交换机转移到通信的两端，以最大限度地减少交换机的处理时间，使网络能够提供综合业务服务，给用户和网络操作者以最大的灵活性，且网络采用预约资源的机制来提供服务质量保证。

2. ATM 协议参考模型

ATM 协议参考模型包括三个面、四个层。三个面指用户面、控制面、管理面；四个层指

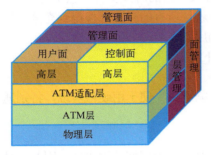

图 2-97　ATM 协议参考模型

物理层、ATM 层、ATM 适配层、高层，如图 2-97 所示。

用户面采用分层结构，支持用户信息流的传送，同时也具有一定的控制功能，如流量控制、差错控制等；控制面采用分层结构，完成呼叫控制和连接控制功能，利用信令进行连接的建立、监视和释放；管理面包括层管理和面管理。层管理采用分层结构，完成与各协议层实体的资源和参数相关的管理功能，如元信令；同时层管理还处理与各层相关的操作维护管理（operation administration and maintenance，OAM）信息流。面管理

不分层，它完成与整个系统相关的管理功能，并对所有平面起协调作用。

ATM 协议参考模型四层的功能如下。

（1）高层。在控制面，高层为 Q.931 信令协议，用来在 ATM 网络中建立虚连接。在用户面，高层为 TCP/IP、FTP 协议数据或者同步传输模式（STM）数据信息。在管理面，高层为本地管理接口（local management interface，LMI）、SNMP、通用管理信息协议（common management information protocol，CMIP）等网管协议的管理数据。

（2）ATM 适配层（ATM adaptive layer，AAL）。AAL 非常类似 OSI 参考模型中的传输层，负责将高层业务信息或信令信息适配成 ATM 流。ATM 适配层在 ATM 层之上增加适配功能，使 ATM 信元传送能够适应不同的业务（语音、视频、数据等），并支持将高层的协议数据单元（如信令消息、用户数据、管理数据等）映射到 ATM 信元的信息段，反之亦然。

（3）ATM 层是 ATM 网络的核心，主要完成交换、选路和复用等功能。具体地讲，ATM 层的功能如下。

①信元复用/解复用：来自各单独源点的信元流被复用到发送方的一个信元流中，在接收方解复用后送往各自信元流（源点）。

②信元头的增加和删除：发送方 ATM 层在从 AAL 接收到的信元信息前增加一个信元头；接收方收到后，移去信元头。

③虚信道标识符（virtual channel identifier，VCI）/虚通道标识符（virtual path identifier，VPI）转换：ATM 层将流入 VCI 和 VPI 转换为适当的流出 VCI 和 VPI。

④在用户-网络接口处的"一般流量控制"：ATM 层在用户-网络接口处控制通信量以减少在用户-网络接口处出现短时间超载的情况。

（4）物理层主要提供 ATM 信元的传输通道，将 ATM 层传来的信元加上传输开销后形成连续的比特流，同时在接收到物理介质上传来的连续比特流后，取出有效的信元传给 ATM 层。

具体地讲，物理层又包括两个子层：物理媒体子层和传输汇聚子层。物理媒体子层负责在不同的物理媒体上正确发送和接收数字比特流，并将数字比特流送到传输汇聚子层。为了完成不同媒体中的比特流传输，物理媒体子层应能提供线路的编码解码、比特定时及各种不

同类型媒体的接口等功能。传输汇聚子层的主要任务是将信元流转换成可以在物理媒体上传输的比特流。为了实现比特流和信元流的转换，传输汇聚子层应完成传输帧适配、信元速率耦合、信头差错控制(header error control，HEC)、信元定界及信元净荷的扰码与解扰等功能。

ATM 网络不参与任何数据链路层的功能。数据链路层的主要工作是保证可靠传输，ATM 网络取消了逐段链路的差错控制和流量控制，将差错控制与流量控制工作交给位于网络边缘的终端去做，将封装成帧的工作交给物理层的传输汇聚子层来完成。

ATM 交换机只有 ATM 层和物理层，ATM 端点才有 ATM 适配层。ATM 适配层使 ATM 层适配高层，使 ATM 信元传送能适应不同的业务，将高层的 PDU 映射到信元中的信息段。

ATM 协议体系结构比较复杂，相关技术也比较复杂，因此 ATM 协议体系的发展不如 TCP/IP 协议体系。

3. ATM 信元结构

在 ATM 中，各种信息的传输、复用与交换都以信元为基本单位。ATM 信元实际上就是固定长度的分组，为了与分组交换方式中的"分组"区别，将 ATM 传送信息的最小单元称作信元。ATM 信元有固定的长度与固定的结构。ATM 信元长度固定为 53B，其中前 5 字节是信头，主要表示信元去向的逻辑地址，还有一些维护信息、优先级以及信头的纠错码。其余 48 字节是信息段，也称为净荷，它承载来自各种不同业务的用户信息。ATM 信元头部格式根据信元在 B-ISDN 网络中的位置分为用户-网络接口(user-to-network interface，UNI)格式和网络间接口(network-to-network interface，NNI)格式两种，如图 2-98 所示。

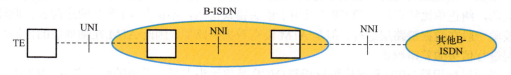

图 2-98　ATM 两种信元在网络中的位置

UNI 信元与 NNI 信元格式如图 2-99 所示。UNI 信元包含一般流量控制(generic flow control，GFC)域，而 NNI 信元没有。由于 ATM 采用了预约资源的机制，取消了逐段链路的流量控制，因此 NNI 信元没有流量控制字段，而是将流量控制交给位于网络边缘的终端设

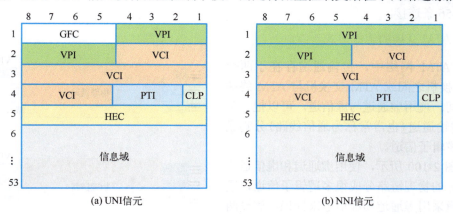

图 2-99　UNI 信元与 NNI 信元格式

备去处理。UNI 信元的 GFC 域共 4 比特，用于一般性的流量控制或在共享媒体的网络中标识不同的接入访问。

净荷类型标识(payload type indicator，PTI)，长度 3 比特，用于标识净荷的类型，如表 2-10 所示。PTI 编码中最高位(比特 3)用来区分信元是用户数据信元还是网络控制信元。该位为 0 时表示用户数据信元，为 1 时表示网络控制信元。如果是用户数据信元，PTI 编码的中间位(比特 2)表示该信元是否遭遇过拥塞(拥塞指示)，为 1 时表示该信元遭遇过拥塞，为 0 时表示该信元未遭遇过拥塞。PTI 编码的最低位(比特 3)用于区分最后用户数据信元，为 0 时表示不是最后一个信元，为 1 时表示是最后一个信元。

表 2-10　PTI 编码

PTI 编码	意义	PTI 编码	意义
000	用户数据信元，无拥塞，SDU 类型=0	100	分段 OAM 信息流相关信元
001	用户数据信元，无拥塞，SDU 类型=1	101	端到端 OAM 信息流相关信元
010	用户数据信元，拥塞，SDU 类型=0	110	RM 信元
011	用户数据信元，拥塞，SDU 类型=1	111	预留

信元丢弃优先级(cell loss priority，CLP)，长度 1 比特，用于拥塞控制，指示在网络发生拥塞时信元被丢弃的优先级。CLP=0 时，表示信元的优先级高，网络应保障带宽资源供给，保证该信元能可靠按时到达；CLP=1 时，表示信元的优先级低，若拥塞，可丢弃该信元。

信头差错控制(HEC)，长度 8 比特。HEC 采用 8 位循环冗余校验(CRC)，可检测出多比特误码，纠正单比特误码。但 CRC 只用于信头错误检测，不检测 48 字节的净荷域。循环冗余校验一般在数据链路层进行，但是 ATM 没有数据链路层，因此 ATM 在物理层的传输汇聚子层进行信头的差错校正。

虚通道标识符(VPI)和虚信道标识符(VCI)是信元头中最为重要的两个字段，用于表示逻辑子信道。VPI 用于区分传输信道上不同的虚通道，VCI 用于区分不同的虚信道。在 UNI 信元中，VPI 域占 8bit，可以标识 256 条虚通道。在 NNI 信元中，VPI 域占 12bit，覆盖了 GFC 域，可以标识 4096 条虚通道。UNI 信元和 NNI 信元中，VCI 域都为 16 位，最多可标识 65536 条虚信道。VCI 和 VPI 结合，可在 UNI 信元中标识 16177216 条连接，在 NNI 信元中标识 268435456 条连接。

4. ATM 交换的工作方式

在 ATM 网络中，传输通道存在于两个 ATM 交换机之间或 ATM 交换机与 ATM 终端设备之间。使用虚通道与虚信道，可以把一条 ATM 传输通道(也常常称为通信线路)分割成若干条逻辑子信道。

如图 2-100 所示，使用虚通道和虚信道将一条实际的物理链路分成很多逻辑子信道，逻辑子信道采用虚通道和虚信道来标识。假设两点之间有很多条公路，不同的公路可以用不同

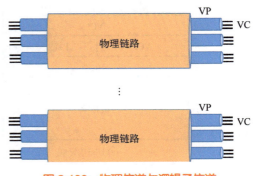

图 2-100　物理信道与逻辑子信道

的虚通道来标识。每一条公路上又有很多车道，不同的车道就用虚信道来标识。因此虚通道和虚信道结合起来就能标识这是哪一条公路上的哪一个车道。每一条物理链路都可以独立地标识逻辑子信道。

逻辑子信道用 VPI/VCI 来标识，通过 VPI、VCI 和物理链路（用端口号识别）可以唯一识别一个 ATM 连接（由很多个 VPI/VCI 链接起来）。在 ATM 信元结构中，VPI 和 VCI 两部分合起来构成一个信元的路由信息，交代了这个信元从哪里来，以及要到哪里去，从而使 ATM 交换机能根据路由信息决定把它们送到哪一条线路上。

如图 2-101 所示，在 ATM 的一条传输通道上，正在同时进行 5 个通信，其中包括北京方向的 3 个通信与广州方向的 2 个通信。这 5 个通信分别占用了该传输通道上不同的逻辑子信道。北京方向的 3 个通信分别是视频通信、电话通信、数据通信，广州方向的 2 个通信分别是视频通信、电话通信。可以用 VPI=1 表示北京方向的通信，用 VPI=2 表示广州方向的通信，同时北京方向的 3 个通信分别用 VCI ＝ 4、5、6 来标识，广州方向的两个通信分别用 VCI ＝ 5、6 来标识。通过 VPI/VCI 可唯一标识逻辑子信道，例如，VPI=1、VCI=4 表示北京方向的视频通信。很明显，在每段传输通道上，VPI 的值是唯一的，以区别不同的虚通道；在虚通道上，VCI 的值是唯一的，以区别不同的虚信道，不同虚通道上的 VCI 值可以相同。VPI 和 VCI 只在其相应的每段传输通道上有意义，不具有端到端的含义。这就意味着不同传输通道上的 VPI 和 VCI 的值可以相同。

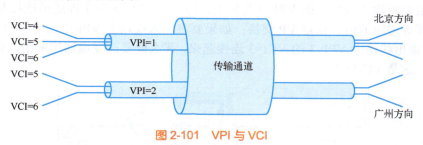

图 2-101　VPI 与 VCI

ATM 采用面向连接的通信方式，即在传送信息之前要建立从源节点到目的节点之间的连接。在 ATM 中，这种连接是逻辑连接，也称为虚连接。源节点到目的节点之间存在多段传输通道，虚连接就是将很多不同的 VPI/VCI 逻辑子信道链接起来。如果选定的逻辑子信道在虚通道这个层次上，即用 VPI 来标识，则这样的连接称为虚通道连接（virtual path connection，VPC）；如果在虚信道这个层次上，即用 VCI 来标识，则这样的连接称为虚信道连接（virtual channel connection，VCC）。

在 VPC 中，将串接起来的每条逻辑子信道称作 VP 链路。同样，将串接起来形成 VCC 的每条逻辑子信道称为 VC 链路。用 VPI 来标识每段传输通道上的 VP 链路，用 VCI 来标识每段传输通道上的 VC 链路。虚信道连接是将每一条传输通道上的虚信道链路连接起来。如图 2-102 所示，每段 VC 链路都有各自的 VCI，VCI_x、VCI_y 和 VCI_z 表示的 3 段 VC 链路构成了一个 VCC，VCC 上任何一个特定的 VCI 都没有端到端的意义。VPI_i、VPI_j 和 VPI_k 表示的 3 段 VP 链路构成了一个 VPC。VCC 端点（VCC endpoint）是 VCC 的起点和终点，是 ATM 层及其上层交换信元净荷的地方，也就是信息产生的源点和被传送的目的点。VPC 端点（VPC endpoint）是 VPC 的起点和终点，是 VPI 产生、变换或终止的地方。

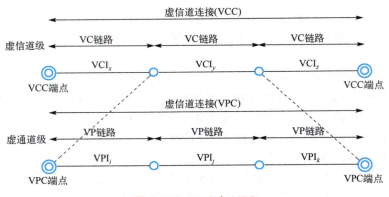

图 2-102　VCC 与 VPC

　　在一条传输通道上用 VPI 和 VCI 来标识一条逻辑链路，由于 ATM 交换机连接了多条传输通道，因此 ATM 交换机必须能够完成 VP 交换或 VC 交换，也可以兼具 VP 交换与 VC 交换，使得输入和输出线路上的逻辑子信道连接起来。VP 交换即只进行虚通道的交换，虚通道里面的虚信道并不进行交换，因此 VP 交换仅变换 VPI 值而不改变 VCI 值。VC 交换是指 VPI 值与 VCI 值都要进行改变的交换。因为虚信道是按照虚通道来划分的，当虚信道交换时，其所属的虚通道也要进行交换，即虚通道和虚信道都要进行交换。如图 2-103 所示，如果要将输入线路上的 VPI=4 与输出线路上的 VPI=5 两条虚通道连接起来，那么只需要改变虚通道的值，这是 VP 交换；如果要将输入线路上 VPI=1 的 VCI=1（这条逻辑子信道）与输出线路上 VPI=3 的 VCI=3 连接起来，那么既要改变虚通道的值，又要改变虚信道的值，这是 VC 交换。

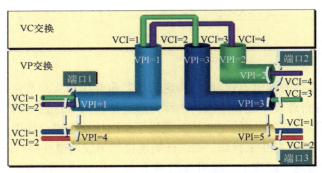

图 2-103　VP 交换与 VC 交换

　　ATM 连接的建立实际上就是通过 VP 交换和 VC 交换建立 VCC 与 VPC 的过程。用 VPI 和 VCI 来标识每一条逻辑信道，很多个 VPI 和 VCI 连起来之后就构成一个 ATM 连接。

　　在源 ATM 端点与目的 ATM 端点进行通信前的连接建立过程，实际上就是在这两个端点间的各段传输通道上，找寻空闲 VC 链路和 VP 链路，分配 VCI 与 VPI，建立 VCC 与 VPC 的过程，如图 2-104 所示。图中只表示了从源 ATM 端点到目的 ATM 端点方向上建立的 VCC 与 VPC，其实在每一个方向上都要建立 VCC 与 VPC。不管是 VPC 还是 VCC，它们都是虚连接。在通信开始时，源 ATM 端点到目的 ATM 端点之间的各个 ATM 交换机要为该通信在每个传输通道的每一个方向上选择一个空闲的 VP 链路或 VC 链路，即分配一个目前没有使用的 VPI 或 VPI/VCI，从而建立起源 ATM 端点到目的 ATM 端点之间的虚连接。通信结束时，拆除这个虚连接。这就是 ATM 面向连接的工作方式。

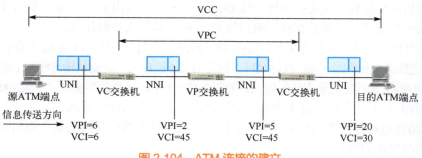

图 2-104　ATM 连接的建立

具体地讲，ATM 交换机根据翻译表将 ATM 信元从某一个输入端口交换到某一个输出端口，同时将其信头值由输入值翻译成输出值。

图 2-105 中的交换节点有 M 条输入线路（$I_1 \sim I_M$）与 N 条输出线路（$O_1 \sim O_N$），每条输入线路和输出线路上传输的是 ATM 信元。每个信元的信头值由 VPI/VCI 共同标识，信头值与信元所在的输入线路（或输出线路）编号共同表明该信元所在的逻辑信道。例如，图中输入线路 I_1 上有 4 个信元，信头值（VPI/VCI）分别为 x、y、z，那么在输入线路 I_1 上至少有 3 条逻辑信道。在同一输入线路（或输出线路）上，具有相同信头值的信元属于同一条逻辑信道。例如，输入线路 I_1 上有两个信头值为 x 的信元，那么这两个信元属于同一条逻辑信道。在不同的输入线路（或输出线路）上可以出现相同的信头值（例如，输入线路 I_1 和输入线路 I_M 上有信元的信头值都是 x），但它们不属于同一条逻辑信道。

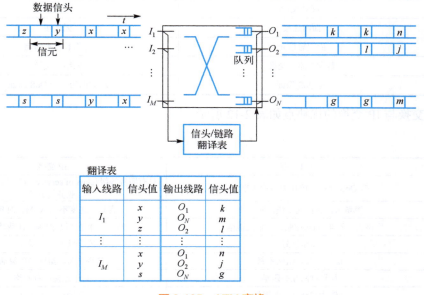

图 2-105　ATM 交换

ATM 交换将输入线路上的 ATM 信元根据翻译表交换到输出线路上，同时将该信元的信头值由输入值翻译成输出值。例如，在图 2-105 中，将输入线路 I_1 上信头值为 x 的所有信元根据翻译表交换到输出线路 O_1，并且将其信头值翻译(即"交换")成 k；将输入线路 I_1 上信头值为 y 的信元根据翻译表交换到输出线 O_N，同时其信头值由 y 变为 m。同样，输入线路 I_M 上所有信头值为 x 的信元也被交换到输出线 O_1，同时其信头值翻译成 n。

注意，来自不同输入线路的 2 个信元(如输入线路 I_1 上的 x 与输入线路 I_M 上的 x)可能会同时到达 ATM 交换机并竞争同一输出线路(O_1)，但它们又不能在同一时刻从输出线路上输出，因此要设置队列(缓冲器)来存储竞争失败的信元。如图 2-105 所示，这个队列被设置在输出线路上。

综上所述，ATM 交换具有 3 个基本功能：选路、信头翻译与排队。

(1)选路就是选择物理端口的过程，即信元从某个输入端口交换到某个输出端口的过程，选路具有空间交换的特征。

(2)信头翻译是指将信元的输入信头值(入 VPI/VCI)变换为输出信头值(出 VPI/VCI)的过程。VPI/VCI 的变换意味着某条输入线路上的某条逻辑信道中的信息被交换到某一条输出线上的某条逻辑信道。信头翻译与选路功能的实现是根据翻译表进行的，而翻译表是 ATM 交换系统的控制系统依据通信连接建立的请求而建立的。

(3)排队是指给 ATM 交换网络(也称为交换结构)设置一定数量的缓冲器，用来存储在竞争中失败的信元，避免信元的丢失。

5. ATM 交换与 IP 交换

ATM 交换与 IP 交换有何异同？下面对这两种交换进行对比分析。ATM 交换与 IP 交换的特点如表 2-11 所示。

表 2-11　ATM 交换与 IP 交换的特点

序号	ATM 交换	IP 交换
1	面向连接	无连接
2	固定短信元	分组长度不固定
3	数据链路层交换	网络层交换
4	有 QoS 保证	尽力而为，无 QoS 保证

ATM 交换与 IP 交换的优缺点如表 2-12 所示。

表 2-12　ATM 交换与 IP 交换的优缺点

序号	ATM 交换	IP 交换
1	有 QoS 保证，可作为多业务平台	只有服务等级(class of service，CoS)，目前支持多业务能力差
2	容量大，交换速度快，时延小	容量、速度不如 ATM，时延大
3	网管、流量/拥塞控制、计费功能强	网管、流量/拥塞控制、计费功能弱
4	安全性好	安全性差，易受攻击
5	信令复杂，组网不易	信令简单，组网简单灵活
6	与异种网互联困难	易于连接多种网络
7	开销大(25%)，效率低	开销小，效率高
8	无开放、标准的应用程序接口	有开放、标准的应用程序接口
9	价格昂贵	价格便宜

ATM 交换是 20 世纪 80 年代末，由电信领域的专家设计，为实现 B-ISDN 而发展起来的技术。IP 交换是 20 世纪 60 年代，由计算机领域的专家设计，为实现无中心的分组交换网而发展起来的技术。ATM 交换与 IP 交换有各自的优缺点。总的来讲，ATM 体系结构和技术相对复杂，标准化的进程缓慢，设备价格昂贵，因此 ATM 交换在与 IP 交换的竞争中完全落败。目前，主要是电信级的骨干网使用 ATM 交换，大部分市场都被 IP 交换所占据。

2.5.3　程控交换原理

程控交换即利用计算机程序控制交换过程。具体来讲，程控交换采用计算机中的"存储程序控制"方式，把各种控制功能、步骤、方法编成程序并放入存储器，通过运行存储器内的程序来控制整个交换过程。实现程控交换的方法有时分交换、空分交换、时空时多级交换。

1. 时分交换

时分交换也称为时隙交换(time-slot interchange，TSI)。时隙交换即将一个用户的时隙直接交换到另一个用户的时隙。每个用户的语音信息占用一个固定的时隙，两个用户语音信息的交换实质上就是两路语音信息所在的时隙进行交换。

如图 2-106 所示，甲用户的发话信息和受话信息都固定使用 PCM1 的时隙 TS2，乙用户的发话信息和受话信息都固定使用 PCM3 的时隙 TS31。当两个用户要建立呼叫时，就要根据双方所使用的 PCM 线号和时隙号，在交换网络内部建立路径，使用户信息从网络入端沿着已建立的通道流向网络出端。甲用户的语音信息 A 在时隙 TS2 由 PCM1 送至数字交换网络，数字交换网络将信息 A 交换到 PCM3 的时隙 TS31，这样在时隙 TS31 到来时，就可以将 A 取出送至乙用户。同时乙用户的语音信息 B 也必须在时隙 TS31 由 PCM3 送至数字交换网络，数字交换网络将其交换到 PCM1 的时隙 TS2 上，在 TS2 到来时，取出 B 送至甲用户。这样通过时隙交换完成了两个用户之间语音信息的交换。

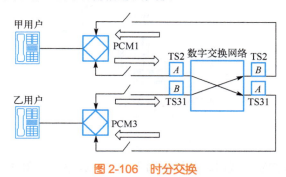

图 2-106　时分交换

在程控交换机里实现时分交换的部件称为 T 型时分接线器，又称为时间型接线器，简称 T 接线器。它由语音存储器(speech memory，SM)和控制存储器(control memory，CM)两部分组成，如图 2-107 所示。语音存储器用于暂存经过 PCM 编码的数字化语音信息，控制存储器存储的是语音存储器的地址，用于控制语音存储器的写入或读出，使得输入某个时隙的语音信息交换到输出某个时隙中。

T 接线器有两种工作方式：读出控制方式、写入控制方式。

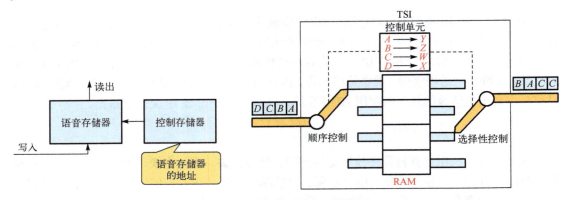

图 2-107　T 型时分接线器

1）读出控制方式

读出控制方式的 T 接线器顺序写入、控制读出。如图 2-108 所示，语音存储器的写入是在定时脉冲控制下顺序写入，其读出是在控制存储器的控制下读出。例如，时隙 TS1 的内容写入语音存储器的 1 号存储单元，时隙 TS2 的内容写入 2 号存储单元。在控制存储器的 1 号单元写入 8，表示在输出时隙 TS1 到来时，读出语音存储器 8 号存储单元的内容，即将输入时隙 TS8 的内容交换到输出时隙 TS1。

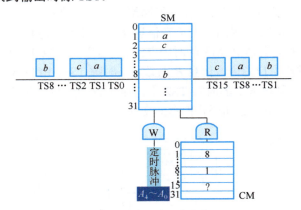

图 2-108　T 接线器读出控制方式
W-写入；R-读出

2）写入控制方式

T 接线器采用写入控制方式时，是控制写入、顺序读出。如图 2-109 所示，它的语音存储器（SM）各单元信息的写入要受控制存储器控制，而各单元信息的读出则是在定时脉冲的控制下顺序读出。例如，在控制存储器的 1 号单元写入 8，表示将时隙 TS1 的内容写入语音存储器的 8 号存储单元；在控制存储器的 2 号单元写入 15，表示将时隙 TS2 的内容写入语音存储器的 15 号存储单元。语音存储器各单元的内容是顺序读出的，即时隙 TS1 到来时读取 1 号存储单元的内容 b，时隙 TS8 到来时读取 8 号存储单元的内容 a。这样就实现了时隙 TS1 与时隙 TS8 的内容交换。

2. 空分交换

空分交换即从空间上完成交换过程。如图 2-110 所示，空分交换由一个开关阵列和控制

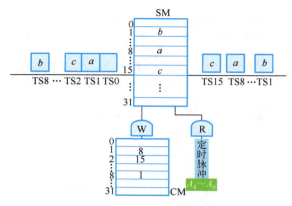

图 2-109　T 接线器写入控制方式

存储器组成，通过控制存储器，控制开关实现输入线路与任何一条输出线路的连接。空分交换在输入和输出间提供了单独的物理连接，不同的信号在空间上是隔离的。每一条输入线路和输出线路之间都有一个交叉点，当某个交叉点在控制存储器的控制下接通时，相应的输入线路即可与相应的输出线路相连，但必须建立在一定时隙的基础上。交叉点通常由晶体管或场效应管做成的电子开关实现。控制存储器存储的是线路的编号，也就是输入或输出线路的编号。

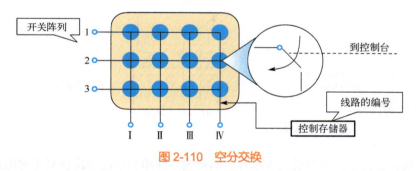

图 2-110　空分交换

实现空分交换的部件称为 S 接线器。空分交换的工作方式可分为输出控制方式和输入控制方式两种。

1）输出控制方式

输出控制方式即每条输出线路都配有一个控制存储器，控制该输出线路与输入线路的所有交叉点。如图 2-111 所示，控制存储器的横坐标为输出线路的编号，纵坐标为时隙的编号。控制存储器 CM7 的 2 号时隙写入 0，表示将 7 号输出线路在时隙 TS2 与 0 号输入线路接通。

2）输入控制方式

输入控制方式即每条输入线路都配有一个控制存储器，控制该输入线路与输出线路的所有交叉点。如图 2-112 所示，控制存储器的横坐标为输入线路的编号，纵坐标为时隙的编号。控制存储器 CM0 的 2 号时隙写入 7，表示将 0 号输入线路在时隙 TS2 与 7 号输出线路接通。

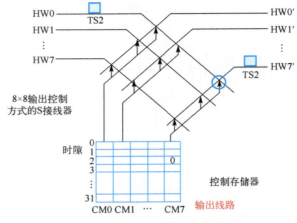

图 2-111   S 接线器输出控制方式

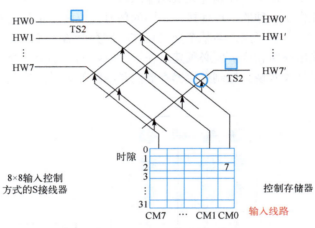

图 2-112   S 接线器输入控制方式

综上所述，空分交换就是通过控制存储器将输入线路和输出线路在某个时隙连通起来。以上介绍的是单级 S 接线器，如果把多个 S 接线器连接起来，就可构成多级空分交换矩阵。如图 2-113 所示，可以利用一个 3 级的交换矩阵将 4 号输入线路与 9 号输出线路在某个时隙连通起来。

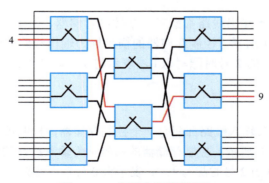

图 2-113   多级空分交换矩阵

3．时空时多级交换

可以把时分交换和空分交换结合起来，利用 T 接线器和 S 接线器构建一个多级的交换结构，也就是时空时(time-space-time，TST)交换。如图 2-114 所示，TST 交换网络由输入级 T 接线器、输出级 T 接线器，以及中间的 S 接线器组成。TST 交换网络是构成程控交换机的核心部件。

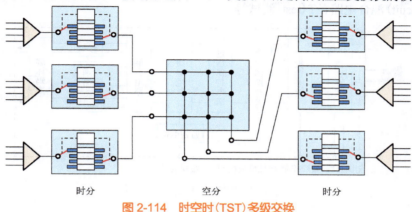

时分　　　　　　　　　空分　　　　　　　　　时分

图 2-114　时空时(TST)多级交换

4．程控交换机

程控交换机是由程序控制，采用时分复用和 PCM 编码方式，用于提供语音电话业务的电话交换机。程控交换机包含硬件部分和软件部分。

1)程控交换机的硬件

程控交换机的硬件一般采用分散式模块化结构，可分为话路子系统和控制子系统两大部分，如图 2-115 所示。话路子系统主要由用户电路、用户处理机、信令设备、模拟中继、数字中继、数字交换网络等组成。控制子系统主要由中央处理器、存储器、远端接口等组成。

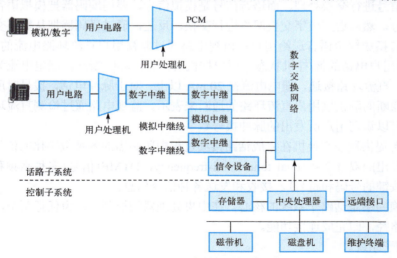

图 2-115　程控交换机的硬件组成

(1)话路子系统。

话路子系统将用户线接到数字交换网络，通过数字交换网络在呼叫方和被叫方之间构建一个通话回路。

用户电路也称为用户线接口电路，是用户和交换机的接口电路。用户电路的主要功能可归纳为 BORSCHT 七个功能，如图 2-116 所示，包括 B（battery feeding）馈电、O（overvoltage protection）过压保护、R（ringing control）振铃控制、S（supervision）监视、C（codec）编译码器、H（hybrid circuit）混合电路、T（test）测试等。

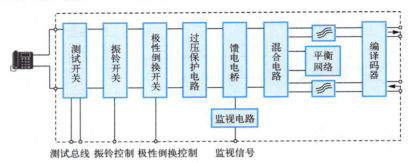

图 2-116　程控交换机的用户电路

测试开关对内部电路和外部线路进行周期巡回自动测试或指定测试，检测用户线路是否发生混线、断线，或元器件损坏等各种故障；振铃开关对振铃进行控制，如果有呼叫进入，则将振铃信号送向被叫方；极性倒换开关把正相变成反相，把反相变成正相，因此电话的插头正着接或反着接都没有关系；过压保护电路保护交换机内的集成电路免受从用户线进来的高电压、过电流的袭击；馈电电桥负责供电，所有连接在交换机上的终端均由交换机馈电，程控交换机的馈电电压一般为-48V；混合电路和平衡网络完成 2 线与 4 线的转换，用户电话的模拟信号采用 2 线双向传输，而数字交换网络的 PCM 收发数字信号则采用 4 线单向传输，因此需要在用户电话和编译码器之间进行 2/4 线转换；编译码器完成模/数转换，数字交换机只能对数字信号进行交换处理，而语音信号是模拟信号，要用编码器把模拟语音信号转换成数字语音信号，然后送到数字交换网络进行交换，反之，通过译码器把从数字交换网络输出的数字语音转换成模拟语音送给用户；监视电路通过监视用户直流环路电流的变化（有、无状态）来判断用户电话的摘/挂机状态。用户挂机时，直流环路断开，馈电电流为零。反之，用户摘机后，直流环路接通，馈电电流在 20 mA 以上。对于脉冲电话，拨号时所发出的脉冲通断次数及通断间隔也以用户直流环路的通断来表示。监视电路通过检测直流环路的这种状态变化，就可以识别用户所发出的脉冲拨号数字。

信令设备提供程控交换机在完成话路接续过程中所必需的各种数字化的信号音，接收双音多频电话发出的双音多频（dual tone multi-frequency，DTMF）信号（多种高频和低频信号的组合，代表按键的号码和符号），接收和发送各种信令信息。

数字交换网络是话路子系统的核心，在中央处理器的控制下，为任意两个需要通话的终端建立一条路径，即完成连接功能。

（2）控制子系统。

控制子系统在软件系统的支持下，完成规定的呼叫处理、维护和管理等功能。中央处理器是控制子系统的核心，是程控交换机的大脑，对交换机的各种信息进行处理，对设备、资源进行控制，完成呼叫控制、系统监视、故障处理、计费处理等功能；存储器用于保存程序和数据；外围设备包括计算机系统中所有的外围部件，如键盘、鼠标、显示器、打印机、磁盘机、磁带机、光驱等。

2)程控交换机的软件

程控交换机的软件由程序和数据组成。

程序分为运行程序和支援程序。运行程序是在程控交换机中直接运行使用的程序。运行程序分为系统程序和应用程序。系统程序是交换机硬件同应用程序的接口，如执行管理程序。应用程序是直接控制电话交换和维护管理的程序，如呼叫处理程序、系统监视程序、故障诊断程序、维护和运行程序等。支援程序主要用于开发、维护、生成程控交换机上的软件和数据，以及开通时的测试，包括软件开发支援系统、应用工程支援系统、软件加工支援系统、交换局管理支援系统等。

数据包括系统数据、局数据、用户数据等。系统数据是仅与交换机系统有关的数据，不论交换设备装在何种局(如市话局、长话局或国际局)，系统数据都是不变的。局数据是与各局的设备情况以及安装条件有关的数据，包括各种话路设备的配置、编号方式、中继线信号方式等。用户数据是交换局反映用户情况的数据，包括用户类别、用户设备号码、用户电话类别、新业务类别等。

在公用交换电话网(public switched telephone network，PSTN)中使用的主要是电路交换。但是，在程控交换机内部，使用了两种交换方式，即电路交换和分组交换。

2017 年 12 月 21 日，随着现场一声令下，中国电信最后一个时分复用(TDM)程控交换端局下电退网。这标志着中国电信成为全球最大的全光网络、全 IP 组网的运营商，开启了中国全光高速新时代。TDM 交换机的整体退役标志着中国电信完成了从电路交换向全 IP 交换的大跨越。

2.6　差错控制、流量控制与拥塞控制

差错控制指收到有错误的数据时，能检错、重传或纠错，避免所传送的数据出现差错和丢失。流量控制指发送方发送数据的速率必须适应接收方的接收能力，使接收方来得及接收。如图 2-117 所示，如果接收方发现传输的数据有错误，就会通知发送方重传；如果发送方发

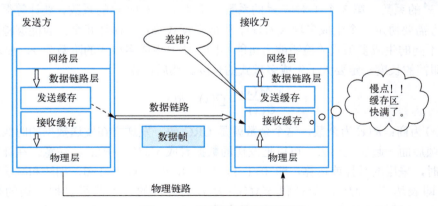

图 2-117　差错控制与流量控制

送的速率太快了，接收方来不及接收，那么接收方就会通知发送方降低发送速率。拥塞控制指采取一系列措施防止过多的数据注入网络中，使得网络来得及处理传输的数据。

2.6.1 差错检测

差错检测是检测数据分组在传输过程当中是否有错误，常用的方法有奇偶校验、循环冗余校验、校验和等。

1. 奇偶校验

奇偶校验码（parity check code，PCC）是奇校验码和偶校验码的统称，是一种有效检测单个错误的方法。它的基本校验思想是在原信息代码的最后添加一位用于奇校验或偶校验的代码，这样最终的帧代码由 $n-1$ 位信元码和 1 位校验码组成，可以表示成$(n,n-1)$。加上校验码的最终目的是让传输的帧中"1"的个数固定为奇数（采用奇校验时）或偶数（采用偶校验时），接收方通过将收到的帧中"1"的个数的实际计算结果与所选定的校验方式进行比较，就可以得知帧在传输过程中是否出错了。

假设要传输的字符为 01100101。

奇校验：所有传送的数位（含字符的各数位和校验位）中，"1"的个数为奇数，如101100101（第一位为校验位）。

偶校验：所有传送的数位（含字符的各数位和校验位）中，"1"的个数为偶数，如001100101。

如果传输过程中包括校验位在内的奇数个数据位发生改变，那么奇偶校验位出错表示传输过程有错误发生。但是，如果传输过程中包括校验位在内的偶数个数据位发生改变，将无法检出收到的数据是否有错误。

2. 循环冗余校验

循环冗余校验能够检测出比奇偶校验更多的错误，而且能够用硬件的方法实现。

循环冗余校验将每一个帧看成一个多项式。如果这个帧有 k 比特，就可以把该帧看成一个 $k-1$ 次的多项式 $M(x)$，每一个比特看成多项式里某一项的系数。假设要传输 7 比特 1011001，可以将其看成一个 6 次的多项式 $x^6+x^4+x^3+x^0$，第 1 个 1 对应 x^6 的系数，x^5 的系数为 0，第 2 个 1 对应 x^4 的系数，第 3 个 1 对应 x^3 的系数，第 4 个 1 对应 x^0 的系数。要计算循环冗余校验码，双方需要协定一个生成多项式 $G(x)$，生成多项式决定了循环冗余校验能够检测出多少位错误，不同的生成多项式的检错能力可能不同。假设生成多项式的阶数为 r，要求 r 必须小于 k，即帧的长度一定要大于生成多项式的长度。然后计算

$$\frac{x^r M(x)}{G(x)} = Q(x) + R(x) \tag{2-70}$$

其中，$Q(x)$ 为商；$R(x)$ 为余数，这个余数就是 CRC 码。发送方在发送数据的时候把校验码放在数据帧后面一起发送出去，可以把发送的数据看成 $x^r M(x)+R(x)$。注意：在计算循环冗余校验码时，采用的是异或运算，即 0+1=1，1+1=0，0-1=1，1-1=0，加法和减法的结果是一样的，即表达式 $x^r M(x)+R(x)$ 和 $x^r M(x)-R(x)$ 是等价的，因此可以把传输的数据看成 $x^r M(x)-R(x)$。根据式（2-70），由于 $R(x)$ 是余数，因此 $x^r M(x)-R(x)$ 一定能够被 $G(x)$ 整除，即余数为 0。所以，接收方不用区分传输的数据中哪部分是 CRC 码，哪部分是真正要传输的

信息，只需要将收到的二进制比特串除以 $G(x)$。如果能够整除，说明这次传输没有问题；反之，则表明这次传输出错了。因此，CRC 码便于用硬件实现。

只要 $x^r M(x)+R(x)$ 除以 $G(x)$ 得出的余数 R 不为 0，就表示检测到了差错。但这种检测方法并不能确定究竟是哪一个或哪几个比特出现了差错，即不能纠错。一旦检测出差错，就丢弃这个出现差错的帧。但是余数为 0 就一定没有差错吗？不一定，在特殊的比特差错组合的情况下，也可能非常碰巧地使得余数恰好为 0，但是只要经过严格的挑选，并使用位数足够多的除数，那么出现检测不到的差错的概率就很小。

例 2-23 假设待传送的数据 $M=1010001101$（共 10bit），即 $M(x)=x^9+x^7+x^3+x^2+1$；设 $G(x)=x^5+x^4+x^2+1$，计算发送出去的数据（含 CRC 码）。

解 $G(x)$ 的阶为 5，$x^5 M(x)=x^{14}+x^{12}+x^8+x^7+x^5$，采用多项式计算 $x^5 M(x)/G(x)=Q(x)+R(x)$，可得到 $R(x)=x^3+x^2+x$，则发送的数据为 $x^5 M(x)+R(x)=x^{14}+x^{12}+x^8+x^7+x^5+x^3+x^2+x$，即 101000110101110，01110 即用于差错检测的 5bit 循环冗余校验码。

3. 校验和

校验和的计算非常简单，常说的 8 位校验和、16 位校验和、32 位校验和指的是校验和的位数，即最后的计算结果是 8 位、16 位，还是 32 位。采用校验和进行数据校验，首先将发送的数据看成二进制整数序列，并将序列划分成一段一段的，如 8 位、16 位或 32 位，然后依次进行二进制反码求和计算，并将校验和与数据一起发送出去。接收方按照相同的方法重新计算校验和，并与接收到的原校验和进行比较，如果一致，则表示数据在传输过程中没有出错，否则相反。

二进制反码求和就是先把这两个数取反，然后求和。由于先取反后相加与先相加后取反得到的结果是一样的，因此实现代码都是先相加，再取反。0 和 0 相加是 0，0 和 1 相加是 1，1 和 1 相加是 0，但要产生一个进位 1，加到下一列。如果最高位有进位，则向最低位进 1。

在网络层、传输层计算校验和的步骤为（以 16 位校验和为例）：

(1)把校验和字段设置为 0；

(2)把需要校验的内容看成以 16 位为单位的数字，依次进行二进制反码求和；

(3)把得到的结果存入校验和字段。

接收方检测校验和的方法是把需要校验的内容（包括校验和字段）看成以 16 位为单位的数字，依次进行二进制反码求和，如果结果是 0，表示正确，否则表示错误。

虽然校验和的计算简单，但是其检错能力比较弱。在计算校验和的过程中，如果同一列出现两个错误，有一位从 0 变成 1 了，另一位从 1 变成 0 了，那么校验和的计算结果是一样的。因此，校验和通常用于高层的检错，如网络层、传输层，因为高层的协议经过下层的检错以后（CRC 检错能力要强一些，在数据链路层通常采用 CRC），出错的概率比较小，一般不会在一列当中出现两个错误，一列当中至多出现一个错误，因此校验和就能检测出来。

2.6.2 停等协议

停等协议是最简单也是最基本的数据链路层协议。

首先考虑一个完全理想化的数据传输，这个理想化的数据传输有两个假设。

假设 1：主机 A 和 B 之间是理想化的传输信道，所传送的任何数据既不会出差错，也不会丢失。因此，如果数据传输不会出错，就不需要差错控制了。

假设 2：接收方的能力是无限的，不管发送方以多快的速率发送数据，接收方总是来得及接收，因此不需要流量控制。

因此，对于完全理想化的数据传输，发送方要做的事只是帧的封装，只要网络层有消息传下来，就把它封装成帧，交给物理层发送出去。接收方从物理层接收到帧，然后对帧进行解封装，交给网络层。完全理想化的数据传输如图 2-118 所示。

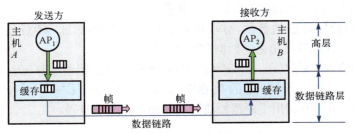

图 2-118　完全理想化的数据传输

1. 最简单的流量控制协议

当然这种理想化的情况是不可能的，没有哪一条链路完全不会出错，也没有哪个接收方的能力是无限的。现在考虑最简单的流量控制协议，保留假设 1，去掉假设 2。也就是说链路是理想化的，不会出错，所以不需要差错控制，但是接收方的能力是有限的，因此需要流量控制。这个流量控制协议的目的是使得发送方发送数据的速率适应接收方的接收能力。

协议的具体过程如下。

发送方：

(1) 从数据链路层的发送缓存中取一个数据帧；

(2) 发送这个数据帧；

(3) 发完了之后，就等待；

(4) 若收到接收方的应答信息，转到(1)。

接收方：

(1) 等待；

(2) 接收由发送方发来的数据帧；

(3) 将其存入数据链路层的接收缓存；

(4) 发送应答信息，表示数据帧已接收，转到(1)。

在这个流量控制协议中，如何实现流量控制呢？它采用的是通过接收方来控制发送方发送速率的方法。接收方的能力是有限的，所以发送方不能够无限制地发送。发送方发了一个数据帧以后，就不能再发送了，需要等待。接收方收到一个数据帧后，向发送方发送一个应答信息。发送方收到应答信息后，才能继续发送第二个帧。之所以称为停等协议，是因为发送方发了一个帧后就必须停下来，等待接收方的应答信息。由接收方控制发送方的发送速率是网络中流量控制的一个基本方法。

2. 停等协议的基本思想

上述协议其实还是很理想的情况，事实上并不能保证链路不会出错，因此将假设 1 和假设 2 都去掉，即考虑差错控制问题和流量控制问题，这也是停等协议要考虑的问题。

初步的停等协议是：

(1) 发送方发送数据帧后，等待接收方的应答信息。

(2) 接收方收到数据帧后，进行循环冗余校验（一般用硬件校验）。如果无差错，回送一个确认帧 ACK；否则，回送一个否认帧 NAK。

(3) 发送方收到应答信息后，如果是 ACK，发送下一数据帧；如果是 NAK，重传数据帧。

2.6.3　ARQ 协议

1. 实用的停等协议

图 2-119 所示为停等协议可能的几种运行状态。图 2-119(a) 是正常的情况。A 向 B 发送数据，B 收到一个正确的数据帧后，向 A 发送一个确认帧 ACK。主机 A 收到确认帧后，才能发送新的数据帧。图 2-119(b) 是数据帧出错的情况。数据帧出错了，B 发送一个否认帧 NAK，A 就要对数据进行重传，直到收到 B 的确认帧。图 2-119(c) 是数据帧丢失的情况。由于某种原因，B 没有收到 A 发来的数据帧，那么 B 不会向 A 发送任何确认帧。根据停等协议，A 要收到确认帧后，才发送下一个数据帧，因此 A 就会永远等待下去，发生死锁。图 2-119(d) 是确认帧丢失的情况，如果 B 发送的确认帧丢失，也会出现死锁现象，那么 A 将超时重传数据帧，这样又出现了一个问题，即 B 会收到重复帧。

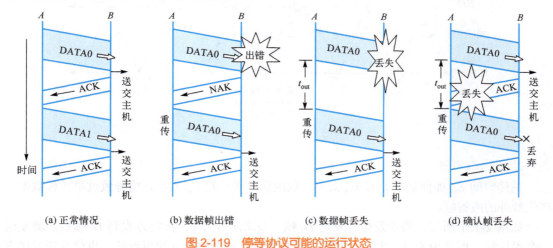

图 2-119　停等协议可能的运行状态

实用的停等协议也称为自动重传请求（automatic repeat request，ARQ）协议，可以解决以上这些问题。

问题 1：数据帧丢失可能导致死锁。当出现帧丢失时，发送方将永远等待下去。

解决方法：发送方设立一个超时计时器，每发送完一个数据帧，就启动它；如果在规定的时间 t_{out} 内得不到应答帧，就判定为超时，重传数据帧。t_{out} 也称为重传时间，这里要注意的是每发送一个帧都要对这个帧启动一个计时器。

问题 2：确认帧丢失可能导致重复帧的问题。若确认帧丢失，按照超时重传方法，接收方将收到重复帧。

解决方法：给每个数据帧附加不同的发送序号 NS，如果接收方收到相同序号的数据帧，则丢弃，并回送一个 ACK。

1）发送序号问题

现在的问题是怎么设置发送序号？发送序号需要几比特？发送序号占用的比特数应尽量少，如果很多，开销就会增大，效率就会降低。

对于 ARQ 协议，只要保证每发送一个新的数据帧，发送序号和上次发送的不一样即可，重传的数据帧发送序号不变。因此发送序号有 0 和 1 即可（只需 1 bit）。

如图 2-120 所示，发送方首先发送 D_1 数据帧，发送序号为 0。接收方收到 0 号帧后，就发送确认帧 ACK 给发送方，接收方期待接收的下一帧的序号就由 0 变为 1。发送方收到确认帧后，发送下一帧 D_2，帧的发送序号由 0 变为 1。接收方收到 D_2 后，发送确认帧。如果此时确认帧丢失了，那么发送方将超时重传 D_2 帧，发送序号保持不变，仍为 1。但是接收方此时应该接收序号为 0 的帧，因此接收方判断该帧为重复帧，将此帧丢弃，同时发送一个确认帧。发送方收到确认帧后，发送下一帧 D_3，发送序号为 0。假设此时 D_3 帧丢失，那么发送方将超时重传，发送序号仍为 0。此时，接收方应该收到的是序号为 0 的帧，序号正确，接收方接收 D_3 帧，然后将确认帧发送给发送方。综上所述，无论在数据帧丢失的情况下，还是在确认帧丢失的情况下，只需要 1 比特的发送序号就能够区分新的数据帧和重传的数据帧。

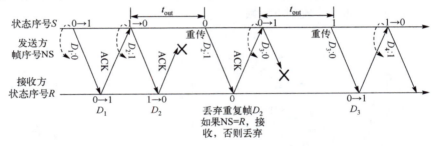

图 2-120 发送序号问题

2）t_{out} 选取问题

重传时间 t_{out} 如何选取？若 t_{out} 太大，则浪费时间；若 t_{out} 太小，将导致过早重传数据，产生额外的应答帧。

如图 2-121 所示，假设发送方发送 D_1 帧，发送序号为 0；接收方收到 D_1 帧后，就发送一个确认帧，但是由于 t_{out} 太小，发送方在收到确认帧之前，就超时重传，也就是说发送方过早重传 D_1 帧；接收方此时应该接收序号为 1 的帧，通过判断发送序号发现 D_1 帧是一个重复帧，就将其丢弃，同时又发送一个确认帧；发送方在收到第一个确认帧后（这个确认帧是对 D_1 帧的确认），就发送 D_2 帧，过一会儿发送方又收到了一个确认帧（这个帧是对重复帧的确认），这个确认帧并不是对 D_2 帧的确认，但发送方不知道，以为是接收方对 D_2 帧的确认，于是继续发送 D_3 帧；假设此时 D_2 帧经校验有错误，于是接收方发出否认帧 NAK，但发送方以为该否认帧是对 D_3 帧的否认，因此重传 D_3 帧；接收方期望接收的是序号为 1 的帧，因此它认为 D_3 帧是重复帧，将 D_3 帧丢弃，同时又发送确认帧；发送方以为该确认帧是对 D_3 帧的确认，又发送 D_4 帧；接收方看到发送序号为 1，序号正确，就将 D_4 帧接收下来，又发送确认帧；在这个例子中，发送方发送了 $D_1 \sim D_5$ 帧，但接收方只收到 D_1、D_4、D_5 帧，D_2、D_3 帧丢失了。该例说明了如果 t_{out} 太小，将导致过早地重传数据，并且造成接收方不能正确接收，其根本原因是发送方无法判断确认帧是对哪一个帧的确认。解决这个问题的方法是使确认帧也带序号，这样发送方就知道确认帧是对哪一个帧的确认。

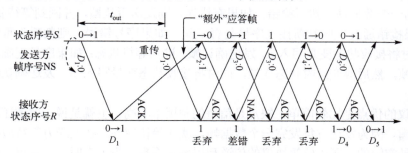

图 2-121　t_{out} 选取问题

3）ARQ 协议流程

如图 2-122 所示，ARQ 协议的具体流程如下。

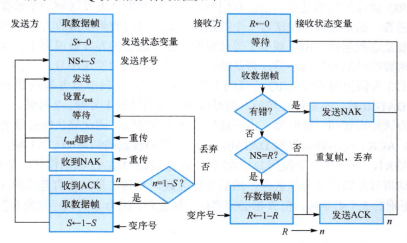

图 2-122　ARQ 协议流程

发送方：

(1) 发送方取一个数据帧，送交发送缓存；

(2) 将发送状态变量设置为 0，$S \leftarrow 0$；

(3) 将发送状态变量写入发送序号，$NS \leftarrow S$；

(4) 将发送缓存中的数据帧发送出去；

(5) 设置超时计时器；

(6) 等待 (7) 和 (8) 这两个事件中最先出现的一个；

(7) 如果收到确认帧 ACK_n（n 表示期望收到的下一帧的序号），意味着以前的帧已经正确收到，如果 $n=1-S$，则取一个新的数据帧，放入发送缓存，然后改变发送状态变量 $S \leftarrow 1-S$，跳转到将发送状态变量写入发送序号处，即步骤 (3)，否则，丢弃这个确认帧，转到等待；

(8) 若超时计时器时间到或者收到否认帧，则重传数据帧。

接收方：

(1) 接收方初始化接收状态变量 $R \leftarrow 0$，其数值等于欲接收的数据帧的发送序号；

(2) 等待；

(3) 收到一个数据帧，然后检错，如果有错误，则发送否认帧，并回到等待状态；

(4) 如果检错通过，则判断接收序号是否正确。如果序号错误，则判断为重复帧，将该帧丢弃，同时将接收状态变量写入 n，发送确认帧，进入等待状态；如果序号正确，即 NS=R，则保存数据帧，然后改变接收状态变量，同时将接收状态变量写入 n，发送确认帧，进入等待状态。

停等协议的优点是比较简单，缺点是信道的利用率不高。也就是说，信道还远远没有被数据比特填满。因为发送方每发完一个数据帧，就在等待应答，在发送方等待应答的这段时间里，信道是空闲的，所以停等协议的信道利用率并不高。为了克服这一缺点，就产生了连续 ARQ 协议。

2. 连续 ARQ 协议

连续 ARQ 协议的目的是提高信道利用率，其方法是发送方发送完一个数据帧后，不是停下来等待应答，而是连续再发送若干个数据帧。如果这时收到了接收方发来的确认帧，那么还可以接着发送数据帧。由于减少了等待时间，整个通信的吞吐量提高了。连续 ARQ 协议的实现要求数据帧附加发送序号，否认帧附加出错数据帧的发送序号。

以图 2-123 为例说明连续 ARQ 协议的工作原理。节点 A 向节点 B 发送数据帧。当 A 发送完 0 号帧 DATA0 后，不是停止等待，而是继续发送后续的 1 号帧、2 号帧、…。A 每发送完一帧就要为该帧设置超时计时器。由于连续发送了许多帧，因此确认帧必须要指明是对哪一帧的确认。ACK1 表示确认收到 DATA0，下一次期望收到的帧是 DATA1 帧；ACK2 表示确认收到 DATA1，下一次希望收到 DATA2 帧。现在假设 DATA2 帧出错了，节点 B 的 CRC 检验器就自动将有差错的 2 号帧丢弃，然后等待 A 超时重传。虽然在有差错的 2 号帧之后，B 又收到了正确的 3 个数据帧，但 B 都必须将这些帧丢弃，因为 B 只按序接收数据帧，在这些

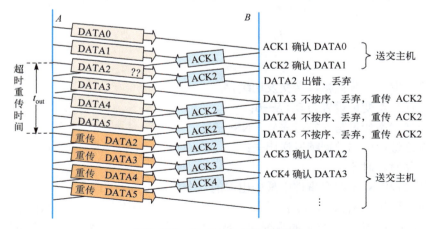

图 2-123　Go-Back-N ARQ 协议

帧前面有一个 2 号帧还没有收到，B 还要重复发送 ACK2，以防止已发送的确认帧 ACK2 丢失。在等不到 2 号帧的确认而重传 2 号数据帧时，虽然 A 已经发完了 5 号帧，但仍必须向回走，将 2 号帧及其以后的各帧全部进行重传。因此连续 ARQ 协议又称为 Go-Back-*N* ARQ 协议，意思是当出现差错必须重传时，要向回走 N 个帧，然后开始重传。

连续 ARQ 协议中，发送方不用等待确认帧返回，就能连续发送数据帧，提高了信道利用率，但这样做存在一些问题：当未被确认的数据帧数目太多时，只要有一帧出错，就有很多数据帧需要重传，因而增大了开销，所以连续 ARQ 协议适用于差错率比较低的信道，如果信道质量差，采用连续 ARQ 协议反而会降低效率。

对于连续 ARQ 协议，需要对已发送出去但未被确认的数据帧的数目加以限制，不能连续无止境地发，那么如何限制发送的帧数呢？可以采用滑动窗口来限制。

3. 滑动窗口协议

滑动窗口协议是对连续 ARQ 协议的改进。它在发送方和接收方分别设置发送窗口和接收窗口，发送方通过发送窗口对已发送出去但未被确认的帧的数目加以限制，接收方通过接收窗口控制帧的接收。这里要注意的是滑动窗口协议是一种技术，并不专属于哪一层，只要涉及端到端的流量控制，都可以使用滑动窗口协议，在数据链路层、传输层都可以使用滑动窗口协议。

发送窗口的目的是对发送方进行流量控制。

发送窗口大小 W_s 表示在没有收到应答帧的情况下，发送方最多可以连续发送的数据帧的个数。假如发送窗口大小是 5，意味着发送方可以连续发送 5 个帧，如果没有收到接收方的应答，就不能再发送了。

发送序号：一般采用 n 比特进行编号（$0 \sim 2^n - 1$）。如果帧序号由 n 位组成，发送窗口大小就是 $2^n - 1$。发送窗口的大小与帧序号有关，帧序号越大，发送窗口越大，帧序号越小，发送窗口就越小。若 $n=3$，则用 3 bit 进行编号（$0 \sim 7$），即发送序号可以有 8 个不同的序号。

发送方只能连续发送窗口内的数据帧。如果未应答帧的数目等于发送窗口大小，那么要停止发送新的数据帧。图 2-124(a) 是发送窗口等于 5 的情况，表示在未收到对方确认帧的情况下，发送方最多可以发送 5 个数据帧。0 号帧这个地方是发送窗口的后沿，4 号帧这个地方是发送窗口的前沿。发送方发送 $0 \sim 4$ 号帧，如果没有收到它们的确认帧，则停止发送。每收到一个确认帧后，发送窗口的前、后沿顺时针旋转一个号，发送方可以发送一个新的数据帧。

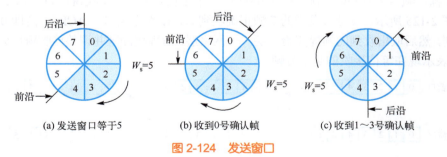

图 2-124 发送窗口

如图 2-124(b) 所示，发送方收到 0 号确认帧，那么发送窗口的前、后沿可以顺时针旋转一个号，发送方发送 5 号帧，等待 1～5 号确认帧。如图 2-124(c)所示，发送方又收到 1～3 号确认帧，那么发送方可以继续发送 6、7、0 号数据帧。这就是滑动窗口的原理，有了滑动窗口以后，每一次可以发送窗口内的一批帧，而不是一个帧。

接收方的接收窗口用于控制接收哪些数据帧，不接收哪些帧。接收窗口尺寸用 W_r 表示，只有当收到的数据帧的序号落入接收窗口内时，才允许将该帧收下来，否则丢弃。如果 $W_r=1$，意味着只能按顺序接收数据帧；如果 W_r 较大，有可能会出现帧的失序，失序是指接收方无法判断接收的帧是新帧还是重复帧。

滑动窗口的特点是只有在接收窗口向前滑动时(与此同时接收方也发送了确认帧)，发送窗口才有可能向前滑动。收发两端的窗口按照以上规律不断地向前滑动，因此这种协议称为滑动窗口协议。

当发送窗口和接收窗口都等于 1 时，就是停等协议。发送窗口等于 1，也就是说发送方一次只能发送一个帧，收到接收方的确认帧之后，才能发送下一帧。

当发送窗口大于 1，接收窗口等于 1 时，就是上面介绍的 Go-Back-N ARQ 协议。发送窗口大于 1，表示发送方可以连续发送多个帧，而接收方只能按序接收数据帧。

发送窗口和接收窗口均大于 1 时，就是选择 ARQ 协议。选择 ARQ 协议在 Go-Back-N ARQ 协议的基础上加大接收窗口。选择 ARQ 协议只重传真正出错或丢失的帧。发送方的发送窗口包含可发送或已发送但未被确认的帧的序号；接收方的接收窗口包含可接收的帧的序号，每个帧序号还保留一个缓冲区。每到达一个帧，接收方首先检查它的序号，看是否落在接收窗口内。如果确实落在窗口内且之前没有接收过，则接收该帧，将该帧保存在缓冲区并返回一个确认帧。等到窗口内的帧都到达后，将收到的帧一起交付给上层。

发送窗口大于 1 的优点是提高了信道利用率；其缺点是当未被确认的数据帧数目太多时，只要有一帧出错，就会有很多数据帧需要重传，因而增大了开销。此外，为了对发送出去的大量未被确认的数据帧进行编号，每个数据帧的发送序号也要占用较多的比特数，因而进一步增大了开销(如果发送窗口等于 1，发送序号的编号只需要 1 比特)。

接收窗口大于 1 的优点是可避免重复传送本来已经正确到达接收方的数据帧；其缺点是要在接收方设置具有相当容量的缓存空间。此外，接收窗口大于 1 可能会造成失序的问题。

例 2-24　假设发送窗口 W_s 和接收窗口 W_r 均为 7，$n=3$ 表示帧的序号用 3 位表示，试说明接收方可能会出现接收错误。

解　帧的序号用 3 位表示，即可以表示序号 0～7。由于发送窗口是 7，所以发送方连续发送了 7 帧，帧号为 0～6，然后等待确认帧；在未接收到帧前，接收窗口为"0 1 2 3 4 5 6"。

如图 2-125 所示，发送方发送的 7 帧正确收到后，接收方发出了 ACK7，意即 0～6 号帧全部收到，然后取出收到的帧提交给上层——网络层，清理缓冲区并调整接收窗口为"7 0 1 2 3 4 5"，表示现在等待接收的是 7 号帧。

图 2-125　帧失序问题示例

发送方一直在等待确认帧，但不巧的是确认帧 ACK7 由于某种原因丢失了。等待时间超时后，发送方重传 0～6 号帧，并等待确认帧。

这个时候接收方的接收窗口是"7012345"。接收方收到 0～6 号帧，认为这是第二批传来的帧，按照正常情况处理，发现 0～5 号帧均在其接收窗口内，因此接收这些序号的帧并存入缓冲区。6 号帧不在窗口内，因此将其丢弃。但由于应该首先到达的 7 号帧未到，所以接收方只能发送 ACK7，意即再次确认上次收到的 0～6 号帧，期望接收 7 号帧。由于此时 7 号帧还没有到达，因此收到的 0～5 号帧不能提交，只能放到缓存中。

但在发送方来看，收到 ACK7 后，他认为重传的 0～6 号帧收到了。于是发送方调整发送窗口为"7012345"，又从网络层取出分组，然后发送第二批 7、0、1、2、3、4、5 号帧。

接收方收到 7、0、1、2、3、4、5 号帧后，发现其中 0～5 号帧已经在缓存中，是重复的，应该丢弃。7 号帧没有收到过，就把 7 号帧收下来，然后把 7、0、1、2、3、4、5 号帧交给网络层，再清理缓冲区，调整接收窗口。

此时，可以发现数据链路层提交的第二批分组中的 0～5 号帧与原来的帧重复，那么为什么会出现这种情况呢？

出现这种情况的原因是接收窗口过大，新窗口与原窗口中的有效顺序号有重叠。接收窗口开始是"0123456"，调整后是"7012345"，所以调整前和调整后窗口的序号重叠了。接收方就没法区分重叠部分是新帧还是重复帧。因此在滑动窗口协议中，有一条非常重要的原则是发送窗口加上接收窗口要小于或等于 2^n，且发送窗口≥接收窗口。

上例中，发送窗口和接收窗口都是 7，7+7=14>8，这是绝对不允许的。两个窗口加起来一定要小于或等于 8，而且发送窗口的大小一定要大于或等于接收窗口，这样才能避免发生失序的问题。

4. HARQ 协议

混合自动重传请求(hybrid automatic repeat request，HARQ)协议是一种基于前向纠错(forward error correction，FEC)和 ARQ 的新型通信技术，其目的是更好地抗干扰和抗衰落，提高系统吞吐量(有效性)和数据传输的可靠性。依据 ARQ 的不同合并方式以及重复帧的不同，HARQ 可以分为 I 型 HARQ、II 型 HARQ、III 型 HARQ 等 3 类。

I 型 HARQ 只是简单地将 FEC 和 ARQ 组合起来，是最为传统的 HARQ 方案，如图 2-126 所示。信源发送的消息首先经过 CRC 的插入，然后经过 FEC 编码，再发送出去。信宿在经过 FEC 解码之后，再经过 CRC。如果校验成功，则发送 ACK 至信源，否则发送 NACK，经过 ARQ 机制让发射机重新发送原来的信号。虽然采用 I 型 HARQ 的系统吞吐量较低，但系统结构简单、信令开销较少。

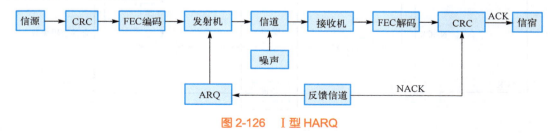

图 2-126　I 型 HARQ

Ⅱ型 HARQ 也称为完全增量冗余 HARQ(full incremental redundancy-HARQ, FIR-HARQ)。它在Ⅰ型 HARQ 的基础上加入了组合译码,每次重传的数据帧与第一次的有所不同,不包含系统信息位,只增加了部分冗余信息。因为不包含系统信息位,所以每次重传的数据帧不能独立译码,必须结合第一次所包含的系统信息位进行组合译码。每次冗余信息的增加都能够提高系统的编码效益,增加了解码成功的概率。未通过 CRC 的数据帧将放入缓存器保存,等待重传的数据帧——增量冗余(IR)数据帧,并与之合并以组合译码,直到达到最大重传次数。Ⅱ型 HARQ 的原理结构如图 2-127 所示。

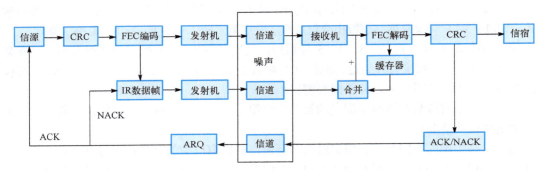

图 2-127　Ⅱ型 HARQ

Ⅲ型 HARQ 同样属于增量冗余方式的 HARQ。与Ⅱ型 HARQ 不同的是,它的重传数据帧不仅包括冗余信息,还包括系统信息位,因此也称部分增量冗余 HARQ。正是因为重传数据帧含有系统信息位,每个帧都能够独立译码,所以Ⅲ型 HARQ 具有两种不同的译码方式。一种是多版本 IR-HARQ,这是一种类似Ⅱ型 HARQ 的组合译码,通过特殊设计使每次传输的数据帧内容有所不同,因此每次的叠加都能带来相应的编码增益,使译码信息更加全面,有利于准确译码;二是 chase 合并 HARQ,每次传输的数据是一样的,但在译码时会以信噪比为权值,对数据帧进行合并译码,从而能够获得时间分集增益。chase 合并 HARQ 具有信令简单、系统开销较少等优点。信道环境较好时,两种译码方式的性能是差不多的,但在信道环境恶劣时,多版本 IR-HARQ 具有更好的性能。

如图 2-128 所示,接收机收到数据帧之后进行 FEC 解码,将解码失败的帧放入缓存器中,并向发送方发送 NACK 请求重传。第一次重传的 IR 数据帧和缓存器中的第一次传输的数据帧合并再次进行 FEC 解码,如果依旧没有通过 FEC 解码,则继续存入缓存器。如果通过了

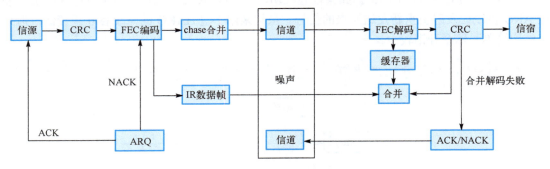

图 2-128　Ⅲ型 HARQ

FEC 解码，但没有通过 CRC，则继续以上步骤，直到达到最大重传次数。Ⅲ 型 HARQ 实现复杂，对硬件和软件的要求也高，占用的资源也更多，但它的性能在这三种 HARQ 系统中最为优异，能够适应未来高速率、高可靠性的移动通信业务，提高服务质量，因此在 LTE、5G 中得到了广泛应用。

2.6.4　典型链路层协议

1. HDLC 协议

高级数据链路控制(high-level data link control，HDLC)协议是一种面向比特的链路层协议，在计算机网络、卫星通信网络中得到了广泛应用。

HDLC 从 IBM 的 SNA 中的同步数据链路控制(synchronous data link control，SDLC)演进而来。ISO 对 SDLC 稍加修改，提出了 HDLC 协议，作为国际标准 ISO 3309。CCITT 则将 HDLC 再次修改后称为链路接入规程(link access procedure，LAP)。不久后，HDLC 的新版本又把 LAP 修改为 LAPB，"B" 表示平衡型(balanced)，所以 LAPB 称为平衡型链路接入规程。

1)HDLC 的工作模式

HDLC 有两种工作模式，一种是非平衡模式，另一种是平衡模式，如图 2-129 所示。非平衡模式又分为点到点和点到多点两种。非平衡模式指网络中有一个主站和若干个从站，网络通信通过主站来控制，从站不能随意发送信息，而是由主站发出一个呼叫命令，然后从站再回送一个响应。平衡模式则是每个站都是复合站，都具有主站和从站的功能。目前广泛使用的是平衡式点到点的链路配置。

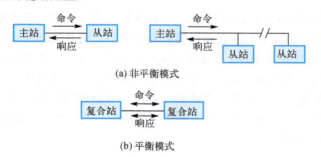

图 2-129　HDLC 的两种工作模式

2)HDLC 的帧结构

HDLC 帧包括标志字段 F、地址字段 A、控制字段 C、信息字段 Info、帧校验序列字段 FCS，如图 2-130 所示。帧的标志字段 F 为 6 个连续的 1，两边各加上一个 0，共 8bit。接收方只要找到标志字段 F 就可确定一个帧的起始位置。

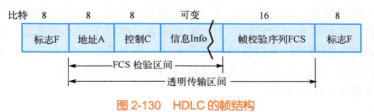

图 2-130　HDLC 的帧结构

地址字段 A 的长度为 8bit。在点到点的配置下，由于发送方和接收方是直接连接，一方发出去的信息肯定被另一方接收，并不需要地址。在这种情况下，地址字段就用于区分帧是命令帧还是响应帧。如果是多终端的情况，如用在总线结构上，那么地址字段标识的是终端的站号。控制字段 C 共 8bit，是 HDLC 协议中最复杂的字段。HDLC 的许多重要功能都由控制字段来实现，包括标识帧类型、帧序号等。信息字段 Info 是真正承载数据的部分，存放的是网络层交下来的分组。帧校验序列字段 FCS 共 16bit，所检验的范围是从地址字段的第一个比特起到信息字段的最末一个比特。HDLC 的 FCS 采用了 16 位 CRC 码。

3）HDLC 的帧类型

HDLC 帧有三种类型，包括信息帧（IF）、监控帧（supervisory frame，SF）、无序号帧（unnumbered frame，UF），如图 2-131 所示。

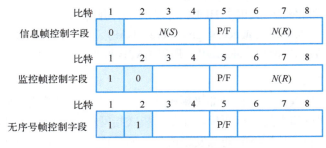

图 2-131　HDLC 的帧类型

（1）信息帧。

信息帧用于传送有效信息或数据。控制字段的最高位为 0 时表示该帧是一个信息帧。控制字段的第 2~4 个比特 $N(S)$ 用于表示当前的发送序号。第 6~8 个比特 $N(R)$ 表示期望接收的帧号，收到 $N(R)$ 意味着 $N(R)-1$ 及以前的帧都正确接收了。HDLC 协议采用捎带确认的机制，捎带确认指在发送数据时把确认号捎带过去，以提高协议的效率。第 5 个比特是询问/终止 P/F 比特。P/F 是一个标志位，有两种状态：一种是询问状态，当主站查询哪个终端要发送数据时，将 P 置 1，表示询问；另一种是终止状态，当从站发完最后一帧时，将 F 置 1，表示终止，数据发送完毕。

（2）监控帧。

监控帧主要用于差错控制和流量控制。当控制字段的高两位是 10 时，表示该帧是一个监控帧。监控帧有 4 种类型，用控制字段的第 3 和第 4 个比特区分，00 表示接收准备好（receive ready，RR）帧，01 表示接收未准备好（receive not ready，RNR）帧，10 表示拒绝接收（reject，REJ）帧，11 表示选择性拒收（selective reject，SREJ）帧。每个监控帧都有一个 P/F 标志位以及捎带确认号。

RR 帧其实就是一个专门的 ACK 帧，告诉对方捎带确认号以前所有的帧都已经收到，并做好了接收下一帧的准备。RNR 帧相当于一种流量控制的帧，告诉对方捎带确认号以前所有的帧都已经收到，但是还没有做好接收下一帧的准备，请停下来不要发送。REJ 帧是一种差错控制帧，告诉对方捎带确认号以前的帧都收到了，但是后面的帧有问题，要求重传捎带确认号及以后所有的帧。SREJ 帧是一种选择性重传帧，告诉对方捎带确认号以前的帧都收到了，仅要求重传捎带确认号的这个帧。

（3）无序号帧。

无序号帧不使用序号，主要用于链路管理，如呼叫、确认和断开连接等链路控制。控制字段的第 1 和第 2 个比特都为 1 的帧为无序号帧，第 3～8 个比特（5 位）表示无序号帧的类型。5 位可以表示 32 种可能的类型，但 32 种中有些是保留的，并且不同的协议，无序号帧的类型区别很大。无序号帧的主要类型如表 2-13 所示。

表 2-13　无序号帧类型

序号	类型	功能
1	SABM	置异步平衡模式(建链)——命令帧
2	DISC	断开(断链)——命令帧
3	DM	已断链状态——响应帧
4	UA	无序号确认——响应帧
5	FRMR	帧拒绝——响应帧

4）HDLC 中的连接建立和释放

如图 2-132 所示，首先 A 站发送一个 SABM 帧给 B，表示希望建立异步平衡模式的连接，这是一个命令帧，P 表示询问；接着 B 响应一个无序号确认帧，表示连接准备就绪；然后双方产生双向传输的信息帧和监视帧；最后 A 站终止连接，发送 DISC 帧，B 站回复一个响应帧。可见，站点之间的链路建立和断开都是通过交换一些无序号帧而实现的。

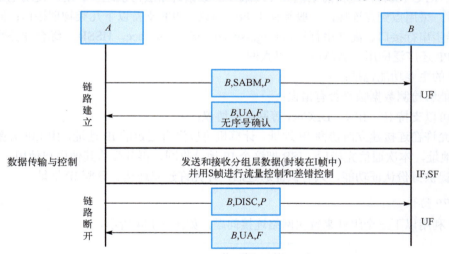

图 2-132　HDLC 中的连接建立与释放

2. PPP 协议

TCP/IP 协议体系的主要目的是把各种不同的网络互联起来，所以只定义了上面的网络层、传输层和应用层，没有定义下面的数据链路层。但有时候，在 Internet 中确实需要数据链路层，如图 2-133 所示，用户通过调制解调器拨号上网连接到 Internet 的路由器上（一个点到点的连接），那么计算机应采用何种数据链路层协议呢？TCP/IP 协议体系中并没有定义。

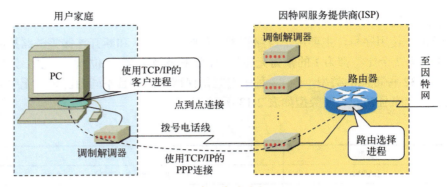

图 2-133　点到点连接上 Internet

　　前面介绍了 HDLC 协议，但 HDLC 协议其实是一个较为复杂的协议，其差错控制和流量控制均较为复杂，因此带来较大的时间开销。随着通信技术的进步，通信信道的可靠性比以往有了非常大的改进，没有必要在数据链路层使用很复杂的协议（包括编号、检错重传等）来保证数据的可靠传输。因此，不可靠传输协议——点到点协议（point-to-point-protocol，PPP）成为数据链路层的主流协议，而可靠传输的责任落到传输层 TCP 协议上。

　　PPP 是因特网工程任务组（Internet Engineering Task Force，IETF）推出的点到点连接的数据链路层协议。该协议是 1992 年制定的，经过 1993 年和 1994 年的修订，已成为因特网的正式标准（RFC 1661），是目前全世界使用最多的数据链路层协议之一。用户使用电话线接入因特网时，采用点到点连接，一般都使用 PPP 协议。PPP 支持以下几类物理接口：同步串行接口、异步串行接口、高速串行接口（high-speed serial interface，HSSI）、综合业务数字网。此外，PPP 还广泛应用于 ATM 以及以太网。

　　PPP 的主要功能包括：

　　（1）能够检测数据帧是否有错误；

　　（2）可以支持 IP、IPX、DECnet 等网络层协议；

　　（3）允许在连接建立时协商 IP 地址，计算机可以没有固定的 IP 地址，由 ISP 分配一个临时的 IP 地址，本次通信完毕后，ISP 把这个 IP 地址收回，再分配给其他用户使用；

　　（4）提供身份认证功能，只有认证通过后，才允许建立连接、分配 IP 地址。

1）PPP 协议的组成

　　PPP 利用以下三个组件来解决网络连接问题，如图 2-134 所示。

图 2-134　PPP 协议的组成

(1)在点到点链路上使用 HDLC 封装数据。PPP 帧格式以 HDLC 帧格式为基础，做了少许改动。

(2)使用链路控制协议(link control protocol，LCP)来建立、设定和测试数据链路连接。

(3)使用网络控制协议(NCP)来建立、设定不同的网络层协议。

2)PPP 协议的帧格式

PPP 的帧格式和 HDLC 非常类似，如图 2-135 所示，但是 PPP 是面向字符的协议。PPP 的帧标志字段 F 仍为 0x7E(01111110)，作为帧的分隔符。由于 PPP 是点到点的，其地址字段实际上并不起作用，所以地址字段 A 固定为 0xFF(全 1)。控制字段 C 的缺省值是 0x03，表明 PPP 帧是一个 HDLC 的无序号帧，也就是说 PPP 帧不使用序号、确认机制，不提供可靠传输服务。PPP 是面向字节的，PPP 帧的长度都是整数字节。PPP 有一个 2 字节的协议字段，指明上层使用何种协议。当协议字段为 0x0021 时，PPP 帧的信息字段就是 IP 数据报；若为 0xC021，则信息字段是 PPP 的链路控制数据；若为 0x8021，则信息字段是网络控制数据。

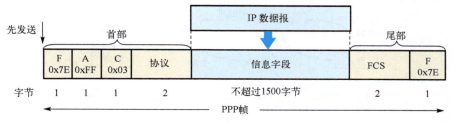

图 2-135　PPP 协议的帧格式

由于 PPP 协议是面向字符的，因此 PPP 协议不能采用 HDLC 所使用的透明传输方法。为实现透明传输，PPP 协议需采用特殊字符(转义字符)0x7D 进行填充。如果信息字段中出现 0x7E，则将其转换为 2 字节(0x7D、0x5E)；如果信息字段中出现 0x7D，则将其转换为 2 字节(0x7D、0x5D)；若信息字段中出现 ASCII 码的控制字符(如值为 0x27 的 ESC 字符)，则在该字符前加入一个字节 0x7D。

3)PPP 协议的链路控制协议

PPP 协议的 LCP 提供了建立、配置、维护和终止点到点连接的方法。LCP 的工作过程按以下四个阶段进行。

(1)链路的建立和配置协调：首先把链路建立起来。

(2)链路质量检测：根据链路质量确定传输速率。

(3)网络层协议配置阶段。

(4)关闭链路。

LCP 帧的类型有以下三大类。

(1)链路建立帧：用于建立和配置链路。

(2)链路终止帧：用于断开数据链路。

(3)链路维护帧：用于管理或维护链路。

4)PPP 协议的工作过程

首先，当用户拨号接入 ISP 时，ISP 端路由器的调制解调器对拨号做出确认，建立一条物理连接。

然后，进行数据链路层配置，向路由器发送一系列 LCP 分组（封装成多个 PPP 帧），建立起数据链路层连接。

最后，进行网络层配置，网络控制协议（NCP）给新接入的 PC 分配一个临时 IP 地址，使 PC 成为因特网上的一台主机，建立起网络层连接。

通信完毕时，NCP 释放网络层连接，收回原来分配出去的 IP 地址。接着，LCP 释放数据链路层连接，最后释放物理层连接。

PPP 的工作过程状态如图 2-136 所示。一开始没有任何消息，系统处于静止状态；然后系统检测到线路上有载波，开始建立连接。如果连接建立失败，又回到初始状态；如果连接建立成功，双方开始协商一些选项，接下来进行身份认证。如果身份认证失败，就回到终止状态。如果身份认证成功，则进行网络配置。网络配置完毕后，就打开连接的通路，直到通信结束。

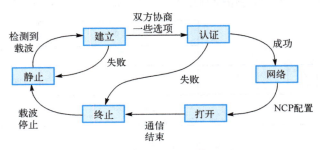

图 2-136　PPP 的工作过程状态图

5）PPP 协议的身份认证

PPP 有两种可选的身份认证协议，即密码验证协议（password authentication protocol，PAP）和挑战握手认证协议（challenge handshake authentication protocol，CHAP）。

PAP 是两次握手协议，采用明文方式传输用户口令，如图 2-137 所示。首先被认证方主动发起认证请求，将本地配置的用户名和密码用明文的方式发送给认证方。认证方收到认证请求后，检查此用户名和密码是否正确（即检查认证方的数据库中是否配置有此用户名和密码），正确就发回接受报文（ACK 帧），错误就发送拒绝报文（NACK 帧）。由于 PAP 采用明文传输密码，容易被攻击者截获，安全性不高。

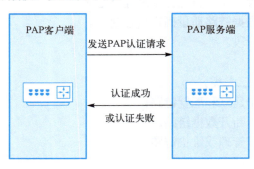

图 2-137　PAP

CHAP 是三次握手协议，密码不在网上传输。CHAP 服务器发出挑战，发送一个随机数的 MD5 摘要消息；CHAP 客户端响应，将用户名以明文方式发送，并将收到的服务器的挑战与密码进行哈希运算生成加密报文发送出去；CHAP 服务器进行身份认证，首先查找是否有这个用户，若无，则认证失败；若有，则对自己发出的挑战进行哈希运算，并将运算结果与用户发送过来的值进行比较。如果一致，则认证成功，反之则发送拒绝报文。

2.6.5 网络层的拥塞控制

虽然流量控制和拥塞控制相关，但两者还是有区别的。流量控制问题主要由数据链路层和传输层处理，重点是防止接收方被传输速率更快的发送方发送的数据过载。拥塞控制的目的是使通信子网能够传输所有待传输的数据，它是一个全局性的问题，涉及所有的主机、经过的路由器、存储转发处理过程、所有可能影响通信子网承载容量的其他因素等，而流量控制只与某发送方与某接收方之间点到点的业务量相关。简单地讲，流量控制是一种点到点控制机制，控制发送方和接收方之间的流量，并防止接收方被更快的发送方传输的数据淹没；拥塞控制则是控制网络上流量的机制，是网络层和传输层的责任。

网络层的拥塞控制主要包括漏斗式速率控制算法和队列管理算法。

1. 漏斗式速率控制算法

漏斗式速率控制算法主要有漏斗算法和令牌桶算法。

1）漏斗算法

漏斗算法的主要目的是控制数据注入网络的速率，平滑网络上的突发流量。漏斗算法提供了一种机制，突发流量可以被整形以便为网络提供一个稳定的流量。如图 2-138 所示，水（大量并发的用户请求）进入漏斗里，漏斗以一定的速度出水。当水流入的速度过大，也就是漏斗满了时，直接进行溢出。

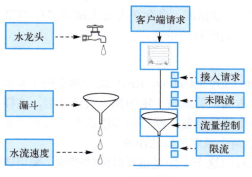

图 2-138 漏斗算法

2）令牌桶算法

令牌桶算法是网络流量整形和速率限制中最常使用的一种算法。典型情况下，令牌桶算法用来控制发送到网络上数据的数量，并允许突发数据的发送。

如图 2-139 所示，水（用户请求）必须拿到令牌才代表请求成功，而"令牌数"有一个初始值，令牌桶也有一个令牌存储上限。当桶中的令牌耗光后，令牌桶会以自定义的速度生产令牌，此时所有的水（用户请求）会进入阻塞状态，阻塞时间内如果得到了令牌，就会请求成功，如果阻塞时间过了还没有得到令牌，就会被抛弃。

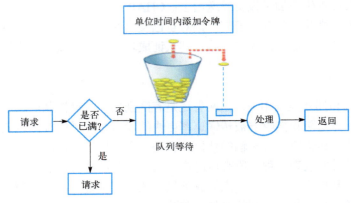

图 2-139　令牌桶算法

2.　队列管理算法

队列管理算法主要包括在路由器中采用的排队算法和数据包丢弃策略。排队算法通过决定哪些包可以传输来分配带宽，而丢弃策略通过决定哪些包被丢弃来分配缓存。

1）先进先出

先进先出（first in first out，FIFO）属于典型的被动队列管理算法。它调度包的方法是：先到达路由器的分组先被传输，其他分组采用默认的排队方式。然而，路由器的缓存总是有限的，如果分组到达时缓存已满，那么路由器就不得不丢弃该分组。由于 FIFO 总是丢弃队尾的分组，所以又称它为"去尾"（drop-tail）算法。

FIFO 排队算法简单、实施容易，是 Internet 目前使用最为广泛的一种算法。FIFO 无法"识别"面向连接的连续 TCP 数据流，当存在占用大量带宽对 TCP 不友好的流时，网络可能会持续拥塞，TCP 流分享不到应有的带宽。

2）随机提前检测

随机提前检测（random early detection，RED）属于典型的主动队列管理算法。它调度包的方法是：在路由器的缓存占满之前就按一定的概率丢弃分组，这样可以及早通知发送方减小拥塞窗口，以减少进入网络的数据量，使路由器以后不必丢弃更多的分组。

RED 算法可以看成由两个独立的算法组成：

（1）计算平均队长的算法（这个平均是指对时间的平均，采用该算法的路由器在每个接口上只维持一个队列）；

（2）计算分组丢失概率的算法。

算法（1）决定了路由器允许排队的突发分组的长度。算法（2）决定了路由器在当前负荷状态下丢弃分组的频度，其目的是使路由器丢弃分组的时间间隔尽量均匀，以避免对突发性流的不公平性，同时还要能够足够频繁地丢弃分组以控制平均队列的长度。使用平均队长比使用队长的瞬时值更能准确地观测到网络的拥塞情况。

RED 算法具体描述如下。

（1）数据包到达路由器后，需要在不同的输出端口缓冲区中进行排队，每一个输出端口维护一个队列。

（2）当有新的数据包到达时，采用指数加权滑动平均的方法计算平均队长 avg（这个平均是指对时间的平均）：

$$\mathrm{avg} = (1 - W_q) \times \mathrm{avg} + W_q \times q \tag{2-71}$$

其中，W_q 为权值；q 为采样测量时实际队列长度。这样由于 Internet 数据的突发本质或者短暂拥塞而导致的实际队列长度的暂时增长将不会使平均队长有明显的变化，从而"过滤"掉短期的队长变化，尽量反映长期的拥塞变化。在计算平均队长的公式中，权值 W_q 相当于低通滤波器的时间常数，它决定了路由器对输入流量变化的反应程度。因此 W_q 的选择非常重要，如果 W_q 过大，那么 RED 就不能有效地过滤短暂的拥塞；如果 W_q 太小，那么 avg 就会对实际队列长度的变化反应过慢。

（3）将 avg 与两个预先设定的门限（最小门限 minth 和最大门限 maxth）相比较。

若平均队长 avg 小于 minth，则不丢弃分组；若 avg 大于或等于 maxth，则丢弃所有分组。

若 avg 大于或等于 minth 而小于 maxth，则根据平均队长 avg 计算概率 p，以概率 p 丢弃到达的分组。这里

$$p = \frac{p_b}{1 - \mathrm{count} \times p_b} \tag{2-72}$$

其中，$p_b = \max_p \times \dfrac{\mathrm{avg}_q - \mathrm{minth}}{\mathrm{maxth} - \mathrm{minth}}$；count 表示上次丢弃分组后收到的分组数目。

RED 算法的过程如图 2-140 所示，其中 q_{time} 表示队列为空的起始时刻，$\max_p$ 表示 p 能够取得的最大值，p_b 表示当前分组被丢弃的概率，q 表示当前队列的实际长度，time 表示当前时间，$f(\mathrm{time} - q_{\mathrm{time}})$ 表示时间 time 的线性函数。

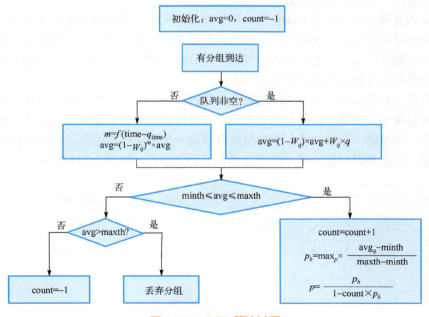

图 2-140　RED 算法过程

2.6.6 传输层的流量控制与拥塞控制

1. 流量控制

流量控制是实现发送方和接收方在传输速率上匹配的机制。为使没有得到确认的协议数据单元在超时后重传，通常必须在缓冲区中暂存这些协议数据单元。数据链路层实现的是点到点通信，双方缓冲区的大小根据滑动窗口协议而定。传输层实现的是端到端的通信，某一时刻一台主机可能同时与多台主机建立了连接，多条连接必须有多组缓冲区。因此，传输层缓冲区的管理与数据链路层不尽相同，一般采用的是动态管理的策略，即根据缓冲区容量给应用进程动态分配一定的缓冲区，根据接收缓冲区的大小来确定发送的数据量。

为了提高报文段的传输效率，在传输层采用大小可变的滑动窗口进行流量控制，窗口大小的单位是字节。在报文段首部的窗口字段写入的数值就是当前给对方设置的发送窗口数值的上限。发送窗口在连接建立时由双方商定，但在通信过程中，接收方可根据自己的资源情况，随时动态调整对方发送窗口的上限值（可增大或减小）。

前面讲到数据链路层也有流量控制的功能，也是利用滑动窗口来控制流量，如 ARQ 协议。那么传输层的流量控制与数据链路层的流量控制有何不同？

（1）流量控制的对象不同。

数据链路层控制的是相邻两节点之间数据链路上的流量；传输层控制的是从源节点到最终目的节点之间端到端的用户流量。

（2）流量控制的方式不同。

数据链路层的流量控制通过滑动窗口协议中的发送窗口和接收窗口来实现。如果发送方发送出去的数据帧没有得到确认，那么发送方的发送窗口就不能转动，只有在收到确认之后才可以转动窗口，继续发送新的数据帧。

传输层的流量控制不仅要看确认号，还要看窗口大小，即剩余缓冲区的大小，而且传输层的窗口大小是可变的。传输层建立连接时，双方都会为对方建立一个缓冲区，缓冲区决定了能够发送的数据的大小。通信双方每发送一个数据都要告诉对方剩余窗口的大小，剩余窗口的大小就是发送方能够发送的数据的大小。

假设发送方要发送 900 字节长的数据，将这段数据划分为 9 个 100 字节长的报文段，而发送窗口确定为 500 字节。只要发送方收到了对方的确认，发送窗口就可前移。发送方要维护一个指针，每发送一个报文段，指针就向前移动一个报文段的距离。当指针移动到发送窗口的最右端，也就是窗口前沿时，就不能再发送报文段了，如图 2-141 所示。

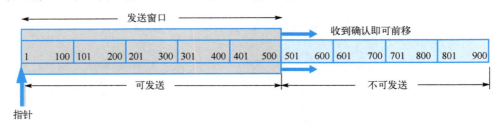

图 2-141 传输层流量控制示例图 1

如图 2-142 所示，发送方已发送了 400 字节的数据，但只收到对前 200 字节数据的确认，同时窗口大小不变，那么现在发送方还可发送 300 字节。

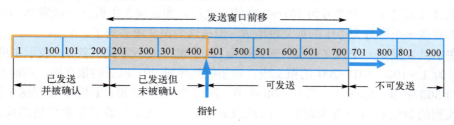

图 2-142　传输层流量控制示例图 2

图 2-143 表示发送方收到了对方对前 400 字节数据的确认，但对方通知发送方必须把窗口减小到 400 字节，现在发送方最多还可发送 400 字节的数据。

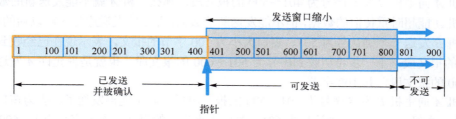

图 2-143　传输层流量控制示例图 3

因此传输层的流量控制不仅根据确认号，还要看窗口大小，也就是剩余的缓冲区大小，因为窗口大小是在变化的。

下面举例说明利用可变窗口大小进行流量控制。如图 2-144 所示，假设主机 A 向主机 B 发送数据，双方确定的初始窗口大小为 400 字节，每一个报文段长 100 字节，序号的初始值为 1。

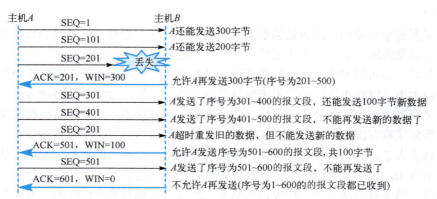

图 2-144　利用可变窗口大小进行流量控制

在连接建立时，接收方会给发送方发一个窗口公告，比如，接收方发出的窗口公告中说明接收窗口大小为 400 字节，即发送方最多能够发送 400 字节。

主机 A 首先发送序号为 1～100 的报文段给主机 B，那么现在主机 A 还能发送 300 字节。

因为窗口的大小为 400 字节，发送了 100 字节之后还没收到主机 B 的确认，所以现在还能发送 300 字节。

主机 A 又发送了一个序号为 101～200 的报文段，那么现在主机 A 还能发送 200 字节。主机 A 再发送一个序号为 201 的报文段给 B，但是这个报文段丢失了。

现在主机 B 发送一个报文给 A，确认号为 201、窗口大小为 300 字节，表示主机 B 已经收到序号为 1～100、101～200 的报文段，期望收到序号 201 以后的报文段，同时将窗口大小调整为 300 字节，允许 A 再发送 300 字节，序号为 201～500。主机 A 收到这个报文后，要根据收到的新的窗口公告来调整可以发送的数据，这就是传输层和数据链路层的区别。数据链路层只要收到确认，窗口就可以滑动，但传输层还要根据新的窗口公告来调整可发送的数据。

主机 A 向主机 B 发送序号为 301～400 的报文段，那么 A 还能发送 100 字节的新数据。

主机 A 向主机 B 发送序号为 401～500 的报文段，那么主机 A 就不能发送新的数据了。

主机 A 能超时重传旧的数据，但不能发送新的数据，即不能发送序号 500 以后的报文段。

主机 B 发送一个确认号为 501、窗口大小为 100 字节的报文，表示现在已经收到序号为 1～500 的报文段，下一步希望收到序号为 501～600 的报文段，也就是说允许 A 发送序号为 501～600 的报文段，共 100 字节。

主机 A 向主机 B 发送序号为 501～600 的报文段后，就不能再发送了，因为窗口大小为 100 字节。主机 B 发送一个确认号为 601、窗口大小为 0 的报文，表示序号为 1～600 的报文段都已收到，不允许 A 再发送数据了。

因此，传输层的流量控制完全基于接收方的接收窗口，发送方根据接收方发过来的窗口公告来确定自己可以发送多少数据。

在所有的窗口公告里，有一种特殊的窗口公告，称为零窗口公告。零窗口公告也就是说，现在窗口大小已经为 0，发送方不能再发送数据了。因此，当发送方收到了一个零窗口公告后，就知道对方已经没有缓冲区了，必须停止发送，但是在这种情况下有两种特殊的数据是可以发送的。

第一是发送紧急数据，因为紧急数据马上要提交给应用进程，所以紧急数据并不占用缓冲区，是可以发送的，如用户中止远端机上运行的进程。

第二是发送方可以发送 1 字节的数据段来通知对方，让对方重新声明他希望接收的下一字节及窗口大小，以防止窗口公告丢失而导致的死锁。例如，接收方的缓冲区满了，于是接收方发一个窗口大小为 0 的公告，那么发送方不能发送数据了，只能等待接收方发送新的窗口公告。等到接收方缓冲区清空了，接收方再发送一个新的窗口大小为正的公告，但不巧的是这条消息丢失了，那么双方都在等待，系统就会处于一种死锁的状态。发送方认为接收方的窗口大小为 0，不能发送数据了。接收方则认为已经发送了一个新的窗口公告，等着发送方发送数据，结果双方都处于一种等待的状态。那么怎么解开这个死锁的状态呢？发送方可以发送一个特定的数据段，这个数据段只有 1 字节，通知对方再发一个窗口公告过来。

2. 拥塞控制

数据链路层只要有流量控制和差错控制就可以了，而对于传输层，除了流量控制和差错控制之外，还需要进行拥塞控制。

在数据链路层，数据丢失只有两种情况：一种是数据由于出现错误被丢弃了；另一种是由于接收方的容量太小而丢弃数据。因为数据链路层是一条物理媒体连接两个机器进行通信，中间没有经过其他节点，发送方的带宽与接收方一样，不会有拥塞的问题，所以数据链路层只要有流量控制和差错控制就可以了。传输层的数据丢失比数据链路层多了一种情况，就是网络的容量太小。传输层的报文段经过网络传输，网络中某些链路的带宽比较大，某些链路的带宽可能很小，而且网络中的用户数很多，当网络没有能力为用户传递数据包时，就会丢掉数据包。因此，传输层可能会因为网络的容量太小，也就是网络拥塞而引起数据包的丢失。

那么主机怎么知道网络发生拥塞了？一般通过两种方法。

第一种是通过 ICMP 的源站抑制报文。当路由器丢弃一个 IP 数据包时，它会向发送方发一个源站抑制报文，这样发送方就知道在某一个地方发生拥塞了。

第二种是通过报文丢失引起的超时。如果重传计时器到时还没有收到数据包，那么数据包可能是由于拥塞而丢失的。

为了更好地在传输层进行拥塞控制，1999 年公布的因特网建议标准 RFC 2581 定义了四种算法：慢开始、拥塞避免、快重传和快恢复。下面首先介绍慢开始和拥塞避免算法。

发送方在确定发送报文段的速率时，既要考虑接收方的接收能力，又要从全局考虑不要使网络发生拥塞。那么发送方怎么确定能够发送多少数据呢？对于每一个传输层连接，需要有以下两个状态变量：一个是接收窗口 rwnd，又称为通知窗口；另一个是拥塞窗口 cwnd。

(1) 接收窗口 rwnd：接收方根据其接收缓存大小所许诺的最新窗口值，是来自接收方的流量控制。接收方将此窗口值放在报文段首部中的窗口字段传送给发送方。

(2) 拥塞窗口 cwnd：发送方根据自己估计的网络拥塞程度而设置的窗口值，是来自发送方的流量控制。拥塞窗口是网络能够为用户传递的数据量的一个衡量标志。

发送方确定拥塞窗口的原则是：只要网络没有出现拥塞，发送就使拥塞窗口再增大一些，以便将更多的分组发送出去。但只要网络出现拥塞，发送方就将拥塞窗口减小一些，以减少注入网络中的分组数。那么发送方又如何知道网络发生了拥塞？当网络发生拥塞时，路由器就要丢弃分组。因此，只要发送方没有按时收到应当到达的确认 ACK，就可以认为网络出现了拥塞。

为了确保数据包不丢失，发送方发送的数据量必须小于接收窗口，这是流量控制的要求，同时也必须小于拥塞窗口，使得网络有能力发送数据。

发送方发送窗口的上限值应取接收窗口 rwnd 和拥塞窗口 cwnd 这两个变量中较小的一个，即应按以下公式确定：发送窗口的上限值=Min[rwnd,cwnd]。当 rwnd<cwnd 时，接收方的接收能力限制发送窗口的最大值。当 cwnd<rwnd 时，网络的拥塞限制发送窗口的最大值。也就是说，发送方的发送速率受目的主机或网络中较慢的一个的制约，接收窗口和拥塞窗口中较小的一个控制数据的传输。

那么怎样确定拥塞窗口的值呢？拥塞窗口的初始化可以采用慢开始算法。慢开始算法原理如下。

(1) 主机刚刚开始发送报文段时，可先将拥塞窗口 cwnd 设置为一个最大报文段 MSS 的数值。

(2) 每收到一个对新的报文段的确认后，将拥塞窗口增加至多一个 MSS 的数值。

(3) 用这样的方法逐步增大发送方的拥塞窗口 cwnd，可以使分组注入网络的速率更加合理。

当主机发送数据时，如果立即将较大的发送窗口中的全部数据都注入网络，由于此时还不清楚网络的状况，就有可能引起网络拥塞，所以要由小到大逐渐增大发送方的拥塞窗口。

下面用例子说明慢开始算法的原理。为方便起见，用报文段的个数作为窗口的大小。此外，还假定接收窗口 rwnd 足够大，因此发送窗口只受发送方拥塞窗口的制约。

首先，发送方将拥塞窗口设为最小的情况，也就是 cwnd=1，发送第一个报文段 M_0，接收方收到后发回 ACK1。

发送方收到 ACK1 后，知道网络有能力发送这么多数据，那么是否还能够再多一点呢？因此，发送方就将拥塞窗口在原有的基础上再增加一倍，即将 cwnd 从 1 增大到 2，接着发送 M_1 和 M_2 两个报文段。

接收方收到后发回 ACK2 和 ACK3。

发送方收到 ACK2 和 ACK3 后，认为两个报文段都能正确收到，说明网络是有能力传递两个报文段的，于是将 cwnd 从 2 增大到 4，接着发送 $M_3 \sim M_6$ 共 4 个报文段(发送方每收到一个对新报文段的 ACK，就使发送方的拥塞窗口加 1。现在发送方收到两个确认 ACK，就将 cwnd 从 2 增大到 4)。

可见，慢开始的"慢"并不是指 cwnd 的增长速度慢。使用慢开始算法可以使发送方在开始发送时向网络注入的分组数大大减少，这对防止网络出现拥塞非常有利。

为了防止拥塞窗口 cwnd 的增长引起的网络拥塞，还需要另一个状态变量，即慢开始门限 ssthresh，它的用法如下。

(1)当 cwnd<ssthresh 时，使用上述的慢开始算法。

(2)当 cwnd>ssthresh 时，停止使用慢开始算法而改用拥塞避免算法。

(3)当 cwnd=ssthresh 时，既可使用慢开始算法，也可使用拥塞避免算法。

拥塞避免算法使发送方的拥塞窗口 cwnd 每经过一个往返时间(round-trip time，RTT)就增加一个 MSS 的大小，而不管在 RTT 内收到几个 ACK。这样，拥塞窗口 cwnd 按线性规律缓慢增长，比慢开始算法的拥塞窗口增长速率缓慢得多。

无论在慢开始阶段还是在拥塞避免阶段，只要发送方发现网络出现拥塞(其根据就是没有按时收到 ACK 或收到了重复的 ACK)，就要将慢开始门限 ssthresh 设置为出现拥塞时发送窗口值的一半。出现拥塞时发送窗口值也就是接收窗口和拥塞窗口中数值较小的一个。这样设置的考虑是既然出现了网络拥塞，就要减少向网络注入的分组数。

然后，将拥塞窗口 cwnd 重新设置为 1，并执行慢开始算法。这样做的目的是迅速减少主机发送到网络中的分组数，使得发生拥塞的路由器有足够的时间把队列中积压的分组处理完毕。如果发生了拥塞，要马上将拥塞窗口缩到最小，立即减少发送量，迅速缓解网络当中的拥塞。

下面具体说明拥塞控制的过程，如图 2-145 所示。

当传输层的连接进行初始化时，将拥塞窗口置为 1。为了便于理解，图中的窗口单位不使用字节而使用报文段。慢开始门限的初始值设置为 16 个报文段，即 ssthresh=16。发送方的发送窗口不能超过拥塞窗口 cwnd 和接收窗口 rwnd 中的最小值。假定接收窗口足够大，因此现在发送窗口的数值等于拥塞窗口的数值。

在执行慢开始算法时，拥塞窗口 cwnd 的初始值为 1，发送第一个报文段 M_0；发送方收

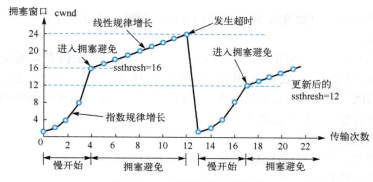

图 2-145　拥塞控制过程示例

到 ACK1（确认 M_0，期望收到 M_1）后，将 cwnd 从 1 增大到 2，于是发送方可以接着发送 M_1 和 M_2 两个报文段；接收方发回 ACK2 和 ACK3。发送方每收到一个对新报文段的确认 ACK，就将拥塞窗口加 1，现在发送方的 cwnd 从 2 增大到 4，并发送 $M_3 \sim M_6$ 共 4 个报文段；由于发送方每收到一个对新报文段的确认 ACK，就将拥塞窗口加 1，因此拥塞窗口 cwnd 随着传输次数按指数规律增长；当拥塞窗口 cwnd 增长到慢开始门限值 ssthresh 时（即当 cwnd=16 时），就改为执行拥塞避免算法，拥塞窗口按线性规律增长；假定拥塞窗口的数值增长到 24 时，网络出现超时（表明网络拥塞了）；更新后的 ssthresh 值变为 12（即发送窗口数值 24 的一半），拥塞窗口再重新设置为 1，并执行慢开始算法；当 cwnd=12 时改为执行拥塞避免算法，拥塞窗口按线性规律增长，每经过一个往返时间就增加一个 MSS 的大小。

慢开始拥塞控制算法的特点，简单地讲就是"乘法减小，加法增大"。

"乘法减小"是指不论在慢开始阶段还是拥塞避免阶段，只要出现一次超时（即出现一次网络拥塞），就把慢开始门限值 ssthresh 设置为当前拥塞窗口值的一半，也就是当前拥塞窗口值乘以 0.5。当网络频繁出现拥塞时，ssthresh 值下降得很快，以大大减少注入网络中的分组数。

"加法增大"是指执行拥塞避免算法后，当收到对所有报文段的确认时，就将拥塞窗口 cwnd 增加一个最大报文段 MSS 大小，使拥塞窗口缓慢增大，以防止网络过早出现拥塞。

当然，拥塞避免并非指能够完全避免拥塞，要完全避免网络拥塞是不太可能的。拥塞避免是指将拥塞窗口控制为按线性规律增长，使得网络不容易出现拥塞。

慢开始和拥塞避免算法是在传输层中最早使用的拥塞控制算法。但是，后来人们发现这种拥塞控制算法还需要改进。因为有时一条连接会因为等待重传计时器的超时而空闲较长的时间。这样又增加了两个新的拥塞控制算法，即快重传和快恢复。

快重传算法规定，发送方只要一连收到三个重复的 ACK，即可断定有分组丢失了，就应立即重传丢失的报文段而不必继续等待为该报文段设置的重传计时器的超时。不难看出，快重传并非取消重传计时器，而是在某些情况下可更早地重传丢失的报文段。

假定发送方发送报文段，接收方每收到一个报文段后都要立即发出确认 ACK，而不要等到自己发送数据时才将 ACK 捎带上。

如图 2-146 所示，主机 A 先向主机 B 发送报文段 M_1 和 M_2；

主机 B 收到 M_1 和 M_2 后，就发出确认。ACK2 是对 M_1 的确认，表示 M_1 收到了，期望收到 M_2；

主机 A 向主机 B 发送报文段 M_3，假设由于网络拥塞，M_3 丢失了；

主机 A 又发送 M_4；

主机 B 收到后，发现序号不对，但是仍收下，放在缓存中，主机 B 只能发出确认 ACK3，表示期望收到 M_3（不能发送 ACK4，因为 ACK4 表示 M_3 收到了）。这样，发送方知道现在可能是因为网络出现了拥塞而造成分组丢失，但也可能是报文段 M_3 尚滞留在网络中的某处，还要经过较长的时延才能到达接收方。

主机 A 发送报文段 M_5；

主机 B 发送第二个重复确认 ACK3；

主机 A 接着发送报文段 M_6；

主机 B 发送第三个重复确认 ACK3；

主机 A 收到了三个重复的确认 ACK3，就立即重传 M_3，而不必等到超时后再重传。

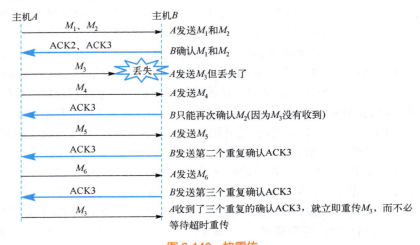

图 2-146　快重传

与快重传配合使用的还有快恢复算法。当不使用快恢复算法时，发送方若发现网络出现拥塞，就将拥塞窗口降为 1，然后执行慢开始算法。但这样做的缺点是网络不能很快地恢复到正常工作状态。快恢复算法可以较好地解决这一问题，其具体步骤如下。

(1) 当发送方收到连续三个重复的 ACK 时，就重新设置慢开始门限 ssthresh。这一点和慢开始算法是一样的；与慢开始算法的不同之处是拥塞窗口 cwnd 不是设置为 1，而是设置为 ssthresh+3×MSS（或 ssthresh）。

这是因为发送方收到三个重复的 ACK 表明有三个分组已经离开了网络，它们不会再消耗网络的资源。这三个分组停留在接收方的缓存中（接收方发送出三个重复的 ACK 就证明了这个事实）。可见，现在网络中并不是堆积了分组，而是减少了三个分组。因此，将拥塞窗口扩大些并不会加剧网络的拥塞。

(2) 若收到的重复的 ACK 为 n 个（$n>3$），则将 cwnd 设置为 ssthresh+n×MSS。

(3) 若发送窗口值还容许发送报文段，就按拥塞避免算法继续发送报文段。

(4) 若收到了确认新的报文段的 ACK，就将 cwnd 缩小到 ssthresh。

快恢复的思想是数据包守恒原则，即同一时刻网络中数据包的数量是恒定的，只有当旧的数据包离开了网络后，收到一个 ACK，才能向网络发送一个新的数据包。

在采用快恢复算法时，慢开始算法只在传输层连接建立时才使用。采用这样的流量控制方法使得传输性能有明显的改进。

习　题　二

2-1　树干的一个端点的度至少为多少？树叶的度是多少？具有 n 个点的树一共有多少个树枝？

2-2　用 K 方法求题 2-2 图所示的最小支撑树。

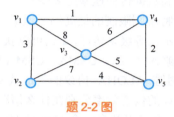

题 2-2 图

2-3　使用 D 算法查找题 2-3 图中从 v_4 到其他节点的最短路径，给出具体运算步骤。

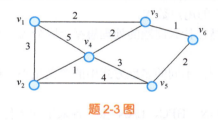

题 2-3 图

2-4　设 $M/M/1$ 排队系统，分组到达率为 120 分组/分钟，分组平均长度为 100bit，输出链路的传输速率为 $C=400bit/s$，求该系统的平均队长，以及每一分组在系统中的平均等待时间。

2-5　某排队系统只有 1 个服务员，平均每小时有 4 个顾客到达，到达过程为泊松流，服务时间服从负指数分布，平均需 6min。由于场地限制，系统内最多不超过 3 个顾客，求：①系统内没有顾客的概率；②系统内顾客的平均数；③排队等待服务的顾客数；④顾客在系统中平均花费的时间；⑤顾客平均排队时间。

2-6　在一商店，顾客以泊松流到达收银台，平均 5min 到达 9 个顾客；而服务员每 5min 能服务 10 个顾客，服务时间服从指数分布。商店经理希望顾客等待时间不超过 1min。他有两个方案：①增加 1 个同样服务效率的服务员，即提高服务率 1 倍；②增加 1 个新柜台。试分析选择哪种方案。

2-7　一个通信链路的传输速率为 50kbit/s，用来服务 10 个会话控制 session，每个 session 产生的泊松业务流的速率为 150 分组/秒，分组长度服从指数分布，其均值为 1000bit。当该链路按照 10 个相等容量的时分复用信道方式为 session 服务时，对于每一个 session，求在队列中的平均分组数、在系统中的平均分组数、分组的平均时延。

2-8　每 1ms 对一条无噪声 4kHz 信道采样一次，试问最大数据传输速率是多少？如果信道上有噪声，且信噪比是 30dB，试问最大数据传输速率将如何变化？

2-9　无噪声电视信道带宽 6MHz。如果使用 4 级数字信号，试问每秒可发送多少比特？

2-10　如果在一条 3kHz 的信道上发送一个二进制信号，该信道的信噪比为 20dB，试问可达到的最大数据传输速率为多少？

2-11　如果信号传输使用 NRZ 和曼彻斯特编码，试问为了达到 Bbit/s 速率，至少需要多少带宽？请解释你的答案。

2-12　假定要用 4kHz 带宽的电话信道传送 64kbit/s 的数据（无差错传输），试问这个信道应该具有多高的信噪比（分别用比值和分贝来表示）？这个结果说明什么问题？

2-13　一个传输数字信号的模拟信道的信号功率是 0.62W，噪声功率是 0.02W，频率范围为 3.5～3.9MHz，该信道的最高数据传输速率是多少？

2-14　假定某信道受奈奎斯特准则限制的最高码元速率为 20000 码元/秒。如果采用振幅调制，把码元的振幅划分为 16 个不同等级来传送，那么可以获得多高的数据传输速率（bit/s）？

2-15　简述纯 ALOHA、时隙 ALOHA、CSMA、CSMA/CD 的基本原理和区别。

2-16　纯 ALOHA 协议和时隙 ALOHA 协议的信道效率分别是多少（用公式表示）？纯 ALOHA 协议和时隙 ALOHA 协议的信道效率分别在什么情况下有最大值？最大值是多少？

2-17　在一个通信网络中，n 个节点共享一个 1Mbit/s 的无线信道，每个节点的平均业务速率为每 10s 产生一个 1000bit 的分组。试求该网络系统在分别采用纯 ALOHA 协议和时隙 ALOHA 协议时，最大可容许的用户数 N。

2-18　CSMA 系统主要是在什么问题的处理思路上区分为三种不同类型的 CSMA 协议？分别是什么协议？

2-19　"信道资源"一词在不同的多址方式中的含义是不一样的，就 TDMA 协议而言，信道资源是指什么？

2-20　拨号、ADSL、PON、HFC、LAN 接入各采用什么传输媒介实现接入？哪些需要调制解调器？

2-21　为什么说 ATM 技术综合了电路交换和分组交换的特点？请简要说明原因。

2-22　分析电路交换、报文交换及分组交换的优缺点。

2-23　试在下列条件下比较电路交换和分组交换。要传送的报文共 x 比特。从源点到终点共经过 k 段链路，每段链路的传播时延为 d 秒，数据传输速率为 b bit/s。在电路交换时电路的建立时间为 s 秒。在分组交换时分组长度为 p 比特，且各节点的排队时间可忽略不计。问在怎样的条件下，分组交换的时延比电路交换的时延要小？(提示：画草图观察 k 段链路共有几个节点)。

2-24　什么是时分交换、空分交换？实现时分交换、空分交换的器件分别由哪几部分组成？

2-25　在信元头部，VPI/VCI 的作用是什么？

2-26　在数据传输过程中，若接收方收到的二进制比特序列为 10110011010，接收双方采用的生成多项式为 $G(x)=x^4+x^3+1$，则该二进制比特序列在传输中是否出错？如果未出现差错，那么发送数据的比特序列和 CRC 码的比特序列分别是什么？

2-27　在选择 ARQ 协议中，设编号用 3bit，发送窗口 W_s=6，接收窗口 W_r=3，试找出一种情况，使得在此情况下协议不能正常工作。

2-28　假设一个信道的数据传输速率为 5kbit/s，单向传播时延为 30ms，那么帧长在什么范围内才能使用于差错控制的停等协议的效率至少为 50%？

2-29　在数据传输速率为 50kbit/s 的卫星信道上传送长度为 1kbit 的帧，假设确认帧总由数据帧捎带，帧头的序号长度为 3bit，卫星信道端到端的单向传播时延为 270ms，对于下面三种协议，信道的最大利用率是多少？

(1)停等协议；

(2)后退 N 帧协议；

(3)选择重传协议(假设发送窗口和接收窗口相等)。

2-30　实用的停等协议如何解决数据帧丢失导致的死锁问题？如何解决确认帧丢失导致的重复帧的问题？

2-31　设 TCP 的拥塞窗口的慢开始门限值初始为 12(单位为报文段)，当拥塞窗口达到 16 时出现超时，再次进入慢启动过程。从此时起若恢复到超时时刻的拥塞窗口大小，需要的往返次数是多少？

2-32　假定 TCP 最大报文段的长度是 1KB，拥塞窗口被置为 18KB，并且发生了超时事件。如果接着的 4 次迸发量传输都是成功的，那么该窗口将是多大？

第 3 章

信息网络互联

本章为全书的核心。首先介绍信息网络互联的必要性和一些基本概念，然后着重论述构建现代信息网络的各种关键协议，包括互联网协议、路由选择协议、TCP、UDP 等。

3.1 网络互联原理

"Internet"是人类迄今所拥有的容量最大、内容最全、覆盖面最广的信息系统，其中接入了不计其数的计算设备，包括智能手机、手表、手环等用户终端设备，用于特殊用途的传感器、监视器、报警器等各行业专用设备，以及为系统正常运行而默默工作的交换机、路由器等网络设备。显然，世界上没有任何一家企业或一个组织有能力制造系统中的每一台设备，但人们却对这些设备在互联网中正常运行习以为常。如果仔细思考，就会发现这是一件不平常的事情：这些来自全世界不同地区、由不同制造商制造、不同类型和功能的设备是如何连接在一起的？是否存在这样一套标准体系，能得到全部网络通信参与方的认可，依照这些标准来生产网络设备？这样的体系中又蕴含了什么原理，有能力让如此众多的设备轻松互联在一起？

3.1.1 网络互联概述

Internet 直译为"因特网"，但却常常与"互联网"一词相混淆，比如，常常将依托"因特网"开展业务的公司称为"互联网"公司。在英语中，互联网对应的单词是 internet，而因特网对应的单词是 Internet，区别在于因特网的首字母大写，表明这是一个特殊的互联网，特指目前人们都在使用的这个遍及世界的互联网络。

因特网可以将不同体制的网络连接在一起，形成一个"更大的"、彼此互联的网络。图 3-1 是使用因特网的一个典型场景。

某公司员工 A 位于城市 C，他正通过公司的办公计算机连接因特网，与远在城市 D 的客户 B 交流业务，并将存储在公司公共服务器上的资料发送给 B。该场景中至少有两个网络互联在一起：A 首先通过公司内部网络(简称内网)将服务器上的资料下载到自己的计算机上，而 B 则通过移动通信网终端接收这份资料。很明显，由于因特网的存在，员工 A 所在公司的内部网络与 B 所使用的移动通信网能够互联在一起，使这次业务交流成为可能。

在网络中，一般将接入互联网的个人计算机、服务器或手机等终端设备称为端系统，端系统可以通过因特网服务提供商(ISP)接入因特网，从而与其他端系统相连。ISP 为端系统提供了各种类型的有线或无线连接，如 DSL、电缆、入户光纤、Wi-Fi 或蜂窝移动通信等。用户只需缴纳服务费，就可以根据自己的端系统类型，选择相匹配的方式接入因特网。本质上，ISP 就是一个个提供因特网访问服务并进行商业活动的公司，根据所提供服务的覆盖面积大小、支持的接入用户数量以及所提供带宽的不同，ISP 可分为主干 ISP、地区 ISP 和本地 ISP。

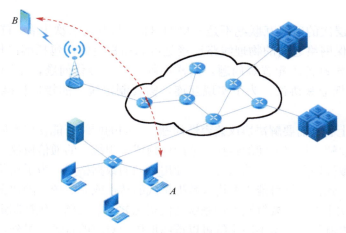

图 3-1　典型因特网使用场景

本地 ISP 直接面向端系统提供因特网服务。它们可能是一个非营利机构，如一所向自己的教职员工提供网络服务的大学，也可能是一个本地运营商，专门通过提供因特网接入服务获取利润。本地 ISP 通常连接到某个地区 ISP，地区 ISP 可以连接多个本地 ISP，而地区 ISP 之间则通过一个或多个主干 ISP 相连，本地 ISP 或地区 ISP 需要向主干 ISP 支付费用。主干 ISP 服务范围最大，一般具有面向国家范围提供服务的能力。主干 ISP 负责建立和维护高速主干网，因此主干 ISP 无须向任何服务商付费。例如，中国电信、中国联通和中国移动就是我国最有影响力的主干 ISP。

因特网通过各级 ISP 互联了全球众多网络，因此又称为"网络的网络"。虽然因特网起初是部分国家及互联网企业出于政治、经济目的驱动而建构的，但这个庞然大物已然超越了在诞生伊始人们对它的最大胆的想象。现在因特网已经连接全球超过 91 个国家的 40 亿用户，这与它具有前瞻性的架构设计和包容性的技术体系是分不开的。可以说，因特网成功的关键要素隐藏在它的互联原理之中。

3.1.2　互联原理

因特网实现了三个层次上的网络互联，即互连、互通和互操作。互连是网络互联的基础，指两个物理网络之间至少存在一条物理连接的线路，为两个网络之间的逻辑连接提供物理基础。这种物理连接使两个网络的数据交换成为可能，但并不能保证数据交换一定成功，因为这还取决于两个网络的通信协议是否相互兼容。

互通是在互连的基础上实现的，指互连的两个网络能够实现逻辑连接，并且可以进行数据交换。也就是说，互通不仅要求两个网络之间有物理连接，还要求它们之间的通信协议相互兼容，以实现数据的顺利传输。

互操作是网络互联的最高层次，指网络中不同的计算机系统之间具有透明地访问对方资源的能力。这种能力使得不同系统之间的资源可以共享和协同工作，从而提高了整个网络的效率和可用性。

互操作需要在互通的基础上实现，不同的计算机系统需要互通才能访问对方的资源并进行操作。

实现这三个层次的网络互联绝不是简单的事情，从互连层次上看，首先面临着物理连接问题，需要确保网络之间的物理线路连接是可靠和稳定的，包括解决传输介质的选择、线路的布局和连接设备的配置等问题。其次面临接口标准化问题，不同的网络设备可能使用不同的接口标准和协议，为了实现互连，需要制定统一的接口标准，确保设备之间的兼容性。

从互通层次上看，需要解决协议兼容性问题。不同的网络可能使用不同的通信协议，为了实现互通，需要解决协议之间的转换、适配问题或采用统一的通信协议。另外，还需要解决数据格式的一致性问题。不同的系统可能使用不同的数据格式，为了实现数据交换，需要确保数据格式的一致性。这可能需要进行数据格式的转换或制定统一的数据格式标准。

从互操作层次上看，需要解决不同系统之间资源共享的问题，包括制定统一的资源访问标准、权限控制机制等，确保不同系统可以透明地访问对方的资源。另外，还需要解决跨平台支持的问题，确保网络应用和服务可以跨平台运行，包括解决操作系统、编程语言等方面的兼容性问题，使得不同的计算机系统可以相互理解和协作。

面对如此众多的问题，如此巨大的挑战，如果深入分析因特网的历史沿革、技术特点及发展现状，可以发现在因特网举重若轻地解决这些问题的背后所体现出的正是"互联网思维"中最本质的内容——一种分层却又统一、严格却又开放的思想内核。

互联网采用了分层的体系结构，如 TCP/IP 参考模型（应用层、传输层、网际层、网络接口层），每层负责不同的功能，使得网络可以分层管理和互连，运用分层的思想将一个复杂难解的互联问题分解为多个可解的、具体的技术问题。

互联网采用了统一的协议标准与资源分配方式。互联网的核心协议是 TCP/IP 协议族，包括 IP、TCP、UDP 等协议。这些协议被广泛采用，成为互联网互通的基础。而全局统一分配与管理的 IP 地址和域名又为快速增长、多姿多彩的网络应用的有序发展奠定了良好基础。

最重要的是，互联网采用了前所未有的开放架构。一方面，TCP/IP 协议族的设计目标是打造"网络的网络"，不再着力于从网络底层技术开始实现统一，而是通过统一网络接口层来屏蔽底层网络技术的差异，以开放的胸怀平等接受所有网络，让原本技术体制各不相同的网络能够连接在一起。另一方面，即便在标准的制定上，互联网也采用了灵活开放的体制结构。互联网标准以征求意见稿（request for comments，RFC）的形式在网上公开发表，任何征求意见稿都有机会经过互联网草案（internet draft）、建议标准（proposed standard）和互联网标准（internet standard）三个阶段，在建议标准阶段开始成为 RFC 文档。在其最终正式成为互联网标准后，将会被分配一个标准编号 STD xx。截至 2024 年 6 月，RFC 的编号已达到 9608，而互联网标准的最大编号却只有 STD 99。在这样开放灵活的技术体系结构下，互联网上的各种应用层协议（如 HTTP、FTP、SMTP 等）不断涌现，应用程序接口（application program interface，API）和中间件技术快速发展，极大促进了不同计算机系统之间交换数据的格式和规则的统一，丰富了不同系统之间的集成、调用和共享资源的技术手段，从而实现了互操作。

可以说，开放性的网络架构及秉承这种统一却又开放思想而精心设计的 TCP/IP 协议族是理解互联的关键，在本章的后续各节中，将详细介绍 TCP/IP 协议族的几个重要协议。

3.2　互联网协议

3.2.1　IP 地址

因特网开放性的网络架构让世界上众多局域网接入其中，不论两个端系统所属局域网间隔多远，它们都能够发现彼此并互联互通，就好像在一个抽象的单一网络内一样。这意味着每一个端系统都具备唯一的身份标识符，能够被其他端系统识别发现。因特网中的这个唯一的、全局的身份标识符称为 IP 地址，目前由非营利组织互联网名称与数字地址分配机构(the Internet Corporation for Assigned Names and Numbers，ICANN)协调管理全球因特网的地址空间分配。

IP 地址

当前所有接入因特网的设备都支持 IPv4 地址，而 IP 的下一个版本 IPv6 也开始部署，并获得越来越多设备的支持。而 IPv5 只是一个实验性质的协议，并没有被广泛使用。

IPv4 地址通常采用点分十进制表示，如 192.168.1.1，由四个用点分隔的十进制数组成。其中每个十进制数都是一个范围为[0, 255]的非负整数。这种表示方法方便了人们记忆和配置网络地址，但对于计算设备来说，IP 地址必须用二进制表示，所以 IPv4 地址实质上是一个 32bit 的二进制结构，地址空间中有 4294967296 个可能的地址。这些地址中的大部分作为单播地址使用，每个地址标识一个网络接口。除了单播地址，还有广播、组播等每个地址标识多个接口的多播地址，以及一些具有特殊用途的地址。表 3-1 给出几个 IPv4 地址的二进制及对应的点分十进制表示。

表 3-1　IPv4 地址的二进制及对应的点分十进制表示

点分十进制	二进制
0.0.0.0	00000000 00000000 00000000 00000000
192.168.1.1	11000000 10101000 00000001 00000001
255.255.255.255	11111111 11111111 11111111 11111111

从 IPv4 地址诞生至今，这种 32bit 的二进制或点分十进制表示方式没有发生任何改变，但它的 Internet 地址结构和寻址方式却不断变化，经历了分类寻址、子网寻址和无分类寻址三个阶段。

1.　分类寻址

最初定义的 IPv4 地址结构中，每个单播 IP 地址被划分成两个字段，一个是网络号字段，另一个是主机号字段，如图 3-2 所示。网络号字段用于标识主机使用的网络接口位于因特网内的哪一个网络，这个网络号在整个因特网范围内必须是唯一的。主机号字段用于标识由网络号字段标识的网络中的特定主机，主机号在该网络范围内必须是唯一的。

图 3-2　最初的 IP 地址结构

通过将 IP 地址划分为网络号和主机号字段，IPv4 地址空间最初被分为五大类，如图 3-3 所示。

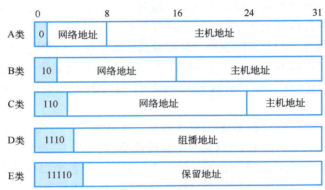

图 3-3　IP 地址的分类

IPv4 地址空间的五大类被命名为 A～E。A 类～C 类地址可用于单播地址的分配，对应地址的网络号字段长度分别为 1 字节、2 字节和 3 字节，即 A 类地址网络号字段占 8 比特，在这 8 比特中，最前面 1 比特被规定为 0；B 类地址网络号字段占 16 比特，在这 16 比特中，最前面 2 比特被规定为 10；而 C 类地址网络号字段占 24 比特，在这 24 比特中，最前面 3 比特被规定为 110；相应地，A 类～C 类主机号字段分别占 24 比特、16 比特和 8 比特。D 类和 E 类地址使用相对较少，D 类地址是组播地址，而 E 类地址则作为保留地址使用。

这种分类编址的优点是将 IP 地址的地址结构进行了等级划分。这样在分配 IP 地址时，只需要分配作为第一级的网络号，而作为第二级的主机号不需要 IP 地址管理机构进行分配，可由获得该网络号的组织自行决定如何分配，使得 IP 地址的管理非常灵活。同时，在路由器寻址时，可以不用考虑目的地址的主机号，只需根据目的地址的网络号计算分组的转发路径，既缩短了计算时间，也减少了路由表中的项目数量，从而提高转发速度。

在 A、B、C 三类 IP 地址中，存在一些特殊的 IP 地址不参与分配，只能在特定情况下使用。

(1)网络号字段全为 0 的 IP 地址，表示本网络上的某台主机。

(2)网络号和主机号字段全为 0 的地址，即 0.0.0.0，用于表示整个网络，帮助路由器传送路由表中无法查询的包。如果设定了地址为 0.0.0.0 的路由，则路由表中无法查询的包都将送到该路由中。

(3)主机号字段全为 1 的地址，作为广播地址使用，可用于对网络号字段对应的网络上的所有主机进行广播。

(4)网络号字段为 127 的任何地址,可作为环回接口(loopback interface)使用。在使用环回接口时,网络层把一个 IP 数据报传送给环回接口后,环回接口把该数据报返回到 IP 地址的输入队列中,而不是传送给数据链路层。一个传送给环回接口的 IP 数据报通常用于本地软件的环回测试,不会在任何网络上出现。

这样,IP 地址的分类地址结构如表 3-2 所示。

表 3-2　IP 地址的分类地址结构

类	地址范围	空间占比	第一个可用的网络号	最后一个可用的网络号	最大网络数	最大主机数	高序位
A	0.0.0.0～127.255.255.255	1/2	1	126	$126\,(2^7-2)$	$16777214\,(2^{24}-2)$	0
B	128.0.0.0～191.255.255.255	1/4	128.0	191.255	$16384\,(2^{14})$	$65534\,(2^{16}-2)$	10
C	192.0.0.0～223.255.255.255	1/8	192.0.0	223.255.255	$2097152\,(2^{21})$	$254\,(2^8-2)$	110
D	224.0.0.0～239.255.255.255	1/16	N/A	N/A	N/A	N/A	1110
E	240.0.0.0～255.255.255.255	1/16	N/A	N/A	N/A	N/A	1111

2. 子网寻址

分类寻址方法在因特网发展初期运行顺利,但随着网络规模不断增大,加入的局域网数量增多,为新加入的因特网站点分配网段变得棘手起来。比如,10BASE-T 以太网规定的最大节点数为 1024,如果为使用这样的网络的单位分配 A 类地址,则会浪费超过 1000 万个 IP 地址;如果为其分配 C 类地址,该单位又会认为 C 类地址的可用空间无法满足其网络的发展。最终其最有可能申请分配 B 类地址,这样依然会导致 6 万多个 IP 地址被浪费。

为解决这类问题,1985 年起采用了新的方式,在一个新单位的网络接入因特网,获得了一个网络号后,可以由该单位的网络管理员自行决定如何划分本地的网络数,这样各个单位可以根据自身实际情况协调本地的网络数与每个网络的主机数,这种做法称为划分子网(subnetting)。

1)划分子网

划分子网是因特网的正式标准协议(RFC 950),其基本思想如下。

(1)在原有分类的 IP 地址主机号部分划分出若干比特作为子网号,将两级 IP 地址变为三级 IP 地址,如图 3-4 所示。

图 3-4　划分子网后的 IP 地址结构

(2)划分子网后,路由器仍然根据目的 IP 地址的网络号部分寻址,将 IP 数据报交付到目的 IP 地址网络号部分对应的网络边界路由器。随后该路由器根据目的网络号和子网号再一次寻址,找出目的子网,最后将 IP 数据报交付至该目的子网中的目的主机。

(3)在某单位或站点分配了网络号后，如何将网络号之外的其余比特划分为子网号和主机号完全由该单位或站点自行决定。管理员可以根据本单位内部需要的子网数或主机数灵活地规划每个物理网络中的主机数，如果单位部门较多，需要更多的物理网络，可以分配更多比特给子网号；如果某个部门需要更多的主机联网，则可以分配更多比特给主机号。最终，无论管理员如何分配子网号与主机号，都是此网络内部的事情。对于因特网中其他路由器而言，那些被划分出的子网都是不存在的，它们仍然只能看见目的网络号对应的那一个网络。

图 3-5 展示了一个 B 类地址被划分为两个子网的情况。

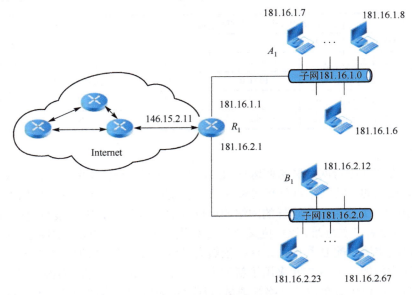

图 3-5　划分子网实例

假设某单位已经申请了一个 B 类网络，网络地址是 181.16.0.0（网络号是 181.16），则该单位网络中所有 IP 地址前 16 比特都将固定为 181.16，而后 16 比特可以由单位根据需要灵活安排子网号与主机号。如图 3-5 所示，该网络进一步被划分为两个子网，每个子网号占用 8 比特，子网 1 为 181.16.1.0，子网 2 为 181.16.2.0。显然，该网络还可以划分出更多子网。如果全部按照 8 位子网号配置，这个单位最多可以支持 256 个子网，而每个子网能够容纳 254 台主机。

在图 3-5 中，该单位内部两个子网通过一个边界路由器 R_1 连接至因特网。由于路由器通常要连接多个网络，因此路由器通常需要配置多个网络接口和 IP 地址。本例中的路由器 R_1 具有三个 IP 地址，分别是与子网 1 连接的接口地址 181.16.1.1、与子网 2 连接的接口地址 181.16.2.1，以及与因特网其他路由器连接的接口地址 146.15.2.11。但是，对于因特网中的其他路由器，它们只知道因特网内存在一个 B 类网络 181.16.0.0，并不知道 181.16.1.0 和 181.16.2.0 这两个子网的存在。于是所有以网络号 181.16 为目的地址的 IP 数据报都会通过接口 146.15.2.11 交付至边界路由器 R_1，再由边界路由器 R_1 交付至不同子网。

2)子网掩码

图 3-5 的示例中，所有目的 IP 地址为 181.16.X.X 的网络流量都会被因特网路由系统转发

至边界路由器 R_1，意味着该路由器必须能够区分目的 IP 地址为 181.16.1.X 及 181.16.2.X 的流量，并将它们通过不同的接口转发至不同的物理网络。

可是，如何划分子网完全是单位内部的事务，所以从收到的 IP 数据报中，边界路由器 R_1 只能获得原来两级 IP 地址中的网络号，无法获取单位内部划分的子网号，而每个子网对应的两级 IP 地址的网络号又都是相同的，那么路由器如何把它转发至正确的子网呢？

解决办法是在主机和路由器 R_1 中配置参数——子网掩码。子网掩码是一个与 IP 地址等长的比特串，用于标识一台主机或路由器被分配的子网号和主机号长度，以确定从对应的 IP 地址中获取子网信息。若使用 IPv4 地址，则子网掩码长度为 32 比特，通常采用与 IPv4 地址相同的点分十进制方式配置和编写。与 IP 地址不同的是，子网掩码由一串连续的 1 与一串连续的 0 组成（RFC 950 文档中并没有规定子网掩码中必须使用连续的 1 和 0，但为避免差错，实际中都使用连续的 1 和 0），用连续的 1 标识一个 IP 地址中网络及子网号部分比特位的开始和结束；用连续的 0 标识一个 IP 地址中主机号部分的开始和结束。于是在利用子网掩码得出网络地址的计算过程中，子网掩码中的每一个 1 表示 IP 地址中的对应位应作为该地址的网络和子网部分的对应位；而每一个 0 表示 IP 地址中的对应位应作为该地址的主机部分的对应位。以图 3-5 为例，主机 A_1 的 IP 地址为 181.16.1.7，子网掩码为 255.255.255.0，那么可以得出其子网的网络地址为 181.16.1.0，如图 3-6 所示。

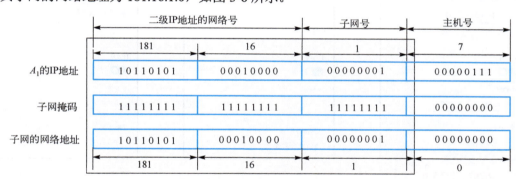

图 3-6 由子网掩码得出子网的网络地址

路由器 R_1 为得到 A_1 的 IP 地址对应子网的网络地址，需要使用三级 IP 地址的子网掩码 255.255.255.0，图 3-6 将该掩码用二进制形式表示，可以发现其中的 1 对应于原二级 IP 地址中占 16 比特的网络号部分再加上占 8 比特的子网号部分，共 24 比特；其中的 0 对应于现三级 IP 地址中的主机号部分，共 8 比特。路由器 R_1 将 A_1 的 IP 地址 181.16.1.7 与子网掩码 255.255.255.0 的二进制表示进行逐比特与运算，得出子网的网络地址为 181.16.1.0。

可见，路由器 R_1 需要根据配置的子网掩码才能得出相应子网的网络地址。从本质上看，相比原来的二级结构，需要 R_1 在它的路由表中增加一个项目用于保存子网掩码，也增加了额外的计算量，这是引入划分子网机制需要付出的代价。但从整个因特网系统来看，虽然划分子网改变了原有的 IP 地址结构，但并没有使 IP 地址长度增加。子网的划分也仅限于单位内部，在划分了子网后，其他路由器仍然将 A_1 的 IP 地址看作一个普通的 B 类地址，并根据其网络地址 181.16.0.0 将数据报送至路由器 R_1，只有路由器 R_1 知道这个网络地址又被划分出了多个子网。因此划分子网并没有改变因特网核心路由基础，所付出的额外代价是完全可以接受的。

　　假设图 3-5 中主机 B_1 的 IP 地址与子网掩码配置如图 3-7 所示，那么通过查看这个配置，能否得出该主机的网络地址？

　　主机 B_1 的 IP 地址是 181.16.2.12，用二进制表示为 10110101 00010000 00000010 00001100；子网掩码是 255.255.254.0，用二进制表示为 11111111 11111111 11111110 00000000。将二者进行逐比特与运算，可求出网络地址为 181.16.2.0。

　　再假设主机 B_1 的 IP 地址与子网掩码配置如图 3-8 所示，此时它的网络地址又是什么？明明配置的 IP 地址是相同的，这又与上例有什么区别？

　　此时，主机 B_1 的 IP 地址是 181.16.2.12，用二进制表示为 10110101 00010000 00000010 00001100；子网掩码是 255.255.255.0，用二进制表示为 11111111 11111111 11111111 00000000。将二者进行逐比特与运算，可求出网络地址为 181.16.2.0，与上例相同。但不同的是，本例中子网号占用 8 比特，主机号占用 8 比特，而上例中分别是 7 比特、9 比特，说明两种假设条件下可以划分的子网数和主机数是不同的。

　　再次更改主机 B_1 的 IP 地址与子网掩码配置，使得配置如图 3-9 所示，此时 B_1 的网络地址又会如何变化？

图 3-7　网络地址配置示意图 1　　　图 3-8　网络地址配置示意图 2　　　图 3-9　网络配置示意图 3

　　此时，主机 B_1 的 IP 地址是 181.16.2.12，用二进制表示为 10110101 00010000 00000010 00001100；子网掩码是 255.255.0.0，用二进制表示为 11111111 11111111 00000000 00000000。将二者进行逐比特与运算，可求出网络地址为 181.16.0.0。

　　主机 B_1 的 IP 地址 181.16.2.12 是一个 B 类 IP 地址，而子网掩码 255.255.0.0 中，前 16 比特代表网络号加子网号部分，与 B 类地址的网络号部分等长。这意味着该网络并未进行子网的划分。因特网标准规定，所有的网络都必须使用子网掩码，类似上例中的情况，如果不划分子网，也必须使用默认子网掩码。默认子网掩码中连续的 1 的位数与其 IP 地址中的网络号字段所用比特数相同。这样，A 类地址的默认子网掩码是 255.0.0.0；B 类地址的默认子网掩码是 255.255.0.0；C 类地址的默认子网掩码是 255.255.255.0。

3. 无分类寻址

　　子网寻址暂时缓解了因特网的快速增长问题，但在 20 世纪 90 年代，因特网的规模问题变得非常严重。

（1）一半以上的 B 类地址已经在 1994 年分配完毕，预计 B 类地址空间将在 1995 年全部用尽。

（2）根据因特网的增长速度，32 位的 IPv4 地址预计将在 21 世纪初全部分配完毕。

（3）按每个网络号对应一个全球性路由表项目计，在 1995 年大约有 65000 个项目，并仍将不断增长，路由性能将受到很大影响。

IETF 中的路由和寻址小组从 1992 年开始关注并着手解决这些问题，提出了长期和短期的解决方案。针对问题（2），IETF 专门成立了 IPv6 工作组负责 IP 协议新版本的研究开发；对于迫在眉睫的问题（1）与问题（3），提出了通过提升 IP 地址聚合能力来克服地址分类中存在的缺陷。

为缓解 IPv4 地址消耗过快的压力，相关人员提出了一种无分类编址方法，称为无分类域间路由选择（classless inter-domain routing，CIDR），并在 1993 年形成了 RFC 文档：RFC 1517～RFC1520。2006 年又发布了更新的关于 CIDR 的 RFC 文档：RFC 4632。

CIDR 仍然沿袭了子网寻址的思想，但采用了类似变长子网掩码（variable length subnet mask，VLSM）的方法，将子网寻址概念泛化，把 32 比特 IP 地址从网络号-子网号-主机号的三级编址又重新回归到二级编址，但取消了预分类的概念。于是采用 CIDR 后的 IP 地址结构为 IP 地址::= {<网络前缀>，<主机号>}。

在 CIDR 中，点分十进制形式的 IP 地址可表示为 a. h. c. d/x，其中 x 指示了地址中网络前缀包含的比特数。一个组织通常会被分配一块连续的 CIDR 地址，这样组织内部网络设备的 IP 地址将共用相同的网络前缀，拥有共同网络前缀的连续 IP 地址称为一个 CIDR 地址块。

仍以图 3-5 为例，示例单位内部包含 400 多台主机，需要 IP 地址数量大于 256，一个 C 类地址无法满足该单位的需求。于是该单位申请了一个 B 类地址，但这样造成了对 IP 地址的极大浪费。如果采用 CIDR，只需要分配给该单位一个 186.16.2.0/23 地址块就可以满足该单位的需求，该地址块包含的最小地址和最大地址如表 3-3 所示。

表 3-3　图 3-5 中地址块包含的最小及最大地址

最小地址	186.16.2.0	10111010 00010000 00000010 00000000
最大地址	186.16.3.255	10111010 00010000 00000011 11111111

表 3-3 中，IP 地址的前 23 位为网络前缀。此外，CIDR 虽然不在网络前缀中指明子网字段，但依然沿用了地址掩码的概念。同样地，CIDR 的掩码由连续的 1 和连续的 0 组成，1 的个数就是网络前缀的长度。如果被分配了 CIDR 地址块的单位需要在单位内部划分出子网，可以使用更长的网络前缀。例如，如果该单位需要划分出四个子网，可以将主机号中的两位作为网络前缀，即每一个子网的网络前缀变为 25 位。

从上例可以看出，尽管该单位内部划分了四个子网，但四个子网中的所有 IP 地址的前 23 位都相同，说明在转发分组时，所有地址的前 23 比特与 186.16.2.0/23 相符的 IP 数据报都可以转发至该单位，单位外部并不需要知道单位内部到底划分了几个网络。因此利用 CIDR 地址块来进行路由可以减少路由表中的项目数，这称为路由聚合或构成超网。

路由聚合使得路由表中的一个项目可以表示很多个（如上千个）原来传统分类地址的路由，例如，一个/20 地址块可以表示 16 个 C 类网络的地址。由于路由表的项目数大大减少，路由器之间的路由选择信息的交换也大大减少了，因此路由聚合提高了整个因特网的性能。

例3-1 有如下4个/24地址块,试进行最大可能的聚合:212.56.132.0/24;212.56.133.0/24;212.56.134.0/24;212.56.135.0/24。

解 将这些地址块写成二进制形式,即

212.56.132.0/24　　11010100.00111000.100001 00.00000000

212.56.133.0/24　　11010100.00111000.100001 01.00000000

212.56.134.0/24　　11010100.00111000.100001 10.00000000

212.56.135.0/24　　11010100.00111000.100001 11.00000000

可以看到这四个地址块的共同前缀为22位,因此可以将这四个地址块聚合成一个CIDR地址块:

212.56.132.0/22　　11010100.00111000.100001 00.00000000

从上例可以看到,要对以上4个/24地址块进行寻址,寻址途中路由器的路由表只需要一个项目,即到212.56.132.0/22的路由信息,因此寻址途中路由器的路由表的项目数减少了。当然,目的路由器(假设为ISP连接某大学的路由器,或者某大学自己的路由器)的路由表要有4个/24地址块的路由(假设这4个地址块对应于大学下面的四个系)。

在使用CIDR时,由于使用了网络前缀这种记法。IP地址由网络前缀和主机号两部分组成,因此在路由表中的项目也要有相应的改变。路由表中的每个项目由"网络前缀"和"下一跳地址"组成。在查找路由表时可能会得到不止一个匹配结果,这样就带来一个问题,应该从这些匹配结果中选择哪一条路由呢?应当从匹配结果中选择具有最长网络前缀的路由:这称为最长前缀匹配(longest-prefix matching)。网络前缀越长,其地址块就越小,路由就越具体。最长前缀匹配又称为最长匹配或最佳匹配。

在上例中,假设希望ISP将数据报直接发给这四个地址块中的某一个地址块(如212.56.132.0/24,假设这个地址块对应的是某大学的某个系),而不经过某大学的路由器。

ISP路由表中的项目:212.56.132.0/22　　(某大学)

212.56.133.0/24　　(某大学的某系)

假设ISP收到的分组的目的地址D=212.56.133.11。

D和 11111111 11111111 11111100 00000000 按位与,得到212.56.132.0/22,与某大学的网络地址相匹配。

D和 11111111 11111111 11111111 00000000 按位与,得到212.56.133.0/24,与某大学的某系的网络地址相匹配。

那么应该选择两个匹配的地址中更具体的一个,即选择最长前缀的地址(某大学的某系),因此路由器将该分组转发到某大学的某系。

▶▶ 3.2.2 IP数据报格式

理解IP格式对掌握网络层工作原理非常重要。当前所有网络设备都支持IP的版本4,简称IPv4(RFC 791)。作为IPv4的替代者,IPv6(RFC 2460、RFC 4291)的普及越来越高。本节主要介绍IPv4数据报格式,IPv6将在3.2.6节介绍。

如图3-10所示,IPv4数据报可分为首部和数据两个部分。图中每一行表示4字节,共32比特,首部中前五行表示的字段是所有IPv4数据报必须具有的,称为固定首部;首部中第六行开始的选项部分是一些可选字段,行数不固定。首部中的关键字段如下。

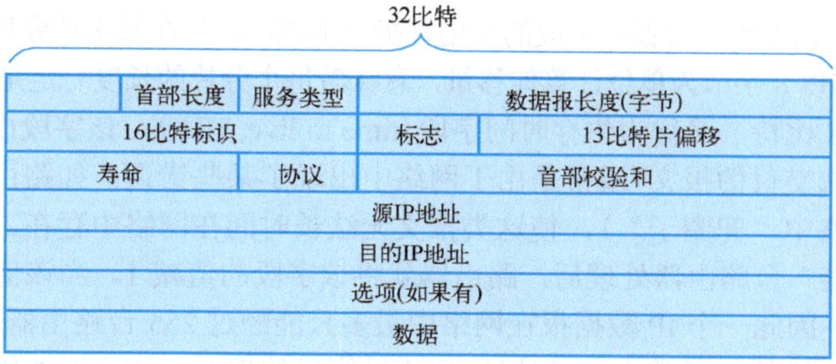

图 3-10　IPv4 数据报格式

版本(号)：占用 4 比特，规定了数据报的 IP 协议版本。通信双方使用的 IP 协议版本号必须一致，因此网络设备通过查看这 4 比特来确定该用何种方法去解释 IP 数据报的其他部分。对于本节介绍的 IPv4 协议，该字段的值为 4。

首部长度：占用 4 比特，由于一个 IPv4 数据报的首部由固定部分和可选部分构成，而可选部分包含的选项数量可变，因此需要使用首部长度来确定报文中数据部分实际开始的位置。大部分 IPv4 数据报首部不包含选项，故大多数情况下首部长度为 20 字节。4 比特的首部长度能够表示的最大值为 15，以 4 字节为单位，所以整个首部的最大长度为 60 字节，选项的最大长度为 40 字节。

服务类型：在 RFC 791 中被命名为服务类型(type of service，ToS)字段。ToS 字段通过 4 比特标识 delay(延迟)、throughout(吞吐量)、reliability(可靠性)、cost(成本)。但 ToS 字段实际上一直没有真正使用过。1998 年 IETF 将该字段更名为区分服务(differentiated services，DS)，在 RFC 2474、RFC 3168、RFC 3260 中重新定义了这个 8 比特字段，前 6 比特定义为服务类型字段，后 2 比特为显式拥塞通告。一般情况下不会使用这个字段。

数据报长度：占用 16 比特，指示 IP 数据报的总长度，即包含了首部和数据部分的总长，以字节为单位计算，因此数据报总长度最大为 $2^{16}-1=65535$ 字节。然而在实际网络中，几乎不会遇到这么长的数据报，通常 IP 数据报的长度会小于以太网帧规定的最大长度 1500 字节，这是因为下层的链路协议会规定一个数据帧的数据字段能够达到的最大长度，称为最大传输单元(maximum transfer unit，MTU)。当 MTU 字段值小于 IP 报文长度时，报文就必须分片。另外，IP 协议还规定所有网络设备在处理 IP 数据报时，支持的报文长度的下限为 576 字节，计算依据如下：假定上层交付的合理数据长度为 512 字节，再加上首部 60 字节和 4 字节的富余量，共计 576 字节。

标识：占用 16 比特，用于 IP 数据报的标识。网络设备每产生一个 IP 数据报，都要为标识字段赋予一个值，通常采用计数器中数值加 1 的方式为标识字段赋值。当该 IP 数据报被分片后，所有分片后的 IP 数据报都使用与分片前相同的标识。这样在将各分片的 IP 数据报重组时，就可以依据标识字段正确还原 IP 数据报。

标志：占用 3 比特，但目前只有前 2 比特具有现实意义。标志字段的最低比特命名为还有分片(more fragment，MF)比特，若标记为 1(MF=1)，表示后面还有被分片的 IP 数据报；若标记为 0(MF=0)，表示当前数据报已是若干 IP 数据报分片的最后一个。标志字段的中间比特命名为不能分片(don't fragment，DF)比特，若标记为 1(DF=1)，表示该 IP 数据报不允许分片，如果遇到数据报长度大于数据链路层 MTU 的情况，直接丢弃该数据报；若标记为 0(DF=0)，表示该 IP 数据报允许被分片。

片偏移：占用 13 比特。片偏移字段的作用是指示本数据报片在原未被分片的 IP 数据报中所处的位置，片偏移以 8 字节为单位计算偏移量，意味着每个分片的长度一定是 8 字节的整数倍。

寿命：占用 8 比特，又称为生存时间字段（time to live, TTL）。该字段用来清除长时间在网络中循环而无法交付的报文（通常是由于网络中出现了某些错误，如路由选择出现环路导致部分报文在网络中"兜圈子"），使这类报文无法长时间在网络中存在。具体做法是当报文经过网络中的某一台路由器处理后，路由器就将该字段的值减 1。当该值减为 0 时，路由器就丢弃该报文，因此一个 IP 数据报在网络中最多只能经过 255 台路由器转发。

协议：占用 8 比特。通常在 IP 数据报到达最终目的地时，该字段才能发挥作用。该字段值指出 IP 数据报的数据部分应交由哪个特定的协议处理。常见协议与协议字段值对应关系如表 3-4 所示。

表 3-4　IP 数据报中常见协议与协议字段值对应表

协议名	ICMP	IGMP	IP	TCP	EGP	IGP	UDP	IPv6	ESP	OSPF
协议字段值	1	2	4	6	8	9	17	41	50	89

首部校验和：占用 16 比特，用于帮助路由器检测收到的 IP 数据报首部中的比特错误。首部校验和的作用范围只包括数据报的首部，不包括数据部分。首部校验和计算方法如图 3-11 所示：首先将首部中的每 2 字节当作一个数，用反码对这些数求和。将该和的反码存放在校验和字段中。路由器每收到一个 IP 数据报，都要计算其首部校验和，若数据报首部中校验和字段与计算结果不一致，则认为出现了传输错误，丢弃该数据报。另外，由于每经过一台路由器，TTL 字段会发生改变，因此每台路由器必须重新计算校验和，具体方法可以参考 RFC 1071。

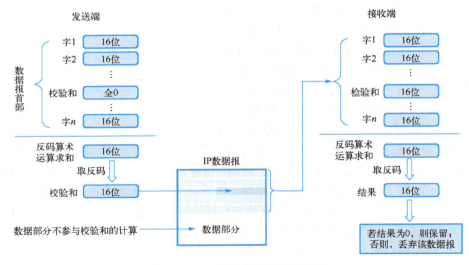

图 3-11　IP 协议中的首部校验和

源 IP 地址和目的 IP 地址：各占用 32 比特，字段值为对应的 IPv4 地址。

选项：允许扩展 IP 数据报的首部来实现一些特殊功能，如安全保密、记录路由、记录时间等。然而，选项的存在却导致实际网络中的问题更加复杂，例如，选项使得首部长度可变，无法预先确定数据字段从何处开始；部分数据报需要处理选项，而部分数据报不需要，使得路由器处理一个 IP 数据报所需的时间变化可能很大,对路由器和网络性能有影响。在 IPv6 首部中已去掉了选项。若对选项有兴趣,可参考 RFC 791。

3.2.3 地址解析协议

图 3-12 显示了一种典型的因特网使用方式,三台主机通过一个交换机连接到一台路由器上,这样只要路由器具有一个因特网接口,三台主机就都可以享受因特网服务。但这种方式存在的问题是:交换机工作在数据链路层,只能处理帧而不能直接处理 IP 数据报。帧中的地址是 MAC 地址。因特网连接了许许多多不同的网络,也存在许许多多不同的数据链路层协议和 MAC 地址。路由器必须将 IP 数据报用正确的数据链路层协议封装成帧,并在帧中写入与目的 IP 地址对应的主机的 MAC 地址。

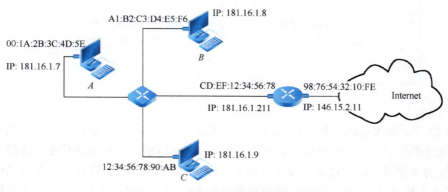

图 3-12 一种典型的因特网使用方式

这就需要因特网提供一种方法,能够在网络层地址和数据链路层地址之间进行转换,地址解析协议(ARP)就承担了这样的任务。

在实际的网络中,每台主机或路由器都管理了一个专门的 ARP 高速缓存,ARP 高速缓存本质上是一张 ARP 表(ARP table),表中每一行都包含了 IP 地址到 MAC 地址的映射关系,如表 3-5 所示。

表 3-5 ARP 表实例

IP 地址	MAC 地址	TTL
186.16.1.7	00:1A:2B:3C:4D:5E	11:28:00
186.16.1.8	A1:B2:C3:D4:E5:F6	11:29:00
186.16.1.9	12:34:56:78:90:AB	11:23:00

表中的内容包括 IP 地址、MAC 地址和 TTL 值,TTL 值表示每个表项的存活时间,通常一个表项最多只能存活 20min。如果网络中某台主机从未进行任何网络通信活动,则网络中的其他主机都无法生成关于该主机的 ARP 表项。

1. 在同一局域网内发送数据报

当两台通信主机处于同一局域网内时,ARP 协议工作原理如下:主机 A 要向本局域网上的某台主机 B 发送 IP 数据报时,首先检查自己缓存中的 ARP 表中是否存在主机 B 对应的 IP

地址表项。若存在，通过查表可以直接获得主机 B 的硬件地址，再把这个硬件地址写入 MAC 帧并在局域网内发送。

但是在某些情况下，如主机 B 从未进行过网络通信或主机 A 刚刚启动，在主机 A 的 ARP 表中查询不到主机 B 对应的 IP 地址表项。这时主机 A 就需要运行 ARP 协议来解析地址，具体步骤如下。

(1)主机 A 的 ARP 进程构造一个 ARP 分组，并在本局域网内广播该分组，称为 ARP 请求分组，ARP 分组格式如图 3-13 所示。

0	8	16	31
硬件地址类型		协议地址类型	
硬件地址长度	协议地址长度	操作	
发送站硬件地址(字节0~3)			
发送站硬件地址(字节4~5)		发送站协议地址(字节0~1)	
发送站协议地址(字节2~3)		目的站硬件地址(字节0~1)	
目的站硬件地址(字节2~5)			
目的站协议地址(字节0~3)			

图 3-13　ARP 分组格式

图 3-13 中，如果局域网使用以太网，互联网使用因特网，则需要在硬件地址类型字段填 1，协议地址类型字段填 0x0800；操作字段填 1，表示请求；硬件地址长度字段填 6，表示 MAC 地址为 6 字节，协议地址长度字段填 4，表示 IP 地址长度为 32 比特；发送站硬件地址字段则填入主机 A 的 MAC 地址，假设其为 AA-AA-AA-AA-AA-AA；发送站协议地址字段则填入主机 A 的 IP 地址，假设其为 221.1.100.112；目的站协议地址字段填入主机 B 的 IP 地址，假设其为 221.1.100.113；目的站硬件地址是主机 A 需要获取的，全部填 0。这样的 ARP 请求分组实际上表示："我的 IP 地址是 221.1.100.112，硬件地址是 AA-AA-AA-AA-AA-AA。我想知道 IP 地址为 221.1.100.113 的主机的硬件地址。"

(2)由于该 ARP 请求分组在局域网上广播，故局域网内所有主机都能收到该分组。主机 B 解析该分组后，发现分组中的目的 IP 地址与自己的 IP 地址一致，就响应这个 ARP 请求，向主机 A 发送 ARP 响应分组。该响应分组的格式与图 3-13 中的请求分组基本一致，只是操作字段的值为 2，同时主机 B 需要在这个 ARP 响应分组中写入自己的硬件地址并将自身 IP 地址和硬件地址作为发送站地址。局域网的其他主机由于自身 IP 地址与 ARP 请求分组中的目的 IP 地址不一致，不需要处理这个 ARP 请求分组。

(3)主机 A 收到主机 B 的 ARP 响应分组后，就在其维护的 ARP 表中增加一个表项，写入主机 B 的硬件地址。

2．向其他网络发送数据报

从 ARP 的工作过程可以发现，ARP 协议只能用于局域网，当主机 A 和主机 B 不处于同一局域网时，主机 A 无法直接通过 ARP 协议获取主机 B 的 MAC 地址。可是在互联网中，不处于同一个局域网的两台主机进行通信是一项基本功能，那么在这个过程中如何解决 MAC 地址的解析问题？当主机 A 和主机 B 不处于同一局域网，主机 A 的 ARP 表中又没有主机 B 对应的表项时，就需要主机 A 首先使用 ARP 协议解析主机 A 所在局域网中默认路由器 1 的硬件地址，并将发送给主机 B 的 IP 数据报发送给默认路由器 1。路由器 1 通过查询路由表获得下一跳路由器 2 的 IP 地址，随后通过 ARP 协议获取路由器 2 的硬件地址并转发上述 IP 数据报；路由器 2 根据该分组中的目的 IP 地址查询路由表，再获得下一跳路由器 3 的 IP 地址，同样通过 ARP 协议获取路由器 3 的硬件地址并转发该 IP 数据报；这个过程不断重复，直至该 IP 数据报被转发至与主机 B 处于同一局域网的路由器 N。路由器 N 将该 IP 数据报交付至主机 B，主机 B 若需要响应该 IP 数据报，则在生成对应的响应报文后，通过路由器 N，采用类似的过程，将该响应报文发送至主机 A。

这个过程看起来略显复杂，但实际上 IP 地址到硬件地址的解析是主机自动进行的，并不需要用户参与，对用户完全透明。

3.2.4　互联网控制报文协议

为能够更加可靠、高效地交互 IP 数据报，主机和路由器之间除了传送 IP 数据报外，还使用互联网控制报文协议（ICMP）来沟通一些与 IP 数据报传送有关的信息。例如，访问网站时浏览器会显示"目的网络不可达"之类的错误信息。承载这类信息的报文就源于 ICMP。报告 IP 数据报差错情况是 ICMP 的一项重要功能，因此 ICMP 常被误认为是 IP 协议的一部分。其实 ICMP 报文是被封装成 IP 数据报发送的，当一台主机收到一个协议字段值为 1 的 IP 数据报时，就需要将 IP 数据报载荷内容解析后提交给 ICMP 协议实体。但因为 ICMP 协议并不具备传输层功能，通常认为 ICMP 协议是网络层协议而不属于高层协议，虽然从体系结构上看它明显位于 IP 协议之上。

1. ICMP 报文格式

ICMP 报文格式如图 3-14 所示，报文首部通常为 8 字节，数据部分长度可变。首部和数据部分一起作为 IP 数据报的载荷，与 IP 数据报的首部组合在一起发送出去。

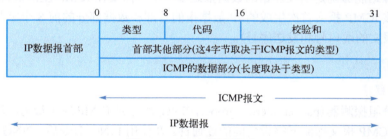

图 3-14　ICMP 报文格式

ICMP 报文的类型字段定义了 ICMP 报文的功能类型；代码字段进一步区分了某种类型中的不同情况；校验和字段用于检验 ICMP 报文是否传输正确。首部其他部分字段的长度为 4 字节，内容根据报文类型的不同而有不同的格式，可能是全 0，也可能是其他特殊格式。

主要的 ICMP 报文类型字段与代码字段组合后的功能描述如表 3-6 所示。

表 3-6　ICMP 报文类型字段与代码字段组合功能描述

ICMP 类型	代码	功能描述
0	0	回显（echo）回答
3	0	目的网络不可达

续表

ICMP 类型	代码	功能描述
3	1	目的主机不可达
3	2	目的协议不可达
3	3	目的端口不可达
3	6	目的网络未知
3	7	目的主机未知
4	0	源站抑制(拥塞控制)
8	0	回显请求
11	0	TTL 过期
12	0	IP 数据报首部错误

其中源站抑制功能(RFC 6633)可用于拥塞控制,但由于高层的 TCP 协议本身具有拥塞控制机制,不需要使用网络层的反馈信息来实现,所以现在已经不再使用 ICMP 的源站抑制报文。差错报告是 ICMP 协议最重要的功能。常见的 ICMP 差错报告有以下几种情况。

(1)目的站不可达:类型字段值为 3 时所处的情况,当主机或路由器交付数据报时,若出现目的网络不可达(代码字段值为 0)、目的主机不可达(代码字段值为 1)、目的协议不可达(代码字段值为 2)、目的端口不可达(代码字段值为 3)、目的网络未知(代码字段值为 6)、目的主机未知(代码字段值为 7)等状况,就需要向源站发送此类 ICMP 报文。

(2)TTL 过期:当路由器收到 TTL 过期的数据报时,路由器丢弃该数据报,并向源站发送 TTL 过期报文。如果 IP 数据报存在分片的情况,只要有一个分片过期,所有分片都会被丢弃。

(3)IP 数据报首部错误:当路由器或目的主机通过 IP 数据报的首部校验和字段检查收到的数据报的首部时,如果发现首部中字段值不正确,就丢弃该数据报,并向源站发送此类 ICMP 报文。

为了让源站能够确定引发差错的数据报是哪一个,需要在 ICMP 差错报告报文的数据部分写入引起该 ICMP 报文首次生成的 IP 数据报的首部和数据部分的前 8 个字节(这 8 个字节对应传输层报文的端口号和发送序号)。

2. ICMP 的应用

1) PING 程序

互联网分组探测器(packet internet groper,PING)程序是 ICMP 应用最为广泛的一个案例,它通过发送 ICMP 报文探测网络设备间的连通性。在使用 PING 命令后,PING 程序会发送一个类型字段值为 8、代码字段值为 0 的 ICMP 报文到指定主机。指定主机看到这个回显(echo)请求后,就会响应这一请求,发回一个类型字段值为 0、代码字段值为 0 的 ICMP 回显报文。这样发送请求的主机可以利用往返 ICMP 报文上的时间戳得出往返时间的最大值、最小值、平均值,以及发送、接收和丢失的分组数等统计信息。

通常 PING 程序是以服务器形式在操作系统中实现的,可以从应用层直接使用 PING 服务,指示操作系统产生相应的 ICMP 报文。

2) Traceroute

Traceroute 程序可用于追踪网络中一台主机至另一台主机或路由器之间的路由,该程序也是通过 ICMP 报文来实现的。

Traceroute 的原理是源主机向目的主机发送一系列 UDP 数据报,但这些 UDP 数据报中写入的端口号不可达。为了能够获取源站和目的站之间的路由器的名字和地址，源站将发送的一系列数据报中的 TTL 值按发送先后顺序分别设为 1、2、3、…，这样当第 1 个数据报到达第 1 台路由器时，路由器接收该报文并将 TTL 值减 1。这时该路由器观察到这个数据报的 TTL 值变为 0，于是丢弃该报文并向源站发送一个 ICMP 差错报告报文（类型字段值为 11，代码字段值为 0），该报文包含了该路由器的名字和 IP 地址。当该报文到达源站时，源站得到了经过的第 1 台路由器的信息。

当第 2 个数据报到达第 1 台路由器时，同样地，第 1 台路由器接收该报文并将 TTL 值减 1 后，依照路由表将该报文发给第 2 台路由器。第 2 台路由器执行相同的操作，将 TTL 值再次减 1，这时第 2 台路由器观察到该数据报的 TTL 值变为 0，于是丢弃该报文并向源站发送一个 ICMP 差错报告报文。当该报文到达源站时，源站得到了经过的第 2 台路由器的信息。

依此类推，源站通过发送一系列这样精心构造的 UDP 数据报，可以获得途径的所有路由器的信息。但它怎样知道该在什么时间停止发送 UDP 数据报呢？由于源站发送的这一系列 UDP 数据报中都写入了实际不可达的端口号，当这些数据报到达目的站时，目的站会向源站发送一个端口不可达的 ICMP 报文（类型字段值为 3，代码字段值为 3）。当源站收到这个 ICMP 报文后，就可以不再发送探测报文了。标准的 Traceroute 程序每次发送三个 TTL 值相同的分组，因此 Traceroute 每一轮探测会返回 3 个结果。

3.2.5　虚拟专用网络与网络地址转换

1. 虚拟专用网络

在因特网出现之前，一些办公地点分布在众多城市甚至多个国家的大型企业就有了联网办公的需求。那时，常用的联网方式是从覆盖面广的电话网中租用部分线路，将各个办公地点连接起来组成网络。这种专门用于某个组织或机构进行内部主机通信的网络称为"专用网络"。从组网的效果上看，专用网络具备许多优点：首先，在租用了线路后，整个网络由该公司独占，带宽更有保证；其次，所有的通信数据都在租用的网络内部流动，不会泄露到其他节点中，隐秘性更有保证；再次，企业外部的攻击者无法远程对网络内部节点发起攻击，只能通过物理接线的方式接入网络，增大了攻击实施的难度，安全性更有保证。但是，专用网络也有一个致命的缺陷——线路租金太高，让企业难以承受。

随着因特网覆盖面增大，组织内部通过网络交换数据必不可少，对专用网络的需求也越来越迫切，碍于租用专用网络的高昂成本，多数企业希望能够通过公共网络承载内部通信流量，但又希望能够实现专用网络的高安全性。虚拟专用网络（virtual private network，VPN）伴随着这种需求诞生了，VPN 利用公共网络实现企业或组织的内部网络通信，虽然并没有真正使用专线进行通信，但公共网络中非本企业或组织的其他节点无法参与，也无法获得通信内容，就好像在公共网络中专门为该企业或组织划分了一个网络，因此称为虚拟专用网络。

VPN 通常采用隧道技术来实现，隧道技术的详细内容将在第 6 章中介绍。例如，一个跨国企业在北京总部的员工希望创建 VPN 与巴黎分公司的员工进行通信。如图 3-15 所示，假定北京总部和巴黎分公司分别设置了内部网络 B 和 P，其网络地址分别为专用地址 172.16.1.0 和 172.16.2.0，每个网络都分别配置了一个连接因特网的路由器 R_1 和 R_2，具有公网 IP 地址 11.12.125.16 和 161.15.22.16。

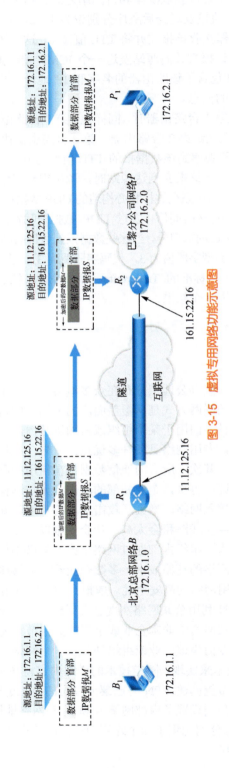

图 3-15　虚拟专用网络功能示意图

　　在进行 VPN 通信时,北京总部的主机 B_1 仍然将巴黎分公司的主机 P_1 视作内部网络节点, B_1 向 P_1 发送的 IP 数据报 M 的源地址为 172.16.1.1,目的地址为 172.16.2.1。由于配置了 VPN, 整个 IP 数据报会被加密,然后重新封装为源地址与目的地址分别为 11.12.125.16 和 161.15.22.16 的 IP 数据报 S,这个新的 IP 数据报在公共互联网上传输,在到达路由器 R_2 后被解密,恢复出原来的目的地址 172.16.2.1,再在巴黎分公司内部网络中转发至目的主机。整个过程就像在公共互联网中建立了一个从北京总部内网通往巴黎分公司内网的隧道一样,公司员工如同使用内部网络通信一样通过 VPN 实现了远程办公。

　　目前,许多防火墙和路由器都集成了 VPN 功能,企业或机构可以通过配置防火墙或路由器上的 VPN 服务来实现虚拟专用网络。个人用户也可以使用 VPN 软件搭建自己的私有 VPN 服务,能够在使用机场、宾馆提供的公共无线网络服务时保障自身的通信安全。

2. 网络地址转换

　　IPv4 地址约为 43 亿个,在因特网初创时期,没有人认为这么多的地址会有耗尽的一天。然而,因特网在诞生的几十年里飞速发展壮大,使得网络终端数量爆炸性增长。早在 2011 年 2 月,因特网数字分配机构(the Internet Assigned Numbers Authority,IANA)就宣布将 IPv4 地址空间最后 5 个地址块分配给其下属的 5 个地区委员会。2011 年 1 月,亚太互联网络信息中心(Asia-Pacific Network Information Center,APNIC)宣布,除了个别保留地址外,本区域所有 IPv4 地址基本耗尽。亚太区网民数量全球最多,但在本区域 IPv4 地址早已耗尽的十多年里,普通网民却从未受到这一问题的困扰,这必须归功于网络地址转换(network address translation,NAT)。NAT 技术允许将一个网络地址映射到另一个网络地址,给 IP 网络带来了深远影响,使 IPv4 起死回生,很好地应对了网络终端加速增长的问题。

　　3.2.1 节介绍了一些特殊的 IP 地址,其中有三个地址块为保留地址(RFC 1918):10.0.0.0～10.255.255.255、172.16.0.0～172.31.255.255、192.168.0.0～192.168.255.255。这三个地址块分别处于 A、B、C 类的地址段,可作为私有 IP 地址在任何企业或组织内部使用,不能作为因特网公用地址。

　　通常情况下,组织内部网络的主机既有内部网络通信需求,又有公网访问需求。这时,可以在组织内部网络到公共网络的路由出口位置部署一个 NAT 网关,如图 3-16 所示。在内部主机的 IP 数据报需要转发至公共网络节点时,NAT 网关替换该 IP 报文首部的源地址信息,通过将内部网络私有 IP 地址替换为出口的公网 IP 地址来提供公共网络接入访问能力。目的站收到该 IP 数据报后,会将响应报文发回至 NAT 网关,NAT 网关再将响应报文的目的 IP 地址替换为内部主机的私有 IP 地址,这样内部主机可以利用私有 IP 地址接入公共网络。更重要的是,采用 NAT

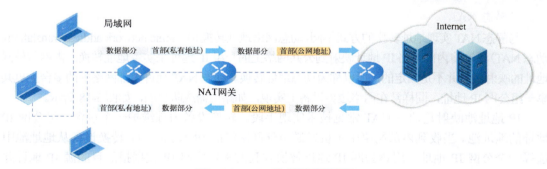

图 3-16　NAT 技术原理示意图

技术后，局域网内数量庞大的主机就不再需要同样数量庞大的公网 IP 地址了。

NAT 技术有以下几个特点。

(1) 网络被划分为内部网络和公共网络两部分，NAT 网关设置在内网到公网的路由出口位置，纵向流量都要经过 NAT 网关。

(2) 对于公共网络的访问只能先由内部网络的主机发起，公网上的主机由于不知道内网主机准确的 IP 地址，无法主动访问内网主机。

(3) NAT 网关对地址进行转换的过程对通信双方来说都是透明的，通常 NAT 网关会维护一张关联表，把地址映射和会话信息保存下来。

NAT 常见的实现方式包括静态 NAT、动态 NAT 和端口地址转换（port address translation，PAT），PAT 在许多文献中也称为网络地址与端口号转换（network address and port translation，NAPT）。

1) 静态 NAT

静态网络地址转换（static network address translation，静态 NAT）通过将一个内部 IP 地址静态映射到一个外部 IP 地址来实现内部主机与外部网络（简称外网）的通信。一种较常见的静态 NAT 实现方式是在网络边界设备（如路由器或防火墙）中配置静态映射，如图 3-17 所示。

在静态 NAT 方式下，内部网络地址与外部网络地址能够建立固定的一对一映射关系。通常，内部网络节点的私有 IP 地址会在经过网络边界设备时转换为一个特定的公网 IP 地址，这使得内部网络节点可以使用这个特定公网 IP 地址与外部网络进行通信。

静态 NAT 的工作原理如下。

(1) 在 NAT 设备（通常是网络边界设备）中配置静态 NAT 表，创建内网地址与公网地址的一对一映射关系。

(2) NAT 设备收到内部网络中某主机发送的 IP 数据报后，检查数据报的源地址，并查询静态 NAT 表，检索与源地址匹配的映射规则。如果存在匹配的映射规则，NAT 设备用匹配规则中映射后的公网地址替换原来的源地址，并重新封装 IP 数据报。

(3) 将重新封装的数据报发送至外部网络。

(4) NAT 设备收到外部网络中某主机发送的 IP 数据报后，检查数据报的目的地址字段，并查询静态 NAT 表，检索与目的地址匹配的映射规则。如果存在匹配的映射规则，NAT 设备用匹配规则中映射后的内网地址替换原来的目的地址，并重新封装 IP 数据报。

(5) 将重新封装的 IP 数据报发送至内部网络。

2) 动态 NAT

与静态 NAT 实现地址转换的方式不同，动态网络地址转换（dynamic network address translation，动态 NAT）通过将内部网络 IP 地址映射到公共网络上的一组 IP 地址来实现地址转换。内网与外网地址的映射关系并不是固定的，所以称为动态地址转换。动态 NAT 允许内部网络中的多台主机共享一组公网 IP 地址，同样常在网络边界设备上实现，如路由器或防火墙，如图 3-18 所示。

IP 地址池映射是动态 NAT 常见技术实现手段。转换设备内部维护一个包含一组公网 IP 地址的地址池。当收到内部网络中主机发送至外部网络的 IP 数据报时，转换设备从地址池中选择一个公网 IP 地址，用该公网 IP 地址替换收到的来自内网 IP 数据报的目的源 IP 地址并重新封装数据报，以实现与外部网络的通信。

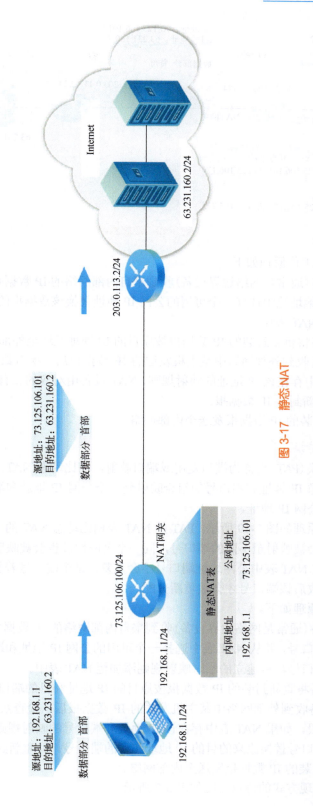

图 3-17　静态 NAT

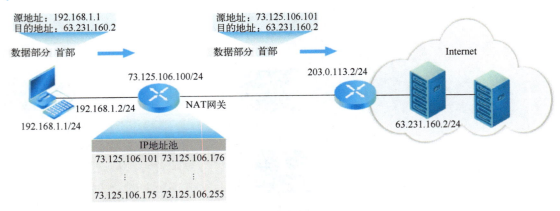

图 3-18　动态 NAT

动态 NAT 的工作原理如下。

(1)NAT 设备(通常是网络边界设备)收到来自内部网络的 IP 数据报后,检查该数据报的源 IP 地址,并从地址池中选择一个可用的公网 IP 地址替换该数据报的源 IP 地址,将该临时映射规则添加至 NAT 表中。

(2)NAT 设备将重新封装的 IP 数据报按原目的 IP 地址发送至外部网络。

(3)NAT 设备收到外部网络中某主机发送的 IP 数据报后,检查数据报中目的 IP 地址字段,如果 NAT 表中存在该 IP 地址的映射规则,NAT 设备用对应的私有 IP 地址替换原来的目的 IP 地址,并重新封装 IP 数据报。

(4)将重新封装的 IP 数据报发送至内部网络。

3)端口地址转换

端口地址转换(PAT)也称为端口复用或端口映射,相比动态 NAT,PAT 增加了对端口号的转换,通过将源 IP 地址和端口号的组合映射到一个公网 IP 地址和端口号上,实现多个内部主机共享一个公网 IP 地址。

PAT 的工作原理如图 3-19 所示。PAT 的 NAT 表相比动态 NAT 的 NAT 表增加了端口号,不同的内网地址会被映射至不同的端口号,同一个公网地址也会被映射至不同的端口号,对应多个内网地址。NAT 表中公网地址端口号不会重复,某个端口号若长期不使用,就会老化从而被回收,回收后该端口号才会被重新分配。

PAT 的工作原理如下。

(1)NAT 设备(通常是网络边界设备)收到来自内部网络的 IP 数据报后,检查该数据报的源 IP 地址和源端口号,并从 NAT 表中选择一个可用的公网 IP 地址和端口号替换该数据报的源 IP 地址和源端口号,将建立的临时映射规则添加至 NAT 表中。

(2)NAT 设备将重新封装的 IP 数据报按原目的 IP 地址和目的端口号发送至外部网络。

(3)NAT 设备收到外部网络中某主机发送的 IP 数据报后,检查数据报中的目的 IP 地址和目的端口号字段,如果 NAT 表中存在该 IP 地址和端口号的映射规则,NAT 设备用对应的私有 IP 地址和端口号替换原来的目的 IP 地址和目的端口号,并重新封装 IP 数据报。

(4)将重新封装的 IP 数据报发送至内部网络。

三种 NAT 实现方式的特点对比如表 3-7 所示。

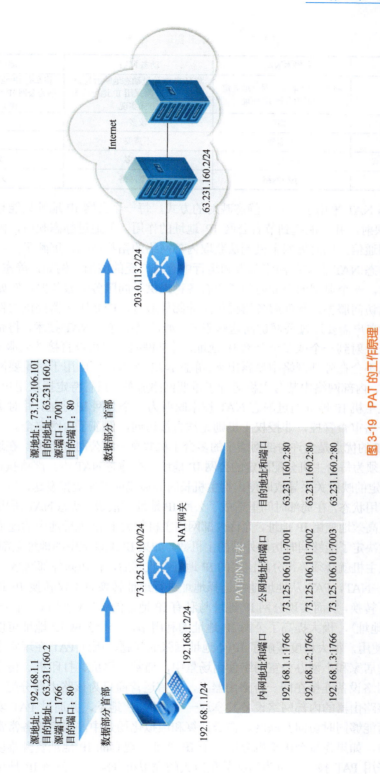

图 3-19 PAT 的工作原理

表 3-7　三种 NAT 实现方式特点对比

属性	静态 NAT	动态 NAT	端口地址转换
原理	将私有 IP 地址一对一地固定映射为公网 IP 地址	将私有 IP 地址动态地映射为公网 IP 地址，常采用 IP 地址池的方式实现	将私有 IP 地址和端口号分别映射为公网 IP 地址和端口号，公网 IP 地址可复用
所需 IP 地址	多	较多	较少
所需端口号	不需要	不需要	需要
IP 地址映射方式	一对一	多对多	多对一
适用场景	小型网络	中型网络	大型网络

　　由于静态 NAT 采用了一对一静态映射的方式，每一个公网 IP 地址只能与一个内网私有 IP 地址进行映射，并不能起到节省公网 IP 地址的作用。但通过静态映射，内部网络中的主机能够与外网通信，同时外网主机无法获取内部网络的拓扑结构，屏蔽了内部网络中的其他主机，因此静态 NAT 在实际网络部署和运行中有着广泛的应用，例如，静态 NAT 常用于服务器地址映射。一个典型的企业内网常常有各种提供不同服务的服务器，例如，Web 服务器提供企业网站访问服务，邮件服务器提供企业邮件服务，FTP 服务器提供文件传输服务等。多数情况下，客户需要通过公网访问这些服务。通过采用静态 NAT 技术，将企业内部网络中的服务器地址映射到一个或多个公网 IP 地址，外部网络客户可以直接访问服务器，内部网络的其他主机也不会在外部网络中暴露出来。静态 NAT 技术还可以用于对重要网络目标进行安全控制。例如，内部网络中某台主机运行了重要网络服务，只有特定授权用户才有资格访问。这时可以将该主机 IP 地址通过静态 NAT 技术映射为一个公网 IP 地址，并对访问该主机的所有请求进行严格审查管控，非授权主机则无法直接访问，保证了内网安全。

　　动态 NAT 的优点是允许内部网络中的多台主机共享一组公网 IP 地址，在通信发生时建立映射关系，无须为每台主机分配固定的公网 IP 地址。在静态 NAT 中，严格执行一对一的地址映射，这种固定的映射关系导致即便内网主机长时间离线或者无数据发送，与之对应的公网 IP 地址也处于使用状态，在局部时间里造成了公网 IP 地址的浪费。动态 NAT 采用的 IP 地址池映射机制可以更高效地使用 IP 地址，允许内部网络主机数大于 IP 地址池中的地址数，但 IP 地址池中的地址数决定了能够同时访问外网的主机数，如果 IP 地址池中的地址全部处于使用状态，内部网络其他主机就必须等待分配出去的 IP 地址被收回后，再访问外部网络。

　　相比动态 NAT，PAT 从地址池中选择地址进行地址转换时不仅转换 IP 地址，同时也会对端口号进行转换，从而实现公网 IP 地址与私有 IP 地址的 1 : N 映射（一个公网 IP 地址对应多个私有 IP 地址），极大提高了公网 IP 地址的利用率，一个公网 IP 地址可以同时被上万个私有 IP 地址使用，很大程度缓解了 IPv4 地址紧张的问题，因此 PAT 在现实中有着广泛的应用。在典型的居家和小型办公室网络使用场景中，通常计算机、打印机、传真机及智能电子设备等多个网络设备连接在同一台路由器上，电信运营商只为该路由器分配一个公网 IP 地址，连接至该路由器的内部网络设备共享这一个公网 IP 地址，并通过 PAT 实现地址和端口的复用，从而能够同时访问互联网。在云计算和虚拟化场景中，网络服务常常运行在规模庞大的虚拟机中，如果为每个虚拟机分配一个 IP 地址，现有的 IP 地址资源难以满足云厂商的需要。通过采用 PAT 技术，可为这些数量巨大的虚拟机分配一组公网 IP 地址，实现多个虚拟机共享一组公网 IP 地址，在不影响虚拟机中网络服务与外部网络通信的情况下，大大节省了公网 IP 地址资源，并降低了 IP 地址管理和配置的复杂性。在服务器负载均衡场景中，PAT 也有应用。在负载均衡集群中，可以将多个内部服务器地址映射到同一个公网 IP 地址，通过 PAT 将不同端口号映射为不同的内部服务器。这样，客户端请求可通过识别端口号而转发到不同的服务器上，实现负载均衡和请求分发。

3.2.6 IPv6

NAT 技术只能缓解 IPv4 地址空间不足的现状，但无法从根本上摆脱 IPv4 地址耗尽的命运。2019 年 11 月，欧洲 IP 网络协调中心 (Réseaux IP Européens Network Coordination Centre, RIPE NCC) 宣布其 IPv4 可用池已经分配了最后的/22 IPv4 地址，全球大约 43 亿个 IPv4 地址全部分配完毕。其实，早在 20 世纪 90 年代，IETF 就成立了专门工作组开发替代 IPv4 的下一代 IP 协议，即 IPv6 (RFC 2460、RFC 4862、RFC 4443、RFC 1752)，目前整个因特网正逐步由 IPv4 向 IPv6 过渡。

1. IPv6 地址

最早的 IPv6 提案中，IP 地址由原来的 4 字节增长到 8 字节，但在审阅提案过程中，许多专家认为 8 字节的地址仍有可能在几十年内被耗尽。还有部分专家认为应该采用 20 字节的地址或可变长度的地址。经过一系列争论后，最终决定采用固定长度的 16 字节地址作为 IPv6 协议的标准。16 字节的地址长度意味着 IPv6 地址空间有 2^{128} 个 IP 地址，约为 $3×10^{38}$ 个，如此大的地址空间能够让地球表面每平方米拥有 $7×10^{23}$ 个 IP 地址。在 RFC 3194 中，参考电话号码分配方案计算在地址空间没有被很有效使用情况下的地址分配，即便在最不利的情况下，地球表面上每平方米仍将有超过 1000 个 IP 地址。因此，目前人们无法预见 IPv6 地址耗尽的场景。

128 比特的地址长度给书写和记忆 IP 地址带来了麻烦，原来 IPv4 所用的点分十进制记法也不够简洁，所以 IPv6 地址采用冒号十六进制记法。在冒号十六进制记法中，16 字节被分成 8 组，每组包含了 4 个十六进制数字，组与组之间用冒号隔开，例如，一个点分十进制记法的 IPv6 地址为 126.103.07.13.0.0.0.0.0.0.0.0.255.255.16.255.255，采用冒号十六进制记法后，可表示为 7E67:70D:0:0:0:FF:FF10:FFFF。

由于许多地址包含了多个 0，因此在冒号十六进制记法中采用了三种优化方法。

首先，每个组内非 0 数字前的前导 0 可以省略，例如，上例中就省略了 070D 中的 0 和 00FF 中的 00。

其次，一个或多个组全部由 0 构成，可以使用一对冒号代替，例如，上例可以简记为 7E67:70D::FF:FF10:FFFF，这种方法称为零压缩。在任一地址中如果有多个不连续的全 0 组，只能使用一次零压缩。

最后，对于 IPv4 地址，可以将冒号十六进制记法与点分十进制记法结合使用，将 IPv4 地址记为一对冒号加上点分十进制数，例如，IPv4 地址 192.168.1.1 可以记为::192.168.1.1。这种记法相当于将 IPv4 地址表示为 0:0:0:0:0:0:192.168.1.1。再使用零压缩，用一对冒号代替前面的六组 0，只是最后两组 16 位值通过点分十进制表示。这种记法在 IPv4 向 IPv6 过渡阶段非常有用。

另外，CIDR 的斜线表示法对 IPv6 仍然适用。例如，112 位的网络前缀 7E67070D

00000000000000FFFF10（共 28 个十六进制字符，每个字符代表 4 比特二进制数）可记为 7E67:070D:0000:0000:0000:00FF:FF10/112，或 7E67:70D:0:0:0:FF:FF10/112，或 7E67:70D::FF:FF10/112。

2．IPv6 数据报格式

相较于 IPv4，IPv6 数据报格式有几个突出变化。

（1）地址容量大大增加：IPv6 将 IP 地址的长度从 32 比特增加到 128 比特，这比地球上的沙砾数量还要多，因此不用再担心 IP 地址耗尽的问题。

（2）数据报首部进行了简化：从多年的 IPv4 数据报使用中汲取了经验，将许多不常用的 IPv4 首部字段舍弃或作为选项，最终形成了固定的 40 字节首部，这样方便路由器更快速地处理 IP 数据报。如果需要扩展首部，则所有扩展首部紧跟在 IPv6 数据报的首部后面，但不属于首部。

（3）流标签的增加：IPv6 对流进行了定义。流字段可用于给一系列特定数据报加上标签，例如，可将音频或视频传输作为一个流，并为它们指明需要的服务。这样，当这个流"流经"路径上的各台路由器时，这些路由器都需要按照标签为流提供所指明的服务，并保证服务质量。

IPv6 数据报的格式如图 3-20 所示，分为基本首部和有效载荷两部分。

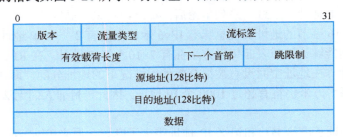

图 3-20　IPv6 数据报格式

各字段的作用如下。

（1）版本：占用 4 比特，指明 IP 协议的版本，对于 IPv6 数据报，该字段值为 6。

（2）流量类型：占用 8 比特，与 IPv4 数据报中的 ToS 字段含义类似，可用于区分不同数据报类别或优先级。

（3）流标签：占用 20 比特，用于标识一个数据报流，所有流标签相同的数据报属于同一个流，可通过流标签实现资源的预先分配，具体可参考 RFC 6437。流标签在为音视频等实时数据的传输中非常有用，例如，可以为远程视频会议的数据报传送提供高优先权。对于其他一些非实时性的数据传输，流标签的作用不明显，可设置为 0。

（4）有效载荷长度：占用 16 比特。该字段指示 IPv6 数据报中基本首部后载荷数据的字节数量，最大值为 65535 字节，约 64KB。

（5）下一个首部：占用 8 比特。在没有扩展首部的情况下，该字段相当于 IPv4 首部中的协议字段，也与其使用相同的值，标识数据字段的内容需要交付给哪个协议，如 TCP 或 UDP；当出现扩展首部时，该字段标识第一个扩展首部的类型。扩展首部直接跟在固定首部后面，属于有效载荷的一部分。

（6）跳限制：占用 8 比特。类似 IPv4 数据报中的 TTL 字段，路由器在转发数据报前需要将该字段的值减 1，如果该字段值变为 0，则丢弃该数据报。

（7）源地址与目的地址：分别占用 128 比特，标识数据报发送方与接收方的 IP 地址。

（8）数据：IPv6 数据报的有效载荷部分，也称为净载荷部分。其中可能包括零个或多个扩展首部。当数据报到达目的地址对应的主机或路由器后，有效载荷就被交付至下一个首部字段中指定的协议处理。

将 IPv6 数据报中各字段的作用与 IPv4 数据报相比，发现几个出现在 IPv4 数据报中的功能字段已经消失。

首先是数据报分片，IPv6 不允许在中间路由器上进行分片与重组，如果 IPv6 数据报因大小超过了某网络的 MTU 而无法被转发，路由器将在丢弃该数据报的同时发回一个"分组太大"的 ICMP 差错报文，然后由发送方将数据重新封装成较小的 IPv6 数据报再发送至目的地。这样可以避免在路由器内进行数据报的分片与重组，大大加快了网络中 IP 数据报的转发速度。

其次是 IPv6 数据报没有首部校验和字段，同样体现了加快分组转发速度的设计思想。由于 TCP/IP 体系结构中的传输层以及以太网的数据链路层都有差错检验方法，没有必要在网络层再进行差错检验。

最后是 IPv6 数据报首部不再支持选项字段，但选项并没有消失，而是以扩展首部的形式出现。目前定义了逐跳扩展、目标选项扩展、路由扩展、段扩展、认证扩展以及加密扩展首部等六种扩展首部，它们都是可选的，但必须直接跟在固定首部后面。如果有多个扩展首部，通常按上述顺序先后排列，详细内容可以参考 RFC 2460 文档。

3.3　路　由　选　择

3.3.1　路由选择原理

当网络中的分组从发送方流向接收方时，网络层必须决定这些分组在网络中的路由或路径。这个在网络范围内确定分组从源站到目的站所采取的端到端路径的处理过程称为路由选择，计算这些路径的算法称为路由选择算法。

路由选择通常用软件实现，每台路由器都需要维护它的核心元素——路由表，路由表指明分组将被发送到的下一台路由器，以使其到达目的地。路由器检查每个分组的首部，提取首部中一个或多个字段值，进而使用这些字段值（通常是目的地址）在其路由表中索引对应的路由表项，依据路由表项中指明的输出链路接口来转发分组。实际上，在路由器中真正负责指明转发分组链路接口的是转发表，转发表是根据路由表的信息，结合链路层与物理层接口得出的，不过在本节中不严格区分路由表和转发表，统一以路由表来表述。

如表 3-8 所示，一个最简单的路由表必须包含两列，一列记录目的网络地址，另一列记录网关地址。具体来说，前者记录的并不是某台主机的 IP 地址，而是需要到达的目的网络的地址。由于互联网中主机数量过于庞大，如果记录每台主机的地址，将会使得路由器存储、路由表检索占用太多资源，延缓转发速度。因此，对于收到的每一个分组，路由器首先判断其目的地址属于哪一个网络，再根据网络地址检索路由表。后者记录的网关地址是分组需要被转发至的下一台路由器的 IP 地址，由于复杂的历史原因，很多时候将路由器称为网关。

表 3-8　一个简单的路由表示例

目的网络地址	网关地址
192.168.1.0/24	10.0.0.253
192.168.122.0/24	10.0.0.47

因此，路由选择的核心问题是配置好路由器中的路由表，而路由选择算法决定了路由表中的内容。在网络中，一台路由器与其他路由器根据路由选择协议交换包含路由选择信息的路由选择报文，然后利用路由选择算法计算出路由表中的内容。一个理想的路由选择算法应具有如下特点。

(1)正确性和完整性：根据计算出的路由表转发分组，分组最终必定能够到达目的网络和目的主机。

(2)简单性：路由选择计算不会给网络通信量增加太多的额外开销。

(3)自适应性：算法应能不断根据网络动态调整，以适应通信量和网络拓扑的变化，并且当网络拓扑或网络通信量发生变化时，算法能自适应地改变路由以均衡各链路负载。

(4)稳定性：在网络通信量和网络拓扑相对稳定的情况下，路由算法能够收敛。

(5)公平性：除特意配置的少数高优先级用户外，路由选择算法的计算结果不应对某些用户具有倾向性，而应平等对待所有网络用户。

但在实际网络中，路由选择是一个很复杂的问题，只能尽量接近理想算法，而且很多情况下"好"是相对的。比如，希望路由选择算法得到的路由能使分组转发的平均时延最小，而吞吐量最大，但对某些网络可能可靠性比速度更为重要。因此在实际网络中，只有最合适的路由选择算法，不存在最好的路由选择算法。

路由选择算法分为两大类，即静态路由选择算法与动态路由选择算法。静态路由选择是非自适应的路由选择，特点是算法简单和开销较小，但由于不能自适应网络状态的变化，只适用于结构简单、拓扑稳定的小型网络。例如，家庭网络环境中，几台主机组成的小型局域网通过路由器连接至因特网。这时路由器完全可以采用静态路由选择，自己配置每一条路由，大部分情况下，家庭路由器只需配置一条默认网关路由即可。动态路由选择又称为自适应路由选择，其特点是能较好地适应网络状态的变化，但算法复杂、开销较大。动态路由选择适用于更大、更复杂的网络。作为全球最大的互联网，因特网使用动态路由选择，以适应网络状态的频繁变化。同时，由于因特网中路由器处于分布式状态，各路由器之间通过不断的信息交互，共同完成路由信息的获取和更新。

由于因特网实在太过庞大，一台路由器不可能知晓因特网中所有网络的路由，因此整个因特网被划分为许多较小的自治系统(autonomous system, AS)，如图 3-21 所示。例如，可以将一个因特网服务提供商划分为一个自治系统。在自治系统内部和自治系统外部，分别使用不同类别的路由选择协议进行路由选择。这样不但可以减轻每台路由器处理/维护路由表的负担、节约路由信息交换带宽、加快转发分组速度，还能保护各自治系统内部网络布局细节，增强安全性。

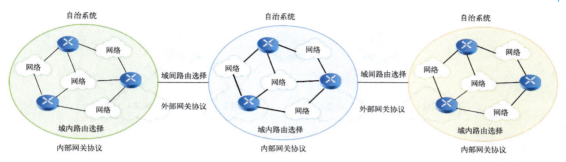

图 3-21　因特网中的自治系统

自治系统由在单一技术管理下的一组路由器组成。自治系统内部的路由器使用内部网关协议(interior gateway protocol，IGP)进行通信，而自治系统之间使用外部网关协议(exterior gateway protocol，EGP)进行通信。EGP 和 IGP 只是依照自治系统划分给出的分类名称，并不是具体的路由选择协议。自治系统之间的路由选择也称为域间路由选择(interdomain routing)，自治系统内部的路由选择也称为域内路由选择(intradomain routing)。

自治系统的特点是可以自主决定在自治系统内部采用何种路由选择协议。比如，一个自治系统的内部网关协议使用路由信息协议(routing information protocol，RIP)，而另一个自治系统的内部网关协议使用开放最短路径优先协议(open shortest path first，OSPF)，无论它们选择什么样的内部网关协议，彼此之间都不会影响。但这些自治系统必须设置一台或多台路由器，在运行本自治系统内部路由选择协议的同时，还要运行自治系统之间的路由选择协议，通常两个自治系统之间使用的外部网关协议为边界网关协议(border gateway protocol，BGP)。

3.3.2　路由信息协议

1. 路由信息协议工作原理

路由信息协议是内部网关协议(IGP)中最早成为互联网标准的路由协议之一。它是一种分布式的、基于距离向量的路由选择协议，原理及实现较其他协议更为简单。

在 RIP 看来，一个"好"的路由应该具有最短的路径。但在网络当中，如何去衡量路径的长短？RIP 采用了一种简单的衡量方法，即使用"跳数"作为度量，来衡量到达目的网络的距离。若某个网络与路由器 A 直接相连，则路由器 A 到该网络的距离被定义为 1，而到其他非直连网络的距离被定义为所需要经过的路由器个数加 1。例如，在图 3-22 中，网络 1 和网络 2 与路由器 R_1 直连，路由器发送至网络 1 和网络 2 的数据包不需要经过其他路由器转发，那么 R_1 到网络 1 和网络 2 的距离为 1；路由器 R_1 发送至网络 3 的数据包需要经路由器 R_2 转发，那么路由器 R_1 到网络 3 的距离为 2；同理，路由器 R_1 发送至网络 4 的数据包需要经路由器 R_2、R_3 转发，则其到网络 4 的距离为 3。这样，在自治系统(AS)内，每一个运行的 RIP 路由器都需要计算并保存该路由器到自治系统(AS)内其他每一个网络的距离，即该路由器到其他网络所需要经过的路由器个数加 1，并将这些结果作为路由表的重要项目维护。

图 3-22　RIP 中的"距离"示意图

也有一些介绍 RIP 的文献将路由器到与其直连的网络的距离定义为 0（思科路由器就采用这样的定义），因为这个过程中经过其他路由器转发的次数为 0，这当然是可行的，而且不会改变 RIP 的路由选择结果。另外，在 RIP 中，能够允许的最大路径长度是 15，也就是说在一条路径中最多只能包含 15 台路由器。如果距离等于 16，则认为网络不可达。因此，RIP只适用于小型互联网。

在计算出路径距离后，RIP 进行路由选择的原则是明确的：一个"好"的路由就是经过的路由器数量最少的路由，即距离最短的路由。例如，在图 3-23 中，R_1 至网络 4 有两条可选路由，分别是 $R_1 \rightarrow R_2 \rightarrow R_3 \rightarrow$ 网络 4 和 $R_1 \rightarrow R_4 \rightarrow$ 网络 4。对 RIP 而言，显然认为后者的距离更短，是更好的路由。值得注意的是，即便前者各链路的时延总和远远小于后者，RIP 也只以经过的路由器数量来判别"好"与"坏"，或许大部分人更倾向于选择时延小的路由，但 RIP并不考虑这一点。若到达同一目的网络恰好有多条距离相同的路由可供选择，选择任意一条都是可行的。这时可以采用负载均衡的办法，将流量均匀分布在各条线路上。

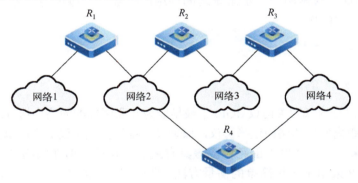

图 3-23　RIP 路由选择

2. 路由信息协议工作过程

"好"的路由选择算法需要具有自适应性，而不是在一开始写入路由表，之后就一成不变。RIP 路由器在刚刚开始工作时，路由表是空的，需要采用某种方法发现网络中的最短路径，将路由表正确地计算出来，这是 RIP 需要解决的核心问题。

为此，RIP 采用距离向量算法来得到网络中的最短路径。在这个算法中，RIP 重点明确了三个问题。

首先，明确了与谁交换信息的问题。因为初始路由表是空的，路由器能够获取的就是与它直连的网络的信息，故必须与其他路由器交换信息，那么到底是与所有的路由器交换信息，还是只与部分路由器交换路由信息呢？其次，明确了在交换信息时，是交换自身知道的全部信息，还是只交换部分信息。最后，明确了应该在何时交换信息，是随机交换，还是按某种信号统一交换。

RIP 的计算过程继承了 Bellman-Ford 算法的思想，每台路由器只与相邻路由器交换信息，即如果两台路由器之间需要经过另一台路由器进行通信，那么这两台路由器之间不进行直接的 RIP 信息交换；每次交换都将自己的路由表交换给对方，即交换自己所知道的全部路由信息；交换的时间间隔是固定的，通常每隔 30s 交换一次，且各路由器内部计时器独立，这样可以防止同时产生大量信息交换造成网络阻塞。

由此，RIP 的基本工作过程可以归纳为如下三个步骤。

(1)初始化：路由器刚刚开始工作时，只知道自己与哪些网络直接相连，因此在生成的路由表中，将到直接相连的几个网络的距离定义为 1。

(2)路由交换：路由器以固定的时间间隔将包含自身路由表的 RIP 报文发送给相邻路由器。RIP 报文中的路由信息包含三个关键内容，即目的网络、到目的网络的距离及下一跳路由器地址。

(3)路由更新：对收到的每个相邻路由器发送的 RIP 报文，利用距离向量算法进行路由更新，具体算法如下。

①对于 RIP 报文中的每一个路由表项，将下一跳字段的值改为发送该 RIP 报文的路由器的地址，并将对应的距离字段的值加 1。例如，若 RIP 报文是由地址为 B 的相邻路由器发送而来的，则不论其下一跳字段取何值，都将该值改为 B。原因是不论原来通过哪台路由器到达目的网络，现在都可以通过路由器 B 到达。随后将对应的距离字段的值加 1，原因是多经过了一台路由器 B，所以到达目的网络的距离比原来路由表中的距离大 1。

②对于 RIP 报文中的每一个路由表项，检查其中的目的网络字段，如果原路由表中没有该目的网络，意味着通过报文交换获得了一个新的路由表项，将其添加到路由表中；如果原路由表中存在该目的网络，则进一步查看其对应的下一跳路由地址，若下一跳路由地址相同(也是发送该报文的路由器地址)，则用收到的新路由表项替代原路由表项，因为这是一条新的路由。若下一跳地址不同(不是发送该报文的路由器地址)，则比较收到的新路由表项中对应的距离字段的值，若收到的新路由表项中的距离字段值小于原路由表项，则对路由表项进行更新，因为 RIP 协议的目的是要找一条距离最短的路由。

③若长时间(通常设置为 3min)未收到相邻路由器的路由表更新报文，则将该相邻路由器距离设置为 16，表示不可达。

④重复以上步骤，经过若干次交换和更新后，本自治系统内的每台路由器都可以计算出正确的路由。

从上述 RIP 协议的运行原理可以看出，RIP 是一种分布式的路由选择算法，每个节点可以从相邻节点接收信息并独立进行计算，再将计算出的结果发送给其他相邻节点；RIP 也是一种异步路由选择算法，节点间没有同步信号，每个节点基于自身的时钟各自独立操作；同时，RIP 还是一种迭代的路由选择算法，需要持续多轮信息交换才能让所有路由器的路由信息达成一致，这个过程又称为收敛。可能会有人怀疑这种异步且分布式的计算方式是否能使各个节点得到一致的路由信息，D.Bersekas 证明了只要所有节点依照上述原理不断更新信息，最终都会收敛到一致的路由。

以图 3-24 为例阐述运行 RIP 协议的路由器是如何计算路由表的。路由器 $A\sim F$ 连接了网络 1~6 共 6 个网络，路由器之间周期性地交换并更新路由信息。

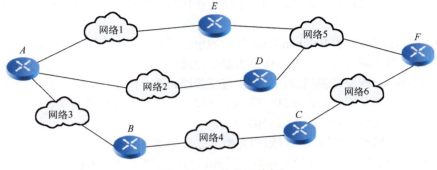

图 3-24　一个 RIP 实例

其中，路由器 B 只与路由器 A 和 C 相邻，因此路由器 B 也只会与路由器 A 和 C 交换路由表。假设路由器 B 刚刚运行，初始化后的路由表如表 3-9 所示。

表 3-9　路由器 B 初始化后的路由表项

目的网络	距离	下一跳
网络 3	1	—
网络 4	1	—

在收到路由器 A 的 RIP 报文后，路由器 B 可得到 A 的路由表，如表 3-10 所示。

表 3-10　路由器 A 的路由表

目的网络	距离	下一跳
网络 1	1	—
网络 2	1	—
网络 3	1	—
网络 4	4	E
网络 5	2	E
网络 6	3	E

路由器 B 按照距离向量算法进行路由更新。

首先，B 将 A 的路由表中的距离值全部加 1，并将下一跳改为 A，得到表 3-11。

表 3-11　处理后的 A 的路由表

目的网络	距离	下一跳
网络 1	2	A
网络 2	2	A
网络 3	2	A
网络 4	5	A
网络 5	3	A
网络 6	4	A

然后，根据处理后的 A 的路由表更新 B 自身的路由表，具体过程如下。

第 1 项，目的网络 1，B 原来的路由表没有此项，因此将该路由添加至路由表中。

第 2 项，目的网络 2，B 原来的路由表没有此项，因此将该路由添加至路由表中。

第 3 项，目的网络 3，B 原来的路由表有此项，且网络 3 与 B 直接相连，距离为 1，因此不更新。

第 4 项，目的网络 4，B 原来的路由表有此项，且网络 3 与 B 直接相连，距离为 1，因此不更新。

第 5 项，目的网络 5，B 原来的路由表没有此项，因此将该路由添加至路由表中。

第 6 项，目的网络 6，B 原来的路由表没有此项，因此将该路由添加至路由表中。

于是在第一次更新后，B 的路由表如表 3-12 所示。

表 3-12　第一次更新后 B 的路由表

目的网络	距离	下一跳
网络 1	2	A
网络 2	2	A
网络 3	1	—
网络 4	1	—
网络 5	3	A
网络 6	4	A

在收到路由器 C 的报文后，路由器 B 可获得 C 的路由表如表 3-13 所示。

表 3-13　C 的路由表

目的网络	距离	下一跳
网络 1	3	F
网络 2	4	F
网络 3	4	F
网络 4	1	—
网络 5	2	F
网络 6	1	—

类似地，B 对路由器 C 的路由表进行处理，得到表 3-14。

表 3-14　处理后的 C 的路由表

目的网络	距离	下一跳
网络 1	4	C
网络 2	5	C
网络 3	5	C
网络 4	2	C
网络 5	3	C
网络 6	2	C

路由器 B 根据处理后的 C 的路由表来更新自身的路由表，具体规则如下。

第 1 项，目的网络 1，B 原来的路由表有这一项，通过 A 到达，距离为 2，而通过 C 到达距离为 4。下一跳地址不同，选择距离短的那一项，因此不更新。

第 2 项，目的网络 2，B 原来的路由表有这一项，通过 A 到达，距离为 2，而通过 C 到达距离为 5。下一跳地址不同，选择距离短的那一项，因此不更新。

第 3 项，目的网络 3，B 原来的路由表有这一项，且与 B 直接相连，距离为 1，因此不更新。

第 4 项，目的网络 4，B 原来的路由表有这一项，且与 B 直接相连，距离为 1，因此不更新。

第 5 项，目的网络 5，B 原来的路由表有这一项，通过 A 到达，距离为 3，而通过 C 到达距离为 3。下一跳地址不同，但距离相同，因此不更新。

第 6 项，目的网络 6，B 原来的路由表有这一项，通过 A 到达，距离为 4，而通过 C 到达距离为 2。下一跳地址不同，选择距离短的那一项，因此更新。

最终，B 在更新后形成的路由表如表 3-15 所示。

表 3-15　B 的最终路由表

目的网络	距离	下一跳
网络 1	2	A
网络 2	2	A
网络 3	1	—
网络 4	1	—
网络 5	3	A
网络 6	2	C

同样，在路由器 B 的 RIP 更新报文发送周期到来后，路由器 B 也需要将自身的路由表发送给 A 和 C，A 和 C 会用与 B 相同的算法更新自己的路由表，最终网络中的全部路由器都会得到相同的路由，但它们只需要与自己的相邻路由器交换路由表。

3. RIP 的缺点

RIP 存在"好消息传播快，坏消息传播慢"的问题。如图 3-25 所示，路由器 A 到网络 X 间的距离为 1，A 向其相邻路由器 B 发送 RIP 报文。B 收到该报文后，更新自己的路由表（B 到网络 X 的距离为 2，下一跳为 A），并发送新的 RIP 报文通知 C。C 收到 B 的 RIP 报文后，同样也更新自己的路由表（C 到网络 X 的距离为 3，下一跳为 B）。这样，通过两个 RIP 报文的开销，到网络 X 的距离这个好消息很快就会通知到 B 与 C 两台路由器。

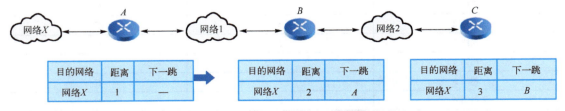

图 3-25　RIP 中的好消息传播示例

但出现了图 3-26 所示的另一种情况时，可能就无法仅通过两个 RIP 报文完成路由表的更新了。假设 A 到网络 X 的链路出现了故障，导致网络 X 不可达，此时 A 向相邻路由器 B 发送 RIP 报文，通知其距离变化情况。在 t_0 时刻，B 收到了 A 的 RIP 更新报文，其将到网络 X 的距离更新为不可达。在 t_1 时刻，B 收到了路由器 C 周期性发送的 RIP 报文，其中包含一个通过 B 到达网络 X 的距离为 3 的路由表项。于是 B 会认为通过 C 能够到达网络 X。虽然很明显 B 的判断是错误的，但 B 并不具有全局视角，根据之前的路由更新原则，B 做出这个判断是完全合乎规则的，于是 B 更新自身的路由表。在 t_2 时刻，C 接收到了 B 的 RIP 更新报文，其中包含一个通过 C 到达网络 X 的距离为 4 的路由表项，于是 C 将自身到网络 X 的距离标识为 5。这种情况称为"路由环路"（routing loop），RIP 更新报文将在这两台路由器间不断转发，直到某一方计算出的距离等于 16 为止。

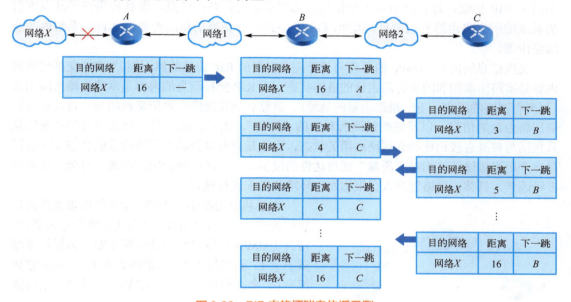

图 3-26　RIP 中的坏消息传播示例

这就是 RIP 协议"坏消息传播慢"的原因，可以采用一种毒性逆转的方法在一定程度上避免环路的产生。毒性逆转的思路非常简单，比如，在上例中，C 到网络 X 需要经过 B，则在 C 发给 B 的路由表中，到网络 X 的距离被标识为 16，直到网络 X 有其他路由选择为止。这样 B 在任何情况下都不会认为能够经由 C 到达网络 X，避免了环路的形成。但是，这种方法只能用于类似上例中直接相连的邻节点间的环路，对于更复杂的情况，如具有三个以上节点的环路，就无能为力了。因此在网络规模较大时，更新过程的收敛时间可能很长。

此外，RIP 路由器之间需要交换完整的路由表，随着网络规模的增大，报文开销也增大。从这几个方面考量，RIP 只适用于小规模网络。

3.3.3　开放最短路径优先

针对 RIP 无法适用于大规模网络的缺点，1989 年相关人员开发了一种新的内部网关协议——开放最短路径优先。其中"开放"一词表明 OSPF 协议不是某个厂商的专有协议，而是可以开放为任何厂家所用。使用"最短路径优先"一词是因为该协议使用了 Dijkstra 提出的最短路径优先(shortest path first,SPF)算法。OSPF 的第二个版本 OSPF v2 已经成为互联网标准,由文档 RFC 2328 定义。

1. OSPF 工作原理

OSPF 是一种基于链路状态的路由选择协议,采用泛洪法向自治系统中的所有路由器发送链路状态信息,采用 Dijkstra 算法计算代价最小的路由。由于每台路由器都能获得所在网络的完整拓扑图,且通过 Dijkstra 算法能得到每个节点的汇集树,因此不会产生 RIP 中的路由环路问题。OSPF 中路由器交换信息的对象和内容均与 RIP 不同。

交换信息的对象:OSPF 中的每台路由器最终都将建立起一致的全网拓扑结构图,因此不同于 RIP 协议,每台路由器不是仅与相邻路由器交换路由信息,而是使用泛洪法向本自治系统的所有路由器发送信息。因此,OSPF 中路由器交换信息的对象是本自治系统内的全部路由器。

交换信息的内容:OSPF 的原理与基于距离向量的 RIP 协议截然不同。OSPF 交换信息的内容是本路由器相邻的所有路由器的链路状态,而 RIP 交换信息的内容是本路由器的路由表(到所有网络的距离及下一跳路由器的地址)。链路状态是指路由器所掌握的与其直接相连的邻居路由器的信息,以及这些链路所对应的"代价"。需要注意的是,交换的链路状态信息只包括与自身直接相连的邻居路由器的状态,而不是自身掌握的全部路由器的状态。"代价"是一个用于描述链路相对"质量"或可达性的度量,可以涵盖如费用、距离、时延、带宽等多种因素,具体由网络管理人员根据网络环境和需求进行设定。

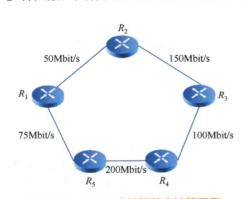

图 3-27   OSPF 中链路状态计算示例

在思科路由器中,OSPF 默认使用带宽作为计算代价的基础。具体的计算方法是:将参考带宽(通常为 100Mbit/s)除以链路的实际带宽。如果计算结果小于 1,则代价为 1;如果结果大于 1,则取整数部分(即舍去小数部分,但在某些场景中,也可能会四舍五入)。

假设有图 3-27 所示的网络。

该网络包含 5 台路由器(R_1、R_2、R_3、R_4、R_5),这些路由器通过不同的链路相互连接,每条链路具有不同的带宽。图 3-27 中,链路 R_1-R_2、R_2-R_3、R_3-R_4、R_4-R_5、R_5-R_1 的带宽分别为 50Mbit/s、150Mbit/s、100Mbit/s、200Mbit/s 和 75Mbit/s。按照上述的计算规则,可分别计算各条链路的代价。

链路 R_1- R_2 的代价:100Mbit/s/50Mbit/s = 2(代价为 2)。

链路 R_2- R_3 的代价:100Mbit/s/150Mbit/s= 0.6667 ≈ 1(代价为 1,因为结果小于 1)。

链路 R_3- R_4 的代价:100Mbit/s/100Mbit/s=1(代价为 1)。

链路 R_4- R_5 的代价:100Mbit/s/200Mbit/s = 0.5 ≈ 1(代价为 1,OSPF 通常会将小于 1 的代价设为 1,但在某些配置下,也可能会保留实际的小数值)。

链路 R_5- R_1 的代价:100Mbit/s/75Mbit/s = 1.3333 ≈ 1(代价为 1,因为结果大于 1 取整数部

分，但在某些配置下，可能会取 2)。在实际应用中，网络管理员可以通过 OSPF 的接口配置命令来调整代价计算方式或直接指定代价值。

其链路状态的计算如图 3-28 所示。

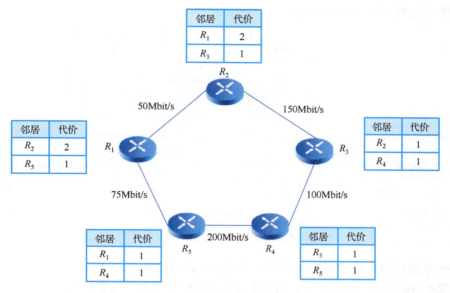

图 3-28　计算后的链路状态示例图

链路状态通告(link state advertisement，LSA)是 OSPF 中计算路由的重要依据。链路状态通告包含链路上的网络类型、接口 IP 地址及子网掩码、链路上所连接的邻居以及链路开销。经过多次发布 LSA，OSPF 更新过程得以收敛，全网路由器建立起一致的链路状态数据库(link state database，LSDB)，这个数据库本质上就是一幅包含了全网路由器的拓扑结构图。RIP 协议中各路由器虽然在交换信息时给出了自身知道的全部信息，但却无法获得全网的拓扑结构。因为 RIP 交换的信息只是到所有网络的距离以及下一跳路由器的地址，只有到了下一跳路由器后，才知道下一步应该怎样走。在 OSPF 中，利用这幅拓扑结构图，路由器可以进一步通过 Dijkstra 算法构造出自身的路由表。此外，OSPF 在没有明显的状态信息需要更新时，只需要定期交换用于维持邻居关系以及确保网络连通的简单报文，仅在链路状态发生变化时才会用泛洪法向所有路由器发送链路状态信息。这样的设计有助于减少不必要的网络流量，提高 OSPF 协议的效率。对于 RIP 协议，不管网络拓扑有无发生变化，路由器之间都要定期交换路由表的信息。

2. OSPF 分组格式及分组类型

OSPF 直接封装成 IP 数据报，并没有使用 UDP 或 TCP 等传输层协议。从效率方面考虑，为减少路由信息的通信量，OSPF 构成的数据报相对较短。数据报较短的另一好处是可以不必将长的数据报分片传送，因为只要丢失一个分片，整个数据报就必须重传。从可靠性方面考虑，OSPF 通过自身的机制(如链路状态广播和确认)实现了可靠性，因此 OSPF 无须借助 TCP 的可靠性机制。从安全性方面考虑，OSPF 支持鉴别功能，这保证了仅在可信赖的路由器之间交换链路状态信息。从灵活性方面考虑，OSPF 支持多种网络类型和服务类型，并能够根据网络的变化动态地调整路由。这种灵活性使得 OSPF 能够适应各种网络环境，而不需要依赖特定的传输层协议。从实用化方面考虑，OSPF 出现时，网络架构已相对清晰，使得 OSPF 能更有效地利用 IP 层的功能，因此 OSPF 直接使用 IP 协议来封装分组，而不是使用 UDP 或 TCP，其 IP 数据报首部的协议字段值为 89。

OSPF 分组格式如图 3-29 所示。

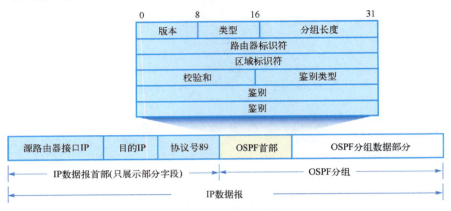

图 3-29　OSPF 分组的格式

OSPF 分组首部长度固定为 24 字节，首部各字段规定如下。

(1) 版本 (version)：标识 OSPF 的版本号，当前广泛使用的版本是 2。

(2) 类型 (type)：在 RFC 2328 中，OSPF 分组的类型通过该字段来标识。在实际的网络设备中，类型字段值与分组类型的对应关系可能会有所差异。通常在 OSPF v2 中，Hello 分组对应的类型值为 1，数据库描述 (database description，DD) 分组对应的类型值为 2，链路状态请求 (link state request，LSR) 分组对应的类型值为 3，链路状态更新 (link state update，LSU) 分组对应的类型值为 4，链路状态确认 (link state acknowledgment，LSAck) 分组对应的类型值为 5。

(3) 分组长度 (packet length)：指明整个 OSPF 分组的长度，包括 OSPF 首部和数据部分，以字节为单位。

(4) 路由器标识符 (router ID)：标识了发送该 OSPF 分组的路由器 ID，通常为路由器一个接口的 IP 地址。

(5) 区域标识符 (area ID)：指明分组所属的 OSPF 区域。OSPF 使用区域来划分网络，每个区域运行一个 OSPF 实例，这有助于减小路由表的规模和复杂性。

(6) 校验和 (checksum)：校验和的计算包括 OSPF 分组的首部和数据。接收方使用校验和来验证分组的完整性，以检测分组在传输过程中是否发生了错误。

(7) 鉴别类型 (authentication type)：指明 OSPF 分组的鉴别类型，可以是 0 (表示不使用鉴别) 或 1 (表示使用简单口令鉴别)。

(8) 鉴别 (authentication)：如果鉴别类型为 1，则此字段包含一个 8 字节的口令。接收方将使用这个口令来验证发送方的身份。如果鉴别类型为 0，则此字段通常被设置为 0。

OSPF 通过交换五种分组类型的报文来完成路由表的建立。

(1) 类型 1——问候 (Hello) 分组：用于发现和维持邻站的可达性。在 OSPF 中，相邻路由器每隔一段时间 (通常为 10s) 会交换一次问候分组，以确认双方之间的通信状态是否正常。Hello 分组的格式如图 3-30 所示。

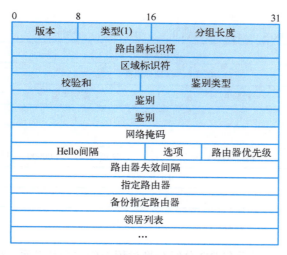

图 3-30　OSPF Hello 分组的格式

①网络掩码(network mask)：发送 Hello 分组的接口所在网络的掩码。

②Hello 间隔(hello interval)：表示发送两个 Hello 分组相隔的时间。在广播网络和点到点网络中，默认 Hello 间隔是 10s；在非广播多路访问(non-broadcast multi-access，NBMA)网络和点到多点网络中，默认间隔是 30s。形成邻接关系的两台路由器的 Hello 间隔必须相同。

③选项(options)：共 8 比特，每个比特代表不同的选项。例如，DN 比特用于避免出现环路，O 比特用于不透明的 LSA，DC 比特表示处理按需链路，EA 比特是外部特性，N/P 比特用于非完全端区(NSSA)，MC 比特表示转发 IP 组播报文，E 比特表示在这个区域允许泛洪外部 LSA，MT 比特用于支持多拓扑 OSPF 等。

④路由器优先级(router priority)：默认为 1。如果为 0，表示不参加指定路由器(designated router，DR)和备份指定路由器(backup designated router，BDR)的选举。

⑤路由器失效间隔(router dead interval)：表示如果在此时间内没有收到邻居发来的 Hello 分组，路由器就认为邻居已经"死亡"或不可达。默认此时间是 Hello 间隔的 4 倍，即如果 Hello 间隔是 10s，那么路由器失效间隔就是 40s。

⑥指定路由器：通过 Hello 协议选举出来。在广播网络和 NBMA 网络中，需要选举 DR 来减少邻接关系的数量。

⑦备份指定路由器：在 DR 失效时，BDR 将接替 DR 的角色。BDR 也是通过 Hello 协议选举出来的。

⑧邻居列表(neighbor list)：列出了已经建立邻接关系的邻居路由器的 ID。

(2)类型 2——数据库描述分组：用于向邻站给出自己的链路状态数据库中所有链路状态项目的摘要信息，允许路由器之间共享和同步它们的链路状态信息。DD 分组的格式如图 3-31 所示。

①接口 MTU(interface MTU)：发送该分组的接口所在网络的最大传输单元(MTU)。

②选项(options)：与 Hello 分组的选项字段类似。

③I(initial)：为 1 表示这是第一个 DD 分组，或是对先前 DD 分组的重传。

④M(more)：为 1 表示发送方还有更多的 DD 分组要发送，为 0 表示这是最后一个 DD 分组。

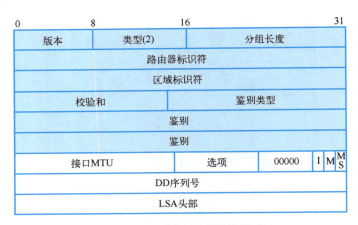

图 3-31　OSPF DD 分组的格式

⑤MS（master/slave）：用于在 DD 分组交换过程中确定主从关系，决定 DD 分组序列号的起始值。

⑥DD 序列号（DD sequence number）：用于标识 DD 分组的序列号，以便进行确认和重传。

⑦LSA 头部（LSA headers）：DD 分组中包含一系列 LSA 的头部信息，而不是完整的 LSA。这些 LSA 头部描述了发送方链路状态数据库中的 LSA 摘要。

DD 分组交换过程中，路由器会发送多个 DD 分组，每个分组都包含一部分 LSA 摘要信息。接收方会检查这些摘要信息，并与自己的数据库进行对比，以确定哪些 LSA 是新的、哪些需要请求更新。通过这个过程，路由器能够高效地同步它们的链路状态数据库。

(3) 类型 3——链路状态请求分组：用于向邻站请求发送某些链路状态项目的详细信息。当路由器发现其链路状态数据库与邻站不一致时，它会发送 LSR 分组以获取缺失的链路状态信息。LSR 分组格式如图 3-32 所示。

0	8	16	31
版本	类型(3)	分组长度	
路由器标识符			
区域标识符			
校验和		鉴别类型	
鉴别			
鉴别			
链路状态类型			
Link State ID			
Advertising Router			
...			

图 3-32　OSPF LSR 分组的格式

①链路状态类型（link state type）：表示 LSA 的类型，如路由器 LSA、网络 LSA 等。

②Link State ID：对于不同类型的 LSA，该字段意义不同。例如，对于 1 类 LSA，该字段值是产生 LSA 的路由器 ID；对于 2 类 LSA，该字段值是 DR 的接口地址；对于 3 类 LSA，该字段值是目的网络的网络地址；对于 4 类 LSA，该字段值是自治系统边界路由器（autonomous system boundary router，ASBR)的标识符；对于 5 类 LSA，该字段值是目的网络的网络地址。

③Advertising Router：产生此 LSA 的路由器 ID。

LSR 分组本身并不直接包含所请求的完整 LSA，而只包含了足够的信息以便邻居路由器识别并发送相应的 LSA。实际的 LSA 数据将在 LSU 分组中发送。

(4)类型 4——链路状态更新分组：路由器使用这种分组响应邻站的 LSR 请求，将其请求的链路状态通知给邻站，以便进行全网更新。LSU 分组可以包含多个 LSA，每个 LSA 描述了一个网络、路由器或网络的一部分的链路状态信息。LSU 分组通过泛洪法传播到整个 OSPF 区域，确保所有路由器都能获得一致的链路状态信息。LSU 分组的格式如图 3-33 所示。

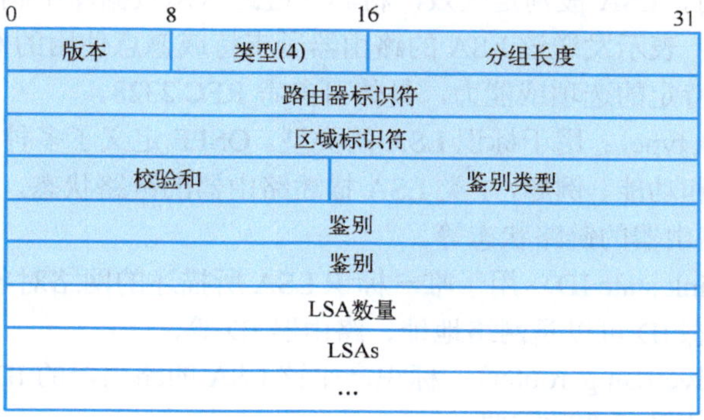

图 3-33　OSPF LSU 分组的格式

①LSA 数量(number of LSA)：在该分组中总共发送的 LSA 数量。

②LSAs：该分组携带的一个一个具体、完整的 LSA 信息，后面的"…"表示分组可以包含多个 LSA 信息。

在使用泛洪法广播 LSU 分组后，需要对方通过链路状态确认分组加以确认，并且对未确认的 LSA 分组进行重传，重传时无须采用泛洪法，直接发送给未确认的邻居路由器。

(5)类型 5——链路状态确认分组：用于对 LSU 分组的确认。当路由器收到一个 LSU 分组后，它会发送一个 LSAck 分组告知发送方已成功接收并处理了该更新。这有助于确保链路状态信息的可靠传输和同步。LSAck 分组格式如图 3-34 所示。

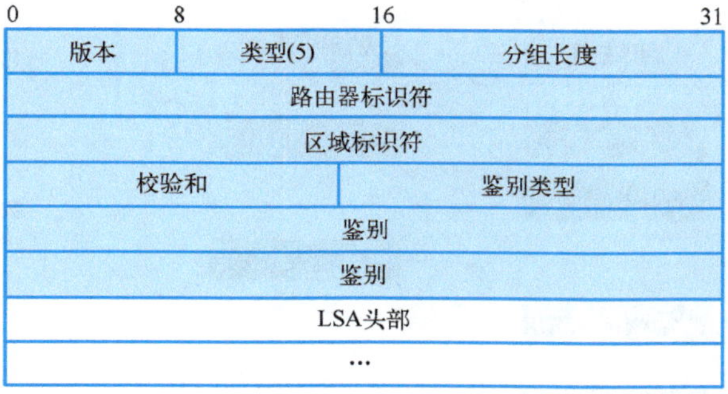

图 3-34　OSPF LSAck 分组的格式

由于 LSAck 分组是路由器对收到的 LSU 分组所发出的确认应答报文，因此报文中包含的内容是需要确认的 LSA 头部，LSA 头部格式如图 3-35 所示。

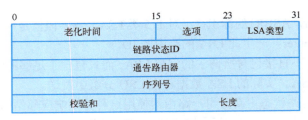

图 3-35　LSA 头部格式

①老化时间(LSA age)：表示 LSA 存在的时间，以秒为单位。当老化时间达到设定的最大值(通常是 3600s)时，LSA 被判定失效，将其从链路状态数据库中删除。

②选项(options)：表示发送该 LSA 的路由器所支持或愿意使用的 OSPF 选项，目前有 8 位，每一位代表一个特定的选项或能力，具体可参考 RFC 2328。

③LSA 类型(LSA type)：用于标识 LSA 的类型。OSPF 定义了多种 LSA 类型，每种类型对应不同的网络结构和功能。例如，1 类 LSA 描述路由器的链路状态，2 类 LSA 描述 DR(指定路由器)与其相连路由器的链路状态等。

④链路状态 ID(link state ID)：用于唯一标识 LSA 所描述的网络对象或路由器。根据 LSA 类型的不同，链路状态 ID 可以是网络地址、路由器 ID 等。

⑤通告路由器(advertising router)：标识产生该 LSA 的路由器的 ID。这个字段对于确定 LSA 的来源和进行路由计算非常重要。

⑥序列号(LSA sequence number)：每发送一条 LSA，序列号加 1。序列号可用于判断 LSA 的新旧。

⑦校验和(checksum)：用于验证 LSA 的完整性。接收方会计算接收到的 LSA 的校验和，并与发送方提供的校验和进行比较，以确保 LSA 在传输过程中没有发生错误。

⑧长度(length)：表示包括 LSA 头部在内的 LSA 的总长度，以字节为单位。

3. OSPF 工作过程

OSPF 协议的工作过程如图 3-36 所示，可以分为以下几个阶段。

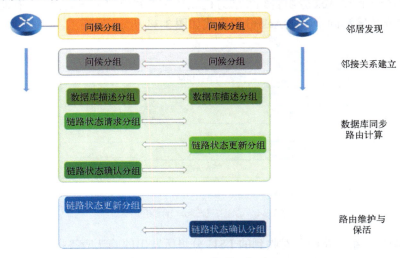

图 3-36　OSPF 协议工作过程

1）邻居发现

OSPF 路由器启动后，将通过组播发送 Hello 分组。当一台路由器的某个接口收到 Hello 分组后，会检查 Hello 分组中的参数，并将其接口上配置的参数与 Hello 分组中的参数进行比较。如果所有关键参数都匹配，则将该 Hello 分组的发送方视为邻居，并将其路由器标识符（Router ID 字段值）添加到自己的邻居列表中。此后，双方进入双向通信状态，形成 OSPF 邻居关系。根据不同的实现方案检查的参数包括但不限于以下内容。

（1）路由器标识符：路由器会检查 Hello 分组中的 Router ID 是否有效且唯一。

（2）区域标识符：由于路由器必须位于相同的区域内才能形成邻接关系，因此，路由器会检查 Hello 分组中的区域标识符是否与其所在区域的标识符匹配。

（3）网络掩码：路由器会检查 Hello 分组中的网络掩码是否与其接口配置的网络掩码相匹配。特别是在以太网中，邻居之间 Hello 分组中的子网掩码必须相同，否则无法建立邻居关系。

（4）hello interval 和 dead interval（Hello 间隔和失效间隔）：Hello 间隔定义了路由器发送 Hello 分组的频率，而失效间隔定义了在没有收到邻居的 Hello 报文时，路由器认为该邻居失效的时间。路由器会检查这些时间间隔是否与其接口上配置的相应参数一致。

（5）authentication information（认证信息）：如果接口上配置了 OSPF 认证，路由器会检查 Hello 分组中的鉴别字段，查看认证信息是否匹配。

（6）options：包含了一组可选的功能标记，表示发送 Hello 分组的路由器所支持的 OSPF 能力。路由器会检查这些标记以确定与邻居之间的共同功能集。

如果有任何关键参数不匹配，路由器通常会忽略该 Hello 分组，不会与发送该分组的设备建立邻居关系。

2）邻接关系建立

如果路由器处于点到点网络中，则只要建立了邻居关系，就可以直接进入下一个步骤。如果路由器处于广播网络和多路访问网络中（如以太网），邻接关系的建立还需要进行指定路由器（DR）和备份指定路由器（BDR）的选举。

在选举过程中，路由器首先检查收到的 Hello 分组中的路由器优先级字段。优先级是一个 0~255 的整数，数字越大表示优先级越高。优先级为 0 的路由器不具备选举资格。随后路由器会创建一个包含所有具有 DR/BDR 选举资格的邻居路由器的列表。在一开始，这个列表可能包含所有邻居路由器。如果列表中的路由器有多个宣告自己为 BDR（将发送的 Hello 分组中 BDR 字段设置为自己的路由器标识符），则具有最高优先级的那一个会被选举为 BDR。如果优先级相同，则比较路由器标识符大小，标识符较大的路由器将被选举为 BDR。如果没有任何路由器宣告自己为 BDR，则直接从具有选举资格的列表中选举 BDR，规则同样是优先级最高者当选，优先级相同时，则比较路由器标识符。

在剩余的路由器中（不包括已经被选举为 BDR 的路由器），如果有一台或多台路由器宣告自己为 DR（在发送的 Hello 分组中将 DR 字段设置为自己的路由器标识符），则具有最高优先级的那一个会被选举为 DR。同样地，如果优先级相同，则比较路由器标识符来确定最终的 DR。如果没有任何路由器宣告自己为 DR，则最新选举出来的 BDR 会被推举为 DR。

一旦 DR 和 BDR 被选举出来，并且它们都在正常工作，那么即使网络中加入了一个具有更高优先级的路由器，也不会重新进行选举。只有在当前 DR 或 BDR 出现故障时，才会触发新的选举过程。如果 DR 出现故障，BDR 会立即提升为 DR，并且网络会重新进行 BDR 的选举。同样地，如果 BDR 出现故障，也会触发新的 BDR 选举过程，但 DR 保持不变。

在选举出 DR 和 BDR 后，所有其他路由器只能与 DR 建立完全的邻接关系。这意味着这些路由器将它们的链路状态信息发送给 DR，并从 DR 接收整个网络的链路状态信息。虽然其他路由器主要与 DR 建立邻接关系，但也会与 BDR 保持一种特殊的邻接关系。其他路由器虽然只从 DR 接收信息，但也会向 BDR 发送链路状态信息，因为 BDR 的主要作用是在 DR 失效时充当其角色，确保网络的稳定性。在广播网络中，非 DR/BDR 路由器之间通常只建立邻居关系，而不是邻接关系。它们之间不会交换完整的链路状态信息，而是依靠 DR 进行信息的收集和分发，这样邻居关系数量大大减少。这种机制有助于减少广播网络中的通信开销，提高网络的效率。

3）数据库同步

邻接关系建立后，路由器之间开始交换链路状态信息。这个过程是通过交换数据库描述（DD）分组、链路状态请求（LSR）分组、链路状态更新（LSU）分组和链路状态确认（LSAck）分组等四种类型的 OSPF 报文完成的。

首先，路由器使用 DD 分组进行主从关系的选择，并交换数据库目录信息。然后，基于交换的数据库目录信息，使用 LSR/LSU/LSAck 分组来获取未知的链路状态信息。当收集完网络中所有的链路状态信息后，路由器建立链路状态数据库（LSDB）。

4）路由计算

当 LSDB 建立完成后，路由器基于 OSPF 的选路规则，使用最短路径优先算法计算到达所有网络的最短路径，然后将其加载到路由表中。这个过程也称为路由收敛。

5）路由维护与保活

路由收敛后，路由器通过定期发送 Hello 分组来维持邻居关系，并通过周期性的 LSDB 比对来确保数据库的一致性。如果发现不一致，将使用 LSR/LSU/LSAck 分组重新获取链路状态信息。

4. OSPF 的区域划分

将 OSPF 应用于大规模网络时，通常需要进行区域划分。首先，划分区域有利于控制链路状态信息的泛洪范围。在大规模网络中，链路状态信息的传播可能导致大量的网络流量。通过将网络划分为不同的区域，可以限制链路状态信息在每个区域内传播，从而减少网络流量。

其次，划分区域有助于减小 LSDB 的大小。划分区域后，每个区域维护自己的 LSDB，其中只包含本区域内的链路状态信息。这样，每台路由器不需要存储整个网络的链路状态信息，从而减小了 LSDB 的大小。

再次，划分区域有利于提高网络的可扩展性。随着网络规模的增长，链路状态信息和 LSDB 的大小也会增加。通过区域划分，可以将大规模网络分解为更小的、更易于管理的部分，从而提高网络的可扩展性。

最后，划分区域加速了 OSPF 的收敛过程。划分区域后，路由器只需要关注本区域的链路状态变化，因此可以更快地响应并处理这些变化，从而实现快速的网络收敛。

在 OSPF 中，区域是一组网段的集合。每个区域都用一个 32 位的区域 ID 来标识，这个 ID 可以是一个十进制数字，也可以用类似 IP 地址的点分十进制表示。网络管理员根据网络的拓扑结构和业务需求来划分区域。通常，会将地理位置相近、业务需求相似的网段划分到同一个区域中。

区域类型包括下列几种。

（1）骨干区域：负责在不同区域间传递路由信息。所有其他区域都必须与骨干区域相连，且骨干区域必须唯一（除非网络中只有一个区域）。

（2）非骨干区域：除骨干区域外的其他区域。为了避免区域间路由环路，非骨干区域之间不允许直接交换路由信息，必须通过骨干区域进行交换。

划分区域后，路由器也被赋予了相应角色。

（1）骨干路由器：所有接口都属于骨干区域的路由器。

（2）非骨干路由器：所有接口都属于非骨干区域的路由器。

（3）区域边界路由器（area border router，ABR）：同时连接骨干区域和非骨干区域的路由器，负责在不同区域间传递路由信息。

区域间通信：ABR 负责将非骨干区域的路由信息汇总后传递到骨干区域，再由骨干区域将这些信息传递给其他非骨干区域。这样，每个区域只需要维护自己的 LSDB，而不需要了解整个网络的详细拓扑结构。

3.3.4 边界网关协议

RIP 和 OSPF 都属于内部网关协议，除 RIP 和 OSPF 外，还有其他一些内部网关协议得到应用。但外部网关协议中，被广泛应用的只有边界网关协议（BGP）。BGP 公布于 1989 年，目前使用最多的版本是 BGP4。

不同于 OSPF 或 RIP，BGP 用于处理分组跨越多个自治系统进行路由的场景。对于每个自治系统来说，当分组中的目的地址和源地址都在自治系统内部时，自治系统可以自行决定采用何种路由选择协议，如 OSPF 或 RIP。但当分组目的地址和源地址跨越多个自治系统时，各个自治系统必须协调一致，采用统一的路由选择协议。BGP 就是因特网中用于处理多个自治系统间不相关路由域的多路连接协议，一般用于因特网服务提供商的骨干网通信，或大型企业网通信，将因特网中的无数服务提供商连接在一起。

或许每个人在这里都会有类似疑问：既然需要一个统一的路由协议用于自治系统之间的路由，那为什么不采用 RIP 或 OSPF？如果 RIP 因为不支持大规模网络而无法采用，那么可用于大规模网络的 OSPF 为什么也不被采用？这里主要考虑到几个方面的原因。

首先，OSPF 在进行路由选择时需要度量路径的代价，这种代价可能是时延、带宽或距离。但各自治系统可以自行定义路由策略，导致各个自治系统无法统一代价的度量，因此自治系统之间的路由选择不能像在自治系统内部一样计算出最佳路由。

其次，即便统一代价的度量，但由于网络规模太大，计算最佳路由需要的时间也太长。

最后，进行自治系统间的路由选择还需要考虑政治、经济及安全等诸多网络技术之外的因素。例如，为保证服务质量，某些处于最佳路由位置上的自治系统只允许付费用户的数据经过；出于安全考虑，部分数据只能在国家内部的自治系统间流转等。

因此，不同于以链路代价为度量来获取最佳路由的 OSPF 路由选择协议，BGP 基于策略和可达性考量来确定路由。为此，BGP 主要完成两项核心任务：第一，通过通告路由信息，使网络中的每台路由器知晓其他网络的存在及可达性；第二，基于当前的策略和可达性信息，为数据报确定"最好的"路由。

1. BGP 路由信息通告

BGP 路由器的路由表采用 CIDR 地址表示方法，每个目的地址对应的子网或子网集合采用 CIDR 前缀的形式表示。考虑图 3-37 中的网络，该网络包含 5 个自治系统：AS1～AS5。每个自治系统都有若干台路由器，但这些路由器的作用范围是不同的。在配置 BGP 时，每个自治系统的管理员需要决定每台路由器的角色，要么作为 BGP 边界路由器(在某些文献中也称作网关路由器)，要么作为内部路由器。BGP 边界路由器通常是自治系统的边界路由器，位于自治系统边缘，是自治系统数据报的出入口，在 BGP 中往往也扮演着"BGP 发言人"的角色。每个自治系统至少需要一台路由器作为"BGP 发言人"，它与一个或多个其他自治系统中的 BGP 边界路由器直接相连。例如，在图 3-37 中，自治系统 AS1 中的路由器 R_{1a}、R_{1b}、R_{1c} 是 BGP 边界路由器，被赋予了"BGP 发言人"的角色；它们需要跟其他 BGP 发言人交换路由信息。在本例中，R_{1a}、R_{1b}、R_{1c} 分别与自治系统 AS5 的一个 BGP 发言人 R_{5a}、自治系统 AS2 的一个 BGP 发言人 R_{2a} 以及自治系统 AS4 的一个 BGP 发言人 R_{4c} 建立会话以交换路由信息。该会话基于端口号为 179 的半永久 TCP 连接，称为 BGP 连接。该连接通常是直接连接，通过该连接发送的 BGP 报文不经其他路由器转发。这类跨越两个自治系统建立的 BGP 连接又称为外部 BGP 连接(eBGP)，在图 3-37 中以实线表示外部 BGP 连接。此外，BGP 报文也需要在同一个自治系统的内部路由器之间交换。例如，在图 3-37 中，R_{1d} 是内部路由器，从 R_{1a} 至 R_{1b} 的 BGP 报文交换需要经由 R_{1d} 进行，这类在同一个自治系统内两台路由器之间的 BGP 会话称为内部 BGP 连接(iBGP)。与 eBGP 不同的是，iBGP 并不一定是直接连接，也并不总与物理链路对应。在图 3-37 中，iBGP 连接以虚线表示。

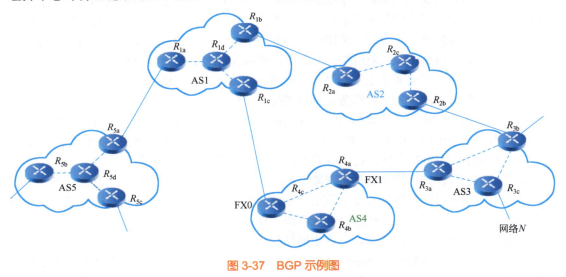

图 3-37　BGP 示例图

假设在图 3-37 中，关于网络 N 所对应的网络前缀 N-prefix 的路由信息的通告过程可以简单描述如下：首先，自治系统 AS3 向 AS2、AS4 发送 BGP 报文，通告该网络前缀 N-prefix 可经由 AS3 到达。随后，AS2、AS4 向自治系统 AS1 发送 BGP 报文，通告该网络前缀可经由 AS2、AS3 和 AS4、AS3 到达。最后，AS1 向 AS5 发送 BGP 报文，通告该网络前缀可经由 AS1、AS2、AS3 和 AS1、AS4、AS3 到达。

需要注意的是，这些会话发生在路由器之间，通常 eBGP 会话和 iBGP 会话都会建立，但自治系统内的主机节点并没有参与这一过程，也没有发送实际报文。例如，在上述过程中，作为 BGP 发言人的路由器 R_{3a} 及 R_{3b} 会与同为 BGP 发言人的路由器 R_{4a} 及 R_{2b} 建立 eBGP 会话来交换路由信息，它们彼此称为对方的邻站或对等站。以路由器 R_{3b} 与 R_{2b} 建立的 eBGP 会话为例，路由器 R_{3b} 先向 R_{2b} 发送一个 BGP 报文，其中包含路径向量"AS3、网络前缀 N-prefix"。接下来路由器 R_{2b} 需要通告自治系统 AS2 内的其他路由器，于是 R_{2b} 与自治系统 AS2 内的所有路由器建立 iBGP 会话，发送包含路径向量"AS3、网络前缀 N-prefix"的 BGP 报文。随后，R_{2a} 得知了网络前缀 N-prefix 的路由信息，再与 R_{1b} 建立 eBGP 会话，将包含路径向量"AS2、AS3、网络前缀 N-prefix"的 BGP 报文发送至 R_{1b}，这样 R_{1b} 就得知了通往网络前缀 N-prefix 的路由信息。类似地，R_{1b} 再将该路由信息通告自治系统 AS1 内的全部路由器，其 BGP 发言人 R_{1a} 再将包含了路径向量"AS1、AS2、AS3、网络前缀 N-prefix"的 BGP 报文发送至 R_{5a}。最终的结果是 AS1、AS2、AS3、AS5 中的全部路由器都得知了通往网络前缀 N-prefix 的路由信息。

2. BGP 路由选择

从上例可以发现，自治系统 AS4 到网络 N 有两条路径，一条经过 AS1，另一条直接连接 AS3。实际上，路由器往往会收到多条不同路径的可达性信息，尽管 BGP 并非一个追求"最佳"的路由选择协议，但其依然需要按照某种规则为报文选择一个"较好"的路由。

BGP 在通告路径信息时，包含目的网络前缀及属性两个重要信息，网络前缀及属性称为路由。从上例可见，当自治系统 AS3 向 AS2 发送通告信息时，包含了"AS3、网络前缀 N-prefix"形式的路径向量；而在 AS2 向 AS1 发送通告信息时，路径向量变成了"AS2、AS3、网络前缀 N-prefix"。在这些路径向量中，包含了目的网络的网络前缀 N-prefix 以及一个关键属性 AS-PATH。AS-PATH 的值为到达网络 N 所要经过的自治系统（AS）的列表。通告信息每经过一个 AS，该 AS 就将更新 AS-PATH 的值，将自身加入到该列表中。例如，通告信息经过 AS2 后，AS2 就将自身加入了该列表，路径向量由"AS3、网络前缀 N-prefix"变成"AS2、AS3、网络前缀 N-prefix"。

BGP 的另一个关键属性是 NEXT-HOP，该值为 AS-PATH 中起始路由器接口的 IP 地址，通常对应其直连的子网地址。例如，自治系统 AS4 到网络 N 有两条路径，即"AS4、AS1、AS2、AS3、网络前缀 N-prefix"和"AS4、AS3、网络前缀 N-prefix"。对于路径"AS4、AS1、AS2、AS3、网络前缀 N-prefix"，路由器 R_{4c} 的 NEXT-HOP 为 FX0 接口的 IP 地址 FX0-IP；对于路径"AS4、AS3、网络前缀 N-prefix"，路由器 R_{4a} 的 NEXT-HOP 为 FX1 接口的 IP 地址 FX1-IP。那么，AS4 中的每台路由器收到 BGP 通告后都得知到达网络前缀 N-prefix 的两个 BGP 路由："FX0-IP、AS1、AS2、AS3、网络前缀 N-prefix"及"FX1-IP、AS3、网络前缀 N-prefix"。每个 BGP 路由包含三个关键属性，即 NEXT-HOP、AS-PATH、目的网络前缀，如图 3-38 所示。

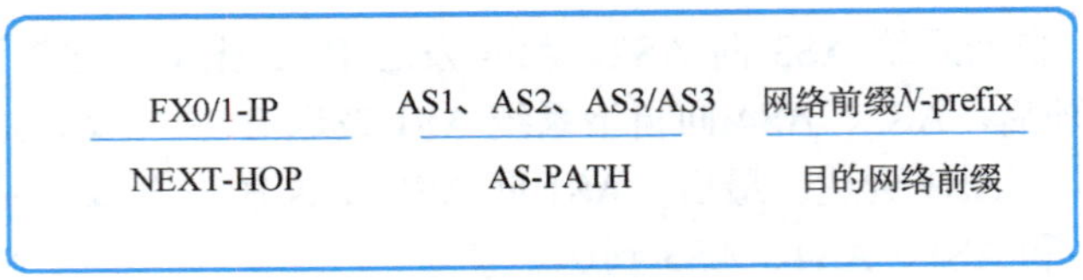

FX0/1-IP	AS1、AS2、AS3/AS3	网络前缀N-prefix
NEXT-HOP	AS-PATH	目的网络前缀

图 3-38　BGP 路由关键属性

当然，BGP 路由还有其他一些属性，此处主要介绍上述三个关键属性。在图 3-37 中，R_{4b} 是一个内部路由器，在将数据报转发至目的网络 N 时，需要经过自治系统 AS4 的其他路由器，而自治系统内部使用的是 OSPF 或 RIP 等内部网关协议。假设该自治系统使用 OSPF 协议，采用链路带宽作为度量，而 R_{4a} 与 R_{4b} 间的链路带宽小于 R_{4c} 与 R_{4b} 间的带宽，根据 OSPF 协议，R_{4b} 很有可能将数据报转发至 R_{4c}。但从全局看来，经路由器 R_{4c} 到目的网络 N 要经过多个自治系统，对 R_{4b} 而言，可能 R_{4c} 并不是一个更好的选择。因此在实际网络中，BGP 使用了诸多策略来进行路由选择。BGP 路由选择算法首先获取到达某目的网络的路由集合，如果只有一条路由，就选择该路由；如果有多条路由可选，则按如下规则进行选择。

(1)查看路由的本地偏好(local preference)值，并选择具有最高本地偏好值的路由。本地偏好值是 BGP 路由除 AS-PATH 和 NEXT-HOP 外的另一个属性，通常由本自治系统的网络管理员设置，具有最高的 BGP 策略优先级。

(2)如果具有最高本地偏好值的路由不止一个，选择具有最短 AS-PATH 的路由。BGP 使用类似 RIP 的距离向量算法来决定具体路径，以经过的自治系统的跳数作为算法的距离测度。与 RIP 路由器只能获取下一跳地址不同，BGP 路由通告信息的 AS-PATH 属性包含了完整的路径向量，记录了经过的每一个自治系统。因此，BGP 路由器只需要查看自身所处的自治系统是否在该通告的路径向量中，如果在，则不采用这条路径，以避免出现兜圈子的问题。

(3)如果具有相同最高本地偏好值以及最短 AS-PATH 长度的路由也不止一个，则考察这些路由中的 NEXT-HOP 属性，选择 NEXT-HOP 最近的路由。

(4)如果仍存在多条路由可选，则选择默认路由或随机路由。

根据以上规则，对于上例的 R_{4b} 路由器，虽然内部网关协议更倾向于将数据报转发至 R_{4c}(NEXT-HOP 更近)，但此策略在 BGP 策略列表只排列在第三位。如果 R_{4c} 与 R_{4a} 具有相同的本地偏好值，则 R_{4b} 将根据第二顺位的策略，采用距离向量算法计算这两条路径的长度，最终将选择距离更短的包含 R_{4a} 的路径。

3. BGP 报文

在 RFC 4271 中规定了 BGP4 的五种报文。

(1)打开(open)报文：初始化 BGP 会话，与直接连接的另一个 BGP 发言人建立关系。

(2)保活(keepalive)报文：用来确认打开报文，并周期性地证实邻站关系。

(3)更新(update)报文：用来发送需要新增和撤销的路由信息。

(4)通知(notification)报文：用来发送检测到的差错。

(5)路由刷新(router-refresh)报文：用来请求邻居重新发送路由信息。

BGP 只在初始阶段通过 BGP 会话与邻站交换整个 BGP 路由表，当一方希望开启会话并建立邻站关系时，需要发送打开报文。如果对方愿意开始会话(对方可能因为负载过重等拒绝开始会话），将通过保活报文进行响应并开启会话。在确立了邻站关系、开启了 BGP 会话后，会话双方都必须维护这种关系，并确认对方一直存在。因此，双方需要周期性地（通常为每隔 30s）交换保活报文。由于保活报文长度只有 19 字节，这种周期性的交换并不会对网络造成太大的负担。

除周期性交换保活报文外，在路由发生变化时，还需要发送更新报文以通告路由变化。更新报文可以用于新增或撤销路由。当有新增路由时，更新报文一次只能承载一条新增路由，但当希望撤销路由时，更新报文可以一次撤销多条路由。之后只需要在路由发生变化时对变化的路由进行更新，这样可以减轻网络及路由器本身的传输和处理负担。

图 3-39 给出了 BGP 报文的格式，五种类型的 BGP 报文首部格式相同，为 19 字节。首部中前 16 字节为标记字段，用于鉴别 BGP 报文的合法性，不使用鉴别时所有比特均为 1（十六进制则全 FF）。随后的 2 字节为长度字段，指明包括首部在内的 BGP 报文的大小，取值范围为 19～4096 字节。首部中最后一个字段为类型字段，取值范围为 1～4（有的路由器为 1～5，取值 5 时表示报文为 REFRESH 报文。只有支持路由刷新的 BGP 设备会发送和响应此报文），标识出该 BGP 报文属于哪种类型。

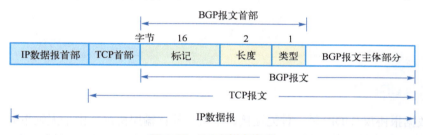

图 3-39　BGP 报文格式

首部后为 BGP 报文的主体部分，不同类型的 BGP 报文，其内容有较大差异。当首部中类型字段取值为 1 时，该报文为打开报文。打开报文主体部分分为 6 个字段，分别是版本、本自治系统号（my autonomous system）、保持时间（hold time）、BGP 标识符、可选参数长度和可选参数。其中，版本字段占 1 字节，标识了 BGP 协议的版本，当前的取值为 4。本自治系统号字段占 2 字节，标识了本路由器所处的自治系统的编号。保持时间字段长 2 字节，指示了与邻站进行 BGP 会话的持续时间，以秒为单位。BGP 标识符字段为该路由器的 IP 地址，长度为 4 字节。可选参数长度字段表示可选参数的长度，占 1 字节，如果此值为 0，表示没有可选参数；如果不为 0，则可在可选参数字段设置可选参数。每一个可选参数是一个 TLV（tag-length-value）格式的三元组，通常用于标识支持哪些协商能力。

当首部中类型字段取值为 2 时，该报文为更新报文。更新报文有 5 个字段，分别是撤销路由长度（withdrawn routes length）、撤销路由、路径属性长度（total path attribute length）、路径属性（path attributes）及网络层可达性信息（network layer reachability information，NLRI）。撤销路由长度字段占 2 字节，标明撤销路由字段部分的长度，其值为 0 时，表示没有撤销的路由。撤销路由字段的长度可变，包含了要撤销的路由列表。路径属性长度字段占 2 字节，标明了路径属性字段的长度，其值为 0 时，表示没有路由及其路由属性要通告。路径属性字段为变长字段，长度由路径属性长度字段指定，包含要更新的路由属性列表，按类型值从小到大的顺序排序需更新的路由的所有属性。每一个属性单元包括属性类型、属性长度、属性值三部分，其编码采用 TLV 格式。网络层可达性信息字段长度可变，包含要更新的地址前缀列表，每一个地址前缀单元由一个 TLV 格式的二元组前缀长度(prefix length)、可达路由网络前缀(the prefix of the reachable route)组成。

当首部中类型字段取值为 3 时，该报文为通知报文。通知报文用于处理 BGP 会话中的各类错误，包含错误码(error code)、错误子码(error subcode)及数据字段。错误码字段占 1 字节，定义错误的类型，非特定的错误类型用 0 表示，主要的错误码包括消息头错误、open 消息错误、update 消息错误等。错误子码字段占 1 字节，定义了指定错误细节编号，非特定的错误细节编号用 0 表示。对于不同的错误码，错误子码的含义不同，例如，对于消息头错误，错误子码的取值可表示连接未同步、错误的消息长度、错误的消息类型等；对于 open 消息错误，错误子码的取值可表示不支持的版本号、错误的对等 AS、错误的 BGP 标识符、不支持的可选参数等；对于 update 消息错误，错误子码的取值可以表示畸形属性列表、属性标识错误、属性长度错误、路由环路等。

当首部中类型字段取值为 4 时，该报文为保活报文。保活报文用于保持 BGP 连接，故报文长度很短，有 BGP 首部，但没有具体内容，因此保活报文的长度固定为 19 字节。

3.4 传 输 协 议

3.4.1 UDP 协议

用户数据报协议(UDP)是一种无连接、不可靠的传输层协议。由于无须事先建立连接，因此 UDP 协议具有较低的延迟。UDP 协议最早在 1980 年由 RFC 768 文档定义，并广泛应用于各种网络场景。

在互联网中，数据传输可以分为两个层面：一是主机到主机的数据传输，这一过程由网络层的 IP 协议负责；二是应用程序到应用程序的数据传输，这一过程由传输层的 TCP 或 UDP 协议负责。

UDP 协议虽然被视为传输层协议，但其在不同 IP 主机间的数据传输实际上是由网络层的 IP 协议完成的。UDP 协议的主要作用是定位具体的应用程序端口，以便数据被正确地投递到目的主机的应用程序。

UDP 协议有以下几个特点。

(1)无连接：UDP 在传输数据之前不需要建立连接，因此减少了开销和发送数据之前的时延。在 UDP 协议中，发送方只是简单地将数据报封装后发送到接收方，而接收方则在相应的 IP 地址和端口号上监听并获取数据报，没有任何握手或确认消息。当知道对方的 IP 地址和端口号时，UDP 就可以直接进行传输。因此，UDP 支持一对一、一对多、多对一和多对多的通信。

(2)不可靠：UDP 提供的是尽最大努力的交付，但不保证可靠交付。它没有任何的连接管理和确认机制，如果数据报因为网络故障而无法发送到对方，UDP 也不会返回任何错误信息。

(3)无拥塞控制：UDP 没有拥塞控制，网络出现的拥塞不会使源主机的发送速率降低。

　　(4)面向数据报：UDP 是面向数据报的协议，发送方的 UDP 对应用程序交下来的报文，在添加首部后就向下交付给网络层。UDP 对应用层交下来的报文，既不合并，也不拆分，而是保留这些报文的边界。

　　图 3-40 是 UDP 数据报结构示意图。

图 3-40　UDP 数据报结构

　　UDP 协议的首部非常简单，固定为 8 字节，包括四个字段，每个字段的具体功能和用法如下。

　　(1)源端口号(source port)：占 16 位，标识了发送 UDP 数据报的应用程序或进程的端口号(端口范围为 0～65535)。它允许接收方知道数据报是由源主机的哪个端口发送的，因此接收方可以根据端口号将数据报正确地返回至源主机的应用程序。

　　(2)目的端口号(destination port)：占 16 位，标识了接收 UDP 数据报的应用程序或进程的端口号(端口范围为 0～65535)。它告诉接收方应该把数据报转发给哪一个应用程序。

　　(3)长度(length)：占 16 位，表示整个 UDP 数据报的长度，包括首部和数据，可以表示的最大长度为 $2^{16}-1$ 字节，即 65535 字节，而最小值为 8 字节(仅首部无数据)。这个字段允许接收方计算出数据部分的起始位置和结束位置。需要注意的是，网络层 IP 协议的数据报中长度字段也占用 2 字节，IP 数据报的最大长度也是 65535 字节，因此 UDP 数据报的长度不能超过IP 数据报的最大长度。如果 UDP 数据报的长度超过了 IP 数据报的最大长度，就必须要在网络层进行分片，这样会增加网络传输时延，并且有数据报丢失的风险。另外，当应用层通过 UDP协议发送的数据报大于 65535 字节(这是 UDP 数据报的理论最大长度，但实际上由于 IPv4 首部和 UDP 首部的存在，这个值通常是 65507 字节或更小，取决于具体的网络环境和配置)时，UDP 协议本身并不会处理这种过大的数据报。应用层可以将过大的数据报分割成多个较小的数据段，然后逐个发送这些数据段，接收方收到后再将这些数据段重组成大的数据报。

　　(4)校验和(checksum)：占 16 位，用于错误检测，涵盖了整个 UDP 数据报，包括首部和数据。发送方在发送数据报之前，会根据数据报的内容计算校验和。接收方收到数据报后，也会计算校验和，并与首部中的校验和字段进行比较。如果两者不一致，说明数据在传输过程中可能出现了错误，接收方可以选择丢弃这个数据报。这里要注意的是，UDP 首部中校验和的计算方法比较特殊，在计算校验和时，要在 UDP 数据报之前加上 12 字节的伪首部。伪首部不是 UDP 真正的首部，只是在计算校验和时，临时和 UDP 数据报连接在一起，得到一个过渡的 UDP 数据报。校验和就是按照这个过渡的 UDP 数据报来计算的。伪首部既不向下传送也不向上递交，仅仅是为了计算校验和。伪首部一共 5 个字段，包括源 IP 地址、目的 IP地址、1 字节的全 0 字段、1 字节的协议字段(对于 UDP，这个协议字段值为 17)、2 字节的UDP 数据报的长度字段。伪首部使得 UDP 能够防止出现路由选择错误的数据报，确认数据报是不是发给本机的(根据 IP 地址)，确认数据报是不是交给 UDP 协议的(根据协议字段)。

UDP 首部的简单设计使得 UDP 协议能够减少处理开销，但也意味着 UDP 不提供可靠性保证，如数据报的顺序、数据完整性或流量控制。因此，UDP 通常用于对实时性要求较高，但可以容忍一定数据丢失的应用场景。

3.4.2 TCP 协议

传输控制协议(TCP)是一种面向连接的、可靠的、基于字节流的传输层协议，在 RFC 793 文档中详细描述了 TCP 的设计、功能和实现。相较于 UDP 协议，TCP 协议的主要特点如下。

(1)面向连接：TCP 是面向连接的协议，发送数据之前需要先建立连接。相反，UDP 是无连接的，发送数据之前不需要建立连接。

(2)可靠传输：TCP 提供可靠的数据传输服务，它通过确认和重传机制确保数据能够按照顺序、无错误地到达接收方。UDP 则不提供可靠性保证，它采用尽最大努力交付的方式，数据可能会丢失或乱序到达。

(3)流量控制和拥塞控制：TCP 具有内置的流量控制和拥塞控制机制。流量控制确保发送方不会发送过多的数据，以至于超过了接收方的处理能力。拥塞控制则帮助防止过多的数据同时在网络中传播，从而避免网络拥塞。UDP 没有这些控制机制。

(4)面向字节流：TCP 把应用层传下来的数据看成一连串无结构的字节流，不关心数据的具体内容和格式。UDP 则是面向报文的，保留应用层交下来的报文的边界。

(5)全双工通信模式：TCP 支持数据的双向传输，通信双方可以同时发送和接收数据。

(6)首部开销大：TCP 的首部相对于 UDP 来说较大，因为 TCP 需要维护连接状态并提供可靠传输服务，所以其首部包含了更多的字段。UDP 的首部较小，只有 4 个字段。

1. TCP 报文段格式

图 3-41 是 RFC 793 定义的 TCP 报文段格式。

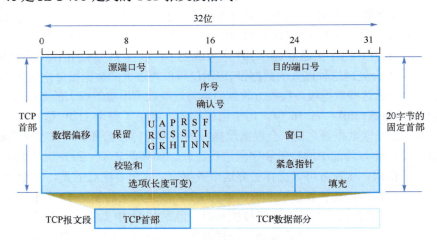

图 3-41 TCP 报文段格式

(1)源端口号(source port)：占 2 字节，表示数据发送方使用的端口号(范围为 0～65535)。

(2)目的端口号(destination port)：占 2 字节，表示数据接收方使用的端口号(范围 0～65535)。

(3)序号(sequence number)：占 4 字节。TCP 传送的报文可看成连续的数据流，TCP 连接中传送的数据流中的每一个字节都编上一个序号。序号字段的值指的是本报文段所发送数据的第一个字节的序号。例如，当序号字段为 301，数据长 100 字节时，下一个报文段的序号应从 401 开始。

(4)确认号(acknowledgment number)：占 4 字节，表示接收方期望收到的对方下一个报文段数据的第一个字节的序号。例如，A 收到 B 的报文，序号字段为 501，数据长 200 字节，A 在发送给 B 的响应报文段中将首部中的确认号置为 701。

(5)数据偏移(data offset)：占 4 比特，表示 TCP 报文段的数据起始处与 TCP 报文段的起始处之间的距离，即通过 4 比特表示 TCP 报文段首部长度，单位是 4 字节。因为 TCP 协议可以有选项，所以其首部长度无法固定，但最长为 60 字节。

(6)保留(reserved)：占 6 比特，保留以备将来使用。

(7)标识(flags)：占 6 比特，表示 TCP 报文段的控制信息，包括 URG、ACK、PSH、RST、SYN、FIN 等标志位，含义如下。

①URG(urgent flag)：为 1 时，表示报文段中有需要紧急处理的数据。

②ACK(acknowledgement flag)：为 1 时，确认号字段有效，TCP 规定除了最初建立连接时的 SYN 报文段外，该位必须设置为 1。

③PSH(push flag)：为 1 时，表示需要将收到的数据立刻传给上层应用程序；为 0 时,不需要立即传，而是先进行缓存。

④RST(reset flag)：为 1 时，表示 TCP 连接中出现异常，必须强制断开连接。

⑤SYN(synchronize flag)：用于建立连接，SYN 为 1 表示希望建立连接，并在其序号字段进行序号初始值的设定(其中，"S"为 synchronize，本身有同步的意思，意味着建立连接的双方，序号和确认号要保持同步)。

⑥FIN(Fin flag)：为 1 时，表示之后不会再有数据发送，希望断开连接。

(8)窗口(window size)：占 2 字节，表示发送方的窗口大小，即可以接收的未确认的数据段的最大长度。TCP 在进行流量控制时，需要通信双方各声明一个窗口，标识自己当前的处理能力。例如，A 发送给 B 的 TCP 报文段中窗口字段为 500，确认号为 201，也就是告诉 B 在没收到确认的情况下，最多可以发送序号为 201~700 的报文段，共 500 字节的数据。

(9)校验和(checksum)：占 2 字节，用于检测 TCP 报文段在传输过程中是否出现了错误。校验和字段检验的范围包括首部和数据部分。与 UDP 数据报一样，在计算校验和时，要在 TCP 报文段的前面加上 12 字节的伪首部。伪首部的格式也与 UDP 数据报的伪首部一样，包括源 IP 地址、目的 IP 地址、1 字节的全 0 字段、1 字节的协议字段、2 字节的长度字段。

(10)紧急指针(urgent pointer)：占 2 字节，仅在 URG 标志位设置为 1 时才有效，表示数据段中紧急数据的最后一个字节的序号。

(11)选项(options)：可选字段，用于扩展 TCP 首部，包括最大段长度、时间戳、窗口扩大因子等选项。

(12)填充(padding)：使首部长度是 4 字节的整数倍。

(13)数据部分(data)：可变长度，包含应用层传输的数据内容。

TCP 报文段的前 20 字节是固定首部，后续选项和数据部分的长度都是可变的。如果需要使用更多的选项字段，可以使用数据偏移字段进行扩展。

2. 可靠传输

1) 确认应答机制

TCP 协议的确认应答机制是其实现可靠传输的关键，主要作用是确保发送方发送的数据能够完整、无误地到达接收方，并且是按照正确的顺序到达的。

在确认数据完整性的过程中，当发送方发送数据后，它会等待接收方的确认应答（ACK）。如果接收方成功收到了数据，它会发送一个确认应答给发送方，表示数据已经完整到达。这样，发送方就知道数据已被成功接收，可以继续发送后续数据。

在保证数据顺序传输的过程中，TCP 协议通过报文段中的序号来保证数据的传输顺序。报文段中的数据流的每一个字节都有一个序号，接收方根据序号按序接收，并使确认应答中包含期望接收的下一个报文段中数据的第一个字节的序号。这样，发送方可以根据确认应答中的序号来判断是否有数据丢失或乱序，并进行相应的重传处理。

确认应答机制还可用于实现 TCP 的流量控制和拥塞控制。接收方可以使确认应答中包含当前的接收窗口大小，从而告诉发送方还可以发送多少数据。发送方根据这个信息来调整发送速率，避免过多的数据同时在网络中传播，从而防止网络拥塞。

在错误恢复的过程中，如果在一定的时间内没有收到确认应答，发送方可以认为数据已经丢失，并进行重传。这是 TCP 协议中的超时重传机制。通过重传丢失的数据，TCP 协议可以恢复数据传输过程中的错误，确保数据的可靠传输。

下面通过一个示例来更好地理解 TCP 的确认应答机制。一个 TCP 报文段首部中同时包含了 32 位大小的序号与确认号字段，这是因为 TCP 支持数据的双向传输，通信双方可以同时发送和接收数据，所以可以采用"捎带确认"的机制，在发送数据的同时捎带着对接收到的数据进行确认，就无须再专门发送确认报文了。那么如何判断发送方的报文是否处于"捎带确认"状态呢？注意到 TCP 报文段首部中有一个 1 比特的 ACK 标志位，可以通过这个标志位是否为 1 来判断：在 TCP 协议中，任何一方发送的任意一个报文段都必须带有序号，但只有确认报文的确认号才是有效的，而报文是否为确认报文取决于 ACK 标志位是否为 1，为 1 则代表该报文是确认报文，为 0 则不是。

TCP 是面向字节流的，在实际的 TCP 传输中，每一个字节都进行了编号，下面是主机 A 采用 TCP 报文段向主机 B 发送"Hello"消息的示例，示例只给出了 TCP 报文段中的部分关键信息，可以从中观察序号的变化。其中，省略了 TCP 连接建立和断开部分的数据内容，直接从 A 向 B 发送"HellofromA"开始。

```
Packet 1 - A to B
  1. Source IP: 116.228.111.111
  2. Destination IP: 89.234.157.250
  3. Source Port: 50000
  4. Destination Port: 80
  5. Sequence Number: 1001
  6. Acknowledgment Number: 3001
  7. Flags: ACK
  8. Data: "HellofromA"
```

　　A(116.228.111.111)开始向 B(89.234.157.250)发送数据，数据为"HellofromA"。此外，标志位中 ACK 已置为 1，说明该确认号有效。A 选择了序号(Sequence Number) 1000 作为初始序号，则将要发送的数据"HellofromA"中的第一个字节的序号为 1001。确认号为 3001，代表之前 B 选择了 3000 作为它的初始序号，由于没有收到新数据需要确认，因此 A 的确认号(Acknowledgment Number)从 3001 开始，表示 A 收到了 B 之前的数据，现在期待开始接收新的数据了。

```
Packet 2 - B to A - ACK from B to A
1. Source IP: 89.234.157.250
2. Destination IP: 116.228.111.111
3. Source Port: 80
4. Destination Port: 50000
5. Sequence Number: 3001
6. Acknowledgment Number: 1011
7. Flags: ACK
8. Data: None
```

　　该报文段中，B 收到 A 的数据后，发送 ACK 进行确认。确认号 1011 表示 B 已经成功接收了 A 的序号为 1001～1010 的数据(假设"HellofromA"占用 10 字节)，A 接下来应该从 1011 这个序号开始发送数据。

```
Packet 3 - Data from B to A
1. Source IP: 89.234.157.250
2. Destination IP: 116.228.111.111
3. Source Port: 80
4. Destination Port: 50000
5. Sequence Number: 3001
6. Acknowledgment Number: 1011
7. Flags: ACK
8. Data: "HellofromB"
```

　　该报文段中，B 也开始向 A 发送数据。与 A 的报文段类似，B 的序号从 3001 开始，确认号保持不变。显然，B 可以同时进行发送和确认，这样可以将上面两个报文段合并成一个，减少一些发送量。

```
Packet 4 - ACK from A to B
1. Source IP: 116.228.111.111
2. Destination IP: 89.234.157.250
3. Source Port: 50000
4. Destination Port: 80
5. Sequence Number: 1011
6. Acknowledgment Number: 3011
7. Flags: ACK
8. Data: None
```

该报文段中，A 收到 B 的数据后，发送 ACK 进行确认。确认号 3011 表示 A 已经成功接收了 B 的序号为 3001～3010 的数据，由于没有新的数据要发送，故 A 的序号仍然是 1011，注意，这个单独的确认报文段并不会消耗一个序号，如果 A 下次有数据需要发送，序号仍然从 1011 开始。

上例展示了在数据顺利传输过程中，确认应答机制是如何完美地工作的，其实当意外发生时，确认应答机制也可以很好地处理这些情况。当有数据丢失时，确认应答机制可以保证丢失的数据不会遗漏。例如，A 连续发送了三个报文段，具体如下。

Packet 1 - Data from A to B

1. Source IP: **116.228.111.111**

2. Destination IP: **89.234.157.250**

3. Source Port: **50000**

4. Destination Port: **80**

5. Sequence Number: **1001**

6. Acknowledgment Number: **3001**

7. Flags: **ACK**

8. Data: ⋯

Packet 2 - Data from A to B

1. Source IP: **116.228.111.111**

2. Destination IP: **89.234.157.250**

3. Source Port: **50000**

4. Destination Port: **80**

5. Sequence Number: **2001**

6. Acknowledgment Number: **3001**

7. Flags: **ACK**

8. Data: ⋯

Packet 3 - Data from A to B

1. Source IP: **116.228.111.111**

2. Destination IP: **89.234.157.250**

3. Source Port: **50000**

4. Destination Port: **80**

5. Sequence Number: **3001**

6. Acknowledgment Number: **3001**

7. Flags: **ACK**

8. Data: ⋯

但由于网络状况不佳，B 只接收到了 Packet 1 和 Packet 3，即序号 1001 及 3001 对应的报文段。于是 B 向 A 发送如下报文段。

Packet 4 - ACK from B to A

1. Source IP: **89.234.157.250**

```
2. Destination IP: 116.228.111.111

3. Source Port: 80

4. Destination Port: 50000

5. Sequence Number: 3001

6. Acknowledgment Number: 2001

7. Flags: ACK

8. Data: None
```

　　B 实际上收到了序号 3001 对应的报文段，但由于它期待接收的是序号为 2001～3000 的数据，故 B 发送了一个确认号为 2001 的 ACK 给 A，表示让 A 接下来发送序号从 2001 开始的数据。由于 A 没有收到对序号为 2001～3000 的数据的确认，于是在超时后，A 再次发送如下报文段。

Packet 5 – Data from A to B

```
1. Source IP: 116.228.111.111

2. Destination IP: 89.234.157.250

3. Source Port: 50000

4. Destination Port: 80

5. Sequence Number: 2001

6. Acknowledgment Number: 3001

7. Flags: ACK

8. Data: …
```

　　其中包含了序号为 2001～3000 的数据，B 接收到数据后，发送如下报文段。

Packet 6 – ACK from B to A

```
1. Source IP: 89.234.157.250

2. Destination IP: 116.228.111.111

3. Source Port: 80

4. Destination Port: 50000

5. Sequence Number: 3001

6. Acknowledgment Number: 3001

7. Flags: ACK

8. Data: None
```

　　其中，确认号变成了 3001，表示成功接收到重传的序号为 2001～3000 的数据。在这个例子中，确认应答机制通过重传来恢复丢失的数据。由于 B 没有对序号为 2001～3000 的数据进行确认应答，故 A 会重新发送这个报文段，确保数据传输的可靠性。

　　当数据乱序到达时，确认应答机制可以保证数据顺序确认，例如，A 连续发送了三个报文段，具体如下。

Packet 1 – Data from A to B

```
1. Source IP: 116.228.111.111
```

2. Destination IP: 89.234.157.250

3. Source Port: 50000

4. Destination Port: 80

5. Sequence Number: 1001

6. Acknowledgment Number: 3001

7. Flags: ACK

8. Data: ⋯

Packet 2 – Data from A to B

1. Source IP: 116.228.111.111

2. Destination IP: 89.234.157.250

3. Source Port: 50000

4. Destination Port: 80

5. Sequence Number: 2001

6. Acknowledgment Number: 3001

7. Flags: ACK

8. Data: ⋯

Packet 3 – Data from A to B

1. Source IP: 116.228.111.111

2. Destination IP: 89.234.157.250

3. Source Port: 50000

4. Destination Port: 80

5. Sequence Number: 3001

6. Acknowledgment Number: 3001

7. Flags: ACK

8. Data: ⋯

此处的报文段与上一个例子相同，但是由于网络延迟，B 先收到了序号为 2001 和 3001 的报文段，即 Packet 2 与 Packet 3。此时，B 向 A 发送以下报文段。

Packet 4 – ACK from B to A

1. Source IP: 89.234.157.250

2. Destination IP: 116.228.111.111

3. Source Port: 80

4. Destination Port: 50000

5. Sequence Number: 3001

6. Acknowledgment Number: 1001

7. Flags: ACK

8. Data: None

这意味着即使 B 先收到了序号为 2001 和 3001 的报文段，B 仍然只会发送确认号 1001

的 ACK 给 *A*，因为它下一个需要接收的是序号为 1001 的报文段。当序号为 1001 的报文段到达后，*B* 会连续发送一系列的确认报文段。

```
Packet 5 - ACK from B to A
 1. Source IP: 89.234.157.250
 2. Destination IP: 116.228.111.111
 3. Source Port: 80
 4. Destination Port: 50000
 5. Sequence Number: 3001
 6. Acknowledgment Number: 2001
 7. Flags: ACK
 8. Data: None
```

```
Packet 6 - ACK from B to A
 1. Source IP: 89.234.157.250
 2. Destination IP: 116.228.111.111
 3. Source Port: 80
 4. Destination Port: 50000
 5. Sequence Number: 3001
 6. Acknowledgment Number: 3001
 7. Flags: ACK
 8. Data: None
```

```
Packet 7 - ACK from B to A
 1. Source IP: 89.234.157.250
 2. Destination IP: 116.228.111.111
 3. Source Port: 80
 4. Destination Port: 50000
 5. Sequence Number: 3001
 6. Acknowledgment Number: 4001
 7. Flags: ACK
 8. Data: None
```

在上面三个报文段中，*B* 连续发送确认号为 2001、3001 和 4001（下一个期待接收的报文段的序号是 4001）的 ACK 给 *A*，说明即使报文段乱序到达，*B* 仍然按照正确的顺序发送确认应答，从而保证了数据的正确传输。

从上面各例中可以发现，通过设置序号和确认号可以建立以字节为单位、对应关系鲜明的应答机制，能够让通信双方清晰地获知传输是否成功，确认应答机制是 TCP 可靠性的重要保障。

2) 超时重传

在上面的示例里出现了这样的情况："*A* 没有收到对序号为 2001～3000 的数据的确认，于是在超时后，*A* 再次发送序号为 2001 的报文段。"在这里，TCP 的超时重传机制发挥了作用，A 通过对未收到确认的数据进行超时重传来避免数据丢失。TCP 在发送报文时会设置一个计时器，如果在一定时间阈值内还没有收到 ACK 确认报文，就认为该报文已丢失，并重新发送该报文。

超时重传从原理上很好理解，但其中却存在着一系列具体的棘手问题：超时重传的时间阈值到底应该设置为多少？是否该为所有报文都设置一个计时器？如何估计报文在网络中的正常的传输时间？其中，这个超时重传的时间阈值称为超时重传时间(retransmission time-out，RTO)，RTO 的选择是 TCP 最复杂的问题之一。

RTO 到底该选择多大与报文在网络中的传输时间相关。假设网络中有主机 A 和主机 B，并已经建立 TCP 连接，现在主机 A 要给主机 B 发送一个 TCP 报文，并且记录发送时间 t_0；当主机 B 接收到该报文后，再发送 ACK 确认报文给主机 A，主机 A 记录接收到该 ACK 确认报文的时间 t_1，则 t_1-t_0 是此时该网络中 A 与 B 之间的往返时间(RTT)。考虑一个简单的例子，如果 RTT 为 100ms，但由于网络波动或测量不准确，RTO 被设置为 80ms。当一个数据报文发送出去后，发送方等待 80ms 没有收到确认就触发了重传，但实际上确认报文可能只需要再过 20ms 就能到达。这种情况下，不必要的重传就发生了。但如果将 RTO 设置为 500ms，当网络中发生数据丢失时，发送方需要等待 500ms 才会触发重传。在这期间，用户可能会经历明显的延迟或卡顿，尤其是在进行实时通信或在线游戏等需要快速响应的应用场景中。

可见，当 RTO 设置得小于 RTT 时，TCP 发送方可能会在等待确认的过程中过早地触发超时重传。这会导致以下几个问题。

(1)不必要的数据重传：由于 RTO 小于 RTT，可能确认报文还在网络中传输时，发送方就已经触发了重传机制。这会导致网络中充斥着不必要的重复数据报文，浪费网络带宽。

(2)网络拥塞加剧：频繁的不必要重传会加剧网络拥塞，进一步影响 RTT，形成恶性循环。

(3)降低吞吐量：由于频繁的重传，有效数据的吞吐量会受到影响，导致整体网络性能下降。

当 RTO 设置得远大于 RTT 时，发送方在确认丢失或延迟的情况下会等待更长的时间才触发重传。这同样会导致一些问题。

(1)增大网络延迟：网络在面临数据丢失或确认延迟时不能及时恢复，因为发送方需要等待较长的 RTO 时间才会采取行动。

(2)资源利用率低：在等待重传期间，网络资源(如带宽和缓冲区)可能处于空闲状态，没有得到有效利用。

(3)影响用户体验：对于实时应用或交互式应用，较长的等待时间可能导致用户体验下降。

综合上述两种情况，可以发现当超时重传时间(RTO)的值设置为略大于报文往返时间(RTT)的值时，可避免出现上述两种情况导致的问题。

3)RTT 估计

虽然得出这个结论不难，但是在实际网络环境中实现"略大于 RTT"却是一件不容易的事情。先从一个简单的示例出发考虑实际网络环境中的 RTT 估计问题。延续上例中的通信场景，A 与 B 间的 RTT 为 100ms，这个 100ms 是 A 在发送第一个 TCP 报文，并收到 B 的对应 ACK 报文后，通过计算两个报文的时间差得出的。但是互联网环境复杂，每个数据报文的路由又是独立的，这就可能导致 A、B 间交互的每个报文经历不同传输速率的局域网，使得报文的往返时间(RTT)处于变化的状态。假如 A 根据刚才计算的 RTT=100ms，将 RTO 设定为 110ms，但随着网络中通信数据量增大，延迟增加，RTT 已经增加至 200ms 左右，这就将导致大量的报文被重传，而重传又进一步增大了网络中的数据量，增加了延迟。

显然，在估计 RTT 的过程中，由于可能发生的路由变化、端系统负载变化和网络拥塞等情况，每次测量出的往返时间会随网络状态波动，很难给出一个固定的、典型的 RTT 估计值。因此不能仅依靠某一个 RTT 样本来计算，而应该采取某种动态的、平均的算法。在 RFC 6298 中推荐了一种采用指数加权移动平均(exponential weighted moving average，EWMA)方法，利用每次测量得到的 RTT 样本，计算加权平均往返时间 RTT_s，这种方法又称为平滑的往返时间(RTT_s 中的 s 代表 smoothed)，计算方法如下。

当采集到第一个 RTT 样本时，RTT_s 的取值为第一个样本值，即 RTT_s=SampleRTT，当继续收到 RTT 样本后的计算方式是

$$RTT_s = (1-\alpha) \times EstimatedRTT + \alpha \times SampleRTT \tag{3-1}$$

式中，EstimatedRTT 为上一次的 RTT 估计值；SampleRTT 为新采集到的 RTT 样本值，$0 \leqslant \alpha \leqslant 1$。RTT 值不再由某次测量决定，而是一个综合考虑每次测量结果的估计值。用这种方法得出的加权平均往返时间 RTT_s 比测量出的 RTT 值更加平滑。

在这种平滑算法中，α 的取值影响 RTT 的更新速度。α 越接近于 0，新测量的 RTT 值对估计值的影响越小，RTT 越接近于历史取值，更新速度越慢；α 越接近于 1，新测量的 RTT 值对估计值的影响越大，RTT 越接近于当前测量值，更新速度越快。在 RFC 6298 中，推荐 α 的值为 1/8。这时，平滑过程中对新样本赋予的权值要大于对旧样本赋予的权值，更新速度较快，能更好地反映网络当前的拥塞状况。得出了 RTT_s 后，将超时重传时间(RTO)的值设置为略大于 RTT_s 即可，具体的计算方法可参考 RFC 6298，其中建议 RTO 的值依如下方法计算：

$$RTO = RTT_d + 4 \times RTT \tag{3-2}$$

式中，RTT_d 称为 RTT 偏差，是 RTT 偏差的指数加权移动平均，RFC 6298 中建议的计算方法如下：当采集到第一个 RTT 样本时，RTT_d 的值取为第一个样本值的一半，即 RTT_d=0.5RTT，当继续收到 RTT 样本后，计算方式是

$$RTT_d = (1-\beta) \times EstimatedRTT_d + \beta \times |SampleRTT - EstimatedRTT| \tag{3-3}$$

式中，$EstimatedRTT_d$ 是上一次的 RTT_d 估计值。RTT_d 反映了网络中 RTT 变化的剧烈程度，如果 RTT_d 的值小，说明 RTT 值波动较小；如果 RTT_d 的值很大，说明网络状态波动很大。RFC 6298 推荐的 β 值为 0.25。

现在明确了估计 RTT 值的基本方法，但还有一些细节问题需要讨论。首先，到底需不需要为每个报文计算 RTT 值？在理论上，当然可以为每一个 TCP 报文做 SampleRTT 测量，但考虑到现实情况，在实际的 TCP 实现中，大多仅在某个时刻做一次测量。

此外，还有一个细节问题值得关注：假设主机 A 向 B 发送一个报文，但由于网络延迟，始终没有收到 B 的确认报文。当进行超时重传后，A 最终收到了确认报文。但此时，主机 A 面临一个棘手的问题：由于主机 A 进行过一次超时重传，重传的报文和原来的报文完全一致，那么当前收到的确认报文到底是对先发送的报文的确认，还是对重传的报文的确认？

可以设想，若主机 A 将该确认报文判定为是对先发送的报文的确认，而实际上收到的确认报文却是对重传报文的确认，那么这样计算出的 RTT_s 和 RTO 就比实际情况下的值偏大，导致无法及时重传本应重传的报文，增加网络延迟，还可能导致 RTO 越来越长。反之，若将该确认报文判定为是对重传报文的确认，而实际上其却是对先发送的报文的确认，计算出来的 RTT 和 RTO 值就会较实际情况偏小，最终报文出现不必要的重传，增大网络负荷。

可以看出，如果不对重传报文进行区分，则一旦出现超时重传，就很可能导致 RTO 的计算值偏差增大。针对该问题，Karn 提出：在计算 RTT_s 时，不考虑被重传的报文，只计算仅传输一次的报文的往返时间。

由于网络中确实存在各种复杂情况，这种方法也无法解决所有问题。假设网络由于某个故障而突然增大了传输时延，在依据之前的 RTO 值设置的重传时间内，发送方发送了许多报文后无法收到对应的确认报文，于是只好重传报文。但根据 Karn 算法，这些重传报文的往返时间不会被纳入 RTO 的计算中，导致超时重传时间无法得到更新。为此，RFC 6298 建议将初始 RTO 的值设置为 1s，当每次出现超时重传后，就将 RTO 的值设置为原来的两倍，以免还没有被确认的报文过早出现超时重传的情况。而后，一旦收到确认报文并开始更新 RTT 值，就继续使用上述测算方法。

3. 连接管理

1) 连接建立

为了确保传输的可靠性，TCP 被设计成一种面向连接的单播协议，在完成通信前需要事先建立好连接，因此 TCP 需要有一种机制来管理连接何时建立以及何时终止。

在 TCP 连接的建立过程中，需要解决以下几个关键问题。

(1)确保双方存在：在建立 TCP 连接之前，必须确保通信双方(客户端和服务器)都存在于网络中并且能够相互通信。

(2)参数协商：在连接建立阶段，双方需要协商一些重要的参数，以确保连接的正确和高效运行。这些参数可能包括最大窗口大小(用于流量控制)、是否使用窗口扩大选项、时间戳选项(用于计算往返时间和防止旧数据包的重复传送)以及其他与服务质量相关的选项。

(3)资源分配：为了支持新的连接，双方都需要分配必要的资源，如缓冲区、变量和其他用于管理连接状态的数据结构。这些资源将用于存储待发送和接收的数据，以及维护连接的状态信息。

(4)连接标识：每个 TCP 连接都需要被唯一标识，以便区分网络中的多个连接。通常通过组合源 IP 地址、源端口号、目的 IP 地址和目的端口号来实现，这四个元素共同构成了"四元组"。

(5)安全性考虑：在某些情况下，TCP 连接的建立还需要考虑安全问题，如防止洪水攻击(通过限制同时处于半开状态的连接数)和使用 TLS/SSL 等加密协议来保护传输的数据。

TCP 的连接建立是通过著名的"三次握手"来完成的，如图 3-42 所示。

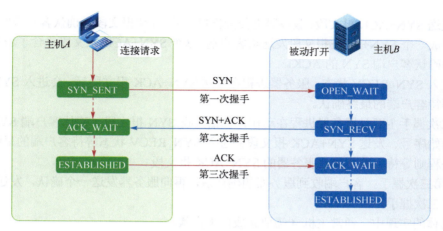

图 3-42　TCP 三次握手示意图

（1）第一次握手：建立连接由客户端（假设为主机 *A*）发起，客户端首先向服务器（假设为主机 *B*）发送连接请求，随后等待主机 *B* 的确认。

在具体的实现中，通常主机 *A* 需要完成以下步骤。

①创建 TCP 套接字：客户端进程会创建一个 TCP 套接字，这是与服务器进行通信的端点。

②生成初始序号：客户端进程会生成一个随机的初始序号（initial sequence number, ISN），这个序号将用于 TCP 连接的数据传输。

③发送 SYN 报文段：客户端进程通过套接字向服务器发送一个 SYN 报文段，该报文段包含了生成的初始序号。SYN 报文段是 TCP 连接请求的一部分，用于同步客户端和服务器的序号。

④进入 SYN_SENT 状态：在发送 SYN 报文段后，客户端进程会进入 SYN_SENT 状态，等待服务器的确认（ACK）报文段。

在这个过程中，客户端进程主要的工作是准备并发送连接请求，然后等待服务器的响应。这个阶段的成功完成是建立 TCP 连接的第一步。如果客户端进程在一段时间内没有收到服务器的响应，它可能会重新发送 SYN 报文段，或者放弃连接尝试。

主机 *B* 需要完成以下步骤。

服务器进程需要提前进入监听状态即 OPEN_WAIT，被动等待客户端的连接，这个过程又称为被动打开。

（2）第二次握手：服务器接收到客户端的连接请求后，对连接请求进行确认，通知客户端可以建立连接。

在具体的实现中，通常主机 *B* 需要完成以下步骤。

①接收 SYN 报文段：服务器进程监听来自客户端的连接请求，并接收到客户端发送的 SYN 报文段。

②确认客户端的 SYN：服务器进程会确认客户端的 SYN 报文段，通过发送一个 ACK 报文段表明已经收到客户端的 SYN 报文段。这个 ACK 报文段中的确认号是客户端 SYN 报文段中的序号加 1。

③生成初始序号：与客户端类似，服务器进程也会生成一个随机的初始序号。

④发送 SYN+ACK 报文段：服务器进程会将自己的 SYN 报文段和确认客户端的 ACK 报文段合并成一个 SYN+ACK 报文段发送给客户端。这个 SYN+ACK 报文段包含了服务器的初始序号和确认客户端 SYN 的 ACK。

⑤进入 SYN_RECV 状态：服务器进程在发送 SYN+ACK 报文段后，会进入 SYN_RECV 状态，等待客户端的最终确认。

第二次握手主要是服务器进程在动作，包括接收 SYN 报文段、确认客户端 SYN、生成自己的初始序号、发送 SYN+ACK 报文段并进入 SYN_RECV 状态等待客户端的最终确认。客户端进程则等待并准备接收服务器的 SYN+ACK 报文段。

(3)第三次握手：客户端收到服务器的确认后，再向服务器发送一个确认，发送完毕后，就完成了三次握手。

在具体的实现中，通常主机 A 需要完成以下步骤。

①接收 SYN+ACK 报文段：客户端进程等待并接收来自服务器进程的 SYN+ACK 报文段。这个报文段既包含了服务器的 SYN（同步序列编号），也包含了对客户端初始 SYN 的确认（ACK）。

②发送 ACK 报文段：客户端进程在收到服务器的 SYN+ACK 报文段后，会向服务器发送一个 ACK 报文段，以确认服务器的 SYN。ACK 报文段中的确认号是服务器 SYN 报文段中的序号加 1。

③进入 ESTABLISHED 状态：客户端进程在发送完 ACK 报文段后，会进入 ESTABLISHED 状态，表示 TCP 连接已经成功建立。

主机 B 需要完成以下步骤。

①等待并接收 ACK 报文段：服务器进程等待并接收客户端的最终确认，即客户端发送的 ACK 报文段，这个 ACK 报文段是对服务器 SYN 的确认。

②进入 ESTABLISHED 状态：服务器进程收到客户端的 ACK 报文段后，也会进入 ESTABLISHED 状态。此时，从客户端到服务器的连接和从服务器到客户端的连接都被确认，TCP 连接完全建立。

第三次握手过程中，客户端进程负责接收 SYN+ACK 报文段、发送 ACK 报文段并进入 ESTABLISHED 状态；服务器进程则是等待并接收 ACK 报文段，然后进入 ESTABLISHED 状态。完成这些步骤后，TCP 连接就正式建立了，双方可以开始进行数据传输。

在确认应答机制的介绍中，通过一个实例分析了双方发送的 TCP 报文段中核心字段内容的变化，但该实例只包含了数据传输阶段的报文段，现在将该实例扩充，补充连接建立过程中双方发送的报文段，进一步明确一些细节，以便更好地理解三次握手过程。

```
Packet 1 - SYN from A to B

1. Source IP: 116.228.111.111

2. Destination IP: 89.234.157.250

3. Source Port: 50000

4. Destination Port: 80

5. Sequence Number: 1000

6. Acknowledgment Number: 0

7. Flags: SYN

8. Data: None
```

这是 *A* 向 *B* 发起 TCP 三次握手的第一步，请求建立连接。第 5 行的序号 1000 是 *A* 为这个连接选择的初始序号（ISN），第 7 行中同步标志 SYN 被置为 1，表示这是一个 SYN 报文段。第 8 行表示的数据部分为 None，该报文段不携带任何数据。

```
Packet 2 – SYN+ACK from B to A
1. Source IP: 89.234.157.250
2. Destination IP: 116.228.111.111
3. Source Port: 80
4. Destination Port: 50000
5. Sequence Number: 3000
6. Acknowledgment Number: 1001
7. Flags: SYN, ACK
8. Data: None
```

该报文段标志 *B* 收到 *A* 的 SYN 后，回复 SYN+ACK 作为三次握手的第二步。第 5 行中，*B* 选择 3000 作为它的 ISN。第 6 行中的确认号 1001 表示 *B* 期望接收的 *A* 的下一个报文段的序号是 1001（即 *A* 的 ISN+1）。同时，第 7 行的标志位同时出现了 SYN、ACK，说明该报文段是一个 SYN+ACK 报文段。

```
Packet 3 - ACK from A to B
1. Source IP: 116.228.111.111
2. Destination IP: 89.234.157.250
3. Source Port: 50000
4. Destination Port: 80
5. Sequence Number: 1001
6. Acknowledgment Number: 3001
7. Flags: ACK
8. Data: None
```

该报文段标志 *A* 发送 ACK，确认 *B* 的 SYN，从而完成三次握手的最后一步。此时，TCP 连接建立成功。需要特别注意的是第 5 行和第 6 行，第 5 行中的序号是 1001，相比于 Packet 1 中的 1000 增加了一个序号，说明 Packet 1 的 SYN 报文段消耗了一个序号，但是 Packet 1 报文段中的 Data 为 None，并未携带任何数据。第 6 行的确认号为 3001，相比于 Packet 2 中的 3000 增加了一个序号，说明 Packet 2 的 SYN+ACK 报文段消耗了一个序号，但是 Packet 2 报文段中的 Data 为 None，也未携带任何数据。

```
Packet 4 –Data from A to B
1. Source IP: 116.228.111.111
2. Destination IP: 89.234.157.250
3. Source Port: 50000
4. Destination Port: 80
5. Sequence Number: 1001
6. Acknowledgment Number: 3001
```

```
7. Flags: ACK
8. Data: "HellofromA"
```

从该报文段开始，*A* 与 *B* 开始数据交互过程，各报文段与介绍确认应答机制部分的交互一致。但此报文段中有一个值得注意的细节，第 5 行的序号仍然是 1001，这与 Packet 3 中的序号一致，说明 Packet 3 的报文段没有携带数据，也没有消耗一个序号。可是，Packet 1 和 Packet 2 也没有携带任何数据，为什么却都消耗了一个序号？原因在于 Packet 1 是 SYN 报文段，Packet 2 是 SYN+ACK 报文段，两者都包含了 SYN 报文。SYN 报文段虽然不携带数据，但是必须要占用一个序号，因为 SYN 报文段必须要得到对方的确认。Packet 3 是 ACK 报文段，ACK 报文段中未含有任何数据时，是不需要得到对方的确认的。因此，只有需要对方确认的报文段才会消耗序号。在很多情况下，*A* 在第三次握手时，会采用捎带确认的方式，将数据与确认合并在一起发送，将 Packet 3 作为 Data+ACK 报文段发送，这时的 Packet 3 就需要占用序号了，占用的序号长度与携带数据的字节数一致。

关于三次握手还有最后一个细节需要考虑：到底需不需要第三次握手？两次握手是否就能达到同样的效果？可以设想如下场景。

假如客户端向服务器发送一个连接请求，但由于网络延迟，这个请求在很长时间后才到达服务器。如果此时客户端已经重新发送了一个连接请求并成功建立了连接，那么在采用两次握手来建立连接的情况下，旧的连接请求到达服务器时，服务器以为还需要建立一个连接，就会造成混乱和服务器资源的浪费。而使用三次握手，服务器在收到旧的连接请求后会发送 SYN+ACK，但客户端不会回应 ACK，因为它已经建立了新的连接，服务器在一段时间后就会放弃这个旧的连接请求。

可见，TCP 采用三次握手是为了确保连接的可靠性，避免旧连接或已失效的连接请求对通信造成干扰。因此，不能将其简化为两次握手。

2）连接终止

TCP 中的连接终止是通过一个称为"四次挥手"的过程来管理的，如图 3-43 所示。四次挥手确保数据能够完整地从一方传输到另一方，以及 TCP 连接的稳定关闭。

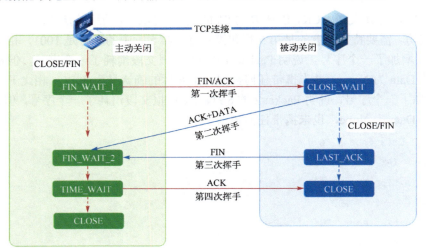

图 3-43 TCP 四次挥手示意图

以下是四次挥手的主要过程。

第一次挥手：当数据传输完毕时，任何一方（假设为客户端）都可以发送一个 FIN 报文段来断开其到另一方的连接。客户端发送一个 FIN 报文段（TCP 报文段首部中 FIN 字段为 1 时，表示该发送方不会再有数据发送，希望断开连接）来断开客户端到服务器的连接，同时发送一个序号为 Cseq 的包。此时，客户端进入 FIN_WAIT_1 状态，表示客户端没有数据要发送了，但它只是单向地断开了从客户端至服务器的连接，仍然可以接收来自服务器的数据。

第二次挥手：服务器收到这个 FIN 报文段后，会发送一个确认包（ACK 报文段），确认号为收到的序号加 1（即 ack=Cseq+1）。这个 ACK 报文段代表服务器通知客户端：已知晓你方的关闭请求，但我方可能还有数据待发送，所以你方需要等待，我方发送完毕后会通知你方断开连接。服务器随后进入 CLOSE_WAIT 状态。客户端收到服务器的确认后，进入 FIN_WAIT_2 状态，等待服务器发送断开连接的数据。

第三次挥手：当服务器发送完所有数据后，它会向客户端发送一个 FIN 报文段，请求断开连接，同时发送一个序号为 Sseq 的包。此时，服务器进入 LAST_ACK 状态，等待客户端的最终确认。

第四次挥手：客户端收到服务器的 FIN 报文段后，会发送一个确认包（ACK 报文段），确认号为收到的序号加 1（即 ack=Sseq+1）。服务器收到客户端的 ACK 报文段后，就断开了连接。客户端在发送 ACK 报文段后，会进入 TIME_WAIT 状态，等待一段时间后断开连接。

由于 TCP 是全双工通信，两个方向的连接都需要断开，因此采用了"四次挥手"，可以看作两个"三次挥手"的合并。其中，最不容易理解的是第四次挥手中的 TIME_WAIT 状态，客户端明明已经发送了 FIN 报文段，完成了最后一次挥手，为什么不立即断开连接？这样做有两方面考虑：一方面，连接断开时可能存在一些刚刚发出不久的数据还未来得及接收，因此需要再等待一段时间来接收这些数据；另一方面，发出的 ACK 报文段存在丢失的可能，因此也需要等待一段时间来保证 ACK 报文段被对方收到。若 ACK 报文段丢失，在 TIME_WAIT 期间对方就可能第二次发送 FIN 报文段，这是由于处于 TIME_WAIT 状态，连接并未完全断开，能够重新发送一次 ACK 报文段。出于这两方面的原因，第四次挥手的一方在挥手后还需要等待一段时间，通常等待的时间是两个 TCP 报文段的最大生存时间（maximum segment lifetime，MSL），2MSL 恰好可以保证报文段从一端到另一端的一来一回，能够在短时间内尽可能接收还在网络中的数据。在 RFC 1122 中，MSL 的建议值为 2min，但是在具体实现中各有不同，一般来说，Windows 系统中 MSL 的默认值是 2min；Linux 系统（如 Ubuntu、CentOS）中 MSL 的默认值是 60s；UNIX 系统中 MSL 的默认值是 30s。这些默认值可能会因操作系统的不同版本或特定配置而有所变化。

下面仍然接续上面的示例，通过分析交互数据包的关键字段来阐述四次挥手过程，但省略了主机 A、B 之间的数据交互过程，因此从 Packet 5 开始编号。

```
Packet 5 - FIN+ACK from A to B

1. Source IP: 116.228.111.111

2. Destination IP: 89.234.157.250

3. Source Port: 50000

4. Destination Port: 80

5. Sequence Number: 1051
```

```
6. Acknowledgment Number: 3011
7. Flags: FIN, ACK
8. Data: None
```

此报文段中，主机 A 已无数据需要传输，便发送 FIN+ACK 开始关闭连接的过程。序号 1051 表示这是 A 发送的最后一个数据的序号（前面的例子中，A 发送数据"HellofromA"后的下一个报文段的序号应该是 1011，此处假设 A 发送了更多的数据），第 7 行的标志位中，FIN 和 ACK 都已经置 1，表示该报文段是一个 FIN+ACK 报文段。第 8 行的 Data 字段为 None，说明该报文段未携带任何数据。

```
Packet 6 - ACK from B to A
1. Source IP: 89.234.157.250
2. Destination IP: 116.228.111.111
3. Source Port: 80
4. Destination Port: 50000
5. Sequence Number: 3011
6. Acknowledgment Number: 1052
7. Flags: ACK
8. Data: None
```

此报文段中，B 收到 A 的 FIN 报文段后，发送 ACK 进行确认。第 6 行的确认号 1052 表示 B 期待接收 A 的下一个序号是 1052 的数据，但实际上由于 A 已经发送了 FIN 报文段，不会再有后续数据。但需要注意的是，序号是 1052 意味着 Packet 5 对应的 FIN+ACK 报文段虽然没有携带数据，但是消耗了一个序号，这是因为 FIN 报文段是需要进行确认的。此外，该 ACK 的发送意味着 A 和 B 都确认了 A 至 B 方向的通信通道已经关闭，但 B 至 A 方向上仍然可以发送数据。

```
Packet 7 - FIN from B to A
1. Source IP: 89.234.157.250
2. Destination IP: 116.228.111.111
3. Source Port: 80
4. Destination Port: 50000
5. Sequence Number: 3051
6. Acknowledgment Number: 1052
7. Flags: FIN, ACK
8. Data: None
```

此报文段中，B 发送 FIN 报文段来关闭 B 至 A 方向的通信通道。序号 3051 是 B 发送的最后一个数据的序号（此处假设在前面的通信中，B 发送了更多的数据）。如果 B 在发送 Packet 6 时就确认自己没有更多的数据需要传送，可以将 Packet 6 和 Packet 7 合并为一个 FIN+ACK 报文段，确认 A 至 B 方向通道关闭的同时通知 B 至 A 方向通道的关闭，此时，四次挥手可以简化为三次挥手，如图 3-44 所示。

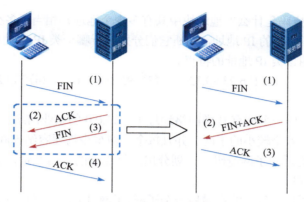

图 3-44　四次挥手的简化

```
Packet 8 - ACK from A to B
1. Source IP: 116.228.111.111
2. Destination IP: 89.234.157.250
3. Source Port: 50000
4. Destination Port: 80
5. Sequence Number: 1052
6. Acknowledgment Number: 3052
7. Flags: ACK
8. Data: None
```

此报文段中，*A* 发送最后的 ACK 报文段确认 *B* 的 FIN 报文段。此时，TCP 连接完全关闭。注意，此报文段中第 6 行的确认号为 3052，说明 *B* 的 FIN 报文段虽然未携带数据，但消耗了一个序号。

习　题　三

3-1　一个数据报长度为 4000 字节（固定首部长度），现在经过一个网络传送，但此网络能够传送的最大数据长度为 1500 字节。试问应当将其划分为几个短些的数据报片？各数据报片的数据字段长度、片偏移和 MF 标志应为何数值？

3-2　有两个 CIDR 地址块，即 208.128/11 和 208.130.28/22。其中是否有一个地址块包含了另一个地址块？如果有，请指出，并说明理由。

3-3　以下的地址前缀中的哪一个和地址 2.52.90.140 匹配？请说明理由。

(1) 0/4　　　(2) 32/4　　　(3) 4/6　　　(4) 80/4

3-4　下面的前缀中的哪一个和地址 152.7.77.159 及 152.31.47.252 都匹配？请说明理由。

(1) 152.40/13　　　(2) 152.40/9　　　(3) 152.64/12　　　(4) 152.0/11

3-5　与下列掩码相对应的网络前缀各有多少位？

(1) 192.0.0.0　　　(2) 240.0.0.0　　　(3) 255.224.0.0　　　(4) 255.255.255.252

3-6　已知地址块中的一个地址是 140.120.84.24/20，请问这个地址块中的最小地址和最大地址是多少？地址掩码是什么？地址块中共有多少个地址？相当于多少个 C 类网络？

3-7 请根据以下给出的 IP 地址，判断它们分别属于哪一类 IP 地址(A、B、C、D、E 中的一类)，并简要说明该类 IP 地址的特点。

(1) 27.128.32.64　　(2) 156.23.89.12　　(3) 195.168.2.1　　(4) 239.255.255.255

(5) 240.0.0.1

3-8 假设正在管理一个拥有 B 类网络地址 172.16.0.0 的企业网络。由于企业业务需要，要求将此网络划分为 16 个较小的子网，并且每个子网至少需要容纳 500 台设备。

(1) 请确定一个合适的子网掩码，以划分出满足需求的子网数量，并计算出每个子网能够容纳的最大设备数量。

(2) 给出第一个子网(子网 0)和最后一个子网(子网 15)的网络地址、广播地址以及可用的 IP 地址范围。

3-9 给定一个 A 类网络 10.0.0.0，要求在此地址空间内创建不同大小的子网，以满足不同的业务需求。具体来说，需要一个能容纳 2000 台主机的子网、两个能各容纳 1000 台主机的子网和四个能各容纳 500 台主机的子网。请完成以下任务。

(1) 为每种大小的子网确定一个合适的子网掩码。

(2) 如果可能，请确保所有子网都使用连续的 IP 地址空间，并给出每个子网的详细信息(网络地址、广播地址、第一个可用 IP 和最后一个可用 IP)。

3-10 给定一个 CIDR 表示的 IP 地址范围 192.168.1.0/24，请回答以下问题。

(1) 这个 CIDR 地址范围内，第一个可用的 IP 地址是什么？

(2) 这个 CIDR 地址范围内，最后一个可用的 IP 地址是什么？

(3) 这个 CIDR 地址范围内，总共有多少个可用的 IP 地址？

(4) 假设需要将这个网络划分成 4 个等大小的子网，请问每个子网的 CIDR 地址是什么？

3-11 假设路由器有五个接口，分别连接到 192.168.1.0/24、10.0.0.0/8、172.16.0.0/16、100.64.0.0/10 和 198.51.100.0/24 五个子网。现在有一个 IP 数据包的目的 IP 地址为 203.0.113.50，请问路由器会将该数据包转发到哪个接口？为什么？

3-12 假设一个 3MB 的 PDF 文件从源主机 A 传送至目的主机 B，它们之间的互联网部分由两个局域网通过路由器连接起来，A 主机所在的局域网所能传送的数据报最大长度被限制为 1500 字节，B 主机所在的局域网所能传送的数据报最大长度被限制为 1200 字节，请问主机 B 将接收到多少个 IP 数据报？

3-13 假设主机 A(IP 地址为 192.168.1.2，MAC 地址为 00:11:22:33:44:55)想要与主机 B(IP 地址为 192.168.1.3，MAC 地址未知)进行通信，且两者都连接在同一以太网交换机上，请详细描述主机 A 如何使用 ARP 协议来获取主机 B 的 MAC 地址。如果主机 A 的 ARP 缓存中已经存储了主机 B 的 MAC 地址信息，那么主机 A 还需要发送 ARP 请求吗？为什么？

3-14 假设一个以太网中主机 A 的 IP 地址为 192.168.1.10，主机 B 的 IP 地址为 192.168.1.20，主机 A 向主机 B 发送了一个 PING 命令以测试连通性，请问该 PING 命令产生的每一个报文在经局域网传输至主机 B 的网卡后，会经历几次校验过程？分别对哪些数据进行校验？

3-15 IPv6 地址中的连续零组可以用双冒号(::)来表示，但双冒号只能出现一次。请写出以下 IPv6 地址的压缩形式。

（1）2001:0000:0000:0000:0001:0000:0000:0001

（2）2001:0000:0000:0001:0000:0000:0000:0001

（3）2001:0000:0001:0000:0000:0000:0000:0001

3-16　给定一个 IPv6 地址/48 前缀 2001:db8:1234::/48，请划分出两个/56 的子网，并写出这两个子网的地址范围。

3-17　假定当前网络中路由器 A 的路由表如题 3-17 图(a)所示(这三列分别表示目的网络、距离、下一跳路由器)，现 A 收到从 C 发来的 RIP 路由更新信息，如图题 3-17 图(b)所示。试计算路由器 A 更新后的路由表，并说明理由。

3-18　一个小型企业的网络拓扑如题 3-18 图所示，四个部门处于不同的网段：

路由器 A 连接着网络 1（192.168.1.0/24）和网络 2（192.168.2.0/24）；

路由器 B 连接着网络 2（192.168.2.0/24）和网络 3（192.168.3.0/24）；

路由器 C 连接着网络 3（192.168.3.0/24）和网络 4（192.168.4.0/24）；

路由器 D 连接着网络 4（192.168.4.0/24）和网络 1（192.168.1.0/24）。

所有路由器以环型结构连接。

N_1	4	B
N_2	2	C
N_3	1	F
N_4	8	G
N_6	5	I

(a)

N_1	2
N_2	5
N_3	3
N_4	7
N_5	5

(b)

题 3-17 图

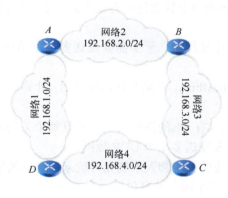

图 3-18 图

假设该企业使用 RIP 作为内部网络的路由选择协议。

（1）若所有路由器刚刚开启，绘制初始状态下各路由器的路由表。

（2）如果网络中路由器 B 与路由器 C 之间有链路故障，请描述在 RIP 协议的作用下，网络中的路由选择将如何变化。

（3）给出故障发生后，各路由器更新路由表的过程。

（4）若 RIP 协议默认的失效计时器是 180s，假设该计时器时间到了，路由器 B 和 C 之间的链路还未修复，解释各路由器将如何响应。

（5）假设链路恢复正常，描述路由器将如何更新它们的路由表，并恢复到最优路由选择。

3-19　在图 3-37 所示的网络中，假定 AS1 和 AS5 采用 OSPF 作为其 AS 内部路由选择协议。假定 AS3 和 AS4 采用 RIP 作为其 AS 内部路由选择协议。假定 AS 间路由选择协议使用的是 BGP 协议。请分析 R_{2b} 将从哪个路由选择协议学习到网络 N?

3-20　假设你是一名网络工程师，负责设计一个跨国公司的全球网络。公司总部位于中国，有一个主要的数据中心，而在欧洲、美洲和非洲各有一个分支机构。每个分支机构都有自己的网络并连接到当地的因特网服务提供商(ISP)。为了实现全球网络的互联互通，使用 BGP 协议，各网络的基本配置如下。

中国总部连接到 ISP1。欧洲分支机构连接到 ISP2。美洲分支机构连接到 ISP3。非洲分支机构连接到 ISP4。每个分支机构至少有两条不同的链路连接到其 ISP，以确保网络的冗余和可靠性。

(1)假设 ISP2 和 ISP3 之间的直接链路故障，请解释可能的 BGP 路由选择变化，以及如何通过 BGP 策略来优化路由选择。

(2)为了提高网络效率，公司希望欧洲分支机构的网络流量首选通过 ISP1 传输到中国总部。请说明如何使用 BGP 属性来实现这一路由选择策略。

(3)如果美洲分支机构希望其进入流量主要来自 ISP3，而非 ISP4，即使 ISP4 提供了更低的路由代价，应如何配置 BGP?

3-21　假设你正在设计一个使用 UDP 协议的文件传输应用程序，该程序需要将一个大文件分割成多个数据包进行传输。若一个待传输的文件大小为 15MB，每个 UDP 数据包的有效载荷大小为 1KB，UDP 包头大小为 8 字节。

(1)根据给定的文件大小和每个数据包的有效载荷大小，计算至少需要发送多少个 UDP 数据包才能完成文件传输。

(2)计算在传输整个文件过程中，至少需要发送多少字节的报头信息(UDP 和 IP 报头总和)。

(3)如果网络的带宽是 10Mbit/s，忽略其他网络延迟，计算理论上传输整个文件需要多少时间。

(4)假设每个 UDP 数据包有 1% 的概率丢失，并且每个丢失的数据包需要完整地重新发送一次，计算平均情况下需要发送多少个 UDP 数据包。

3-22　一个在线多人游戏的实时聊天系统允许玩家发送短消息给其他玩家，该系统采用 UDP 作为传输层协议，假设每个聊天消息包括一个 4 字节的玩家 ID 和最多 140 字节的消息内容。

(1)请计算每个 UDP 聊天数据包的总大小。

(2)如果服务器每秒需要转发 10000 个这样的聊天消息，计算服务器每秒需要处理的数据量(以字节为单位)。

(3)假设服务器和客户端之间的平均往返时间(RTT)是 200ms，计算在没有丢包的情况下，单个聊天消息从发送到接收的平均时间。

(4)如果 UDP 聊天数据包的丢包率是 5%，估算服务器实际每秒能成功转发的聊天消息数量。

3-23　假设你正在为一个实时天气监控系统设计数据传输方案。该系统由多个分布在不同地理位置的传感器组成，这些传感器会定期(如每分钟)将收集到的气象数据发送到中央服务器。由于气象数据对时效性要求较高，而且传感器数量众多，因此你选择使用 UDP 协议进行数据传输。

(1)请为传感器气象数据设计一种格式化方法以便其通过 UDP 发送给中央服务器,主要考虑发送温度、湿度、风速等数据,并为这些数据定义一个合适的二进制格式。

(2)若服务器没有收到某个传感器的数据更新,描述服务器应采取的措施以处理这种情况。

(3)考虑到 UDP 传输可能会出现数据包丢失的情况,提出一种策略来降低这种情况对气象数据准确性和完整性产生的不良影响。

(4)假设中央服务器需要向传感器发送配置更新(如更新传感器的采样频率)。设计一个消息格式来处理这种双向通信,并解释如何在 UDP 上实现可靠传输。

3-24　一个文件传输系统客户端通过 TCP 连接将文件发送给服务器,若当前待传输的文件大小为 50MB,每个 TCP 段的最大数据部分(MSS)为 1KB,TCP 报头不包含任何选项,且初始序号为 1000。

(1)请根据给定的文件大小和每个 TCP 段的 MSS,计算需要发送多少个 TCP 段才能传输完整个文件。

(2)对于最后一个 TCP 段,提供其序号的范围。

(3)计算在传输整个文件过程中,总共发送了多少字节的报头信息(TCP 和 IP 报头总和)。

3-25　假设在分析一个网络应用的流量时捕获了一系列的 TCP 数据包。

数据包 A:客户端发送了一个 TCP 数据包到服务器,其中 SYN 标志被设置为 1,序号(Seq)为 1000。

数据包 B:服务器回应客户端,发送了一个 TCP 数据包,其中 ACK 和 SYN 标志都被设置为 1,确认号(ack)为 1001,序号为 5000。

数据包 C:客户端再次回应服务器,发送了一个 TCP 数据包,其中 ACK 标志被设置为 1。

请基于以上信息回答以下问题。

(1)描述 TCP 三次握手的过程,并指出上述每个数据包在这个过程中扮演的角色。

(2)在数据包 C 中,确认号(ACK)应该是多少?解释你的答案。

(3)如果数据包 A 在网络中丢失,TCP 协议会如何处理这种情况?

(4)一旦三次握手完成,客户端和服务器如何确认对方仍然处于连接状态?

3-26　在一个 TCP 连接中,客户端决定断开连接。以下是这个过程中的一系列简化的 TCP 数据包传输描述。

数据包 A:客户端发送一个 TCP 数据包到服务器,其中 FIN 标志被设置为 1,序号(Seq)为 7000。

数据包 B:服务器回应客户端,发送了一个 TCP 数据包,其中 ACK 标志被设置为 1,确认号(ack)为 7001。

服务器准备断开连接,但在断开之前还有一些数据需要发送给客户端。

数据包 C:服务器完成数据传输后,发送一个 TCP 数据包到客户端,其中 FIN 标志被设置为 1,序号(Seq)为 8000。

数据包 D:客户端回应服务器,发送了一个 TCP 数据包,其中 ACK 标志被设置为 1,确认号(ack)为 8001。

请基于以上信息回答以下问题。

(1)描述 TCP 四次挥手的过程,并指出上述每个数据包在这个过程中扮演的角色。

(2) 在数据包 *B* 和 *D* 中，客户端和服务器各自的序号应该是多少？

(3) 如果数据包 *C* 在网络中丢失，TCP 协议将如何处理这种情况？

3-27　在一台路由器中捕获到某网络游戏客户端与服务器的 TCP 通信（假设该游戏的全部流量都经过此路由器），其中一部分关键 TCP 数据包的信息摘要如下。

数据包 *A*：客户端发送到服务器，序号为 2000，携带了 200 字节的游戏控制信息。

数据包 *B*：服务器回应客户端，序号为 1000，确认号为 2201，源端口号为 80，目的端口号为 5000，携带了 500 字节的游戏状态更新。

数据包 *C*：客户端发送到服务器，序号为 2201，确认号为 1501。

数据包 *D*：服务器发送到客户端，序号为 1500，确认号为 2201，携带了 500 字节的游戏状态更新。

数据包 *E*：客户端发送到服务器，序号为 2201，确认号为 1001，携带了 200 字节的游戏控制信息。

请基于以上信息回答以下问题。

(1) 通信过程中是否发生过异常状况？有哪些可能？

(2) 客户端接收到数据包 *D* 后，客户端和服务器各自应该如何响应？

(3) 假设服务器在一段时间后没有收到对数据包 *B* 和 *D* 的确认，它应该如何操作？

3-28　某公司设计规划一个远程视频监控系统，该系统负责将遥远地点的视频数据实时传输至公司服务器，且这些视频数据将用于后期的法律审查和证据保存。经过公司测试，两地间的网络带宽约为 100Mbit/s，RTT（往返时间）约为 50ms，视频流经编码、封装后，每个数据包数据载荷大约为 800 字节，由于网络环境并不稳定，丢包率在 1%左右，应该采用 UDP 还是 TCP 作为传输层协议？请给出理由。

3-29　近期，一家大型云服务提供商接收到的客户报告中，部分客户反馈在服务开始阶段速率较慢，影响了他们的应用性能。公司希望能够优化客户的云基础设施网络性能，提高数据中心之间数据传输的效率，特别是针对新建立的 TCP 连接。根据当前对网络的测试结果，数据中心间的平均 RTT 为 100ms，而且网络带宽足够高，因此带宽并不是瓶颈。同时还发现在数据传输的初期阶段，并没有丢包发生。请根据本章内容分析造成这一情况的可能原因。

第4章

典型信息网络

本章主要介绍电话网、移动通信网、计算机局域网、移动自组织网、卫星通信网等典型信息网络，着重分析这些典型信息网络的网络体系结构。

4.1 电 话 网

▶▶▶ 4.1.1 电话网结构

电话网是传递电话信息的电信网。电话网可以支持交互型语音通信和开放电话业务，是业务量最大、服务面最广的电信网。

1. 传统电话网

传统电话网采用电路交换方式，其节点交换设备是程控交换机，还包括传输链路及终端设备。为了使全网协调工作，其中还有各种标准、协议和规章制度等。传统电话网的构成如图 4-1 所示。

电话网可分为本地电话网、长途电话网、国际电话网等类型。全国范围的电话网由本地网与长途网组成，并通过国际交换中心接入国际电话网。

电话网通常采用等级结构，等级结构即将交换中心（或称为交换局）分成不同的等级，每个交换中心通常只能直接连接一个高一等级交换中心，但可以直接连接多个低一等级交换中心，低等级交换中心之间的连接通常只能通过高一等级交换中心进行。在长途电话网中，

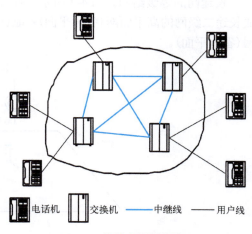

图 4-1 传统电话网的构成

通常根据地理条件、行政区域、通信流量的分布情况等设立各级汇接中心（或称为汇接局），下级交换中心之间的通信要通过汇接中心转接来实现。每一级汇接中心负责汇接一定区域的通信流量，逐级形成辐射的星型网或网型网。低等级交换中心与管辖它的高等级交换中心相连，形成多级汇接辐射网，最高级的交换中心则直接互连，组成网型网。

我国原有的电话网结构采用等级结构，共有五级，分别为大区中心 C1、省中心 C2、地区中心 C3、县中心 C4、端局 C5，C1～C4 构成长途电话网，C5（DL）及汇接局（Tm）构成本地网。随着社会和经济的发展，电话业务量迅速增加，横向话务流量日趋增多，新业务的需

求不断涌现，五级网络结构由于转接段数多造成了接续时延长、传输损耗大、网络管理工作复杂、不利于新业务的开展等问题。因此，20 世纪 90 年代中后期，我国电话网由五级电话网向三级电话网转变，原来的 C1 和 C2 演变为一级长途交换中心 DC1，原来的 C3 和 C4 演变为二级长途交换中心 DC2，以减少转接段数、降低时延、提高可靠性，如图 4-2 所示。

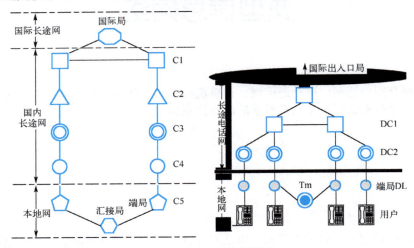

图 4-2　我国电话网的结构

1) 长途网及其结构

长途网的等级结构如图 4-3 所示。省级(包括自治区、直辖市)交换中心以 DC1 表示，构成长途二级网的高平面网(省际平面)；地(市)级交换中心以 DC2 表示，构成长途网的低平面网(省内平面)。

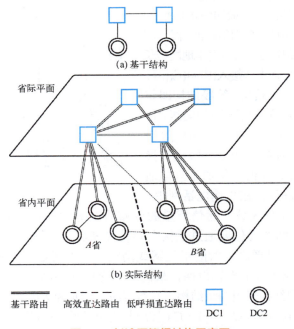

图 4-3　长途网等级结构示意图

DC1 以网型网相互连接，与本省各地市的 DC2 以星型方式连接；本省各地市的 DC2 之间以网型网或不完全网型网相连，同时辅以一定数量的直达电路与非本省的交换中心相连。以各级交换中心为汇接局，汇接局负责汇接的范围称为汇接区。DC1 的职能主要是汇接所在省的省际长途来去话话务，以及所在本地网的长途终端话务；DC2 的职能主要是汇接所在本地网的长途终端来去话话务。

随着程控交换技术的发展，长途电话网又出现了无级网结构。无级结构是美国 AT&T 在 20 世纪 80 年代中期开始引入的，采用动态无级选路(dynamic non-hierarchical routing, DNHR)策略。无级是指通信网中各交换节点都是平等的，无上、下级之分，各交换节点既可以是端局，又可以是汇接局。动态是指网络中迂回路由选择次序可以随时间而变动，即具有时变特性。DNHR 策略基于以下两个因素：①在发端局和终端局之间选择费用最小的通路；②利用网络忙时的非一致性，设计最优的、时变的选路方案，以获得费用最小的通路。

2) 本地网及其结构

本地网是在同一长途编号区范围内，由若干个端局(或若干个端局与汇接局)、局间中继线、用户线和电话终端等组成的电话网，如图 4-4 所示。本地网用来疏通本长途编号区范围内任何两个用户间的电话呼叫和长途来去话话务。

本地网内可设置端局和汇接局。端局通过本地回路用户线与用户相连，它的职能是疏通本局用户的来去话话务。汇接局与所管辖的端局相连，以疏通这些端局间的话务。汇接局还与其他汇接局相连，疏通不同汇接区间端局的话务。根据需要，汇接局还可与长途交换中心相连，用来疏通本汇接区内的长途话务。本地网中，有时可在用户相对集中的地方设置一个隶属于端局的支局，经用户线与用户相连，但其中继线只有一个方向，即到所隶属的端局，用来疏通本支局用户的来去话话务。

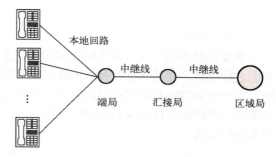

图 4-4　本地网示意图

2. 软交换网络

软交换网络基于分组交换，采用软交换技术，将业务、控制、传送与接入等模块分离，各模块之间通过标准协议和接口进行信息交换，主要完成呼叫控制、资源分配、协议处理、路由、认证、计费等功能，同时可以向用户提供现有电路交换设备所能提供的所有业务，并向第三方提供可编程接口。

1) 软交换技术

在电路交换网中，呼叫控制、业务提供以及交换网络均集中在一个交换系统中，而软交换的主要设计思想是将传统交换机的功能模块分离成独立的网络实体，各实体之间通过标准的协议进行连接和通信，以便在网上更加灵活地提供业务，如图 4-5 所示。因此，软交换是一个分布式交换/控制平台，将呼叫控制功能从网关中分离出来，利用分组网络代替交换矩阵，开放业务、控制、接入和交换间的协议，从而真正实现多厂家的网络运营环境，并可以方便地在网上引入多种业务。软交换采用开放的网络体系结构和标准接口，运营商可根据业务的需要,自由组合各部分的功能产品来组建网络。部件间协议接口的标准化可以实现各种异构网的互通。软交换使得业务与呼叫控制分离,呼叫与承载分离,分离的目标是使业务真正独立于网络,灵活有效地提供各种业务。

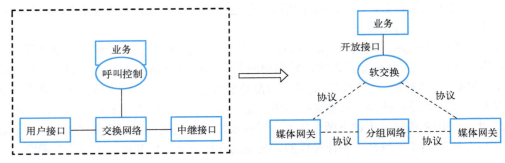

图 4-5 电路交换与软交换技术

2) 网络结构

软交换技术建立在分组交换技术的基础上,其核心思想就是将传统交换机中的三个功能平面进行分离,并从传统交换机的软、硬件中剥离出业务平面,形成四个相互独立的功能平面,实现业务控制与呼叫控制的分离、媒体传输与媒体接入功能的分离,并采用一系列具有开放接口的网络部件去构建这四个功能平面,从而形成如图 4-6 所示的开放的、分布式的软交换网络结构。

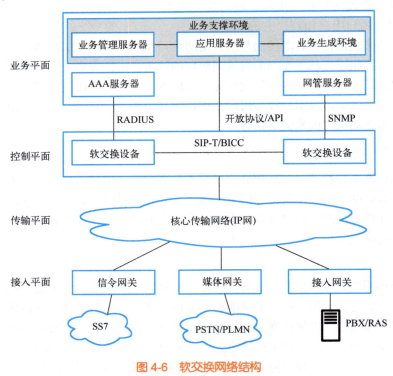

图 4-6 软交换网络结构

软交换网络的四个平面分别具有如下功能。

(1)业务平面:在呼叫建立的基础上提供附加的服务,完成业务提供、业务生成和维护、管理、鉴权、计费等功能,利用底层的各种资源为用户提供丰富多彩的网络业务,主要网络部件为业务管理服务器、应用服务器、业务生成环境、授权/鉴权/记账(authorization, authentication, accounting, AAA)服务器、网管服务器等。

(2)控制平面:主要网络部件为软交换设备。软交换设备相当于程控数字电话交换机中具有呼叫处理、业务交换及维护和管理等功能的主处理机。控制平面决定用户应该接收哪些业务,它还控制其他较低层的网络单元,告诉它们如何处理业务流。

(3)交换平面:也称为传输平面,提供各种媒体(语音、数据、视频等)的宽带传输通道并将信息选路至目的地。交换平面的主要网络部件为标准的 IP 路由器。

(4)接入平面:其功能是将各种用户终端和外部网络连接到核心传输网络。接入平面的主要网络部件有信令网关、媒体网关(media gateway, MG)、接入网关等。

软交换网络有以下特点:可以使用基于分组交换技术的媒体传送模式,能同时传送语音、数据和多媒体业务;将网络的承载部分与控制部分相分离,在各单元之间使用开放的接口,允许它们分别演进,有效地打破了传统电路交换机的集成交换结构。

软交换网络的组成如图 4-7 所示,包括业务平台、软交换设备、媒体服务器、路由服务器、认证服务器、智能网、中继网关、信令网关、接入网关、综合接入设备(integrated access device, IAD)、智能终端(如 SIP 电话和 H.323 电话)等,各设备间的接口和协议也在图中标出。软交换设备通过会话发起协议(session initiation protocol, SIP)、智能网应用协议(intelligent network application protocol, INAP)与业务平台中的应用服务器通信,通过 RADIUS 协议与认证服务器等通信,通过 H.248 协议和媒体网关控制协议(media gateway control protocol, MGCP)与媒体服务器、中继网关、接入网关等通信,通过信令传输(signaling transport, SIGTRAN)协议与信令网关通信,还可以通过 SIP 协议与其他软交换设备连接。

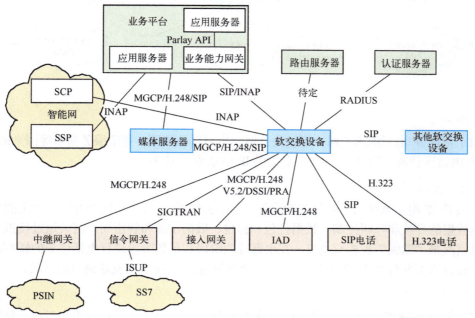

图 4-7　软交换网络组成

目前，软交换网络已经得到广泛的应用，我国固定电话网的核心网及移动电话网的电路域核心网已全部采用了软交换网络，部分新建端局也直接使用了软交换设备。

4.1.2 IP 电话网

狭义的 IP 电话指基于 IP 的语音传输（voice over IP，VoIP）。广义的 IP 电话不仅可以电话通信，还可以在 IP 网络上进行交互式多媒体实时通信（包括语音、视像等），甚至可以即时传信（instant messaging，IM）。IP 电话最大的特点是比普通电话便宜。为什么便宜呢？因为固定电话网的建设成本很高，需要购买专用的交换设备，铺设专门的线路，建立各种端局、汇接局、长途局，主要目的是提供语音业务，而对于 IP 电话，只是在已构建好的 IP 网络上增加一项语音业务。

IP 电话与传统电话相比，有许多不相同的地方。首先，传输媒介不同，IP 电话的传输媒介为 IP 网络，而传统电话的传输媒介为公共交换电话网。其次，交换方式不同，IP 电话采用分组交换，传统电话采用电路交换。从占用信道或带宽上讲，IP 电话有信息才传送，其语音信息的传送不占用固定信道，且语音信息占用的带宽可以压缩至 8kbit/s，而传统电话一般要占用 64kbit/s 的固定信道，而且只要不挂机，将始终占用这一信道，所以 IP 电话的带宽远远低于传统电话。从通话质量上讲，IP 电话相对传统电话较差，尤其在网络拥塞时，通话质量可能难以保证。

1. IP 电话网基本模型

IP 电话网基本模型如图 4-8 所示，主要包括 IP 网、IP 电话网关、IP 电话网的管理层面、电话网及终端，电话网如公共交换电话网（PSTN）、综合业务数字网（ISDN）、全球移动通信（GSM）等。各部分的主要功能如下。

图 4-8　IP 电话网基本模型

1）IP 网

用于传送 IP 电话的承载网，可以是公网，也可以是专网。鉴于服务质量等因素的限制，一些 IP 电话运营商采用 IP 专网向公众提供 IP 电话/传真业务。

2）IP 电话网关

网关是 IP 电话系统的核心与关键设备，用于实现 IP 网与电话网的互联。网关的主要功能包括数据的寻址和呼叫控制、数据打包和拆包、数据压缩和解压缩。网关通过模拟一个典型的电话网来"欺骗"程控交换机，在电话呼叫阶段和释放阶段进行电话信令的转换，对语音信息进行压缩并封装成 IP 数据包，将 IP 数据包通过 IP 承载网发送到目的网关。

3）IP 电话网的管理层面

IP 电话网的管理层面主要由网守（或称为关守）、用户数据库、结算系统组成，负责用户的接入认证、地址解析、计费和结算等工作。其中关守实际上是 IP 电话网的智能集线器，负责用户的注册和管理，包括接入认证、地址解析、带宽管理、路由管理和数据库管理等。

4）电话网及终端

IP 电话网的接入部分包括电话网及终端。

IP 电话的通信流程如图 4-9 所示。

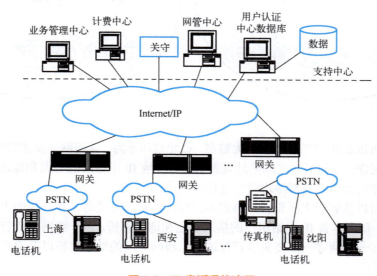

图 4-9　IP 电话通信流程

（1）用户用普通电话拨某 IP 电话运营公司的接入号，交换机将该电话接入 IP 电话的网关。

（2）网关通过语音通道向用户送提示音，让用户输入卡号和密码，并将呼叫请求、卡号、密码等信息提交给关守。

（3）关守将相关信息送给计费、认证服务器，通过认证后，告知关守，关守通知网关。

（4）网关通过语音通道向用户送提示音，让用户输入被叫号码。被叫号码传送到网关，网关处理后将被叫号码等传给关守，请求地址解析。

（5）关守分析被叫号码，将其翻译成被叫所在网关的 IP 地址，并将地址解析结果送给主叫网关。

（6）主叫网关通过 IP 网与对方网关建立起呼叫连接，被叫网关向 PSTN 发起呼叫，并由交换机向被叫用户振铃，被叫用户摘机后，被叫网关和交换机之间的语音通道被连通。

2．IP 电话网网络结构

IP 电话网最初采用分级的网络结构，后来主要采用软交换控制的结构。

1）网络结构

我国的 IP 电话网采用二级网络结构，即顶级网守和一级网守，在业务量大的地区可根据需要再增加第三级结构，即二级网守，如图 4-10 所示。

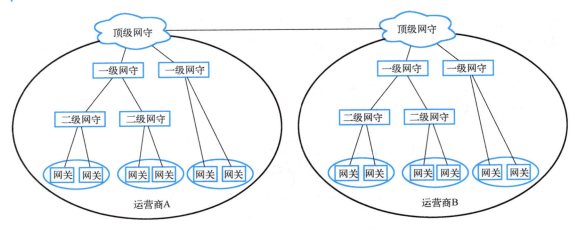

图 4-10　我国 IP 电话网分级网络结构

顶级网守可以设在二三个重要的大城市，如北京和上海。顶级网守负责管理 IP 电话运营商的所有一级网守；一级网守之间的地址解析；与其他 IP 电话网的互通和地址交换；国际业务管理，国际呼叫的建立与拆除均需经过顶级网守。

一级网守可以按省或大区设置，负责本区域内的呼叫寻址等工作。原则上，每个省设置一个一级网守，负责本省 IP 电话用户的接入认证和地址解析。当一级网守所管辖的区域内含有二级网守时，一级网守还需要负责管理这些二级网守间的地址解析以及用户认证等工作。

2）H.323 协议

在传统电话网中，一次通话从建立连接到拆除连接都需要在一定的信令的支持下才能完成。同样，在 IP 电话网中，如何寻找被叫方、如何建立应答以及如何根据双方的数据处理能力来发送数据，也需要相应信令协议的支持。在国际上，比较有影响的 IP 电话方面的协议包括 ITU-T 提出的 H.323 协议和 IETF 提出的 SIP 协议，我国在 IP 电话网建设初期主要采用 H.323 协议栈。

如图 4-11 所示，H.323 协议栈定义了基于 IP 网络进行音频、视频和其他数据传输的基本标准和机制，它是一个协议族，包含了很多协议。H.323 协议栈建立在 TCP/IP 参考模型上，网络层采用 IP 协议，传输层采用 TCP 和 UDP 协议，H.323 协议族包括音频/视频的应用以及信令和控制协议。

音频/视频应用		信令和控制			
音频编解码	视频编解码	RTCP	H.225.0 注册 信令	H.225.0 呼叫 信令	H.245 控制 信令
RTP					
UDP			TCP		
IP					

图 4-11　H.323 协议栈

在 H.323 标准中定义并支持如下几种主要的通信协议。

（1）音频编解码。

H.323 要求至少要支持 ITU-T G.711（PCM），建议支持如 G.722、G.723、G.728、G.729 等语音压缩算法，完成语音信号的编解码，并在接收端可选择地加入缓冲延迟以保证语音的连续性。

（2）视频编解码。

H.323 要求支持 ITU-T H.261、H.263 等视频压缩算法，完成对视频码流的编解码。

（3）H.225.0 注册信令。

H.225.0 注册信令（registration admission status，RAS）用于 H.323 终端与关守之间的注册、接入认证及状态改变的交互。

（4）H.225.0 呼叫信令。

H.225.0 呼叫信令主要用来完成在两个 H.323 终端之间建立及拆除呼叫连接，按照规定的格式对传输的视频、音频、控制等数据进行封装。另外，其还负责逻辑分帧、加序列号、错误检测等工作。

（5）H.245 控制信令。

H.245 控制信令完成对通信的控制，提供端到端信令，保证 H.323 终端的正常通信。控制信令定义了请求、应答、信令和指示四种信息，其功能包括进行通信能力协商、打开/关闭逻辑信道、发送命令或指示等。

（6）实时传输协议。

实时传输协议（real-time transport protocol，RTP）为实时应用提供端到端的运输服务，但不提供任何服务质量的保证。多媒体数据块经压缩编码后，先由 RTP 封装成为 RTP 分组，再由传输层封装成 UDP 数据报，然后交给网络层。

RTP 分组的首部包含序号、时间戳、同步源标识符、参与源标识符等关键字段，能够为语音、视频等实时应用提供端到端的传输服务。每一个 RTP 分组都有一个序号，接收端可根据序号对分组进行排序。时间戳反映了 RTP 分组中数据部分第一个字节的采样时刻，接收端使用时间戳可准确知道应当在什么时间还原哪一个分组，从而消除时延的抖动。同步源标识符用来标志 RTP 流的来源，接收端根据同步源标识符可将收到的 RTP 流送到各自的终点。参与源标识符用来标志来源于不同地点的 RTP 流，在目的站可根据参与源标识符的数值把不同地点的 RTP 流分开。

（7）实时传输控制协议。

实时传输控制协议（real-time transport control protocol，RTCP）是与 RTP 配合使用的协议，主要功能包括服务质量的监视与反馈、媒体间的同步、多播组中成员的标识等。RTCP 分组周期性地在网上传送发送端和接收端对服务质量的统计信息报告，如已发送分组数、丢失率、分组到达时间间隔的抖动等。

RAS 信令、H.255.0 呼叫信令和 H.245 控制信令用来建立呼叫、维持呼叫和拆除呼叫。图 4-12 简要描述了一个呼叫的建立过程以及呼叫过程中各协议的控制作用。

当一个 H.323 端点想要与另一个端点建立连接时，首先源端点使用 RAS 信令从一个关守那里获得许可。然后，源端点用 H.255.0 呼叫信令建立与目的端点的连接，此时目的端点也需要通过关守的认证。接着，源端点使用 H.245 控制信令与目的端点协商通信参数，打开逻辑信道。最后，采用 UDP 协议进行 RTP 流的传送。

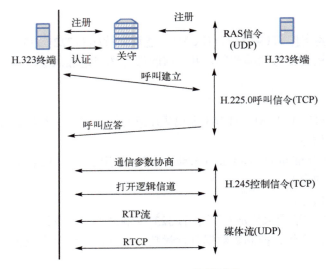

图 4-12　H.323 协议过程

3)软交换网络与 H.323 网络

根据我国《软交换设备总体技术要求》(YD/T 1434—2006)的规定,软交换网络与 H.323 网络的互通方式如图 4-13 所示。软交换设备与 H.323 网守之间的互通点可以根据网络建设的实际情况来确定。当软交换网络与 H.323 网络分别属于不同运营商时,互通点设置在软交换互通点和顶级网守之间;当软交换网络与 H.323 网络属于同一个运营商时,互通点由各运营商根据网络建设的实际情况来确定。

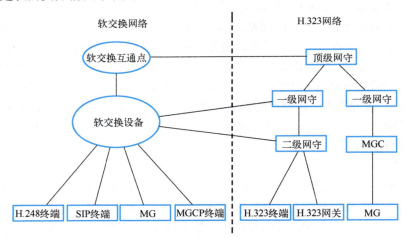

图 4-13　软交换网络与 H.323 网络互通的网络结构

软交换网络与 H.323 网络的互通主要采用直接互通方式,互通协议采用 H.323 协议族,包括 RAS、H.225.0(Q.931) 和 H.245。直接互通方式的特点是软交换设备直接处理与 H.323 网守之间的信令交互,同时还控制媒体网关(MG)上媒体流的连接、建立和释放。从 H.323 网络的角度来看,软交换设备与它所控制的媒体网关合在一起,构成了一个虚拟的 H.323 网关,即一个在网络上与 H.323 网关对等的 H.323 协议实体。

4.1.3　7 号信令网体系结构

1. 基本概念

信令是信息网络中传送的非语音信息，用于实现通信电路的建立、释放和控制。

信令按工作区域可分为用户线信令和局间信令。用户线信令是用户和交换机之间的信令，如摘机信令、挂机信令、拨号信令等；局间信令是交换机与交换机之间的信令，如路由信令、应答信令、拆线信令等。

按信令通道可分为随路信令和公共信道信令。随路信令指信令和语音在一个通道上(或同一个话路、同一个群路上)传输。公共信道信令指一组语音信道的信令占据固定时隙在高速数据链路上传送。例如，一个 PCM 基群信号(2.048Mbit/s)，有 32 个时隙，其中一个时隙用于信令传送，其他时隙用于传输语音(这属于随路信令，如果不在一个群路里，则是公共信道信令)。公共信道信令与语音通道分开，故相比随路信令有许多优越性，包括信令的传送速度快；信令容量大，利于传输网管、维护、计费等各种信令；灵活性强，方便改变和增加信令；可靠性高，避免了语音对信令的干扰；适应性强，更能满足电信网络发展的需要。

CCITT 定义了 1～7 号信令，其中 1～5 号是模拟信令，6 号和 7 号为数字信令，目前常用的是 7 号信令系统(signaling system No.7)，简称 SS7。随着交换技术和网络技术的发展，CCITT 对 7 号信令系统的层次结构做了修改，使其尽量向 OSI 参考模型靠近，形成以分组交换为基础的 7 号信令网。

7 号信令网能为多种业务网提供服务，包括公用电话交换网、宽带综合业务数字网、移动通信网、ATM 网络，也是 IP 网和下一代网络信令协议的基础，可以为这些网络传输用于呼叫建立和释放的信令，所以 7 号信令网是为多种业务网提供服务的支撑网。

7 号信令网是一种公共信道信令网，即有专门的信道来传输信令。7 号信令网是独立于电话网，专门用于传送 7 号信令消息的分组交换数据网，信令传输以分组作为基本的单元。7 号信令网是一个带外数据通信网，它叠加在运营商的交换网上。信令网和电话网在物理实体上是同一个网络，但在逻辑上是两个不同功能的网络，两者的对应关系如图 4-14 所示。信令点(signal point，SP)是信令网上产生和接收信令的节点。信令转接点(signal transfer point，STP)是能够把信令消息从一条信令链路转发到另一条信令链路的节点。高级信令转接点(high signal transfer point，HSTP)设置在 DC1 交换中心所在地，低级信令转接点(low signal transfer point，LSTP)设置在 DC2 交换中心所在地。

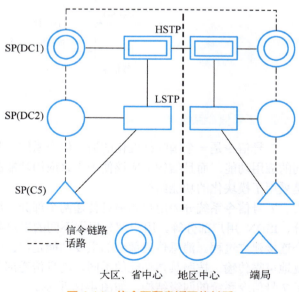

图 4-14　信令网和电话网的关系

两个用户通过交换机进行电话接续的信令基本流程如图 4-15 所示。主叫用户启呼(摘机)，发端局交换机检测到摘机信令后，开始准备呼叫。交换机向主叫用户送回拨号音；主叫用户拨号，通过拨号信令将被叫用户号码发送给发端局交换机；发端局交换机根据被叫用户号码，通过选择(路由)信令选择路由，并把被叫用户号码送给终端局交换机；终端局交换机根据被叫号码，将呼叫连接到被叫用户，向被叫用户发送振铃信令，并向主叫用户发送回铃音信令；当被叫用户应答(摘机)时，终端局交换机收到应答信令，并将应答信令转发给发端局交换机；用户双方进入通话状态；话终时，若被叫用户先复原(挂机)，则终端局交换机向发端局交换机发送后向挂机信令(也称为后向拆线信令)；若是主叫用户先复原(挂机)，发端局交换机向终端局交换机发送前向拆线信令，终端局交换机拆线后，向发端局交换机回送拆线证实信令，发端局交换机也拆线，一切设备复原。因此，两个用户进行电话接续需要交换很多信令，包括在中继线上传输的局间信令以及在用户线上传输的用户线信令。

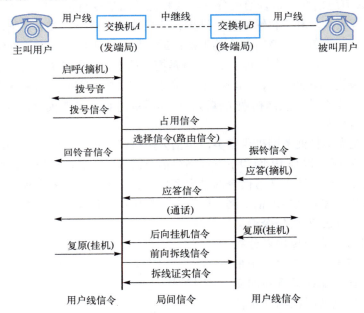

图 4-15　两个用户通过交换机进行电话接续的信令基本流程

2. 7 号信令系统基本结构

7 号信令是一个国际标准化的通用信令系统，其通用性决定了整个系统必然包含许多不同的应用功能，而且结构上应该便于未来应用功能的灵活扩展。该系统的一个重要的特点就是采用了模块化的功能结构。

7 号信令系统分为用户和消息传递两个部分。用户部分包括电话用户部分、数据用户部分、ISDN 用户部分等。用户部分根据不同的用户类型，规定了信令消息的类型、格式和信令连接建立过程。消息传递部分的主要功能是保证信令信息无差错、不丢失、不错序、不重复地可靠传输。按照具体功能的不同，消息传递部分又分为三级，并同用户部分一起构成了 7 号信令系统的四级结构，如图 4-16 所示。

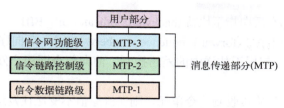

图 4-16　7 号信令系统基本结构

1) 信令数据链路级

信令数据链路级定义了信令链路的物理、电气、功能特性以及链路接入方法(速率、占用时隙)。

2) 信令链路控制级

信令链路控制级定义了信令消息沿信令数据链路传送的功能和过程,包括信令单元的定界和定位、差错检验、流量控制,保证信令消息在两个信令点之间的可靠传送。

7 号信令采用数字编码的形式传送各种信令时,所有信令通过信令消息的最小单元——信令单元(signaling unit,SU)来传送。信令单元以帧的形式传送,一个信令单元就是一个数据帧。信令单元有三种:

(1) 消息信令单元(message signaling unit,MSU),用于传递来自第四级用户部分的信令消息或信令网管理消息,MSU 的长度是可变的;

(2) 链路状态信令单元(link state signaling unit,LSSU),用于提供信令链路的状态信息,如链路是否正常、是否有故障等,LSSU 的长度是固定的;

(3) 填充信令单元(fill-in signaling unit,FISU),也称为插入信令单元,即信令链路中没有消息信令单元和链路状态信令单元传送时,通过传送信令单元中的前向序号、后向序号、校验比特等,来保持信令链路的正常工作。

三种信令单元的格式如图 4-17 所示,可以看到其帧格式基本一致,主要是帧内容字段有所不同。每一个信令单元的开始和结尾都有标志码,标志信令单元的开始和结束。

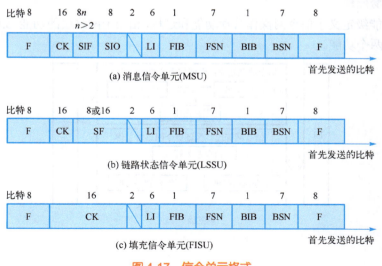

图 4-17　信令单元格式

每一个信令单元都有后向指示比特(backward indicator bit, BIB)、前向指示比特(forward indicator bit, FIB)、前向序号(forward sequence number, FSN)、后向序号(backward sequence number, BSN),它们一起用于传送中的差错控制。前向信令即用户发出去的信令,后向信令即用户接收到的信令。

后向指示比特:若正确接收到信令单元,则保持原值不变送往发送端。当收到的信令单元有错时,将后向指示比特反转送往发送端,表示要求重发出错的信令单元。

前向指示比特:若信令单元传输正常,发出的 FIB 和收到的 BIB 一致。一旦不一致,就说明传输出错,即申请重发。FIB 仅 1 位,即"0"或"1"(发送端的 FIB 应与从接收端收到的 BIB 一致)。

前向序号:表示正在传输的信令单元本身的序号,按 0～127 顺序循环编号。每发送一个新的信令单元,FSN 字段就加 1。接收端根据信令单元的序号将它们按顺序排列。

后向序号:表示被证实已正确接收的信令单元的序号,按 0～127 顺序循环编号。可以利用它通知发送端序号等于 BSN 的信令单元已被接收和确认。

校验比特(check bit, CK):16 位循环冗余校验码,通过对信令消息的数据序列进行循环冗余校验码的计算,来查验信息传输是否正确。

长度指示(length indication, LI):指示 LI 与 CK 间的 8 位组个数(字节数目),用于区分三种信令单元。LI=0 为插入信令单元;LI=1 或 2 为链路状态信令单元;LI>2 为消息信令单元。

消息信令单元中的业务信息字节(service information octet, SIO):指出信令消息分发到什么用户部分(电话用户部分、ISDN 用户部分或数据用户部分),以及上层是何业务。信令信息字段(signaling information field, SIF)是消息信令单元的主要组成部分,指出信令的具体内容,包含信令消息的标题、具体内容、路由等。

链路状态信令单元中的状态字段(status field, SF):指示链路的状态,如失去定位、紧急定位处理机故障、退出服务、拥塞等。

对于填充信令单元,CK 和 LI 之间没有数据。

3)信令网功能级

信令网功能级定义了信令网操作管理功能和过程,相当于网络层的功能。如图 4-18 所示,信令网主要有两个功能。

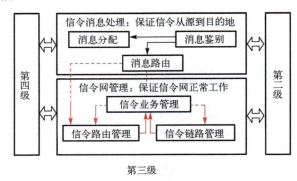

图 4-18 信令网功能级

(1)信令消息处理:保证信令从源到目的地,包含三个子部分:消息路由功能,主要完成消息的选路，确定路由；消息鉴别功能，用于判断消息是经过本节点还是以本节点为目的地；消息分配功能，当消息以本节点为目的地时，用于把它送至适当的用户部分。

（2）信令网管理：保证信令网正常工作，即在信令链路或信令点发生故障或由于拥塞而造成系统性能下降时，做出相应的处理以便维持信令业务和恢复正常，包含三个子部分：信令业务管理，如果哪条链路有故障了，把信令业务从一条链路转移到另一条或多条不同的链路；信令路由管理，如果哪条链路出问题了，路由也要发生改变，通知大家不要走这条链路；信令链路管理，主要用于恢复故障链路、激活空闲链路等。

4）用户部分

用户部分是信令网体系结构中的高层协议，7 号信令的用户部分是指它作为消息传递部分的一个用户，如电话用户部分(telephone user part，TUP)。用户部分不是终端，而是信令设备的一部分，用于控制各种基本呼叫的建立和释放。

四层 7 号信令系统主要应用于数字电话和在采用电路交换方式的数据通信网中传送相关的信令。随着智能网、移动通信网、电信管理网的发展，通过 7 号信令系统传送的信令类型不断增加，7 号信令系统不仅要用于电路交换网络，还要用于分组交换网络(如 ATM 网络、IP 网络)，不仅要传送与电路接续有关的信息，还要传送与电路接续无关的端到端信息，原来的四级结构已不能适应网络发展的需求，CCITT 对 7 号信令网体系结构做了修改，使之尽量向 OSI 参考模型靠近，如图 4-19 所示。

与原来的结构相比，7 号信令网增加了事务处理能力应用部分(transaction capabilities application part，TCAP)，完成 OSI 参考模型的第 5～7 层的功能，目标是在节点间提供传送信息的方式，使信令网能够对不同应用提供支持。信令连接控制部分(signaling connection control part，SCCP)提供在公共信道信令网中的逻辑信令连接，并且在建立或不建立逻辑信令连接的情况下，均能传递信令单元。为满足各种不同的要求，SCCP 可提供面向连接的服务和无连接的服务，弥补 MTP 在网络功能上的不足。

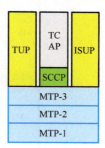

图 4-19　OSI 参考模型和 SS7 网络体系结构

4.2　移动通信网

4.2.1　移动通信网概述

1. 基本概念

移动通信指通信双方至少有一方在移动中(或者临时停留在某一非预定的位置上)进行信息传输与交换，包括移动体(汽车、火车、船舶、飞机)和移动体之间、移动体和固定点之间、移动用户与固定用户之间的通信。如图 4-20 所示，移动体上装备的无线电通信设备称为移动台，装备在固定点的无线电通信设备称为基站。

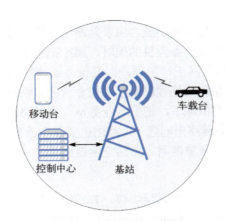

图 4-20　移动通信的概念

移动通信网是承载移动通信业务的网络。移动通信业务不仅指双方的语音业务，还包括数据、传真和图像等通信业务。如图 4-21 所示，移动通信网的基本组成包括移动交换中心(mobile switching center，MSC)、基站(base station，BS)和移动台(mobile station，MS)。

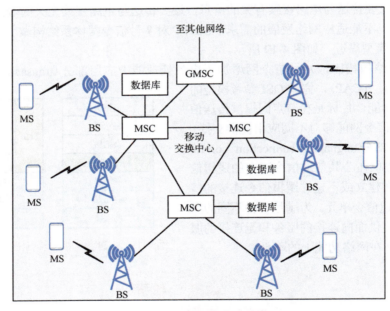

图 4-21　移动通信网的基本组成

MSC 是移动通信网的核心，负责本服务区内所有用户移动业务的实现。具体来说，MSC 有如下作用：信息交换功能(为用户进行终端业务、承载业务、补充业务的接续)、集中控制管理功能(无线资源的管理、移动用户的位置登记、越区切换等)、通过关口 GMSC 与其他网络相连。

BS 负责与本小区内的移动台通过无线电波进行通信，并与 MSC 相连，以保证移动台在不同小区之间移动时也可以进行通信。

MS 即手机或车载台，是移动通信网中的终端设备，可将用户的语音和数据信息进行变换并以无线电波的方式进行传输。

根据电磁波的视距传播特性可知，一个基站发射的电磁波只能在有限区域内被移动台所接收，这个能为移动用户提供服务的区域称为无线覆盖区，或无线小区。一个大的服务区可以划分为若干个无线小区；反之，若干个无线小区彼此邻接可以组成一个大的服务区。如果再用专门的线路和设备将这些大的服务区连接起来，就构成了移动通信网。

2. 移动通信的特点

1）信号的传输环境恶劣

移动通信由于采用无线传输方式，信号会随着传输距离的增加而衰减，不同的地形、地物对信号也会有不同的影响。

（1）多径效应：接收方收到的信号是由主径信号直射波和从建筑物与山丘反射、绕射过来的各种路径的信号叠加而成的。各路径信号到达接收点时强度和相位都不一样，它们之间自然存在干扰，导致叠加后的信号电平起伏变化，这种起伏变化的速度比较快，表现为快衰落，如图 4-22 所示。

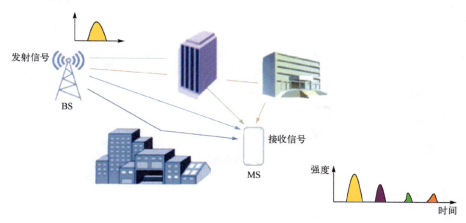

图 4-22　多径效应

（2）阴影效应：在信号传输过程中，由于建筑物的遮挡，只有少部分信号传输到接收地点，导致接收信号电平起伏变化。障碍物遮挡直射波引起接收信号中值的变化，表现为慢衰落，如图 4-23 所示。

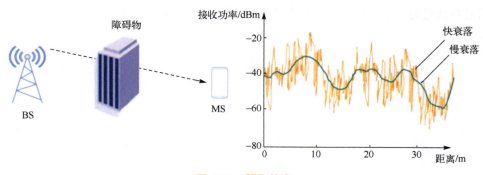

图 4-23　阴影效应

2）噪声和干扰严重

在移动通信中，通信质量的好坏不仅取决于设备的性能，还与外部的噪声和干扰有关。噪声的来源主要是人为的噪声、城市环境中的汽车火花噪声和各种工业噪声。其次，基站和各移动台的工作频率相互干扰，移动台位置和地区分布密度也随时变化。这些因素往往会使通信中的干扰变得很严重。常见的干扰有互调干扰、邻道干扰、同频干扰等。因此，移动通信系统要求有较好的抗干扰措施。

3）用户的移动性

移动通信中的用户终端是可移动的，终端从一个区域移动到另一区域时，其通信连接亦随之连续移动。

（1）多普勒效应：在移动通信中，当移动台移向基站时，接收频率变高；远离基站时，频率变低。这种接收频率随移动台与基站之间的相对速度而变化的现象称为多普勒效应，如图 4-24 所示。多普勒效应使得电磁波的传播特性发生快速随机起伏，接收电磁波产生频移，严重影响通信质量。

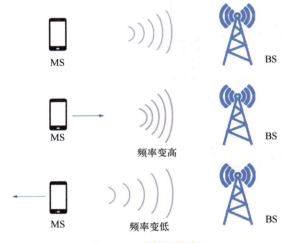

图 4-24　多普勒效应

（2）远近效应：在运动过程中，基站同时接收两个距离不同的移动台发来的信号时，由于距离基站较近的移动台信号较强，距离基站较远的移动台信号较弱，距离基站近的移动台的强信号将会对另一移动台的信号产生严重的干扰，如图 4-25 所示。

图 4-25　远近效应

（3）移动性管理：系统要有完善的管理技术来对用户的位置进行登记、跟踪，使用户在移动时也能通信，不会因为位置的改变而中断。

4）系统和网络结构复杂

移动通信网是一个多用户通信系统和网络，必须使用户之间能互不干扰、协调一致地工作。此外，移动通信网还应与电话网、卫星通信网等固定的通信网络互联，整个网络结构是很复杂的。

5）有限的频谱资源

在有线网中，可以依靠多铺设电缆或光缆来增加系统的带宽资源，而在无线网中，频谱资源是有限的。无线电通信所用的频率范围为 3kHz～300GHz。无线电频谱的划分有严格的规定，国际上由国际电信联盟无线电通信组（ITU-R）负责协调国际无线电频谱的划分。各国对无线电频谱的划分均是由国家控制和统一管理的。为了最大限度地利用这些频谱资源，必须研究和开发各种新技术，采取各种新措施，提高频谱的利用率，合理地分配和管理频谱资源。

3．移动通信网的体制

移动通信网的体制可分为两类，一类是小容量的大区制，另一类是大容量的小区制（蜂窝系统）。

1）大区制移动通信网

大区制即在一个服务区域（如一个城市）内只有一个基站，由它负责服务区域内所有移动台的通信与控制。大区制的结构如图 4-26 所示。

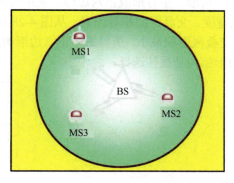

图 4-26　大区制移动通信网

由于整个服务区域只有一个基站，为了扩大服务区域的范围，大区制移动通信网的基站天线通常架设得很高，覆盖半径为 30～50km，发射功率一般在 200W 左右。大区制移动通信网由于采用单基站制，没有重复使用频率的问题，因此技术并不复杂，只需根据所覆盖的范围确定天线的高度、发射功率的大小，并根据业务量大小确定服务等级及应用的信道数。也正是由于采用单基站制，基站的天线需要架设得非常高，发射机的发射功率也要很高，但即使这样做，也只能保证移动台能收到基站的信号，而无法保证基站能收到移动台的信号。因此，大区制移动通信网的覆盖范围是有限的，只适用于小容量的网络，一般用于用户较少的专用通信网（只能容纳数百至数千个用户）中。图 4-27 为 1965 年在美国纽约开通的改进型移动电话业务（improved mobile telephone service，IMTS）系统。该系统仅能提供 12 对信道，即网中只允许 12 对用户同时通话，倘若同时出现第 13 对用户要求通话，就会发生阻塞。

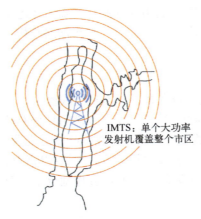

IMTS：单个大功率
发射机覆盖整个市区

大区制移动通信网的优点包括基站组成单一、设备少而便宜、网络结构简单、成本低；不需要无线交换，直接与 PSTN 相连。其缺点是覆盖范围有限、系统容量受限、系统设备受限。在大区制中，为了避免相互间的干扰，在服务区域内的所有频道（一个频道包含收、发一对频率）的频率都不能重复。例如，如果移动台 MS1 使用了频率 f_1 和 f_2，那么另一个移动台 MS2 就不能再使用这对频率，否则将产生严重的相互串扰。因此，大区制移动通信网的频率利用率及通信容量都受到了限制，满足不了用户数量急剧增长的需要，仅适用于用户密度不大或通信容量较小的场景。

图 4-27　美国纽约的 IMTS

2）小区制移动通信网

　　小区制即把整个服务区域划分成为若干个小区，每个小区分别设置一个基站，由基站负责本小区移动通信的联络和控制。同时，又可在移动交换中心的统一控制下，实现小区之间移动用户的通信转接，以及移动用户与市话用户的联系。

　　当基站采用全向天线时，无线小区的覆盖区域是以天线为中心的圆形。当多个无线小区彼此邻接覆盖整个服务区域时，就可以用圆的内接正多边形来近似无线小区。正多边形彼此邻接构成平面时，可以是正三角形、正方形或正六边形。采用何种方式来覆盖，主要考虑邻区距离、小区面积、交叠区宽度、交叠区面积等因素。从图 4-28 可以看出，正六边形小区的邻区距离最大、面积最大、交叠区面积最小，所以采用正六边形构成小区所需的小区数最少。因此，无线小区采用正六边形结构是最佳选择。

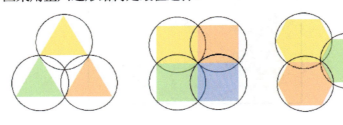

小区形状	正三角形	正方形	正六边形
邻区距离	r	$\sqrt{2}r$	$\sqrt{3}r$
小区面积	$1.3r^2$	$2r^2$	$2.6r^2$
交叠区宽度	r	$0.59r$	$0.27r$
交叠区面积	$1.2\pi r^2$	$0.73\pi r^2$	$0.35\pi r^2$

图 4-28　小区形状的比较

　　由于正六边形的网络形同蜂窝，因此这种小区形状的移动通信网称为蜂窝网。小区制移动通信网的结构如图 4-29 所示。

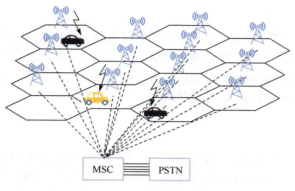

图 4-29　小区制移动通信网

　　小区制的整个服务区域划分为若干个小区，每个小区各设一个小功率基站。通常，相邻小区不允许使用相同的频道，否则会发生相互干扰（称为同频干扰）。为此，把若干相邻的小区按一定的数目划分成区群（cluster），并把可供使用的无线频道分成若干个（等于区群中的小区数）频率组，区群内各小区均使用不同的频率组，而任一小区所使用的频率组在其他区群相应的小区中还可以再用，这就是频率复用。简单地讲，频率复用即频率可以重复使用，区群内的每个小区使用不同的频率组，相邻区群重复使用相同的频率组分配模式。采用频率复用大大缓解了频谱资源紧缺的矛盾，增加了用户数目或系统容量。

　　如图 4-30 所示，7 个小区 Cell 构成一个区群。假设小区 7 即 Cell7 使用的频率是 f_7，只要保证 Cell7 相邻的 6 个小区 Cell1～Cell6 不使用 f_7（而使用频率 f_1～f_6），则理论上，Cell1 的无线信号就不会受到干扰，通话质量和容量都能够保证。而另一个区群的 Cell1～Cell7 可以重复使用 f_1～f_7，和地图涂色类似，只要保证相邻小区之间使用的频率不同，就形成了整个系统的频率复用。实现频率复用之后的移动通信系统可以通过缩减小区面积来增加小区数，这在理论上可以提供无限的系统容量，例如，将之前覆盖 10km 半径的小区改为几个覆盖 5km 半径的小区，则在这个 10km 范围内的系统容量就增加了几倍。

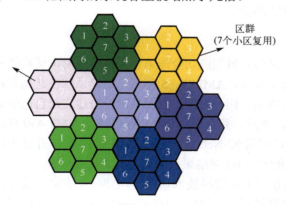

图 4-30　频率复用示意图

　　一个区群中的小区数 N 为多少合适？N 越小，即一个区群里的小区数越少，那么每个小区分得的频道数越多，但是同频小区的距离近（采用同样频率的小区的距离近），导致同频干扰大；N 越大，同频干扰越小，但每个小区分得的频道数越少；因此，N 的选取需要折中考虑，常用的 $N=12, 9, 7, 4, 3$。

采用小区制的最大优点是有效解决了信道数量有限和用户数增大之间的矛盾。但由于将整个服务区域划分为很多小区，移动通信网络的结构趋于复杂，给移动性管理、呼叫接续等带来较大挑战。小区制移动通信网要解决好各基站之间的信息交换、移动用户位置登记与更新、小区切换、与其他网络的互联互通等问题。

4.2.2 移动通信网体系结构

移动通信网可分为两部分：一部分是终端到基站，终端通过无线通信接入到网络，称为无线接入网（radio access network，RAN）；另一部分是基站到互联网，通过有线通信进行信息的传输和交换，可进一步将其划分为承载网和核心网。移动通信网组成结构如图 4-31 所示。

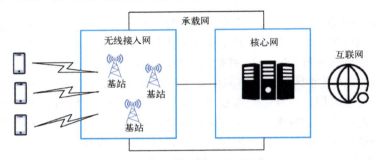

图 4-31　移动通信网组成结构

无线接入网是"窗口"，负责通过无线信号的方式，把数据接收上来。承载网是"卡车"，负责把数据传送到远方。核心网是"管理和控制中枢"，负责管理和控制这些数据，对数据进行分拣，然后告诉它该去何方。随着通信及网络技术的发展，无线接入网、承载网及核心网都在不断地演进，从过去的 1G、2G、3G 到现在的 4G、5G 和未来的 6G，每一代通信标准和每一项具体制式都有属于自己的网络架构、硬件平台。下面分别对 1G、2G、3G、4G、5G 以及 6G 网络进行阐述。

1. 1G 网络

1978 年，美国贝尔试验室研制成功全球第一个移动蜂窝电话系统——先进移动电话系统（advanced mobile phone system，AMPS）。5 年后，这套系统在芝加哥正式投入商用并迅速在全美推广，获得了巨大成功。同一时期，欧洲各国纷纷建立起自己的第一代移动通信系统。北欧 4 国（瑞典、丹麦、挪威、芬兰）在 1980 年研制成功 NMT-450 移动通信网并投入使用；德国在 1984 年完成了 C 网络（C-Netz）的研制；英国于 1985 年开发出频段在 900MHz 的全接入通信系统（TACS），我国的 1G 网络采用的就是英国的 TACS。

1G 移动通信网络使用电话交换技术（有线核心网）和蜂窝无线电技术（无线接入网），基于模拟信号通过电路交换进行语音通信。1G 网络结构如图 4-32 所示，其组网非常简单，采用三级网络架构，即基站收发信台（base transceiver station，BTS）、基站控制器（base station controller，BSC）、核心网。1G 网络主要采用一体式基站架构，基站的天线位于铁塔上，其余部分位于基站旁边的机房内，天线通过馈线与室内机房连接。一体式基站架构需要在每个铁塔下面建立一个机房，建设成本和周期较长，也不方便网络架构的拓展。

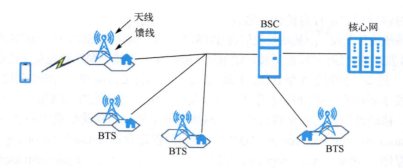

图 4-32　1G 网络结构

2. 2G 网络

由于模拟制式存在各种缺点，20 世纪 90 年代相关人员开发出了以数字传输、时分多址和窄带码分多址为主体的移动电话系统，称为 2G 移动通信网络。2G 网络有两类代表性制式：一类是 TDMA 制式，包括泛欧 GSM、美国 D-AMPS 和日本 PDC；另一类是 N-CDMA 制式，主要是以高通公司为首研制的基于 IS-95 的 N-CDMA。

1) GSM 网络

GSM 网络即全球移动通信系统，是一种由欧洲电信标准化协会 (European Telecommunications Standards Institute，ETSI) 制定并推广的数字蜂窝移动通信标准。GSM 是世界上使用最广泛的数字蜂窝移动电话标准之一，自 20 世纪 90 年代中期投入商用以来，被全球超过 100 个国家采用。

（1）GSM 网络结构。

GSM 网络结构如图 4-33 所示，由移动台 (MS)、基站子系统 (base station subsystem，BSS) 和网络交换子系统 (network switching subsystem，NSS) 等三部分组成。

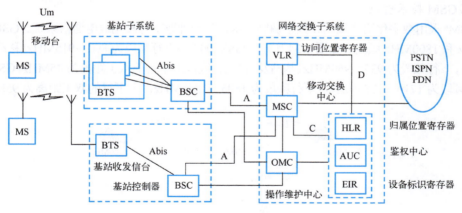

图 4-33　GSM 网络结构

移动台负责无线信号的收发及处理。每个移动台都包含一个用户身份模块 (subscriber identity module，SIM)，简称 SIM 卡。SIM 卡是一个带微处理器、操作系统的芯片，包含 CPU、ROM、RAM、EEPROM 等，存有确认用户身份所需的信息及网络和用户的有关管理数据，主要功能是对移动用户进行身份认证鉴权。

基站子系统简称基站，由基站收发信台(BTS)和基站控制器(BSC)组成。BTS 通过 Um 空中接口接收 MS 发送的无线信号，然后传送给 BSC。BSC 负责无线资源的管理及配置(如功率控制、信道分配等)，最多可控制 256 个 BTS。BSC 通过 A 接口将要传输的信息传送到核心网。

网络交换子系统负责管理移动用户之间以及移动用户与其他通信网用户之间的通信，包括数据交换、移动性管理与安全性管理等。网络交换子系统由移动交换中心(MSC)、操作维护中心(operation maintenance center，OMC)、归属位置寄存器(home location register，HLR)、访问位置寄存器(visitor location register，VLR)、设备标识寄存器(equipment identity register，EIR)和鉴权中心(authentication center，AUC)等组成。

①移动交换中心是 NSS 的核心，负责处理呼叫路由、呼叫设置和基本交换，支持位置登记与更新、越区切换与漫游服务等，并与其他 MSC 进行协调。

②操作维护中心负责 GSM 网络内各部件的功能监视、状态报告、故障诊断、话务量统计和计费数据的记录与传递等。

③归属位置寄存器是 GSM 网络的中央数据库，静态存储本地用户数据，包括用户信息、用户漫游位置信息、业务信息和活动状态。

④访问位置寄存器存储进入其控制区域内来访移动用户的有关数据，这些数据是从该移动用户的 HLR 获取并进行暂存的。一旦移动用户离开该 VLR 的控制区域，这些数据就会被删除，因此 VLR 是一个动态用户的数据库。

⑤设备标识寄存器存储移动设备的国际移动设备识别码(international mobile equipment identity，IMEI)，确保网络内所使用的移动设备的唯一性和安全性，可将设备标记为允许、拒绝或限制。

⑥鉴权中心提供一个受保护的数据库，存储鉴权信息和加密密钥，用于对移动用户鉴权，对无线链路上的语音、数据和信令信息进行加密。

(2) GSM 技术规范。

GSM 采用数字化语音编码和数字调制技术，是一种数字蜂窝无线电通信系统。GSM 采用 900MHz 和 1800MHz 频段，如图 4-34 所示。GSM 900 的上行频段为 890～915MHz(移动台发，基站收)，下行频段为 935～960MHz(基站发，移动台收)，上下行的双工距离为 45MHz。GSM 1800 的上行频段为 1710～1785MHz，下行频段为 1805～1880MHz，上下行的双工距离为 95MHz。

图 4-34　GSM 技术规范

GSM 结合了频分多址(FDMA)、时分多址(TDMA)和频分双工(frequency division duplex，FDD)等技术。用户在不同频道上通信，且每一频道可分成 8 个时隙，因此一个频道最多可供 8 个全速率(或 16 个半速率)移动用户同时使用。以 GSM 900 为例，上行 890～915MHz，共 25MHz 的频率范围，采用 FDMA 技术，分为 124 个载波频率，各载频之间的间隔为 200kHz；采用 TDMA 技术，将每个载频按时间分为 8 个时隙，这样的时隙称为物理信道，每个用户占用不同的时隙进行通信。GSM 900 共有 124×8=992 个物理信道。在 TDMA 中，每个载频被定义为一个 TDMA 帧，每帧包括 8 个时隙(TS0～TS7)，每个时隙 0.577ms，因此每帧 4.615ms。每帧都有一个 TDMA 帧号，TDMA 帧号以 3.5h(2715648 个 TDMA 帧)为周期循环编号。

GSM 的信道分为物理信道(定义信道的特征参数)和逻辑信道(定义信道的类型)，一个物理信道就是一个时隙，而逻辑信道是根据 BTS 与 MS 之间传递的信息种类的不同而定义的。一个时隙内传送的二进制比特流称为突发脉冲序列，突发脉冲序列在物理信道(时隙)上传送。当同一个物理信道承载不同的突发脉冲时，它就形成了不同的逻辑信道。当它承载业务信道(traffic channel，TCH)脉冲时，就是业务信道；当它承载控制信道(control channel，CCH)脉冲时，就是控制信道。

(3) GSM 的鉴权与加密。

GSM 有两个安全目标：一是防止未授权接入；二是保护用户的隐私。防止未授权接入通过鉴权实现，保护用户的隐私通过加密实现。

GSM 的鉴权与加密通过系统提供的三参数组(鉴权三参数)来完成。三参数组由鉴权中心(AUC)产生，如图 4-35 所示。每个用户在 GSM 网络中注册登记时，被分配一个电话号码和国际移动用户识别码(international mobile subscriber identification，IMSI)。电话号码是用户对外通信直接使用的号码，而 IMSI 则是用户在 GSM 网络中的唯一身份标识。IMSI 通过制卡中心写入用户的 SIM 卡，同时也产生一个与该 IMSI 对应的用户鉴权密钥 KI，分别存储在用户的 SIM 卡和 AUC 中，这是永久性的信息。AUC 有一个伪随机数发生器，用于产生伪随机数 RAND。在 GSM 规范中定义了 A3、A8 和 A5 算法分别用于鉴权和加密过程。在 AUC 中，RAND 和 KI 经过 A3 算法(鉴权算法)产生一个符号响应 SRES，同时经过 A8 算法(加密算法)产生一个会话密钥 KC。RAND、KC、SERS 一起构成了该用户的一个三参数组，传送给 HLR 并存储在临时数据库中。

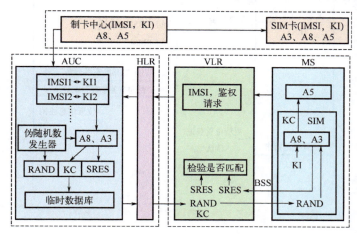

图 4-35　GSM 的鉴权与加密过程

当移动用户请求接入网络时，本地网络的 VLR 将对用户进行鉴权，并将鉴权请求发送给 HLR；HLR 收到 VLR 的鉴权请求后，首先检查其数据库，确保 IMSI 有效并属于网络。一旦证实了这一点，它将 IMSI 和鉴权请求转发到 AUC。AUC 使用 IMSI 查找与该 IMSI 相关联的用户鉴权密钥 KI，并生成 RAND、SRES 和 KC。HLR 将三元组 RAND、SRES 和 KC 发送给 VLR，VLR 将 RAND 转发给 MS。MS 使用存储在 SIM 卡中的 KI 和网络发送的 RAND 计算 SRES，并将 SRES 发送回 VLR。VLR 将收到的 SRES 与 HLR 向其发送的值进行匹配。如果匹配，它成功授权 MS。一旦经过鉴权，MS 通过 A8 算法使用 KI 和 RAND 来生成会话密钥 KC，并使用 A5 加密算法以及生成的会话密钥 KC 对数据进行加解密。

（4）GSM 的移动性管理。

GSM 的移动性管理是指用户从一个位置区域（location area，LA）漫游到另一个位置区域时，引起网络中各个功能单元的一系列操作，包括位置登记和越区切换。

①位置登记。

位置登记又称为注册，是通信网为了跟踪移动台的位置变化，对其位置信息进行登记、删除和更新的过程。位置信息存储在 HLR 和 VLR 中。位置登记主要包括位置更新、位置删除、周期性位置更新、IMSI 分离/附着。

位置更新：移动台在开机或移动过程中，若收到的位置识别码与移动台存储的位置识别码不一致，则发出位置更新请求，通知网络更新移动台的位置识别码。

位置删除：当移动台移动到一个新的位置区域，网络确认移动台在当前访问的 VLR 中重新登记后，将从原来的 VLR 中删除该移动台的相关信息。

周期性位置更新：对于处于等待状态且位置稳定的移动台，网络将以适当的时间间隔周期性地令其进行位置更新。

IMSI 分离/附着：使移动台能通知网络它们进入开机/关机或用户识别卡取出/插入状态。

图 4-36 给出了当 MS 进入新位置区域（LA）进行位置更新的一些操作。每一个 LA 由几个小区构成，通常属于同一个 LA 的 BTS 与相同的 MSC 连接。

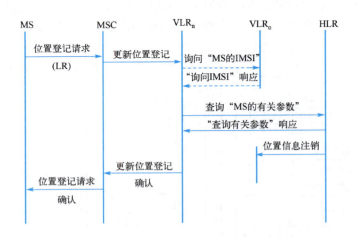

图 4-36　当 MS 进入新位置区域进行位置更新的流程

a. 当 MS 进入一个新 LA 时，它会向 MSC 发送位置登记请求消息，消息内包括 TMSI；

b．MSC 向 VLR 发出更新位置登记消息；

c．如果新 LA 和旧 LA 属于同一个 VLR，则更新位置登记过程结束；如果属于不同的 VLR，则新 VLR（VLR$_n$）向旧 VLR（VLR$_o$）询问 MS 的 IMSI，VLR$_o$ 发回询问 IMSI 的响应消息；

d．VLR$_n$ 根据响应确定 MS 的 HLR 地址，向 HLR 查询 MS 的有关参数，HLR 发回查询有关参数的响应消息；

e．HLR 向 VLR$_o$ 发送位置消息注销消息；

f．VLR$_n$ 向 MSC 发送更新位置登记确认消息；

g．MSC 向 MS 发送位置登记请求确认消息。

②越区切换。

GSM 的越区切换是由网络发起，由移动台辅助完成的。在 GSM 网络的一帧 8 个时隙中，移动台最多占用两个时隙分别进行发射和接收，在其余的时隙内，可对周围基站的广播控制信道（broadcast control channel，BCCH）进行信号强度的测量。当移动台发现它的接收信号变弱，达不到或已接近信干比的最低门限值，而又发现周围某个基站的信号很强时，就可以发出越区切换的请求。切换能否实现还应由 MSC 根据网络中很多测量报告进行决定。如果不能进行切换，BS 将向 MS 发出拒绝切换的信令。

GSM 越区切换的策略是分散控制。移动台与基站均参与测量接收信号强度指示（received signal strength indication，RSSI）和误码率（bit error ratio，BER）。移动台对不同基站的 RSSI 进行测量，并将测量结果报告给基站。基站对移动台所占用的业务信道（TCH）进行测量，并将测量结果报告给基站控制器（BSC），最后由基站控制器决定是否需要切换。由于 GSM 系统采用的是时分多址接入的方式，它的切换主要在不同时隙之间进行，这样在切换的瞬间，切换过程会使通信发生瞬间的中断，即首先断掉移动台与旧基站的连接，然后再接入新基站。人们称这种切换为"硬切换"。

越区切换可分为 MSC 内部切换和 MSC 间切换。MSC 内部切换是指同一 MSC/VLR 内的基站之间的切换，又可以分为同一 BSC 控制区内不同小区之间的切换和不同 BSC 控制区内小区之间的切换。MSC 间切换则是不同 MSC/VLR 的基站之间的切换。

在同一 BSC 控制区内不同小区之间进行切换时，移动交换中心（MSC）不做控制，如图 4-37 所示。当 BSC 决定切换时，BSC 请求并确认目标 BTS 准备好信道资源。BSC 发送切换命令给 MS，MS 尝试接入目标小区，并接收必要的信息。MS 完成信道检测并反馈切换成功，BSC 通知 MSC 释放原信道资源。

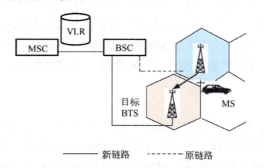

图 4-37　同一 BSC 控制区内不同小区间的切换示意图

不同 BSC 控制区内小区之间的切换如图 4-38 所示。原 BSC(BSC1)决定切换时，向 MSC 请求切换，MSC 建立与目标 BSC(BSC2)的链路，BSC2 命令相应的 BTS 激活一个空闲 TCH 供 MS 切换后使用。MS 切换到新的 TCH 上，向 BTS 发送切换完成信息。BTS 确认切换成功后，将信息反馈给 BSC2。BSC2 通过 MSC 向 BSC1 确认切换成功。

不同 MSC/VLR 内不同 BSC 控制区内小区间的切换如图 4-39 所示。MS 发送过区切换请求，原 MSC(MSC1)将过区切换请求转发给目标 MSC(MSC2)；MSC2 请求分配切换号码用于路由，并请目标 BSC(BSC2)命令相应的 BTS 激活一个空闲 TCH；MSC1 与 MSC2 之间建立一个连接，MSC1 向 MS 发送切换指令，其中包含频率、时隙和发射功率；MS 接入到目标 BTS，并向 MSC2 发送切换成功信息。

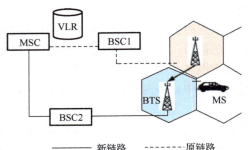

图 4-38　同一 MSC/VLR 内不同 BSC
控制区内小区间的切换示意图

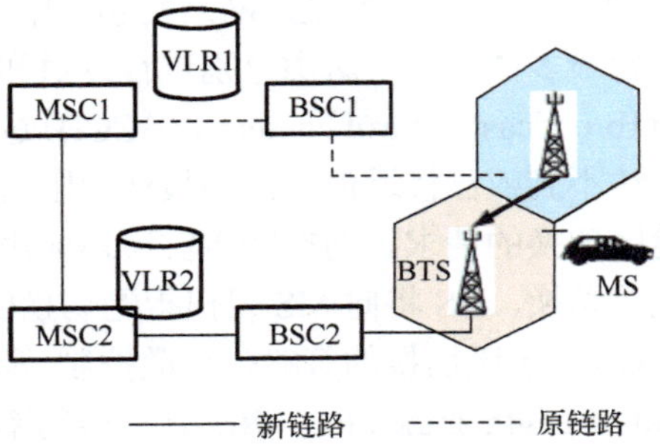

图 4-39　不同 MSC/VLR 内不同 BSC 控制区内小区间的切换示意图

（5）GSM 的呼叫接续。

GSM 的呼叫接续流程比较复杂，包括 MS 与 BS 间建立专用控制信道、完成鉴权和有关密码的计算、呼叫建立、建立业务信道、通话和通话完成并释放连接等阶段，如图 4-40 所示。

①MS 与 BS 间建立专用控制信道。

MS 在随机接入信道(random access channel，RACH)上向 BS 发出信道分配请求信息，若 BS 接收成功，就给该 MS 分配一个专用控制信道(dedicated control channel，DCCH)，即在准许接入信道(access grant channel，AGCH)上向 MS 发出立即分配指令。

②完成鉴权和有关密码的计算。

MS 收到立即分配指令后，利用分配的 DCCH 与 BS 建立起信令链路，经 BS 向 MSC 发送业务请求信息。MSC 向 VLR 发送开始接入请求应答信令。VLR 收到后，经 MSC 和 BS 向 MS 发出鉴权请求，其中包含一个伪随机数，MS 按鉴权算法 A3 进行处理后，向 MSC 发回鉴权响应信息。若鉴权通过，承认此 MS 的合法性，VLR 就给 MSC 发送置密模式信息，由 MSC 经 BS 向 MS 发送置密模式指令。MS 收到并完成置密后，要向 MSC 发送置密模式完成响应信息。

③呼叫建立。

鉴权、置密完成后，VLR 向 MSC 回送开始接入请求应答。为了保护 IMSI 不被监听盗用，VLR 给 MS 分配一个临时移动用户识别码(temporary mobile subscriber identity，TMSI)。随后，MS 向 MSC 发出建立呼叫请求，MSC 收到后，向 VLR 发出指令，要求它传送建立呼叫所需的信息。

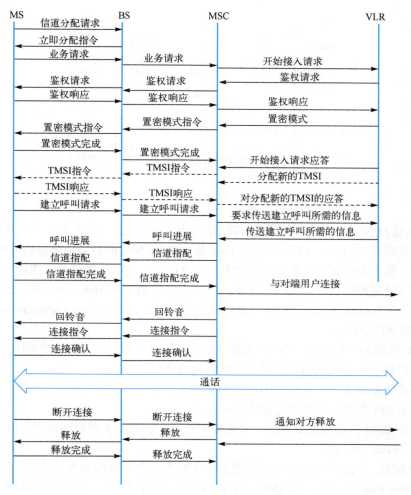

图 4-40　GSM 的呼叫接续流程

④建立业务信道。

如果成功，MSC 即向 MS 发送呼叫进展指令，并向 BS 发出分配无线业务信息的信道指配指令。如果 BS 有空闲的业务信道(TCH)，即向 MS 发出信道指配指令。当 MS 得到业务信道时，向 BS 和 MSC 发送信道指配完成信息。MSC 在无线链路和地面有线链路建立后，把呼叫接续到固定网络，并和被呼叫的固定用户建立连接，然后给 MS 发送回铃音。被叫用户摘机后，MSC 向 BS 和 MS 发送连接指令，待 MS 发回连接确认后，即进入通信状态。到此呼叫流程结束。

⑤通话和通话完成并释放连接。

通话过程结束后，MS 发起断开连接的请求，通知对方释放连接，然后逐段地把连接释放掉，MS 再告诉 BS 和 MSC 完成释放。

(6) GSM 协议栈。

GSM 网络体系结构是一种分层模型，GSM 协议栈如图 4-41 所示。

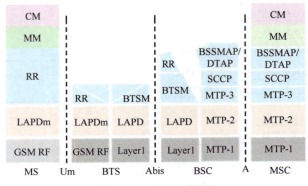

图 4-41　GSM 协议栈

GSM 协议栈包含三层：第一层是物理层，它使用空中接口（Um 接口）上的信道结构。第二层是数据链路层。在 Um 接口上，数据链路层是 ISDN 中使用的 D 通道链路访问协议（LAPD）的修改版本，称为 Dm 通道上的链路访问协议（LAPDm）。在 A 接口上，使用 SS7 的第二层 MTP-2。第三层是网络层，分为三个子层，包括无线资源管理（radio resource management，RR）、移动管理（mobile management，MM）以及连接管理（connection management，CM）。

①MS 到 BTS 的协议。

RR 层是管理 MS 和 MSC 之间的无线电和固定链路的较低层。RR 层的职责包括管理 RR 会话、移动站处于专用模式的时间以及无线信道的分配。

MM 层在 RR 层之上，它处理由用户的移动性以及身份验证等带来的问题。位置管理使系统能够知道 MS 当前的位置以便完成呼叫接入。

CM 层是 GSM 协议栈的最顶层，负责呼叫控制、补充服务管理和短消息服务管理等。

②BTS 到 BSC 的协议。

BTS 和 BSC 之间使用 A 接口。在该接口，无线资源管理（RR）改为基站收发信台管理（base transceive station management，BTSM）。RR 协议负责 MS 和 BTS 之间业务信道的分配。BSC 主要负责对 BTS 的管理，同时仍然有一些无线资源管理的功能，如频率协调、频率分配等。

③BSC 到 MSC 的协议。

从 BSC 到 MSC 使用 A 接口，基于 BSS 管理应用部分（BSS management application part，BSSMAP）或直接传输应用部分（direct transfer application part，DTAP）传输发往或来自移动台的有关呼叫控制和移动性管理的消息。每个 MS 用户都会获得一个 HLR，该 HLR 包含用户的位置和订阅的服务。VLR 是一个单独的寄存器，用于跟踪用户的位置。当用户移出 HLR 覆盖范围时，MS 通知 VLR 寻找用户位置。反过来，VLR 在网络的帮助下，向 HLR 发送 MS 新位置的信息。借助用户 HLR 中包含的位置信息，可以建立至移动台的呼叫路由。

（7）GSM 技术的扩展。

在 GSM 技术的基础上，产生了两项从 2G 过渡到 3G 的通信技术——GPRS 和 EDGE。

①GPRS 网络。

GSM 网络只能交换电路域的数据，最高传输速率为 9.6kbit/s，难以满足数据服务的需要。为此，欧洲电信标准化协会（ETSI）发布了通用分组无线电服务（general packet radio service，GPRS）。GPRS 是由 GSM 网络提供的一种基于分组的数据服务，数据速率为 56～114kbit/s。

这种 2G 和 GPRS 的组合通常称为 2.5G,可提供无线应用、彩信和互联网通信服务(如电子邮件和万维网访问)等数据服务。

GPRS 需要对核心网和无线接入网进行一些修改,如图 4-42 所示。在 RAN 内部,为了允许 BSC 将数据流量导向 GPRS 网络,在 BSC 上需要一个额外的硬件模块,称为包控制单元(packet control unit,PCU)。此外,BTS 还需要进行软件升级。核心网需要增加 GPRS 支持节点(GPRS support node,GSN),包括服务 GPRS 支持节点(serving GPRS support node,SGSN)和网关 GPRS 支持节点(gateway GPRS support node,GGSN)。SGSN 的主要作用是记录移动台的当前位置信息,并在移动台和 SGSN 之间发送和接收移动分组数据。GGSN 主要起网关作用,它可以和多种不同的数据网络连接,如 ISDN 和 LAN。GGSN 又称作 GPRS 路由器,可以把 GSM 网络中的 GPRS 分组进行协议转换,从而将这些分组传送到远端的 TCP/IP 网络。

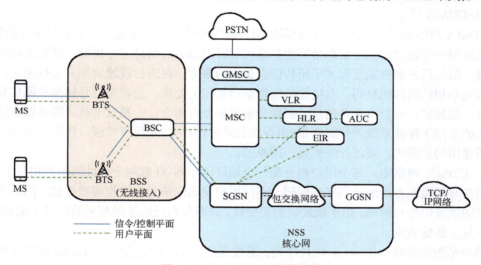

图 4-42 2.5G GPRS 网络架构

②EDGE 网络。

增强型数据速率 GSM 演进(enhanced data rate for GSM evolution,EDGE)网络也称为 2.75G,是 GPRS 的演进,提供更快的数据速率(高达 384kbit/s,静止时的速率甚至可以达 2Mbit/s)。

从基本结构来看,从 GPRS 升级到 EDGE 不需要对网络结构进行大规模的调整,从图 4-43 所示的 EDGE 网络升级示意图可以看出,改变的部分仅涉及接入网和终端部分,只要将 GPRS 协议转换成为 EDGE 的协议即可,EDGE 可以继续使用 GSM/GPRS 的频谱及规划。

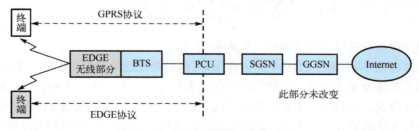

图 4-43 EDGE 网络升级示意图

2）CDMA 网络

CDMA 网络是以扩频技术为基础的码分多址蜂窝移动通信网络。CDMA 技术的初衷是防止敌方对己方通信的干扰，在战争期间广泛应用于军事抗干扰通信，后来由美国高通公司（Qualcomm）更新称为商用 CDMA 蜂窝系统；1993 年，美国电信工业协会（Telecommunication Industry Association，TIA）通过了基于 CDMA 的 IS-95A 标准，与 GSM 标准并称为第二代移动通信系统的两大技术标准；1995 年，全球第一个 CDMA 商用网络在香港地区开通。1997年底，我国首先在北京、上海、西安、广州 4 个城市开通了 CDMA 商用实验网，该网称作长城网（长城 133 网）；2001 年 1 月，长城网经过资产清算后，正式移交中国联通（C 网）；2003年初，中国联通将网络从 IS-95A 标准平滑过渡 CDMA2000-1x 标准，速率达到 153.6kbit/s，为开展宽带数字业务铺平了道路，即升级到 2.5G。

（1）CDMA 技术。

CDMA 网络采用扩频技术，扩频即用来传输信息的信号带宽远远大于信息本身的带宽。在发送端用一个带宽远大于信息带宽的扩频码（伪随机码）对信息进行调制，使原信息的带宽被扩展，信号所占频带宽度远大于所传信息必需的带宽，再进行载波调制并发送出去。接收端使用完全相同的伪随机码，与接收的宽带信号做相关处理，把宽带信号转换成原信息的窄带信号，即解扩，恢复出所传信息。扩频带来的好处有两个：一是抗干扰，即可以在较低的信噪比的条件下保证系统的传输质量（由香农公式可得）；二是保密性强，接收端不知道扩频信号所使用的扩频码，要进行解扩是很困难的。

在 CDMA 网络中，每个用户都分配一个地址码序列（任意两个地址码序列相互正交），发送的信号用接收方的地址码序列编码，不同用户发送的信号在接收端被叠加，然后接收方用同样的地址码序列解码。由于地址码的正交性，只有与自己地址码相关的信号才能被检出，由此恢复出原始数据。

每个站被指派唯一的 m bit 码片序列，若发送比特 1，则发送自己的 m bit 码片序列；若发送比特 0，则发送该码片序列的二进制反码。

例如，S 站的 8bit 码片序列是 00011011，发送比特 1 时，就发送序列 00011011；发送比特 0 时，就发送序列 11100100。S 站对应的码片向量：$(-1, -1, -1, +1, +1, -1, +1, +1)$。

两个不同站的码片序列 S 和 T 正交，即向量 $\boldsymbol{S}$ 和 $\boldsymbol{T}$ 的归一化内积为 0：

$$\boldsymbol{S} \cdot \boldsymbol{T} \equiv \frac{1}{m} \sum_{i=1}^{m} S_i T_i = 0 \tag{4-1}$$

任何一个码片向量与自己的归一化内积为 1：

$$\boldsymbol{S} \cdot \boldsymbol{S} = \frac{1}{m} \sum_{i=1}^{m} S_i S_i = \frac{1}{m} \sum_{i=1}^{m} S_i^2 = \frac{1}{m} \sum_{i=1}^{m} (\pm 1)^2 = 1 \tag{4-2}$$

一个码片向量与其反码向量的归一化内积为 –1。

下面具体用图 4-44 说明 CDMA 的工作原理。假设要发送的数据是 110 三个码元，CDMA 将每一个码元扩展为 8 个码片，S 站的码片向量为 $(-1, -1, -1, +1, +1, -1, +1, +1)$，那么 S 站发送的扩频信号为 S_x，当码元为 0 时，发送的是码片的反码。T 站也发送 110 三个码元，T 站的码片序列与 S 站的码片序列正交，T 站发送的扩频信号是 T_x。由于所有的站都使用相同的频率，因此每一个站都能收到所有站发送的扩频信号，即在本例中各站收到的都是叠加的信号 S_x+T_x。当接收端打算接收 S 站发送的信号时，就用 S 站的码片序列与收到的信号求归一化内积。S 与 T_x 的归一化内积为 0（因为不同站的码片序列正交），S 与 S_x 的归一化内积就是 S 站发送的数据比特。因此，接收端可以恢复出 S 站发送的信号。

（2）CDMA 网络的特点。

①系统容量大：其容量主要与扩频码的数量相关，频谱相同的条件下，容量是 GSM 的 5.5 倍。

②保密性强：不知道扩频码，要进行解扩很困难。

③可采用软切换技术：越区切换时，原小区基站与新小区基站同时为越区的移动台服务，当移动台确认和新基站联系后，原基站才中断和移动台的联系。软切换采取"先接后断"的方式，可实现无缝切换、避免掉话。软切换只有在使用相同频率的小区之间才能进行。模拟蜂窝系统中越区切换必须改变信道频率，TDMA 数字蜂窝系统越区切换要改变时隙、频率，CDMA 每个用户均采用相同的频率，因此软切换是 CDMA 网络独有的切换方式。

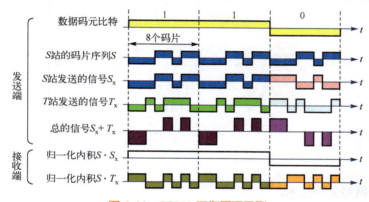

图 4-44　CDMA 工作原理示例

④软容量：CDMA 网络用地址码区分用户，当系统满负荷时，即使再增加少量用户，也只会引起通信质量稍微下降，不会出现没有信道不能通话的阻塞现象，系统容量和用户数之间存在一种"软"的关系。类似在一个大房子（所有用户占用相同的带宽）里很多人采用不同的语言（采用不同的扩频码）讲话。TDMA、FDMA 容量是固定的，即同时可接入的用户数是固定的，当全部频道或时隙被占满后，就不可能再增加任何一个用户。

⑤频率规划简单：CDMA 网络按不同的地址码区分用户，所以不同的 CDMA 载波可在相邻的小区内使用，网络规划灵活、扩展简单。

⑥建网成本低：CDMA 网络覆盖范围大（覆盖半径是 GSM 的 2 倍），所需基站少（覆盖 1000km^2，GSM 需要 200 个基站，CDMA 仅需 50 个基站），系统容量高，降低了建网成本。

⑦"绿色手机"：CDMA 手机发射功率最高只有 200mW，普通通话功率可控制在零点几毫瓦，其辐射作用可以忽略不计。手机发射功率的降低将延长手机的通话时间，意味着电池、电话的寿命长了，对环境起到了保护作用，故称为"绿色手机"。而 GSM 900 手机最大发射功率 2W，普通通话功率 600mW。

（3）CDMA 网络结构。

如图 4-45 所示，CDMA 网络由四部分组成：移动台、基站子系统、网络交换子系统和操作维护子系统（operations and maintenance subsystem，OMS）。移动台包括移动设备（mobile equipment，ME）和用户识别模块（user identity module，UIM）。基站子系统包括基站收发信台和基站控制器。网络交换子系统包括移动交换中心、访问位置寄存器、归属位置寄存器、鉴权中心、设备标识寄存器、回声消除器（echo canceller，EC）和互通单元（interworking unit，IWU）。回声消除器用于消除移动网络与固定网络通话时移动网络的回声。互通单元提供与其他数据网络的链接（数据速率的匹配、协议的匹配）。操作维护子系统包括操作维护中心（operations and maintenance center，OMC）和网络管理中心（network management center，NMC）。总体来讲，CDMA 网络结构和 GSM 网络结构类似。

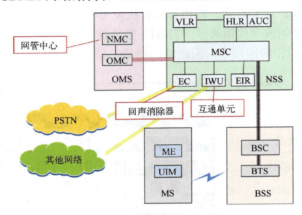

图 4-45　CDMA 网络结构

（4）CDMA 网络关键技术。

① 同步技术。

CDMA 网络的同步除了收发同步之外，还要求伪随机噪声（pseudorandom noise，PN）码序列能够同步。PN 码序列同步是扩频系统特有的，也是扩频技术中的难点。

CDMA 系统要求接收机的本地 PN 码序列与接收到的 PN 码序列在结构、频率和相位上完全一致，否则就不能正常接收所发送的信息，接收到的只是一片噪声。若 PN 码序列不同步，即使实现了收发同步，也无法准确可靠地获取所发送的信息。

PN 码序列同步过程分为 PN 码序列捕获和 PN 码序列跟踪。PN 码序列捕获即捕捉发送的 PN 码序列相位，使本地的 PN 码序列和发送端的 PN 码序列相位基本一致，达到基本同步。PN 码序列跟踪则是进一步自动调整本地 PN 码序列相位，进一步缩小定时误差，达到本地 PN 码序列与接收的 PN 码序列频率和相位的精确同步。

② Rake 接收技术。

移动通信信道是一种多径衰落信道，Rake 接收技术采用多个相关检测器接收多径信号中的多路信号，对每个相关器的输出进行加权及合并，然后判决输出。这里多径信号不仅不是一个不利因素，反而在 CDMA 系统中变成了一个可供利用的有利因素。Rake 接收技术实际上是一种多径分集接收技术。英文 Rake 是耙子的意思，这种作用有些像用耙子把一堆零乱的草集拢到一起，因此称为 Rake 技术。Rake 接收技术是克服多径干扰，提高接收性能的有效手段。

③功率控制技术。

CDMA 系统是一个自扰系统。用户均采用相同的频谱进行上下行链路的传输，于是每个用户的信号就成为其他用户的干扰信号。因此，自扰系统的"远近效应"问题特别突出。

功率控制的目的就是克服"远近效应"，使系统既能维持高质量通信，又不对其他用户产生干扰。功率控制分为正向功率控制和反向功率控制。正向功率控制指基站根据移动台反馈的信号质量信息，动态调整其对各移动台的发射功率，以确保移动台在任何位置都能接收到足够强度的信号。反向功率控制指通过控制各移动台发射功率的大小，使对于任意位置的移动台，其信号到达基站的功率相同。正是由于精确的功率控制，CDMA 手机能保持适当的发射功率，发射功率最高只有 200mW，普通通话功率可控制在零点几毫瓦。

3. 3G 网络

3G 被国际化标准组织 3GPP 标准化为通用移动通信系统（universal mobile telecommunications system，UMTS）。考虑到 3G 原计划将于 2000 年左右进入商用市场，工作频段在 2000MHz，且最高业务速率为 2000kbit/s，因此将其命名为 IMT-2000。

3G 的主要特征是全球化、多媒体化和综合化。全球化即在全球采用统一标准、频段，形成统一的市场。3G 是一个全球性的系统，各个地区多种系统组成了 3G 家族，各系统在设计上具有很好的通用性，该系统中的业务以及它与固定网之间的业务可以兼容，能提供全球漫游。多媒体化即提供高质量的多媒体业务，如语音、可变速率数据、视频和高清晰图像等多种业务。综合化即把现存的无绳、蜂窝、卫星移动等各类移动通信系统综合在统一的系统中，与不同网络互通，提供无缝漫游和业务一致性。

3G 三大主流制式包括 CDMA2000、WCDMA 以及 TD-SCDMA。在中国，中国电信的 3G 网络使用 CDMA2000 制式，中国联通的 3G 网络使用 WCDMA 制式，中国移动的 3G 网络使用 TD-SCDMA 制式。下面以 WCDMA 网络为例介绍 3G 网络。

1）WCDMA 网络结构

WCDMA 网络基于 2G 网络构建，许多后端组件都是共享的。如图 4-46 所示，核心网基本与原有网络共用，关键区别在无线接入网。WCDMA 的无线接入网称为 UMTS 地面无线接入网（UMTS terrestrial radio access network，UTRAN）。在这里，BTS 被 NodeB 取代，NodeB 与无线网络控制器（radio network controller，RNC）一起为无线接入以及无线网络控制提供支持。

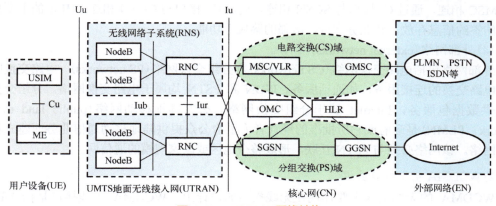

图 4-46　WCDMA 网络结构

(1)用户设备(user equipment，UE)。

UE 主要包括射频处理单元、基带处理单元、协议栈模块以及应用软件模块等。UE 通过 Uu 接口与网络设备进行数据交互，为用户提供电路交换(circuit switching，CS)域和分组交换(packet switching，PS)域内的各种业务功能，包括普通语音、数据通信、移动多媒体、Internet 应用(如 E-mail、WWW 浏览、FTP 等)。

(2)UTRAN。

UTRAN 包括 NodeB 和 RNC 两部分。NodeB 包括无线收发信机和基带处理部件，通过 Iub 接口和 RNC 互连，主要完成 Uu 接口物理层协议的处理。它的主要功能是扩频解扩、调制解调、编码解码，还包括基带信号和射频信号的相互转换等。RNC 主要完成连接建立和断开、切换、宏分集合并、无线资源管理控制等功能。RNC 与 RNC 之间的接口为 Iur 接口。

(3)核心网(core network，CN)。

CN 负责与其他网络的连接以及为 UE 提供通信服务，主要功能实体如下。

MSC/VLR 的主要功能是提供 CS 域的呼叫控制、移动性管理、鉴权和加密等功能。MSC/VLR 通过 Iu_CS 接口与 UTRAN 相连，通过 PSTN/ISDN 接口与外部网络(PSTN、ISDN 等)相连，通过 C/D 接口与 HLR/AUC 相连，通过 E 接口与其他 MSC/VLR、GMSC 或 SMC(service mobile switching point，服务移动交换中心，一种特殊类型的 MSC)相连，通过 Gs 接口与 SGSN 相连。

网关移动交换中心 (gateway mobile switching center，GMSC)是移动网 CS 域与外部网络之间的网关节点，完成路由分析、网间接续、网间结算等功能。它通过 PSTN/ISDN 接口与外部网络(PSTN、ISDN 和其他 PLMN)相连。

服务 GPRS 支持节点 (SGSN)是核心网 PS 域的功能节点，它通过 Iu_PS 接口与 UTRAN 相连，通过 Gn/Gp 接口与 GGSN 相连，通过 Gr 接口与 HLR/AUC 相连，通过 Gs 接口与 MSC/VLR 相连，通过 Gn/Gp 接口与 SGSN 相连。SGSN 的主要功能是提供 PS 域的路由转发、移动性管理、会话管理、鉴权和加密等功能。

网关 GPRS 支持节点 (GGSN)是核心网 PS 域的功能节点，通过 Gn/Gp 接口与 SGSN 相连，通过 Gi 接口与外部数据网络(Internet/Intranet)相连。GGSN 提供数据包在 WCDMA 移动网和外部数据网之间的路由和封装服务，充当 UE 接入外部分组网络的关口站。

归属位置寄存器是核心网 CS 域和 PS 域共有的功能节点，它通过 C 接口与 MSC/VLR 或 GMSC 相连，通过 Gr 接口与 SGSN 相连，通过 Gc 接口与 GGSN 相连。HLR 的主要提供用户的签约信息存放、新业务支持、增强的鉴权等功能。

(4)外部网络(external networks，EN)。

外部网络包括电路交换网络(CS networks)和分组交换网络(PS networks)。电路交换网络提供电路交换的连接服务，如通话服务。ISDN 和 PSTN 均属于电路交换网络。分组交换网络提供数据包服务，Internet 属于分组交换网络。公共陆地移动网络(public land mobile network，PLMN)是政府或它所批准的经营者为了给公众提供陆地移动通信业务而建立和经营的网络。该网络必须与 PSTN 互联，形成整个地区或国家规模的通信网。

2) WCDMA 空中接口协议

WCDMA 的无线接入主要体现在无线接口的设计上。WCDMA 无线接口是指 UE 和

UTRAN 之间的接口，通常称为空中接口，简称 Uu 接口。

如图 4-47 所示，在 Uu 接口上，协议栈按其功能和任务分为物理层(L1)、数据链路层(L2)和网络层(L3) 3 层。L2 又分为 MAC、无线链路控制(radio link control，RLC)、广播/多播控制(broadcast/multicast control，BMC)和分组数据汇聚协议(packet data convergence protocol，PDCP) 4 个子层。L3 和 RLC 按其功能又分为控制平面(C-平面)和用户平面(U-平面)，L2 的 BMC 和 PDCP 只存在于 U-平面中。在 C-平面上，L3 又分为无线资源控制(radio resource control，RRC)、移动性管理(mobility management，MM)和连接管理(CM) 3 个子层，其中，CM 层还可按其任务进一步进行划分(如呼叫控制、补充业务、短消息等功能模块)。

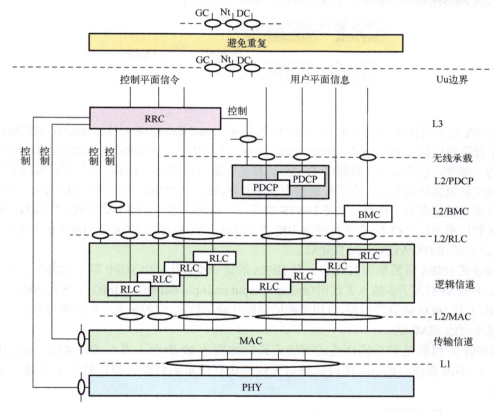

图 4-47　WCDMA 空中接口协议

按其信令及过程是否和接入有关，Uu 接口协议也分作接入层(包括 L1、L2 和 L3 的 RRC 子层)和非接入层(non-access stratum，NAS) (MM、CM 等)，其中非接入层信令属于核心网功能。在图 4-47 中，用椭圆标注的是层(或子层)之间的服务访问点(SAP)。在物理层和 MAC 子层之间的 SAP 提供传输信道，在 RLC 子层和 MAC 子层之间的 SAP 提供逻辑信道，RLC 子层提供 3 类 SAP，对应于 RLC 的 3 种操作模式：非确认模式(unacknowledge mode，UM)、确认模式(acknowledge mode，AM)和透明模式(transparent mode，TM)。在 C-平面中，接入层和非接入层之间的 SAP 定义了通用控制(general control，GC)、通知(notification，Nt)和专用控制(dedicated control，DC) 3 类业务接入点。

物理层通过传输信道为 MAC 层提供相应的服务。MAC 层通过逻辑信道承载 RLC 的业务。RLC 通过服务访问点为上层提供服务。BMC 能够在无线接口上的用户平面，以透明或非确认的方式为通用用户数据提供广播/组播传输业务。PDCP 主要对分组数据进行压缩、加密和完整性保护，从而减小传输延迟和减少网络拥塞，确保用户数据的安全性。

3）WCDMA 技术的扩展

（1）高速分组接入（high speed packet access，HSPA）。

HSPA 是一种增强 WCDMA 技术，它的最大理论上行速率为 5.76Mbit/s，下行速率为 14.4Mbit/s，实际上行速率为 200kbit/s，下行速率为 500kbit/s。HSPA 的引入没有改变原有 WCDMA 网络结构，只是进行了软件升级，如图 4-48 所示。

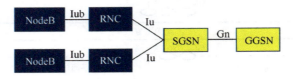

图 4-48　HSPA 网络结构

HSPA 基于两种协议：高速下行分组接入（high speed downlink packet access，HSDPA）和高速上行分组访问（high speed uplink packet access，HSUPA）。HSDPA 是 3GPP 发布的第 5 版标准的一部分，它采用高阶调制（16QAM）、自适应编码与调制、HARQ 等技术，实现了更高效的调度和更快捷的重传，在下行链路上能够实现高达 14.4Mbit/s 的速率。HSUPA 是 3GPP 发布的第 6 版标准的一部分，它是 UMTS 的第二次演进，通过采用多码传输、HARQ、基于 NodeB 的快速调度等技术，在上行链路中能够实现高达 5.76Mbit/s 的速率。HSPA 也称为 3.5G。

（2）演进式 HSPA（Evolved HSPA）。

演进式 HSPA 常简称为 HSPA+，是 HSPA 的进一步进化，由 3GPP 第 7 次发布，也称为 3.75G。HSPA+引入了多输入多输出（multiple-input multiple-output，MIMO）、下行 64QAM 高阶调制、上行 16QAM 高阶调制、分组数据的连续传输等技术，它的最大上行速率可达 23Mbit/s，下行速率可达 42Mbit/s。

HSPA 采用的是节点优化式的演进方式。如图 4-49 所示，该方式将 RNC/NodeB 合二为一，不改变原有的 Iu 接口，只对无线侧进行简单的软件升级，增加了容量，缩短了时延。

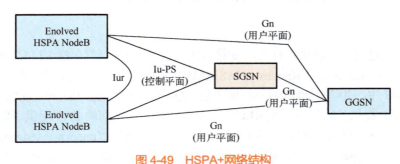

图 4-49　HSPA+网络结构

4. 4G 网络

长期演进（LTE）计划于 2004 年 12 月在 3GPP 多伦多会议上正式启动。LTE 是 3G 的演进，俗称 3.9G，改进并增强了空中接入技术，采用正交频分复用 (orthogonal frequency division multiplexing，OFDM) 和多输入多输出 (MIMO) 作为其无线网络标准。在 2005 年 10 月的 ITU-RWP8F 第 17 次会议上，ITU 给了 4G 技术一个正式的名称，即 IMT-Advanced。按照 ITU 的定义，当前的 WCDMA、HSDPA 等技术统称为 IMT-2000 技术，而未来新的空中接口技术称为 IMT-Advanced 技术。世界上很多组织给 4G 下了不同的定义，而 ITU 代表了传统移动蜂窝运营商对 4G 的看法，认为 4G 是基于 IP 协议的高速蜂窝移动网，各种无线通信技术从现有 3G 演进，并在 3G LTE 阶段完成标准统一。

2012 年 1 月，ITU 正式审议通过将 LTE-Advanced 和 WirelessMAN-Advanced (802.16m) 技术规范确立为 IMT-Advanced(4G) 国际标准。中国主导制定的 TD-LTE-Advanced 和 FDD-LTE-Advanced 同时并列成为 4G 国际标准。

1) 4G 的特点

(1) 高速率：4G 下行速率可达 150Mbit/s，上行速率可达 75Mbit/s。

(2) 大容量：4G 的频谱效率高。3G 的频谱效率只有 2(bit/s)/Hz，4G 为 5(bit/s)/Hz，4G 系统的容量至少为 3G 系统的 10 倍。

(3) 高移动性：高速移动用户 (250km/h)，数据速率为 2Mbit/s；中速移动用户 (60km/h)，数据速率为 20Mbit/s；低速移动用户 (室内或步行)，数据速率为 100Mbit/s。

(4) 低时延：4G 控制面 (与信令相关) 的时延小于 100ms，用户面 (与用户数据相关) 的时延小于 10ms。

(5) 全 IP 网络：4G 的核心网是一个全 IP 的网络，可以实现不同网络间的无缝互联。核心网独立于各种具体的无线接入方案，能提供端到端的 IP 业务，能同已有的核心网和 PSTN 兼容。

2) 4G 网络结构

4G 网络结构如图 4-50 所示，包括演进的 UMTS 地面无线接入网 (evolved UMTS terrestrial radio access network，E-UTRAN) 和演进的分组核心网 (evolved packet core，EPC)。4G 的接入网不再包含两个功能实体，只有基站 eNodeB，它涵盖了原来 3G 的 NodeB 和部分 RNC 的功能。4G 的 EPC 包括移动管理实体 (mobile management entity，MME)、服务网关 (serving gateway，SGW)、分组数据网关 (packet gateway，PGW)、归属用户服务器 (home subscriber server，HSS)、策略和计费规则功能单元 (policy and charging rules function，PCRF)，与以前的网络结构能够保持前向兼容。

(1) E-UTRAN。

和 3G 结构相比，4G 接入网的变化表现为"少一层"、"多一口"和"胖基站"。

少一层：3G 的组网架构为 4 层，包括 UE、NodeB、RNC 和 CN。4G 网络去掉了 RNC，减少了一层，使得其网络结构更为扁平化，用户面时延大大缩短，系统复杂性降低。

多一口：E-UTRAN 由若干 eNodeB 组成，eNodeB 之间增加了一个 X2 接口。X2 以光纤为载体实现无线侧 IP 化传输，使得基站网元之间可以协调工作，以往的基站之间是没有接口的。当 eNodeB 互联后，形成类似于"mesh"的网络，避免某个基站成为孤点，增强了网络的健壮性。

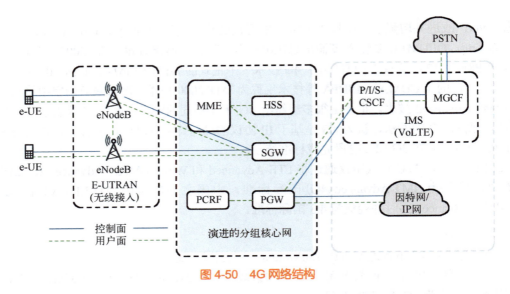

图 4-50　4G 网络结构

胖基站：eNodeB 的功能由 3G 阶段的 NodeB、RNC、SGSN、GGSN 四个网元的部分功能演化而来，新增了系统接入控制、承载控制、移动性管理、无线资源管理、路由选择等。

（2）EPC。

4G 网络取消了 CS 域，CS 域业务承载在 PS 域，实现了核心网的 IP 化。语音业务在以往无线制式中由 CS 域承载，在 LTE 中则完全由 PS 域承载，即 VoIP。4G 实现了全网 IP 化，各网元节点之间的接口也都使用 IP 传输。4G 全网 IP 化的关键支撑就是端到端的 QoS 保障机制。

LTE 在核心网演进中实现了用户面和控制面的分离，即用户面和控制面功能分别由不同的网元实体完成，可降低系统时延，提升核心网处理效率。

MME 属于控制面设备，负责移动性管理和控制，包含用户的鉴权、寻呼、位置更新和切换等。SGW 和 PGW 属于用户面设备，其中 SGW 负责 UE 上下文会话的管理、数据包的路由和转发，相当于数据中转站；PGW 主要负责连接到外部网络，此外还包括 UE 的会话管理、承载控制、IP 地址分配、计费支持等功能。

HSS 是一个中央数据库，存储用户信息和订阅数据，其功能包括移动性管理、呼叫和会话建立的支持、用户认证和访问授权。

PCRF 是策略管理单元，根据策略判断用户或业务是否符合规定，并指挥网络对符合规定的用户或业务采取相应措施。

（3）与外部网络互联。

4G 网络通过 PGW 实现与 Internet、PSTN 等网络的互联。IP 多媒体子系统（IP multimedia subsystem，IMS）搭载在 4G 核心网，为 4G 网络提供基于 LTE 的语音服务（voice over LTE，VoLTE）。VoLTE 是基于 IMS 的端到端语音方案，为用户带来更低的接入时延、更高的语音通话质量。呼叫会话控制功能（call session control function，CSCF）作为 IMS 的核心部分，负责对用户多媒体会话进行处理。媒体网关控制功能（mediagateway control function，MGCF）提供 IMS 和传统 PSTN 网络的互通功能，实现 IMS 域和 CS 域信令的翻译。

3)4G 网络协议栈

4G 网络协议栈分为三层两面。三层是指物理层(L1)、数据链路层(L2)和网络层(L3)；两面是指控制面和用户面，控制面负责协调和控制信令的传送和处理，用户面负责业务数据的传送和处理。其中，数据链路层又分为三个子层，包括分组数据汇聚协议(PDCP)层、无线链路控制(RLC)层和介质访问控制(MAC)层。

用户面协议栈和控制面协议栈均包含 PHY、MAC、RLC 和 PDCP 层，控制面向上还包含 RRC 层和非接入层(NAS)。网元间的控制面协议栈如图 4-51 所示，用户面协议栈如图 4-52 所示。

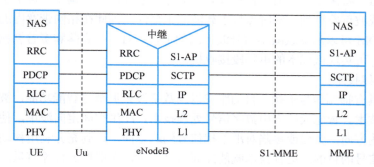

图 4-51　控制面协议栈

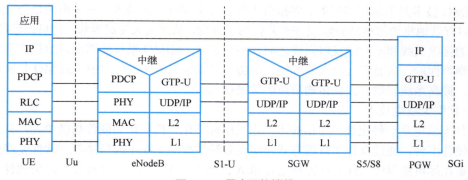

图 4-52　用户面协议栈

各层协议功能如下。

(1)L1 层负责信道编码、调制解调、天线映射等，不区分用户面和控制面。

(2)L2 层用户面的主要功能是处理业务数据。在发送端，将承载高层业务应用的 IP 数据流通过头压缩(PDCP 层)、加密(PDCP 层)、分段(RLC 层)、复用(MAC 层)、调度等过程变成物理层可处理的传输块。在接收端，将物理层接收到的比特数据流按调度要求解复用(MAC 层)、级联(RLC 层)、解密(PDCP 层)、解压缩(PDCP 层)，使其成为高层应用可识别的数据流。L2 层控制面的功能模块和用户面一样，也包括 MAC、RLC、PDCP 三个功能模块。MAC、RLC 功能与用户面一致，PDCP 功能与用户面略有区别，除了对控制信令进行加解密，还对控制信令进行完整性保护。

(3)L3 层的用户面没有定义自己的协议，直接使用 IP 协议栈。而 L3 层的控制面包括无线资源控制(RRC)和 NAS 两部分。UE 和 eNodeB 之间的控制信令主要是 RRC 消息。RRC

相当于 eNodeB 内部的一个司令部，RRC 消息携带建立、修改和释放 L2 和 L1 协议实体所需的全部参数；另外，RRC 还要给 UE 透明传达来自核心网的指示。

4) 4G 网络关键技术

4G 的主要设计目标是高峰值速率、高频谱效率和高移动性，采用低时延、低成本和扁平化的网络架构。为了实现这样的目标，4G 运用了多种关键技术。

(1) 正交频分复用(OFDM)技术。

OFDM 是一种无线环境下的高速传输技术，其主要思想是在频域内将一个宽频信道分成若干正交子信道，将高速数据信号转换成并行的低速子数据流，调制到每个子信道上进行传输。由于各子载波重叠排列，同时保持子载波的正交性，因此在相同带宽内能容纳数量更多的子载波。OFDM 可以消除或减小信号波形间的干扰，对多径衰落和多普勒频移不敏感，提高了频谱效率，可实现低成本的单频段接收机。

(2) 智能天线技术。

智能天线具有抑制信号干扰、自动跟踪以及数字波束调节等智能功能，被认为是未来移动通信的关键技术。智能天线应用数字信号处理技术，产生空间定向波束，使天线主波束对准用户信号到达方向，旁瓣或零陷对准干扰信号到达方向，达到充分利用移动用户信号并消除或抑制干扰信号的目的。这种技术既能提高信号质量，又能增加传输容量。

(3) 多输入多输出(MIMO)技术。

MIMO 技术是指利用多发射、多接收天线进行空间分集的技术，它采用的是分立式多天线，能够有效地将通信链路分解成许多并行的子信道，从而大大提高容量。信息论已经证明，当不同的接收天线和不同的发射天线之间互不相关时，MIMO 系统能够很好地提高系统的抗衰落和噪声性能，从而获得巨大的容量。在功率带宽受限的无线信道中，MIMO 是实现高数据速率、提高系统容量、提高传输质量的关键技术。

(4) 软件无线电技术。

软件无线电是一种无线电通信技术，它采用标准化、模块化的硬件功能单元，并依托一个通用硬件平台，通过软件加载的方式来实现多种类型的无线电通信系统。软件无线电的核心思想是在尽可能靠近天线的地方使用宽带 A/D 和 D/A 转换器，并尽可能多地用软件来定义无线功能，各种功能和信号处理都尽可能用软件实现。其软件系统包括各类无线信令规则与处理软件、信号流变换软件、信源编码软件、信道纠错编码软件、调制解调算法软件等。软件无线电使得系统具有灵活性和适应性，能支持采用不同空中接口的多模式手机和基站，能实现各种应用的可变 QoS。

5. 5G 网络

5G 是具有高速率、低时延和大连接特点的新一代宽带移动通信技术。5G 作为一种新型移动通信网络，不仅要解决人与人的通信问题，为用户提供增强现实、虚拟现实、超高清视频等更加身临其境的极致业务体验，更要解决人与物、物与物的通信问题，满足移动医疗、车联网、智能家居、工业控制、环境监测等物联网应用需求。最终，5G 将渗透到经济社会的各行业各领域，成为支撑经济社会数字化、网络化、智能化转型的关键新型基础设施。

1)5G 标准持续演进

2013 年 2 月，欧盟宣布将拨款 5000 万欧元，加快 5G 移动技术的发展，2013 年 4 月，中国工业和信息化部、发展改革委、科技部共同支持成立 IMT-2020(5G)推进组，旨在组织国内各方力量、积极开展国际合作，共同推动 5G 国际标准发展。2015 年，国际电信联盟(ITU)定义了 5G 的三大应用场景和八大关键性能指标。

5G 的三大应用场景即增强型移动宽带(enhanced mobile broadband，eMBB)、超高可靠低时延通信(ultra-reliable and low-latency communications，uRLLC)和海量机器类通信(massive machine type communications，mMTC)，如图 4-53 所示。eMBB 主要面向移动互联网流量爆炸式增长，为移动互联网用户提供更极致的应用体验；uRLLC 主要面向工业控制、远程医疗、自动驾驶等对时延和可靠性具有极高要求的垂直行业应用需求；mMTC 主要面向智慧城市、智能家居、环境监测等以传感和数据采集为目标的应用需求。

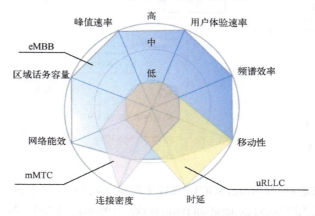

图 4-53　5G 网络的三大应用场景

5G 八大关键性能指标如表 4-1 所示。从表中可以看出，高速率、低时延、大连接是 5G 最突出的特征，用户体验速率高达 1Gbit/s，端到端时延低至 1ms，连接数密度达 100 万台设备/平方千米。

表 4-1　5G 八大关键性能指标

技术指标名称	技术指标含义	4G 要求	5G 要求	性能提升情况
用户体验速率	真实网络环境下，用户可获得的最低传输速率	0.01Gbit/s	0.1~1Gbit/s	10~100 倍
用户峰值速率	单个用户可获得的最高传输速率	1Gbit/s	20Gbit/s	20 倍
移动性	满足一定性能要求时，收发双方的最大相对移动速度	350km/h	500km/h	提升 43%
端到端时延	数据从源节点开始传输到被目的节点接收的时间间隔	20~30ms	低至 1ms	数十倍
连接数密度	单位面积内的在线设备总和	10 万台设备/平方千米	100 万台设备/平方千米	10 倍
能量效率	单位能量所能传输的比特数	数倍(比 3G)	100 倍(比 4G)	100 倍
频谱效率	单位频谱资源提供的数据传输速率	3~5 倍(比 3G)	3~5 倍(比 4G)	3~5 倍
流量密度	单位面积内的总数据传输速率	0.1~0.5T(bit/s)/平方千米	数十 T(bit/s)/平方千米	数百倍

2016 年 3 月，3GPP 正式启动了 5G 的标准化工作。当前，5G 标准涵盖 R15（3GPP Release 15）、R16（3GPP Release 16）、R17（3GPP Release 17）三个版本，分别对应三大场景。R15 是 5G 第一阶段的标准，主要聚焦于 eMMB。R16 主要关注 eMMB 的改进、uRLLC 的场景以及垂直行业的应用。R17 主要聚焦于 mMTC 场景，会把海量机器类通信作为 5G 场景一个新的增强方向，5G 强大的连接能力可以快速促进各垂直行业（智慧城市、智能家居、环境监测等）的深度融合。5G 标准演进过程如图 4-54 所示。

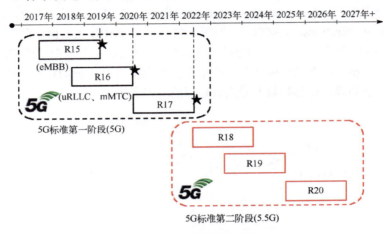

图 4-54　5G 标准演进过程

2）5G 网络结构

5G 网络由 5G 核心网（5G core，5GC）和 5G 无线接入网构成，其中 5G 无线接入网被 3GPP 命名为下一代无线接入网（next generation radio access network，NG-RAN），如图 4-55 所示。3GPP 制定了 NG-RAN 的接入关键技术，同时也重新考虑 NG-RAN 和 5GC 之间的系统架构，对两者之间的功能进行了重新定义和划分。

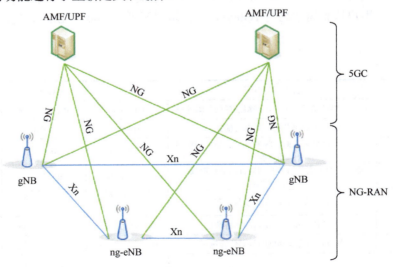

图 4-55　3GPP TS 38.300 中的 5G 网络总体架构

NG-RAN 由用于新空口（new radio，NR）的 gNB 和 E-UTRAN 使用的 ng-eNB 两种无线接入节点组成。gNB 和 ng-eNB 主要负责终端与 5G 网络的空口交互及连接，主要实现以下功能。

(1)无线连接移动性管理：支持终端在空闲模式下的重选和连接模式下的切换。

(2)测量控制：针对网络配置情况对终端下发测量控制指令，通过终端提供的测量报告进行无线资源管理、切换控制和干扰协调规避。

(3)资源动态分配和调度：通过无线承载的 QoS 配置规则在上行和下行无线链路中调度分配无线资源。

(4)无线接入控制：进行小区接入控制管理，如系统广播、随机接入配置等功能。

(5)无线连接控制：对终端的连接建立、释放及连接状态(连接态、空闲态、非激活态)进行管理。

(6)无线承载控制：处理终端的无线连接安全性，支持不同服务质量的上行链路和下行链路的建立，对终端的无线承载通道进行管理。

5G 核心网主要包含三大功能组件：接入和移动性管理功能(access and mobility management function，AMF)、用户面功能(user plane function，UPF)以及会话管理功能(session management function，SMF)，如图 4-56 所示。

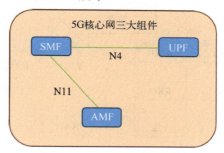

图 4-56　5G 核心网三大组件

(1)核心网中的控制面数据管理功能主要由 AMF 实现，AMF 的功能类似 4G 的 MME，具体如下。

①接入管理：处理用户接入请求，包括接入鉴权、访问控制和服务授权等操作。

②移动性管理：包括移动性控制、用户位置管理、隧道管理和小区重选等操作。

AMF 的功能不仅完全涵盖 4G 网络归属位置寄存器和访问寄存器的功能，还支持网络切片、边缘计算等功能。

(2)核心网中的用户面数据管理主要由 UPF 实现，UPF 的功能具体如下。

①数据包处理：5G 网络是一个数据包分组交换网络，并没有 CS 域，因此所有的用户数据都封装为数据包。用户面的所有数据包均由 UPF 进行路由、转发和 QoS 处理。UPF 支持用户面数据包检查和策略规则的实施，提供用户面数据包的缓冲和下行数据通知的触发。

②用户数据锚定功能：终端可能会发生系统内或者系统外的切换，UPF 可以在终端移动过程中提供用户面数据锚定功能，确保不会出现数据丢失的情况。

（3）核心网中的 SMF 负责对用户进行会话管理，SMF 的功能具体如下。

①数据包会话控制：通过与 UPF 的配合使用，SMF 负责建立、维护和释放用于用户数据传输的会话。SMF 负责用户面功能的选择和控制，并承担部分 QoS 策略的实施，协助 UPF 将数据包路由至正确目的地。

②终端 IP 地址分配：通过分配 IP 地址来保证数据包可以在 5G 网络内实现路由转发，同时支持外部网络数据的接收和转发。

5G 对基站架构进行了重构。4G 的每个基站都有一套基带处理单元（building baseband unit，BBU），下挂远程射频单元（remote radio unit，RRU）连接天线，并通过 BBU 连接至核心网。到了 5G 时代，RRU 与天线合并成了有源天线单元（active Antenna unit，AAU），BBU 的功能拆成了分布单元（distributed unit，DU）和中央单元（centralized unit，CU），每个站点都有一套 DU，然后多个站点使用同一个 CU 进行集中式管理，如图 4-57 所示。5G 基站把原先 BBU 的一部分物理层处理功能归入 RRU，原先的 RRU 和天线结合成 AAU，原先的 BBU 拆分成 CU 和 DU，并在 CU 中融合了一部分从核心网下沉的功能，作为集中管理节点使用。

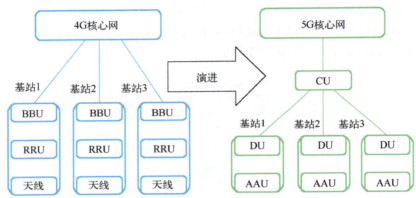

图 4-57　4G 与 5G 基站架构的比较

3）5G 网络关键技术

5G 不再只是以通信技术为主导的演进，而是通信技术与计算技术（边缘计算、云计算）、网络技术（网络功能虚拟化、网络切片）等融合的演进。

（1）Massive MIMO 大规模天线及波束赋形技术。

与传统设备的 2 天线、4 天线、8 天线相比，采用 Massive MIMO 技术的通道数可达 32 或者 64，天线振子数可达 192、512 甚至更高，其增益大大超越传统设备，通过大幅提升天线振子数，提高上下行的流数，实现速率、容量的提升，如图 4-58 所示。传统设备在做覆盖规划时，主要关注和满足水平方向覆盖，信号辐射形状是二维电磁波束，而 Massive MIMO 在水平方向覆盖的基础上增加垂直方向的覆盖，信号辐射形状是灵活的三维电磁波束。因此，Massive MIMO 能深度挖掘空间维度资源，使得基站覆盖范围内的多个用户在同一时频资源上利用大规模天线提供的空间自由度与基站同时进行通信，提升了频谱资源在多个用户之间的复用能力。此外，通过波束赋形技术可做到覆盖波束智能调控，多波束覆盖实现了覆盖水平的增强，从而在不需要增加基站密度和带宽的条件下大幅提升了网络容量。

图 4-58　Massive MIMO 技术

（2）多载波聚合技术。

载波聚合通过将两个以上的载波合并成一条数据信道，能提供更高的上行链路和下行链路数据率。4G 的 LTE-Advanced 引入载波聚合之后，从最初的 5 载波聚合，总带宽 100MHz，到后面的 32 载波聚合，总带宽 640MHz。到了 5G 时代，可聚合的载波数量为 16 个，但 5G 的载波带宽大，Sub-6GHz 的单载波带宽最大 100MHz，16 个载波聚合一共 1.6GHz 带宽。毫米波频段更夸张，单载波带宽最大 400MHz，16 个载波聚合一共 6.4GHz 带宽，5G 聚合之后的带宽较 4G 可以增大 64 倍。4G 早期的版本可看作一条单车道，速度很慢。到了 4G 多载波聚合时代，升级到了国道，虽然路很窄，但由于是双车道或者三车道，车速还可以提高。到了 5G 多载波聚合时代，升级到了高速公路，路更宽，车道更多，车速更快。

（3）SDN/NFV 技术。

5G 核心网基于云原生架构设计，采用了基于服务的架构，借鉴了 IT 领域的微服务概念，从而可充分利用云平台设施弹性敏捷地部署网络和业务，从容应对各行各业的多样化、差异化业务需求。5G 核心网架构的变化使软件定义网络（software defined network，SDN）和网络功能虚拟化（network function virtualization，NFV）成为可能。如图 4-59 所示，SDN 实现了控制平面和转发平面解耦，减少了转发网元成本，提升了路由决策能力，增强了网络可控性，有效缩短了网络时延，解决了网络拥塞问题。NFV 使网络软件和硬件解耦，将网络功能（如防火墙、负载均衡器、网关、移动核心网组件等）从专用硬件设备中解耦出来，使之能够在通用的、基于 x86 架构的标准服务器上作为软件实例运行，实现了硬件资源的共享和灵活配置。

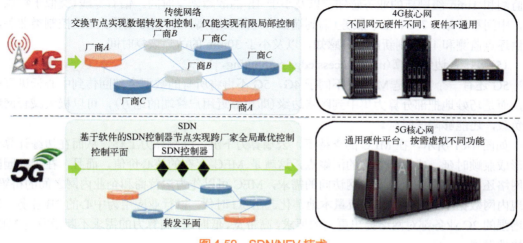

图 4-59　SDN/NFV 技术

(4)网络切片技术。

网络切片的本质是将物理网络通过软件的编排和资源的协调划分为多个虚拟网络。每一个虚拟网络对应一个切片，可根据时延、带宽、安全性和可靠性等需求来切片。一个比较形象的比喻是高速公路，如果公路上所有的车都可以行驶所有的车道，那么很容易造成拥塞，因为有的车开得慢，有的车开得快。有了网络切片之后，不同类型的流量或服务就像车辆一样，能够根据自身需求在对应的网络切片(即快车道或慢车道)上传输，从而极大提升了网络效率。

如图 4-60 所示，从理论上说，承载侧 5G 网络切片技术可为不同用户提供成百上千种切片服务，但是为了增强普适性，提升业务承载性价比，目前行业内结合各种应用场景的需求，采用"软硬结合"的方法，提供三种切片服务，用户可根据实际业务按需选择组合。

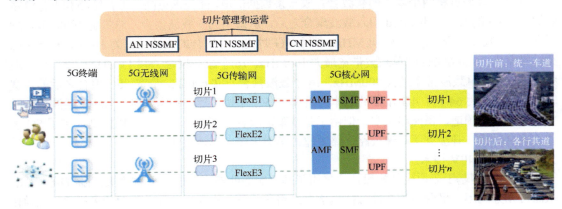

图 4-60　网络切片技术

黄金专线(类似于高速公路，业务承载性价比高)通过在硬切片内共享 VPN 的方式实现业务区分。该专线可用于视频类和游戏类业务，提供 15min 级刷新的业务感知，以及小于 4h 的故障恢复时间。白金专线(类似于高铁动车，虽然价格相对较高，但服务提升明显)通过针对不同 VPN 建立不同硬切片的方式实现业务区分。该专线可用于智能交通类业务，提供端点监测和 1min 级刷新的业务感知，以及小于 1h 的故障恢复时间。钻石专线(类似于特供专列，中间不停站，7×24 独享服务)端到端独占时隙硬隔离。该专线可用于工业控制类业务，提供逐点监测和 1s 级刷新的业务感知，以及小于 30min 的故障恢复时间。

(5)多接入边缘计算(multi-access edge computing，MEC)。

5G 还有一个特色是 MEC。不同于 4G，5G 不再将所有的数据全部回传到中心云进行处理，而是巧妙地把部分算力集中到网络边缘(即更靠近用户终端的地方)，可以极大减轻网络的负载，还能够降低时延。

如图 4-61 所示，在 MEC 的支持下，云端算力下沉，终端算力上移，从而在边缘计算节点形成兼顾时延、成本和算力的汇聚点，这就是 MEC 存在的核心价值。而且，在工业园区的网络还存在数据安全以及内网访问的需求，MEC 可以作为运营商和企业内网之间的桥梁，实现内网数据不出园区，本地流量本地消化。在 5G 时代，以行业应用为中心的 2B 业务，以及增强的 2C 业务都对网络提出更高的要求，高带宽、低时延、高算力的需求不断激发着 MEC 更快地发展。

图 4-61　多接入边缘计算

6. 6G 网络

6G 网络将是一个覆盖空天地海的一体化网络,实现真正意义上的全球无缝覆盖和万物互联。

1) 6G 网络架构

6G 的空天地一体化网络架构将以地面蜂窝移动网络为基础,以空间网络为延伸,覆盖太空、天空、陆地、海洋等自然空间,为天基(卫星通信网络)、空基(飞机、热气球、无人机等通信网络)、陆基(地面蜂窝网络)、海基(海洋水下无线通信及近海沿岸无线网络)等各类用户的活动提供信息保障,如图 4-62 所示。

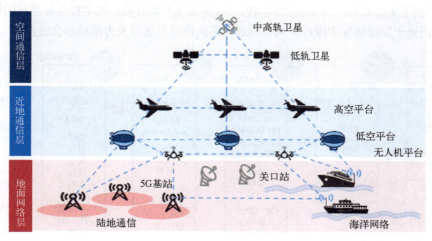

图 4-62　6G 空天地一体化网络架构

空天地一体化网络主要包括不同轨道卫星构成的天基、各种空中飞行器构成的空基以及卫星地面站和传统地面网络构成的地基三部分,具有覆盖范围广、可灵活部署、超低功耗、超高精度和不易受地面灾害影响等特点。

面向 6G 的空天地一体化网络融合过程包括以下 7 个层次。

(1)体制融合:统一空口体制,在空中接口分层结构上,采用相同的设计方案、传输和交换技术。

（2）网络融合：全网统一的网络架构、统一的 TCP/IP 协议使各种基于 IP 的业务都能互通，如数据网络、电话网络、视频网络等都可融合在一起。

（3）管理融合：统一资源调度与管理。

（4）频谱融合：频率共享共用，协调管理。

（5）业务融合：统一业务支持和调度。

（6）平台融合：网络平台采用一体化设计。

（7）终端融合：统一终端标识与接入方式，用户终端、关口站或者卫星载荷可大量采用地面网络技术成果。

2) 总体演进路径

自 20 世纪 80 年代以来，移动通信领域基本上以十年为周期出现新一代革命性技术，持续加快信息产业的迭代升级，不断推动经济社会的繁荣发展，如今已成为连接人类社会不可或缺的基础信息网络。

（1）业务的演进。

人们对于信息无止境的追求推动了移动通信技术的进一步发展。移动通信从 1G 逐步发展至现在的 5G，目前 5G 已经在全球范围内开始大规模部署，各国更是将 6G 列入未来几年的国家计划。

如图 4-63 所示，在业务层面，20 世纪 80 年代的 1G 主要解决模拟语音通信的问题；20 世纪 90 年代，2G 开启了数字语音时代；21 世纪第一个十年，3G 主要用于移动宽带通信，实现图片、视频流的多媒体通信；21 世纪第二个十年，4G 专为移动互联网设计，在网速、容量、稳定性方面都得到了大幅提升；21 世纪 20 年代，5G 将实现万物互联，推动社会各领域的快速发展；如今，6G 正处于加速研发阶段，未来移动通信网的快速发展将大力推动社会进步。

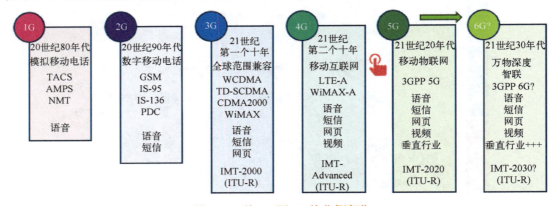

图 4-63　从 1G 到 6G 的业务演进

（2）无线频谱的演进。

1G 采用模拟信号传输，将介于 300～3400Hz 的语音转换到高频的载波频率 MHz 上，从而实现语音传输。从 2G 到 5G，业界用到的大部分频谱都属于 Sub-6GHz。为适应不同的业务和场景的差异化需求，5G 无线电频率的需求覆盖了低频段、中频段和高频段，其中低频段主要为 3GHz 以内，中频段为 3～6GHz，高频段为 6GHz 以上。6GHz 以上也就是毫米波频段。6G 网络能够使用比 5G 网络更高的频率,开始迈向太赫兹通信。太赫兹通信利用频谱为 0.1~10THz 的电磁波(太赫兹波),其传输能力比 5G 提升 1000 倍,网络延迟也从毫秒级降到微秒级。如图 4-64 所示,总体来看,从 1G 到 6G,移动通信电磁波的载波频率越来越高,从几百兆赫兹到几吉赫兹,再到几十吉赫兹,带宽越来越大,承载的信息量也越来越大。

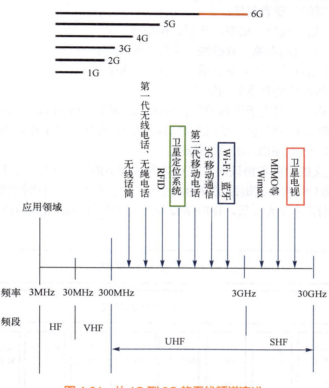

图 4-64　从 1G 到 6G 的无线频谱演进

(3)通信速率的演进。

1G 时代,网络的通信速率仅为 2.4kbit/s;到了 2G 时代,速率达到 64kbit/s,是 1G 的几十倍;3G 时代,理论速率达到 2Mbit/s;4G 时代,速率为 100Mbit/s~1Gbit/s;5G 相对 4G,速率提升 10~100 倍,峰值速率达到 20Gbit/s;6G 的关键指标中,峰值速率将达到 100Gbit/s~1Tbit/s。

4.3　计算机局域网

4.3.1　计算机局域网概述

20 世纪 80 年代,微型机发展迅速,计算机不再是非常稀缺、珍贵的资源。很多单位甚至个人都能买得起、用得起计算机,因此计算机得到了较为广泛的应用,而计算机的广泛运用使得小区域内的计算机共享资源、相互通信的需求更加强烈,这也就导致了局域网的产生。

局域网的基本特点有：

(1)高数据传输速率，从最初的 10Mbit/s 到 400Gbit/s；

(2)传输距离短，一般为几千米；

(3)低出错率，误码率为 $10^{-8}\sim10^{-11}$。

决定局域网性能的三要素包括：

(1)网络拓扑，如总线型、星型、环型、树型等；

(2)传输介质，如同轴电缆、双绞线、光纤、无线等；

(3)介质访问控制方法，如共享介质、交换方法等。

这些都对局域网的性能有重要的影响。

局域网出现以后，电气电子工程师学会(Institute of Electrical and Electronics Engineers，IEEE)就成立了 IEEE 802 委员会，专门从事局域网的标准化研究工作。该委员会相继推出了一系列局域网标准，称为 IEEE 802 系列标准。

IEEE 802 中定义的服务和协议限定在 OSI 参考模型的最低两层(物理层和数据链路层)。事实上，IEEE 802 将 OSI 的数据链路层分为两个子层，分别是逻辑链路控制(logical lin control，LLC)层和介质访问控制(MAC)层。IEEE 802 标准在网络体系结构中的位置如图 4-65 所示。

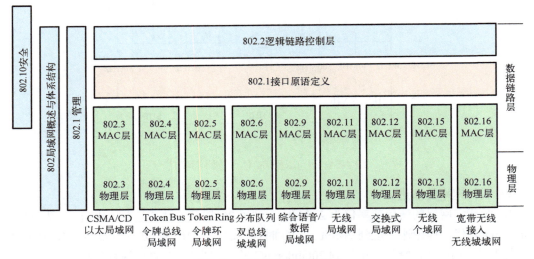

图 4-65　IEEE 802 标准体系

基于不同覆盖距离，IEEE 802 划分为个域网、局域网和城域网技术并成立对应的标准工作组，制定的部分标准如表 4-2 所示。

表 4-2　IEEE 802 标准

序号	标准名称	主要内容
1	IEEE 802.1	局域网概述、体系结构、网络管理和网络互联
2	IEEE 802.2	逻辑链路控制
3	IEEE 802.3	CSMA/CD 访问方法和物理层规范
4	IEEE 802.4	令牌总线网的介质访问控制协议及物理层技术规范
5	IEEE 802.5	令牌环网的介质访问控制协议及物理层技术规范

续表

序号	标准名称	主要内容
6	IEEE 802.6	城域网介质访问控制协议
7	IEEE 802.7	宽带技术咨询组,提供有关宽带联网的技术咨询
8	IEEE 802.8	光纤技术咨询组,提供有关光纤联网的技术咨询
9	IEEE 802.9	综合声音数据的局域网介质访问控制协议及物理层技术规范
10	IEEE 802.10	网络安全技术咨询组,定义了网络互操作的认证和加密方法
11	IEEE 802.11	无线局域网的介质访问控制协议及物理层技术规范
12	IEEE 802.12	需求优先的介质访问控制协议
13	IEEE 802.14	采用电缆调制解调器的交互式电视介质访问控制协议及网络层技术规范
14	IEEE 802.15	采用蓝牙技术的无线个人网技术规范
15	IEEE 802.16	宽带无线连接工作组

IEEE 802 中的一些工作组始终活跃,如 802.1、802.3、802.11、802.15 等,而另一些工作组(如 802.2、802.4 等)已经解散。IEEE 技术创新速度非常快,尤其是在无线领域,面对不同的速率和应用需求,无线个域网、无线局域网和无线城域网不断推出新的技术和标准。

把局域网分成两个子层的原因是管理多点访问信道的逻辑不同于传统的数据链路控制。传统的数据链路控制主要保证可靠传输,但是局域网具有共享传输介质的特点,必须解决发生冲突的问题。因此,数据链路层分成了两个子层,由 MAC 层提供多种介质访问控制方法,由 LLC 层提供确认机制和流量控制机制以保证可靠传输的实施。此外,对于同一个 LLC,可以提供多个 MAC 选择,也就是说 LLC 层支持多种介质访问控制方法。LLC 隐藏了不同 802 MAC 层的差异,为网络层提供单一的格式和接口。总而言之,将数据链路层分为两个子层,使 MAC 层与介质密切相关,不同的传输介质采用不同的介质访问控制方法,而 LLC 层与所有介质访问控制方法无关。

LLC 层的主要功能包括建立和释放数据链路层的逻辑连接、提供与高层的接口、进行差错控制、给帧加序号等。

LLC 提供三种服务。

(1)无确认的数据报服务:数据报的传送无须任何形式的确认,也无须流量控制和差错控制机制。

(2)有确认的数据报服务:提供对数据报的确认机制,同时在进行数据传输前无须建立逻辑连接。

(3)可靠的面向连接服务:两个用户交换数据前必须建立一条逻辑连接,并且要提供相应的流量控制、排序和差错控制机制,同时提供连接释放功能。

LLC 的帧结构与 HDLC 帧非常相似,包括地址字段、控制字段、数据字段,由于它还要封装在 MAC 帧中,所以 LLC 帧没有标志字段 F 和帧校验序列字段 FCS,如图 4-66 所示。

图 4-66 LLC 帧结构

注意:这里的地址是指目的服务访问点 DSAP 地址和源服务访问点 SSAP 地址,SAP 地址标识的不是主机,而是主机上的某个进程。目的地址和源地址都是 1 字节,但有效地址只

有 $2^7=128$ 个，因为最低位有特殊含义。目的地址的最低位为 0 表示单个地址，为 1 表示组地址。组地址表示数据要发往某一特定站的一组服务访问点。源地址最低位为 0 表示该帧为命令帧，为 1 表示该帧为应答帧。控制字段用于区分帧类型（信息帧、监控帧、无序号帧等），并且包含帧的发送序号和接收序号。

与接入各种传输媒体有关的问题都放在 MAC 层，MAC 层的主要功能包括成帧与拆帧、比特差错检测、寻址、竞争处理等。高层的协议数据单元(PDU)在 LLC 层加上 LLC 首部封装成 LLC-PDU，LLC-PDU 加上 MAC 首部和尾部封装成 MAC-PDU，如图 4-67 所示。MAC 首部包含了标志字段、源 MAC 地址、目的 MAC 地址，MAC 尾部则包含了帧校验序列、标志字段。

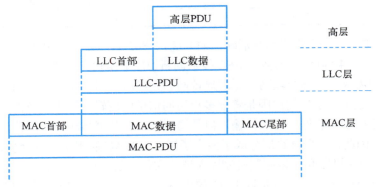

图 4-67　MAC 帧结构

一台主机当中可能有多个进程在运行，它们可能同时与其他主机中的一个或多个进程进行通信，因此在 LLC 层设置了多个服务访问点，以便向多个进程提供服务。图 4-68 中的 1、2、3 就是服务访问点，每个进程对应一个服务访问点。例如，对于图 4-68 中的进程 x，主机 A 上的 1 表示源服务访问点，主机 C 上的 1 表示目的服务访问点。MAC 地址用于表示某主机的物理地址，一台主机上的不同服务访问点地址表示主机上不同的应用进程。因此局域网中的寻址分成两步：首先根据 MAC 地址找到目的站，然后根据服务访问点(SAP)地址找到该站点中的相应进程。通俗地说就是使用 MAC 地址将主机连通，使用服务访问点地址将主机上的进程连通。

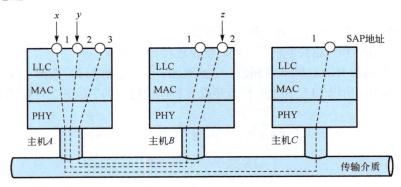

图 4-68　SAP 地址与 MAC 地址

4.3.2 以太网

1. 以太网概述

1975 年，美国施乐（Xerox）公司的 Bob Metcalfe 和 David Boggs 研制出 2.94Mbit/s 的共享信道以太网，连接了 1mi（1mi=1.609344km）内的 256 台计算机。以太是一种物质，可以传播电磁波，Metcalfe 之所以将其取名为以太网，是因为网络通过传输介质把比特流发送给多个站点，就像以太一样通过电磁波充斥到整个空间。1979 年，Metcalfe 离开施乐公司，创建了 3Com 公司。1980 年，DEC、Intel 和 Xerox 共同制定了 10Mbit/s 的以太网标准，即 DIX V1。1982 年，其修改为 DIX Ethernet V2，该标准成为 IEEE 802.3 的基础。以太网的发展非常迅速，1995 年产生了 100Mbit/s 的快速以太网标准（802.3u）；1998 年产生了 1000Mbit/s 的吉比特以太网标准（802.3z）；2002 年产生了 10Gbit/s 的以太网标准（802.3ae）；2010 年，正式公布了 40/100Gbit/s 的以太网标准（802.3ba）；2017 年，产生了 400Gbit/s 的太比特以太网标准（802.3bs）。2022 年，Bob Metcalfe 荣获图灵奖，以表彰其在以太网的发明、标准化和商业化等方面的杰出贡献。

以太网的标准只有 MAC 层，没有 LLC 层。传统以太网可使用四种传输媒介：粗缆、细缆、双绞线、光缆，如图 4-69 所示。这样，以太网就有四种不同的物理层。如果用粗缆来连接，连接的名称称为 10BASE5，其中 10 表示以太网的速率是 10Mbit/s，BASE 表示传递的是基带信号，5 表示最大的传输长度是 500m。如果用细缆连接，连接的名称称为 10BASE2，其中 2 表示最大的传输长度为 200m，实际上细缆的最大传输长度只有 185m。如果采用双绞线连接就是 10BASE-T（T 即 Twist），采用光纤连接就是 10BASE-F（F 即 Fiber）。

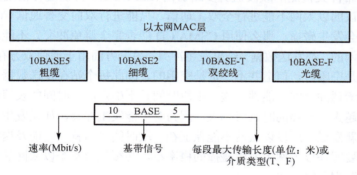

图 4-69　IEEE 以太网标准

2. 以太网的无连接工作方式

以太网采用广播方式发送数据帧。假设计算机 *B* 要给计算机 *D* 发送数据帧，总线上每一台计算机都能检测到 *B* 发送的数据帧。计算机 *D* 的地址与数据帧首部中的目的地址一致，因此 *D* 接收这个数据帧。其他所有的计算机（*A*、*C* 和 *E*）都检测到该数据帧不是发送给它们的，于是丢弃这个数据帧而不接收。因此，以太网在具有广播特性的总线上实现了一对一的通信，如图 4-70 所示。

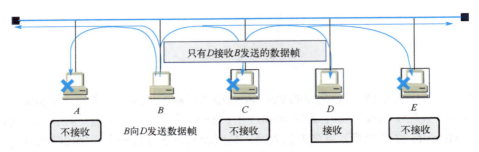

只有D接收B发送的数据帧

A	B	C	D	E
不接收	B向D发送数据帧	不接收	接收	不接收

图 4-70　以太网的广播发送方式

为了通信的简便，以太网采取了两种重要的措施。第一，采用较为灵活的无连接工作方式，即不必事先建立连接就可以直接发送数据帧。这相当于一种数据报的方式，因为连接的建立是很费时间的。第二，以太网对发送的数据帧不进行编号，也不要求对方发回确认。这相当于没有差错控制。这样做的理由是局域网的信道质量很好，因信道质量产生差错的概率很小，因此没有必要为了一个概率很小的差错进行复杂的差错控制。

由于以太网采用无连接的工作方式，也不对数据帧进行确认，因此以太网提供的服务是不可靠的交付，即尽最大努力的交付。当目的站收到有差错的数据帧时（用 CRC 查出有差错）就丢弃该帧，其他什么也不做。差错的纠正由高层来决定（如 TCP 协议），当高层发现丢失了一些数据帧而进行重传时，以太网并不知道这是一个重传的帧，而是当作一个新的数据帧来发送。

3.　以太网的争用期

以太网采用带冲突检测的载波监听多路访问（CSMA/CD）协议进行信道的争用。显然使用 CSMA/CD 协议的以太网不能进行全双工通信，只能进行双向交替通信（半双工通信），因为双方同时通信会发生碰撞。那么使用 CSMA/CD 能否完全避免冲突？不能，一方面双方都检测到信道是空闲的，都发送数据，结果发生冲突；另一方面由于通信双方存在一定的距离，双方检测到信道是空闲时，信道并不一定是空闲的。因此每个站在发送数据之后的一小段时间内，仍然存在遭遇冲突的可能性。这一小段时间是不确定的，时间的长短取决于站与站之间的距离，距离越大，传播的时延就越大。因为有可能发生冲突，如果发生了冲突，就要延迟一段时间再重新发送，所以以太网不能保证在一段时间之内就一定能发送成功，这就是发送的不确定性。要想在以太网上发生碰撞的概率小，必须使得整个以太网的平均通信量远小于以太网的最高数据传输速率。

在 CSMA/CD 协议中，最先发送数据帧的站在发送数据帧后至多经过时间 2τ（如果端到端的传送时间是 τ，2τ 也就是端到端往返时延）就能知道发送的数据帧是否遭受了碰撞。因为最坏的情况就是 A 的数据帧传到 B，然后发生冲突，这个冲突信号再传回来，所以这个最长的时间就是往返时延。由于要经过 2τ 的时间才能够确定是否发生冲突，因此以太网的端到端往返时延 2τ 称为争用期，也称为碰撞窗口。只有经过争用期这段时间还没有检测到碰撞，才能肯定这次发送不会发生碰撞。

那么，以太网当中 2τ 的时间如何确定呢？标准以太网最常用的是粗缆连接方式，粗缆的最大传输长度是 500m。为了扩大网络规模，以太网规定最多允许连接 4 个中继器（转发器），4 个中继器可以连 5 段粗缆，5 段粗缆加起来是 2500m，往返距离就是 5000m。信号在同轴电缆上的传输速度为 2×10^8 m/s，因此 5000m 的距离带来的传播时延为 25 μs。此外，4 个中继器的处理时延约为 20 μs。一旦检测到冲突，检测方还会发送一个强化碰撞信号，强化碰撞信号在以太网当中是 48 比特。对于 10Mbit/s 的以太网，发送 48 比特需要 4.8 μs 的发送时延。综上所述，以太网中 2τ 的时间是 25+20+4.8=49.8（μs）。在计算机中，都喜欢把数据写成 2 的 n 次方，所以以太网取 51.2 μs 作为 2τ。对于 10Mbit/s 的以太网，在争用期内可发送 512bit，即 64 字节。以太网在发送数据时，若前 64 字节没有发生冲突，则后续的数据就不会发生冲突。如果发生冲突，一定是在发送数据的前 64 字节之内。由于通信方一检测到冲突就立即中止发送，这时已经发送出去的数据一定小于 64 字节，因此以太网规定最短有效帧长为 64 字节，凡是长度小于 64 字节的帧都是由于冲突而异常中止的无效帧。

对于采用 CSMA/CD 协议的局域网，由于争用期长度的限制，传输速率 R、网络跨距 S、最短有效帧长度 $F_{\min}$ 三者之间必须满足以下关系：

$$F_{\min} = kSR \tag{4-3}$$

其中，k 为系数，即最短有效帧长与传输速率、网络跨距成正比。网络跨距越大、传输速率越高，最短有效帧长也越大。如果保持最短有效帧长 $F_{\min}$ 不变，传输速率 R 越高，网络跨距 S 就越小；传输速率 R 固定时，网络跨距 S 越大，最短有效帧长 $F_{\min}$ 就应该越大；网络跨距 S 固定时，传输速率 R 越高，最短有效帧长 $F_{\min}$ 也应该越大。

4. 以太网的二进制指数退避算法

如果两个站发生冲突，发生冲突的站在停止发送数据后，要推迟（退避）一个随机的时间才能再发送数据。那么，随机的时间如何确定？以太网采用了二进制指数退避算法。该算法的步骤如下。

（1）确定基本退避时间，一般取为争用期 2τ。

（2）定义重传次数 k，$k \leqslant 10$，从整数集合 $\{0, 1, \cdots, 2^k - 1\}$ 中随机选取一个数，记为 r，重传时间间隔为 r 倍的基本退避时间。如果是第 1 次重传，即 $k=1$，则从 $\{0, 1\}$ 中选择一个数。选择 0 即马上发送，选择 1 则经过一个基本退避时间再发送。如果再次发生碰撞，即第 2 次重传，$k=2$，则从 $\{0, 1, 2, 3\}$ 中选一个数，即退避时间以指数形式后退。因此，冲突的次数越多，随机数的选择范围就越大，再次发生冲突的概率就越小。

（3）当重传 16 次仍不能成功时，放弃发送，并向高层报告。

例 4-1　在一个时隙的起始处，两个 CSMA/CD 站点 A、B 同时发送一个帧，求前 4 次竞争都冲突的概率。

解　第一次竞争冲突的概率为 1；

第一次冲突后，A、B 都将在等待 0 或 1 个时隙之间选择，选择的组合有 4 种，其中选择 00 和 11 将再次发生冲突，所以第二次竞争时，冲突的概率为 0.5；

第二次冲突后，A、B 都将在 0、1、2、3 之间选择，选择的组合有 16 种，其中选择 00、11、22、33 将再次发生冲突，所以第三次竞争时，冲突的概率为 0.25；

第三次冲突后，A、B 都将在 0、1、2、3、4、5、6、7 之间选择，选择的组合共有 64 种，其中选择 00、11、⋯、77 将再次发生冲突，所以第四次竞争时，冲突的概率为 0.125。

由于每一次竞争发生冲突都是独立的事件，因此前四次竞争都冲突的概率为

$1\times0.5\times0.25\times0.125=0.015625$。

由上例可以看到，如果两个站点同时发送数据，连续 4 次都发生冲突的概率是很小的，很可能在前 4 次里有一个站点会发送成功。

5. 以太网的信道效率

如图 4-71 所示，A 站向 B 站发送数据帧，B 站也向 A 站发送数据帧，因此发生冲突。A 站检测到冲突后，将发送干扰信号，使所有用户都知道现在发生了碰撞。图中 τ 是 A 到 B 的传播时延，T_B 是 A 站发送数据的发送时延，T_J 是干扰信号的发送时延，因此整个信道的占用时间为 $\tau + T_B + T_J$。当然 B 站也能够检测到冲突，并立即停止发送数据帧，接着发送干扰信号。这里为了简单起见，只画出 A 站发送干扰信号的情况。

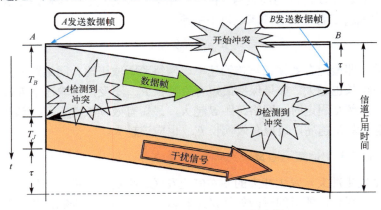

图 4-71　CSMA/CD 的强化碰撞措施

下面分析以太网的信道效率。从一个帧开始发送，经过可能发生的碰撞后再重传数次，直到发送成功且信道转为空闲（即再经过时间 τ 使信道上无信号在传播）所需的时间是发送一帧所需的平均时间，如图 4-72 所示，其中 $\tau=$ 电缆长度/信号传播速度 $=L/C$，T_0 为帧的发送时间 = 帧长/带宽 = $F(\text{bit})/B(\text{bit/s})$。

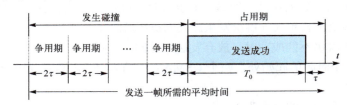

图 4-72　发送一帧所需的平均时间

$$信道效率 = \frac{每帧发送时间}{每帧发送时间 + 平均竞争时间}$$

$$= \frac{T_0}{T_0 + 2\tau e} = \frac{\dfrac{F}{B}}{\dfrac{F}{B} + \dfrac{2eL}{C}} = \frac{1}{1 + \dfrac{2BLe}{CF}} \tag{4-4}$$

式（4-4）中平均竞争时隙数为 e，因此平均竞争时间为 $2\tau e$。从式（4-4）可知，要提高信道效率，帧长 F 不能太短，因为 F 太短将使 T_0 变小，T_0 太小则效率不高；电缆长度 L 不能太长，因为 L 太长将使端到端时延变大，时延变大则效率变低；带宽 B 不能太大，因为 B 太大将使 T_0 变小，T_0 太小则效率不高。

6. 以太网的物理层

如图 4-73 所示，以太网的物理层主要包括物理编码子层（physical coding sublayer，PCS）、物理介质连接（physical medium attachment，PMA）子层、物理介质相关（physical medium dependent，PMD）子层。此外还有两个接口，一个是介质无关接口（medium independent interface，MII），另一个是介质相关接口（medium dependent interface，MDI）。MII 的上层是 MAC 层，MDI 的下层直接连接物理介质。

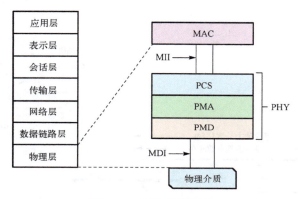

图 4-73　以太网物理层

1）物理介质

常见的物理介质包括粗缆、细缆、双绞线。

粗缆以太网是最初使用的以太网（10BASE5）。粗缆以太网采用粗同轴电缆，具有可靠性好、抗干扰能力强等特点。粗缆以太网最大段长度为 500m，每段最多 100 个站点，网络最多 5 段，因此网络最大跨度为 2.5km。

粗缆以太网通过收发器和连接单元接口（attachment unit interface，AUI）电缆与主机的网络接口卡（network interface card，NIC）（简称网卡）相连，如图 4-74 所示。AUI 电缆将网卡和收发器连接起来，该电缆由 5 组双绞线组成，其中第 1 和 2 组用于给 PC 发送数据和控制信息，第 3 和 4 组用于接收数据和控制信息，第 5 组用来接电源和接地。收发器主要用于发送/接收数据、进行冲突检测以及电气隔离。收发器通过刺穿式夹钳与电缆相连，刺穿式夹钳带有一个锐利的金属钩，它可以穿过包在粗缆外面的绝缘层与其中的铜芯连接，以进行信号传输。管理员可以在无须中断通信的情况下进行网络拓扑的扩展。

为了克服粗缆以太网布线很贵且安装不便的缺点，后来又产生了细缆以太网（10BASE2）。细缆以太网采用细同轴电缆，与粗缆以太网相比，可靠性稍差。细缆以太网不需要外置收发器，因为完成收发器功能的硬件被集成在网卡内。细缆以太网与粗缆以太网一样采用总线型拓扑，具有轻便、灵活、成本较低的特点。细缆以太网每段最大长度为 185m，每段最多 30 个站点，网络最多 5 段，因此网络最大跨度为 925m。细缆以太网采用 BNC 接头与网卡相连，如图 4-75 所示。

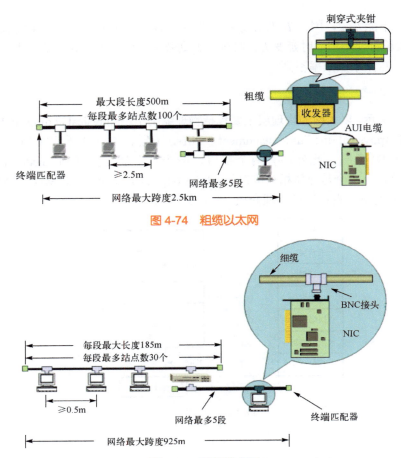

图 4-74　粗缆以太网

图 4-75　细缆以太网

双绞线以太网（10BASE-T）总是和集线器 HUB 配合使用，所有站点使用双绞线与 HUB 相连，如图 4-76 所示。HUB 的作用是信号放大与整形，双绞线与 HUB 以及网卡的接口采用 RJ45连接器。双绞线以太网的通信距离较短，每段最大长度 100m，多个 HUB 级联可以支持更多站点，最多级联 5 个网段。由于集线器使用电子器件来模拟实际电缆线的工作，因此整个系统仍然像一个传统的以太网那样运行。使用集线器的以太网在物理上是星型拓扑，但逻辑拓扑结构仍然是总线型拓扑。双绞线以太网的优点是轻便、安装密度高、可靠性高、便于维护。

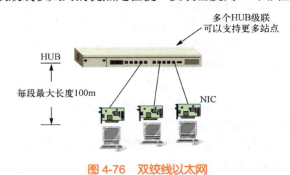

图 4-76　双绞线以太网

MDI 是连接 PHY 芯片和物理介质的接口，常见的是 RJ45 接口。百兆网时，MDI 一共四条线，两对差分信号，只用了 RJ45 的 1、2、3、6 号线。千兆网时，MDI 一共 8 条线，四对差分信号，用了 RJ45 的 8 条线。

2）物理介质相关子层

PMD 是物理层的最低子层，负责从物理介质上发送和接收信号。发送时，PMD 将来自 PMA 的码流转换成适合在物理介质上传输的物理信号，并通过 MDI 发送到物理介质上。接收时，PMD 接收来自物理介质的物理信号，并将物理信号还原为串行码流交给 PMA。

3）物理介质连接子层

PMA 的基本功能是实现并/串以及串/并转换。发送时，PMA 接收来自 PCS 的经 8B/10B 编码后的 10 位代码组，利用本地发送时钟对其进行并/串转换，再以升位顺序送给 PMD。接收时，PMA 从 PMD 接收串行码流，利用 PMD 取得的同步时钟在代码组对齐模块的控制下对码流进行串/并转换后送给 PCS。

4）物理编码子层

PCS 位于物理层的最上层，上接 MII，下接 PMA，主要实现 8B/10B 编码解码和 CRC。8B/10B 编码可以避免数据流中出现连 0、连 1 的情况，便于时钟的恢复。发送时，PCS 进行 8B/10B 编码，加入文始字符、文终字符、帧间逗号字符。接收时，PCS 进行 8B/10B 解码，检测文始字符、文终字符，并去掉帧间逗号字符。

7. 以太网的 MAC 层

以太网的 MAC 层主要解决寻址、竞争的问题。寻址要用到地址，在局域网中，MAC 层地址称为硬件地址，也称为物理地址或 MAC 地址。802 标准所说的"地址"严格地讲应当是每一个站的"名字"或标识符，而不是一个地址，因为这个地址与计算机的物理位置无关。例如，连接在局域网的一台计算机的网卡坏了，如果换一块网卡，则该计算机的局域网地址变了，但其地理位置没有变。再如，一台计算机从一个地方搬到另一个地方，虽然地理位置变了，但只要网卡没换，其地址是不变的。只是大家习惯将这种 48bit 的"名字"称为"地址"。

MAC 地址实际上就是网卡标识符，IEEE 规定采用扩展的唯一标识符（expanded unique identifier，EUI）-48 来表示，如图 4-77 所示。EUI-48 地址共 6 字节，前 3 字节是机构唯一标识符，也称为公司标识符，生产网卡的公司都要向 IEEE 购买这 3 字节，后 3 字节是扩展标识符，由生产厂商自行指派，只要保证出厂的网卡没有重复的地址即可。不同生产厂商的网卡都有唯一不同的编号，而每个生产厂商对每块网卡的编号也不会重复，所以 EUI-48 地址就构成了全球唯一的地址。IEEE 制定的 EUI-48 地址有两种记法。一种是 802.5（令牌总线）和 802.6（分布队列双总线）采用的标准，这种记法是高位在前，即每一个字节的高位写在最左边。在发送数据时，最高位先发送，最低位最后发送。另一种记法是 802.3 和 802.4（令牌环）采用的标准，这种记法是低位在前，即每一个字节的高位写在最右边。在发送数据时，最低位先发送，最高位最后发送。造成这两种不同记法的原因是各公司都坚持要使标准和自己公司原有的产品兼容。IEEE 规定地址字段的第一个字节的最低位为单/组（individual/group，I/G）比特。当 I/G 比特为 0 时，地址字段表示单个站的地址，为 1 时表示组地址，用于多播。

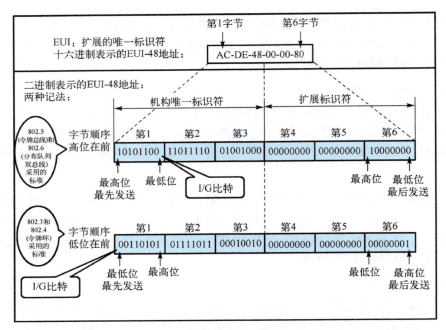

图 4-77　EUI-48 地址

由于路由器同时连接到两个网络上，因此它有两块网卡和两个硬件地址，如图 4-78 所示。

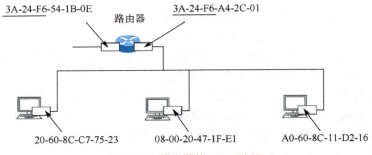

图 4-78　路由器的 MAC 地址

网卡从网络上每收到一个 MAC 帧就用硬件检查 MAC 帧中的 MAC 地址。如果是发往本站的帧，则收下，然后进行其他的处理；否则就将此帧丢弃，不再进行其他的处理。如果把网卡设置成混杂模式，那么所有经过网卡的数据都可以接收下来。发往本站的帧包括以下三种：单播（unicast）帧（一对一），即收到的帧的 MAC 地址与本站的硬件地址相同；广播（broadcast）帧（一对全体），即发送给网络中所有站点的帧（全 1 地址）；多播（multicast）帧（一对多），即发送给网络中部分站点的帧。

以太网 MAC 地址有两种记法，常用的以太网 MAC 帧格式也有两种标准：一种是 DIX Ethernet V2 标准（DIX 制定的以太网 V2 标准）；另一种是 IEEE 的 802.3 标准，如图 4-79 所示。最常用的 MAC 帧是以太网 V2 格式的。

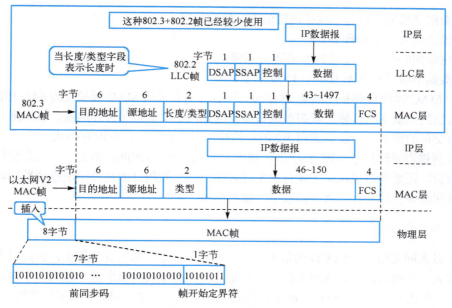

图 4-79　MAC 帧格式

在 802.3 标准中，数据链路层分为 LLC 层和 MAC 层。IP 数据报作为 LLC 层的数据，当长度/类型字段表示数据字段的长度时，LLC 层的 LLC 帧就装入到 802.3 的 MAC 帧中。当长度/类型字段表示类型时，802.3 的 MAC 帧和以太网 V2 的 MAC 帧是一样的。LLC 帧的首部有三个字段，即目的服务访问点 DSAP、源服务访问点 SSAP 和控制字段。目的服务访问点指出 LLC 帧的数据应交给哪一个协议(进程)，源服务访问点指出数据是从哪一个协议(进程)发送过来的，控制字段则指出 LLC 帧的类型。这样就组成了 802.3MAC 帧，包括目的地址、源地址、长度/类型字段、LLC 帧和帧校验序列，当然这种 802.3+802.2 的帧已经较少使用了。

现在常用的是以太网 V2 MAC 帧。以太网 V2 MAC 帧包含 5 个字段：目的地址、源地址、类型、数据和帧校验序列 FCS。IP 数据报作为 MAC 帧的数据装入到 MAC 帧中。以太网 V2 MAC 帧的目的地址字段为 6 字节，源地址字段也是 6 字节，一个是发送方地址，另一个是接收方地址，这个地址其实就是 MAC 地址，即网卡的地址。类型字段共 2 字节，用于标志上一层使用的是何种协议，以便把收到的 MAC 帧的数据交给上层的协议(IP、ARP、IPX)。如果类型字段为 0x0800，说明上层是 IP 协议；如果类型字段为 0x0806，说明上层是 ARP 协议；如果类型字段为 0x8137，说明上层是 IPX 协议。数据字段的正式名称是 MAC 客户数据字段，其最小长度为 46 字节，它等于帧的最小长度 64 字节减去 18 字节的首部和尾部，数据字段的最大长度为 1500 字节。帧校验序列 FCS 字段共 4 字节，以太网的帧校验序列采用 32 位 CRC 码，当传输媒体的误码率为 1×10^{-8} 时，MAC 层可使未检测到的差错小于 1×10^{-14}。为了达到比特同步，在传输媒体上实际传送的数据要比 MAC 帧多 8 个字节。其中，前 7 个字节为前同步码，连续 7 个字节都是 10101010。前同步码使接收方在接收 MAC 帧时能迅速实现比特同步；最后一个字节为帧开始定界符，定义为 10101011，表示后面的信息就是 MAC 帧了。

802.3 标准规定了以下情况下是无效的 MAC 帧：

(1)数据字段的长度与长度字段的值不一致的情况；

(2)帧的长度不是整数字节；

(3)用收到的帧校验序列 FCS 查出有差错；

(4)数据字段的长度不为 46～1500 字节。

由于 MAC 帧的首部和尾部是 18 字节，可以得出有效的 MAC 帧长度为 64～1518 字节。对于检查出的无效 MAC 帧，就简单地丢弃，以太网不负责重传丢弃的帧。以太网只提供尽最大努力交付的服务，所以以太网 V2 的帧结构里面没有序号，也没有确认。

以太网规定帧间最小间隔为 9.6μs，相当于 96bit 的发送时间。那么一个站在检测到总线开始空闲后，还要等待 9.6μs 才能再次发送数据。这么做的目的是使刚刚收到数据帧的站有足够的时间清理接收缓存，做好接收下一帧的准备。

4.3.3 局域网的扩展

由于以太网采用 CSMA/CD 的信道争用机制，所有站点都在竞争信道，因此以太网的范围不能太大，否则会影响以太网的性能。但是，现在局域网的概念越来越大，不再局限于一个房间、一个楼面，甚至一栋楼，而是扩展到一个学校、一家公司、一个工厂等较大的范围。那么如何实现局域网的扩展？可以在物理层和数据链路层进行局域网的扩展。

1. 物理层上扩展

在物理层上扩展局域网可以使用集线器(HUB)，如图 4-80 所示。集线器是一个多端口的转发器，其每个端口都具有收发功能。当某个端口收到信号时，它对收到的信号进行放大整形，并将信号广播到所有其他端口；若多个端口同时有信号输入，则所有端口都收不到正确的信息帧，即集线器是共享带宽的，当两个端口间通信时，其他端口只能等待。

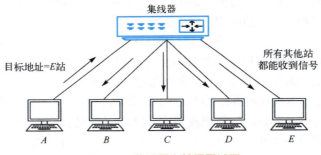

图 4-80　物理层上扩展局域网

使用集线器扩展局域网的优点是：使原来属于不同碰撞域的局域网上的计算机能够进行跨碰撞域的通信，扩大了局域网覆盖的范围。

但采用集线器扩展局域网也有一些缺点：虽然碰撞域扩大了，但总的吞吐量并未提高。什么是碰撞域呢？碰撞域又称为冲突域，网络中的各个站点在这个域中竞争信道。因此，网络规模扩大以后，事实上还是采用 CSMA/CD 在竞争信道，冲突域就变大了。冲突域大了以后，信道效率就降低了。另外，如果不同的碰撞域使用不同的数据传输速率，就不能用集线器将它们互连起来。假设 1 个域使用 10Mbit/s 的网卡，另一个域使用 10 / 100Mbit/s 的网卡，那么用集线器将这两个域连接起来，大家都只能工作在 10Mbit/s 的传输速率。

2. 数据链路层上扩展

数据链路层上可以用网桥(bridge)来扩展局域网。网桥根据 MAC 帧的目的地址对收到的帧进行转发。网桥具有帧过滤的功能,当网桥收到一个帧时,并不是向所有的端口转发此帧,而是先检查此帧的目的 MAC 地址,然后确定将该帧转发到哪一个端口。

网桥是数据链路层的设备,处理的是数据链路层的帧。网桥根据站表将帧从某一个输入端口转发到某一个输出端口,站表反映的是站地址和端口的映射关系。如图 4-81 所示,网段 A 连在网桥的端口 1,网段 B 连在端口 2。假设站 1 要将数据帧发送给站⑤,网桥首先获取数据帧的目的地址,然后查找站表,发现站⑤在端口 2,因此网桥将数据帧从端口 2 转发出去。网桥的每一个端口连接一个网段,每一个网段都是一个冲突域。

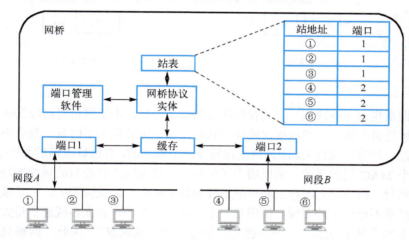

图 4-81　网桥示意图

网桥相当于在不同的 MAC 层之间进行翻译的设备。如图 4-82 所示,网桥的一个端口连着 802.x 的网段,另一个端口连着 802.y 的网段。当主机 A 要发送消息时,主机 A 的网络层将数据包交给 LLC 层。LLC 层加上该层的头部后,再交给 MAC 层。MAC 层对数据进行封装并交由物理层发送出去。网桥连接主机 A 的端口收到 802.x 数据帧后,就进行帧的解封装,提取出 LLC 层的数据,然后用 802.y 的帧格式进行封装,交由物理层发送出去。因此,网桥采用这种翻译的方式实现两个网段的互联。当然,不同网段支持的数据帧的长度可能不一样。如果支持长帧的网络要将一个长的数据帧发送给一个支持短帧的网络,需要对长的数据帧进行分段,因此网桥还要承担分段的工作。

网桥的优点是能够扩大局域网的范围,并且可以过滤通信量。网桥将不同的网段连起来,每一个网段都是一个冲突域。因此局域网的范围扩大了,但冲突域并没有扩大,并不会因为网络规模扩大使得冲突增加,从而影响网络的性能。工作在物理层的集线器就没有网桥这种过滤通信量的功能。集线器只是把冲突域扩大了,而冲突域变大,冲突也就增加了。此外,网桥提高了网络的可靠性,一个网段出故障不会影响其他网段。网桥可互连不同物理层、不同 MAC 层和不同传输速率(如 10Mbit/s 和 100Mbit/s 以太网)的局域网。

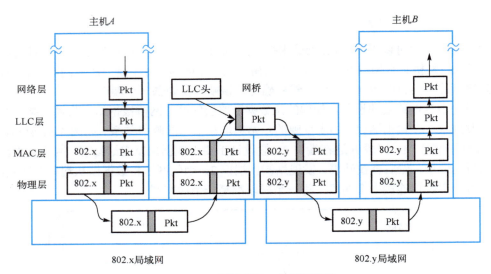

图 4-82　网桥相当于一个翻译设备

　　当然，网桥也有一些缺点。一是存储转发增加了时延。由于网桥对接收的帧要先存储起来，提取出帧的目的地址，然后根据地址查找转发表，因此增加了时延。具有不同 MAC 层的网段桥接在一起时时延更大。因为网桥在转发一个帧之前，必须修改帧的某些字段的内容，以适合另一个 MAC 层的要求，所以增大了时延。二是 MAC 层没有流量控制功能。当网络上的负荷很重时，网桥上的缓存空间可能不够而发生溢出，造成帧丢失。三是采用网桥连接的两个网段虽然不是一个冲突域，但仍是一个广播域。当用户数太多或通信量太大时，有可能因传播过多的广播信息而产生网络拥塞，这就是"广播风暴"。因此，网桥只适合用户数不太多（不超过几百个）和通信量不太大的局域网。

　　网桥有透明网桥和源路由网桥两种。

1）透明网桥

　　透明网桥即把网桥与相关的网络在物理上连接后，不需要做任何配置，即可实现网络互联的数据链路层设备。"透明"即局域网上的站点并不知道所发送的帧将经过哪几个网桥，站点"看不到"网桥。

　　网桥在转发数据时是需要有一些知识的，也就是说网桥要知道端口和站点的对应关系——站表，即每一个端口连接哪些站点。采用人工配置的方法给网桥配置站表很麻烦，因为站点的位置经常会发生变化。透明网桥采用自学习的方法来构建和维护站表。

　　网桥刚启动时，站表为空，因此网桥采用洪泛的方法来转发帧（向其他 LAN 网段转发）。在转发过程中，网桥采用逆向学习算法收集 MAC 地址。网桥通过分析数据帧的源 MAC 地址得到 MAC 地址与端口的对应关系，并登记到站表中。网桥不断地对站表进行更新（动态维护），并定时检查，删除一段时间内没有更新的地址/端口项。

　　如图 4-83 所示，网桥 1 的端口 1 收到 1 号站点发给 2 号站点的帧，一开始网桥 1 的站表是空的，不知道该如何转发，网桥 1 就把该帧从所有的端口转发出去（网桥 1 只向端口 2 转发）。在转发过程中，网桥 1 学到了一个知识，即它的端口 1 连着 1 号站点。1 号站点发出的帧继续往网桥 2 转发，网桥 2 把该帧向端口 2 和端口 3 转发，同时网桥 2 也学到了一个知识，即它的端口 1 连着 1 号站点。如果 2 号站点要向 1 号站点回复消息，网桥 1 就会根据站表把该消息由端口 1 转发给 1 号站点，同时它也知道自己的端口 2 连着 2 号站点。网桥 2 也会收到这个帧，根据该帧的源地址，它也就知道了自己的端口 1 连着 2 号站点。当然网桥 2 不会转发 2 号站点发的这个帧，因为这个帧的目的地址是 1 号站点，根据站表，1 号站点连的是自己的端口 1，而这个帧又是从端口 1 过来的。经过一段时间的运行后，网桥就通过这种自学习的方法学到了端口和站点的连接关系。

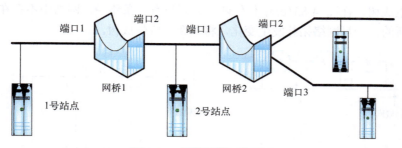

图 4-83　透明网桥工作原理

多个网桥（并行网桥）可能产生回路。如图 4-84 所示，网桥 1 和网桥 2 将局域网 1 和局域网 2 互连起来。站 A 发送一个帧 F，它经过这两个网桥。假设帧 F 的目的地址均不在这两个网桥的转发表中，那么两个网桥都将转发帧 F；将网桥 1 转发的帧在到达局域网 2 后记为 F_1，网桥 2 转发的帧到达局域网 2 后记为 F_2；接着 F_1 传到网桥 2，而 F_2 传到网桥 1；网桥 2 和网桥 1 分别收到 F_1 和 F_2 后，又将其转发到局域网 1，结果不停地兜圈子，从而使网络资源白白消耗了。

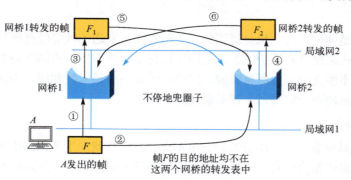

图 4-84　并行网桥产生回路

解决多个网桥产生回路问题的方法：生成树。生成树也称为支撑树，其思想是让网桥之间互相通信，用一棵连接每个 LAN 的生成树覆盖实际的拓扑结构。由于树是一个无回路的连通图，因此可以避免出现兜圈子的现象。

构造生成树的方法：首先每个网桥广播自己的编号，编号最小的网桥称为生成树的根；然后每个网桥计算自己到根的最短路径，构造出生成树，使得每个 LAN 和网桥到根的路径最短。可以采用前面介绍的 K 算法、P 算法来求最小支撑树；当某个 LAN 或网桥发生故障时，要重新计算生成树；生成树构造完后，算法继续执行以便自动发现拓扑结构的变化，更新生成树。

每个网桥都运行了生成树算法，对于一个有回路的网络会自动去掉一条边。

图 4-85(a)是一个局域网拓扑图，其中 A、B、C、D、E、F、H、I、J 是网桥，它们将局域网 1~9 互联起来。如上所述，并行网桥可能产生回路，显然 B、G、I 以及 C、J 这几个并行网桥可能产生回路。因此根据生成树算法，从根网桥出发，动态发现网络拓扑结构，按最短路径配置转发路径，形成最短路径树，也就得到图 4-85(b)。图 4-85(b)的实线为生成树部分，虚线不属于生成树。一旦生成树确定了，网桥就会将某些端口断开，以确保从原来的拓扑得出一棵生成树。在图 4-85(b)中任何两站之间只有一条路径，网络中不存在回路。生成树是动态更新的，一旦网络拓扑发生变化，将重新生成生成树。

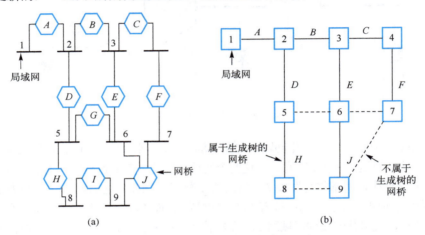

图 4-85　采用生成树算法避免产生回路

综上所述，透明网桥对主机是透明的，主机不知道发送的帧要经过哪些网桥。透明网桥采用自学习的方式来建立和维护站表，使用生成树来解决网桥中的回路问题，但正是因为使用生成树，它并不能充分利用所有资源。网络中的某些路径未被利用，为的是消除兜圈子的现象，所以透明网桥不一定将每个帧沿最佳路由传送。

2）源路由网桥

透明网桥容易安装，但网络资源的利用不充分，这样就产生了源路由网桥。源路由网桥由发送帧的源站提供路由信息，网桥不需要存储和维护路由信息。源路由网桥的原理是：发送帧的源站将路由信息放在信息帧的首部，然后发送该帧，网桥读取源站上的信息帧，并根据信息帧的路由信息来决定如何发送该帧。因此，源站需要存储和维护路由信息，关键是源站怎么得到路由信息。源站采用动态路由搜寻的方式来获取路由信息，即源站向其他站点广播一个路由查找帧，根据各个目的站的回应信息，建立路由信息表。

具体地讲，源路由的产生方法是每个站点通过广播"查找帧"来获得到达各个站点的最佳路由。若目的地址未知，源站发送"查找帧"，每个网桥收到查找帧后进行广播，查找帧将沿所有可能的路由传送。在传送过程中，每个查找帧都将记录所经过的路由。当这些查找帧到达目的站后，目的站将对每一个查找帧发送应答帧，这些应答帧就沿着各自的路由返回源站，源站则从所有可能的路由中选出一个最佳路由。

源路由网桥的优点是能够对带宽进行最优的使用，因为源路由网桥能够选择最佳路由。其缺点是源路由网桥对主机是不透明的，主机必须知道网桥的标识以及连接到哪一个网段上。

3) 多端口网桥——以太网交换机

1990 年问世的交换式集线器(switching hub)可明显提高局域网的性能。在 10BASE-T 的以太网中，如果有 N 个节点，那么每个节点平均能分到的带宽为 10Mbit/s/N。显然，当局域网规模不断扩大，节点数 N 不断增加时，每个节点平均能分到的带宽将越来越少。因此，N 个节点共享一条 10Mbit/s 的公共通信信道的情况下，当网络节点数 N 增大、网络通信负荷加重时，冲突和重发现象将大量发生，网络效率将急剧下降，网络传输延迟将变高，网络服务质量将下降。为了解决网络规模和网络性能之间的矛盾，人们提出将"共享介质方式"改为"交换方式"的方案，推动了"交换局域网"技术的发展。交换机能同时连通许多对端口，使每一对相互通信的主机都能像独占通信媒体那样进行无碰撞的数据传输，而共享介质的集线器一次只能一个端口发送数据。交换式集线器常称为以太网交换机或第二层交换机，第二层表明交换机工作在数据链路层，处理的是数据链路层的帧。以太网交换机的端口较多，通常都有十几个端口(而网桥一般只有 2～4 个端口)，因此以太网交换机实质上是一个多端口的网桥。

如图 4-86 所示，交换式以太网是由交换机连接起来的网络，交换机上面插了一些模块，每个模块上面都有很多的端口，所有的模块通过一块交换背板连接起来。交换机的一个端口可以连一台以太网的计算机，也可以连一个 HUB。在一个模块上面的所有端口相当于连在一个共享式的以太网当中。一个模块上面有一条总线，所有的端口都连在这条总线上，所以这个模块连接的计算机都是通过 CSMA/CD 的方式来竞争信道的。例如，图 4-86 中的主机 A 和 B 是要竞争信道的，因为它们连在一个模块上，属于同一个冲突域。但 A 和 C 分别连在不同模块的端口上，A 和 C 之间要发送信息，那么这个信息可以通过交换背板从一个模块交换到另一个模块。这样一来，相当于交换机将原来一个很大的冲突域划分为数个较小的冲突域，冲突域变小了，则竞争所花的时间减少了，以太网的性能就提高了。

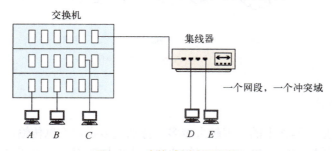

图 4-86　交换式以太网图例

因此，交换式以太网在一个模块内采用共享介质的方式，通过 CSMA/CD 来竞争信道，而模块之间采用交换的方式，甚至现在以太网交换机中的每一个模块就是一个端口，也就是全交换的。

交换式以太网通常以百兆以太网交换机、千兆以太网交换机、万兆以太网交换机作为局域网的核心设备，交换机的每个端口都可以连接一个子网或一台主机。每个端口连接的网段形成一个冲突域(共享介质)，端口之间帧的传输不受 CSMA/CD 的限制(交换方式)。多个网段(网络或子网)组成的交换式局域网中由交换机负责各网段间的数据传输。交换机上不同类型的端口支持不同类型的传输介质(双绞线、光纤),不同类型的端口的最大传输距离也不尽相同(100m、2000m)。对于普通 10Mbit/s 的共享式以太网,若共有 N 个用户,则每个用户占有的平均带宽只有总带宽(10Mbit/s)的 $1/N$。使用以太网交换机时,虽然每个端口到主机的带宽还是 10Mbit/s,但由于一个用户在通信时是独占而不是和其他用户共享传输媒体的带宽,因此对于拥有 N 对端口的交换机,总容量为 $N×10$Mbit/s,这正是交换机最大的优点。

图 4-87 为用交换机扩展局域网的示例。一般来讲,企业局域网有一个主交换机。如果企业的网络规模较小,则主交换机的每一个端口可以连一台主机或者一个 HUB。如果企业的网络规模较大,则主交换机的端口下面还可以连很多小的交换机(部门交换机),由部门交换机将部门所有的计算机连起来。如果部门比较小,则可以用一个 HUB 把部门所有的计算机连起来。企业中一些比较关键的服务器则直接连接在主交换机上,这样各个部门都能访问服务器中的资源。在图 4-87 中的交换式以太网中,如果一个部门内的两台计算机要交换信息,通过部门交换机就可以实现交换,而不用通过主交换机。部门之间的信息需要通过主交换机交换。因此,交换式以太网的作用是把冲突区域变小。当然,图 4-87 只是用交换机扩展局域网的简单示例,事实上现在局域网的层次更多,通常包括核心交换机、汇聚交换机、接入交换机等多个层次。

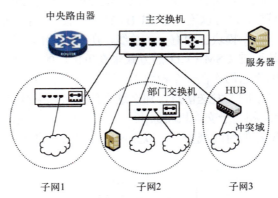

图 4-87　用交换机扩展局域网

▶▶▶ 4.3.4　高速以太网

以太网出现以后,网络上的应用越来越多,特别是多媒体信息传输,对网络带宽的要求较高,因此大家开始研究如何提高以太网的速率。人们把速率达到或超过 100Mbit/s 的以太网称为高速以太网。

1. 100BASE-T 以太网

100BASE-T 以太网又称为快速以太网(fast Ethernet)。快速以太网就是百兆以太网,其工业标准是 802.3u,采用的机制也是 CSMA/CD 的机制,而且与 10Mbit/s 以太网完全兼容。

快速以太网与 10Mbit/s 以太网不同之处如下。

(1)拓扑结构不同。10Mbit/s 以太网采用总线型拓扑结构,而快速以太网采用星型拓扑结构。

（2）支持的传输媒体不同。快速以太网不再支持同轴电缆连接方式，它主要支持双绞线的连接方式，也支持光纤。

（3）物理层的编码方式不同。快速以太网将曼彻斯特编码变成 4B/5B 编码，提高了编码效率。曼彻斯特编码的波特率是比特率的两倍，即两个码元才表示 1 比特的信息，编码效率较低。非归零码的一个码元表示 1 比特的信息，编码效率高，但其缺点是连续发送多个 0 或者多个 1 时，由于双方时钟的误差，容易产生误码。因此，快速以太网采用 4B/5B 的编码方式，将数据流中的每 4 比特编码成 5 比特，保证这 5 比特里有 0 也有 1，这样就不会出现长连 0 或长连 1 的情况，从而消除误差的累积。

使用交换式集线器可以在全双工方式下工作而无冲突发生。因此，在全双工方式下不使用 CSMA/CD 协议。快速以太网的 MAC 帧格式仍然是 802.3 标准规定的，它保持最小帧长不变（和 10Mbit/s 网络兼容），但将一个网段的最大电缆长度减小到 100m。由于 $F_{min}=kSR$，速率从 10Mbit/s 提高到 100Mbit/s，因此网络跨距要从 1000m 减少到 100m（细缆以太网每段长约 200m，最多分为 5 段，因此最长约 1000m）。帧间时间间隔从原来的 9.6μs 改为现在的 0.96μs，但速率提高到 100Mbit/s，所以还是 96bit 的发送时间。

2. 吉比特以太网

百兆以太网出来以后，由于多媒体信息的广泛应用，百兆的网络带宽也不够用了，于是又开始研制吉比特以太网（千兆以太网）。1996 年，吉比特以太网问世，其工业标准为 802.3z。吉比特以太网允许在 1Gbit/s 下采用全双工和半双工两种方式工作，在半双工方式下使用 CSMA/CD 协议，全双工方式下则不需要使用 CSMA/CD 协议。吉比特以太网使用 802.3 协议规定的帧格式，与 10BASE-T 和 100BASE-T 技术向后兼容。

吉比特以太网工作在半双工方式时，必须进行碰撞检测。由于数据传输速率提高了，因此只有减小最大电缆长度——10m 或增大帧的最小长度——640B，才能确保信道效率。信道效率跟带宽、电缆长度、帧长度有关，若要提高信道效率，带宽不能太大，电缆不能太长，帧不能太短。由于现在带宽增加了，只有减小最大电缆长度或增大帧的最小长度，才能使总线的单程传播时延与帧的发送时延之比保持较小的数值，以确保信道效率。但如果将吉比特以太网的最大电缆长度减小到 10m，那么网络实际的价值就大大减小；如果将最小帧长提高到 640 字节，发送数据（短帧）的开销又太大。吉比特以太网仍然保持一个网段的最大长度为 100m，但采用"载波延伸"的办法，使得最小帧长仍为 64 字节（这样可以保持兼容性），同时将争用期帧的长度增大为 512 字节。为什么要增大争用期帧的长度呢？如果争用期帧的长度还是 64 字节，就检测不到反馈的冲突了。由于传输速率提高了，在争用期内发送的数据就不止 64 字节了，按理讲，长度在 640 字节以下的帧都属于无效帧，但如果最短有效帧长定义为 64 字节，很多无效帧都会被认为是有效帧。

千兆以太网为了和 802.3、802.3u 兼容，保持最小帧长 64 字节不变，采用载波延伸的方法保证能检测到冲突。当发送的以太网帧长度不足 512 字节时，就需要在帧的后面填充一些载波信息，使 MAC 帧的发送长度增大到 512 字节，如图 4-88 所示。这些载波信息并不是帧里面的内容，只用于冲突检测。在冲突检测中，除了检测帧有没有冲突，还要检测载波消息有没有冲突。接收端在收到以太网的 MAC 帧后，要将所填充的特殊字符删除后才向高层交付。

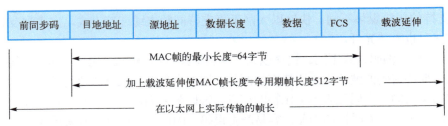

图 4-88　吉比特以太网的载波延伸

载波延伸带来的一个非常严重的问题就是性能的问题。如果站点发送的都是 64 字节的短帧，每个短帧都要进行载波延伸，加到 512 字节，那么传输效率就比较低了。为了提高网络性能，千兆以太网采用分组突发的方法，第一个短帧要采用上面所说的载波延伸的方法进行填充，保证能够检测到冲突。随后的一些短帧则可以一个接一个地发送，只需留有必要的帧间最小间隔。这样就形成了一串分组的突发，直到达到 1500 字节或稍多一些为止。在千兆以太网中还采用了一种技术，称为迟冲突不重发，也就是说冲突不是发生在前面的信息帧，而是发生在后面的载波延伸，这个时候就不需要重发，因为前面的信息帧对方已经正确收到了。当吉比特以太网工作在全双工方式时（即通信双方可同时发送和接收数据），不使用载波延伸和分组突发。只有其工作在半双工方式，使用 CSMA/CD 协议时，才使用载波延伸和分组突发。

3. 10 吉比特以太网

10 吉比特以太网（万兆以太网）是一种数据传输速率高达 10Gbit/s、通信距离可延伸到 40km 的以太网。它是在以太网的基础上发展起来的，因此万兆以太网和千兆以太网一样，在本质上仍是以太网，只是在传输速率和距离方面有了显著的提高。

万兆以太网继续使用 IEEE 802.3 以太网协议，以及 IEEE 802.3 的帧格式和帧大小，还保留了 IEEE 802.3 标准规定的最小和最大帧长。但万兆以太网不再使用铜线，而只使用光纤作为传输媒体。万兆以太网只工作在全双工方式，因此没有争用问题，也不使用 CSMA/CD。

速率超过 100Gbit/s 的以太网称为太比特以太网（terabit Ethernet，TbE）。802.3bs 标准定义了 200G 以太网、400G 以太网所需的介质访问控制参数、物理层参数。

以太网从 10Mbit/s 到 400Gbit/s 的演进证明了以太网具有以下突出的特点：可扩展（从 10Mbit/s 到 400Gbit/s）；灵活（多种传输媒体——同轴电缆、双绞线、光纤都可以用，可工作在全/半双工方式，采用共享或交换的介质访问控制方法）；易于安装；稳健性好。正是因为以太网具有上述特点，以太网得到了广泛的应用，淘汰了令牌环网、ISDN 等网络，使得以太网的市场占有率进一步得到提高。

▶▶ 4.3.5　无线局域网

无线局域网（wlan）指利用无线通信技术将计算机设备互联起来，实现资源共享的局域网。无线局域网分为两大类：一类是有固定基础设施的无线局域网；另一类是无固定基础设施的无线局域网。

固定基础设施是指预先建立起来的，能够覆盖一定地理范围的一批固定基站。802.11 规定无线局域网的最小构件是基本服务集（basic service set，BSS）。基本服务集就是一个基站的服务范围。一个基本服务集包括一个基站和若干个移动站，所有站在本 BSS 以内都可直接通信，和本 BSS 以外的站通信要通过本 BSS 的基站，如图 4-89 所示。基本服务集中的基站称为接入点（access point，AP），其作用和网桥相似。一个基本服务集可以是孤立的，也可以通过 AP 连接到一个分配系统，然后接入到另一个基本服务集，构成扩展的服务集（extended service set，ESS）。ESS 还可通过门桥（portal）为无线用户提供到非 802.11 无线局域网的接入（如到有线连接的因特网），门桥的作用相当于一个网桥。移动站 A 在从某一个基本服务集移动到另一个基本服务集的漫游过程中，仍然可保持与另一个移动站 B 的通信。

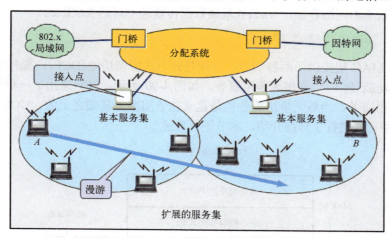

图 4-89 有固定基础设施的无线局域网

无固定基础设施无线局域网又称为自组织网（Ad hoc），简称自组网。自组织网没有上述基本服务集中的接入点，是由一些处于平等状态的移动站之间相互通信组成的临时网络，每一个移动站都具有路由功能。自组织网的一个非常重要的工作是建立起移动台上的路由表，4.4 节将详细介绍移动自组织网。

1．802.11 标准中的物理层

无线局域网常用的标准是 802.11。1997 年，IEEE 制定出无线局域网协议标准的第一部分，即 802.11。802.11 的物理层有三种实现方式：第一种是跳频扩频（frequency-hopping spread spectrum，FHSS）方式，这种方式使用 2.4G 的工业/科学/医学（industrial, scientific, medical，ISM）频段；第二种是直接序列扩频（direct sequence spread spectrum，DSSS）方式，用的也是 2.4G 频段；第三种是红外线辐射（infrared radiation，IR）方式，主要用于室内的数据传输。

1999 年，IEEE 又制定了剩下的两部分，即 802.11a 和 802.11b。802.11a 的物理层工作在 5GHz，采用正交频分复用（OFDM），也称为多载波调制技术（载波数可多达 52 个），可使用的数据传输速率有 6Mbit/s、9Mbit/s、12Mbit/s、18Mbit/s、24Mbit/s、36Mbit/s、48Mbit/s 和 54Mbit/s。802.11b 的物理层工作在 2.4GHz，采用直接序列扩频技术，数据传输速率为 5.5Mbit/s 或 11Mbit/s。

2009 年，形成了 802.11n 标准，该标准全面改进了 802.11 标准，增加了对 MIMO 的支持，最高传输速率达 600Mbit/s。

2012 年，形成了 802.11ac 标准，该标准沿用了 802.11n 的 MIMO 技术，每个通道的工作

频宽由 802.11n 的 40MHz 提升到 80MHz 甚至 160MHz，再加上大约 10%的实际频率调制效率提升，最终理论传输速率由 802.11n 最高的 600Mbit/s 跃升至 1Gbit/s。802.11ac 是第五代 802.11 标准，又称为 Wi-Fi 5。

2019 年，形成了 802.11ax 标准，该标准称为 Wi-Fi 6。Wi-Fi 6 主要使用了正交频分多址 (orthogonal frequency division multiple access，OFDMA)、多用户多输入多输出 (multi-user multiple-input multiple-output，MU-MIMO)等技术，MU-MIMO 允许路由器一次与 4 台设备通信，Wi-Fi 6 允许路由器一次与 8 台设备通信。Wi-Fi 6 还利用其他技术，如 OFDMA 和波束成形，来提高效率和网络容量。Wi-Fi 6 最高数据传输速率可达 9.6Gbit/s。

2．802.11 标准中的 MAC 层

802.11 的 MAC 层提供了两种功能：一种是分布式协调功能(DCF)，提供争用服务；另一种是点协调功能(PCF)，提供无争用服务，如图 4-90 所示。PCF 采用了一种预约的方式，可以实现无争用服务，当然无争用服务也是建立在争用服务基础之上的。DCF 功能和 PCF 功能在 2.4 节中已经进行了详细介绍，本节不再赘述。

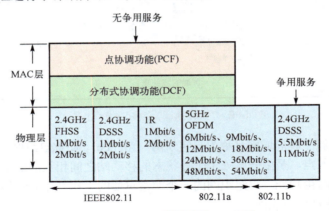

图 4-90　802.11 标准中的 MAC 层

总的来讲，PCF 使用 AP 控制 BSS 内部各个节点的信道接入，而各个节点只能通过轮询的方式从 AP 获得信道接入许可，这样每个节点具有一个确定的发射顺序，保证了它们能够无竞争地接入和使用信道。PCF 适用于时延敏感业务，如实时的语音和视频业务，但是可扩展性较差，因此只是该标准的一种可选接入方式，通常与 DCF 一起使用。DCF 是 IEEE 802.11 标准中最重要的信道接入方式，它使普通节点和 AP 都能够平等地竞争接入无线信道，适用于时延不敏感的数据业务。PCF 必须依赖于固定基础设施，而 DCF 则不需依赖任何固定基础设施，可作为 Ad hoc 自组织网的信道接入方式。

4.4　移动自组织网

移动自组织网

无线通信网络由于能够快速、灵活、方便地支持用户的移动性而成为个人通信以及互联网发展的方向。传统的无线通信系统主要以蜂窝网的形式出现，如图 4-91 所示，无线终端之间的连接往往需要借助固定的基础设施作为中继，在这种网络架构下，为了实现更广泛的移

动性，往往需要花费较高的代价建立大量类似于基站的通信基础设施。

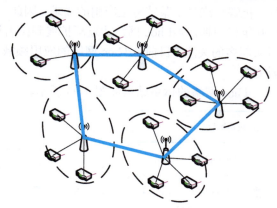

图 4-91　借助基础设施的移动通信网络

随着信息技术的不断发展，对于移动业务的需求无论是在范围上还是在种类和质量要求上都大幅增加，需要更广泛、更灵活的无线组网方式，以满足人们无处不在的通信与组网需求，但是在某些特殊的环境下（如应急救援、军事行动等），无法提前布设或提供固定基础设施以支持移动通信，此时就需要采用一种更为灵活、能够快速组网的移动通信技术。在此背景和需求下，移动自组织网（mobile Ad hoc networks，MANET）应运而生。

移动自组织网的起源可追溯到 20 世纪 60 年代出现的 ALOHA 网络以及 70 年代美国 DARPA 的分组无线电网络（packet radio network，PRNET）项目。之后，DARPA 相继启动了高残存性自适应网络（survivable adaptive network，SURAN）项目以及全球移动信息系统（global mobile information systems，GloMo）项目。IEEE 协会采用了 Ad hoc 一词来描述这种特殊的具有自组织、对等式、支持多跳特征的无线通信网络。

4.4.1　移动自组织网体系结构

如图 4-92 所示，与传统的移动通信网络相比，Ad hoc 网络无须任何固定的基础设施，整个网络系统由若干个带有无线收发装置的通信终端（称为节点）组成，所有节点共同承担网络构造和管理功能。这些节点除了完成传统网络系统终端的功能外，还担负着路由信息转发功能，具有对无线资源的空间复用能力。整个通信网络的正常运行不依赖于任何特殊的节点，当节点加入或离开时均能够实现动态的组网调整。节点之间可以在需要通信的时候才去建立彼此的连接通路，因此能够为用户提供不受限制的连接和移动性。

这意味着在移动自组织网中，包括路由在内的网络管理功能都需要由移动节点来完成。因此，每个移动节点不仅是一台终端主机，同时也是一台路由器，为其他移动节点提供数据的正确转发服务。

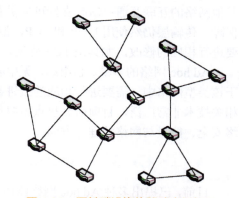

图 4-92　无基础设施的移动自组织网

Ad hoc 网络的分布式自组织特性提供了快速、

灵活组网的可能，其多跳转发的特性还可以在不降低网络覆盖的条件下降低每个节点的发射功率，并且网络的鲁棒性、抗毁性满足了某些特定应用的需求，因此 Ad hoc 网络早期主要应用在军事领域。20 世纪 90 年代中期，Ad hoc 网络才逐渐扩展到民用领域，随着技术的开放和深入，近年来引起了越来越多的关注。目前 Ad hoc 网络的应用领域发展迅速，极大促进了通信系统智能信息化的演进。

参照 OSI 参考模型，Ad hoc 网络的体系结构如图 4-93 所示。

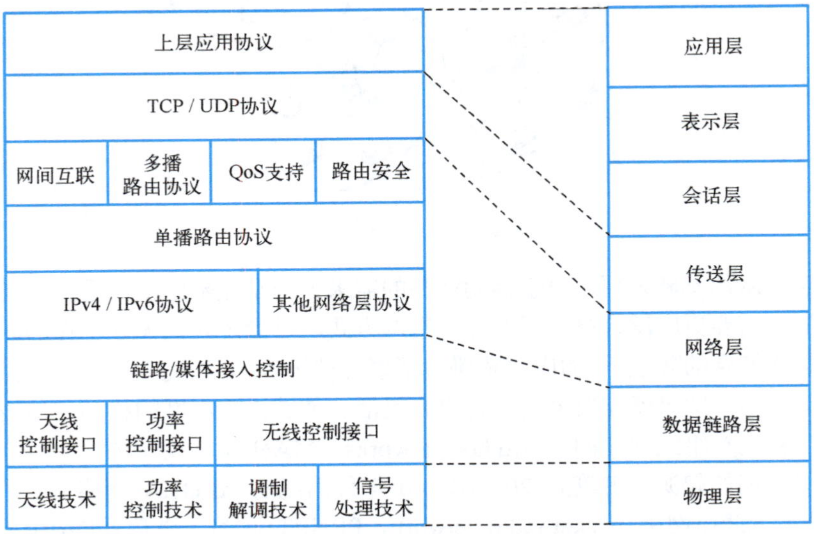

Ad hoc 网络体系结构				OSI 参考模型
上层应用协议				应用层
TCP / UDP协议				表示层
网间互联	多播路由协议	QoS支持	路由安全	会话层
单播路由协议				传送层
IPv4 / IPv6协议		其他网络层协议		网络层
链路/媒体接入控制				
天线控制接口	功率控制接口	无线控制接口		数据链路层
天线技术	功率控制技术	调制解调技术	信号处理技术	物理层

图 4-93　Ad hoc 网络体系结构图

在 Ad hoc 网络体系结构中，物理层主要使用各种先进的调制解调技术、信号处理技术、功率控制技术和天线技术来完成无线信号的发送和接收。数据链路层主要完成链路/媒体接入控制、流量控制等功能，同时还要考虑到物理层所使用的信号处理技术、功率控制技术和天线技术对该层协议设计带来的影响。网络层中，通过 IPv4、IPv6 或其他协议提供网络层数据服务。网络层的单播路由协议维护路由表，使其与当前 Ad hoc 网络拓扑结构保持一致或者动态地发起路由查询等；多播路由协议提供对群组通信的支持；网间互联则支持 Ad hoc 网络与其他网络的互联互通；QoS 支持可提供有保证的服务质量；路由安全则提供路由协议的安全保障。传输层仍然使用 UDP 和 TCP，但是针对 Ad hoc 网络的无线运行环境，这两种协议需要进行相应的修改，尤其是 TCP 协议。上层应用协议则是指面向用户的各种服务。

Ad hoc 网络的多跳、自组织、无中心基础设施等特点使得传统的网络协议无法直接应用于该类型网络中，需要进行相应的改进甚至重新设计。因此，移动自组织网涉及的内容以及相关技术非常广泛，目前研究热点主要集中在路由协议、多址接入协议、服务质量保证、网络安全、能量与网络管理等方面。

4.4.2　移动自组织网路由协议

目前，已提出多种 Ad hoc 网络路由算法，这些路由算法能够在特定网络应用环境下达到局部最优，但是还没有任何一种路由算法能够很好或有效适用于所有应用环境。Ad hoc 网络路由协议可以从不同角度进行分类，例如，根据发现路由的策略可以将其分为表驱动路由协议(也称为先验式路由协议)和按需路由协议(也称为反应式路由协议)。也可以根据网络拓扑逻辑结构将其分为平面结构路由协议和分簇结构路由协议。

此外，也有研究人员将地理位置信息引入路由协议的设计中，从空间上进一步提高路由查找的效率。

1. 自组织网路由协议的分类

1)表驱动和按需路由协议

表驱动路由协议通过周期性地广播路由分组报文，来达到彼此交换或更新路由信息的目的。在该类协议中，每个节点都需要维护与其他全部节点的路由信息。表驱动路由的优点是当有数据发送需求时，由于路由信息已存在于本地路由表中，可直接查找并使用该路由，因此数据发送的时延会很小。其缺点是需要付出较高的代价(如网络带宽、能量和计算资源等)去实时维护大量的路由更新动作，目的是使本地路由表的信息尽可能与当前网络拓扑保持一致，即路由的准确性。但现实中，移动自组织网快速变化的拓扑很可能使路由表信息很快变成过时甚至错误的，这就使得路由协议在快速变化的网络拓扑条件下往往处于一种不收敛的状态。针对表驱动类型的路由协议，目前已提出了很多改善机制，主要目的就是在降低网络开销的同时尽可能提升路由性能。

按需路由协议与表驱动路由协议则完全不同，它是根据数据发送的需要进行路由发现和查找的，路由表的内容也是按需建立的，所以每个节点的本地路由表是不同的，其内容可能涵盖整个网络，也可能只是整个网络拓扑结构的一部分。按需路由的优点是不需要周期性地进行路由信息广播，节省了网络带宽资源。其缺点则是当发送数据时，如果本地路由表中没有目的节点的可用路径，那么待发送的数据就需要一定的时延等待路由查找的结果。有些按需路由的发现过程通常也会采用泛洪机制进行路径搜索，这在一定程度上抵消了按需路由网络开销低的优点。

2)平面结构和分簇结构路由协议

平面结构的路由协议如图 4-94 所示，网络结构的逻辑视图是平面的，每个节点的地位是平等的。平面结构路由的优点是由于整个网络中没有特殊节点，因此协议的鲁棒性较好，抗毁性能好，网络流量随机分布于全网之中，路由协议中无须节点移动性管理任务。其缺点是可扩展性差，限制了网络的规模大小。

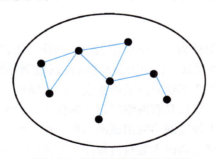

图 4-94　平面结构的路由协议

分簇结构的路由协议如图 4-95 所示，该结构下，网络的逻辑视图是层次型的。层次划分的依据可以是地理位置、信道编码、协同工作关系等。分簇结构通常是由骨干网和分支子网组成的两层或多层结构。骨干网由较为稳定、综合性能较好的节点组成，其他节点按照约定的策略组成不同的分支子网。分支子网又称为簇，位于不同簇的节点之间通信需要通过骨干网的支持才能实现。

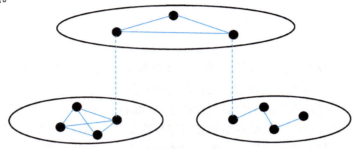

图 4-95　分簇结构的路由协议

相比较而言，平面结构的网络路由比较简单，网络中所有节点是完全对等的，理论上不存在数据传输瓶颈，所以整体网络比较健壮，抗毁性能较好；缺点是可扩展性差，支持的网络规模不宜过大。分簇结构路由的优点是适合大规模的自组织网环境，可扩展性较好；缺点是骨干节点的可靠性和稳定性对全网影响较大，在分簇结构路由协议实现时，维护分簇结构需要执行较为复杂的簇头选举算法，而且簇头节点的资源有限性可能会成为网络的瓶颈。此外，为了实现节点在不同簇间的移动性支持，还需要增加一定的协议开销。

总体而言，当网络规模较小时，可以采用简单的平面结构路由，而当网络的规模较大时，应采用分簇结构路由。美军战术互联网近期数字电台（near term digital radio，NTDR）系统采用的就是一种双频分簇结构。

3）地理位置信息辅助的路由协议

为了解决路由发现过程中泛洪机制造成的开销过大问题，在自组织网路由协议研究中逐渐引入系统技术所提供的位置信息辅助，以支撑通信节点在较小的范围内（即以较小的代价）较快地发现最优传输途径。该类路由协议有效降低了传统泛洪方式中全网广播的开销，提升了路由查找过程中的路径发现效率。但是其代价是产生了相应的交换坐标控制报文，而且还需依靠 GPS、北斗等定位系统，增加了额外成本。

2. 典型自组织网路由协议

本部分主要介绍几种应用较为广泛的典型自组织网路由协议。

如上所述，表驱动路由协议基于路由表驱动机制，通过周期性交互网络拓扑信息的方式，维护或更新每个节点到整个网络其他节点的路由表。这类路由协议由于能够快速在本地路由表中查找到目的节点的路由，所以具有网络时延小的优点，但由于需要周期性地交互路由更新信息，网络开销较大，在大规模网络应用或网络拓扑快速变化时，路由协议的收敛性会变差。应用较多的典型表驱动路由协议主要有目标序列距离矢量（destination-sequenced distance vectoring，DSDV）协议、优化链路状态路由（optimized link state routing，OLSR）协议等。

按需路由协议是在有业务需求时才发起路由查找的一类路由协议，即只有数据发送时才会建立到达目的节点的传输路径。为了保证路由的正确性，往往在通信前须进行新的路由查找，因此将导致一定的网络时延。但该类协议的网络开销较小，节省了宝贵的带宽资源。应用较多的典型按需路由协议主要有动态源路由(dynamic source routing，DSR)协议、自组织网按需距离矢量路由(Ad hoc on-demand distance vector routing，AODV)协议等。

1) DSDV 路由协议

DSDV 路由协议是基于 Bellman-Ford 路由机制并有所改进的一种表驱动路由协议。在该协议中，每个移动节点都会维护一张路由表，而路由表的表项内容主要包括目的节点、跳数以及目的节点序列号，其中目的节点序列号是由目的节点分配的，主要用于判断该路由是否过期，以防止路由环路的产生。

具体来说，节点把自己当前的序列号增加到更新消息中，并将这个序列号与距离信息等一起进行广播传输。如果一个节点的邻节点广播了一条消息，而该消息中到相同目的节点的序列号大于本地路由表中对应目的节点的序列号，则这个节点就会把这个路由表项变为无效的或进行相应的更新。当这个节点收到的是具有相同序列号的路由消息时，则认为此时这个本地路由表项仍然有效，即在 DSDV 中只使用序列号最高的路由，如果两个路由消息具有相同的序列号，那么可以选择最优的一条路由(如跳数最短的路由)。

在 DSDV 中，每个节点必须周期性地与邻节点交换路由信息，当然也可以根据路由表的改变来触发路由更新。路由表的更新有两种方式：一种是全部更新，即拓扑更新消息包括全部路由表信息，主要用于网络拓扑变化较快的情况；另一种是部分更新，即拓扑更新消息中仅包含变化的路由部分，通常适用于网络变化较慢的情况。

2) OLSR 路由协议

OLSR 路由协议是由 IETF MANET 工作组提出的一种典型的先验式路由协议，其通过在网络中周期性地广播网络拓扑信息和链路状态信息来达到路由发现的目的。与其他表驱动路由协议类似的是，OLSR 协议中的每个节点都会试图获取整个网络的路由信息。OLSR 同时又是一种优化链路状态的路由协议，通过选取多点中继(multi-point relay，MPR)的机制有效地减少了泛洪过程中广播消息的大量转发，在一定程度上缓解了表驱动路由协议开销大的难题，因此可用于较大规模的网络环境中。

OLSR 路由协议链路优化的关键是通过多点中继(MPR)的方式来对链路进行优化，主要采用三种方法来减少路由广播的开销：第一种是先选取 MPR 节点集(该集合中的 MPR 节点只是每个节点的一部分邻节点)，再通过该集合中的 MPR 节点与其两跳邻节点去通信，而 MPR 节点集中的节点数是小于整个网络节点数的；第二种是链路状态信息只由 MPR 节点产生，并且链路状态信息只描述 MPR 节点间的链路情况，这将大大减少路由广播的开销；第三种是链路状态信息只由 MPR 节点进行转发，实现了路由信息的选择性广播。上述三种优化方法主要是通过 OLSR 路由协议的邻居发现和拓扑扩散这两种机制的支持实现的。

OLSR 路由协议的 MPR 节点集是先获取本节点的一跳邻节点和两跳邻节点的集合，再通过特定的算法选择形成的，因此只有通过邻居发现机制才能快速地选择 MPR 节点集。OLSR 路由协议通过周期性地广播 Hello 消息来获取自己的邻居状况，其中不仅能通过 Hello 消息获取一跳邻节点的链路状态，还能通过 Hello 消息中携带的邻节点信息获取两跳邻节点的链路信息，因此 OLSR 路由协议通过最多两次广播就能完全获取自己两跳以内的邻居状况，从而为 MPR 节点集的选择提供必要的链路状态信息。图 4-96 所示为两次广播过程中节点邻居状况变化的示例。

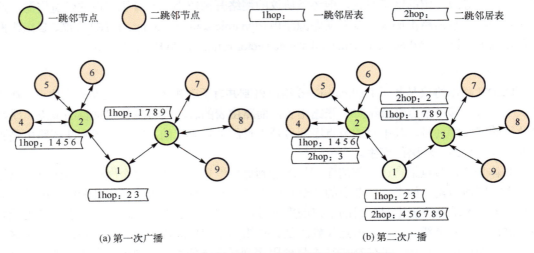

图 4-96　两次广播 Hello 消息后节点的邻居状况

OLSR 路由协议的路由表是通过拓扑表、一跳邻居表和两跳邻居表的信息，根据 Dijkstra 算法形成的，其中一跳、两跳邻居表可以通过邻居发现机制获取，而拓扑表包括了全网的拓扑信息，需要通过 OLSR 协议的拓扑扩散功能获取。在 OLSR 协议运行过程中，拓扑控制（topology control，TC）消息由 MPR 节点产生，且只有 MPR 节点才会进行 TC 消息的转发。每条 TC 消息只包含将本节点选为 MPR 节点的邻节点地址，因此大大减少了网络中广播路由的开销。MPR 节点每隔一定时间周期性地对本节点的 TC 消息进行广播，收到该消息的 MPR 节点对此 TC 消息进行转发，而非 MPR 节点在收到该 TC 消息后进行丢弃处理，经过一段时间的 TC 消息广播后，网络达到收敛，每个节点都获得了整个网络的拓扑信息。

需要注意的是，OLSR 路由协议中只有被选作 MPR 的节点才能转发控制消息，且 MPR 节点只产生其与其他 MPR 节点间的链路状态信息，因此在 OLSR 路由协议中，MPR 的选取至关重要，将直接影响网络的性能。

3）DSR 路由协议

DSR 路由协议是一种按需路由协议，它使用源路由算法而不是逐跳路由算法。DSR 路由主要包括两个过程：路由发现和路由维护。当源节点 S 向目的节点 D 发送数据时，它首先检查本地缓存中是否存在未过期的到目的节点 D 的路由，如果存在，则直接使用该可用路由，否则会启动路由发现过程。具体的路由发现过程如下。

源节点 S 使用泛洪机制广播发送路由请求（route request，RREQ）消息。RREQ 消息中包含源节点和目的节点的地址以及唯一的标志号，传播过程中，中间节点转发该 RREQ 消息，并附上自己的节点标识。当 RREQ 消息到达目的节点 D 或任何一个拥有到达目的节点 D 路由的中间节点时（此时，RREQ 中已记录了从 S 到 D 或该中间节点所经过的节点标识），目的节点 D 或该中间节点就会向 S 发送路由应答（route reply，RREP）消息，该 RREP 消息中将包含 S 到 D 或该中间节点的路由信息，并反转 S 到 D 或该中间节点的路由供 RREP 消息使用。这一类协议中，中间节点往往可以使用路由缓存（routing cache，RC）技术对协议的性能实现进一步优化。

DSR 路由协议的主要优点如下。

(1)每个节点仅需要维护与之通信的节点路由，减少了协议开销。

(2)路由缓存技术的使用能显著减少路由发现的开销。

(3)一次路由发现过程可能会产生多条到达目的节点的路由。

但 DSR 路由协议也存在以下缺点。

(1)每个数据报文的头部都需要携带路由信息，导致数据包的额外开销较大。

(2)路由请求消息采用泛洪方式，相邻节点的路由请求发生冲突的可能性增大，进一步导致重复广播。

(3)由于缓存，过期的路由信息会影响路由选择的准确性。

4) AODV 路由协议

AODV 是一种典型的按需路由协议，它结合了 DSR 路由协议的路由发现和路由维护机制，以及 DSDV 路由协议的序列号、逐跳路由和周期更新机制。只有当有业务传输需求，且本地路由表中没有目的节点的路由表项时，AODV 路由协议才会发起路由查找过程，图 4-97 为 AODV 路由协议典型的路由查找过程。在路由查找过程中，源节点向其所有邻节点广播 RREQ 报文，收到该报文的节点如果不是目的节点，则会继续转发该 RREQ 报文。当目的节点收到该 RREQ 报文时，就会向源节点发送 RREP 报文，该 RREP 报文会沿着刚才查找过程中所建立的反向路由传回源节点。源节点收到目的节点的 RREP 报文后，就会在本地路由表中添加对应的路由表项，从而建立了一条由源节点到目的节点的最小跳数路由通路。如果后续一段时间没有业务传输需求，所建立的该条路由通路就会由于超时而被释放。此外，当节点因为移动或其他原因造成路由通路断裂时，断裂节点处会广播对应的路由错误(route error，RERR)报文，再由源节点重新发起路由查找。

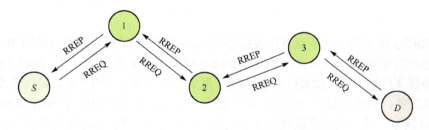

图 4-97　AODV 路由协议的路由查找过程

由此可见，在 AODV 路由协议中，RREQ 和 RREP 是最为重要的两类控制报文。它通过 RREQ 报文来发起路由请求，通过 RREP 报文来做出路由应答。

同时，AODV 路由协议还采用了序列号机制，该机制的引入是为了避免路由环路的出现，同时又可以保证所采用的路由信息的实时性。序列号的产生和维护机制具体如下。

(1)源节点在产生 RREQ 报文的同时会自己生成并添加一个序列号，用来确保 RREQ 报文的新鲜度。

(2)目的节点在产生 RREP 报文的同时会将自己的序列号与收到的 RREQ 报文的序列号进行对比，然后取它们中的最大值作为本节点的序列号。

(3)节点可以通过比对本节点序列号与所收到报文的序列号之间的大小，来判断所收到报文的信息是否已经过期。

(4)节点收到未过期的报文时，会比较报文中的序列号与存储在路由表中的路由表项的序列号的大小。当所收到报文的序列号较小时，直接丢弃该报文；当所收到报文的序列号较大时，就会对路由表进行更新；如果两个序列号相等，会进一步比较哪个的路径更短（即判断所收到报文的路由跳数值加 1 后是否小于路由表中已有对应路由表项的跳数），若跳数较小，就会对路由表进行更新，否则丢弃该报文。

AODV 路由协议中，RREQ 报文在有业务传输需求而进行路由查询时才会产生，它以广播的方式进行路由搜索。每个 RREQ 报文都规定了生存时间(TTL)，即如果在规定的生存时间内没有收到路由应答，就会进行重传。重传的间隔采用二进制退避的方式来确定，以避免网络拥塞，并且对最大重传次数也进行了规定(在达到最大传输次数时如果还没有收到路由应答，就会发送一个"目的节点不可达"的信息)。RREQ 报文格式如图 4-98 所示。其中类型字段占 8bit，数值为 1 表示消息为 RREQ；标志位占 5bit，对应 5 个标志位，包括 J(加入标志，为多播保留)、R(修复标志，为多播保留)、G(免费路由应答标志)、D(仅允许目的节点回复标志，指的是仅允许目的节点回复路由请求)、U(未知序列号，指的是目的节点序列号未知)；跳数字段占 8bit，表示从源节点到收到该 RREQ 消息的节点所经过的节点个数；RREQ 标识即路由请求消息标识，是一个序列号，用它和源节点 IP 可以唯一标识 RREQ 消息。

类型	标志位	保留字段	跳数
RREQ标识			
目的节点IP地址			
目的节点序列号			
源节点IP地址			
源节点序列号			

图 4-98　RREQ 报文格式

收到 RREQ 报文的中间节点首先根据序列号机制建立到达前一跳节点的路由，而且会丢弃同期已接收的相同 RREQ 报文。如果该 RREQ 报文中的 TTL 值大于 1，则将 TTL 值减 1，并继续将该报文广播出去。如果收到该 RREQ 报文的节点就是目的节点，则该节点就会发出RREP 报文应答，并采用最大前缀匹配值来搜索一条通向源节点的反向路由。RREP 报文格式如图 4-99 所示。其中类型字段数值为 2 时表示消息为 RREP；标志位对应两个标志，包括R(修复标志，用于多播)和 A(需要确认)；前缀长度如果非零，代表下一跳节点可以作为具有相同路由前缀的节点被请求时的目的节点；生存时间表示该条路由的生命时间，只有在这个时间内，接收 RREP 消息的节点才认为这条路由是有效的。

类型	标志位	保留字段	前缀长度	跳数
目的节点IP地址				
目的节点序列号				
源节点IP地址				
生存时间				

图 4-99　RREP 报文格式

目的节点按照 RREQ 报文所形成的反向路由,将 RREP 报文以单播的方式向源节点返回。其中,中间节点每收到一个 RREP 报文就会将该 RREP 报文中的跳数加 1,并以单播的方式将其继续发送给下一节点,直至到达源节点。

5) 区域路由协议

区域路由协议(zone routing protocol,ZRP)是一个混合式路由协议,既包括表驱动路由协议,又包括按需路由协议,因此具有这两类协议的优点。ZRP 的基本原理是:每个节点都有一个预先定义的、以其自身为中心的区域,即在具有 N 个节点的自组织网中,ZRP 以每一个节点为中心,以跳数 h 为半径,将整个网络划分成 N 个互相重叠的区域。区域内的节点采用表驱动路由协议来维持路由信息,区域外的节点则采用按需的方式进行路由。

因此,ZRP 实体主要由三部分组成:区域内路由协议(intra-zone routing protocol,IARP)、区域间路由协议(inter-zone routing protocol,IERP)和边界广播解析协议(border-cast resolution protocol,BRP),其结构组成如图 4-100 所示。

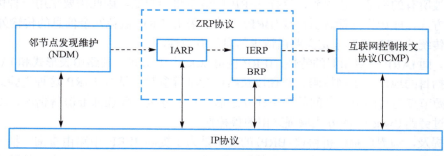

图 4-100　ZRP 结构组成

其中,IARP 是一种有限区域内的表驱动路由协议,通过对本区域内网络节点的监控,提供有效的路由确认和维护手段。如果目的节点在本区域内,路由可以直接获得,避免了路由发现过程中的控制报文开销和时延;当目的节点位于区域外的时候,通过 IERP 协议发起全局路由查找过程,同时使用更为有效的边界广播解析协议(BRP)来进行路由查询信息的转发与节点查找。

区域内,IARP 协议也用来保持路由,而且 IARP 协议可以采用任何表驱动式的链路状态路由或者距离矢量路由。在区域外,则使用按需式的 IERP 协议,而且与典型的按需路由类似,IERP 可以使用 RREQ、RREP 等机制来发现路由。

由此可见,IARP 协议总能提供区域内节点的路由,意味着当源节点不知道到达某个节点的路由时,就说明这个目的节点必定位于源节点的区域外。此时,ZRP 协议就会启用按需路由查找 RREQ 的过程,并且 RREQ 报文是通过区域的边界节点广播出去的,这个 RREQ 广播过程称为 BRP 路由广播。BRP 路由广播只从一个区域的边界节点广播给其他边界节点,直到有节点知道到达目的节点的路径。这种混合式的主动/被动结构把表驱动路由的协议开销限制在区域内的大小,把按需路由的协议开销限制在被选择的边界节点。

值得注意的是,ZRP 协议中,区域半径 h 决定了链路状态报文向外广播的最大跳数。区域中心节点负责存储该区域内节点间的连接关系。极限情况下,当 $h=1$ 时,中心节点只维护邻节点间的连接关系,ZRP 协议就演变成为按需路由协议。当 $h=D_L$ 时(D_L 为自组织网的最大直径)，ZRP 协议则成为纯粹的表驱动路由协议。

如图 4-100 所示，ZRP 协议中还包含一种邻节点发现维护(neighbor discover maintenance, NDM)机制，但 ZRP 并不限定使用何种 NDM，它主要是为 IARP 提供一个中断，通知其发现有新的邻节点加入或者收到新的路由信息，一般在数据链路层中实现。

在 ZRP 协议具体设计中，IARP 可以通过对传统的先验式路由协议进行适当的修改来实现(通过节点转发路由报文的跳数，将先验式路由的范围限制在有限的区域内)。IARP 协议中节点之间的距离以跳数来衡量，路由标度这个参数说明了 IARP 所管辖的有效距离范围。同时，中心节点向区域内其他的每个节点都会周期性地广播其链路状态信息，因此 IARP 的中心节点除了维护自身的路由表外，还有一个对应的链路状态表需要更新，链路状态表主要包括链路源节点、区域半径、链路状态 ID、插入时间、链路状态信息等参数。

当目的节点位于源节点的管辖区域范围之外时，通知 IERP 发起路由查询过程。区域间的路由查询包括两个过程：路由请求和路由应答。一般而言，由于天线传输的全向性，路由请求将会被所有的邻节点接收到，这样 IERP 的效率将会很低，因此需要采用一种优化的节点间广播方式，即边界广播解析协议(BRP)。除了采用 BRP 避免冗余信息的传输外，IERP 中还使用传统的 TTL 机制来定义路由请求信息的有效性。

另外，同 IARP 有着相似的特性，IERP 也可以通过 IP 寻址，其路由表形式和 IARP 完全相同，包括目的地址、子网掩码、路径以及路由标度等参数。结合 IARP 这种先验式的路由机制，当源节点与目的节点之间的路由建立之后，对于链接失败(link fail)等情况，ZRP 协议还可以通过旁路(bypass)的方式增强路由的鲁棒性。

上述提及，边界广播解析协议(BRP)的提出是为了提高 IERP 中路由查询广播的效率，从而减少由于冗余或重复广播造成的无线资源浪费。BRP 充分利用 IARP 维护的路由表以及连接状态表信息，构造了一种边界广播树(border-cast tree)。广播树的根节点为需要进行路由查询而进行广播的节点，该节点的外围节点(peripheral nodes)中没有经过查询的节点形成树叶，路由查询信息将会沿着边界广播树传播，这种方式很好地避免了 IERP 路由查询信息的冗余广播。

查询覆盖(query coverage)表是 BRP 中很重要的一个数据结构，它记录了边界广播树的外围节点是否曾经被查询过的状态信息，从而决定了查询广播报文的下一跳地址。查询覆盖表包括查询源节点、查询 ID、BRP 缓存 ID、网络图等参数，其中网络图是一种反映路由区域中节点连接性以及在路由查询中节点覆盖情况的数据结构。

通过上述的描述可以看出，ZRP 协议的优点是明显的：通过区域内的先验式路由，降低了查找时延，此外，由拓扑变化产生的交换信息只在相应的区域内广播，因此不会影响到其他区域中节点的连接状态。另外，区域之间的路由是按需建立的，并没有周期性地向整个网络中广播路由表信息，这样可以节省许多控制开销。同时，先验式 IARP 协议对反应式 IERP 的路由维护是有帮助的，通过本地拓扑信息，失效的链路可以被旁路或本地修复，而且在区域内可以使用最优路径。除此之外，通过 BRP 协议，本地的拓扑信息还可以提高区域间路由广播的效率。

但是，ZRP 协议的性能很大程度上取决于区域半径参数值的选取。区域半径是一个可以配置的参数，不同的区域可以采用不同的半径，通过正确地设置区域半径，ZRP 路由方式可以获得比先验式、反应式路由更好的性能。通常，较小的区域半径适合在节点移动速度较快的密集网络中使用；较大的区域半径适合在节点移动速度慢的稀疏网络中使用。目前，ZRP 协议一般采用预置固定区域半径的做法，这无疑限制了它的自适应性。但 ZRP 协议具有良好的可扩展性，适合大规模网络通信，因此也成为自组织网路由的研究方向之一。

6）鱼眼状态路由协议

鱼眼状态路由（fisheye state routing，FSR）协议使用了鱼眼技术，在不同鱼眼域中的节点以不同的频率（这个频率是由节点距离决定的）向邻节点广播链路更新信息，这能够大大减少链路状态更新信息，从而降低了泛洪的开销。

鱼眼技术中，鱼眼能清晰地捕捉焦点附近的像素，但清晰度随着距焦点的距离增大而降低。在 FSR 协议中，鱼眼技术用来维护距离与路由质量的相关信息，路由质量会随着距离的变大而逐渐不精确。FSR 协议中链路更新的频率与距离相关，因此对于指定域内的节点，其路由是精确的，而对于域外的节点，距离目的节点越远，其路由的精确度越低。这是因为距离较近的节点路由更新较快，较远的节点路由更新较慢。但 FSR 协议不会像纯粹的按需路由那样，所有节点都需要花费时间去寻找路由，因此 FSR 协议能够维持较低的时延。而且 FSR 协议的这一特点在一定程度上也降低了节点移动性对路由精确度的影响。

当链路崩溃时，FSR 协议不会输出任何控制信息，而且链路断裂等信息也不会包含在后续的路由更新报文中，它只是简单地删除邻居列表和拓扑结构表中的相关信息，因此 FSR 协议适合拓扑快速变化的网络环境。同时，目的序列号的使用不仅使得 FSR 协议能够使用最新的链路状态信息去维护拓扑结构，而且还避免了路由环路的形成。因此总体来看，FSR 协议较适合高移动性的无线通信网络。

4.5　卫星通信网

卫星通信实际上是一种特殊的微波中继通信，它利用卫星作为中继站转发微波信号，在地球站之间或地球站与航天器之间进行通信。卫星通信网起源于卫星广播系统，物理层、数据链路层协议多采用数字视频广播（digital video broadcast，DVB）系列协议。随着第 5 代（5G）、第 6 代（6G）移动通信技术的发展，卫星通信已成为 5G、6G 标准中的重要组成部分。6G 时代将是卫星通信与 5G 的融合，利用卫星网络提供服务，实现空天地一体的无缝连接。

4.5.1　卫星通信网概述

1. 卫星通信的发展历史

1945 年英国阿瑟·克拉克首先提出关于静止卫星的设想。1957 年苏联发射了第一颗人造卫星，地球上首次收到从人造卫星发来的电波；1963 年美国发射了第一颗地球同步轨道卫星；1965 年国际卫星通信组织发射了第一代 "国际通信卫星"（INTELSAT-1），正式承担国际通信业务，同时也标志着卫星通信时代的到来。

最早的时候，卫星通信所使用的技术以单路单载波（single channel per carrier，SCPC）、频分复用/频率调制(frequency division multiplexing/frequency modulation，FDM/FM)为主，都是模拟通信技术。随着数字通信技术的发展，卫星通信开始转向了中数据速率(intermediate data rate，IDR)技术。IDR业务是由Intelsat在20世纪80年代中期提供的一种新型数据通信业务。相对于传统的FDM/FM，IDR是一种数字制式升级，属于TDM/FDMA体制。IDR有1.544Mbit/s、2.048Mbit/s、6.312Mbit/s和8.448Mbit/s四种信息速率。尽管IDR实现了数字信号升级，也提升了带宽，但IDR在容量、时延和性价比等方面还是满足不了日益增长的用户需求。于是，一种新型的技术——甚小孔径终端(very small aperture terminal，VSAT)开始崛起并迅速普及。这里要注意的是VSAT通常是指系统，并不仅仅是一个终端。一套完整的VSAT系统由通信卫星上的转发器、地面大口径主站(中枢站)以及众多小口径的小站共同构成。由于卫星转发器性能和终端电子技术取得巨大的进步，VSAT天线和用户终端设备逐渐实现小型化。"甚小孔径"即天线尺寸为0.3~2.4m。与IDR相比，VSAT可以自我组网，除了轻便之外，还具有成本低、结构灵活、应用多样、安装容易、操作简单等优点，因此在公用网络骨干传输和用户接入以及各类专网互联等领域得到广泛使用。

进入21世纪后，Internet蓬勃发展。无处不在的网络连接需求刺激了卫星通信网的能力演进。虽然VSAT为卫星通信的宽带化应用奠定了基础，但传统同步静止轨道(geosynchronous equatorial orbit，GEO)(又称为高轨道)固定卫星业务带宽太小，卫星通信想要发展，就必须像地面蜂窝移动通信网络一样进行带宽容量升级。因此，高通量卫星(high throughput satellite，HTS)得到空前发展。"高通量"是指这种卫星的带宽能力比传统卫星(低通量，1~2Gbit/s以内)高了几倍甚至几十倍。

高通量卫星首先使用了更高的频段。传统卫星普遍使用4~8GHz的C频段，频率较低且太过拥挤，而高通量卫星广泛使用Ku频段(12~18GHz)和Ka频段(27~40GHz)，频谱资源丰富，带宽也就变大了。其次，卫星平台升级。卫星平台体积越来越大，负载能力越来越强，而且升级了供电技术(电推动加化学推动，混合动力)，使得在电能上可以保证大带宽所需要的大功耗。然后，转发器数量增加。信号转发器的数量直线上升，意味着车道增加，带宽也跟着增加。最后，天线技术升级。天线技术提升，尤其是采用点波束，相当于把光"聚焦"，不覆盖大面积，集中覆盖小面积，有利于传输速率提升。

除了提升卫星通量之外，行业发现，随着卫星发射成本的逐步下降，还有另一种提升卫星数据传输能力的途径——向中轨和低轨发展。人们开始基于中低轨卫星星座，构建卫星互联网。通过大量的卫星，实现对服务区域的密集覆盖，就像蜂窝小区一样。

总的来讲，对于卫星通信，从网络规模来看，由节点较少的中高轨星座向成百上千的微小卫星星座方向发展；从网络架构来看，由互相独立的卫星网络系统向天空地一体化信息网络方向发展；从网络路由来看，由透明转发向星间链路和星上路由方向发展；从网络协议来看，由最开始的点到点协议向TCP/IP、CCSDS和DTN等多种协议方向发展；从链路技术来看，由微波技术向激光通信方向发展；从网络服务来看，由窄带移动通信向宽带互联网接入方向发展。

2. 卫星通信系统的组成

卫星通信系统包括通信和保障通信的全部设备。一般由跟踪遥测指令分系统、监控管理分系统、空间分系统、通信地球站分系统四部分组成，如图4-101所示。

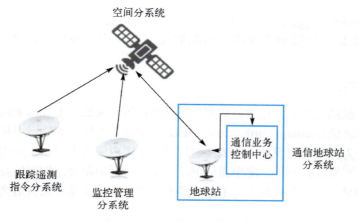

图 4-101　卫星通信系统组成

1) 跟踪遥测指令分系统(控制系统: C-平面)

跟踪遥测指令分系统负责对卫星进行跟踪、测量,控制其准确进入轨道上的指定位置。待卫星正常运行后,要定期对卫星进行轨道位置修正和姿态保持。该系统实际上是一个卫星设备监控和控制系统。

2) 监控管理分系统(网管系统: M-平面)

监控管理分系统负责对定点的卫星在业务开通前后进行通信性能的检测和控制,例如,对卫星转发器功率、卫星天线增益以及各地球站发射的功率、射频频率和带宽等基本通信参数进行监控,以保证正常通信。

3) 空间分系统(业务系统: 基站 U-平面)

通信卫星主要包括通信系统、遥测指令装置、控制系统和电源装置(包括太阳能电池和蓄电池)等几个部分。

通信系统是通信卫星的主体,主要包括一个或多个转发器,每个转发器能同时接收和转发多个地球站的信号,从而起到中继站的作用。卫星上每个转发器都有接收机、变频器、功率放大器三个单元,实质上是一组宽频带的收发信机,它是通信卫星中最重要的组成部分,其性能直接影响到卫星通信系统的工作质量。

转发器根据性能要求不同通常分为透明转发器(弯管式转发器、非再生式转发器)与处理转发器(再生式转发器)。透明转发器收到地面发来的信号后,除进行低噪声放大、变频和功率放大外,不做任何加工处理(如解调、基本信号处理等),只是单纯地完成转发任务。它对工作频段内的任何信号都是"透明"的通路。这种转发器适合传送各种信号(模拟信号或数字信号),不对用户提过多的要求。处理转发器除了转发信号,还具有信号处理功能,包括解调、基带信号处理和交换、重新调制。与双变频透明转发器相比,处理转发器只是在二级变频器之间增加了信号解调器、处理单元和调制器,先将信号解调便于信号处理,再经调制、变频、功率放大后发回地面。处理转发器由于上行信号在转发器上进行解调,可以滤除上行链路的噪声,避免噪声叠加累积。此外,上、下行链路可考虑不同的调制方式和多址方式,使星上交换成为可能,并大大降低地面设备的功率要求,简化地面设备。但这种转发器设备技术复杂,功率损耗较大,造价也较高。

4）通信地球站分系统（地面卫星中继：终端 U-平面）

通信地球站是卫星微波无线电信号的收发信站，用户通过它接入卫星链路，进行通信。

3. 卫星通信系统的分类

卫星通信系统的分类方法很多，按照轨道高度，可分为低轨道（low Earth orbit，LEO）卫星通信系统、中轨道（medium Earth orbit，MEO）卫星通信系统、高轨道卫星通信系统；按照通信范围，可分为国际通信卫星、区域性通信卫星、国内通信卫星；按照用途，可分为综合业务通信卫星、军事通信卫星、海事通信卫星、电视直播卫星等；按照转发能力，可分为无星上处理能力卫星、有星上处理能力卫星。最常用的分类方法是按照轨道高度来区分卫星通信系统。

1）低轨道卫星通信系统

低轨道卫星通信系统距地面 500～2000km，传输时延和功耗都比较小，但每颗卫星的覆盖范围也比较小，典型系统有"铱星"系统。低轨道卫星通信系统由于卫星轨道低，信号传播时延短，所以可支持多跳通信；其链路损耗小，降低了对卫星和用户终端的要求，可以采用微型/小型卫星和手持用户终端。但是，低轨道卫星通信系统也为这些优势付出了较大的代价：由于轨道低，每颗卫星覆盖的范围较小，要构成全球系统需要数十颗卫星。同时，由于低轨道卫星运动速度快，对于单一用户来说，卫星从地平线升起到再次落到地平线以下的时间较短，所以卫星间或载波间的切换频繁。因此，低轨道卫星通信系统的构成和控制复杂，技术风险大，建设成本也相对较高。

2）中轨道卫星通信系统

中轨道卫星通信系统距地面 2000～20000km，传输时延大于低轨道卫星通信系统，但覆盖范围也更大，典型系统是国际海事卫星系统。中轨道卫星通信系统可以说是同步卫星通信系统和低轨道卫星通信系统的折中，兼有这两种系统的优点，同时又在一定程度上克服了这两种系统的不足。中轨道卫星通信系统的链路损耗和传播时延都比较小，仍然可采用简单的小型卫星。如果中轨道和低轨道卫星通信系统均采用星际链路，当用户进行远距离通信时，中轨道卫星通信系统的信息通过卫星星际链路子网的时延将比低轨道卫星通信系统低。当轨道高度为 10000km 时，每颗卫星可以覆盖地球表面的 23.5%，因而只要几颗卫星就可以覆盖全球。从一定意义上说，中轨道卫星通信系统可能是建立全球或区域性卫星移动通信系统较为优越的方案。

3）高轨道卫星通信系统

高轨道卫星距地面 35800km，理论上，用三颗高轨道卫星即可实现全球覆盖。传统的同步静止轨道卫星通信系统的技术最为成熟，自从同步卫星用于通信业务以来，用同步卫星来建立全球卫星通信系统已经成为建立卫星通信系统的传统模式。但是，同步卫星有一个不可克服的障碍，就是较大的传播时延和链路损耗，严重影响到它在某些通信领域的应用，特别是在卫星移动通信方面的应用。首先，同步卫星轨道高，链路损耗大，对用户终端接收机的性能要求较高。其次，由于链路距离长，传播时延大，单跳的传播时延就会达到数百毫秒，当移动用户通过卫星进行双跳通信时，时延甚至将达到秒级，这是用户，特别是语音用户难以忍受的。为了避免双跳通信，就必须采用星上处理使卫星具有交换功能，但这将增加卫星的复杂度，不但会增加系统成本，也有一定的技术风险。

4. 卫星通信网结构

卫星通信网结构即卫星通信网的组网方式或者网络拓扑。从地球站之间的组网形式，可以将卫星通信网结构分为星型网、网型网和混合网。

如图 4-102 所示，在星型网中，各小站与主站都通过卫星单跳互通，小站之间不能通过卫星直接进行单跳互通，而是通过主站中继/转发实现。星型网的缺点是：主站是全网数据交换的中心，若发生故障，则全网无法工作；小站之间的通信需要双跳，传播时延加倍。因此，星型网适合小站之间业务量不大，大部分业务都发生在小站与主站之间的情况，但是这种网络结构对于实时的语音业务是不适用的。

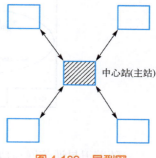

图 4-102　星型网

如图 4-103 所示，在网型网中，各小站之间可以通过卫星单跳互通，不需要经过主站中继/转发。当然，网型网需要一个主站来管理与控制各小站的活动，并按需分配信道。因此，网型网的优点是：小站之间的数据不需要经主站交换，网络健壮性更好；小站之间互通只需单跳，传播时延小。网型网的缺点是：由于小站之间要实现单跳互通，所以小站的天线口径较大、设备相对较复杂、价格相对较高。语音业务、多媒体业务或点对点数据业务适合采用网型网结构。

混合网是星型网和网型网的组合，结合了两种网络的优点。如图 4-104 所示，在混合网中，主站可以与所有的小站保持单跳互通，便于对全网实现集中管理与控制，但部分小站之间的数据不必经主站转发，可以降低时延。因此，混合网可以为主站和小站提供时延不敏感的数据传输业务，为小站之间提供时延敏感的语音业务。

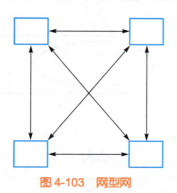

图 4-103　网型网

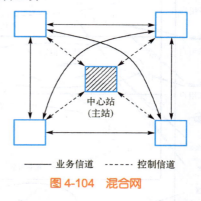

图 4-104　混合网

卫星通信网系统结构如图 4-105 所示，包括空间段、地面段和用户段三部分。空间段由通信卫星构成，卫星的运行轨道可以分为低轨、中轨、同步静止轨道或倾斜地球同步轨道（inclined geosynchronous orbit, IGSO）等。根据星上载荷类型的不同，通信卫星可采用透明中继或星上处理的工作方式。地面段包括关口站、网络管理中心、互联网等功能实体。用户段包括各类用户终端设备。

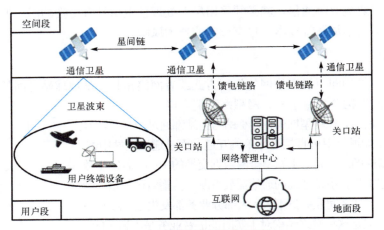

图 4-105　卫星通信网系统结构

　　随着卫星通信网与地面网络的深度融合，卫星通信网与 5G 移动通信网络的统筹考虑是未来信息网络的一个重要方向。我国天地一体化网络的系统结构如图 4-106 所示，由空间网络天基骨干网、空间接入网络、空间网络地基主干网，以及地面互联网、地面移动通信网等多种异构网络互联、融合而成。天基骨干网由若干个高轨卫星节点联网而成，主要负责网络中数据转发/分发、路由、数据传输等功能，可实现网络的全球、全时覆盖。空间接入网络由若干个低轨卫星节点或临近空间节点联网而成，为陆基、海基、空基、天基多维度用户提供网络接入服务。地基主干网由关口站、一体化网络互联节点等地基节点联网而成，主要实现

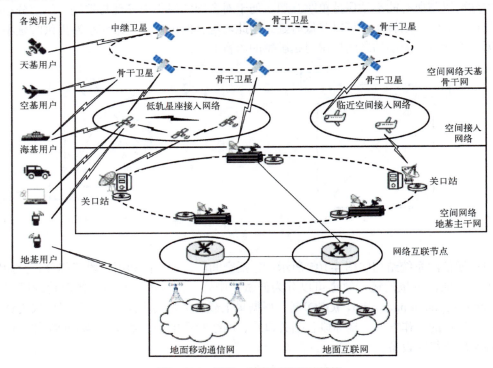

图 4-106　天地一体化网络系统结构

对天基网络的控制管理、信息处理，以及天基网络与地面互联网、移动通信网等地面网络的互联等。地面互联网和地面移动通信网主要为互联网用户接入卫星网络提供服务。

4.5.2 卫星通信网体系结构

当前，卫星通信网体系结构主要有 CCSDS 网络体系结构、DTN 网络体系结构等。

1. CCSDS 网络体系结构

航天测控通信相关的网络协议国际标准主要由国际空间数据系统咨询委员会（Consultative Committee for Space Data Systems，CCSDS）制定。CCSDS 是一个国际性空间组织，致力于制定、推广和应用与空间通信有关的一系列建议和技术标准，倡导各国空间组织采用相同的空间通信标准，取得最大的交互性，以实现各国空间飞行任务的合作与交互操作，推动国际空间通信事业不断向前发展。CCSDS 设计了一套完整的通信协议体系，包括物理层、数据链路层、网络层、传输层和应用层，其中每一层又包括若干个可供组合的协议。CCSDS 协议体系的参考模型如图 4-107 所示。CCSDS 建议包含两部分：普通在轨系统（common orbiting system，COS）和高级在轨系统（advanced orbiting system，AOS）。其中 COS 是为了完成常规通信任务的一种基于地面测控平台的空间数据系统，如今已经基本普及。AOS 是在 20 世纪 90 年代后针对空中测控通信新要求而提出的多业务处理建议，如今在中继、空间站以及载人飞行器等方面已经有了一些应用。CCSDS 提出了一套空间通信协议规范（space communications protocol specification，SCPS），包括 SCPS-网络协议（SCPS network protocol，SCPC-NP）、SCPS-传输协议（SCPS transport protocol，SCPC-TP）、SCPS-安全协议（SCPS security protocol，SCPC-SP）等。

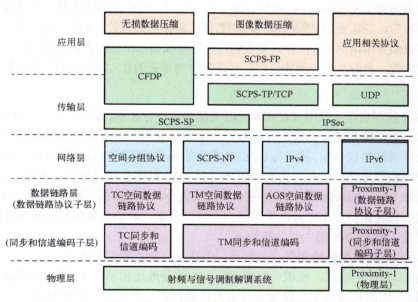

图 4-107　CCSDS 协议体系的参考模型

1）物理层

CCSDS 的物理层由射频与信号调制解调系统、Proximity-1 组成。射频与信号调制解调系统用在地面站、中继卫星和航天飞船上，从技术标准、指导意见和程序设计等 3 个方面来介绍系统的构成和使用。技术标准主要包括了载波调制、天线极化方式、信号编码等技术指标，指导意见主要包括了频率利用、能量限制、解调方法、操作程序、测试建议等技术细节，程序设计则包含了设计工具和程序算法。

2) 数据链路层

为适应空间网络与地面网络极为不同的信道特性，CCSDS 设计了专门的空间数据链路协议(space data link protocol，SDLP)。数据链路层又划分了两个子层，分别是数据链路协议子层、同步和信道编码子层。数据链路协议子层主要为上层协议的数据包在空间链路上提供点对点的传输服务，在完成帧的封装后，在同步和信道编码子层进行信道编码，随后将封装好的服务数据单元传递至物理层发送。对上层协议来说，无须关心具体的信道编码方式和物理层使用的信号体制。

目前应用于空间通信的数据链路层协议主要有遥测(telemetry，TM)、遥控(telecommand，TC)、AOS 和 Proximity-1 等四种空间数据链路协议(以下分别简称 TM-SDLP、TC-SDLP、AOS-SDLP 和 Proximity-SDLP)；对于同步和信道编码子层，CCSDS 发布了 TM、TC 和 Proximity-1 等三种同步和信道编码标准。TM 协议应用于航天器传输遥测数据到地面站；TC 协议负责地面站发送信息到航天器；AOS 协议用于空间信息的双向实时传输；Proximity-1 协议适用于信号不弱、时延短、通信过程短暂的空间近距离链路。

同步和信道编码子层为空间链路传输数据提供差错控制、帧校验和同步三大功能。对于差错控制功能，CCSDS 推荐卷积码、Reed-Solomon 码、Turbo 码和 LDPC 等四种编码方式，这些编码方式都具有扩展带宽小的优势，在提高抗噪声性能的基础上尽可能提高信道的利用率；此外，将卷积和 Reed-Solomon 码级联使用还可以进一步提高编码增益。在接收方的数据链路层完成解码后，还需要通过帧校验程序判断该传输帧是否有效，如果差错过多且无法纠正，则需要丢弃该帧并申请重传。同步功能则通过在传输帧头部增加同步码实现，同步码通常为固定长度的固定值，且应具有识别物理层信号调制解调带来的 0、1 相位模糊的功能。

3) 网络层

为适应并兼容地面互联网，CCSDS 对网络层协议进行了多次改进，并提出 IP over CCSDS 的解决方案。对网络层的数据包进行封装后，地面互联网中的 IPv4 和 IPv6 分组报文也可以通过空间数据链路协议传输，从而与 CCSDS 提供的标准网络层协议(空间分组协议、SCPS-NP)一起复用空间数据链路。但是，SCPS-NP 不支持与 IP 网络直接互操作，需要进行报头转换。

SCPS-NP 针对卫星通信的特殊性减小了报头大小，从而降低了数据传输开销，并且提供了灵活可选的优化路由方案以及高效的路由表维护方案，对动态变化的空间网络拓扑结构有良好的适应性。SCPS-NP 的主要功能如下。

(1)为用户提供数据传输服务：点到点、组播及广播式数据传输。

(2)提供多种地址模式：标识一对通信主机的路径地址和单台主机的各种端地址。

(3)协议头部的长度可变，仅包含与所需功能相对应的字段，从而减少不必要的开销并提高协议效率。

(4)提供多种选路模式：除传统的最优路由选择模式外，还提供双路由洪泛模式(将数据包同时转发给最优和次优路由)和洪泛模式(将数据包同时转发给所有端口)。

(5)提供 2 种路由表维护模式：既支持静态配置，也支持动态计算。

(6)提供基于优先级的数据包处理功能。

(7)提供分组生存时间控制功能：可以基于路由跳数，也可以基于时间戳。

(8)采用改进的控制信息协议，增加信道质量下降、链路中断的信令信息。这样就可以对因拥塞或信道质量而造成的分组丢失进行区别处理。

与 IP 协议相比，SCPS-NP 的改进主要体现在以下几点。

(1)提供了 4 种不同长度的头部供用户在效率与功能之间进行取舍。

(2)借鉴 AOS 的路径业务，提供由管理机制配置的端到端路由。

(3)增加了洪泛寻址方式。

(4)与互联网控制报文协议(ICMP)相比，SCPS 控制信息协议(SCPS control message protocol，SCMP)增加了由于信道质量而造成链路中断的信令信息。

(5)在地面网络使用 IP 协议的情况下，为实现与地面网络的互操作，需要将 SCPS-NP 包封装在 IP 包中传输或设置关口站进行 SCPS-NP 协议与 IP 协议之间的转换。

4)传输层

在传输层，CCSDS 开发了 SCPS-TP 协议。SCPS-TP 协议采用了互联网 TCP 协议的标准，但是在通信控制方面，鉴于空间链路的特性，CCSDS 做了一些调整，加入了更多的选项，以适应不同的空间链路环境。SCPS-TP 可提供完全可靠、尽最大努力以及不可靠等类型的传输服务，其中完全可靠传输服务由 TCP 提供，尽最大努力传输服务由 TCP 修改后的 TP 协议提供，不可靠传输服务由 UDP 提供。

SCPS-TP 为应对空间链路环境，在 TCP 的基础上做了如下改进。

(1)为了加快连接建立过程，TP 减少握手次数。在还没有完全建立连接的情况下，支持数据传输。

(2)窗口扩展。对原来 16bit 的窗口进行扩展，用 32bit 表示窗口大小，以便在长往返时延的情况下，支持传输更大的报文段。

(3)往返时延测量，适应高误比特率、时延动态变化、大量数据传输的情况。用 SCPS-TP Vegas 拥塞控制算法代替原有 Jacobson 算法。Vegas 算法通过测量往返时延的变化，估计网络的拥塞情况，进而调整窗口大小，而不是在发生拥塞时突然减小拥塞窗口。

(4)选择性否定确认机制(selective negative acknowledge，SNACK)。对于连续发送的数据分组，若中间某个分组丢失，TCP 将重传整个数据发送序列。SNACK 利用比特向量表示标识丢失分组与未丢失分组，只要求发送端重传丢失分组，从而提高了数据传输效率。

(5)采用头部压缩机制处理低链路带宽情况下的分组传输效率问题。可以将标准 TCP 协议的头部压缩至原来的一半，在建立连接后，数据收发双方利用连接标识(connection ID)来确认连接，可避免重复传输一些固定、不变的信息，以减少报文传输的开销。

(6)采用显示拥塞通告机制，提高在网络拥塞情况下的链路传输效率。

5)应用层

CCSDS 在应用层提出了 CCSDS 文件传输协议(CCSDS file delivery protocol，CFDP)、无损数据压缩、图像数据压缩、SCPS 文件协议(SCPS file protocol，SCPS-FP)等协议或算法。应用层的协议数据单元通常由传输层协议负责传输，但在某些特殊情况下，也可以直接封装成网络层的协议数据单元进行传输。CCSDS 之所以提出无损数据压缩和图像数据压缩，是为了提高空间链路的数据传输效率，尽可能减少对星上存储资源和空间链路带宽的占用。

CFDP 横跨应用层与传输层，既是一种面向传输的应用层协议，又集成了传输层的功能，包含核心基本功能和扩展功能。CFDP 无须握手便可传输数据，其核心基本功能提供了在单跳链路中的点对点传输功能，而扩展功能支持复杂任务场景中多段链路的多跳传输。

CFDP 提供可选的不可靠服务及基于 ARQ 机制的可靠服务。CFDP 采用否定应答 NAK 取代地面通信中常用的肯定应答 ACK，简化了信令的交互。CFDP 根据深空链路特性及不同的传输需求，可提供延迟型、立即型、提示型和异步型 4 种可靠服务模式。

CFDP 与 TCP/IP 体系的文件传输协议相比，有如下特点。

(1)在各种链路环境下均可保证很高的传输效率。

(2)可在中继架构的网络环境中完成文件传输。

(3)适用于信道不对称的环境。

(4)最小化通信的链路开销。

(5)通过缓存共享机制降低了航天器对存储设备的要求。

(6)能满足卫星通信以及深空通信的各种需求。

除此之外，CFDP 在应用层引入了差错控制技术，使其成为一种跨应用层与传输层的通信协议，减少了传输过程中对底层网络环境的依赖。

2．DTN 网络体系结构

容迟/容断网络(delay/disruption tolerant networks，DTN)起源于星际互联网的研究，是指能够在长时延、断续连接等受限网络环境中进行通信的新型网络体系。为应对深空通信中传输时延长、链路间歇性中断等问题，Kevin Fall 等提出容迟/容断网络的概念。互联网研究任务工作组(Internet Research Task Force，IRTF)组建了容迟/容断网络研究组(DTN Research Group，DTNRG)对 DTN 进行研究。2007 年，DTNRG 提出 DTN 网络体系结构和 Bundle 协议。2008 年，其定义了汇聚层协议，包括 TCP 汇聚层协议(TCP convergence layer protocol，TCPCLP)、Saratoga 协议、Licklider 传输(Licklider transmission protocol，LTP)协议等。同时，为了改进 BP 协议的不足，其制定了补充方案。容迟/容断网络协议体系结构如图 4-108 所示。

DTN 协议体系是一种面向消息的、可靠的覆盖层网络体系结构，其核心思想是在应用层和传输层或其他下层协议之间引入了名为束层(bundle layer)和汇聚层的覆盖层，来连接使用不同传输协议的受限网络。束层采用先存储、后转发的数据传输机制以实现异构网络区域之间的互联操作。如果下一跳链路中断或没有可用路由，数据将暂时托管在节点存储器中，待链路恢复后

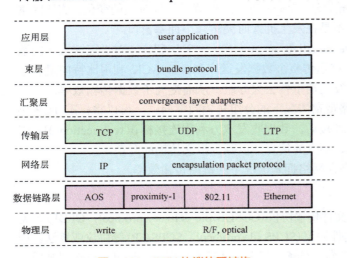

图 4-108　DTN 协议体系结构

再传输到下一跳节点。当数据成功传输给下一跳节点并收到肯定的确认消息后，本级节点才会释放数据存储空间。因此，DTN 能够在大时延和高误码率的异构网络中进行有效可靠的数据传输。

1）BP 协议

束层上运行的是束协议（bundle protocol，BP），BP 协议定义束层传输的基本数据单元为束 Bundle，包括头部信息、应用数据单元（application data unit，ADU）和控制信息三个部分。在 DTN 中，应用层数据被封装成束，源节点的束层负责把束交付给目的节点的束层。BP 协议通过端点标识符（end-point identifiers，EIDs）来命名各个节点，并根据 EIDs 应用路由算法计算下一跳转发节点。数据在节点间是逐跳传输的，不需要端到端的连接路径，每一中间节点在收到转发束后，都会重新根据路由策略选择下一跳，直到转发束到达目的节点。

BP 协议提供了存储转发（store-and-forward）和托管传输（custody transfer）两个机制。存储转发机制可以减少链路频繁中断对数据传输的影响，当节点检测到链路连接断开或暂时没有可以到达目的节点的下一跳节点时，将束缓存起来直到与下一跳节点建立连接，然后将束发送给下一跳节点。托管传输机制是一个可选机制，传输路径上具有永久存储能力的中间节点可以将束托管在本地，来保证数据传输的可靠性。启动托管传输后，当一个节点转发束到下一跳节点时，会启动一个托管传输应答计时器，若下一跳节点成功接收到转发束，则会向上一节点返回一个确认消息，收到确认消息的上一节点就会将已被成功接收的束从本地存储空间永久删除。若转发束丢失或计时器超时时发送节点还没有接收到应答，发送节点将重传丢失的束，而无须让源节点重传数据。这种机制可以提高数据重传效率，并通过逐跳的可靠传输保障了数据传输端到端的可靠性。

BP 协议中的一个 bundle 包含一个 bundle 主块和一个 bundle 负载块。bundle 的基本信息包含在主块中，而应用数据单元则包含在负载块中。为了节省带宽，数据块的格式用自我限定数值（self-delimiting numeric values，SDNV）表示。bundle 数据在转发过程中有可能会根据需要进行主动式分片和反应式分片。主动式分片是指节点主动将过大的应用数据划分为多个较小的数据块，分别作为独立的 bundle 进行传输；反应式分片是指由于链路中断等因素，bundle 数据只传输了一部分，接收端将已经成功接收的数据部分组合成一个新的 bundle 向下一跳节点继续传递，未能接收的数据将会在链路恢复并成功接收之后重组为另一个独立的 bundle 继续传递。分片提供了更加灵活高效的数据传输方式，但是增加了协议开销和节点能量损耗。

2）LTP 协议

传输协议一般在同类型网络区域保证传输的可靠性，而 BP 以托管传输的方式，在跨区域受限网络中提供可靠传输服务。由于底层网络各不相同，BP 要充分发挥作用还需要一个通信接口来适配不同的底层协议，这个通信接口就是汇聚层适配器（convergence layer adapter，CLA）。对于 DTN 的发送端，CLA 会根据当前传输协议对收到的来自束层的 Bundle 数据和指令进行处理，形成合适的数据单元并提供给传输协议使用。在接收端，CLA 将收到的数据帧整合成 bundle 数据，再交付给 BP 进行处理。汇聚层为 BP 和下层传输协议提供了相匹配的通信接口，CLA 会根据不同的传输协议采用不同的功能，因此传输协议有时也称为汇聚层协议。汇聚层协议的工作方式如图 4-109 所示。

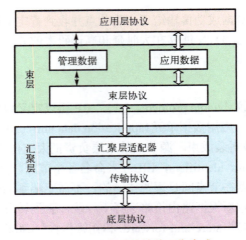

图 4-109　汇聚层协议的工作方式

　　当前已经定义的汇聚层传输协议主要有运行在 TCP 之上的 TCPCL，以及运行在 UDP 之上的 UDPCL、Saratoga 和 LTP。为了解决深空通信环境下可靠传输的问题，DTNRG 提出了一种新的汇聚层协议，即 LTP 协议，命名为 LTP 协议是为了纪念计算机科学家 Joseph Carl Robnett Licklider。LTP 协议是 DTN 中基于可靠传输的重要汇聚层传输协议，既可以运行在 UDP 之上，也可以直接运行在数据链路层之上。当汇聚层协议应用到空间通信时，已有研究表明在链路延迟短、误码率低的 DTN 空间网络中，TCPCL 比 LTP 能取得更高的数据吞吐率，但在链路延迟大、误码率高、频繁中断的深空通信中，通常采用 LTP 协议。

　　传统 Internet 网络数据传输一般采用数据接收、数据确认、继续发送的传递方式。但是在传播时延极大的深空网络，这种传递方式会对宝贵的网络资源和链路带宽造成极大的浪费。为此，LTP 引入了会话(session)机制，支持多个会话并行传输以提高信道利用率。LTP 采用了自动重传请求(ARQ)、选择性否定确认(SNACK)和重传机制来实现可靠传输。在数据传输过程中，接收端会向发送端提供报告段(report segment，RS)来显示未成功接收的数据，发送方根据 RS 内容对丢失的数据进行重传。为了减少信息交互过程和充分利用链路资源，LTP 发送数据前不需要建立连接，在路由协议确定路径之后即可进行传输。

　　LTP 一次会话发送一个数据块，每个数据块由多个数据段构成，并且数据段的大小受链路层最大传输单元(MTU)长度的限制。LTP 数据段主要包含头部、数据段内容和尾部三部分，其中头部包含版本号、段类型、会话 ID 和扩展域。LTP 数据块由两部分组成，红色部分和绿色部分。传递红色部分数据采用类似于 TCP 的可靠传输，需要进行数据确认和重传；传递绿色部分数据采用类似于 UDP 的不可靠传输，无须进行数据确认和重传。红色部分和绿色部分的数据长度均可为零。

　　在 LTP 中，成功传输一个 LTP 数据块中所有数据段的过程定义为一次会话。为了提高深空通信中的信道利用率，LTP 允许多个不同传输阶段的会话同时运行，这样就会出现当前会话还未结束，新的会话就已经开始的情况。为了保证数据的可靠传输，LTP 要求每个数据块的所有数据在成功接收之前必须得到保留。但是 LTP 进程的存储资源又是有限的，这个存储资源就限制了一个 LTP 进程可以同时运行的会话数量，这个数量称为最大会话数(maximum number of session，NOS)。另外，在一次会话过程中，能汇聚到一个 LTP 数据块中的数据量称为每会话标称字节数量(nominal number of bytes per session，NBS)。当运行的会话数达到 NOS 时，即使还有多余的链路资源，在现有会话结束或取消前也都不会开始新的会话。因此通过调整 NBS 和 NOS 的值，可以改变 LTP 在任意时刻传输数据的总流量。在 DTN 链路中，NBS 与 NOS 的乘积可以作为 LTP 的流量控制窗口。表 4-3 给出了 TCP、UDP、LTP 等三种传输协议在传输元素、确认机制、重传方式等方面的对比。

表 4-3　三种传输协议特性差异

协议特性	TCP	UDP	LTP
传输元素	传输前建立持续的无边界连接，以拥塞窗口的形式传输缓冲区内的字节	提供无连接传输	采用有边界的会话作为传输单元
确认机制	对窗口中的字节进行确认	无	采用 SNACK 方式
重传方式	由发送端进行端到端的重传	无	重传责任逐跳转移，采用点到点的重传
接收顺序	传输字节按序接收	接收可能乱序	每个会话内的字节按序接收，但是会话之间可能存在乱序
流量控制	用发送窗口中还没有被确认的数据字节的大小来控制发送速率的大小	无	通过 NBS 和 NOS 控制流量
拥塞控制	通过拥塞控制机制实现	无	无

4.5.3　低轨卫星互联网

卫星互联网是基于卫星通信的互联网，通过发射一定数量的卫星形成规模组网，从而辐射全球，构建具备实时信息处理功能的大卫星系统，是一种能够向地面和空中终端提供宽带互联网接入等通信服务的新型网络。由于低轨卫星的高度较同步静止轨道卫星低，低轨卫星传输的时延更短、路径损耗更小，就通信的可达性和实时性而言，其低时延、可靠传输和全球无死角覆盖等优势正成为跨越全球网络信息鸿沟的新选项，为天网、地网一体化融合提供了有利的时机和条件，加速了整个社会迈向数字化通信时代。正是因为低轨卫星星座在构建卫星互联网上的优势，各主要航天大国纷纷基于低轨卫星星座开启本国的卫星互联网计划以抢占市场。

1. 低轨卫星互联网发展历程

从发展历程看，卫星互联网经历了与地面通信竞争、补充、融合三个阶段，如表 4-4 所示。

表 4-4　卫星互联网发展的三个阶段

比较项	第一阶段	第二阶段	第三阶段
时间范围	20 世纪 80 年代至 2000 年	2000～2014 年	2014 年至今
阶段描述	与地面网络正面交锋，展开竞争	作为地面通信的填隙和备份	与地面网络融合发展，扩展覆盖范围
主要代表	铱星、全球星、轨道通信、泰利迪斯(Teledesic)、天桥系统(Skybridge)	第二代铱星系统、全球星、轨道通信	O3b、OneWebx、Starlink、鸿雁、虹云
业务服务	窄带移动通信——低频段低速语音、低速数据	窄带移动通信——低频段低速语音、低速数据、物联网服务	宽带互联网——高频段高速率、低时延、海量数据

第一个阶段以试图建造一个全球性卫星移动通信系统的第一代"铱星"(Iridium)为代表。"铱星"的名字取自"铱"元素的原子序数，第一代"铱星"通过分布在 7 个轨道平面

的 77 颗卫星对地球进行全面覆盖，以期实现全球用户的互联互通。然而，由于高昂的研发与维护成本，第一代"铱星"最终以失败告终。

第二个阶段以 Iridium Next 为代表，重新规划设计全球卫星移动通信系统。Iridium Next 采用与第一代"铱星"相同的星座构型，包含 66 颗卫星，分布在 6 个轨道上，轨道高度为 780km。Iridium Next 的每颗卫星配备了 L 频段用户链路和 Ka 频段馈电链路，且每颗卫星具有 4 个 Ka 频段的星间链路，可实现星上路由转发。与第一代"铱星"相比，Iridium Next 的性能有了较大提升，手持终端业务速率可达 1.5Mbit/s，大型固定终端业务速率可达 8Mbit/s。另一个具有代表性的系统是 Globalstar，该系统以低成本著称，主要为边远地区提供通信服务，并且也为通信运营商提供一部分容量服务。以上两个阶段的卫星网络的发展均以低轨卫星为基础。

第三个阶段以 O3b、OneWeb、Starlink、鸿雁、虹云等为代表。

O3b 全称为 other 3billion，译为"另外的 30 亿"，目标是为"另外的 30 亿"偏远地区尚未连接互联网的用户提供网络服务。O3b 卫星运行在中轨道，与低轨道卫星相比，O3b 卫星覆盖面广，与高轨卫星相比，其时延较低。

OneWeb 卫星网络将 648 颗卫星部署在距地面 1200km 高度的 18 个轨道平面内。在高通、空客等公司的支持下，OneWeb 一度成为最具知名度的下一代低轨卫星互联网。该卫星采用 Ku 与 Ka 频段，为每个地面用户提供 50Mbit/s 的下行速率和 25Mbit/s 的上行速率，单星网络容量可达 7.5Gbit/s，覆盖地表面积可达 116 万平方千米。OneWeb 曾在 2020 年 3 月申请破产保护，但在 11 月获得英国政府与 Bharti Global 的 10 亿美元资助，并向美国联邦通信委员会（Federal Communications Commission，FCC）申请第二阶段部署 6372 颗卫星。

美国太空探索技术公司的"星链"计划是迄今为止规模最大的星座项目，旨在建设一个覆盖全球、速度高、容量大和时延低的天基全球通信系统。"星链"原计划在 2019~2024 年发射 1.2 万颗左右的卫星组成"星链网络"。2022 年，SpaceX 申请再增加发射 3 万颗，以 4.2 万颗左右的卫星构成轨道高度为 340~1200km 不等的低轨卫星互联网。

2016 年，中国航天科技集团有限公司提出建设"鸿雁卫星星座通信系统"，并于 2018 年 12 月 29 日发射首颗卫星。鸿雁系统运行在 1100km 的轨道上，主要使用 L 和 Ka 频段。"鸿雁"星座计划首先使用 60 颗低轨卫星组成初步的骨干卫星网络，以满足基本的数据通信需求，其最终目标是投入使用 300 颗以上的卫星，系统建成后将为用户提供全球性、实时性的数据通信和综合业务服务。

"虹云工程"是由中国航天科工集团有限公司在 2017 年的全球航天探索大会上首次发布的规划。"虹云工程"计划最晚在 2025 年发射 156 颗低轨小卫星，轨道高度为 1000km，旨在建设一个宽带的天基全球互联网，以满足我国地面通信网欠发达的地区宽带接入互联网的需求。2018 年 12 月 22 日，"虹云工程"成功发射了首颗低轨小卫星。

除了上述两家国有特大型高科技企业之外，我国一些民营的航天公司也纷纷开展卫星互联网的研究和探索，如银河航天（北京）科技有限公司的"银河 Galaxy"星座计划、北京九天微星科技发展有限公司的"瓢虫系列"卫星、北京国电高科科技有限公司的"天启星座"等。

2021 年 4 月 26 日，中国卫星网络集团有限公司（简称中国星网）注册成立，标志着我国卫星互联网产业建设进入加速落地时期。中国星网是由中国政府出资成立的国有企业，负责打造一个由 1.3 万颗卫星组成的网络，该公司计划 2035 年完成全部卫星的发射，这些卫星将为下一代移动通信系统 6G 的实用化提供支撑。

2. 低轨卫星互联网的特点

低轨卫星互联网是一种利用轨道高度较低的卫星建立的网络体系，主要有以下几个特点。

(1) 网络可靠性高且灵活。低轨卫星互联网中卫星数量相对较多，组网方式相对灵活，单颗卫星发生故障对网络的影响不大，且其不受自然灾害的影响，大部分时间内低轨卫星互联网可提供稳定且可靠的通信服务。

(2) 时延低。低轨卫星通信链路均为视距通信，传输时延和路径损耗相对较小且稳定，能支持视频通话、网络直播、在线游戏等实时性要求较高的应用。

(3) 容量大。低轨卫星互联网通常采用 Ka/V 频段或更高频段，可实现超过 500Mbit/s 的大容量通信，且满足海量终端接入的需求。

(4) 地面网络依赖性弱。随着星上处理技术的发展进步，低轨卫星互联网可通过星间链路提供全球通信服务，而不需要在全球大量部署地面信关站，可减少对地面基础设施的依赖。

(5) 多种技术协同发展。点波束、多址接入、频率复用等技术的协同应用可缓解低轨卫星互联网中存在的频谱资源紧张等问题。

(6) 可实现全球覆盖。多颗卫星协同组网，可实现全球无缝覆盖，不受地域限制，能将网络扩展到远洋、沙漠等信息盲区。

因此，新一代低轨卫星互联网将是 6G 空间互联网建设的重要部分，是实现全球互联的核心解决方案。尽管低轨卫星互联网具有很多优势，但依然存在一些缺陷。

(1) 网络拓扑动态变化。低轨卫星周期性运转，具有高动态性，易导致网络拓扑结构的变化，同时网络路由也随之不断变化。低轨卫星的高动态性易引起星间链路的中断，致使业务数据传输中断，无法保障终端用户的服务质量。

(2) 流量分布不均匀。终端用户分布不均匀，导致卫星网络的流量分布也具有不均匀性。例如，人口密集的地区需要传输的流量较大，人口稀疏的偏远地区需要传输的流量较少，海洋和沙漠地区几乎不产生流量。当某区域对卫星的任务请求量较大时，有可能会引起服务阻塞。

(3) 卫星切换频繁。当卫星远离时，终端用户需要断开当前的卫星连接，切换到另一颗靠近的卫星进行连接通信。若不能及时进行切换操作，则无法满足对实时性要求较高的业务需求。

(4) 多径传输效应。在低轨卫星互联网中，星地之间和星星之间通常存在多条通信路径，需要根据自身的需求(如服务质量需求)进行选择，以保障网络传输质量。

(5) 通信链路稳定性差。低轨卫星的星地和星间链路切换频繁，链路不够稳定，需要利用合适的移动性管理技术才能保证通信服务的稳定性。

(6) 多普勒频移明显。低轨卫星动态性强，通信信号在传送过程中的多普勒频移较大，需要对频移进行估计并补偿才能实现通信信号的可靠接收。

3. 低轨卫星互联网接入技术

低轨卫星互联网接入可以分为固定多址接入、随机多址接入、按需分配多址接入等方式。

1）固定多址接入

在固定多址接入中，TDMA 模式为每个用户分配不同的时隙，用户在分配好的时隙内发送自己需要传输的数据，这种模式对时间同步要求较高。FDMA 模式将整个带宽切分成数个频段，给各个用户分配不同的频段，各个用户能同时利用不同的频段发送信息。CDMA 模式不需要在时间域和频率域进行不同的划分，各个用户使用相同的信道但分配不同的伪随机码序列，在接收端再用相互正交的码字解出属于自己的信息。SDMA 模式主要通过划分区域的方式来增加网络系统的容量，实现该模式的关键是天线技术的突破。基于中继站天线的多波束覆盖，将某一个中继站的覆盖区域划分为若干小区，每个小区拥有独立的中继转发器和天线。因此，每个小区内的信号传输可以在空间上很好地隔离，从而达到空分复用的目的。

现有的卫星网络大多采用固定分配类的多址接入。例如，我国的北斗导航卫星、美国的全球星系统以及全球定位系统（GPS）采用 CDMA 多址接入，"铱星"系统采用 TDMA 与 FDMA 混合多址接入。

星型网络下 FDMA 的基本工作模型如图 4-110 所示。入站端采用频分多址单信道单载波（frequence division multiple access-single channel per carrier，FDMA-SCPC）方式，出站端采用时分复用多信道单载波（time division multiplex-multiple channels per carrier，TDM-MCPC）方式。主站采用时分复用的方式，在 MCPC 载波上进行数据传输。每个用户分配一定的带宽，卫星的作用就是在上行频带中接收用户的上行信号，之后通过下行频带发送下行信号。主站将接收机调谐到一个特定的下行链路频率来接收下行信号。

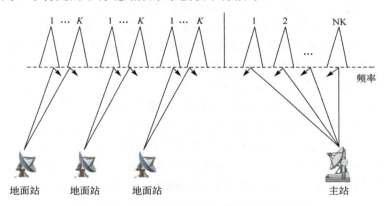

图 4-110　星型网络下 FDMA 的基本工作模型

以上提到的几种基本信道多址接入方式可以互相组合，形成多种混合信道多址接入技术，包括多码时分多址（multiple code time division multiple access，MC-TDMA）、多频时分多址（multiple frequence time division multiple access，MF-TDMA）、多码频分多址（multiple code frequence division multiple access，MC-FDMA）和多码多频时分多址（multiple code multiple frequence time division multiple access，MC-MF-TDMA）。其中，MC-TDMA 的每个信道对应特定的扩频码和时隙。MF-TDMA 的每个信道对应特定的频率和时隙。在 MC-FDMA 技术中，可用带宽首先被划分为数个频段，然后每个信道被赋予一个不同的扩频码来填充每个频段。需要注意的是，MC-FDMA 技术中，因为频率划分保持了正交性，同样的扩频码在相邻的频段上可以赋值给不同信道。MC-MF-TDMA 是基于时间、频率、码字三个坐标轴的划分。

在卫星通信系统中，SDMA 接入方式一般与 FDMA、TDMA 或 CDMA 接入方式混合使用。SDMA 首先将卫星转发器的覆盖范围划分成一个个波束，类似于地面无线网络中的蜂窝，然后可以在波束之间使用 FDMA 接入方式，在波束内使用 FDMA、TDMA 等接入方式。卫星通信系统中 SDMA 的实现如图 4-111 所示。

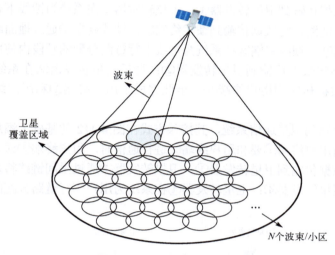

图 4-111 SDMA 接入方式

在无星间链路的卫星系统中，卫星一般称为卫星转发器，主要起到数据中继的作用。在由多颗卫星组成的全球性或者区域性的卫星系统中，将 SDMA、TDMA、FDMA 以及这几种方式的混合接入方式 MF-TDMA 等应用到如图 4-112 所示的卫星通信系统中。

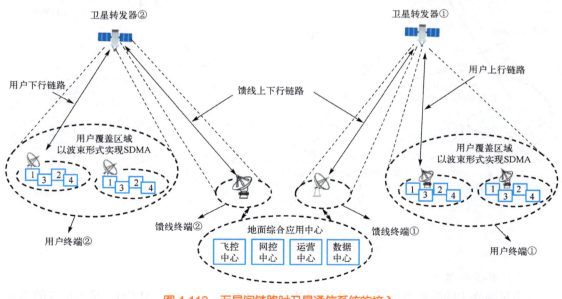

图 4-112 无星间链路时卫星通信系统的接入

当用户终端数目较多时，在卫星转发器覆盖的用户终端区域内使用 SDMA 接入技术形成很多个波束，在各个波束之间可以使用 FDMA 多址接入技术，如地面蜂窝移动通信系统中的三色、四色以及七色等频带复用方式。在图 4-112 中的每个波束内，用户可以根据具体的网络特点使用 FDMA、TDMA 或这几种方式的混合方式进行接入。当用户终端①要和用户终端②进行通信时，用户终端①首先在系统为用户上行链路分配的频段内，通过用户上行链路相应的接入方式将数据传输到卫星转发器①；卫星转发器①在系统为馈线下行链路分配的频段内接入到馈线下行链路，将数据传输到馈线终端①；馈线终端①通过地面综合应用中心将数据传输到馈线终端②；馈线终端②在系统为馈线上行链路分配的频段内使用合适的接入方式通过馈线上行链路将数据传输到卫星转发器②；最后卫星转发器②在系统为用户下行链路分配的频段内将数据传输到用户终端②，至此完成了用户终端①和用户终端②之间的通信过程。

针对有星间链路的卫星通信系统，其接入方式在图 4-112 的基础上添加了星间链路，如图 4-113 所示。当用户终端①要和用户终端②进行通信时，用户终端①通过用户上行链路相应的接入方式将数据传输到卫星转发器①；卫星转发器①通过星间链路将数据经由卫星转发器②、③传输到卫星转发器④；卫星转发器④在系统为用户下行链路分配的频段内将数据传输到用户终端②。

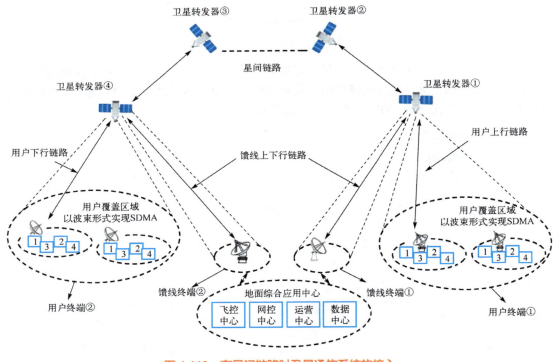

图 4-113　有星间链路时卫星通信系统的接入

2) 随机多址接入

卫星网络中的随机多址接入技术主要基于 ALOHA 接入协议。ALOHA 接入协议的主要思想是所有节点都可以向接收方发送数据包，接收方通过检查数据包的 CRC 字段来检测是否发生冲突。如果发生冲突，接收方将发生冲突的通知反馈给相关用户，用户节点等待一个随机的时间后，再重新传输冲突数据包。为降低数据产生冲突的可能性，在 ALOHA 协议的基础上添加同步的概念，即时隙 ALOHA(SA)。SA 用时钟来统一用户的数据发送。它将时间分为离散的时隙，用户每次必须等到下一个时隙才能发送数据，从而避免用户发送数据的随意性。相对于 ALOHA，SA 将碰撞脆弱期由两个包的持续时间降低到一个包的持续时间，即只有在同一时隙中发送的数据包才会导致冲突。

虽然 SA 降低了数据冲突的概率，但冲突的数据包要重新传输，这就加大了卫星间数据包传输的时延。分集时隙 ALOHA(diversity slotted ALOHA，DSA)在时隙 ALOHA 的基础上将每个分组都复制若干份，并将复制分组和原分组一起发送出去，只要有一个分组被成功接收，该分组即被认为发送成功。DSA 极大提高了数据包成功传输的概率。

与 SA 相比，DSA 可以在系统负载较低时获得较大的增益，但当系统负载较高时，其性能远低于 SA。针对这一特点，相关人员提出了冲突解决多路时隙 ALOHA(contention resolution diversity slotted ALOHA，CRDSA)。CRDSA 在 DSA 的基础上，进一步提升系统的吞吐量。CRDSA 系统中的分组固定只复制一份，原始分组与复制分组称为双胞胎分组。双胞胎分组在一帧中随机选择不同的时隙分别发送，它们之间保存着指向彼此所在时隙的指针。由于每个分组都有校验字段，因此接收方收到一帧中的所有分组后，能够找到可以成功恢复的分组，并找到它们的双胞胎分组所在的时隙，重构双胞胎分组。

编码时隙 ALOHA(coded slotted ALOHA，CSA)是 ALOHA 的另一种变形。它的核心思想是在发送分组之前不仅要进行简单的复制，还要对分组进行编码。接收方则聚集这些分组，解码并利用干扰消除技术从碰撞中恢复这些分组。对于陷入僵局，不能成功恢复出来的分组，则需要用户在确认超时之后重传。

3) 按需分配多址接入

在按需分配方式中，各个用户根据实际的业务需求向系统请求上行链路资源，卫星网络系统则结合用户的业务需求和优先级动态地分配资源。这种策略可以满足用户需求的动态变化，且不会浪费链路资源。一般来说，按需分配策略可分为三个阶段：用户请求资源阶段、调度器分配资源阶段和上行数据传输阶段。

按需分配方式按照分配的粒度分为两种类型：固定比特率按需分配和可变比特率按需分配。固定比特率按需分配的分配粒度较大，比较适合面向连接的服务类型。在用户建链阶段，用户向星上调度器发起按需分配的请求，如果请求被接受，则链路建立成功，然后星上调度器持续为用户分配固定的链路资源。在链路拆除阶段，用户向星上调度器发起结束请求，然后释放链路资源。可变比特率按需分配的分配粒度较小，分配资源的动态变化较大，能支持随时间动态变化的用户资源请求。用户将瞬时消息作为当前时刻的资源请求发送给星上调度器，以获得足够的资源发送队列中的数据，所以这种分配方式可以达到极高的信道利用率。但是，可变比特率按需分配中每个数据包在发送之前都需要请求信道资源，请求时延为一个往返时延(round time delay，RTD)(约 250ms)。因此，数据包的端到端时延下界为 2 倍 RTD(约为 500ms)，这对于时延敏感类业务是不能接受的。

4. 低轨卫星互联网切换技术

由于低轨卫星的运行轨道较低，其运动的角速度较大，单颗卫星能提供通信服务的时间有限，因此低轨卫星互联网通过多颗卫星的协同合作来提供通信服务；此外，由于卫星的运动特性，不同时刻下卫星网络的拓扑结构也不同，这就导致用户在通信过程中需要不断地切换，接入其他可视卫星以保证通信的连续性。因此，卫星切换问题是低轨卫星互联网必须解决的一个关键问题。

1) 切换的分类

低轨卫星互联网中的切换可以分为波束切换、卫星切换和星间链路切换。其中，同一颗卫星下不同波束之间的通信链路发生变化称为波束切换，波束切换主要涉及信道等卫星资源的分配问题；用户链路从一颗卫星切换到另一颗卫星称为卫星切换；不同卫星之间的通信链路的变化称为星间链路切换。

卫星的覆盖区域可以分成许多不同的波束，当用户越过卫星的相邻波束之间的边界时发生波束切换，所以波束切换是发生在卫星内部的切换，如图 4-114 所示。由于卫星波束的覆盖范围相对较小，因此波束切换很频繁，且波束切换时可供用户选择切换的波束数量较少。

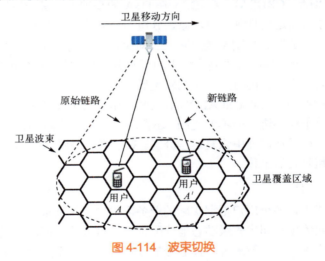

图 4-114　波束切换

如图 4-115 所示，星间切换可能发生在同一个轨道的前后卫星之间，也可能发生在不同轨道的卫星之间。

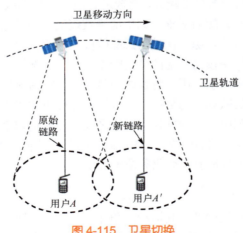

图 4-115　卫星切换

星间链路切换是卫星星间链路发生改变时进行的切换，如图 4-116 所示。相邻轨道中卫星之间的距离和视角变化、卫星暂时关闭星间链路是此类切换的主要原因。此类切换大多发生在极地等卫星轨道的交会点附近。关闭星间链路后，正在使用这些星间链路的节点必须重新进行路由选择。

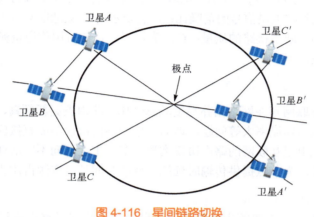

图 4-116　星间链路切换

2）切换阶段

切换需要解决以下两个问题：用户何时进行切换和用户切换到何处。切换分为四个阶段：切换测量阶段、切换准备阶段、切换执行阶段和切换完成阶段。

切换测量阶段是对用户的当前服务小区和邻近小区的信号强度等信息进行测量，然后将这些信息上报至服务小区，为精确地进行切换决策做好准备。在切换测量阶段，根据测量的信息可以得出合适的用户切换时刻。

切换准备阶段解决用户切换到何处的问题。当前服务小区根据用户上报的测量信息进行切换决策，选择可以继续服务用户的邻近小区，向其申请无线链路资源，并将申请的新链路资源相关信息发送至用户。

在完成无线链路资源申请后，进入切换执行阶段。在切换执行阶段中，用户根据新的链路资源信息，与新的服务小区建立新的链路。

切换完成阶段则是在用户与新的服务小区建立新的链路后，通知原小区释放资源，删除用户信息等。这样就完成了卫星通信系统中的切换。

3）切换策略

由于卫星网络的高动态性，用户在进行卫星切换时，不能像地面网络中切换基站一样仅考虑信号强度的因素。目前，对于该问题的研究，有三种基本策略：获得最好链路质量的最大仰角选择策略、获得最长服务时间的选择策略和保障切换成功率的最大空闲信道选择策略。切换卫星的选择是一个较为复杂的过程，考虑单一的切换因素显然是不够全面的，应当将各个因素综合考虑。同时，仰角并不能真正地反映用户与卫星无线链路的通信质量，而接收信号的信噪比则可以有效体现卫星无线链路的好坏。别玉霞等提出了加权的卫星选择策略，根据服务时间、链路质量和卫星负载情况，进行加权计算，选择计算结果最大的卫星作为切换的目标。该策略中的加权函数值称切换卫星的品质因数 Q。卫星的品质因数 Q 的计算方法为

$$Q = \alpha \frac{T_{over}}{T_{kmax}} + \beta \frac{10^{\frac{S}{10}}}{10^{\frac{S_{max}}{10}}} + \gamma \frac{C_{free}}{C_{total}} \tag{4-5}$$

其中，α、β、γ 为加权系数；T_{over} 表示卫星服务时间；T_{kmax} 表示 k 颗可视卫星中最长的服务时间；S 表示用户收到的卫星信号的信噪比；S_{max} 表示用户收到的 k 颗卫星信号中最大的信噪比，信噪比的大小反映了链路的质量；C_{free} 表示卫星目前可用信道资源数；C_{total} 表示单颗卫星的总信道资源数。

5. 低轨卫星互联网星间路由协议

由于低轨卫星互联网存在网络拓扑高度动态变化、路由表更新频繁、单星载荷受限、节点流量不均衡、卫星损坏概率大等问题，地面网络的路由协议不能直接应用于低轨卫星互联网。当前，针对低轨卫星互联网的路由协议类型很多，主要面向不同的业务需求，充分考虑卫星互联网的动态性，为节点提供传输时延低、持续时间长、资源占用少的合适路径。

1) 按照路由决策主体的分类

星间路由协议根据路由决策主体的差异可分为集中式卫星路由协议和分布式卫星路由协议。

(1) 集中式卫星路由协议。

集中式卫星路由协议是在中央节点计算并维护路由表，并将路由表分发给卫星节点，卫星节点在转发数据包时查找路由表并选择下一跳。当网络拓扑发生改变时，中央节点收集全局网络路由信息，并进行路由表的更新。中央节点可以是接入卫星或地面控制中心。

Chang 等提出有限状态机 (finite state automata, FSA) 星间路由协议，其采用离散拓扑控制策略，将卫星网络的动态拓扑结构离散化并建模为一个有限状态机，在不同状态中为不同的网络拓扑结构分配不同的路由表。FSA 属于静态路由方法，即将网络拓扑建模成静态拓扑，从而屏蔽卫星网络的高动态性。

集中式卫星路由算法从全网络角度出发，网络状态信息和路由计算均具有全局视野，能够实现较好的流量分配和负载均衡。但是，随着卫星网络规模的增大以及巨型卫星互联网的出现，受到单星星上处理与计算能力较小的限制，以卫星节点为中央节点的集中式卫星路由算法面临路由计算复杂度高、信令开销大等问题。即便将计算资源丰富的地面站作为中央计算节点，当卫星节点或者链路出现异常或者故障时，地面站也很难及时感知节点与链路状态的变化并及时更新路由表，使得网络性能下降的风险大大提高。

(2) 分布式卫星路由协议。

与集中式卫星路由协议不同，在分布式卫星路由协议中，每个卫星节点作为独立的路由决策者，根据链路状态信息独立计算并选择下一跳节点进行数据包转发，无须中央节点进行全局路由计算。

Taleb 等提出的显式负载平衡 (explicit load balancing, ELB) 路由是一种典型的分布式卫星路由，也是一种负载均衡算法。节点判断链路中的拥塞情况，负载高的节点会提前通知邻节点减少转发到自身节点的流量，使多余的流量进行绕行。节点结合链路状态信息以及网络拓扑计算自身的路由表，根据路由表转发数据。

　　分布式卫星路由算法的优势是减小了卫星节点的计算负担，且对网络流量的变化具有较好的敏感性，当网络状态发生变化时能够及时进行路由更新。但是分布式卫星路由也存在缺陷，由于卫星节点独立地选择下一跳，分布式卫星路由算法的路由决策缺乏全局流量信息，所选择的路径不一定是全局最优的，并且路由决策依赖于卫星节点间链路状态、控制信息的交互，这将导致在卫星网络拓扑变化的早期数据包可能被转发至非最优路径中，并且产生较大的信令开销。

2) 按照卫星网络高动态拓扑应对策略的分类

　　按照卫星网络高动态拓扑应对策略，星间路由协议可分为基于虚拟拓扑的路由协议和基于虚拟节点的路由协议。

　　(1) 基于虚拟拓扑的路由协议。

　　基于虚拟拓扑的路由协议也称为时间虚拟化的路由协议，利用卫星运动的周期性和可预测性，从时间上将卫星网络周期分为一系列时间快照(时间片)，在每个快照内，卫星网络的拓扑结构被视为固定不变的，从而依据网络结构的可预测性，由信关站使用最短路径算法，提前计算好每个快照的路由表。

　　Werner 提出的 DT-DVTR 算法是基于虚拟拓扑的路由算法的典型代表。该算法将卫星网络的系统周期划分为 N 个时间片，根据星间链路拓扑数据以及路径时延最小的要求，在每个时间片内，为每对卫星计算出多条路径，形成备选虚通道(virtual path，VP)路径集合；然后从这些备选 VP 路径集合中选择相邻时间片之间 VP 路径变化最小的路径作为最优路径。优化过的路由需要在地面预先计算后发送给卫星，卫星在时间片分割点处修改路由表。基于虚拟拓扑的路由算法充分利用了卫星网络的规律性特点，思想比较简单，不需要卫星进行实时计算，但是时间虚拟化的策略对链路故障和拥塞的适应性较差。

　　(2) 基于虚拟节点的路由协议。

　　基于虚拟节点的路由协议也称为空间虚拟化的路由协议，可以进一步细分为覆盖区域虚拟化和星座网络虚拟化。在覆盖区域虚拟化中，地球被划分为若干区域，并为每个区域分配一个逻辑地址，当动态运动的卫星到达一个区域内时，用该区域的逻辑地址表示该卫星。在星座网络虚拟化中，根据卫星运行的轨道信息定义了一系列逻辑上的虚拟节点，从而将实际运行的卫星映射成逻辑上的虚拟节点，且能够实现虚拟节点与实际卫星节点的一一对应。可以将卫星网络转换为一系列虚拟节点，当卫星在轨道上运动时，能够与不同的虚拟节点建立关联，卫星与虚拟节点之间的切换并不影响网络拓扑的逻辑关系，只需要将虚拟节点关联的当前卫星的路由信息传递给下一个与此虚拟节点关联的卫星即可。基于虚拟节点的路由协议不需要存储大量的路由表，能很好地应对链路拥塞和卫星故障等突发状况，但是对卫星的实时处理能力有较高要求。

习　题　四

4-1　构成电话网的三要素是什么？

4-2　什么是随路信令？什么是公共信道信令？二者有什么区别？

4-3　简述 7 号信令系统的四级结构及其功能。

4-4 软交换网络由哪些主要设备组成？各自的主要功能是什么？

4-5 试比较 IP 电话网与传统电话网有何不同。

4-6 IP 电话系统由哪几部分组成？

4-7 简述 H.323 协议体系结构。

4-8 移动通信系统由哪几部分组成？每部分的作用是什么？

4-9 移动通信的蜂窝小区采用什么形状最好？

4-10 请画出 GSM 网络结构，并描述每部分的主要功能。

4-11 写出 GSM 系统的 GSM 900 和 GSM 1800 的频段、频带间隔、载频间隔、全双工载频间隔和调制方式。

4-12 IMSI 与 TMSI 有何区别？

4-13 GSM 采用小区制，为什么小区制的用户容量比大区制的用户容量大？

4-14 GSM 鉴权三参数是什么？请描述鉴权和加密的作用。

4-15 GSM 的呼叫接续包含哪几个过程？

4-16 GSM 系统中的 GMSC 的主要作用是什么？

4-17 将 GSM 网络改造为能够提供 GPRS 业务的网络需要增加哪两个主单元？每个单元的作用是什么？

4-18 什么是软切换？CDMA 为什么可以实现软切换？

4-19 试分析采用 CDMA 技术的移动通信网的优越性。

4-20 假设在一个 CDMA 系统中，A、B 和 C 同时传输比特 0，它们的码片序列如下：$(-1, -1, -1, +1, +1, -1, +1, +1)$，$(-1, -1, +1, -1, +1, +1, +1, -1)$，$(-1, +1, -1, +1, +1, +1, -1, -1)$，试问最终码片序列是什么？

4-21 请画出 4G 的网络结构，并分析其和 2G 的网络结构相比有哪些明显的变化。

4-22 国际电信联盟为 5G 定义的三大应用场景和八大关键性能指标分别是什么？

4-23 5G 核心网的网元包含哪些部分？

4-24 简述 DSDV 协议和 AODV 协议的工作原理。

4-25 简述 CSMA/CA 的原理。

4-26 无线局域网能否采用 CSMA/CD 协议？

4-27 请简要描述 CSMA/CD 的二进制指数退避算法。

4-28 若构造一个 CSMA/CD 总线网，速率为 100Mbit/s，信号在电缆中的传输速度为 2×10^5km/s，数据帧的最小长度为 125 字节，试求总线电缆的最大长度。

4-29 对于长度为 1km、数据传输速率为 10Mbit/s 的 CSMA/CD 以太网，信号在电缆中的传播速度为 200000km/s，试求能够使该网络正常运行的最小帧长。

4-30 IEEE 802.11 无线局域网的 MAC 协议所采用的信道预约方法是什么？

4-31 卫星通信网的结构有哪几种类型？各自的优缺点是什么？

4-32 卫星通信网体系结构与计算机网络体系结构有何异同？

4-33 卫星通信网的接入方式有哪几种？

第 5 章

信息网络应用

互联网的繁荣离不开多姿多彩的网络应用。网络应用是网络存在的真正理由，网络中所有的软硬件实体都是为了支持网络应用。许多网络应用已成为人们日常生活中不可或缺的一部分。互联网中的典型应用包括 20 世纪 70 年代开始出现的文件传输协议，80 年代开发的电子邮件系统，90 年代中期发明的万维网，90 年代末期开始流行的即时通信、P2P 文件共享以及 21 世纪初开始出现的社交网络和移动应用等。

本章主要介绍互联网发展过程中具有一定影响力的网络应用，包括 DNS、万维网、电子邮件、FTP 等，同时简要介绍应用开发，包括套接字编程和 Web 编程。

5.1 网络应用模型

5.1.1 客户/服务器模型

客户/服务器(client/server，C/S)模型是一种典型的网络应用程序架构，选择该架构进行应用程序开发时，进行网络通信的应用程序之间的角色和交互方式有着固定的模式。在 C/S 架构中，服务器响应客户端的请求，为客户端提供特定的服务。服务器总是处于打开的状态，以便能够从网络上及时接收来自客户端的请求，并根据请求内容进行处理，提供对应的服务。服务器通常具有较客户端更强大的计算能力，能够提供服务、存储数据或执行特定任务。客户端是请求服务的应用程序，在 C/S 架构中，客户端向服务器发送请求并获取服务器的响应数据或执行特定操作。客户端通常运行在终端用户的设备上，如个人计算机、智能手机或平板电脑。

从网络通信层面看，C/S 架构中通常各个客户端之间并不直接通信，也不知道其他客户端的 IP 地址，而服务器的 IP 地址是固定且周知的，故客户端通过网络向服务器发送请求，服务器接收并处理请求，然后通过网络将响应消息发送回客户端。

从交互过程层面看，C/S 架构采用的是一种请求-响应模式：客户端可以发送不同类型的请求(如 GET、POST 等)，服务器根据请求类型执行相应的操作，并生成相应的响应数据。这需要服务器具有较强的并发处理能力，能够同时处理多个客户端的请求，以提高系统的吞吐量和性能。

当前网络应用通常采用浏览器/服务器(browser/server，B/S)架构，其本质上还是一种 C/S 架构，但对 C/S 架构进行了一定的改进。在 B/S 架构下，客户端完全通过 WWW 浏览器实现，随着浏览器技术的不断成熟，其功能越来越强大，在客户端已无须开发专用软件，采用通用的浏览器就可以实现更加丰富、生动的跨平台交互，并节约了开发成本。与传统的 C/S 架构对比，B/S 架构在可用性、安全性、可扩展性、易维护等方面都有巨大的优势。

对于大型的网络应用，服务器往往不止一个，因为单一服务器无法满足众多客户端的请求，容易发生宕机的情况。目前解决这一问题的方法是采用虚拟化技术，在数据中心创建大量的虚拟服务器。数据中心集中了大量的计算、存储资源，网络应用服务提供商可以根据自身的计算、存储资源需求，在数据中心申请相应的资源。数据中心采用虚拟化的方式，将对应的资源交付给网络应用提供商使用。当前最主流的网络服务，如百度、淘宝、微信等，都采用了这种方式，对于这些大型网络应用服务商，通常选择自己建设、运营数据中心，而对于一些小型的网络应用服务商，由于数据中心的建设及维护成本过高，往往选择向专门建设、运营数据中心的运营商支付费用，购买虚拟服务器资源来完成自身服务端的构建。

▶▶ 5.1.2　P2P 模型

C/S 模型属于一种高度集中式结构，服务器是该结构的中心，整个服务过程深度依赖服务器的正常运行。如果服务器遭遇网络攻击，或无法处理海量服务请求，就可能发生宕机，进而导致服务瘫痪，所有客户端的请求都无法得到响应。

对等网络(peer-to-peer, P2P)模型为网络应用开发者提供了另一种思路，P2P 又称为点到点网络技术。在 P2P 模型中，通信双方没有固定的客户端和服务器划分，因此称为对等方，与 C/S 模型对中心服务器高度依赖相反，P2P 模型的对等方之间采用直接通信的方式，通信流量不必经过专门的服务器。从应用实现的功能角度看，P2P 似乎仍然使用 C/S 方式，因为网络通信中的一方会通过网络服务的方式分享它所拥有的部分资源，使其内容能被其他对等节点直接访问。但与 C/S 模型不同的是，P2P 模型中的主机既可以是服务提供者，又可以是资源获取者，即其中任意一个节点既可以作为客户端访问其他节点的资源，又可以作为服务器提供资源给其他节点访问。

与 C/S 模型相比，P2P 模型的优点如下。

(1)减轻了对中心服务器的完全依赖，并将任务分配到网络中的各个节点。这对于流量密集型应用，如流媒体服务、视频会议等，异常有效，可以充分利用大量客户端资源来提供服务，从而提升系统效率和资源利用率。

(2)具有良好的自扩展性。网络中每个对等方既可以作为客户端，也可以作为服务器。每个对等方虽然会由于发起请求而增加网络负载，但也可以通过向其他对等方提供服务而增强网络的服务提供能力。这样就消除了传统服务器由于带宽限制而只能接受一定数量的请求的弊端。通常，P2P 网络应用不需要建设和维护庞大的服务基础设施。

(3)网络健壮性强。由于网络中分布着众多服务节点，单个节点的失效不会影响其他节点继续提供服务。

但是，由于 P2P 架构的非集中式特点，其在安全性、性能等方面相比 C/S 架构存在较大挑战。

5.2　典型网络应用

 5.2.1　域名系统

1. 基本概念

在因特网中，每一台主机使用 IP 地址作为自身的标识，如果网络中的其他主机要访问该主机，就需要给出该主机对应的 IP 地址，这样路由器才能识别数据报需要到达的正确地址。但在大多数情况下，主机是由用户操作的，需要访问哪些网络资源也由用户指定。这时，如果让用户提供访问主机的具体 IP 地址，就显得强人所难了。这就好像我们可以很轻松地喊出身边人的名字，却很难说出他们的身份证号码一样。于是，除了 IP 地址外，对于网络上的主机还需要给出一种类似姓名一样更容易让用户记忆的标识方法，其中一种标识方法称为主机名(hostname)，主机名为某台主机提供了名称，但并没有给出任何关于网络中位置的信息，通常用于局域网中。但到了更广泛的互联网，还需要一种全网统一的标识、转换方案，既能够方便人们记忆，又能将 IP 地址和这种标识进行转换，这个任务就由域名系统(DNS)来完成。RFC 1034 和 RFC 1035 详细阐述了 DNS 的概念、设施、实现和规范，是理解和实现 DNS 的重要参考。

在本地局域网环境下，可以直接使用主机名进行网络通信，由主机名到 IP 地址的转换可以通过系统的 hosts 文件自动完成。hosts 文件指明了主机名和 IP 地址的对应关系，如图 5-1 所示。当需要使用主机名访问某台主机时，如需要访问主机名为 nsdev 的主机，系统会查看本地 hosts 文件，从文件中匹配对应的 IP 地址 192.168.1.7，随后将该 IP 地址作为目的地址发送数据包。如果 hosts 文件中缺乏可匹配的地址信息，则主机访问失败，中止发送。由于利用 hosts 文件进行地址转换的所有操作都在本地进行，响应速度极快。通过将一些常用的本地网络的主机名与 IP 地址的对应关系存储于本地文件，主机可以快速响应地址转换的请求。每台主机的 hosts 文件都需要单独手工更新。随着网络规模的不断扩大，接入计算机的数量不断增加，hosts 文件的维护难度越来越大，每台主机的 hosts 文件同步更新几乎是一项不可能完成的任务。

```
127.0.0.1        localhost
192.168.1.7      nsdev
102.54.94.97     rhino.acme.com          # source server
38.25.63.10      x.acme.com              # x client host
```

图 5-1　一个 hosts 文件中的主机名与 IP 地址示例

为了解决 hosts 文件维护困难的问题，出现了 DNS，用以实现主机名和 IP 地址的相互转换。无论网络规模变得多么庞大，都能通过 DNS 进行管理。

DNS 是一个由分层的 DNS 服务器组成的分布式数据库，定义了主机查询分布式数据库的方式，提供主机名到 IP 地址的转换服务。DNS 采用类似目录树的等级结构，域名服务器为客户/服务器模式中的服务器，保存了该网络中所有主机的域名和对应的 IP 地址，并具有将域名转换为 IP 地址的功能。用户平时使用的计算机/手机等终端则是 DNS 客户端，虽然域名解析的过程对用户是透明的，用户几乎感觉不到 DNS 的存在，但它却实实在在地在用户使用互联网的过程中发挥了重要作用。如果想主动使用 DNS 服务了解某个域名对应的 IP 地址，可以使用 nslookup hostname/domainname 命令，如图 5-2 所示。

图 5-2　nslookup 查询示意图

2. DNS 域名

域名是一种分层的名称，旨在识别主机名或机构，使用用户能够更方便地访问网络资源，因为单独的一个域名服务器不可能知道所有域名信息，所以域名系统是一个分布式数据库系统，域名(主机名)到 IP 地址的解析可以由若干个域名服务器共同完成。每一个站点维护自己的信息数据库，并运行一个服务器程序供互联网上的客户端查询。DNS 提供了客户端与服务器的通信协议，也提供了服务器之间交换信息的协议。由于 DNS 是分布式系统，即使单个服务器出现故障，也不会导致整个系统失效。

为了提高这种分布式系统的可管理性和可扩展性，域名空间采用树型结构组织，从根域名开始，向下分为多个层级的子域名，形成一个倒立的树型结构，如图 5-3 所示，每个层级都具有特定的含义和用途。

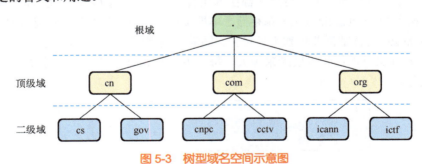

图 5-3　树型域名空间示意图

域名中最大的域是根域，根域位于域名空间的最顶层，一般用一个点号"."表示。理论上，所有的域名查询都必须先查询根域名，因为根域名可以告知某个顶级域名由哪个服务器管理。事实上，ICANN 维护着一张列表，记载着顶级域名和对应的托管商，这就是根域名列表，也称为 DNS 根区。

在域名书写中，从右到左依次为顶级域名、二级域名、三级域名等。每一级域名之间用点号"."分隔开。如图 5-4 所示，在域名 www.example.com.cn 中，cn 是顶级域名，com 是二级域名，example 是三级域名，www 是主机名(也称为子域名)，这与汉语的书写习惯正好相反，因此需要特别注意将级别最低的域名写在最左边，级别最高的域名写在最右边。

　　DNS 协议规定，每一级域名的长度通常不能超过 63 个字符，整个域名的长度(包括各级域名和它们之间的点号)也不能超过 253 个字符。每一级域名只能由英文字母、数字和连字符"-"组成，且不区分大小写。域名不能以连字符开头或结尾，也不能包含连续的两个连字符。域名还不能包含空格、特殊字符或保留字。一个完整的域名称为全限定域名(fully qualified domain name，FQDN)，包含了主机名和所有上级域名，直至根域名。它用于准确地标识和定位网络中的设备或服务。FQDN 通常从主机名开始，然后是各级域名，直到顶级域名结束，各级域名之间以点号"."分隔。例如，http://www.fqdn.com 就是一个 FQDN，其中 www 是主机名，fqdn 是二级域名，com 是顶级域名。非 FQDN 指的是不完整或相对的域名，它可能仅包含主机名或部分域名，没有包含完整的域名层次结构。非 FQDN 在特定的上下文或网络环境中可以被解析和识别，但在全局范围内可能不具备唯一性。

　　因此，FQDN 广泛应用于全球互联网上的各种服务和应用，如网站、电子邮件服务器、FTP 服务器等。通过使用 FQDN，可以确保用户无论位于何处都能够准确地访问和连接到目的主机或服务器。非 FQDN 则更多地用于本地网络或私有网络中的主机标识和访问，如局域网中的计算机名称或内部服务器名称。在这些环境中，非 FQDN 的解析和访问通常依赖于本地 DNS 服务器或其他网络配置。

　　根域名的下一层是顶级域名(top level domain，TLD)，如图 5-5 所示，包括国家/地区顶级域名(ccTLD)(如.cn、.us、.jp 等)，新顶级域名(new gTLDs)(如 xyz、top、red、ren 等)，以及通用顶级域名(gTLD)(如 com、net、org 等)。

图 5-4　域名的书写　　　　　　　　图 5-5　顶级域名

　　(1)国家/地区顶级域名：按照 ISO 3166 国家代码分配的顶级域名，例如，cn 表示中国，jp 表示日本，us 表示美国，uk 表示英国。现在使用的国家顶级域名在 200 个左右。

　　(2)通用顶级域名：最早的通用顶级域名共有 6 个，包括：

　　com，最初用于标识商业实体，现在广泛用于各种类型的网站，是全球最常见的顶级域名。

　　net，最初是为网络基础设施、因特网服务提供商和技术相关的网站设计的，现在仍广泛用于与网络和技术相关领域。

　　org，主要用于非营利组织、慈善机构、社会福利组织等。

　　edu，专用于教育机构，如大学、学院和研究机构。

　　gov，仅限于政府机构使用，用于提供政府服务、政策信息和公共事务等。

　　mil，供美国军事部门使用。

　　随着互联网用户的不断增加，又增加了 7 个通用顶级域名，包括：

aero，用于航空运输业。

biz，专为商业和企业网站设计，尤其适用于小型企业、创业公司和初创企业。

coop，用于商业合作社。

info，用于提供信息、知识和资源的网站，包括博客、新闻门户等。

museum，适用于博物馆的通用顶级域名。

name，适用于个人注册的通用顶级域名。

pro，用于自由职业者。

（3）新顶级域名：除了传统的通用顶级域名和国家/地区顶级域名之外，新推出的顶级域名。这些新顶级域名的引入旨在增加互联网地址的多样性和可表达性，为用户提供更多的选择和灵活性。ICANN 会定期开放新顶级域名的申请和注册，以满足不断发展和变化的互联网需求。新顶级域名的数量非常多且不断增加。一些常见的新顶级域名包括 xyz、top、club、city 等，其中 xyz 代表通用性，top 寓意高端和突破，club 表示俱乐部或社团，city 则与城市相关。

顶级域名下面是二级域名，如 example.com 中的 example，这里的 com 是顶级域名，而 example 就是二级域名。在完整的域名中，二级域名位于顶级域名之前，并用点号"."分隔。需要注意的是，二级域名与顶级域名不同，它们不是互联网名称与数字地址分配机构（ICANN）等权威机构预先定义的，而是由用户在注册域名时自行指定，因此二级域名是无穷无尽的，它们由用户根据自己的需求和喜好而创建。例如，公司可以使用其商标名称作为二级域名，个人可以使用自己的名字或昵称作为二级域名，组织可以使用其名称的缩写或全称作为二级域名。但在申请二级域名时，通常也会受顶级域名管理机构管理。例如，在我国，如果在国家顶级域名 cn 下注册二级域名，需向中国互联网络信息中心或其他授权机构申请。我国二级域名主要分为类别域名和行政区域名两类。

类别域名共 7 个，包括：用于科研机构的 ac；用于工商金融企业的 com；用于教育机构的 edu；用于政府部门的 gov；用于国防机构的 mil；用于网络服务机构的 net；用于非营利组织的 org。行政区域名共 34 个，适用于我国的各省、自治区、直辖市。例如，bj 代表北京，sh 代表上海，js 代表江苏等。

到了三级、四级域名，命名和管理规则就比较灵活了。它们可以由用户根据自己的需求和喜好进行创建和管理。例如，博客平台 wordpress.com 允许用户创建以 wordpress.com 为域名的博客，并提供类似 username.wordpress.com 的三级域名，让用户用自己的名字作为三级域名。在实际网络中，常常将域中某台主机的主机名作为该域名的三级或四级域名。例如，www.mycoop1.com 和 www.mycoop2.com 的域名结构中，三级域名是相同的，这意味着 mycoop1 公司和 mycoop2 公司都有一个 Web 服务器被标识为 www。但这两者的域名是不同的，因此用户还是可以通过域名准确地区分、访问两家公司的网站。由此可见，域名空间的划分是依据机构/组织的规则来确定的，与网络部署的物理位置以及 IP 地址的划分都没有关系。

3. 域名服务器

域名系统是基于分布在世界各地的域名服务器而实现的。域名服务器是为管理域名、提供域名解析服务而专门设置的计算机软、硬件系统。域名服务器也采用了与域名空间类似的层次结构，但并没有严格的一一对应关系。如果每一个节点或每一级的域名都直接对应一个域名服务器，那么域名服务器的数量将会非常庞大，这将导致域名系统的运行效率降低。

因此，域名服务采取分区的办法，将域名服务的范围划分为多个区域，每个区域由一个或多个域名服务器负责管理。每个区域设置了相应的权限域名服务器(或称为权威域名服务器)，区域内的所有节点必须是能够连通的，划分区域的方式使得域名解析过程更加高效。当需要进行域名解析时，DNS 服务器可以根据请求中的域名信息，快速定位到负责该区域的权限域名服务器，并从该服务器获取相应的 IP 地址信息。这样可以避免在整个域名系统中进行大范围的查询，提高了域名解析的速度和准确性。另外，分区还方便了 DNS 服务器的管理和维护。通过将域名系统划分为多个相对独立的区域，可以对每个区域进行单独的配置和管理，增加了系统的灵活性和可扩展性。因此，DNS 服务并不是以"域"为单位划分，而是按实际管辖范围，以"区"为单位划分。一个区可能等于或小于一个域，但一定不能大于一个域，这样可以确保每个区域都是连通的，并且每个区域由相应的权限域名服务器进行管理，保证了域名解析的正确性和可靠性。

假设有一家大型公司 mycoop，其内部有多个部门和子部门，每个部门都有自己的计算机和网络设备。为了管理这些设备，mycoop 公司决定在内部部署 DNS 服务器，并为其分配一个域名 mycoop.com。在 DNS 服务器中，mycoop.com 称为一个域。这个域下面可以有多个子域，比如，部门 A 的域名可以是 a.mycoop.com，部门 B 的域名可以是 b.mycoop.com，以此类推。这些子域都是 mycoop.com 域的一部分，共同构成了 mycoop 公司的域名体系。

然而，在实际部署 DNS 服务器时，为了提高解析效率以及方便管理，mycoop 公司决定将 DNS 服务划分为多个区域。每个区域由一个或多个域名服务器管理，并保存该区域内所有主机的域名到 IP 地址的映射。本例中，公司可以将 mycoop.com 域划分为两个区域：一个区域负责 mycoop.com 域的主域名和部门 A 的子域名(假设为 zone1)；另一个区域负责部门 B 的子域名(假设为 zone2)。这样，zone1 就包括了 mycoop.com 和 a.mycoop.com 的域名信息，而 zone2 则包括 b.mycoop.com 的域名信息。通过这种方式，公司实现了 DNS 服务器的分区管理。每个区域都由相应的权限域名服务器负责，可以对每个区域进行独立地配置和管理。

从该例可以发现，域和区是完全不同的概念。域是指整个 mycoop 公司的域名体系，包括主域名和所有子域名，而区是指 DNS 服务器实际管辖的范围，每个区域只包含部分域名信息，方便管理和提高解析效率。通过合理的分区，mycoop 公司可以更好地组织和维护其内部的 DNS 服务器，确保域名解析的准确性和可靠性，同时也为公司的网络管理提供了更大的灵活性和可扩展性。

当前互联网有三个层次的域名服务器，分别是根域名服务器、顶级域名服务器和权威域名服务器，如图 5-6 所示。

(1)根域名服务器：DNS 中最高级别的域名服务器，主要职责是管理互联网的主目录，解析互联网的顶级域名。当其他域名服务器无法解析请求的域名时，就会查询根域名服务器，以获取目标域名对应的 IP 地址或能够解析目标域名的其他域名服务器的 IP 地址，因此根域名服务器在 DNS 解析过程中起到了至关重要的作用。

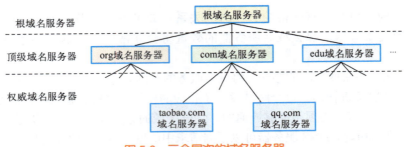

图 5-6　三个层次的域名服务器

目前全球共有 13 个 IPv4 根域名服务器。其中，唯一的主根域名服务器位于美国，其余 12 个辅根域名服务器中有 9 个也在美国，2 个在欧洲（分别位于英国和瑞典），1 个在日本。这 13 个根域名服务器的命名规则非常简单，由 a～m 命名，分别是：a.rootservers.net、b.rootservers.net、…、m.rootservers.net。这种情况的出现涉及 DNS 协议的设计、历史遗留问题以及技术实现等多个方面。在 DNS 刚出现的年代，网络设备还无法处理很长的数据报。为了避免在分片重组过程中可能出现的分片丢失导致整个数据报无法被重组接收的情况，DNS 的消息长度被限制在 512 字节以内。这个长度限制决定了根域名服务器的数量，因为每个根域名服务器都需要占用一定的字节。为了让所有的根域名服务器数据能够包含在一个 512 字节的 UDP 报文段中，根域名服务器的数量被限制在 13 个，同时还采取了单个字母的极简命名。但是，13 个根域名服务器并不是指物理上的 13 个服务器，而是逻辑上的 13 个。实际上，每一个逻辑上的根域名服务器由多个物理上的根域名服务器组成，通过任播（anycast）技术，全球有数百个物理服务器在提供根域名服务，共同分担查询负载，提高解析效率和稳定性。

（2）顶级域名服务器：专门负责存储和管理像 com、org、net 这样的顶级域名的 DNS 记录。当用户或本地 DNS 服务器需要解析某个顶级域名下的二级域名时，就会向相应的顶级域名服务器发出查询请求。顶级域名服务器不仅负责解析其名下注册的二级域名，还管理着与这些二级域名相关的域名服务器的地址信息。在域名解析过程中，如果顶级域名服务器无法直接给出最终的解析结果，它会将负责解析下一级域名的域名服务器的 IP 地址告知本地 DNS 服务器，由本地 DNS 服务器继续进行查询。

（3）权威域名服务器：负责一个区的域名服务。它保存了该区中所有主机的域名到 IP 地址的映射，当 DNS 客户端发出查询请求时，这个请求会被发送到相应的权威域名服务器，由它来返回具有权威性的应答。在域名解析过程中，权威域名服务器起着至关重要的作用。如果一个权威域名服务器不能给出最后的查询回答，域名系统就会告诉发出查询请求的 DNS 客户端，下一步应当找哪一个权威域名服务器。这种机制确保了 DNS 查询能够按照正确的路径进行，直到找到具有权威性的解析结果。

除上述三个层次的域名服务器外，域名系统中还有三个与域名服务器相关的概念需要进一步说明。

（1）本地域名服务器：也称为 DNS 缓存服务器或递归解析服务器，本地域名服务器并非域名系统层次架构内的服务器，而通常是用户计算机配置的默认 DNS 服务器，如图 5-7 所示。

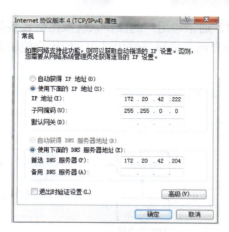

图 5-7　用户计算机配置的本地域名服务器

这类服务器常常由大型网络管理服务机构构建，如本地 ISP、某家公司或某个大学等都会专门部署一个或多个自行管理运营的域名服务器，通常与用户处于同一个网络中。当用户需要访问某个网站时，本地域名服务器会首先接收用户的 DNS 查询请求，并检查自己的缓存中是否有该域名的解析结果。如果有，则直接返回给用户；如果没有，则负责向权威域名服务器或其他 DNS 服务器进行查询，以获取域名的解析结果。在获取结果后，本地域名服务器又会将查询结果缓存起来，以便后续能够快速响应用户相同的查询请求，提高解析效率。在此过程中，本地域名服务器既可以通过权威域名服务器提供权威的解析结果，又可以通过本地服务提高用户访问网站的速度。可见，本地域名服务器的设置同时带来了 DNS 解析的准确性和高效性。

（2）主域名服务器：完成域名解析工作的主要域名服务器，通常也是一个或多个区域的权威域名服务器。主域名服务器是其辖区内域名信息数据的唯一来源，数据更新只能通过主域名服务器完成，保证了数据的一致性。

（3）辅助域名服务器：提供域名查询服务，一方面通过负载均衡分担主域名服务器的压力；另一方面通过冗余备份，保证当主域名服务器发生故障时，DNS 查询工作不会被中断。

由于域名系统是一种分布式架构，主域名服务器作为某个特定区域的权威域名服务器的同时，也可能作为其他区域的辅助域名服务器。但是，主域名服务器是域名数据的初始来源，具有向任何一个需要其数据的服务器发布域名信息的功能。辅助域名服务器并不直接存放区域源数据，它通常从主域名服务器或其他辅助域名服务器获取区域数据的副本。另外，主域名服务器作为权威域名服务器，具有修改区域域名信息的权限。当需要更新或修改域名信息时，操作人员可以直接在主域名服务器上进行操作。辅助域名服务器则不具备修改权限，它只能提供已复制数据的解析服务。

4．域名解析过程

将域名转换为对应的 IP 地址的过程称为域名解析。域名解析的基本过程如图 5-8 所示，当用户通过浏览器等应用程序尝试访问一个网站或请求网络服务而需要查询对应的 IP 地址时，解析器会向 DNS 服务器发出查询请求，以获取该域名对应的 IP 地址。DNS 服务器根据解析器发出的查询请求，返回该域名的 IP 地址或解析结果。其中，解析器是用户计算机或网络设备上的一种软件或服务，通常与用户的操作系统或网络设备集成在一起，能够获取本地域名服务器的 IP 地址，从而自动完成域名解析过程，使用户能够方便地访问互联网上的各种资源。

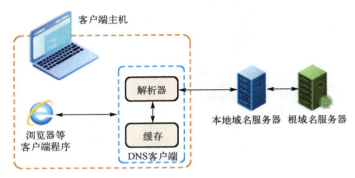

图 5-8 域名解析的基本过程

在域名解析过程中，解析器作为客户端向 DNS 服务器请求服务，但由于解析器屏蔽了域名解析过程的细节，所以从用户应用程序的角度看，解析器是用户应用程序的服务器，而 DNS 服务器作为域名解析过程中的服务器，为解析器提供域名解析服务。在实际应用中，大部分域名解析工作都由本地域名服务器完成。在本地域名服务器无法解析客户请求的域名时，才会依照域名系统的层次结构向上查询，最后返回对应的解析结果，此时本地域名服务器又属于域名解析过程中的客户端。

下面用一个实例来说明域名解析的完整过程：当用户在浏览器中输入一个域名，如 www.baidu.com，并按下回车键时，将触发如图 5-9 所示的域名解析过程。

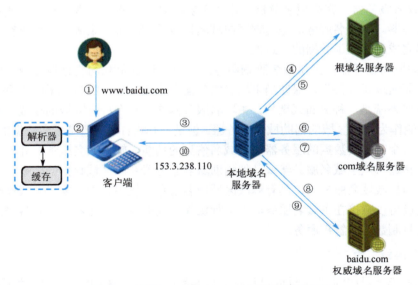

图 5-9 访问 www.baidu.com 的域名解析过程

(1)用户请求：用户在浏览器中输入 www.baidu.com，并尝试访问该网站。

(2)本地 DNS 缓存检查：操作系统集成了 DNS 解析器，将首先检查本地 DNS 缓存，确定是否有 www.baidu.com 的 IP 地址记录。如果缓存中有该记录，并且该记录没有过期，那么操作系统会直接返回 IP 地址给浏览器，浏览器将向该 IP 地址发送 HTTP 请求以获取网页内容。

（3）本地域名服务器查询：如果本地 DNS 缓存中没有 www.baidu.com 的 IP 地址记录，或者记录已过期，操作系统将向本地域名服务器（通常由用户的 ISP 提供）发出 DNS 查询请求。

（4）根域名服务器查询：如果本地域名服务器没有缓存 www.baidu.com 的 IP 地址记录，它将向根域名服务器发出查询请求。

（5）根域名服务器返回负责管理 com 顶级域名的 TLD 服务器的 IP 地址。

（6）TLD 服务器查询：本地域名服务器接着向 TLD 服务器发出查询请求，询问负责管理 baidu.com 域名的权威域名服务器的 IP 地址。

（7）TLD 服务器返回 baidu.com 的权威域名服务器的 IP 地址给本地 DNS 服务器。

（8）权威域名服务器查询：本地域名服务器再向权威域名服务器发出查询请求，询问 www.baidu.com 的 IP 地址。

（9）返回 IP 地址：权威域名服务器会返回 www.baidu.com 的 IP 地址给本地域名服务器。本地域名服务器缓存该记录，并将 IP 地址返回给操作系统的网络栈。

（10）浏览器访问网站：操作系统的网络栈将 IP 地址发送给浏览器，浏览器向该 IP 地址发出 HTTP 请求，最终获取到 www.baidu.com 的网页内容。

在上述域名解析过程中，包含两种查询方式：一种是递归查询，另一种是迭代查询。

递归查询：上例步骤（3）和（7）的过程体现出了递归查询的思想。如图 5-10 所示，客户端首先向本地域名服务器发起查询请求，当本地域名服务器接受了该请求后，就代替客户端完成后续的域名解析过程，而客户端无须再进行其他工作，只需要等待本地域名服务器返回解析结果。特别是当本地域名服务器无法直接反馈解析结果时，它还必须继续向其他 DNS 服务器发起解析查询，直到获得解析结果并返回给客户端为止。在这个过程中，客户端并不知道本地域名服务器到底经历了怎样的查询过程。

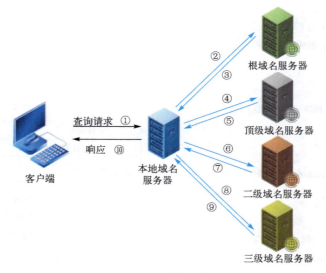

图 5-10　递归查询

迭代查询：上例步骤(4)~(7)的过程体现了迭代查询的思想，如图 5-11 所示。与递归查询不同，迭代查询在每一步查询中只返回下一个需要查询的 DNS 服务器地址，而不是直接返回最终的解析结果。上例中，本地域名服务器发送查询请求到根域名服务器，根域名服务器并不会直接提供解析结果，而是向本地域名服务器返回负责管理该域名的顶级域名(TLD)服务器的 IP 地址，本地域名服务器接着向 TLD 服务器发出查询请求。同样，TLD 服务器也不直接返回该域名的 IP 地址，而是返回负责管理该域名的权威域名服务器的 IP 地址。本地域名服务器继续向权威域名服务器发出查询请求，权威域名服务器最终返回该域名的 IP 地址给本地域名服务器。

从上例中可以发现，递归查询方式可以确保用户只需发出一次查询请求，就可以获得最终的解析结果，而无须关心中间的查询过程。但递归查询对于被查询的域名服务器来说可能会带来较大的负担，因为每个查询请求都需要服务器进行处理并返回结果。

迭代查询的每一步都只返回下一个需要查询的域名服务器地址，并不是直接返回解析结果。因此，在迭代查询过程中，本地域名服务器需要自行决定下一步的查询方向，并且可能需要多次查询才能得到最终的解析结果。

与递归查询相比，迭代查询可以减轻上级域名服务器的负担，因为每个查询请求只返回有限的信息(下一个需要查询的域名服务器地址)，而不是完整的解析结果。同时，迭代查询也允许本地域名服务器在查询过程中有更多的自主权。

因此，递归查询通常用于从用户计算机到本地域名服务器的查询。这是因为在大多数情况下，用户计算机或网络设备并不直接与其他域名服务器进行交互，而是通过与本地域名服务器的交互来获取所需的解析结果。迭代查询则主要用于 DNS 服务器之间的查询，在本地域名服务器向上级域名服务器(如根域名服务器、TLD 服务器)查询时，通常会采用迭代查询方式。

DNS 报文分为请求报文和应答报文两种，这两种报文的格式是相同的，如图 5-12 所示。

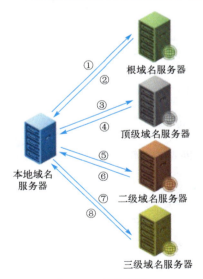

图 5-11　迭代查询

0		15 16		31
标识符		标志		
问题计数		答案计数		
权威记录计数		附加记录计数		
问题节				
答案节				
权威节				
附加节				

图 5-12　DNS 报文格式

该报文主要由五部分组成：首部(header)、问题节(question section)、答案节(answer section)、权威节(authority section)和附加节(additional section)。

(1)首部：DNS 报文的固定部分，共 12 字节。它包含了以下字段。

①标识符(identifier)：一个 16 位的随机数，用于区分不同的 DNS 查询和应答。

②标志(flags)：包含了多个标志位，用于指示报文的类型和状态等信息。其中，QR 标志位指示报文是查询请求还是应答；Opcode 标志位指示查询的类型(如标准查询、反向查询等)。

③问题计数(question count)：一个 16 位整数，指示问题节中的记录数。

④答案计数(answer count)：一个 16 位整数，指示答案节中的记录数。

⑤权威记录计数(authority record count)：一个 16 位整数，指示权威节中的记录数。

⑥附加记录计数(additional record count)：一个 16 位整数，指示附加节中的记录数。

(2)问题节：包含了查询的问题，通常只有一个记录。每个记录包含了查询的域名和查询类型。域名以标签形式表示，查询类型指定了期望的返回结果类型(例如，主机地址是与一个名字相关联(类型 A)还是与某个名字的邮件服务器相关联(类型 MX))。

(3)答案节：包含了查询的结果。每个记录包含了与查询问题匹配的域名、记录类型、生存时间(TTL)和资源记录数据。资源记录数据根据记录类型的不同而有所不同。

(4)权威节：如果查询的域名不存在或查询类型不支持，权威节中的记录可能包含相关的权威域名服务器的信息。

(5)附加节：包含了与查询结果相关的额外信息，如权威域名服务器的 IP 地址等。这些信息对于解析过程可能是有用的，但不是必需的。

需要注意的是，除了首部长度是固定的 12 字节外，其他部分的长度是可变的，取决于记录的数量和内容。每个记录都有特定的格式和字段，以适应不同类型的查询和应答。域名服务器使用的端口号是 53，并且在传输层根据不同的情况被封装为 UDP 或 TCP 报文段。

通常情况下，DNS 查询和应答报文使用 UDP 协议进行传输。这是因为 DNS 查询和应答报文通常比较短，不会超过 UDP 报文的最大长度限制(512 字节)。然而，在某些情况下，DNS 报文可能会超过 512 字节，当 DNS 报文超过最大长度时，DNS 服务器会设置截断(truncation)标志，并返回截断应答。客户端在接收到这种截断应答后，会使用 TCP 协议重新发起查询，以便能够传输完整的报文。

此外，DNS 区域传输(zone transfer)也是使用 TCP 协议进行的。区域传输指的是将一个 DNS 区域文件从一个域名服务器复制到另一个域名服务器的过程。这个过程是通过主域名服务器将区域文件的信息复制到辅助域名服务器来实现的。当主域名服务器的区域文件发生更改时，这些更改会通过区域传输机制自动同步到辅助域名服务器上，确保所有服务器上的区域文件保持一致，以防止主域名服务器出现故障时影响到整个域名解析服务。通过区域传输，辅助域名服务器可以获得主域名服务器的区域文件数据，从而能够在主域名服务器不可用时提供域名解析服务。

5.2.2　文件传输

远程文件传输是联网通信的原始动力之一，但若在不同网络终端间传输文件，需要网络应用为终端用户屏蔽不同终端间存储数据格式、操作系统命令、文件系统结构等种种差异。文件传输协议(FTP)(RFC 959)很好地为用户屏蔽了这些差异，成为使用最为广泛的文件传输协议和互联网的正式标准。FTP 使用 TCP 作为传输层协议，提供了交互式的访问服务，支持用户登录认证和访问控制。简单文件传输协议（trivial file transfer protocol，TFTP）是另一种常见的文件传输协议，使用 UDP 作为传输层协议，但自身具有重传机制，能够进行差错控制。TFTP 并未使用交互访问方式，只支持文件传输而不支持用户登录认证和访问控制。

1. FTP

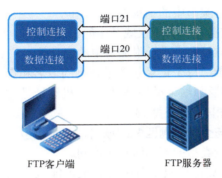

图 5-13　FTP 客户/服务器模型

FTP 使用 TCP 协议提供可靠传输服务，采用客户/服务器的模式，如图 5-13 所示。一个 FTP 的服务器进程可以同时为多个客户端进程提供服务。为能够同时处理多个客户端请求，服务器进程又包括主进程和从属进程。FTP 主进程主要负责接收新的客户端请求，通过监听 21 端口，等待客户端发送的连接请求。在接收到客户端的连接请求后，创建从属进程来处理该请求，并在处理完毕后终止从属进程。由于主进程与从属进程是并发执行的，故在从属进程处理请求时，主进程可以继续监听端口，接收新的请求。

在传输文件时，除了文件本身的数据外，还需要传输其他的消息或控制指令，如用于身份认证的用户名及密码、用于指定传输文件的路径信息、用于终止或暂停传输任务的控制指令等。与信令系统中的随路信令和共路信令类似，在处理这些控制信息的传输问题时，可以采用类似随路信令的方式，在用于数据传输的报文中开辟一些字段来传输控制信息；也可以采用类似共路信令的方式，使用专门的通道传输控制信息。FTP 通过建立控制连接和数据连接两个并行连接来解决这一问题。

控制连接由控制进程通过现有连接创建，通常 FTP 服务器主进程创建的第一个从属进程便是控制进程，该进程通过创建控制连接来接收和处理客户端发送的控制指令。当客户端通过控制连接发送的文件传输请求被 FTP 服务器接收后，FTP 服务器主进程将再次创建一个从属进程，该进程作为数据传输进程创建数据连接，专门进行数据的传输。FTP 建立数据连接有两种模式：主动模式和被动模式。在主动模式中，FTP 客户端通过控制连接发送 PORT 指令，告知服务器一个临时端口号，服务器主动连接客户端，在其熟知端口 20 与客户端的临时端口建立 TCP 连接。在被动模式中，FTP 客户端在需要进行文件传输时，通过控制连接发送 PASV 指令，告知服务器，并由服务器来选择端口。服务器通过控制连接向客户端发送 PORT 指令，PORT 指令中包含 227 entering passive mode（A1,A2,A3,A4,B1,B2），其中 A1～A4 为服务器自身 IP 地址，B1、B2 用于表示端口号，端口号的值为 256×B1+B2。服务器在开启该临时端口后，被动等待客户端发起 TCP 连接请求。客户端接收到该指令后，发起与 PORT 指令中指示的 IP 地址及端口建立连接的请求，与服务器建立数据连接。

控制连接与数据连接是并行的，在数据传输阶段，即便客户端没有控制指令产生，控制连接也不会被终止。当数据传输过程结束后，数据连接会被关闭，但控制连接依然在线，客户端还可以继续传输其他文件，但必须创建新的数据连接用于文件传输，直至用户没有其他文件需要传输，选择关闭控制连接，控制连接才会被释放。

2. TFTP

与 FTP 相比，TFTP 的功能非常纯粹，只提供文件传输功能。TFTP 没有复杂的交互接口和认证控制，也没有 FTP 协议的臃肿，非常适合在网络环境良好的情况下进行文件传输。

TFTP 同样采用客户/服务器模式，但使用 UDP 作为传输层协议，服务器使用的熟知端口号为 69。由于 TFTP 并未使用可靠的传输层协议，因此其在应用层提供了差错控制功能。一是通过在收、发两端设置 DATA 计时器和 ACK 计时器来防止报文丢失。若计时器超时后仍未收到报文，则判定为报文丢失，进而要求对方重传。二是通过校验和防止报文出错，如果发现报文未能通过校验，则直接丢弃出错的报文。三是通过编号防止报文重复，如果发现有重复编号的情况出现，则直接丢弃重复的报文。

在 TFTP 进行文件传输时，将文件分成多个连续的数据块，并将这些数据块进行编号，而且每一个报文中只包含一个数据块，如图 5-14 所示。发送方每发送一个报文，需启动计时器并等待对方对该报文的确认。如果在计时器超时后仍未收到对方的确认，发送方将重新发送该报文。接收方同样会在发送确认后开启 ACK 计时器，若该计时器超时后还未收到下一个数据块，则重传确认。TFTP 报文中承载的数据块大小固定为 512 字节。为避免在文件长度恰好为 512 字节的整数倍时产生误会，在文件自身数据全部传送完毕后，发送方还必须再发送一个不包含文件数据的报文，用来确认文件传输完毕。若文件长度不为 512 字节的整数倍，则最后传送的小于 512 字节的数据块可作为文件结束的标志。

TFTP 协议都是由客户端发起的，客户端通过向服务器发送读请求来进行文件下载，发送写请求来进行文件上传。无论是客户端还是服务器，都需要发送 ACK 报文对对方发来的数据进行确认。

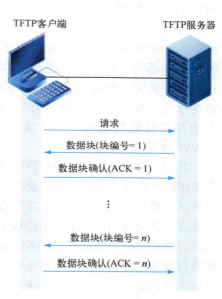

图 5-14　TFTP 进行文件传输

5.2.3　万维网

因特网诞生初期，主要用户都是科研人员、学者和大学生，受众群体十分有限，主要的使用方式也是远程登录主机，再进行文件传输或收发邮件，并不像今天一样广为人们所接受。万维网(也称为环球信息网，常常简写为 Web、WWW 或 W3)的出现改变了因特网，也深刻地改变了整个世界，人们的工作和生活方式因为万维网发生了天翻地覆的变化。在某种程度上，可以说万维网是一场颠覆人类生活的技术革命，但万维网却并非某种特定的计算机网络，它只是互联网中的一种应用，是互联网所提供的服务之一。

1. 万维网的历史与发展

万维网的发明人是蒂姆·伯纳斯-李(Tim Berners-Lee)，他几乎是以一己之力发明了万维网。《时代》周刊曾这样评论：与所有的推动人类进程的发明不同，这是一件纯粹个人的劳动成果……很难用语言来形容他的发明在信息全球化的发展中有多大的意义，这就像古印刷术一样，谁又能说得清楚它为全世界带来了怎样的影响。

20 世纪 80 年代，伯纳斯-李在欧洲核子物理实验室工作时，建议启动一个以超文本系统为基础的项目使科学家之间能够更好地分享和更新他们的研究结果，并与罗伯特·卡里奥一起建立了一个名为 ENQUIRE 的原型系统，这可以看作万维网的最初概念。1989 年 3 月，伯纳斯-李向 CERN 提交了一份项目建议书，建议书中提出了利用 Hypertext（超文本）重新构造 CERN 的信息系统，并可将其扩展到全世界。随后，伯纳斯-李成功开发出了一个 Web 服务器和客户端。该 Web 服务器虽然只具备 CERN 电话号码簿的简单查询功能，但却是人类历史上的第一个 Web 应用，其客户端采用了所见即所得的超文本浏览编辑器来访问 Web 服务。同年 12 月，伯纳斯-李将他的发明正式定名为 World Wide Web。

1991 年 8 月，伯纳斯-李建立的世界上第一个网站在因特网上开放访问，地址是 http://info.cern.ch。这个网站解释了什么是万维网、如何使用网页浏览器、如何建立一个网页服务器等。万维网迅速在科学研究领域普及，但在此领域之外，当时几乎没有人使用，因为缺乏一个适合个人计算机的网页浏览器。1993 年，伊利诺伊大学的马克·安德森与学生一起开发了一款名为 Mosaic 的网页读取软件，可以通过超文本链接在因特网上的任意计算机页面之间实现自由访问。Mosaic 成为第一个广泛用于个人计算机的 WWW 浏览器。

此时，万维网得到了企业界的关注，他们发现用超文本链接构成的页面功能系统能够让众多因特网新用户轻而易举地获得因特网上的信息，而无须具备丰富的计算机专业知识和进行烦琐的操作。这意味着在全球性的计算机网络中蕴藏着大量的盈利机会。1994 年，网景公司成立，该公司的第一个产品是基于 Mosaic 的网景 Navigator 浏览器，并立即获得了极大的成功。微软也随即开发出了著名的 Internet Explorer 浏览器。全球性的 Web 应用使 WWW 网站数目爆炸性增长，其增速甚至远超因特网自身的发展速度，甚至很多人认为万维网就是因特网的代名词。根据福布斯（http://forbes.com）发布的 2023 年全球顶级网站统计数据，当前全球有 11.3 亿个网站，有超过 2 亿个网站被积极维护和访问，每 3s 就会诞生一个新网站，全球有超 28%的商业活动是在网上进行的。

因为在万维网技术上的杰出贡献，伯纳斯-李被公认为"万维网之父"，并于 2016 年获得图灵奖。万维网的发明加速了全球信息化进程，带来了一个信息交互的全新时代。伯纳斯-李并没有为他发明的 WWW 申请专利或限制它的使用，而是无偿地向全世界开放，这意味着他放弃了唾手可得的巨量财富，但亲手为所有人打开了网络全球化的方便之门。

2. 万维网的组成与原理

WWW 服务采用客户/服务器工作模式，客户端即浏览器，服务器即 Web 服务器，它以超文本标记语言（hyper text markup language，HTML）和超文本传输协议（HTTP）为基础，为用户提供界面一致的信息浏览服务。

在万维网模型中，用户通过浏览器与服务器通信，发出请求，获得 Web 服务器的响应。服务器负责通过超文本链接网页，客户端负责显示信息和发送请求，将图、文、声等并茂的画面呈现给用户。万维网的重要特征是它的高度集成性，可以无缝链接所有类型的信息和服务，为人们进行信息搜索和信息共享提供了一种新方式。

万维网的工作方式可以概括为以下几个步骤。

(1)用户在浏览器中输入一个统一资源定位符(uniform resource locator，URL)，或者通过单击链接来请求一个网页。

(2)浏览器向服务器发送 HTTP 请求，请求对应的网页内容。

(3)服务器收到请求后，根据 URL 找到对应的网页文件，并将文件内容返回给浏览器。

(4)浏览器收到网页内容后，解析 HTML 文档，并按照文档中的标记显示网页内容。

(5)用户可以在网页中单击链接，跳转到其他网页，重复上述过程。

可见，万维网的核心由 URL、HTTP 和 HTML 这三个标准构成。

1) URL

URL 提供了一种统一的方式来标识和定位网络上的资源，并指明资源的位置和访问方式。它是互联网上资源的地址，互联网上的每个文件都有唯一的一个 URL。URL 相当于一个文件名在网络范围的扩展，是互联网上任何可访问对象的一个指针，无论是图片、网页、视频还是其他类型的文件，都可以通过其对应的 URL 进行访问，从而实现对互联网资源的存取、更新、替换和查找等操作。

URL 的一般语法格式为 protocol://hostname[:port]/path/[;parameters][?query]#fragment。其中包含了协议(或称为模式)、服务器名称(或 IP 地址)、路径和文件名、查询字符串和片段标识符等。

(1)协议(protocol)。

协议指定了浏览器或其他客户端应用程序与服务器之间通信所使用的规则和方法。最常用的协议是 HTTP。其他协议包括：

HTTPS——用安全套接字传送的超文本传输协议；

FTP——文件传输协议；

mailto——电子邮件；

ldap——轻型目录访问协议；

file——本地计算机或网上分享的文件；

news——Usernet 新闻组；

gopher——gopher 协议；

telnet——远程登录协议。

(2)主机名(hostname)。

主机名指定了互联网上计算机或服务器的位置，通常是一个域名，但也可以是 IP 地址，如 www.example.com 或 192.168.1.1。域名需要通过 DNS 解析为对应的 IP 地址，以便客户端能够找到并访问该域名对应的计算机或服务器。

(3)端口号(port)。

端口号用来区分在同一台计算机上运行的不同的网络服务。每个网络服务都有一个与之关联的端口号，如 80 或 443。HTTP 服务通常使用 80 端口，而 HTTPS 服务则使用 443 端口。如果 URL 中未指定端口号，浏览器将使用该协议的默认端口号。

(4) 路径(path)。

路径指明了服务器上资源的具体位置或目录结构，它表示从服务器的根目录开始到所请求资源的完整路径，如/index.html 或 /images/photo.jpg。路径可以是相对路径(相对于当前 URL 或服务器的某个位置)或绝对路径(从服务器的根目录开始)。绝对路径显示完整路径，意味着 URL 本身所在的位置与被引用的实际文件位置无关，相对路径以包含 URL 本身的文件夹位置为参考点，描述目标文件夹位置。如果要引用文件层次结构中更高层目录中的文件，那么使用两个点号".".和一条斜杠"/"。可以组合和重复使用两个点号".".和一条斜杠"/"，从而引用当前文件所在硬盘上的任何文件。有时 URL 以斜杠"/"结尾，而没有给出文件名，这种情况下，URL 引用路径中最后一个目录中的默认文件(通常对应于主页)，主页常常被命名为 index.html 或 default.html。

(5) 查询字符串(query)。

查询字符串用于向服务器传递参数或执行特定的查询操作。这些参数通常以键值对的形式出现，并且用于动态生成内容或进行数据库查询等操作，如?name=John&age=30。在这个例子中，name 和 age 是参数名称，而 John 和 30 是对应的参数值。

(6) 片段标识符(fragment)。

片段标识符用于指定网页中的一个特定部分或位置，通常用于链接到同一页面内的不同部分，如#section1 或#top。在这个例子中，section1 和 top 是页面内的锚点名称，浏览器会滚动到具有相应名称的元素位置。

URL 的各个组成部分之间使用特定的分隔符进行分隔，例如，"://"用于分隔协议和主机名，":"用于分隔主机名和端口号，"/"用于分隔路径中的目录和文件名，"?"用于分隔路径和查询字符串，"#"用于分隔查询字符串和片段标识符。

2) 超文本传输协议

HTTP 是 Internet 中使用最广泛的一种网络协议。它是万维网客户端与服务器交互时遵循的应用层协议，是 Web 的核心。HTTP 规定了 Web 客户端如何向服务器请求页面，同时规定了服务器如何将页面响应给客户端，以及这些交互报文的格式。HTTP 协议由两部分程序实现，即客户端程序和服务器程序，它们运行在不同的端系统上，Web 浏览器和 Web 服务器之间通过 HTTP 协议进行通信。

在 RFC 1945、RFC 2616、RFC 7540 中包含了 HTTP 报文格式的定义，HTTP 报文分为请求报文和响应报文。

(1) 请求报文。

请求报文由浏览器发送给服务器。一个典型的请求报文内容示例如下。

```
1. GET http://download.nudt.edu.cn/data/ssp.htm HTTP/1.1\r\n
2. Host: www.nudt.edu.cn\r\n
3. Connection: keep-alive\r\n
4. User-Agent: Mozilla/5.0 \r\n
5. Accept: text/html,application/xhtml+xml,application/xml;q=0.9,
image/webp,image/apng,*/*;q=0.8\r\n
6. Accept-Encoding: gzip, deflate\r\n
```

```
7.  Accept-Language: zh-CN,zh;q=0.9\r\n
8.  Cookie: pgv_pvi= 163284632; \r\n
9.  \r\n
```

其格式化的报文结构如图 5-15 所示。

请求报文的第一行为请求行，后续为首部行、空白行、请求体，每一行均用 ASCII 码书写。请求行有三个字段：请求方法字段、URL 字段和协议版本字段，字段之间都以空格隔开，最后使用 CR 和 LF 分别标识回车符和换行符表示结束。

请求方法字段中常用的方法有 GET、HEAD、POST、PUT、DELETE、CONNECT、OPTIONS、TRACE、和 PATCH 等。

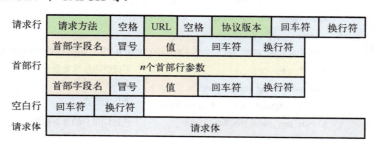

图 5-15　HTTP 报文结构

①GET 方法用于请求由 URL 字段指定的对象。在使用 GET 方法时，请求报文的请求体为空，但对应的响应报文中会返回对应实体。

②HEAD 方法的功能与 GET 方法类似，但只用于获取报头。当服务器收到该方法的请求时，将会返回一个 HTTP 响应报文，但报文中不包含请求对象的具体内容，通常可用该方法进行调试跟踪。

③POST 方法用于向服务器提交表单。与 GET 方法不同的是，POST 方法的请求体不为空，通常会将提交的主要数据包含在请求体中。

④PUT 方法用于将指定对象从客户端上传到服务器上的指定目录中。

⑤DELETE 方法允许客户端请求服务器删除指定的对象。

⑥CONNECT 方法用于客户端建立一个到目标服务器的连接，该目标服务器由 CONNECT 方法的值所标识。该连接可以用来建立隧道。如果连接建立成功，则会开启一个客户端与所请求资源之间的双向盲沟通的通道，可以用来访问采用了 SSL（HTTPS）协议的站点，以提供更高的安全性。

⑦OPTIONS 方法用于获得在请求/响应的通信过程中可以使用的功能选项。

⑧TRACE 方法用于回显服务器收到的请求，常见于测试或诊断。

⑨PATCH 方法是对 PUT 方法的补充，用来对已知资源进行局部更新。

请求行的第二个字段为 URL 字段，标识了执行该请求方法的资源路径。

请求行的第三个字段为协议版本字段，将自身遵循的协议版本告知对方，标识所支持的最高版本。

首部行可以用于向请求报文添加一些关于浏览器、服务器或其他报文主体内容的附加信息。可以不使用首部行，但通常一个报文中会包含若干个首部行，每一行都以回车符和换行符表示结束。

最后一个首部行结束后需要跟随一个空白行，专门发送回车符和换行符，通知服务器以下不再有首部行。

因此，对上面的请求报文实例的解析如图 5-16 所示。

请求报文的请求体通常没有实体，最后一行以回车符和换行符结束。

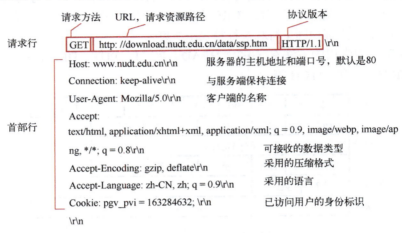

图 5-16　请求报文实例格式解析

(2) 响应报文。

响应报文的内容给出了对客户端请求的回答，报文的基本格式与图 5-15 所示的请求报文一致，但部分字段名称有所不同。响应报文中的第一行称为状态行，后续的行同样为首部行，最后为实体。一个响应报文的实例如下，该实例为对上一个请求报文的回答。

```
1. HTTP/1.1 200 OK\r\n
2. Server: Apache/2.2.3 (CentOS) \r\n
3. Content-Type: text/html; charset=UTF-8\r\n
4. Transfer-Encoding: chunked\r\n
5. Connection: keep-alive\r\n
6. Date: Fri, 17 Nov 2023 02:01:05 GMT\r\n
7. \r\n
8. <!DOCTYPE html><html lang="en"> data data … </html>
```

该实例中，首行状态行有三个字段：协议版本、状态码和状态信息。协议版本为 HTTP 1.1，与请求报文一致。状态码用于标识当前的服务状态，状态码后的状态信息是用于解释说明状态码的简单短语。RFC 2616 以及 RFC 6585 中描述的状态码共有 5 大类，采用 3 位数字编码，分别以不同的数字开头。

1XX：1 字头状态码表示请求已被接收，但仍需要继续处理。例如，100 Continue 代表客户端的部分请求已被服务器接收且未拒绝，应当继续发送请求。

2XX：2 字头状态码表示请求已被服务器成功接收，例如，本实例第一行中的 200 表示请求已成功，针对该请求的响应数据将随此响应报文返回。出现 200 状态码表示请求-响应状态正常。

3XX：3 字头状态码通常用于重定向，表示需要客户端采取进一步的行动才能完成请求。

例如，301 Moved Permanently 表示被请求的资源已永久移动到新位置。

4XX：4 字头状态码表示客户端的可能错误导致服务器无法完成请求。例如，常见的 404 Not Found 表示请求失败，在服务器上未发现所请求资源。

5XX：5 字头状态码表示服务器出错或异常，无法完成处理请求。例如，500 Internal Server Error 表示服务器出现未知状况，无法完成处理请求。

本例中，状态码 200 后的短语 OK 就是状态信息，相较状态码 200，短语 OK 能更清晰地表示请求成功。

状态行后紧接着首部行，该实例报文中的首部行有 5 个。Server：指示该响应报文的来源是一台 Apache Web 服务器。Content-Type：指示了实体体中的对象格式为 UTF-8 编码的 HTML 文件。Transfer-Encoding：chunked 指示服务器返回的内容长度不确定，以\r\n 作为结束标记。与之对应的是 Content-Length，Content-Length 的值指示了服务器发送给客户端的内容大小，但是这二者只能用其一，本例中使用了不定长度。Connection：keep-alive 指示服务器通知客户端，发送完报文后也要保持该 TCP 连接。Date：指示服务器生成并发送该响应报文的日期和时间。

首部行后是该报文最后的部分，称为实体体或响应体，本例实体体中的内容是 HTML 文件，该文件正是请求报文 URL 字段中指示的请求对象。

基于这样一种请求-响应模式，HTTP 协议实现了面向事务的文件交互方式。事务指的是一系列信息交换过程，而这一系列的信息交换过程在 HTTP 看来是一个不可分割的整体。因此，使用 HTTP 协议交换数据时，要么全部成功，要么全部失败，这也是 HTTP 协议最大的特点。

在使用 HTTP 协议时，浏览器工作流程如下。

例如，当选中 http://www.itu.org/home/index.html 连接时：

①浏览器确定 URL。

②浏览器向 DNS 询问 www.itu.org 的 IP 地址。

③DNS 回复 156.106.192.163。

④浏览器与 156.106.192.163 上的 80 端口建立一个 TCP 连接。

⑤浏览器发送一个请求，要求获取文件/home/index.html。

⑥www.itu.org 服务器发送文件/home/index.html。

⑦TCP 连接被释放。

⑧浏览器显示/home/index.html 中的所有文本。

⑨浏览器取回并显示该文件中的所有图片。

服务器的工作流程如下：

①确定被请求的 Web 页面的名字。

②鉴别客户的身份，针对客户的身份，执行服务控制。

③针对 Web 页面，执行服务控制。

④检查缓存，从磁盘上取回被请求的页面，确定在回复中包含的 MIME 类型并处理各种零碎的事项，将回复返回给客户。

⑤在服务器的日志中增加一个条目。

另外，HTTP 协议是以方便、快捷地在互联网上交换信息为目标而设计的，发送内容都采用明文方式，不提供任何方式的数据加密，所以 HTTP 协议不适合传输一些如账号密码之类的敏感信息。为了在保持 HTTP 使用习惯的同时增强安全性，HTTPS 协议应运而生。HTTPS 全称是 hypertext transfer protocol secure，中文名超文本传输安全协议，是以安全为目标的 HTTP 通道。它在 HTTP 下加入安全套接层(secure socket layer，SSL)，提供了身份验证和加密通信方法，广泛应用于万维网上安全敏感的通信，如电子商务。HTTPS 协议的具体内容将在第 6 章详细介绍。

3) 超文本标记语言

超文本标记语言(HTML)是一种用于创建网页的标准标记语言。它被视为万维网的描述语言，由一系列标签组成，这些标签用于统一网络上的文档格式，将分散的互联网资源链接为一个逻辑整体。

HTML 在许多方面具有无法取代的优势。

(1) HTML 可以通过标签将网页内容结构化，使得内容更加清晰、易于理解和维护。标签可以定义标题、段落、列表、表格等元素，帮助组织信息并呈现给用户。所有的标签都必须用尖括号括起来，如<HTML>、<HEAD>、<BODY>等。大部分标签都是成对出现的，包括开始标签和结束标签，开始标签和相应的结束标签定义了标签所影响的范围。结束标签与开始标签名称相同，但结束标签总是以一个斜杠"/"开头，如<HTML>和</HTML>、<HEAD>和</HEAD>等。也有一些标签只要求单一标签符号，如换行标签
。

(2) 在 HTML5 中，还引入了一些语义化标签，如<article>、<section>、<nav>等，使得开发人员可以更准确地描述网页内容的含义和用途，提高网页的可访问性和优化搜索引擎。

(3) HTML 还支持嵌入各种媒体内容，如图像、音频、视频等。通过使用相应的标签和属性，开发人员可以轻松地在网页中嵌入媒体文件，并提供播放、控制等功能。

(4) HTML 中的超链接功能使得网页之间可以相互链接，形成一个庞大的信息网络。通过<a>标签和 href 属性，开发人员可以创建指向其他网页、文件或资源的链接，实现页面之间的导航和跳转。

(5) HTML 提供了表单元素和相关的标签，如<form>、<input>、<button>等，使得用户可以在网页上输入数据、提交表单，并与服务器进行交互。这对于创建登录、注册、搜索等功能非常有用。

HTML 所编写的超文本文档通常带有.html 或.htm 的文件扩展名，称为网页，它能独立于各种操作系统平台(如 UNIX、Windows 等)，通过标记符定义、显示网页内容，从而给各平台带来一致的浏览体验。

▶▶ 5.2.4 电子邮件

电子邮件，顾名思义，是指网络上的邮政。通过电子邮件，可以发送文字内容、图片，还可以发送报表数据等所有计算机可以存储的信息。电子邮件不受距离限制，可以与世界上任一互联网用户互相联系。由于使用简易、投递迅速、易于保存、不受距离限制等特点，电子邮件成为人们普遍使用的一种网络应用。

1. 邮件地址

电子邮件在几十年的发展过程中出现了明显的变化，从原始的发送方计算机直接向接收方计算机发送电子邮件演变成收发双方都使用邮件服务器代为收发邮件，如图 5-17 所示。在这种方式下，电子邮件通信不再依赖接收方当前是否在线。电子邮件的通信过程由简单的发送方到接收方演变成发送方计算机到发送方邮件服务器、发送方邮件服务器到接收方邮件服务器，以及接收方邮件服务器到接收方计算机的三个通信过程，并且参与通信的四方都不是直接相连的，而是分别独立地连接到互联网中。在这个架构中，邮件发送方和接收方使用的计算机称为用户代理。

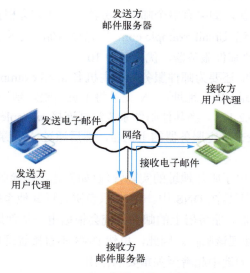

图 5-17　电子邮件系统网络架构图

使用电子邮件时，需要拥有一个电子邮件地址，也称为电子邮箱地址或电子信箱地址，它是用来在互联网上收发电子邮件的一串特定格式的字符。电子邮件地址的标准格式为 user@mail.server.name，其中 user 是收件人的用户名，mail.server.name 是收件人的电子邮件服务器名，它可以是一个域名，或者是十进制数字表示的 IP 地址。

地址编码的规则主要包括以下几点。

（1）用户名和域名中，只能使用字母、数字以及特定的字符(如 "."、"–" 和 "_" 等)。其他特殊字符，如空格或 "@" 符号，一般不允许使用。

（2）用户名通常有一定的长度限制，大多数邮箱服务商要求用户名为 6～30 个字符。

（3）域名通常由两个或多个部分组成，用点号 "." 隔开。例如，example.com 中的 example 是二级域名，而 com 是顶级域名。

（4）电子邮件地址通常是大小写敏感的，这意味着 Example@example.com 和 example@example.com 被视为不同的地址。然而，某些邮件系统，如 Gmail，会将它们视为同一个地址。

DNS 在电子邮件地址的记录和管理中起到了十分重要的作用。DNS 通过 MX 记录来指定接收邮件的服务器，MX 为 mail exchanger 的简称，全名为邮件交换器。MX 记录用于在电子邮件系统发邮件时根据收件人的地址后缀来定位邮件服务器。在 DNS 的各种记录中，MX 记录是一个非常重要的记录，当用户发送邮件时，发送方的邮件系统会查询收件人的域名

MX 记录，然后将邮件发送到 MX 记录所指向的邮件服务器上。这样，即使收件人的邮件地址发生了变化，但只要其域名的 MX 记录及时更新，发件人仍然能够将邮件发送到正确的服务器上。

假设有一个域名 example.com，并且这个域名有一个电子邮件服务。为了让其他电子邮件系统知道如何将邮件发送到 example.com 域的用户，DNS 需要设置相应的 MX 记录。在 DNS 管理界面中，为 example.com 添加一个 MX 记录，该记录会指定一个邮件服务器的主机名和该邮件服务器的优先级。如果有多个邮件服务器，发送方会根据优先级来决定首先尝试哪个服务器。例如，MX 记录|mail.example.com 优先级 10|，表示 mail.example.com 是处理 example.com 域邮件的主要邮件服务器，优先级为 10。

除了 MX 记录，DNS 还要为邮件服务器的主机名(mail.example.com)设置一个 A 记录(IPv4 地址)或 AAAA 记录(IPv6 地址)。A 记录将主机名映射到一个具体的 IPv4 地址，如 mail.example.com → 116.0.2.123。当其他邮件系统尝试连接 example.com 域的邮件服务器时，它们会首先查找 MX 记录来确定服务器的主机名，然后通过 A 记录或 AAAA 记录来获取服务器的 IP 地址。

需要注意的是，对于电子邮件地址的实际管理(如创建、删除邮箱，设置别名等)，通常在邮件服务器上完成，而不是在 DNS 中。DNS 只负责告诉其他系统如何找到正确的邮件服务器。一旦邮件到达服务器，服务器上的邮件系统会根据电子邮件地址的本地部分("@"符号前的部分)来决定如何处理该邮件。因此，虽然 DNS 不直接管理电子邮件地址本身，但它在引导邮件到达正确的目的地中起着至关重要的作用。

2. SMTP 协议

简单邮件传输协议(SMTP)是电子邮件系统中最重要的标准，由 RFC 5321 定义。SMTP 具有悠久的历史，初始的 SMTP 协议对应的 RFC 788，形成于 1981 年，这说明早在 1981 年之前的一段时间里，SMTP 就已经被许多互联网用户使用了。

SMTP 用于收发双方邮件服务器之间的通信。但在实际使用中，发送方用户代理与发送方邮件服务器之间也常采用 SMTP 协议。SMTP 同样采用客户/服务器模型，同一个邮件服务器既可以作为客户端，也可以作为服务器，在使用 SMTP 发送邮件时，作为 SMTP 客户端；在使用 SMTP 接收邮件时，作为 SMTP 服务器。一个常见的使用 SMTP 的场景如图 5-18 所示。

(1)用户甲通过用户代理撰写邮件，并在信封中填入用户乙的邮件地址，然后通过用户代理发送邮件。

(2)用户代理将邮件发送至甲的邮件服务器中。

(3)甲的邮件服务器中的 SMTP 客户端发现报文队列中有待发送的报文，就按照邮箱地址查找用户乙的 SMTP 服务器的 IP 地址，并与该 SMTP 服务器建立 TCP 连接。

(4)连接建立后，SMTP 客户端通过该连接发送邮件。

(5)用户乙的 SMTP 服务器接收该邮件并放入乙的邮箱。

(6)用户代理显示收到了新邮件，通知用户乙查看。

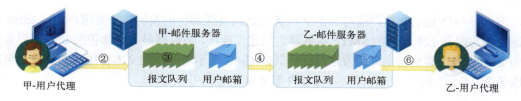

图 5-18　SMTP 协议使用场景示意图

SMTP 使用 TCP 作为传输层协议,端口号是 25。为了实现可靠的邮件传送服务,SMTP 采用直接连接的方式,在发送邮件的客户端与接收邮件的服务器之间直接建立 TCP 连接,不论两个 SMTP 邮件服务器的物理位置相距多远,也不会使用中间邮件服务器发送邮件。SMTP 的交互过程如图 5-19 所示。

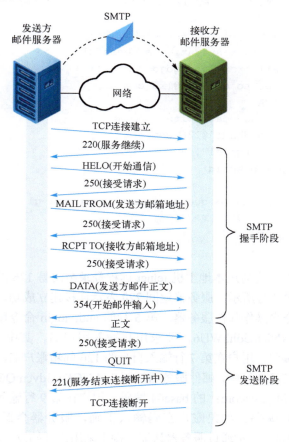

图 5-19　SMTP 交互过程示意图

首先,发送方邮件服务器上的 SMTP 客户端通过 25 端口与接收方邮件服务器上的 SMTP 服务器建立 TCP 连接。连接建立后,双方开启会话,SMTP 客户端发送一系列命令,包括 HELO、MAIL FROM、RCPT TO 以及 DATA 等,来配置邮件发送地址、接收地址、邮件内容等参数,开始发送过程。邮件发送结束后,SMTP 客户端发送 QUIT 命令断开 TCP 连接,完成整个发送过程。

下面是一个 SMTP 客户端与 SMTP 服务器之间发送邮件的实例。首先用户通过 telnet 在本地主机与网易 126 邮箱的 SMTP 服务器之间建立连接，然后网易 126 邮箱的 SMTP 服务器作为 SMTP 客户端向指定邮箱发送邮件。其中 C->S 表示对应行的文本由用户主机发送至邮件服务器，S->C 表示对应行的文本由邮件服务器发送至用户主机。

```
1.  C->S | telnet smtp.126.com 25
2.  S->C | 220 126.com Anti-spam GT for Coremail System (126com[20140526])
3.  C->S | helo 163.com
4.  S->C | 250 OK
5.  C->S | auth login
6.  S->C | 334 dXNlcm5hbWU6
7.  C->S | anNkbGdkamRAMTI2LmNvbQ==
8.  S->C | 334 UGFzc3dvcmQ6
9.  C->S | YWRzZnFld2dyZ2ZkMTMyM2dodGc=
10. S->C | 235 Authentication successful
11. C->S | mail from: jsdlgdjd @126.com
12. C->S | rcpt to:dkgjjsl@126.com
13. C->S | DATA
14. S->C | 354 End data with .
15. C->S | from:dhadsj@126.com
16. C->S | to: dkgjjsl@126.com
17. C->S | Hello World
18. C->S | .
19. S->C | 250 Mail OK queued as zwqz-smtp-mta-g1-1,_____wDnD2VqJ5VlP9
          I7AA--.52051S7 1704274276
20. C->S | QUIT
21. S->C | 221 Bye
```

上例第 1 行，用户首先通过本地主机 telnet 远程登录至网易 126 的邮件服务器。与该服务器建立连接后，如第 2 行所示，服务器返回 220 表示连接建立成功，可以开始会话。随后用户发送了一系列命令来操作邮件服务器。第 5 行的 auth login 命令用于登录用户账户，邮件服务器返回 334 dXNlcm5hbWU6，要求用户输入用户名，其中 dXNlcm5hbWU6 为 username：的 base64 编码。用户在第 7 行输入自身的 126 邮箱账户名，注意此处需输入该账户名的 base64 编码。在第 8 行中，邮件服务器返回 334 UGFzc3dvcmQ6，要求用户输入密码，其中 UGFzc3dvcmQ6 为 password：的 base64 编码。用户在第 9 行输入自身邮件账户对应的密码，同样用 base64 编码。如果账户密码输入正确，服务器会返回第 10 行中的 235 Authentication successful，表示通过服务器认证。接下来用户开始发送邮件，首先在第 11 行发送命令 mail from: jsdlgdjd@126.com，表示将要使用电子邮箱 jsdlgdjd@126.com 发送邮件；然后在第 12 行发送命令 rcpt to:dkgjjsl@126.com，表示收件箱地址为 dkgjjsl@126.com；接着在第 13 行发送命令 DATA，表示将输入邮件内容；随后会在第 14 行收到服务器返回的信息 354 End data with .，表示可以开始输入内容，将只包含一个 "." 的行作为结束符号；第 15 行和第 16 行中的 from 和 to 分别表示该邮件的实际撰写人和收件人，而之前的 mail from 与 rcpt to 表示该邮件的发送人和接收人，在大部分情况下，实际撰写人和发送人、收件人和接收人都是相同的；第 17 行中用户撰写了邮件的实际内容 Hello World，并在第 18 行发送了"."表示邮件内容结束；在第 19 行用户收到了服务器返回的发送成功的状态信息；在没有其他邮件需要发送时，用户发送 QUIT 命令，与邮件服务器断开连接。

上述过程中，网易 126 邮件服务器扮演了两个角色。首先，作为邮件系统的 SMTP 服务器与用户的代理 SMTP 客户端建立了连接，接收并执行用户的指令。然后，作为邮件系统的客户端将用户需要发送的邮件发送至收件地址指定的 SMTP 服务器中。如果抓取整个过程产生的流量并用协议分析软件进行分析就会发现，这两个步骤都使用了 SMTP 协议。

3. MIME 协议

SMTP 在互联网发展初期提供了高质量的电子邮件服务，为互联网的快速普及发挥了巨大作用，但随着互联网的覆盖范围增大、带宽增加，以及图像、视频等多媒体业务的不断涌现，SMTP 的缺点也开始显现出来。

首先，SMTP 只能传送 7 比特的 ASCII 文本，导致许多非英语国家，如中、俄、法、德等国所使用的语言文字无法通过电子邮件系统传送。

其次，SMTP 无法传送多媒体、可执行文件等二进制文件。部分用户代理采用特定的方法将二进制文件转换为 ASCII 码后再通过 SMTP 进行传送，但由于缺乏统一、正式的标准，无法形成大规模的应用。

最后，SMTP 在传输过程中全部采用明文字符，没有提供数据加密机制，因此邮件传输过程中的全部内容都可以被获取，用户隐私无法得到保障。

为了解决这些问题，尤其是前两个问题，相关人员提出了多用途互联网邮件扩展 (multipurpose internet mail extensions，MIME)。为了能够兼容原有的电子邮件协议，MIME 采用的理念是扩充而非取代，即并不追求代替 SMTP，而是在 SMTP 的基础上增加一些功能来满足新的需求，主要通过新增 5 个邮件首部字段来扩展邮件主体信息，具体如下。

（1）MIME-Version 字段：指示邮件内容的类型，由邮件创建者添加。

（2）Content-Description 字段：描述邮件主体的内容，可以是图像、音频或视频等。

（3）Content-ID 字段：邮件标识符，具有唯一性。

（4）Content-Transfer-Encoding 字段：定义邮件传送过程中的编码方式。

（5）Content-Type 字段：邮件正文的数据类型和子类型。

其中，Content-Transfer-Encoding 字段和 Content-Type 字段需要进一步解释说明。

Content-Transfer-Encoding 字段又称为内容传输编码，它弥补了 SMTP 的缺陷，使指定 ASCII 以外的字符编码方式成为可能，编码方式可以指定为"7bit""8bit""binary""quoted-printable"或"base64"。

（1）7bit：即 7 位 ASCII 编码方式，为默认的编码方法，需要邮件正文本身已经是 7bit 表示，邮件系统不会再对其进行解码。

（2）8bit：8 位 ASCII 码，需要邮件正文本身已经是 8bit 表示，邮件系统不会对其进行解码。7bit 编码和 8bit 编码均指在行间用 998 个 8 位字节或更少的字节表示的数据。与 7bit 编码不同的是，8bit 编码允许十进制值大于 127 的 8 位字节，而 7bit 编码不允许。例如，汉字的 ASCII 码表示需要使用最高位为 1 的 8 位字节，如果采用 7bit 编码传输，会将汉字码最高的 1 全部变成 0，从而产生错误。

（3）binary：直接将传输内容视为二进制数据，不进行编码。

（4）quoted-printable：称为"可打印字符引用编码"或者"使用可打印字符的编码"，是一种使用可打印常用字符来表示一个字节中所有非打印字符的方法。其原理是将一个 8 位字节编码为由一个等号"="和两个十六进制数字所组成的 3 字符。例如，法语中字母 À 被编码成=C3=80。由于欧洲国家的语言文字中大部分字符与英文重叠，只有少量字符需要进行特别编码，当传输这类语言文字时，采用该编码就非常合适。

（5）base64：一种常用的将二进制数据转换为可打印字符的编码方法，在 RFC 3548 中定义。其编码方法为：先将待编码数据以 24bit 为一组（3 字节），再将 24bit 的二进制数分成 4个小组（转化为 4 个 6bit 字节）。对于每个 6bit 的小组，首先将其转换成一个 0~63 的数字，然后根据这个数字查表得到编码结果，base64 编码对照表如表 5-1 所示。

表 5-1　base64 编码对照表

值	字符	值	字符	值	字符	值	字符
0	A	16	Q	32	g	48	w
1	B	17	R	33	h	49	x
2	C	18	S	34	i	50	y
3	D	19	T	35	j	51	z
4	E	20	U	36	k	52	0
5	F	21	V	37	l	53	1
6	G	22	W	38	m	54	2
7	H	23	X	39	n	55	3
8	I	24	Y	40	o	56	4
9	J	25	Z	41	p	57	5
10	K	26	a	42	q	58	6
11	L	27	b	43	r	59	7
12	M	28	c	44	s	60	8
13	N	29	d	45	t	61	9
14	O	30	e	46	u	62	+
15	P	31	f	47	v	63	/

经过 base64 编码，待传输的数据都转换成了 ASCII 字符，然后就可以通过 SMTP 进行传送了，其代价是会使报文的长度增加约 33%。

Content-Type 字段说明了邮件正文的类型，例如，text/plain 表示邮件正文为无格式文本，text/html 表示邮件正文为 HTML 文档，image/gif 表示邮件正文为 GIF 图片等。Content-Type 通常是"主类型/子类型"的形式。主类型有 text、image、audio、 video、 application、multipart、message 等，分别表示文本、图片、音频、视频、应用、分段、消息等。每个主类型还可能包含多个子类型。此外，还有以 X-开头的主类型和子类型，代表该类型为自定义，许多自定义类型并未形成正式标准，但由于支持者众多，也被广泛采用，例如，application/X-zip-compressed 表示 ZIP 文件类型。当前电子邮件中最常见的类型为 multipart，表示该邮件正文由多个部分复合而成，并通过后面的子类型说明不同组成部分之间的关系，指定"boundary"参数来分隔每一个组成部分。

例如，上面一个发送"Hello World"的邮件实例中，邮件原文如下。

```
1. Received: from jsdlgdjd@126126.com ( [46.47.21.2] ) by
2. ajax-webmail-wmsvr-41-116 (Coremail) ; Mon, 8 Jan 2024 16:34:53 +0800
(CST)
3. X-Originating-IP: [46.47.21.2]
4. Date: Mon, 8 Jan 2024 16:34:53 +0800 (CST)
5. From: =?GBK?B?yfdsfs7etdA=?= < jsdlgdjd @126.com>
6. To: =?GBK?B?yfdggftdA=?= dkgjjsl @126.com>
7. Subject: =?GBK?B?wLTX1MnxwabO3rXQtcTTyrz+?=
8. X-Priority: 3
9. X-Mailer: Coremail Webmail Server Version XT5.0.14 build 20230109
(dcb5de15)
10. Copyright (c) 2002-2024 www.mailtech.cn 126com
11. X-NTES-SC: AL_Qu2bBvubvEsj5CKQYukWmk4bj+c6WsKwsv8g2INVP5E0lS7R5y
sFbG5+G1fT4MCFASaeoQmaQjxW7e9ceJBqVLBhWnlGqH1T5dU6x/c0Tnt8
12. Content-Transfer-Encoding: base64
13. Content-Type: text/plain; charset=GBK
14. MIME-Version: 1.0
15. Message-ID: <9c3c2fd.6bfb.18ce83d5312.Coremail.manu_liu@126.com>
16. X-Coremail-Locale: zh_CN
17. X-CM-TRANSID:_____wD3fxOWtZtl988QAA--.37315W
18. X-CM-SenderInfo: 5pdq3sxolxqiyswou0bp/1S2m2BVfxVpD4Qa5zgACsc
19. X-Coremail-Antispam: 1U5529EdanIXcx71UUUUU7vcSsGvfC2KfnxnUU==
```

由于邮件中只发送了文字 Hello World，所以在第 13 行中，指明了邮件正文格式为文本、字符集为 GBK。在邮件内容添加一个附件 acb.jpg 后，再次发送的邮件原文如下。

```
1. Received: from jsdlgdjd@126126.com ( [46.47.21.2] ) by
2. ajax-webmail-wmsvr-41-116 (Coremail) ; Mon, 8 Jan 2024 16:34:53 +0800
(CST)
3. X-Originating-IP: [46.47.21.2]
4. Date: Mon, 8 Jan 2024 16:34:53 +0800 (CST)
5. From: =?GBK?B?yfdsfs7etdA=?= < jsdlgdjd @126.com>
6. To: =?GBK?B?yfdggftdA=?= dkgjjsl @126.com>
7. Subject: =?GBK?B?wLTX1MnxwabO3rXQtcTTyrz+?=
8. X-Priority: 3
9. X-Mailer: Coremail Webmail Server Version XT5.0.14 build 20230109
(dcb5de15)
10. Copyright (c) 2002-2024 www.mailtech.cn 126com
11. X-NTES-SC: AL_Qu2bBvubuU8p5COYYekWasdsaf+c6WsKwsv8g2INVP5hghR5ysF
bG5+ G1fT4MCFASaeoQmaQjxW7e9ceJBqVLC0fgEjkzuy8EAxPOma
12. Content-Type: multipart/mixed;
13. boundary="-----_Part_113214_1041933121.1704706722309"
14. MIME-Version: 1.0
15. Message-ID: <39e3ae11.78bb.18ce8704a05.Coremail. jsdlgdjd @126.com>
```

```
16.  X-Coremail-Locale: zh_CN
17.  X-CM-TRANSID:_____wD3X5Kjwptl2GsjAA--.43053W
18.  X-CM-SenderInfo: 5pdq3sxodfdsiyswou0bp/1tbfdgghhavb3awABsh
19.  X-Coremail-Antispam: 1U5529EdanIXcxdfdsfvcSsGvfC2KfnxnUU==
20.
21.  ------=_Part_113214_1041933121.1704706722309
22.  Content-Type: text/plain; charset=GBK
23.  Content-Transfer-Encoding: base64
24.
25.  Hello World
26.  ------=_Part_113214_1041933121.1704706722309
27.  Content-Type: image/jpeg; name=acb.jpg
28.  Content-Transfer-Encoding: base64
29.  Content-Disposition: attachment; filename="acb.jpg"
30.  /9j/4AAQSkZJRgABAQEBLAEsAAD/4QAiRXhpZgAATU0AKgAAAgAAQESAAMAAAABAA
EAAAAAAD/2wBDAAIBAQIBAQICAgICAgICAwUDAwMDAwYEBAMFBwYHBwcGBwcICQsJCAgKCAcH........
.......................................................................
31.  ------=_Part _113214_1041933121.1704706722309 --
```

上面邮件原文中包含了一个文本和一个附件，故第 12 行 Content-Type 字段指明类型为 multipart/mixed；接着指明 boundary 参数的值为"----=_Part_113214_1041933121.1704706722309"，即采用该值作为每个部分的分隔。在第 21 行中出现了 boundary 字段值，采用的是"--"+boundary 字段值的形式，表明该行后的内容用于描述邮件正文的一部分；第 22 行指明了该部分内容类型为无格式文本并采用 GBK 字符集；第 23 行标明了编码方式为 base64；第 25 行显示了该正文的文本，对应所发送的电子邮件文字消息的具体内容。第 26 行又一次出现了 boundary 字段值，同样采用"--"+boundary 字段值的形式，表明该行后的内容用于描述邮件正文的另一部分。从后面的内容可以发现描述的方法与前一部分是一致的：第 27 行的 Content-Type 给出了该部分内容类型为图片，格式为 JPEG；第 28 行标明了编码方式为 base64；第 29 行的 Content-Disposition 字段指明了该部分内容以附件形式展示，对应的文件名为 acb.jpg；第 30 行开始为该附件的数据内容，以 base64 编码。第 31 行（邮件附件的数据内容略过未展示）又一次出现了 boundary 字段值，但是以"--"+boundary+"--"结束，表明该数据段结束。

4. POP3 协议

SMTP、MIME 解决了电子邮件的发送问题，但电子邮件通过 SMTP 协议只是到达了接收方服务器，而采用一种高效、方便的方式处理和管理电子邮件，使得每个用户都能轻松地接收、阅读和存储自己的电子邮件则是 SMTP 协议无法满足的。

POP3 即邮局协议第 3 版，其设计初衷是提供一种简单、可靠的方式来让用户从邮件服务器上获取电子邮件，其客户/服务器模型如图 5-20 所

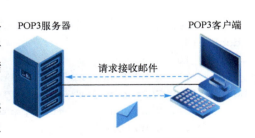

图 5-20　POP3 客户/服务器模型

示。邮件被发送到服务器上，用户通过电子邮件客户端软件连接到服务器，然后下载所有未阅读的电子邮件。一旦邮件被下载到用户的本地计算机上，邮件服务器上的邮件通常就会被删除，但现代的 POP3 邮件服务器也支持"只下载邮件，服务器端的邮件不删除"的选项，这是对原始 POP3 协议的一种改进。

　　POP 协议最初在 1984 年发表的 RFC 918 中定义，由于电子邮件应用广泛，协议版本的更新速度非常快。在 1985 年的 RFC 937 中又发表了第二版，最后在 1988 年的 RFC 1081 中发表了第三个版本，也就是现在所熟知的 POP3。到了 1998 年，POP3 正式成为 Internet 标准，并在此后持续发展和改进。虽然曾经有 POP4 的架构被提出（其功能接近 IMAP），但在 2003 年 POP4 停止发展，因此 POP3 仍然是电子邮件接收协议的主要选择之一。其特点体现在以下几个方面。

　　(1)简单性：POP3 协议设计原理简单，易于实现和理解。

　　(2)独占性：POP3 协议以独占方式访问邮件服务器，一次只允许一个客户端连接。这意味着在一段时间内，只有一个用户可以从服务器上读取或下载邮件。

　　(3)本地化：POP3 协议只支持邮件下载，即邮件被下载到本地计算机上供用户阅读和处理，但不支持在服务器上直接进行邮件的发送。

　　(4)无状态：POP3 协议是无状态的，服务器不保存客户端的任何状态信息。每次客户端连接时，服务器都将其视为新的会话，不会记住之前的操作或状态。

　　(5)无副本：POP3 协议在下载邮件后，通常会将服务器上的邮件标记为已删除。这意味着一旦邮件被下载到本地，原始邮件服务器上的副本可能会被删除（但现代 POP3 服务器通常提供了选项来保留服务器上的邮件副本）。

　　(6)离线访问：POP3 协议支持离线邮件处理。用户可以在未连接互联网的情况下，对已下载的邮件进行阅读和操作。当再次连接到服务器时，用户可以继续下载新的邮件。

　　POP3 协议的交互过程如图 5-21 所示，通常涉及以下步骤。

　　(1)建立连接阶段。

　　①用户运行邮件客户端程序作为 POP3 客户端。

　　②客户端通过 TCP 协议与 POP3 服务器的 110 端口建立连接。

　　(2)身份验证阶段。

　　①客户端发送 USER 命令，后跟用户的邮箱用户名，以告知服务器希望访问哪个邮箱。

　　②服务器响应以确认用户名是否有效。

　　③客户端发送 PASS 命令，后跟用户的邮箱密码，以进行身份验证。

　　④服务器验证密码并发送响应，表明身份验证是否成功。

　　⑤如果身份验证成功，服务器将允许客户端进入下一阶段；否则，服务器可能会断开连接或要求重新验证。

　　(3)邮件操作阶段。

　　①客户端发送 LIST 命令，请求服务器列出邮箱中的所有邮件。

　　②服务器响应并发送邮件列表，包括每封邮件的编号和大小。

　　③客户端可以选择性地发送 RETR 命令，后跟邮件编号，以请求下载特定的邮件。

　　④服务器发送所选邮件的内容给客户端。

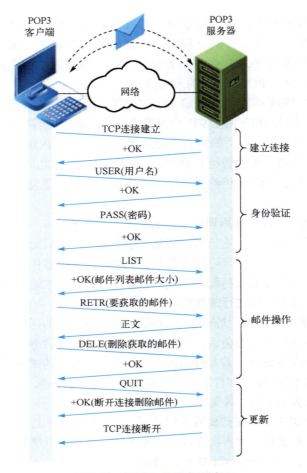

图 5-21 POP3 协议交互过程

⑤客户端可以发送 DELE 命令，后跟邮件编号，以标记要删除的邮件。这些邮件在更新阶段将被物理删除。

⑥客户端可以继续执行其他操作，如获取邮件的头部信息（使用 TOP 命令）或检查邮箱状态（使用 STAT 命令）。

在这个阶段，客户端和服务器之间会有多个请求和响应的交互，以执行各种与邮件相关的操作。

（4）更新阶段。

①客户端完成所有邮件操作后，发送 QUIT 命令，表示准备断开连接。

②服务器进入更新阶段，释放之前分配给客户端的资源，并执行之前标记的删除操作。

③服务器发送最后的响应，确认断开连接，并关闭 TCP 连接。

在这个阶段，服务器会执行必要的清理操作，并确保所有之前标记为删除的邮件被物理删除。

与 SMTP 类似，POP3 协议的数据格式是基于 ASCII 文本的，命令和响应都由 ASCII 字符组成，并按照特定的格式进行结构化表示。命令通常由 3 或 4 个字母组成，参数和响应可能会包含更多的信息。客户端和服务器之间的每个请求和响应都以 CR 和 LF(回车符和换行符)作为结束标记。

下面给出一个 POP3 协议交互过程的示例,其中 S:表示从服务器发送到客户端的消息,C:表示从客户端发送到服务器的消息,每行消息都以 CR 和 LF(\r\n)结束,这是 POP3 协议中消息的实际结束方式。

```
 1. S: +OK POP3 server ready <djkagjd@pop3.example.com>
 2. C: USER geo.joe
 3. S: +OK User successfully logged on
 4. C: PASS cobrapass
 5. S: +OK Mailbox open, 2 messages
 6.
 7. C: LIST
 8. S: +OK 2 messages (320 octets)
 9. S: 1 120
10. S: 2 200
11. S: .
12.
13. C: RETR 1
14. S: +OK 120 octets
15. S: <the POP3 server sends message 1>
16. S: .
17.
18. C: DELE 1
19. S: +OK message 1 deleted
20.
21. C: RETR 2
22. S: +OK 200 octets
23. S: <the POP3 server sends message 2>
24. S: .
25.
26. C: QUIT
27. S: +OK POP3 server signing off
```

上例省略了连接建立阶段,各阶段简要说明如下。

第 1~6 行为身份验证阶段,服务器(S)首先发送一个欢迎消息,表明它已经准备好接受连接,并提供了一个可选的服务器标识。客户端(C)发送 USER 命令,后面跟着用户名 Geo.Joe。随后服务器确认用户登录成功。客户端发送 PASS 命令,后面跟着密码 cobrapass。服务器确认邮箱已打开,并通知客户端有两封邮件。

第 7~25 行为邮件操作阶段,首先客户端发送 LIST 命令请求列出所有邮件,服务器响应列出了两封邮件的大小和编号。随后客户端请求检索编号为 1 的邮件(RETR 1 命令)。服务器发送邮件 1 的内容,并以单个点号"."在单独的一行上表示邮件结束。客户端请求删除编号为 1 的邮件(DELE 1 命令)。服务器确认邮件 1 已被删除。客户端再请求检索编号为 2 的邮件(RETR 2 命令)。服务器发送邮件 2 的内容,再次以单个点号"."在单独的一行上表示邮件结束。

第 26、27 行为更新阶段，客户端发送 QUIT 命令以断开连接，随后服务器执行必要的清理操作，并发送一个告别消息，关闭连接。

请注意，在实际网络通信中，POP3 服务器可能会提供更多的响应代码和信息，以及支持额外的命令。这个示例仅用于展示 POP3 协议的基本工作流程。

5. IMAP 协议

在处理邮件时，POP3 需要将服务器上的邮件下载到本地客户端，在许多时候，尤其是频繁更换客户端主机的场景下，使用很不方便，而且支持 POP3 的客户端能够对邮件服务器执行的操作很少，这也影响了 POP3 的进一步应用。当前使用更广泛的电子邮件接收协议是因特网信息存取协议(internet message access protocol，IMAP)，它的发展历程可以追溯到 1986年，由美国斯坦福大学的 Mark Crispin 教授首次提出并开发。IMAP 协议经历了多个版本的更新，现在的版本是由 RFC 2060 文档定义的"IMAP 第四版第一次修订版"(IMAP4rev1)。IMAP 协议的主要特点如下。

(1)多副本式：与 POP3 不同，IMAP 协议的设计理念是尽量避免在单一的客户端上保存邮件，而是将邮件一直保留在 IMAP 服务器上。这样，用户可从多台设备上随时访问自己的邮件，只要这些设备能够与 IMAP 服务器建立连接，非常适用于当前互联网终端众多的时代。

(2)在线操作：IMAP 协议支持客户端对服务器进行在线操作。用户在进行在线浏览等操作时，客户端可以直接在服务器上对邮件进行相应的操作，而不需要像 POP3 协议那样先下载到本地再进行操作。

(3)多用户：IMAP 协议能够支持多个用户同时访问服务器，并且能让用户感知到其他用户的操作，这为企业环境或共享邮箱的场景提供了便利。

(4)灵活性：IMAP 协议允许用户只读取邮件的某一部分，例如，如果邮件的附件过于庞大，用户可以只下载阅读流量较小的邮件正文部分，暂时忽略大附件，这样可以节省用户的时间和网络资源。此外，IMAP 服务器会保留邮件的状态信息，如已读、未读、已删除等，这些状态信息可以在不同的客户端之间同步。

(5)安全性：IMAP 协议可以使用 SSL/TLS 进行加密传输，以确保邮件数据在传输过程中的安全性。

相较于 POP3，IMAP 也有自身的缺点。首先，由于并没有像 POP3 那样将邮件下载到本地设备上，用户必须始终保持与 IMAP 服务器的连接才能访问邮件。其次，IMAP 的灵活性、安全性和在线操作等特性也使得支持该协议需要消耗较 POP3 更多的服务器资源，但以目前的计算机硬件能力而言，IMAP 的优点远大于缺点。

IMAP 协议的交互流程通常涉及以下步骤。

(1)连接建立阶段。

客户端向服务器发送 TCP 连接请求，完成 TCP 三次握手，建立客户端到服务器的网络连接。

(2)身份验证阶段。

客户端向服务器发送 CAPABILITY 命令，服务器响应并返回支持的功能列表。客户端向服务器发送 LOGIN 命令，包含用户名和密码。服务器验证用户信息后，如果登录成功，返回相应的确认信息。

（3）邮件操作阶段。

一旦身份验证成功，客户端就可以进入邮件操作阶段。在这个阶段，客户端可以发送各种命令来管理邮件，如选择邮箱、列出邮件、检索邮件内容、标记邮件等。

客户端可以发送 SELECT 命令选择要操作的邮箱。服务器确认选择后，客户端可以发送其他命令来操作该邮箱中的邮件。客户端可以使用 FETCH 命令检索邮件的内容。通过指定邮件的编号或范围，客户端可以请求服务器发送特定邮件的全部或部分内容。客户端还可以使用 STORE 命令来修改邮件的状态，例如，将邮件标记为已读、未读、已删除等。服务器会更新邮件的状态，并返回确认信息。

在这个阶段，客户端和服务器之间会有多个请求和响应的交互，以执行各种邮件相关的操作。

（4）结束会话阶段。

当客户端完成所有邮件操作后，发送 LOGOUT 命令结束会话。服务器会返回确认信息，并关闭 TCP 连接。

IMAP 协议中的命令是以标签化的形式发送的。每个客户端命令都以一个由客户端指定的标签作为前缀，服务器对每个客户端命令的响应也必须以相同的标签作为前缀。这种标签化的机制允许客户端在单个会话中同时发送多个命令，并且服务器可以并发处理这些命令，提高了协议的效率。此外，IMAP 协议还定义了一些状态，如非认证状态、认证状态、已选择状态和离线状态。在不同的状态下，客户端和服务器之间的交互方式和可执行的命令也有所不同。

下面是一个 IMAP 协议交互过程的示例，其中 S:表示从服务器发送到客户端的消息，C:表示从客户端发送到服务器的消息。

```
    1. S: *OK [CAPABILITY IMAP4rev1 STARTTLS LOGIN-REFERRALS ID ENABLE IDLE
NAMESPACE LITERAL+] Dovecot ready.
    2. C: A001 CAPABILITY
    3. S: * CAPABILITY IMAP4rev1 STARTTLS LOGIN-REFERRALS ID ENABLE IDLE
NAMESPACE LITERAL+
    4. S: A001 OK CAPABILITY completed.
    5. C: A002 STARTTLS
    6. S: A002 OK STARTTLS completed.
    7.
    8. // 假设此时 TLS 加密已经建立
    9.
    10. C: A003 LOGIN user@example.com password
    11. S: A003 OK [CAPABILITY IMAP4rev1 UNSELECT IDLE NAMESPACE QUOTA ID
X-GM-EXT-1 XYZZY SASL-IR AUTH=XOAUTH2 AUTH=PLAIN AUTH=PLAIN-CLIENTTOKEN] Logged
in as user@example.com
    12. C: A004 SELECT INBOX
    13. S: * FLAGS (\Answered \Flagged \Draft \Deleted \Seen $NotPhishing
$Phishing)
```

```
14. S: * OK [PERMANENTFLAGS (\Answered \Flagged \Draft \Deleted \Seen
$NotPhishing $Phishing \*)] Flags permitted.
15. S: * OK [UIDVALIDITY 3857529045] UIDs valid.
16. S: * 7 EXISTS
17. S: * 0 RECENT
18. S: * OK [UIDNEXT 4392] Predicted next UID.
19. S: * OK [HIGHESTMODSEQ 567] Highest mod sequence value.
20. S: A004 OK [READ-WRITE] INBOX selected. (Success)
21.
22. C: A005 FETCH 1:4 (BODY.PEEK[HEADER])
23. S: * 1 FETCH (BODY.PEEK[HEADER] {268}
24. S: From: "John Doe" <john.doe@example.com>
25. S: To: "Jane Smith" <jane.smith@example.com>
26. S: Subject: Test Email
27. S: Date: Mon, 7 Feb 1994 21:52:25 -0800 (PST)
28. S:
29. S: )
30. S: * 2 FETCH (BODY.PEEK[HEADER] {268} ... )
31. S: * 3 FETCH (BODY.PEEK[HEADER] {268} ... )
32. S: * 4 FETCH (BODY.PEEK[HEADER] {268} ... )
33. S: A005 OK FETCH completed.
34.
35. C: A006 LOGOUT
36. S: * BYE Logging out
37. S: A006 OK LOGOUT completed.
```

上例中省略了连接建立阶段的过程，第 1~11 行为身份验证阶段。第 1 行中，服务器发送了一个欢迎消息，表明它已经准备好接收客户端命令，并提供了一些服务器功能和标识。第 2 行中客户端发送 CAPABILITY 命令以获取服务器支持的功能列表。在第 3 行中，服务器响应并列出其功能。第 5 行为客户端通过 STARTTLS 命令请求启动 TLS 加密，服务器确认并启动 TLS 加密。第 10 行为客户端使用 LOGIN 命令提供用户名和密码进行身份验证。第 11 行中服务器验证用户并返回成功登录的消息，以及一些额外的服务器功能和标识。

第 12~34 行为邮件操作阶段，例如，第 12 行为客户端发送 SELECT 命令来选择 INBOX 邮箱。第 13~20 行中显示了服务器响应并返回有关所选邮箱的信息，包括标志、UID 有效性、存在的邮件数量等。第 22~33 行为客户端发送 FETCH 命令来检索邮件 1~邮件 4 的邮件头，服务器则响应并逐个返回每封邮件的邮件头。

从第 35 行开始为结束会话阶段，由客户端发送 LOGOUT 命令以结束会话。服务器发送一个告别消息，并确认会话结束。

5.2.5 DHCP 协议

动态主机配置协议（dynamic host configuration protocol，DHCP）在互联网中的典型使用场景如图 5-22 所示，某个企业或组织机构内部通常会构建一个大型局域网，其中包含数百台主机和其他网络设备。在这个网络中，每台设备都需要一个唯一的 IP 地址才能与其他设备进行通信。这个企业的网络管理员需要为每台设备手动分配一个 IP 地址，还必须记录已经被分配出去的地址以确保每个地址都是唯一的。这不仅是一项烦琐的工作，而且特别容易出错。更令网管头疼的是如果企业比较大，内部局域网众多，可能员工每移动到一个新的位置，接入不同的网络时都需要重新设置 IP 地址。

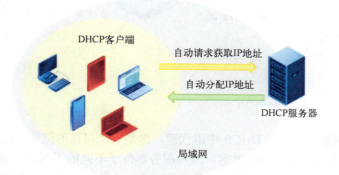

图 5-22　DHCP 典型使用场景示意图

　　在使用 DHCP 后，这个过程可以大大简化。网络管理员只需要在 DHCP 服务器上配置一个 IP 地址池，该地址池包含可供分配的 IP 地址。当一台设备接入网络时，它会向 DHCP 服务器发送一个请求，请求分配一个 IP 地址。DHCP 服务器会从地址池中选择一个未使用的 IP 地址，并将其分配给该设备。同时，DHCP 服务器还会为该设备分配其他必要的网络配置参数，如子网掩码、默认网关和 DNS 服务器等。

　　这个过程对于用户来说是透明的，他们不需要关心 IP 地址和其他网络配置参数的细节，只要将设备接入网络，就可以自动获取所需的网络配置信息，并开始与其他设备进行通信。同时，DHCP 协议还可以避免地址冲突等问题的出现，确保网络的正常运行。

　　DHCP 的发展历史可以追溯到 1993 年。在互联网快速发展的背景下，手动分配 IPv4 地址的方式已经无法满足网络规模日益增长的需求。为了解决这个问题，引导程序协议（bootstrap protocol，BOOTP）被引入作为 IP 配置的一种方法。然而，BOOTP 的功能相对有限，因此 DHCP 协议对 BOOTP 的功能进行了扩展。目前，DHCP 最常见的版本是DHCPv4。

1. DHCP 系统组成

　　DHCP 系统主要由三个部分组成：DHCP 客户端（DHCP client）、DHCP 服务器（DHCP server）和 DHCP 中继（DHCP relay），如图 5-23 所示。

　　（1）DHCP 客户端：请求 IP 地址和网络配置的设备，如计算机、手机或其他网络设备。当这些设备连接到网络时，会发送 DHCP 请求以获取必要的网络配置信息。

　　（2）DHCP 服务器：负责管理和分配 IP 地址及其他网络配置信息的设备或软件。DHCP 服务器通常负责维护一个 IP 地址池，并从中选取地址分配给客户端，它还处理来自客户端的续租和释放请求。DHCP 服务器可以是一个专门的服务器，也可以是集成在网络设备（如路由器或交换机）中的软件。

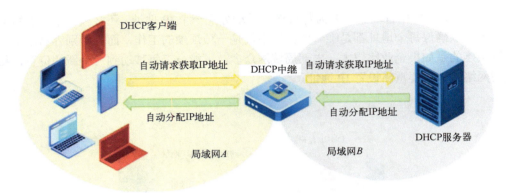

图 5-23　DHCP 系统组成

　　(3)DHCP 中继：也称为 DHCP 中继代理，这是一个可选的组件，用于在不同子网之间转发 DHCP 请求和响应。当 DHCP 客户端和服务器位于不同的子网或广播域时，如果为每个子网都配置一个 DHCP 服务器，会造成资源的浪费。于是可以设置一个 DHCP 中继，它将客户端的广播请求单播转发给服务器，并将服务器的响应广播转发给客户端。这样，即使客户端和服务器不在同一个物理网络上，也能完成 IP 地址的分配和配置。

　　DHCP 提供了两种主要的 IP 地址分配机制：动态分配和静态分配。这两种机制允许网络管理员灵活地管理 IP 地址分配，以适应不同的网络需求和设备要求。

1) 动态分配机制

　　动态分配机制是 DHCP 的默认和最常用的分配方式，其工作原理如图 5-24 所示。在这种机制下，DHCP 服务器维护一个 IP 地址池。当客户端请求 IP 地址时，服务器会从地址池中分配一个未使用的 IP 地址给客户端，并同时设定一个租期。租期过后，如果客户端没有续租，该 IP 地址将被回收并可供其他客户端使用。

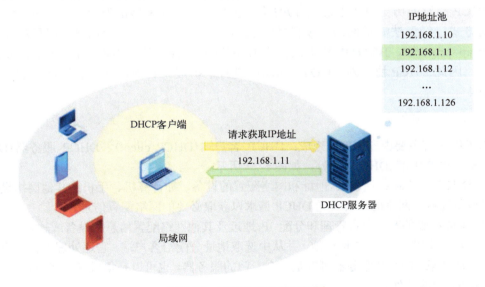

图 5-24　DHCP 动态分配机制

适用场景：动态分配适用于客户端需要临时接入网络或者网络中的空闲地址数小于主机总数的情况。由于 IP 地址是动态分配的，因此可以更有效地利用有限的 IP 地址资源。

2）静态分配机制

静态分配机制允许网络管理员为特定的客户端手动分配固定的 IP 地址，其工作原理如图 5-25 所示。这些地址通常与客户端的 MAC 地址绑定，以确保每次客户端接入网络时都能获得相同的 IP 地址。

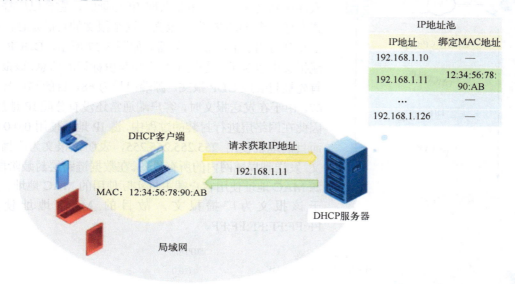

图 5-25　DHCP 静态分配机制

适用场景：静态分配适用于需要永久连接网络的设备，如服务器、打印机等。为这些设备分配固定的 IP 地址，可以方便进行网络管理和维护。

在静态分配机制下，管理员需要手动配置 DHCP 服务器的地址表，将特定的 IP 地址与客户端的 MAC 地址绑定。当客户端请求 IP 地址时，服务器会根据其 MAC 地址在地址表中查找对应的 IP 地址，并通过 DHCP 报文将其提供给客户端。后续的确认和分配过程与动态分配类似。

在分配过程中，DHCP 服务器采用如下策略：首先，DHCP 服务器检查客户端的 MAC 地址，查看 IP 地址池中是否有与该 MAC 地址静态绑定的 IP 地址，若有，则优先分配该地址；其次，检查是否有该 DHCP 客户端曾经使用过的 IP 地址，若有，则优先分配该地址；再次，分配给该 DHCP 客户端最先发现的可用 IP 地址；最后，如果暂时缺少可用的 IP 地址，则从超过租期、发生冲突的 IP 地址中查找可用地址，若有，则分配该地址，否则报错。

2．基本流程

在 DHCP 分配地址过程中，首先由 DHCP 客户端向 DHCP 服务器提出配置申请，随后 DHCP 服务器返回为 DHCP 客户端分配的配置信息。实际使用场景中，DHCP 客户端通常以软件形式安装在用户的主机中，当用户开机启动后，DHCP 客户端自动运行，主动向网络中其他设备上的 DHCP 服务器提出请求，DHCP 服务器根据预先配置的策略，返回相应 IP 配置信息。

　　DHCP 报文在传输层通过 UDP 封装，DHCP 服务器端口号是 67，DHCP 客户端端口号是 68。具体工作流程分为 DHCP 发现、DHCP 提供、DHCP 请求、DHCP 确认等阶段，如图 5-26 所示，基本步骤如下。

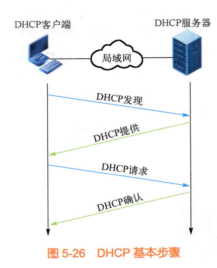

图 5-26　DHCP 基本步骤

　　(1) DHCP 发现。

　　当一个 DHCP 客户端(如一台计算机或移动设备)首次连接到网络或需要重新获取 IP 地址时，它会以广播方式发送一个 DHCP 发现报文。这个报文的目的是在网络上找到可用的 DHCP 服务器。如图 5-27 所示，DHCP 发现报文中包含了一些用于客户端身份标识的信息，该报文首先被封装成 UDP 报文，源端口号为 68，目的端口号为 67。由于在发送报文时，客户端通常还没有分配 IP 地址，因此在网络层进行封装的过程中，源 IP 地址使用 0.0.0.0，而目的地址使用 255.255.255.255，表明该报文为广播报文，发送到局域网内的所有设备。在数据链路层封装阶段，源 MAC 地址使用客户端主机实际使用的 MAC 地址。由于该报文为广播报文，故目的 MAC 地址使用 FF:FF:FF:FF:FF:FF。

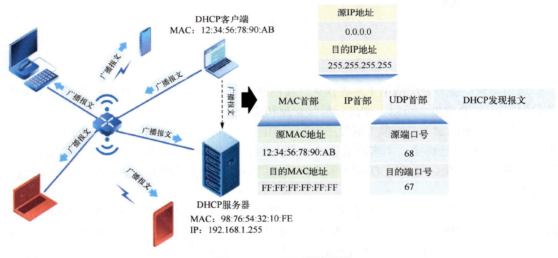

图 5-27　DHCP 发现阶段

　　(2) DHCP 提供。

　　任何收到 DHCP 发现报文的 DHCP 服务器都可以响应。服务器会检查自己的 IP 地址池，选择一个未分配的 IP 地址，并通过 DHCP 提供报文将其发送给客户端。这个报文还包括其他网络配置信息，如子网掩码、默认网关和 DNS 服务器地址等。某些情况下，网络中可能有多个 DHCP 服务器，但客户端通常只接受第一个收到的 DHCP 提供报文。如图 5-28 所示，虽然 DHCP 服务器已经在 DHCP 提供报文中为客户端分配了一个 IP 地址，但在 DHCP 客户端收到该报文之前，DHCP 客户端仍无法获取 IP 地址，因此 DHCP 服务器必须广播 DHCP 提供报文。在网络中其他设备收到该提供报文后，可以通过检查报文中包含的事物 ID（DHCP 客户端在进行 DHCP 发现时产生的一个随机数）来判断该报文是否是发给自身的。因此在 DHCP 提供报文中，源 IP 地址为 DHCP 服务器自身的 IP 地址，而目的 IP 地址为 255.255.255.255。

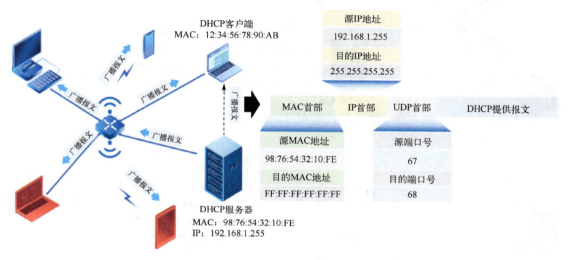

图 5-28　DHCP 提供阶段

（3）DHCP 请求。

DHCP 客户端收到一个或多个 DHCP 提供报文后，只会选择其中一个进行响应（通常是第一个收到的），并通过广播发送一个 DHCP 请求报文，表明它接收了这个提供报文。如图 5-29 所示，该报文通过广播发送，故目的 IP 地址为 255.255.255.255。虽然当前 DHCP 客户端已经收到了服务器为其分配的 IP 地址，但由于并没有完成最后的 DHCP 确认过程，故源 IP 地址仍然使用 0.0.0.0。

（4）DHCP 确认。

一旦 DHCP 服务器收到客户端的 DHCP 请求报文，就会检查报文中提供的各个参数，若有参数不正确，则回应 DHCP 否认报文（DHCP NAK），告诉 DHCP 客户端禁止使用获得的 IP 地址；若都正确，则回应一个 DHCP 确认报文（DHCP ACK），确认 IP 地址的分配和其他网络配置信息。此时，DHCP 客户端会配置其网络接口，使用从 DHCP 服务器获得的 IP 地址和其他信息。通常，客户端会发送 ARP 报文对获取的 IP 地址进行解析，如果进一步确认此地址没有被使用，客户端就会使用这个 IP 地址，最终完成配置。需要注意的是，这个步骤是为了确认所选的 IP 地址是唯一的，因为其他 DHCP 服务器可能也提供了地址。如果所选地址已被其他客户端使用，则该 DHCP 服务器将会发送一个拒绝报文（DHCP Decline 报文），客户端需要重新开始 DHCP 过程。如图 5-30 所示，DHCP 确认报文由服务器发送至客户端，与上一步类似，此时 DHCP 客户端虽然已经收到了服务器为其分配的 IP 地址，但由于并没有完成最后 DHCP 确认过程，故在该报文中仍然不能使用刚刚分配的 IP 地址作为目的地址，目的 IP 地址需使用 255.255.255.255，但 MAC 地址使用客户端的实际 MAC 地址。

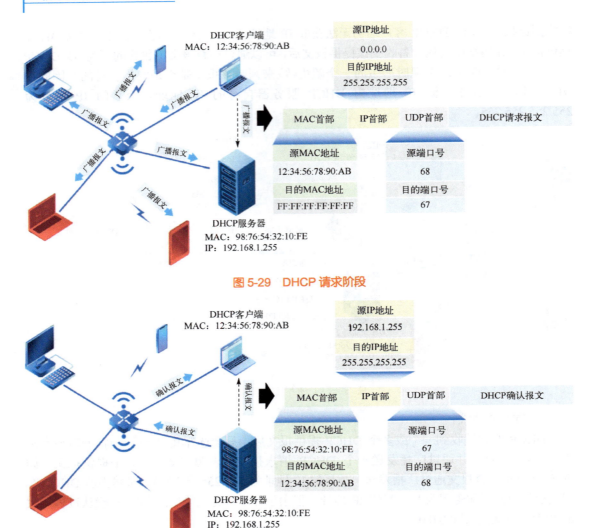

图 5-29　DHCP 请求阶段

图 5-30　DHCP 确认阶段

除了这四个基本步骤外，DHCP 还包括续租和释放机制。

1）续租

DHCP 是一份"公有制"协议，所有 IP 地址资源都归 DHCP 服务器所有，而 DHCP 客户端只有 IP 地址临时租用权。每次 DHCP 分配 IP 地址的过程类似于客户端与服务器签署了一份租用合同，在这个合同中包含了该 IP 地址的租期，一般是 24h。只有在租期内，DHCP 客户端才能使用相应的 IP 地址。当租约到期后，DHCP 客户端将无法继续使用该 IP 地址。因此在租期未到时，如果客户端还希望继续使用该 IP 地址，就需要申请续租。DHCP 的续租机制如下。

（1）续租时机。

通常情况下，DHCP 客户端会在租期过半时开始尝试续租。例如，如果租期为 8 天，则在第 4 天时，客户端会发送续租请求。如果第一次续租请求没有得到响应，客户端可能会在租期的 7/8 时再次尝试续租。以 8 天的租期为例，则客户端会在第 7 天再次发起续租请求。

（2）续租过程。

如图 5-31 所示，客户端通过发送 DHCP 请求报文来请求续租。这个报文通常包含客户端的 MAC 地址、当前使用的 IP 地址以及其他必要的标识信息。客户端第一次发送 DHCP 请求报文是在租期过半的时候，此时客户端会以单播方式向 DHCP 服务器发送 DHCP 请求报文。

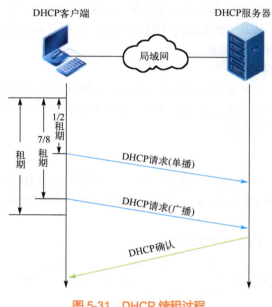

图 5-31　DHCP 续租过程

如果在租期过了 7/8 时，DHCP 客户端仍未收到 DHCP 确认报文，则它会以广播方式再次发送 DHCP 请求报文，继续请求续租该 IP 地址。DHCP 服务器在接收到续租请求后，会检查该 IP 地址是否仍然可用，并验证客户端的租约信息。如果服务器同意续租，它会发送一个 DHCP 确认报文给客户端，确认新的租期和一些可能更新的网络配置参数。客户端在收到这个确认报文后，会更新其网络配置并继续使用该 IP 地址。如果服务器不同意续租（例如，该 IP 地址已被重新分配给其他客户端），它会发送一个 DHCP 否认报文给客户端。客户端在收到这个否认报文后，不再续约该 IP 地址，并重新开始 DHCP 租约过程以获取新的 IP 地址。

（3）租约到期处理。

如果在租约到期之前没有成功续租，客户端必须释放其当前使用的 IP 地址。这意味着客户端将无法继续使用该 IP 地址进行网络通信。客户端会重新开始 DHCP 租约过程，通过发送 DHCP 发现报文来寻找可用的 DHCP 服务器，并请求分配一个新的 IP 地址。

2) 释放

当 DHCP 客户端不再需要 IP 地址时（例如，设备关机或离开网络），它会发送一个 DHCP 释放（DHCP Release）报文来释放其 IP 地址。这样，这个 IP 地址就可以重新分配给其他客户端。释放过程主要包括以下几个步骤。

(1)客户端发起释放请求。

当 DHCP 客户端决定释放其 IP 地址时，它会通过发送一个 DHCP 释放报文来向 DHCP 服务器发起释放请求。这个报文通常包含客户端的 MAC 地址、当前租用的 IP 地址以及其他必要的标识信息。

(2)DHCP 服务器处理释放请求。

DHCP 服务器在接收到 DHCP 释放报文后，会验证报文的合法性，包括检查发送方的 MAC 地址和 IP 地址是否与服务器上的记录匹配。如果验证通过，服务器会将该 IP 地址标记为“可再分配”状态，并从其分配记录中删除与该客户端相关的租约信息。这意味着该 IP 地址可以重新分配给其他客户端使用。

(3)客户端完成释放操作。

在发送 DHCP 释放报文并得到服务器的确认后，DHCP 客户端会停止使用已释放的 IP 地址，并清除其网络接口上的相关配置。此时，客户端不再拥有该 IP 地址的使用权，也无法继续使用该 IP 地址进行网络通信。

3. 协议报文

DHCP 主要有 8 种报文类型，常见的 5 种报文类型有 DHCP Discover、DHCP Offer、DHCP Request、DHCP ACK 和 DHCP Release，另外 3 种报文类型使用较少，即 DHCP NAK、DHCP Decline 和 DHCP Inform。

DHCP 报文的基本结构如图 5-32 所示。

0	8	16	24 31
操作码	硬件类型	硬件地址长度	跳数
事务ID			
秒数		标志	
客户端IP地址			
你的IP地址			
服务器IP地址			
中继代理IP地址			
客户端硬件地址(长度可变)			
服务器主机名(64字节，可选)			
启动文件名(128字节，可选)			
选项(长度可变)			

图 5-32 DHCP 报文结构

其中关键字段如下。

(1)操作码(opcode)：1 字节，指定了报文的类型。值为 1 表示请求报文(由客户端发送到服务器)，值为 2 表示回应报文(由服务器发送到客户端)。

(2)硬件类型(Htype)：1 字节，指明了客户端使用的硬件地址类型。Ethernet 类型的值为 1。

(3)硬件地址长度(Hlen)：1 字节，表示硬件地址的长度，对于 Ethernet 地址来说，这个值是 6。

(4)跳数(hops)：1 字节，DHCP 请求报文每经过一个 DHCP 中继或路由器，该字段就会增加 1，用于跟踪报文经过的跳数。

(5)事务 ID(XID)：4 字节，客户端发起一次请求时选择的随机数，用于唯一标识 DHCP 请求过程。

(6)秒数(secs)：2 字节，表示 DHCP 客户端开始 DHCP 请求后所经过的时间，以秒为单位。在多数实现中，此字段未使用，通常设置为 0。

(7)标志(flags)：2 字节，其中最高位(第 0 位)是广播标志，用于指示服务器是否应以广播方式发送回应报文，其余位保留未用。

(8)客户端 IP 地址(Ciaddr)：4 字节，仅在客户端已拥有 IP 地址时有效。在初始请求中，此字段通常设置为 0.0.0.0。

(9)你的 IP 地址(Yiaddr)：4 字节，在 DHCP Offer 和 DHCP ACK 报文中，服务器将分配的 IP 地址放在这个字段中。

(10)服务器 IP 地址(Siaddr)：4 字节，为客户端分配 IP 地址等信息的 DHCP 服务器的 IP 地址。

(11)中继代理 IP 地址(Giaddr)：4 字节，如果报文是由 DHCP 中继代理转发的，则此字段包含中继代理的 IP 地址。

(12)客户端硬件地址(Chaddr)：长度可变，根据硬件类型和硬件地址长度确定。对于 Ethernet，为 6 字节的 MAC 地址。

(13)服务器主机名(server host name)：64 字节，用于指示服务器的主机名，该字段可选。

(14)启动文件名(boot file name)：128 字节，表示客户端的启动配置文件名，该字段可选。

(15)选项：在 DHCP 报文的主体之后，存在一个可选字段，称为选项。选项字段以"魔术 cookie"开始，它是一个 4 字节的固定值(通常为 0x63825363)，用于标识选项字段的开始。之后是一系列的 DHCP 选项，每个选项都由一个选项代码(1 字节)、选项长度(1 字节)和选项值组成。

一些常见的 DHCP 选项如下。

(1)DHCP 消息类型(option 53)：指定了报文的类型(如 Discover、Offer、Request、ACK、NAK 等)。

(2)参数请求列表(option 55)：客户端使用此选项来请求特定的配置参数。

(3)最大消息大小(option 57)：客户端和服务器用来协商可接收的最大 DHCP 消息大小。

(4)T1 和 T2(option 58/59)：用于指定租期的重新绑定和续租时间。

(5)客户端标识符(option 61)：提供了客户端的额外标识符信息。

(6)服务器标识符(option 54)：在 DHCP Offer 和 ACK 报文中，服务器用它来标识自己。

(7)结束选项(option 255)：标记 DHCP 选项字段的结束。

除上述介绍过的报文外，DHCP 还使用 DHCP 信息(DHCP Inform)报文。当 DHCP 客户端已经通过手动方式获得了一个 IP 地址，但还缺乏默认网关地址、DNS 服务器地址等其他网络参数时，DHCP 客户端可以通过向 DHCP 服务器发送 DHCP 信息报文来申请获得相关网络参数。

▶▶ 5.2.6　SNMP 协议

简单网络管理协议(SNMP)是一种用于网络设备管理的互联网标准协议,广泛应用于各种网络环境中。

互联网设备提供商众多,设备类型多种多样,且不同设备厂商提供的设备管理接口各不相同,使得对网络进行统一管理非常困难。SNMP 一方面提供了一种从网络中不同设备上收集设备的特性、数据吞吐量、通信超载和错误等信息的方法,另一方面为设备向网络管理工作站报告问题和错误提供了一种标准化的解决方案。SNMP 屏蔽了不同设备的物理差异,使得管理任务与被管理设备的物理特性、实际网络类型相对独立,从而实现对不同厂商设备的管理。通过 SNMP,网络管理员可以完成查询设备信息、修改设备的参数值、监控设备状态、自动发现网络故障、生成报告等工作。

1989 年,SNMP 首次发布,称为 SNMPv1。在随后的几年中,SNMP 不断发展和改进。1991 年,远端网络监控(remote network monitoring,RMON)扩充了 SNMP 的功能,包括对 LAN 的管理及对依附于这些网络的设备的管理。1998 年,SNMPv3 推出,并定义了将来改进的总体结构。现今 SNMP 已经成为网络管理领域的重要标准之一。

1. 系统组成

SNMP 系统主要由网络管理系统(network management system,NMS)、SNMP Agent、被管对象(management object)和管理信息库(management information base,MIB)四部分组成,如图 5-33 所示。

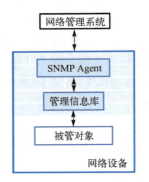

图 5-33　SNMP 系统组成

网络管理系统(NMS)是网络中的管理者,是一个采用 SNMP 协议对网络设备进行管理/监视的系统,运行在 NMS 服务器上。NMS 作为整个网络的网管中心,负责向 SNMP Agent 发出请求,查询或修改一个或多个具体的参数值,从而实现对网络设备的监控和配置。NMS 的主要功能包括设备发现、设备配置、故障管理、性能管理、安全管理等。通过网络管理系统,网络管理员可以方便地管理网络中的各种设备,确保网络的正常运行。

SNMP Agent(SNMP 代理):被管理设备中的一个代理进程,负责维护被管理设备的信息数据并响应来自 NMS 的请求,把管理数据报告给发送请求的 NMS。每个被管理设备中都包含一个 SNMP Agent,它拥有本地的相关管理信息,并将这些信息转换成与 SNMP 兼容的格式,使得 NMS 能够方便地获取设备状态信息。SNMP Agent 的主要功能包括收集设备信息、响应 NMS 请求、处理设备事件等。

被管对象:网络中的具体设备,如路由器、交换机、服务器等。被管对象可以是网络中的任何设备或组件,这些设备中启动了一个 SNMP Agent 进程,负责向 NMS 提供设备信息。被管对象的主要作用是提供设备信息,使得 NMS 能够对其进行监控和管理。

管理信息库(MIB):一个动态刷新的数据库,存储在被管对象的存储器中,包括设备特有的信息、配置信息、统计信息等。MIB 是 SNMP 管理的核心,它定义了被管理设备中所有可以被管理的对象及其属性。NMS 通过访问 MIB 来获取设备状态信息，从而对设备进行监控和管理。MIB 的主要作用是提供设备状态信息的存储和查询功能。

2. SNMP 查询

查询功能是 SNMP 的核心功能之一，SNMP 查询使网络管理系统能够主动向网络中的设备(通常通过设备上的 SNMP 代理)发送请求，以获取设备的状态信息和其他相关数据。

SNMP 定义了多种查询操作，其中最常用的是 Get、GetNext 和 GetBulk。Get 操作允许 NMS 从设备中检索一个或多个特定的管理信息库(MIB)对象实例的值。GetNext 操作用于从设备中检索指定 MIB 对象实例的下一个 MIB 对象实例的值，通常用于遍历 MIB 表。GetBulk 操作则结合了 GetNext 的功能，允许 NMS 在单个请求中获取多个 MIB 对象实例的值，这有助于提高检索大量数据时的效率。

网络管理系统通过向 SNMP 代理发送查询请求来启动查询过程。这些查询请求使用 UDP 协议封装，端口号为 161。SNMP 代理收到请求后，解析请求中的信息，并根据请求的类型(如 Get、GetNext 或 GetBulk)从设备的 MIB 中检索相应的数据。然后，SNMP 代理将检索到的数据封装在 SNMP 响应报文中，并通过 UDP 发送回网络管理系统。

网络管理系统接收到 SNMP 代理的响应后，解析响应中的数据，并根据需要进行进一步处理。例如，网络管理系统可以将检索到的数据显示在图形用户界面上，用于网络管理员的实时监控和分析。此外，网络管理系统还可以将检索到的数据存储在历史数据库中，以便后续进行性能分析和故障排除。

SNMPv3 查询报文格式如图 5-34 所示，主要由版本、MsgID、MaxSize、标志位、安全模型、安全参数、ContextEngineID、ContextName 和 SNMP PDU 组成。SNMPv3 版本的报文可以使用鉴权机制，会对 ContextEngineID、ContextName 和 SNMP PDU 进行加密。

IP首部	UOP首部	版本	MsgID	MaxSize	标志位	安全模型	安全参数	ContextEngineID	ContextName	SNMP PDU

图 5-34　SNMPv3 查询报文

报文中的主要字段定义如下。

(1)版本：表示 SNMP 的版本，对于 SNMPv3 报文，该字段值为 3。

(2)MsgID：请求报文的序列号，用于在 manager 和 agent 之间匹配请求报文和响应报文。响应报文中的 MsgID 必须与请求报文中的 MsgID 一致。

(3)MaxSize：指明发送方所能接收的来自其他 SNMP 引擎的最大消息长度。

(4)标志位(flags)：消息标志位，占 1 字节，用于指示如何处理消息。例如，用于指明报文是否需要验证、加密。

(5)安全模型(security model)：由于 SNMPv3 支持多种安全模型，此字段指明了该消息使用的安全模型。

(6)安全参数(security parameters)：包含 SNMP 实体引擎的相关信息、用户名、鉴权参数、加密参数等安全信息。

(7)ContextEngineID：唯一识别 SNMP 实体的标识符。对于接收到的消息，此字段确定消息该如何处理。对于发送的消息，该字段指明需要管理的具体实体。

(8)ContextName：用于确定 ContextEngineID 对应的被管理设备的 MIB 视图。在相关联的上下文引擎范围内，此字段唯一标识特定的上下文。

（9）SNMP PDU：包含 PDU 类型、请求标识符、变量绑定列表等信息。PDU 是实际的管理信息交换的载体。

3. SNMP 设置

SNMP 设置（Set）功能允许网络管理系统对网络设备进行配置和管理。网络管理系统可以通过 SNMP 协议向 SNMP 代理发送配置请求，以修改设备的参数、配置网络接口、更改路由表/设置访问控制列表（access control list，ACL）等。这些配置可以通过 SNMP 的 Set 操作实现，使得 NMS 能够远程地对设备进行配置。网络管理员可以从中央管理控制台对多台设备进行批量配置，提高了配置的一致性和效率。

SNMP 的设置功能还支持安全控制，以确保配置操作的安全性，使得只有经过授权的管理员才能对设备进行配置操作，从而防止未经授权的访问和恶意修改。SNMP 的 Set 操作报文格式如图 5-35 所示。一般情况下，三个版本的 SNMP Set 操作报文格式一致，只是 v3 版本的报文信息经过加密后封装在 SNMP PDU 中。

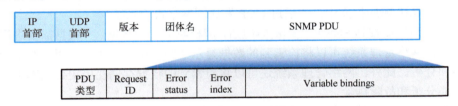

图 5-35　SNMP Set 报文

报文中主要字段的含义如下。

（1）版本（version）：指定 SNMP 协议的版本，如 SNMPv1、SNMPv2c 或 SNMPv3。

（2）团体名（community）：在 SNMPv1 和 SNMPv2c 中使用，字符串形式，用于在 SNMP 代理与 NMS 之间的认证。在 SNMPv3 中，该字段被安全性参数替代。

（3）PDU 类型（PDU type）：对于设置操作，该值为 3，表示 Set-Request。

（4）Request ID：由网络管理系统给每个请求分配全局唯一的标识符，用于匹配请求和响应。

（5）Error status：用于表示在处理请求时出现的状况。在响应中使用，表示请求的处理结果。在请求中通常为 0。

（6）Error index：差错索引。如果在处理变量绑定列表时发生错误，此字段指明变量绑定列表中导致异常的变量的位置。

（7）Variable bindings：变量绑定列表，包含一系列要设置的变量及其新值。每个变量绑定由两部分组成：OID（对象标识符）和该 OID 对应的新值。

图 5-36 是通过捕获报文工具获取的 Set 请求报文的部分内容，网络管理系统用该报文将被管理设备 MIB 节点 sysName 的值设置为 HUAWEI。在此过程中，SNMP 系统各部分完成的工作如下：首先，网络管理系统向代理发送不带安全参数的 Set 请求报文，并获取 ContextEngineID、ContextName 和安全参数（SNMP 实体引擎的相关信息）。随后 SNMP 代理响应网络管理系统的请求，并向网络管理系统反馈请求的参数。网络管理系统再次向 SNMP

代理发送 Set 请求报文，将获取的 ContextEngineID 和 ContextName 填入相应字段，PDU 类型设置为 Set，绑定变量填入 MIB 节点名 sysName 和需要设置的值 HUAWEI，最终请求报文中部分字段的值如图 5-36 所示。

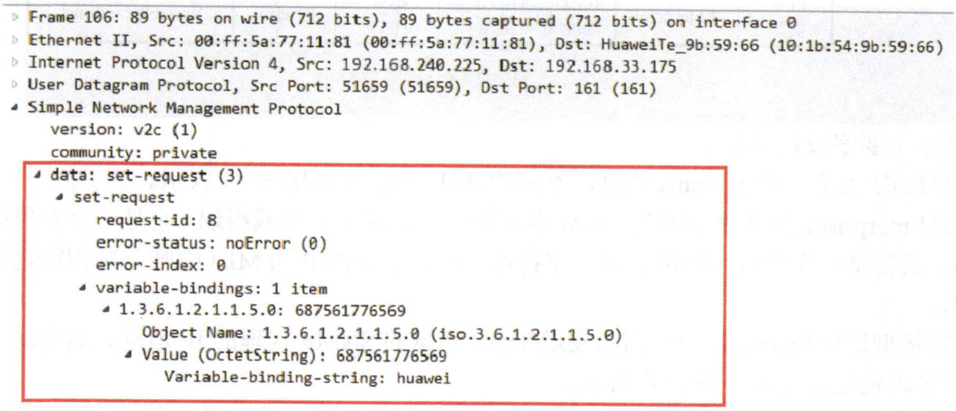

```
▷ Frame 106: 89 bytes on wire (712 bits), 89 bytes captured (712 bits) on interface 0
▷ Ethernet II, Src: 00:ff:5a:77:11:81 (00:ff:5a:77:11:81), Dst: HuaweiTe_9b:59:66 (10:1b:54:9b:59:66)
▷ Internet Protocol Version 4, Src: 192.168.240.225, Dst: 192.168.33.175
▷ User Datagram Protocol, Src Port: 51659 (51659), Dst Port: 161 (161)
▲ Simple Network Management Protocol
      version: v2c (1)
      community: private
   ▲ data: set-request (3)
      ▲ set-request
            request-id: 8
            error-status: noError (0)
            error-index: 0
         ▲ variable-bindings: 1 item
            ▲ 1.3.6.1.2.1.1.5.0: 687561776569
                 Object Name: 1.3.6.1.2.1.1.5.0 (iso.3.6.1.2.1.1.5.0)
               ▲ Value (OctetString): 687561776569
                    Variable-binding-string: huawei
```

图 5-36　SNMP Set 请求报文实例

收到该报文后，SNMP 代理首先对报文中携带的版本号和团体名进行认证，认证成功后，SNMP 代理根据请求设置管理变量在管理信息库 MIB 中对应的节点，设置成功后向 NMS 发送响应；如果设置不成功，代理将向 NMS 发送出错响应。

4.　SNMP Traps

SNMP Traps 指 SNMP 代理主动将设备产生的告警或事件上报给网络管理系统，以便网络管理员及时了解设备当前的运行状态。

当被监控的网络设备发生特定事件或达到某个阈值时，SNMP 代理会生成一个 Traps 消息，并将其发送给网络管理系统。这些事件可以是性能问题、设备故障、接口宕机、安全事件等。通过 SNMP Traps，网络管理系统可以及时了解网络设备的状态变化，而无须定期轮询每台设备。

SNMP Traps 的发送是异步的，即 SNMP 代理可以在任何时间发送 Traps 消息，而不需要等待网络管理系统的请求。这使得 SNMP Traps 成为一种高效的事件通知机制，能够在最短时间内将重要事件通知给网络管理系统。

SNMP 代理上报 SNMP Traps 有两种方式：Traps 和 Inform。Inform 操作与 Traps 操作不同的是，被管理设备发送 Inform 告警后，需要网络管理系统回复 InformResponse 进行接收确认。如果被管理设备没有收到确认信息，则将告警或事件暂时保存在 Inform 缓存中，并重复发送该告警，直到网络管理系统确认收到该告警或者发送次数达到最大重传次数。同时，被管理设备上会生成相应的告警或事件日志。由此可知，使用 Inform 操作会占用较多的系统资源。

SNMP Traps 消息中包含了关于事件的关键信息，如事件的类型、发生时间、设备信息、事件严重程度等，这些信息可以帮助 NMS 快速定位问题并采取相应措施。SNMP Traps 报文格式如图 5-37 所示，端口号为 162。

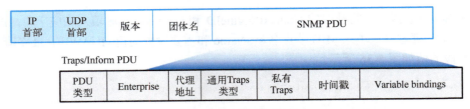

图 5-37　SNMP Traps 报文格式

其中主要字段定义如下。

（1）PDU 类型：对于 Traps 消息，不同的 PDU 类型分别用 5～7 表示。

（2）Enterprise：用于标识发送 Traps 报文的设备所属的企业或组织。它是一个对象标识符（OID），通常是一个由数字组成的唯一字符串，用于在 SNMP 的 MIB 中唯一标识特定的企业或组织。

（3）代理地址（agent addr）：指示发送 Traps 消息的 SNMP 代理的 IP 地址。这有助于网络管理系统确定是哪台设备发送了 Traps。

（4）通用 Traps 类型（generic Traps type）：一个预定义的整数值，用于指示 Traps 消息的通用类别。常见的通用 Traps 类型包括 coldStart（设备重启）、warmStart（设备软重启）、linkDown（接口故障）、linkUp（接口恢复）、authenticationFailure（认证失败）等。

（5）私有 Traps（specific Traps）：企业私有的 Traps 类型，提供了关于触发 Traps 的特定事件或错误的额外信息。

（6）时间戳（timestamp）：指示自从设备上次初始化或重启以来，到 Traps 消息被发送时所经过的时间。这有助于 NMS 了解事件发生的时间点。

（7）Variable bindings：由多个变量绑定组成的列表，每个变量绑定包含一个对象标识符（OID）和一个对应的值。OID 标识了管理信息库（MIB）中的一个特定对象，而值是该对象在 Traps 发送时的实例值。变量绑定列表提供了关于事件的详细上下文信息。

SNMP Traps 的使用可以大大简化网络管理过程，减轻管理员的工作负担。通过配置设备发送 Traps 消息，管理员可以专注于处理真正的问题，而不是花费大量时间进行设备的轮询和状态检查。此外，SNMP Traps 还可以与其他网络管理工具集成，提供更全面的网络故障管理和性能监控功能。

5.3　应 用 开 发

因特网的架构是开放的，所有符合标准的网络实体都可以接入因特网，这意味着可以自己开发一些需要因特网支持的非标准化应用协议，在这些协议的实现过程中，开发者可以使用一些系统调用和应用编程接口，以加快开发速度。本书介绍了一些应用开发的基本知识，目的是让读者更好地理解网络应用协议，若希望熟练掌握网络应用开发技能，则需要通过其他专业课程来学习。

5.3.1　套接字概述

因特网体系结构的核心是 TCP/IP 协议族，应用程序发送的数据只要封装成合乎 TCP/IP

标准的格式，就能得到因特网的支持。因此，TCP/IP 协议并没有强制规定应用程序必须使用何种软件或实现方式来访问网络服务，应用开发者可以自主选择软件的实现方法。如果网络应用开发者希望使用传输层提供的服务（例如，使用 TCP 连接来进行可靠交互），必须解决以下问题。

首先，应用程序所在的主机中可能已经有许多程序正在使用 TCP 连接，该应用必须要能够与其他应用区分开。这个问题很好解决，根据前述知识，可以用 IP 地址来标识主机，用端口号来标识应用。

其次，在网络中标识好应用后，还需要在应用中专门开发一个模块，用于 TCP 报文数据处理以及 TCP 协议功能实现，包括数据包分片、重传、拥塞控制等。

最后，这些功能在应用实体中实现后，还需要将应用实体与主机的硬件网卡适配，通过驱动操作网卡在网络中实现所有的功能。

可想而知，完成这样的应用开发工作需要对网络协议、操作系统有深刻的理解，开发过程也非常复杂。幸运的是，对于所有需要访问网络的应用程序而言，这些复杂的现实问题是相同的，因此可以考虑在操作系统中实现网络通信的实体，并开放应用程序接口（application programming interface，API）给应用程序，应用程序只需要使用标准的系统调用函数就可以实现网络通信功能，大大减小了网络应用开发的复杂度。

最著名的一套 TCP/IP 应用程序接口是美国加利福尼亚大学伯克利分校为 Berkeley UNIX 操作系统定义的 API，又称为套接字接口（socket interface）。socket 在英文中是插座的意思，象征着连接的建立。另一套应用广泛的 API 是微软公司在 Windows 操作系统中采用的套接字接口，称为 Winsock。

由于 socket 起源于 UNIX，UNIX/Linux 系统将一切看作文件，因此 socket 也被看作一种特殊的文件，可以用"打开 open、读写 read/write、关闭 close"的方式来操作。通过 socket 标识出网络中两台计算机通信的端点，其中一台计算机可以通过 socket 把数据写入另一台计算机，或是从另一台计算机中把数据读出来。

socket 已成为操作系统内核的一部分，作为应用层与 TCP/IP 协议族通信的中间软件抽象层，对用户表现为一组接口。即使用户对网络数据传输原理完全不熟悉，也可以通过调用这组接口实现网络通信。对于不同的操作系统，socket 函数略有不同。通常，服务器端基于 Linux 操作系统实现，客户端基于 Windows 操作系统实现。

5.3.2 Linux socket 编程

最具代表性的套接字类型有两种：一种是面向连接的套接字（SOCK_STREAM），常称为 TCP 套接字，对应 TCP 协议提供一种面向连接、可靠的数据传输服务，不限制传输的数据大小，传输过程中数据无差错并按序传输；另一种是面向消息的套接字（SOCK_DGRAM），常称为 UDP 套接字，对应 UDP 协议提供无连接服务，限制每次传输的数据大小，数据包以独立的形式发送，数据可能会丢失或重复，是一种不可靠的、不按序传递的、以高速传输为目的的套接字。

1．构建网络通信的套接字模型

socket 模型创建的流程如图 5-38 所示。

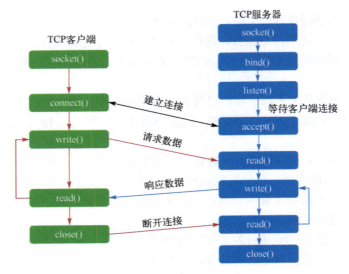

图 5-38　socket 模型创建的流程图

服务器端主要函数的调用步骤如下。

(1) 调用 socket() 函数创建套接字。

(2) 调用 bind() 函数为套接字绑定 IP 地址和端口号。

(3) 调用 listen() 函数监听网络连接。

(4) 监听到有客户端接入，调用 accept() 函数接收一个连接。

(5) 连接建立后，调用 read() 和 write() 函数进行数据交互。

(6) 通信结束后，调用 close() 函数关闭套接字，断开连接。

客户端主要函数的调用步骤如下。

(1) 调用 socket() 函数创建套接字。

(2) 调用 connect() 函数连接服务器(客户端通常不需要绑定端口，系统会在建立连接时给套接字分配一个随机的端口，但若有需要，也可以绑定一个固定端口)。

(3) 连接建立后，调用 write() 和 read() 函数进行数据交互，由客户端发送请求，服务器进行响应。

(4) 通信结束后，调用 close() 函数关闭套接字，断开连接。

2. 主要的 socket 函数

以 TCP 套接字为例介绍一些主要的 socket 函数。

1) socket() 函数

调用 socket() 函数能够创建一个套接字。如果创建成功,将返回一个 socket 描述符(socket descriptor)，它唯一标识一个 socket。操作 socket 描述符跟操作其他文件描述符一样，可以通过它来进行一些读写操作。socket() 函数原型如下。

```
int socket(int domain, int type, int protocol);
```

该函数的三个参数分别如下。

（1）domain：协议域，又称为协议族。常用的协议族有 PF_INET（IPv4 协议族）、PF_INET6（IPv6 协议族）、PF_LOCAL（本地通信的 UNIX 协议族）等。注意，该参数的取值决定了所采用的协议族，但是具体采用什么通信协议取决于第三个参数 protocol 的具体取值。大部分情况下，domain 参数决定了网络通信采用的地址格式，比如，参数取值为 PF_INET 就决定了需要采用 IPv4 地址（32 位）与端口号（16 位）的组合，PF_LOCAL 决定了要用一个绝对路径名作为地址。

（2）type：指定 socket 类型。通常使用 SOCK_STREAM 或 SOCK_DGRAM，其他可选类型还有 SOCK_RAW、SOCK_PACKET、SOCK_SEQPACKET 等。

（3）protocol：指定协议。常用取值有 IPPROTO_TCP 和 IPPTOTO_UDP，分别对应 TCP 和 UDP 协议。其他选择还有 IPPROTO_SCTP、IPPROTO_TIPC 等，分别对应 STCP 和 TIPC 协议。大部分情况下可以向该参数传递 0。例如，若前两个参数取值为 PF_INET 与 SOCK_STREAM，则满足 IPv4 面向连接传输条件的只有 TCP 协议。但如果同一个协议族中存在多个传输方式相同的协议，就必须通过 protocol 参数指定协议。

2）bind() 函数

调用 bind() 函数能够为创建的套接字绑定一个特定地址和端口号。由于服务器需要客户主动连接以提供服务，故通常会在创建套接字之后绑定一个广为人知的地址，而客户端并不需要这样做。bind() 函数原型如下。

```
int bind(int sockfd, const struct sockaddr *addr, socklen_t addrlen);
```

该函数的三个参数分别如下。

（1）sockfd：套接字描述符，是通过 socket() 函数创建的某个套接字的唯一标识。

（2）addr：一个 const struct sockaddr 类型的指针，指向要绑定 sockfd 的协议地址。在 sockfd 这个描述符对应的套接字刚被创建成功时，返回的 sockfd 指向了该套接字对应的内部数据结构，但该数据结构中还有许多字段没有填写内容，而 bind() 函数能够将 addr 指定的地址和端口号写入该结构，这个过程又称为"绑定"。根据创建 socket 时填入的 domain 参数的不同，addr 应有不同的地址结构，例如，AF_INET（IPv4）对应的 sockaddr 结构如下。

```
1. struct sockaddr_in {
2.    sa_family_t    sin_family;    /* address family: AF_INET */
3.    in_port_t      sin_port;      /* port in network byte order */
4.    struct in_addr sin_addr;      /* internet address */
5. };
6.
7. /* Internet address. */
8. struct in_addr {
9.    uint32_t       s_addr;        /* address in network byte order */
10. };
```

其中，sin_family 表示所用的协议族，sin_port 表示所用的端口号，sin_addr 为 IP 地址的结构。

（3）addrlen：地址长度。

3）listen（）函数

调用 listen（）函数能够监听是否有客户端发送连接请求。服务器通常在创建套接字并绑定地址后调用该函数，其原型如下。

```
int listen(int sockfd, int backlog);
```

其中，sockfd 参数对应需要监听的 socket 描述符，backlog 参数为可同时处理的最大连接个数。调用该函数后，操作系统会为该监听套接字处理客户端发送的连接请求，将未完成三次握手的连接请求加入未完成连接队列，将已完成三次握手的连接请求加入已完成连接队列。

4）connect（）函数

客户端通过调用 connect（）函数发出连接请求，其原型如下。

```
int connect(int sockfd, const struct sockaddr *addr, socklen_t addrlen);
```

其中，sockfd 参数为客户端的 socket 描述符，addr 为需要连接的服务器的 sockaddr 结构的地址信息，addrlen 为 addr 的地址变量的长度，以字节为单位。客户端通过调用 connect（）函数请求与 TCP 服务器建立连接。当客户端调用 connect（）函数时，操作系统会为客户端 sockfd 参数指定的套接字自动分配地址信息，其中 IP 地址为客户端所在主机的 IP 地址，端口通常随机分配，因此客户端无须像服务器一样通过调用 bind（）函数进行地址的绑定。

5）accept（）函数

accept（）函数将查询已完成三次握手的连接请求队列，如果有已经完成三次握手的连接请求，就会从队列头部返回已完成连接的套接字描述符。这样，在服务器和客户端之间才真正建立了连接。需要注意的是，客户端虽然是向 connect（）函数中 addr 参数指定的 IP 地址与端口发起服务请求，但是当客户端与服务器完成三次握手后，accept（）会返回新的套接字描述符用于后续的网络通信，因为原先的套接字还要继续用于接收其他客户端的连接请求，不能用来交换数据。

accept（）函数原型如下。

```
int accept(int sockfd, struct sockaddr *addr, socklen_t *addrlen);
```

其中，sockfd 是服务器监听套接字的文件描述符，addr 用于保存已连接的客户端的地址信息，addrlen 则用于返回 addr 中客户端的协议地址长度。如前所述，sockfd 所对应的监听套接字在服务器的运行周期内一直存在且唯一，操作系统为每一个向监听套接字发起连接请求的客户创建一个新的用于通信的已连接套接字。当服务完成后，该套接字就会被关闭。

6）read（）函数

由于在 Linux 系统中"一切皆文件"，系统不区分文件与套接字，所以通过 socket 进行网络数据传输与读写文件在操作上没有什么不同，可以使用 read（）函数来接收数据，其原型如下。

```
ssize_t read(int fd, void *buf, size_t nbytes);
```

其中，fd 参数为数据传输对象的套接字描述符，注意对应的是 accept（）函数返回的套接字描述符，而不是 socket()函数返回的描述符，buf 参数为收到的数据的保存地址，nbytes 参数是能够接收的最大字节数。读取成功后，该函数的返回值是收到的数据的字节数。

7）write()函数

write()函数用于向套接字写入数据，写入的数据会被发送到连接的客户端，其原型如下。

```
ssize_t write(int fd, const void *buf, size_t nbytes);
```

其中，fd 参数为数据传输对象的套接字描述符，buf 为要写入数据的地址，nbytes 为要写入的字节数。成功写入后，函数将返回成功写入的字节数。

8）close()函数

close()函数用于通信结束后关闭套接字，以释放用于维护该套接字的所有资源，其原型如下。

```
int close(int fd);
```

其中，fd 参数为需要关闭的套接字描述符。

▶▶ 5.3.3　Winsock 编程

Windows 操作系统的套接字接口简称 Winsock。由于 Winsock 是参考 UNIX BSD 套接字设计而成的，因此 Winsock 中许多函数的用法与 UNIX BSD 套接字类似。主要的 Winsock 套接字相关函数如下。

1. socket()函数

```
SOCKET socket(int domain, int type, int protocol);
```

该函数与 Linux 下的 socket()函数参数、功能都相同，调用成功后返回创建的套接字句柄，失败时返回 INVALID_SOCKET。

2. bind()函数

```
int bind(int sockfd, const struct sockaddr* myaddr, socklen_t addrlen);
```

该函数与 Linux 下的 bind()函数参数、功能都相同，调用成功后返回 0，失败则返回 SOCKET_ERROR。

3. listen()函数

```
int listen(int sockfd, int backlog);
```

该函数与 Linux 下的 listen()函数参数、功能都相同，调用成功后返回 0，失败则返回 SOCKET_ERROR。

4. accept()函数

```
int accept (int sockfd, struct sockaddr *addr, socklen_t *addrlen);
```

该函数与 Linux 下的 accept()函数参数、功能都相同，调用成功后返回 0，失败则返回 INVALID_SOCKET。

5. connect()函数

```
int connect(int sockfd, struct sockaddr *serv_addr, int addrlen);
```

该函数与 Linux 下的 connect()函数参数、功能都相同,调用成功后返回 0,失败则返回 SOCKET_ERROR。

6. send()函数

```
int send(SOCKET s, const void *msg, int len, int flags);
```

该函数的功能是通过指定 TCP 连接发送数据,成功时返回发送的字节数,失败时返回 SOCKET_ERROR。其中,s 参数为发送连接的套接字句柄值;msg 参数处需要填入待传输数据的地址指针;len 参数为需传输的数据的长度,用字节表示;flags 参数为选项信息,通常可填入 0,表示按正常方式发送数据;填入宏 MSG_DONTROUTE 表示无须进行路由选择,说明系统目的主机就在直接连接的本地网络中;取值为 MSG_OOB 指出数据是按带外数据发送的。

前面介绍的 Linux 下的 write()函数用于完成相同的功能。需要注意的是,该函数并非 Linux 下 write()函数的替代。由于 Linux "一切皆文件"的特质,可以应用 write()、read() 等文件 I/O 函数来操作套接字,但 Linux 下也有来自 BSD 套接字的 send()函数,只是在前面的内容中没有介绍,Linux 中的 send()函数与本节介绍的 Winsock 中的 send()函数用法基本相同,只是 flags 参数的取值有所不同。

7. recv()函数

```
int recv(SOCKET s, const char * buf, int len, int flags);
```

该函数的功能是通过指定 TCP 连接接收数据,成功时返回接收的字节数,失败时返回 SOCKET_ERROR。其中,s 参数为接收连接的套接字句柄值;buf 参数处需要填入保存接收数据的地址指针;len 参数为能够接收的最大字节数;flags 参数为选项信息,通常可填入 0,表示按正常方式接收数据;填入 MSG_PEEK 表示复制数据到所提供的接收端缓冲区内,但不要从系统缓冲区中删除数据;填入 MSG_OOB 表示处理带外数据。

8. closesocket()函数

```
int closesocket(SOCKET s );
```

该函数的功能是在双方通信结束后关闭套接字,成功时返回 0,失败则返回 SOCKET_ERROR。其中,参数 s 为待关闭的套接字句柄。

5.3.4 一个 socket 编程实例

下面给出一个服务器和客户端进行简单通信的实例,服务器基于 Linux 平台实现,客户端基于 Windows 平台实现。

1. 一个服务器实例

下面的代码基于 Linux 平台创建了一个服务器,该服务器收到客户端的连接请求后,向客户端返回 Hello World 作为答复。

```
 1. #include<stdio.h>
 2. #include<stdlib.h>
 3. #include<string.h>
 4. #include<sys/socket.h>
 5. #include<netinet/in.h>
 6. #include<unistd.h>
 7.
 8. #define PORT 8080
 9.
10. int main(){
11. int server_fd, new_socket;
12. struct sockaddr_in address;
13. int opt =1;
14. int addrlen =sizeof(address);
15. char buffer[1024]={0};
16. char*hello ="Hello World";
17.
18. if((server_fd = socket(AF_INET, SOCK_STREAM,0))==0){
19.         perror("socket failed");
20.         exit(EXIT_FAILURE);
21.         }
22.
23. if(setsockopt(server_fd, SOL_SOCKET, SO_REUSEADDR | SO_REUSEPORT,
&opt,sizeof(opt))){
24.         perror("setsockopt");
25.         exit(EXIT_FAILURE);
26.         }
27.    address.sin_family = AF_INET;
28.    address.sin_addr.s_addr = INADDR_ANY;
29.    address.sin_port = htons(PORT);
30.
31. if(bind(server_fd,(struct sockaddr *)&address,sizeof(address))<0){
32.         perror("bind failed");
33.         exit(EXIT_FAILURE);
34.         }
35.
36. if(listen(server_fd,3)<0){
37.         perror("listen");
38.         exit(EXIT_FAILURE);
39.         }
40.
41. if((new_socket = accept(server_fd,(struct sockaddr *)&address,
(socklen_t*)&addrlen))<0){
42.         perror("accept");
43.         exit(EXIT_FAILURE);
44.         }
```

```
45.
46.
47.        read(new_socket, buffer,1024);
48.        write(new_socket, hello, strlen(hello));
49.
50.        close(new_socket);
51.        close(server_fd);
52.        return 0;
53.    }
```

其中，第 18～20 行调用 socket()函数创建套接字；第 23～34 行的作用是为创建的套接字绑定 8080 端口，第 31 行调用了 bind()函数；第 36～44 行进行连接管理，第 36 行调用 listen()函数将套接字转化为可接收状态，第 41 行调用 accept()函数接受连接请求并生成新的套接字描述符用于通信，如果调用发生时还没有连接请求，该函数不会返回，直到有连接请求为止；第 47 行调用 read()函数读取客户端发来的消息；第 48 行调用 wirte()函数进行数据传输；第 50、51 行调用 close()函数关闭创建的套接字，释放资源。

2. 一个客户端实例

下面的代码基于 windows 平台创建了一个客户端，该客户端向服务器发送连接请求，并接收服务器返回的应答。

```
1.  #include<stdio.h>
2.  #include<winsock2.h>
3.  #pragma comment(lib,"ws2_32.lib")
4.  #define PORT 8080
5.
6.  int main(){
7.      WSADATA wsaData;
8.      SOCKET sock;
9.      struct sockaddr_in serv_addr;
10.     char buffer[1024]={0};
11.     int valread;
12.
13. if(WSAStartup(MAKEWORD(2,2),&wsaData)!=0){
14.        printf("WSAStartup failed.\n");
15.        return 1;
16.    }
17.
18. if((sock = socket(AF_INET, SOCK_STREAM,0))<0){
19.        printf("Socket creation error.\n");
20.        WSACleanup();
21.        return1;
22.    }
23.
24.     serv_addr.sin_family = AF_INET;
25.     serv_addr.sin_port = htons(PORT);
```

```
26.
27. if(inet_pton(AF_INET,"127.0.0.1",&serv_addr.sin_addr)<=0){
28.         printf("Invalid address/ Address not supported.\n");
29.         closesocket(sock);
30.         WSACleanup();
31.         return 1;
32.         }
33.
34. if(connect(sock,(struct sockaddr *)&serv_addr,sizeof(serv_addr))<0){
35.         printf("Connection Failed.\n");
36.         closesocket(sock);
37.         WSACleanup();
38.         return 1;
39.         }
40.
41.     char*hello ="Hello from client";
42.     send(sock, hello, strlen(hello),0);
43.     printf("Hello message sent\n");
44.
45.     valread = recv(sock, buffer,1024,0);
46.     printf("%s\n", buffer);
47.
48.     closesocket(sock);
49.     WSACleanup();
50.     return 0;
51.     }
```

其中，第 13～22 行用于创建套接字，第 13 行初始化 Winsock 库；第 18 行调用 socket() 函数创建套接字；第 34 行调用 connect() 函数通过此套接字向服务器发送连接请求；第 42 行调用 send() 函数发送消息给服务器；第 45 行调用 recv() 函数接收服务器发来的数据；第 48 行调用 closesocket() 函数关闭套接字；第 49 行注销第 13 行中初始化的 Winsock 库。

5.3.5　Web 编程

Web 服务是互联网中最常用的服务之一，除了大型门户网站外，每个组织甚至个人都可以在网络上发布自己的 Web 网站。构建一个 Web 服务器并发布网站涉及以下几个基本步骤。

1）准备工作
根据自己的需求和喜好选择适合的 Web 服务器软件。

2）安装和配置 Web 服务器
根据选择的 Web 服务器软件和操作系统，下载并安装相应的软件。安装成功后，打开 Web 服务器软件的配置文件，根据自身需求和安全性要求进行配置。常见的配置包括设置端口号、指定网站根目录、配置 SSL 证书等。

3）创建网站

安装配置好 Web 服务器软件后，就可以开始创建网站文件了。通常使用 HTML、CSS、JavaScript 等语言创建网站文件，可使用文本编辑器或专业的网页开发工具来编写和编辑这些文件。随后，在 Web 服务器上创建一个用于存储网站文件的目录，并将网站文件放置在该目录下。在创建好网站文件后，还需要对网站进行进一步的配置，可能包括创建虚拟主机、设置网站域名等，可以按照具体需求和网站结构进行配置。配置完成后，在本地服务器上测试网站，确保能够正常访问并显示正确的内容。

4）发布网站

发布网站前，首先要获取一个域名，可以从 ICANN 授权注册域名的任何域名注册商处注册域名，这样其他网络用户就可以通过浏览器输入注册的网站域名或 IP 地址访问自己发布的网站了。

5）维护和更新网站

在发布网站后，还需要定期检查 Web 服务器的运行状态和网站的可访问性，确保服务器安全、稳定，并及时处理任何潜在的问题或故障。

1．部署 Web 服务器软件

Web 服务器软件有很多种，常见的包括 Apache、Nginx、IIS、Lighttpd、Tomcat 和 Caddy 等，这些软件各有特点，适用于不同的场景和需求。

（1）Apache：最流行的开源 Web 服务器软件之一，支持多种操作系统，如 Linux、UNIX、Windows 等。它稳定、安全，并且具有可定制性，用户可以根据需要添加或删除模块。

（2）Nginx：另一个广受欢迎的开源 Web 服务器软件，也可以作为反向代理服务器和负载均衡器。它适合处理高流量的网站和应用程序，能提高性能、安全性及稳定性。

（3）IIS：微软开发的 Web 服务器软件，专为 Windows 操作系统设计。它易于安装、配置和管理，同时具有较强的安全性。

（4）Lighttpd：一个轻量级的开源 Web 服务器软件，占用资源少，具有较低的内存开销。它在处理静态内容和高并发请求方面表现出色。

（5）Tomcat：一个开源的 Java Servlet 容器，也可以用作 Web 服务器。它支持 Java Web 应用程序开发和部署，能处理动态请求。

（6）Caddy：一个现代化的 Web 服务器软件，基于 Go 语言开发，支持 HTTPS 和 HTTP/2。它易于配置和使用，具有快速、轻量级、可重载等特点。

在选择 Web 服务器软件时，通常需要考虑以下因素。

（1）性能：最重要的因素之一，直接影响网站的响应速度和用户体验。不同软件在处理请求、并发连接和资源利用等方面存在差异，需要根据实际需求进行选择。

（2）安全性：Web 服务器软件的漏洞可能导致网站被攻击，因此安全性是必须考虑的因素。选择具有良好安全记录和及时更新补丁的软件至关重要。

（3）可扩展性：随着业务的发展，可能需要扩展服务器的功能和性能。选择具有良好可扩展性的软件可以方便进行升级和扩展。

（4）易用性：易于安装、配置和管理的软件可以降低维护成本，提高工作效率。对于初学者或非专业人员来说，选择易于上手的软件更为重要。

（5）兼容性：确保所选软件与操作系统、编程语言和技术栈兼容，以便顺利地部署和运行网站。

下面以安装和配置 Nginx 服务器为例，介绍部署 Web 服务器软件的基本步骤。

1）安装 Nginx 服务器

对于不同的操作系统和软件源，安装 Nginx 的方式可能会有所不同。以下是一些常见的安装方法。

（1）在 Ubuntu 或 Debian 上安装 Nginx。

打开终端并使用 apt 包管理器安装 Nginx。首先，更新软件源列表，然后安装 Nginx。

```bash
sudo apt update
sudo apt install nginx
```

（2）在 CentOS 或 RHEL 上安装 Nginx。

使用 yum 包管理器安装 Nginx。首先，安装 EPEL 存储库（如果尚未安装），然后安装 Nginx。

```bash
sudo yum install epel-release
sudo yum install nginx
```

2）配置 Nginx 服务器

Nginx 的主要配置文件通常位于/etc/nginx/nginx.conf。在大多数情况下，不建议直接编辑此文件，而是在/etc/nginx/conf.d/目录下创建自定义的配置文件。

（1）配置基本的 Web 服务器。

创建一个新的配置文件，如/etc/nginx/conf.d/mywebsite.conf，并添加以下内容。

```Nginx
1. server {
2.     listen 80;
3.     server_name mywebsite.com www.mywebsite.com;
4.     root /var/www/mywebsite;
5.     index index.html;
6.
7.     location / {
8.         try_files $uri $uri/ =404;
9.     }
10. }
```

这个配置定义了一个在 80 端口监听的 Web 服务器，当访问 mywebsite.com 或 www.mywebsite.com 时，将提供/var/www/mywebsite 目录下的文件。

（2）配置 SSL/TLS 加密。

为提高访问安全性，网站通常使用 HTTPS，因此需要配置 SSL/TLS。首先，获取一个有效的 SSL 证书，并将其放置在服务器上。然后，修改配置文件以启用 HTTPS。

```Nginx
1. server {
2.     listen 443 ssl;
3.     server_name mywebsite.com www.mywebsite.com;
4.     root /var/www/mywebsite;
5.     index index.html;
6.
7.     ssl_certificate /path/to/your_certificate.crt;
8.     ssl_certificate_key /path/to/your_private_key.key;
9.
10.    location / {
11.        try_files $uri $uri/ =404;
12.    }
13. }
```

需要在配置文件中替换/path/to/your_certificate.crt 和/path/to/your_private_key.key 为 SSL 证书和私钥的实际路径。

（3）应用配置更改。

每次修改 Nginx 的配置文件后，都需要重新加载或重启 Nginx 以使更改生效。可以使用以下命令之一来完成这个操作。

```bash
1. sudo nginx -t                    # 测试配置文件是否有语法错误
2. sudo systemctl reload nginx      # 重新加载 Nginx
3. # 或者
4. sudo systemctl restart nginx     # 重启 Nginx
```

通过这些步骤可以安装和配置一个基本的 Nginx 服务器。但在实际使用中，可能还需要根据具体需求，进一步自定义 Nginx 配置，如配置反向代理、负载均衡、访问控制等。可以参考 Nginx 的官方文档或其他相关资源来获取更多信息。

2．制作网站文件

在配置 Nginx 的 conf 文件时，指明了当有用户访问 www.mywebsite.com 网站时，服务器会提供/var/www/mywebsite 目录下的 index.html 供其浏览。HTML 是目前用于创建网页的标准标记语言，有多个版本，目前广泛使用的版本是 HTML5。以下代码展示了一个详细的 HTML 制作实例，并对其中各部分进行了解释。

```HTML
1. <!DOCTYPE html>
2. <html lang="zh-CN">
3. <head>
4.     <meta charset="UTF-8">
5.     <meta name="viewport" content="width=device-width, initial-scale=1.0">
6.     <title>mywebsite</title>
7.     <style>
8.         body {
```

```
9.          font-family: Arial, sans-serif;
10.         margin: 0;
11.         padding: 0;
12.         background-color: #f4f4f4;
13.     }
14.     header {
15.         background-color: #333;
16.         color: #fff;
17.         padding: 10px;
18.         text-align: center;
19.     }
20.     main {
21.         margin: 15px;
22.     }
23.     footer {
24.         background-color: #333;
25.         color: #fff;
26.         text-align: center;
27.         padding: 10px;
28.         position: fixed;
29.         bottom: 0;
30.         width: 100%;
31.     }
32.     </style>
33. </head>
34. <body>
35.     <header>
36.         <h1>欢迎来到我的网站</h1>
37.     </header>
38.     <main>
39.         <h2>关于我</h2>
40.         <p>这里是一些关于我自己的信息。</p>
41.         <h2>我的简历</h2>
42.         <ul>
43.             <li>技能 1</li>
44.             <li>技能 2</li>
45.             <li>爱好 1</li>
46.         </ul>
47.     </main>
48.     <footer>
49.         <p>版权所有 © 2023</p>
50.     </footer>
51. </body>
52. </html>
```

第 1 行的<!DOCTYPE html>声明了文档类型为 HTML5。

第 2 行的<html lang= "zh-CN">是 HTML 文档的根元素，lang 属性指定文档使用简体中文。

第 3 行开始的<head>标签标识了文档的头部，包含元数据和其他一些不会直接显示给用户的信息。其中，<meta charset= "UTF-8">定义文档使用的字符编码为 UTF-8。<meta name= "viewport" content= "width=device-width, initial-scale=1.0">用于响应式设计，确保网页在不同设备上都能正确显示。<title>定义网页标题，标题显示在浏览器的标题栏或标签页上。<style>内嵌 CSS 样式表，用于定义网页的外观和布局。第 32 行的</style>标识属于<style>的内容结束。第 33 行的</head>标识属于文档头的内容结束。

从第 34 行开始的<body>标识后面的内容进入了文档的主体，包含所有可见的内容。其中，<header>是页眉部分，通常包含网站的标题、标志等。<main>标识主要内容区域，包含网页的核心信息。<h1>、<h2>是标题元素，用于定义不同级别的标题。<p>是段落元素，用于显示文本内容。<ul>、<li>是无序列表和列表项元素，用于显示列表内容。<footer>标识页脚部分，通常包含版权信息、联系方式等。

第 52 行的</html>标识该文档描述结束。

将以上代码保存为一个.html 文件，如示例中的 index.html，放置在指定目录中，其他用户在浏览器中访问 www.mywebsite.com 网站时，就可以看到刚刚创建的 HTML 页面效果，也可以在代码中添加更多的 HTML 元素和样式来丰富页面的内容和外观。

通常专业的 HTML 开发和设计人员会使用专业的制作工具更高效地创建和优化网页。以下是一些常用的专业 HTML 制作工具。

（1）Adobe Dreamweaver：一款非常流行的专业网页制作工具，提供了丰富的代码编辑、设计和预览功能。用户可以直接在可视化界面中编辑 HTML、CSS 和 JavaScript 等代码，并实时预览网页效果。

（2）Microsoft Expression Web：微软开发的一款 HTML 网页制作工具，功能类似于 Dreamweaver，也具备代码编辑、设计和预览功能。

（3）Sublime Text：一款强大的文本编辑器，特别适合编写 HTML、CSS 和 JavaScript 等代码。它具有代码高亮、智能提示、快速导航和自定义快捷键等功能，可大大提高编码效率。

（4）Visual Studio Code：一个轻量级的代码编辑器，也支持多种编程语言，包括 HTML。它具有丰富的插件生态系统，可以通过安装插件来扩展其功能，满足各种开发需求。

（5）Atom：开源的代码编辑器，具有类似 Sublime Text 的功能，也支持 HTML 等多种编程语言。它拥有丰富的插件库和主题，可以根据个人喜好进行定制。

（6）Notepad++：免费的文本编辑器，特别适合编写和编辑 HTML 代码。它具有代码高亮、智能提示、多文档标签等功能，还支持插件扩展。

（7）Brackets：一款专注于前端开发的开源代码编辑器，支持 HTML、CSS 和 JavaScript 等语言。它具有实时预览、快速编辑和扩展插件等功能。

（8）Pinegrow：一款可视化的网页设计工具，可以帮助用户直观地设计和编辑 HTML 页面。用户可以直接在界面中拖放元素、编辑样式和添加交互效果。

（9）HBuilder：一款支持 HTML5 的 Web 开发 IDE。它提供了丰富的代码编辑、调试和打包功能，特别适合开发移动端的 HTML5 应用。

这些工具各有特点，可以根据个人需求和喜好选择合适的工具进行 HTML 的制作。

3. 利用 JavaScript 丰富网页内容

　　HTML 语言是网页设计普遍采用的超文本标记语言，但只能提供一种静态的信息资源，缺少动态的效果，JavaScript 的出现弥补了 HTML 语言的缺陷。JavaScript 是一种高级的脚本描述性语言，脚本语言就是为了缩短传统的“编写—编译—链接—运行”过程而创建的计算机编程语言，脚本通常是解释执行而非编译。脚本语言通常都有简单、易学、易用的特性，目的就是让程序员能快速完成程序的编写工作。脚本语言可以和 HTML 语言混合使用，并不依赖于特定的机器和操作系统，所以说它是独立于操作系统平台的。

　　JavaScript 在 HTML 制作中扮演着至关重要的角色，为网页提供了动态性和交互性，可以起到多方面的作用。

　　(1)动态内容更新：JavaScript 可以直接在用户的浏览器中执行，不需要服务器的参与，这使得它可以实时更新网页上的内容。例如，可以动态地更改文本、图片或其他元素，甚至基于用户的交互创建全新的 HTML 内容。

　　(2)表单验证：在网页表单提交之前，JavaScript 可以用来验证用户输入的数据。这可以减轻服务器的负担，因为只有在数据有效时才需要发送到服务器处理。例如，可以检查用户是否填写了所有必填字段，或者输入的数据是否符合特定的格式要求(如电子邮件地址、电话号码等)。

　　(3)用户交互：JavaScript 可以响应用户的单击、悬停、拖动、滑动等各种动作，并根据这些交互提供反馈或执行特定的操作。这使得网页可以以一种更加直观和自然的方式与用户进行沟通。

　　(4)动画和视觉效果：通过 JavaScript，可以创建平滑的动画、淡入淡出、幻灯片展示等效果，以增强用户体验。这些效果可以通过改变 HTML 元素的 CSS 属性(如位置、大小、颜色等)来实现。

　　(5)异步通信(AJAX)：JavaScript 允许网页在不重新加载整个页面的情况下与服务器交换数据。这种技术称为异步 JavaScript 和 XML(asynchronous JavaScript and XML，AJAX)，它使得网页可以更加快速地响应用户的操作，并提供更加流畅的用户体验。

　　(6)第三方 API 集成：JavaScript 可以调用各种第三方 API(应用程序接口)，从而扩展网页的功能。例如，可以使用地图软件的 API 在网页上嵌入地图，或者使用微博 API 集成社交功能。

　　(7)游戏和复杂应用：JavaScript 的强大功能使得它不仅可以用于简单的网页交互，还可以用来构建复杂的 Web 应用和游戏。这些应用通常会使用现代的前端框架和库(如 React、Angular、Vue 等)来进一步简化开发过程。

　　(8)网页性能优化：JavaScript 还可以用来优化网页的加载速度和性能。例如，可以使用懒加载(lazy loading)技术延迟加载非关键资源，或者使用 Web Workers 在后台线程中执行耗时的任务，从而避免阻塞用户界面。

　　JavaScript 使得 HTML 页面不再仅仅是静态的文档，而是变成了可以响应用户操作、动态更新内容，并与服务器进行复杂交互的应用程序。

　　下面给出一个带有 JavaScript 脚本的 HTML 制作示例，在这个简单的示例中，基于前面的 HTML 文档创建一个简单的按钮，当用户单击按钮时，会显示一条欢迎消息。

HTML

```
1.  <!DOCTYPE html>
2.  <html lang="zh-CN">
3.  <head>
4.      <meta charset="UTF-8">
5.      <meta name="viewport" content="width=device-width, initial-scale=1.0">
6.      <title>带有 JavaScript 的 HTML 页面</title>
7.      <style>
8.          body {
9.              font-family: Arial, sans-serif;
10.             margin: 0;
11.             padding: 20px;
12.             background-color: #f4f4f4;
13.         }
14.         button {
15.             padding: 10px 20px;
16.             background-color: #4CAF50; /* Green */
17.             border: none;
18.             color: white;
19.             text-align: center;
20.             text-decoration: none;
21.             display: inline-block;
22.             font-size: 16px;
23.             margin: 4px 2px;
24.             cursor: pointer;
25.         }
26.         #welcomeMessage {
27.             margin-top: 20px;
28.             display: none; /* 初始时隐藏段落元素 */
29.             color: #0099cc;
30.             font-weight: bold;
31.         }
32.     </style>
33. </head>
34. <body>
35.     <button onclick="showMessage()">单击我</button>
36.     <p id="welcomeMessage">欢迎来到我的网页！</p>
37.
38.     <script>
39.         function showMessage() {
40.             var welcomeElement = document.getElementById("welcomeMessage");
41.             welcomeElement.style.display = "block"; /* 显示消息 */
42.         }
43.     </script>
44. </body>
45. </html>
```

　　在这个例子中，定义了一个按钮和一个段落元素。段落元素初始时是隐藏的(通过 CSS 的 display: none;属性设置)。当用户单击按钮时，会触发 showMessage()函数，该函数通过 JavaScript 修改段落元素的 style.display 属性为 block，使其显示出来。

　　以下是代码各部分的解释。

　　第 35 行的<button onclick= "showMessage()">单击我</button>定义了一个按钮，并设置了 onclick 属性，当用户单击按钮时，会调用名为 showMessage 的 JavaScript 函数。

　　第 36 行的<p id= "welcomeMessage">欢迎来到我的网页! </p>定义了一个段落元素，并给它分配了一个 ID(welcomeMessage)，以便稍后通过 JavaScript 引用它。

　　第 38 行的<script>至第 43 行的</script>中包含了 JavaScript 代码块，定义了一个名为 showMessage 的函数，该函数负责显示隐藏的欢迎消息。其中，document.getElement ById("welcomeMessage")是 JavaScript 中的一个方法，用于根据 ID 获取页面上的元素。在这里，它获取了 ID 为 welcomeMessage 的段落元素。welcomeElement.style.display = "block"，通过 JavaScript 修改元素的 CSS 样式，将 display 属性设置为 block，使元素可见。

　　以上只给出了一个简单的示例，作为 Web 开发的核心技术之一，JavaScript 可以极大地增强网页的交互性，若想熟练掌握 JavaScript 开发，建议通过专门书籍进行学习。

习　题　五

　　5-1　假设你是一家大型在线教育公司的网络架构师，公司计划发布一个新的视频教程，视频文件大小为 1GB。需要设计一个方案来分发这个视频教程给 100 万个用户。目前考虑了 C/S 模型和 P2P 模型。服务器的上传速率为 100Mbit/s，用户的下载速率是 100Mbit/s，上传速率是 10Mbit/s。请问你认为从提高分发效率的角度出发，应该采用哪种模型?

　　5-2　如果你能够访问所在学院的本地 DNS 服务器中的缓存，你能够提出一种方法大致确定你所在学院的网络用户经常访问哪个 Web 服务器吗? 如果你是普通用户呢?

　　5-3　一个大型在线游戏公司计划推出一款新的多人在线游戏。为了确保游戏服务器的可靠访问和实时性,公司决定在针对其服务器的 DNS 查询中使用 TCP 和 UDP 两种传输层协议。

　　(1)解释为什么 DNS 查询通常使用 UDP 协议，以及在什么情况下会使用 TCP 协议进行 DNS 查询。

　　(2)假设在高峰时段，每小时有 10000 次 DNS 查询，其中 95%使用 UDP 进行，每个 UDP 查询耗时 1ms；剩下的 5%需要使用 TCP 进行，每个 TCP 查询耗时 10ms。计算在 1h 内，所有 DNS 查询总共耗时多少。

　　(3)在运行一段时间后，网络管理员发现在高峰时段网络拥塞导致 DNS 查询的数据包丢失率增加，丢失率为 5%，每次丢包需要重新发送查询。而 TCP 查询由于其可靠性，不存在数据包丢失问题，但是由于建立连接的开销，每次 TCP 查询的耗时增加了一个固定的 5ms 的延迟。在这种情况下，网络管理员需要决定是继续使用 UDP 协议进行 DNS 查询，还是改用 TCP 协议。你认为他应该如何决策? 为什么?

　　5-4　一个 10GB 的文件需要通过 FTP 传输。如果数据连接的平均速率为 200Mbit/s，计算理论上完成此文件传输需要多少时间。此外,如果在文件传输过程中,控制连接每传输 1GB

数据就需要发送一个控制信号,每个控制信号的处理时间为 10ms,计算控制信号处理总时间,并加入到总传输时间中。

5-5 假设你正在为一家在线电影数据库公司工作,该公司提供一个 RESTful API,允许用户查询电影信息、添加新的电影记录、更新现有电影信息以及删除电影记录。当前需要你设计 API 端点以支持这些操作。

(1)为上述四个操作(查询、添加、更新、删除电影记录)设计合适的 HTTP 请求方法和 URI。确保你的设计遵循 RESTful API 的原则。

(2)对于每个操作,提供一个示例 HTTP 请求,包括请求方法、URI 以及(如果适用)请求体。

(3)解释 HTTP 状态码的作用,并为每个操作提供可能的成功和错误响应的状态码,包括至少一个成功状态码和两个错误状态码的解释。

(4)假设 API 服务器平均响应时间为 300ms,网络延迟平均为 150ms。如果一个客户端应用连续执行了查询、添加、更新和删除操作,计算完成这四个操作的总时间。考虑到可能的重试机制,如果添加操作由于服务器繁忙第一次失败(接收到 HTTP 503 状态码),客户端将在 500ms 后重试。计算包括重试在内的总时间。

5-6 一家大型在线零售网站发现当用户进行在线购物时,页面加载速度变慢,尤其是在用户登录、商品浏览和结账过程中。经过初步诊断,怀疑这些问题与 HTTP 和 TCP 协议的使用方式有关。

(1)请描述 HTTP 协议的请求/响应模型,并解释持久连接(keep-alive)的概念及其对 Web 性能的影响。

(2)讨论在 HTTP 通信中,频繁建立和关闭 TCP 连接对性能的影响。

(3)基于前面的讨论,提出至少两种优化策略,以减少页面加载时间和提升用户体验。

(4)假设一个 HTTP 请求的往返时间(RTT)是 200ms,一个 TCP 连接的建立需要 1 个 RTT,关闭需要 2 个 RTT。如果网站改用持久连接,与每次请求都建立新的 TCP 连接相比,完成 10 个 HTTP 请求将节省多少时间?

5-7 设想你是一家公司的网络管理员,负责维护公司的邮件服务器。最近,一些员工报告他们无法接收外部发送的电子邮件。你怀疑这可能是 SMTP 或 POP3 协议配置错误导致的。

(1)描述你如何使用 SMTP 协议测试邮件发送功能,包括如何设置测试环境以模拟邮件发送过程,以及如何使用 SMTP 命令手动发送一封测试邮件,并监测每一步的响应代码来确保邮件成功发送。

(2)描述如何使用 POP3 协议测试邮件接收功能,包括如何设置测试环境以模拟邮件接收过程,以及如何使用 POP3 命令手动检索邮件,并验证邮件是否成功接收。

(3)假设在测试过程中,你发现邮件无法发送。描述你将如何诊断问题,并提出可能的解决方案。

5-8 假设邮件服务器中有 10000 封邮件,每次检索邮件列表的平均响应时间为 0.2s,检索内容和标题的平均时间为 0.01s。现在有一个用户想要搜索含有关键字"项目更新"的邮件,假设服务器上有 5% 的邮件包含这个关键字。

(1)基于上述信息,估算系统完成这次搜索请求的平均响应时间,考虑包括检索邮件列表、筛选含有关键字的邮件在内的整个过程。

（2）结合 IMAP 协议的特性，讨论可能的优化策略，以减少搜索响应时间。

5-9　某公司网络中有 500 台设备，该公司 DHCP 服务器配置的 IP 地址池中有 600 个地址，租期设置为 12h。

（1）若该公司平均每台网络设备每天可能会加入或离开网络一次，估算 DHCP 服务器一天中处理的平均请求量。

（2）如果要设计一个备份 DHCP 服务器，你会如何配置它以确保在主服务器出现故障时能够无缝接管 IP 地址分配？

5-10　设计和实现一个聊天应用，该应用需要支持多个客户端之间的实时通信，允许用户发送文本消息，并在聊天室内的所有成员之间共享这些消息，要求如下。

服务器设计：设计一个服务器应用，能够监听来自客户端的连接请求，接收和转发消息。客户端设计：设计一个客户端应用，允许用户连接到服务器，发送和接收消息。消息格式设计：定义一种简单的消息格式（如 JSON 或自定义格式），用于客户端和服务器之间的通信。并发处理：服务器应支持多个客户端同时连接和通信，确保消息能够实时、准确地在所有客户端之间转发。

5-11　试利用 IIS 构建 Web 服务器、FTP 服务器和 SMTP 服务器，要求如下。

（1）在 Web 服务器主页上显示一张表格，内容包括各位同学的姓名、学号、性别、出生日期、籍贯、联系方式、个人简历和照片。

（2）在 FTP 服务器上可以访问并下载你最喜欢的两首歌曲。

（3）对于 SMTP 服务器，可以通过 telnet 登录进行简单的命令操作。

5-12　用 JavaScript 编写程序统计 1～50 中所有偶数的和（分别用 for 和 while 语句实现）。用 JavaScript 编写程序实现：取系统时间，如果时间为 6:00～12:00，输出"早上好"；如果时间为 12:00～18:00，输出"下午好"；如果时间为 18:00～24:00，输出"晚上好"；如果时间为 0:00～6:00，输出"凌晨好"。

第 6 章

信息网络安全

　　随着信息网络技术的不断发展和广泛应用，其安全问题已成为学术界、产业界和社会各领域日益关注的重点问题。人们希望在利用网络进行数据传输时，数据不会被预期接收方之外的人获取、篡改，接收到的数据来源于真正的预期发送方，而非被人伪造或仿冒。经过多年的发展，信息网络安全已成为一门专业学科，要解决信息网络的安全问题需要一个体系化的解决方案，根据我国发布的《网络安全等级保护制度 2.0》，合规的信息网络防护体系要具备安全的计算环境、安全的网络边界、安全的通信环境、安全的物理环境以及安全管理中心。本章主要从信息网络的层次化体系结构出发，介绍数据链路层、网络层、传输层、应用层等层次的网络安全协议。

6.1　信息网络安全概述

6.1.1　网络安全威胁

1. 被动攻击与被动攻击

1）被动攻击

信息网络面临的安全威胁主要来自各类攻击行为，根据攻击实施方式的不同，攻击行为可分为被动攻击和主动攻击。

　　被动攻击指攻击者试图了解、利用系统的信息，而不影响系统资源的正常使用。典型的被动攻击方式有窃听、截获、流量分析等，攻击者可以在不中断正常通信的情况下，窃听通信的协议数据单元，并通过协议解析进一步获取信息内容，如图 6-1 所示。针对窃听这类被动攻击的手段，可以使用加密技术来确保信息的机密性。

图 6-1　被动攻击示意图

2）主动攻击

　　主动攻击指攻击者试图通过攻击改变系统资源或影响系统运作，包括对通信报文的首部、载荷等部分进行假冒或篡改，甚至伪造全部协议报文，以达到对系统的非授权访问、欺骗或破坏等目的，如图 6-2 所示。常见的主动攻击行为包括假冒攻击、篡改攻击、重放攻击、拒绝服务攻击等。

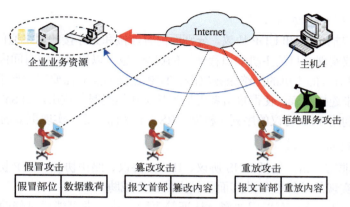

图 6-2　主动攻击示意图

假冒攻击指攻击者冒充合法用户与对方进行通信或访问系统资源，以达到信息窃取、资源占用或欺骗等目的的攻击行为；篡改攻击指攻击者在通信中采用报文截获、修改、转发等方式，以达到欺骗或其他恶意攻击目的的攻击行为；重放攻击指攻击者将事先捕获的消息在稍后的时间重传，以达到假冒合法用户身份或其他攻击目的的攻击行为；拒绝服务攻击指攻击者在短时间内发起大量的访问请求以拥塞通信链路，或利用系统漏洞等方式导致信息网络系统无法对外提供服务的攻击行为。针对上述主动攻击行为，可以使用数据源认证、数据完整性保护、访问控制等方式来进行防护。

被动攻击不涉及对数据的修改，所以通常难以检测，但防护相对容易。主动攻击手段多变，难以防护，但相比被动攻击，容易检测。

2．TCP/IP 协议族的安全威胁

TCP/IP 协议族是当今互联网的基石，但是最初的 TCP/IP 协议设计并未充分考虑安全问题，即便后续有多次改进，但由于先天不足和兼容性的考虑，其安全问题仍未得到彻底解决。下面从 TCP/IP 协议族的网络层、传输层、应用层等层次，简要分析其面临的安全威胁。

1）网络层协议的安全威胁

网络层协议包括 IP 协议、ICMP 协议、IGMP 协议、ARP/RARP 协议等，其中 IP 协议是网络层的核心协议，但是在 IPv4 版本的协议中，存在很多的安全威胁，例如：

（1）IP 地址中隐含了主机所在的网络，攻击者可以据此得到目标网络的拓扑结构，甚至得到主机所在的地理位置[①]。

（2）IP 报文既没有提供数据部分的完整性和机密性保护，也没有对源 IP 地址提供认证保护机制，所以在传输过程中通信报文的首部和内容都可能被伪造或篡改，导致用户收到虚假数据，或者报文被重定向到攻击者设置的目的主机上。

---

① 一般来说，公网 IP 地址会存在这个问题。

网络层的其他协议也面临一些安全威胁，例如，通过广播大量的 ARP 报文发起 ARP 欺骗攻击；利用 ICMP 报文来实现操作系统指纹识别，或实现重定向攻击破坏路由等。

2) 传输层协议的安全威胁

传输层协议包括 TCP 和 UDP 协议，分别面向有连接和无连接的网络通信场景。攻击者可以利用这两类协议实现对目的主机端口存活性的探测，也可以通过在短时间内发送大量的 TCP 或 UDP 报文实现对目的主机的拒绝服务攻击。TCP 连接的建立需要三次握手，服务器需要维护全连接列表和半连接列表，使得攻击者更加容易实现拒绝服务攻击，如 SYN Flood 攻击。此外，攻击者可以利用 TCP 协议的序列号机制、RST 报文标志等，实现更多的攻击方式。

3) 应用层协议的安全威胁

应用层协议非常丰富，包括 DNS 协议、HTTP 协议、路由协议、FTP 协议等，其种类的多样性以及功能实现的差异性导致其面临较大的安全威胁。

(1) 大部分路由协议没有采用加密、认证等手段，攻击者可能通过修改路由信息或广播虚假路由信息来扰乱合法节点的路由表。

(2) DNS 协议主要用于实现 IP 地址与域名的相互转换，但由于没有对 DNS 服务器进行认证，攻击者可能冒充一个虚假的 DNS 服务器来响应对方的请求，使得请求方后续的 IP 访问被重定向。此外，攻击者可能利用 DNS 协议反射发起拒绝服务攻击。

(3) 应用层协议的实现通常基于 TCP 或 UDP 协议，因此攻击者对这两类传输层协议的攻击也会影响到应用层协议的安全。

(4) 部分应用层协议在设计时没有充分考虑身份认证、权限划分、数据加密等安全防护机制，导致对应的应用系统或服务易受攻击。

6.1.2 网络安全层次结构

国际标准化组织(ISO)基于 OSI 参考模型确立了信息安全体系结构(即 OSI 安全体系)。在 OSI 安全体系中，定义了五类安全服务以及八类安全机制。

1. 安全服务

五类标准的安全服务如下。

(1) 认证(鉴别)服务：用于通信中对等实体和数据源的认证(鉴别)，即对等实体认证和数据源认证。

(2) 访问控制服务：用于防止未授权的用户非法使用系统资源，一般包括用户身份认证和权限确认。

(3) 数据机密性服务：用于防止网络中各对等实体之间交换的数据或信息被非法截获而泄露。

(4) 数据完整性服务：用于防止非法实体对通信中交换的数据进行篡改、插入、删除甚至丢弃等破坏行为。

(5) 不可否认(抗抵赖)服务：用于防止发送方在发送数据后否认发送或接收方在收到数据后否认收到的行为。

这些安全服务既可单个使用，也可以组合起来使用。

2. 安全机制

上述安全服务可借助一系列的安全机制实现，一种安全服务可以由一种或数种安全机制来支持，一种安全机制也可以支持多种安全服务。八种标准的安全机制如下。

(1)加密机制：借助加密算法(如 AES、SM4 等)对数据进行加密处理，保证数据的机密性，加密机制是很多安全服务的基础。

(2)数字签名机制：一种基于公钥密码体制(如 RSA、SM2/SM9 等)的安全机制，通常使用发送方的私钥进行签名，而接收方使用发送方的公钥来验证签名的合法性。该机制可提供认证服务，也可以提供数据完整性服务。

(3)访问控制机制：通过预先设定的规则集合，对用户能够访问的实体(一般为数据)进行限制，一般包括自由访问控制、强制访问控制、基于角色的访问控制等。

(4)数据完整性机制：通过散列算法、消息认证码等算法(MD5、SHA-2、SHA-3、SM3、HMAC 等)来检测数据或信息在传输过程中是否被篡改过。此外，纠错编码和差错控制也是保证数据完整性的有效方法，能够检测数据是否被破坏并修复被破坏的数据。

(5)认证机制：主要用来实现对等实体之间的身份认证，如基于口令的认证、基于共享密钥的认证、基于签名的认证、基于生物特征的认证等。

(6)业务流填充机制：针对攻击者通过对业务流进行分析(流量、流向，甚至内容)来获取敏感信息的攻击行为，在业务流中填充随机的冗余数据，混淆真实数据，以提高数据的机密性。

(7)路由选择控制机制：一方面为发送方选择安全的特殊路由，避免使用不安全的路由传输数据，提高数据安全性；另一方面使用网络防火墙来阻止恶意的消息通过路由传输。

(8)公证机制：由通信双方均信任的第三方为通信用户签发数字证书。公证机制是提供不可否认服务的基础。

综上，OSI 安全服务与安全机制之间的关系如表 6-1 所示。

表 6-1　OSI 安全服务与安全机制之间的关系

安全机制	安全服务				
	认证服务	访问控制服务	数据机密性服务	数据完整性服务	不可否认服务
加密机制	✓		✓	✓	
数字签名机制	✓	✓		✓	✓
访问控制机制		✓			
数据完整性机制				✓	✓
认证机制	✓				
业务流填充机制			✓		
路由选择控制机制			✓		
公证机制					✓

3. 安全服务的实现层次

认证、访问控制、数据机密性、数据完整性、不可否认等安全服务可以在 TCP/IP 参考模型的多个层次实现。安全服务最终在哪一层次实现，主要考虑三方面的要求：第一，参数要求，当前层次的协议能否提供实现服务所需要的参数；第二，服务要求，当前层次的协议数据单元是否需要这种安全服务；第三，效益要求，当前层次实现这种安全服务所占用的成本是否大于预期效益。

1）数据链路层

数据链路层主要提供点到点的可靠传输服务，因此这一层的安全协议主要提供通信链路两端的主机或路由器之间的安全保证。

数据链路层的安全协议可以用来实现认证、数据机密性和数据完整性①等安全服务，优点是工作效率高、易实施；缺点是通用性较差、可扩展性较弱，难以适应广域互联环境。数据链路层安全协议有 MACSec、WEP 和 WPA 等。

2）网络层

网络层提供端到端的网络通路，网络层安全协议主要解决网络通路中存在的安全问题，提供认证、数据机密性、数据完整性、抗重放等安全服务。网络层安全协议的优点是对网络层以上各层的透明性好，应用程序不需要任何改动就可以使用网络层提供的安全服务，且与物理网络无关；缺点是无法对同一主机但是不同进程的数据分别进行安全保护，从而限制了其应用场景。网络层安全协议的典型代表是 IPSec 协议。

3）传输层

传输层提供应用程序到应用程序的数据传输通道，因此传输层安全协议通常直接为应用程序提供安全服务，包括通信对等实体（进程级）认证、机密性、完整性、抗抵赖、抗重放等安全服务。相较于网络层安全协议，传输层安全协议的优点是能够提供细粒度高（进程到进程）的安全服务，并且能够利用证书、公钥等机制实现通信实体双向认证、用户自选择加密算法等；缺点是需要对应用程序进行修改，透明性较差。传输层安全协议的典型代表是 SSL/TLS 协议。

4）应用层

应用层协议是为了满足不同应用程序个性化的通信传输需要而设计的，应用层安全协议则是为了保护应用层用户数据而设计的。应用层安全协议的优点是灵活、针对性强，能够提供认证、访问控制、机密性、完整性和不可否认等安全服务；缺点是需要针对不同的应用程序单独设计安全机制，难以形成统一、标准化的解决方案。应用层安全协议非常多，如 IPSec 协议族的 IKE 协议、HTTPS 协议、PGP 协议、Kerberos 协议等。

总体来讲，安全协议可以在 TCP/IP 参考模型中的不同层次实现，实现的层次越低，通用性越好，运行性能也越好，对用户的影响也越小；高层次的安全协议则能够针对用户和应用程序提供不同级别的、更灵活的安全服务，但是通用性相对较差。

6.1.3 网络安全模型

网络安全模型是由网络安全专业机构制定的一套标准、准则和程序，旨在帮助组织了解和管理面临的网络安全风险，帮助用户实现网络安全建设计划。

---

① 数据链路层提供点到点的数据完整性服务，即一段一段的完整性，并非通信双方最终意义上的完整性。

1. 保护检测响应模型

保护检测响应（protection detection response，PDR）模型由互联网安全系统（Internet Security Systems，ISS）公司提出，它是最早体现主动防御思想的一种网络安全模型。

保护就是采用一切可能的措施来保护网络、系统以及信息的安全，采用的方法包括加密、认证、访问控制、防火墙、防病毒等。检测可以了解和评估网络和系统的安全状态，为安全防护和安全响应提供依据。检测技术主要包括入侵检测、漏洞检测以及网络扫描等。响应在安全模型中占有重要地位，是解决安全问题最有效的办法。解决安全问题就是解决紧急响应和异常处理问题，因此建立应急响应机制，形成快速安全响应的能力，对网络和系统至关重要。

PDR 模型用下列时间关系表达式来说明信息系统是否安全。

（1）Pt>Dt+Rt，系统安全，即在安全机制针对攻击、破坏行为做出了成功的检测和响应时，安全控制措施依然在有效发挥保护作用，攻击和破坏行为未对信息系统造成损失。

（2）Pt<Dt+Rt，系统不安全，即信息系统的安全控制措施的有效保护作用在正确的检测和响应做出之前就已经失效，攻击和破坏行为已经对信息系统造成了实质性破坏和影响。

2. 策略保护检测响应模型

策略保护检测响应（policy protection detection response，P2DR）模型是 ISS 公司提出的动态网络安全体系的代表模型，也是动态安全模型的雏形。该模型根据风险分析产生的安全策略，描述了系统中哪些资源要得到保护以及如何实现对它们的保护等。

策略：组织对系统网络安全的期望和要求，包括访问控制、密码、数据分类保护、监控、恢复等策略要求。策略是模型的核心，为其他要素提供指导。

防护：采取各种措施防止网络安全威胁造成的损害，包括漏洞修复、系统监控、数据加密、身份认证、访问控制、授权、虚拟专用网络、防火墙、安全扫描和数据备份等。

检测：使用各种技术和工具来检测网络安全威胁的存在和活动。例如，使用入侵检测系统（intrusion detection system，IDS）、入侵防御系统（intrusion prevention system，IPS）、行为分析工具等监测网络上的异常行为和攻击行为，及时发现潜在的安全问题。

响应：系统一旦检测到入侵，响应系统就开始工作，进行事件处理。响应包括紧急响应和恢复处理，恢复处理又包括系统恢复和信息恢复。

3. 保护检测响应恢复模型

保护检测响应恢复（protection detection response recovery，PDRR）模型由美国国防部提出。PDRR 改进了传统的只注重防护的单一安全防御思想，强调信息安全保障的 PDRR 四个重要环节。

PDRR 模式是一种公认的比较完善也比较有效的网络信息安全解决方案，可用于政府、机关、企业等机构的网络系统。显然，该模型与前述的 P2DR 模型有很多相似之处，其中防护和检测两个环节的基本思想是相同的，不过 P2DR 模型中的响应环节包含了紧急响应和恢复处理两部分，而在 PDRR 模型中响应和恢复是分开的，内容也有所拓展。

6.2　数据链路层安全协议

介质访问控制安全(medium access control security, MACSec)协议是一种典型的数据链路层安全协议,定义了基于 IEEE 802 局域网的数据安全通信方法。由于 MACSec 能够基于专门硬件对数据帧进行线速加密处理和转发,且配置部署相对简单,因此非常适合为以太网中的数据链路层提供逐跳的、动态的、点到点(即设备到设备)的数据安全防护。

MACSec 在协议层可以分为两个部分,分别对应 IEEE 802.1AE 和 802.1X 标准。

(1) IEEE 802.1AE,主要定义了 MACSec 的数据平面,包括报文格式、加密、抗重放等机制。

(2) IEEE 802.1X,主要定义了 MACSec 的控制管理平面,如 MACSec 密钥协商(MACSec key agreement,MKA)协议。

基于上述两个部分,MACSec 可以为用户提供数据链路层的安全数据发送和接收服务,包括数据加密、数据完整性校验、数据源真实性校验以及抗重放保护等。

MACSec 作为数据链路层安全协议,不仅能够保护 IP 数据报,还能够保护 ARP、DHCP、Neighbor Discovery 等所有二层以上的协议报文。此外,由于无线局域网的应用越来越广泛,本节还将介绍无线局域网的安全机制。

6.2.1　工作过程

MACSec 的控制管理平面主要依赖 802.1X,安全通道的建立、管理以及密钥协商由 MKA 协议负责。

1. 基本概念

安全联通集[①](secure connectivity association, CA):局域网上支持 MACSec 的两个或两个以上使用相同密钥和密码算法套件的成员集合,由密钥协商协议负责建立和维护。

安全关联(secure association, SA):CA 成员之间用于建立安全通道的安全参数集合,包括数据加密算法套件、完整性检查的密钥等。因此,SA 是保证 CA 成员之间数据帧安全传输的基础。

从上面的概念可以看出,CA 和 SA 都与密钥有关。其中 CA 成员所使用的密钥称为安全联通集密钥(secure connectivity association key, CAK),当 CA 中只有两个成员时,它们使用的 CAK 是成对 CAK(pairwise CAK);当 CA 中包含三个或三个以上的成员时,它们所使用的 CAK 是成组 CAK(group CAK)。目前,MACSec 主要应用在点到点环境中,即从一个设备接口连接到另一个设备接口,所以主要使用成对 CAK。成对 CAK 可以是 802.1X 认证过程中生成的 CAK,也可以是用户配置的预共享密钥(pre-shared key, PSK),若两者同时存在,则优先使用用户配置的预共享密钥。

每个 SA 中包含一个或一组加密数据帧的密钥,称为安全关联密钥(secure association key, SAK),该密钥由算法根据 CAK 生成,用于对数据帧进行加密和解密。基于安全考虑,MKA 协议对每一个 SAK 可加密的报文数有所限制,当使用某 SAK 加密的报文数超过限定值时,该 SAK 会被刷新。例如,在 10Gbit/s 的链路上,SAK 最快 300s 刷新一次。

---

① 有些文献中 CA 翻译为安全连接关联,我们认为其实际表示的是成员集合,因此本书采用安全联通集的译法。

2. 交互过程

典型的设备到设备的 MACSec 交互过程主要分为三个阶段：会话协商、安全通信和会话保活，如图 6-3 所示。

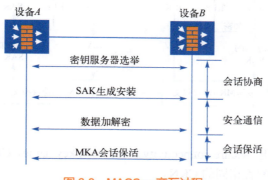

图 6-3　MACSec 交互过程

1) 会话协商

两端设备的接口开启 MACSec 功能，在配置使用相同的 CAK 后，两端设备会利用 MKA 协议，根据接口优先级选举出密钥服务器；用户可以配置接口的优先级数值，数值越小，优先级越高，优先级高的设备接口将被选举为密钥服务器；当双方优先级相同时，比较接口的安全信道标识符(secure channel identifier，SCI)值，SCI 由接口 MAC 地址和接口索引(interface index)的最后两个字节组成，SCI 值小的接口将被选举为密钥服务器。密钥服务器根据 CAK 等参数生成用于加密数据报文的 SAK，分发给对端设备。

2) 安全通信

发送方使用 SAK 加密数据报文，接收方使用 SAK 解密数据报文。两端设备既可以作为发送方，也可以作为接收方，通信过程都受到 MACSec 保护。前面已经说明，SAK 可以配置超时时间或数量上限，若 SAK 的使用时间达到超时时间或 SAK 加密报文达到一定数量，则更换 SAK，确保密钥的安全性。

3) 会话保活

MKA 会话协商成功后，两端设备会通过交互 MKA 协议报文确认连接的存在。其中，定义了一个 MKA 会话保活定时器，用来规定 MKA 会话的超时时间，设备收到对端 MKA 协议报文后即启动定时器，如果在超时时间内(一般为 6s)本端没有收到对端的 MKA 协议报文，则认为该连接已经不安全，删除对端设备，清除安全会话，重新进行 MKA 协商；如果在超时时间内收到了对端的 MKA 协议报文，则重启定时器。

▶▶ 6.2.2　密钥体系

前面已经说明，CAK 是 802.1X 认证过程中生成或用户直接预配置的密钥，不直接用于报文加解密，而是用于和其他参数一起派生出用于数据帧加密的 SAK 密钥。MACSec 的密钥体系如图 6-4 所示。

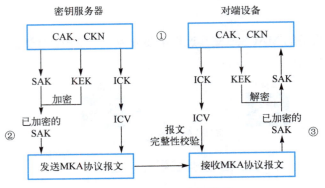

图 6-4 MACSec 密钥体系

安全联通集密钥名称（secure connectivity association key name，CKN）即 CAK 的名称，必须在两端设备的接口上配置相同的 CKN。

SAK 由密钥服务器根据 CAK 和 CKN 生成。密钥加密密钥（key encrypting key，KEK）由两端设备根据相同的 CAK 和 CKN 生成，用于 SAK 的加解密，防止 SAK 在传输过程中泄密；类似地，两端设备根据相同的 CAK 和 CKN 生成相同的完整性校验密钥（ICV key，ICK），用于计算 MKA 协议报文的完整性校验值（integrity check value，ICV）。

两端设备生成和安装 SAK 密钥的流程如下。

（1）两端设备配置相同的 CAK 和 CKN，选举密钥服务器。

①密钥服务器：根据 CAK 和 CKN 生成 SAK、KEK、ICK，并在本地安装 SAK，用于数据报文的加解密。

②对端设备：根据 CAK 和 CKN 生成 KEK、ICK，由于对端设备的 CAK 和 CKN 与密钥服务器相同，所以对端设备生成的 KEK 和 ICK 与密钥服务器相同。

（2）密钥服务器通过 MKA 协议报文将 SAK 发送给对端设备。

①密钥服务器使用 KEK 加密 SAK。

②密钥服务器根据 ICK 生成 ICV 并放在 MKA 协议报文尾部，用于报文的完整性校验。

③密钥服务器将加密后的 SAK 通过 MKA 协议报文发送给对端设备。

（3）对端设备接收 MKA 协议报文，并安装 SAK。

①对端设备接收 MKA 协议报文，根据报文中的 CKN 在本端查找匹配的 CAK 和 ICK。如果匹配成功，则继续进行下一步操作。

②对端设备根据 ICK 计算得到 ICV，如果与报文中携带的 ICV 不相同，则认为报文被修改；如果相同，则认为报文完整，继续进行下一步操作。

③对端设备使用 KEK 解密出 SAK，并在本地安装 SAK 用于数据报文的加解密。

6.2.3　帧结构

MACSec 的帧结构如图 6-5 所示，在传统以太网帧结构基础上增加了 SecTAG 和 ICV 两个字段，其长度均为 8～16 字节。用户数据使用 GCM-AES 加密后放在 SecTAG 字段后面。

SecTAG 字段的详细结构如图 6-6 所示，其中 MACSec EtherType 值为 0x88E5，其余字段定义如下。

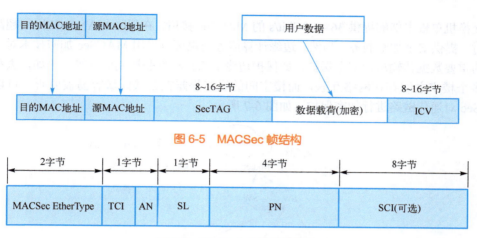

图 6-5　MACSec 帧结构

图 6-6　SecTAG 字段详细结构

（1）TAG 控制信息（TAG control information，TCI）：长度为 6 比特，依次为 V（恒为 0）、ES（end station）、SC（SCI present）、SCB（single copy broadcast）、E（encrypted payload）、C（changed text）。

（2）安全关联序号（association number，AN）：长度为 2 比特，最多可以表示 4 个 SA。

（3）短帧长度（short length，SL）：如果加密数据载荷长度小于 48 字节，则该字段表示实际长度；否则设为 0，表示该帧不是短帧。

（4）报文序号（packet number，PN）：长度为 4 字节，用来为报文增加序列号，实现抗重放安全服务。

（5）安全信道标识符（SCI）：当 TCI 字段的 SC 位置 1 时，启用该字段。SCI 由系统标识符（system identifier）和端口标识符（port identifier）组成，其中系统标识符占 6 字节，使用系统 MAC 地址，端口标识符占 2 字节。

ICV 字段为完整性校验值，长度为 8~16 字节，其计算范围涵盖目的 MAC 地址、源 MAC 地址、SecTAG 以及全部的数据载荷。发送方根据整个数据报文和加密算法计算出完整性校验值（ICV），附加在报文后；接收方收到报文后对除去 ICV 部分的数据报文采用和发送方相同的加密算法计算出 ICV，并与报文中的 ICV 进行比较。若二者相同，则认为报文完整，校验通过；否则，丢弃报文。

此外，MACSec 封装的报文在网络中传输时，可能会出现报文的重排乱序。MACSec 设计了保护机制，允许报文有一定的乱序，这些乱序的报文在用户指定的窗口范围内可以被合法接收，超出窗口的报文会被丢弃。

6.2.4　应用场景

MACSec 安全协议与后面将要介绍的 IPSec 协议、TLS 协议等相比，具有更高的性能、更低的成本，且更加容易部署，因此在实际中有不少的应用场景。

例如，城域网（metropolitan area network，MAN）/数据中心互联（data center interconnect，DCI）承载了跨数据中心的业务流量，且通常需要将线路穿越非可信的公共区域，为了保护用户的敏感信息，可以使用 MACSec 协议为跨公共区域的高速数据传输提供安全保障。某国产核心交换机单板卡能够提供 36×400Gbit/s 的 MACSec 接口，在保障 MAN/DCI 网络超高性能的同时，提供安全加密服务。当然，边缘计算服务商也可以采用 MACSec 加密技术对边缘节点间的重要数据传输进行安全保护，如保护边缘节点自动驾驶控制信令等。再如，大型企业园区多个楼宇之间存在网络互联，而楼宇间的线路暴露在公共区域容易被监听，可以使用 MACSec 对通信链路进行加密保护，如图 6-7 所示。

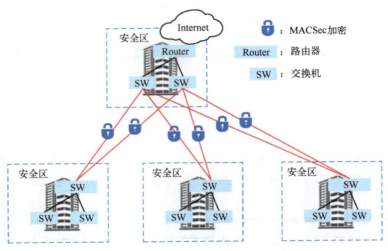

图 6-7　使用 MACSec 保护企业园区楼宇之间通信链路

6.2.5　无线局域网安全机制

MACSec 协议的应用场景是以太网，WLAN 由于方便、廉价、传输速率高等诸多优势，发展非常迅速。人们希望凡是有无线信号覆盖的地方，都可以通过笔记本电脑、智能手机等方便地访问 Internet。然而，由于无线信道的开放性，人们对无线局域网的安全性一直很关注，迫切希望提升其安全性能。

无线局域网早期的安全协议称为有线等效保密（wired equivalent privacy，WEP）。WEP 协议采用了 RC4 加密算法来保证数据传输的机密性，并提供了两种认证方式：开放式系统认证（open system authentication）和共享密钥认证（shared key authentication）。后来研究人员发现 WEP 协议在使用 RC4 加密算法时存在明显的漏洞，现有工具可以快速破解 WEP 密码。

为了解决 WEP 的严重安全漏洞，IEEE 802.11 工作组开始制定新一代 WLAN 的安全标准 802.11i。然而，802.11i 的标准制定周期很长，为了加快 WLAN 强安全性的引入，Wi-Fi 联盟与 IEEE 一起开发了 Wi-Fi 受保护访问（Wi-Fi protected access，WPA）安全机制[1]，以在 802.11i 标准正式发布前提供增强的无线局域网安全防护。目前的 WPA 主要有 WPA、WPA2、WPA3 三个版本的安全规范。图 6-8 展示了 Wi-Fi 安全联盟的安全项目研发历程。

---

[1] 实际上，WPA 是一系列可以缓解 802.11 安全性问题的安全机制，Wi-Fi 联盟在开发 WPA 时尽量要确保符合 IEEE 802.11i 规范的供应商也能够符合 WPA2 标准。此外，802.11i 所定义的 WLAN 安全规范强健安全网络（robust security network，RSN）网络规格十分复杂，感兴趣的读者可以自行查阅标准文档。

-WEP 2001年首次被破解
-WPA(2003)
 * 试图弥补WEP到802.11i之间的空白
 * 2008年被发现其TKIP协议会遭受Beck-Tews攻击（破坏机密性）
 * 被曝WPA-PSK暴力破解攻击（破坏网络访问控制能力和机密性）
-WPA2(2004)
 * 从802.11i中集成安全增强能力（使用AES）
 * 被曝WPA2-PSK仍然存在被暴力破解攻击风险
 * 保留TKIP only模式
 * 选用了不一致的加密强度

-Wi-Fi Pretected Setup(2006)
 * 初衷是使消费者更容易选择安全特性
 * 2011年被曝面临暴力pin攻击（破坏网络访问控制能力）
 * 2014年被曝使用了弱安全的随机数发生器
-KRACK密钥重装攻击(2017)
-WPA2 安全增强(2018)
-WPA3(2018)
-Wi-Fi CERTIFIED Enhanced Open(2018)
-Dragonblood攻击(2019)
-WPA3(2019.12)
-WPA3(2020.12)

图 6-8　Wi-Fi 安全联盟的安全项目研发历程

1．WEP 协议

WEP 协议的基本思路是：通过在移动站（station，STA）与接入点（AP）之间进行链路认证来实施接入控制；使用 RC4 流密码算法来加密通信数据，以确保数据的机密性；使用 CRC32来保护数据的完整性。

1）WEP 链路认证机制

前面已经提到在 802.11 中定义了两种认证机制：开放式系统认证和共享密钥认证。其中，开放式系统认证机制没有采取任何数据加密措施，且允许任何符合 MAC 地址过滤要求的 STA 访问无线局域网，实际上没有认证。共享密钥认证机制中，要求 STA 和 AP 之间必须拥有一个预置的共享密钥，其认证过程包括四次握手，如图 6-9 所示。

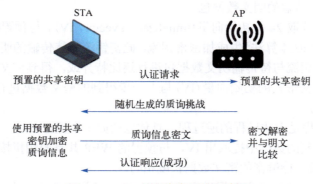

图 6-9　WEP 的共享密钥认证过程

（1）STA 向 AP 发送认证请求。

（2）AP 随机生成一段明文信息，向 STA 发起质询挑战。

（3）STA 使用预置的共享密钥对收到的质询信息进行加密，作为响应返回 AP。

（4）AP 利用预置的共享密钥对加密的质询信息进行解密，如果解密结果与步骤（2）生成的明文信息完全相同，则认证成功，否则认证不成功。

2）WEP 加解密过程

STA 与 AP 之间双向传输数据的加解密过程如图 6-10、图 6-11 所示。

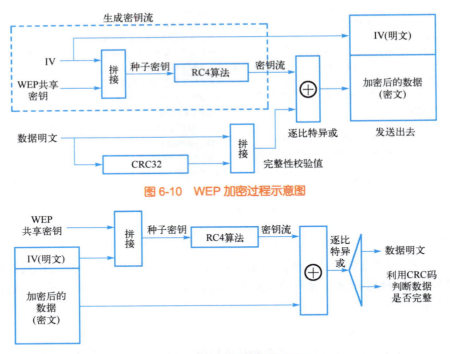

图 6-10　WEP 加密过程示意图

图 6-11　WEP 解密过程示意图

WEP 的加密过程包括如下步骤。

(1)发送方对原始数据包中的明文进行计算，生成 32 位 CRC 码，并将 CRC 码拼接在明文后面，一起组成待传输的明文数据包。

(2)发送方随机选取 24 位初始向量(initialization vector，IV)，与预置的 WEP 共享密钥拼接成种子密钥，利用 RC4 算法[①]生成加密密钥流，此密钥流与待传输的明文数据包长度相等；

(3)发送方将密钥流与待传输明文数据包进行逐比特异或，得到密文数据。

(4)发送方将明文形式的初始向量(IV)与上一步得到的密文数据进行拼接封装，通过无线链路发送给接收方。

WEP 的解密过程是上述过程的逆过程，具体包括如下步骤。

(1)接收方从收到的数据中提取出 IV，与预置的 WEP 共享密钥拼接后，利用 RC4 算法生成密钥流，密钥流与待解密的密文数据长度相同。

(2)接收方将密钥流与密文数据进行逐比特异或，还原出明文数据，该明文中包含传输数据及 CRC 码。

(3)接收方利用 CRC 码，判断数据是否被篡改，如果没有，则正常接收，并将数据传递给上层协议。

尽管 WEP 采用了动态初始向量(IV)来防止相同的数据产生相同的密文，但由于 RC4 算法的脆弱性，攻击者还是能够通过采集足够多的 IV 和密文数据进行密钥破解，导致 WLAN 通信不再安全。为此，研究人员在 2003 年提出了 WPA 安全机制，以替换不再安全的 WEP 协议。

① RC4 算法的细节不在本书的讨论范围内，感兴趣的读者可以自行查阅参考资料。

2. WPA/WPA2 安全机制

WPA/WPA2 安全机制包括服务发现、链路认证、终端关联、接入认证、密钥协商和加密，如图 6-12 所示。

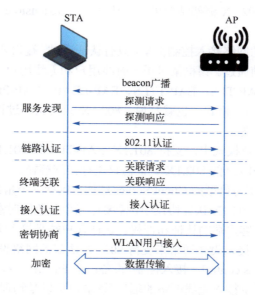

图 6-12　STA 接入 AP 的过程示意图

1）服务发现

服务发现主要包括：AP 以一定的周期（一般是 100ms）广播信标帧 beacon，告知附近终端 BSS 的基本信息，如 SSID、Channel、Frequency 等；STA 在打开 Wi-Fi 后向所有的 Channel 发送请求探测帧；AP 通过探测响应帧回复 STA，用户在 STA 侧输入密码，进入后续阶段。

2）链路认证

链路认证的作用是认证 STA 设备是否具备接入 WLAN 的资格。WPA/WPA2 仅支持开放式系统认证，即不认证，任意 STA 设备都可以进入后续流程。

3）终端关联

终端关联过程实质上是链路服务协商的过程，包括速率、信道、QoS 能力以及选择的接入认证和加密算法等参数的协商。

在链路认证和终端关联之后，STA 与 AP 之间建立了 802.11 链路。对于没有使能接入认证的 WLAN 服务，客户端已经可以访问 WLAN；如果使能了接入认证，则 WLAN 的服务端将发起对客户端的接入认证。

4）接入认证

由于不同场景对用户安全接入的要求不同，WPA/WPA2 规定了两种接入认证模式[1]：企业模型和个人模型，分别使用 802.1X 认证方式和 PSK 认证方式。

---

[1] 有些设备或场景下也会采用 Portal 认证或 MAC 认证，这些认证方式不在本书的讨论范围之内。

（1）企业模式。

企业模式也称为 WPA/WPA2-Enterprise 模式，通常在大型企业网络中采用，一般需要单独部署 RADIUS（remote authentication dial-in user service，远程用户拨入验证服务）服务器作为认证服务器，STA 使用 802.1X 框架结合可扩展认证协议（extensible authentication protocol，EAP）进行认证。

802.1X 是基于端口的网络接入控制框架，只有认证通过，端口才被打开，允许用户访问，否则只能允许 EAPOL 帧通过。该框架可用于有线用户和无线用户的接入认证，支持多种认证协议（如 EAP-MD5、EAP-TLS、EAP-TTLS、EAP-LEAP、EAP-PEAP 等），这些不同的认证协议都统一使用 EAP 封装格式。也就是说，802.1X 只对认证过程进行控制和约定，具体的认证则在认证协议中实现。

在 WPA/WPA2 的企业模式中，支持 801.1X+EAP-TLS 和 801.1X+EAP-PEAP 两种认证协议。下面重点对 EAP-PEAP 的 802.1X 认证协议进行详细解释。

无线 802.1X 认证系统为典型的 Client/Server 结构，包括三个角色：认证客户端、接入设备和认证服务器。在无线 802.1X 认证协议中，需要这三个角色同时参与才能够完成对无线网络的访问控制以及对无线客户端的认证和授权。认证客户端是接入无线网络并发起接入认证的客户端设备，即 STA。接入设备通常指支持 802.1X 协议的网络设备。在 Fit AP 无线场景中，接入设备指 AC（access control，接入控制）设备；在 Fat AP 无线场景中，接入设备指 AP 设备。它为认证客户端提供接入无线网络的端口（该端口可以是物理接口或者逻辑接口），充当认证客户端和认证服务器之间的中介，主要作用是完成客户端认证信息的上传下达工作，并根据客户端的身份验证状态控制其对网络的访问权限。认证服务器（通常为 RADIUS 服务器）通过检验客户端发送来的身份标识（用户名和密码）来判别客户端是否有权使用网络系统提供的服务，并可根据网络实际部署的需要实现对客户端的授权与计费。

无线 802.1X 的认证过程包含认证起始阶段、TLS 通道建立阶段和通道内认证阶段 3 个过程。在认证起始阶段，认证系统的 3 个角色通过 EAP 协议和 RADIUS 协议交互用户信息（含用户 ID 和用户名）。在 TLS 通道建立阶段，认证系统的 3 个角色通过协商 PEAP 认证并建立 TLS 安全通道。在通道内认证阶段，在 PEAP 协议的 TLS 安全通道建立成功之后，认证系统的 3 个角色在 TLS 安全通道内完成接入认证过程。如图 6-13 所示，上述三个阶段的详细交互过程如下。

①认证客户端向接入设备发送 EAPOL-Start 报文[①]，通知接入设备开始 802.1X 的接入认证。

②接入设备向认证客户端发送 EAP-request/identity 报文，要求客户端将用户信息上报。

③认证客户端回复 EAP-response/identity 报文，并携带用户名信息。

④接入设备使用 RADIUS 协议，将 EAP-response/identity 及相关 RADIUS 属性封装到 RADIUS-access-request，发送给认证服务器。

⑤认证服务器收到 EAP-response/identity，根据配置确定使用 EAP-PEAP 认证，向接入设备回复 RADIUS-access-challenge 报文，里面包含了 EAP-request/PEAP/START 报文，开始进行 EAP-PEAP 认证。

---

① EAP 协议本身并非本章重点内容，虽然在本节中将会多次提到不同类型的帧，但是对其帧结构不作详细解释，感兴趣的读者请自行查阅相关文献。

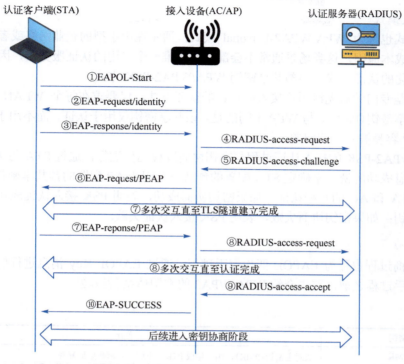

图 6-13 EAP-PEAP 协议认证交互过程

⑥接入设备将 EAP-request/PEAP 发送给认证客户端。

⑦认证客户端收到 EAP-request/PEAP-start 报文，将执行 TLS 隧道的建立流程。在这个过程中，认证客户端与认证服务器通过接入设备的协议转换，最终完成 TLS 的握手，并建立 TLS 隧道，回复一个 EAP-response/PEAP 发送给接入设备。

⑧接入设备会发送 RADIUS-access-request 给认证服务器，并带上相关的 RADIUS 属性，三方多次交互直到认证完成。

⑨认证服务器认证客户端成功后，会发送一个 RADIUS-access-accept 给接入设备，其中包含认证服务器提供的微软点对点加密（Microsoft point-to-point encryption，MPPE）属性。

⑩接入设备收到 RADIUS-access-accept 报文后，会提取 MPPE 属性中的密钥作为 WPA 加密用的成对主密钥（pairwise master key，PMK），并且会发送 EAP-SUCCESS 报文给请求方。

此时双方的 PMK 都已经创建成功，后续进入密钥协商阶段（详见后面的内容）。

从上述介绍可以看出，EAP-PEAP 提供了一种安全传输验证数据的方法，首先在认证客户端和认证服务器之间建立 TLS 加密隧道，然后在 TLS 隧道内验证客户端的身份。攻击者在不破解 TLS 的前提下无法获得各类验证信息，这也是其称为受保护的可扩展验证协议的原因。

除了 EAP-PEAP 之外，WPA/WPA2 的 802.1X 认证框架还支持 EAP-TLS 协议，这是一种基于证书的 EAP 协议，客户端与服务器通过数字证书完成身份认证，不过这就要求服务器和客户端都安装数字证书，同时要求系统管理员维护一个 PKI 系统，虽然安全性更高（不需要用户名和密码），但是其使用和部署的复杂度更高，兼容性也随之减弱，除非对系统的安全性要求非常高，否则一般不建议选用。

(2) 个人模式。

个人模式也称为 WPA/WPA2-Personal 模式，通常在中小型的企业网络或者家庭用户中采用。由于成本原因，这类场景通常不会部署和运维一个专用的认证服务器，因此该模式提供了一种简化的认证方式，即预共享密钥 WPA/WPA2-PSK 方式。

该方式是专门针对无线用户接入而设计的认证方法，仅要求在每个 WLAN 节点预先设置一个预共享密钥(PSK)。与 WEP 不同的是，该共享密钥仅用于认证，而不用于加密，因此避免了 WEP 容易被破解的问题。

WPA/WPA2-PSK 的接入认证过程与密钥协商过程同步进行，通过 STA 与 AP 是否能够对协商的消息成功解密，来确定 STA 配置的预共享密钥和 AP 配置的预共享密钥是否相同，从而完成 STA 和 AC 的互相认证。如果密钥协商成功，表明 PSK 接入认证成功，同时生成动态加密密钥；如果密钥协商失败，表明 PSK 接入认证失败。

5) 密钥协商

密钥协商过程也称为 EAPOL 四次握手过程，通过 EAPOL-Key 消息进行信息交互。在详细讲解握手过程之前，首先介绍 WPA/WPA2 的密钥体系(表 6-2)。

表 6-2 WPA/WPA2 的密钥体系

密钥		作用
PMK		成对主密钥(PMK)，用于生成 PTK，不用于实际数据加解密
PTK	KCK	密钥确认密钥(key confirmation key, KCK)，用于对握手期间的 EAPOL-Key 消息提供完整性保护，对消息计算得到 MIC 值
	KEK	密钥加密密钥(KEK)，用于对握手期间的 EAPOL-Key 消息提供机密性保护，对消息进行加密
	TK	临时密钥(temporal key, TK)，用于普通单播数据加密
	MIC KEY	MIC 密钥(michael message integrity check Key, MIC KEY)，用于后续数据报文的完整性校验(TKIP 的 PTK 会多生成一个密钥，用于对后续报文的完整性校验；计数器和密文分组链接消息认证码协议(counter with cipher-block chaining-message authentication code protocol, CCMP)不包含)
GMK		组主密钥(group master key, GMK)，用于生成 GTK
GTK		组临时密钥(group temporal key, GTK)由组主密钥(GMK)通过哈希运算生成，是用于加密广播和组播数据流的加密密钥

STA 通过了 IEEE 802.1X 身份验证之后，AP 和 STA 都会得到一个 Session Key，并将该 Session Key 作为成对主密钥(PMK)；对于使用预共享密钥的方式来说，PSK 可以直接用来生成 PMK(如果预共享密钥是十六进制的，则 PSK=PMK；如果预共享密钥是字符串，PMK=hash(PSK,SSID))。

密钥协商阶段是根据接入认证生成的成对主密钥(PMK)产生成对临时密钥(pairwise transient key, PTK)和组临时密钥(GTK)。PTK 可以用于加密单播数据，GTK 用来加密广播和组播数据。

下面描述密钥协商中的握手过程，如图 6-14 所示。

第一次握手：AP 生成一个随机数 ANonce(明文，采用 EAPOL-Key 帧结构)并发送给客户端 STA。

第二次握手：客户端 STA 生成随机数 SNonce，利用 SNonce、ANonce、双方 MAC 地址以及 PMK 等信息计算生成 PTK，此时 PTK 包含 KCK、KEK 和 TK。STA 构造响应 EAPOL-Key 帧，包含 SNonce、健壮安全网络元素（robust security network element，RSNE）和 EAPOL-Key 帧的消息完整性码（message integrity code，MIC）（利用 KCK 计算），将该响应帧发送给 AP。

第三次握手：AP 解析接收到的 EAPOL-Key 帧，根据 PMK、ANonce、SNonce、AP 的 MAC 地址、STA 的 MAC 地址计算出 PTK，并校验 MIC，核实 STA 的 PMK 是否和自己的一致。如果一致，则构造 EAPOL-Key 帧给 STA，并通知 STA 安装密钥，帧中包含 ANonce、RSNE、帧 MIC、加密过的 GTK（使用 KEK 密钥）。

第四次握手：STA 检查收到的帧是否完整，如果是，则安装 PTK 和 GTK，并发送 EAPOL-Key 帧给 AP，通知 AP 已经安装 PTK 并准备开始使用加密密钥。AP 收到后安装加密密钥。

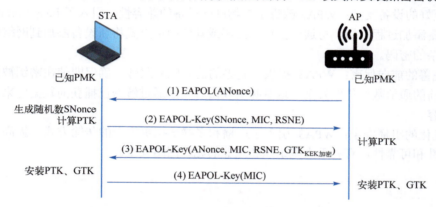

图 6-14　WPA/WPA2 接入密钥协商四次握手

经过四次握手，后续的无线通信报文使用 PTK 和 GTK 进行加密。

6）加密

在 WPA 标准中，使用 TKIP 协议确保数据安全传输，这是一种基于 RC4 加密算法的加密协议，不仅采用了更长的密钥和 IV，同时设计了动态密钥生成机制，使用密钥混合技术为每个数据包独立生成加密密钥，减小密钥被破解的可能性；在数据完整性校验方面，TKIP 使用 Michael 消息完整性校验（michael message integrity check，Machael MIC）算法，该算法比传统 CRC32 更加可靠，能够确保数据在传输过程中的完整性，防止篡改和重放攻击。

在 WPA2 标准中，使用 CCMP 协议确保数据安全传输，其弃用了 RC4 算法，而使用计数器和密文分组链接消息认证码（counter with cipher-block chaining-message authentication code，CCM）模式的 AES 作为加密算法，以提供更高级别的安全性。CCM 是一种通用的模式，它可以用在任何成块的加密算法中，该模式使用计数器提供数据机密性服务，并采用密文分组链接消息认证码（cipher block chaining-message authentication code，CBC-MAC）提供数据认证及完整性服务。CCMP 是 802.11i 强制使用的加密方式，为 WLAN 提供了加密、认证、完整性和抗重放攻击的能力，能解决 WEP、WPA 中出现的安全问题。

3. WPA3 主要改进

WPA3（Wi-Fi protected access 3）是无线网络安全协议的最新标准，作为 WPA2 的继任者，它在 WPA2 的基础上引入了一系列改进和新特性，以提供更高的安全性。以下是 WPA3 相对于 WPA2 做出的主要改进。

(1)强化的密码安全性：WPA3 引入了等值同时认证(simultaneous authentication of equals，SAE)算法，取代了 WPA2 中使用的 PSK 认证方式。SAE 增强了密码安全性，提高了抗暴力破解攻击的能力，尤其是抗字典攻击和无线监听攻击。

(2)更强的加密标准：WPA3 采用更高级别的加密标准，提供了 192 位的加密密钥选项，而 WPA2 仅支持 128 位的加密密钥。

(3)自动连接安全：WPA3 引入了机会性无线加密(opportunistic wireless encryption，OWE)，它为开放网络提供了基本的加密功能。在 WPA3 下，公共 Wi-Fi 网络即使没有密码，也可以在用户之间提供加密保护，降低中间人攻击的风险。

(4)更好的设备支持：WPA3 改进了与物联网设备的兼容性，引入了 Easy Connect 功能，简化了设备添加过程。用户可通过扫描二维码或其他简单方式将新设备添加到网络中，而无须输入复杂的密码。

(5)完善的前向保密：WPA3 提供了完善的前向保密服务，确保即使在密钥被泄露的情况下，之前的通信数据仍然安全。这意味着攻击者无法通过解密已捕获的数据包来访问过去的通信内容。

(6)优化的组播安全：WPA3 引入了广播和多播数据更安全的传输方式，提高了组播通信的保密性和可靠性，有利于大型组织和企业的无线网络安全。

6.3　网络层安全协议

IPSec
协议的
基本概念

随着信息网络技术不断发展，IP 协议已成为当前万物互联、跨网互联时代应用最为广泛的一类协议。然而，IP 协议(IPv4)在设计之初并没有充分考虑安全问题。IP 数据报中唯一具备安全功能的字段是"首部校验和"。这是一种非常简易且安全能力非常弱的防护机制，其初衷是应对报文首部在传输过程中出现的数据突发错误，而无法应对攻击者对报文的恶意篡改，因为任何具备 IP 报文解析能力的攻击者都可以重新计算校验和。

Internet 是一个面向所有用户完全开放的信息基础设施，其中包含大量不可信、不可靠的用户和设备。用户的业务数据在不可靠、不可信的网络上传输时，面临被窃取、伪造、篡改等风险，人们迫切需要一种能兼容 IP 协议的通用网络安全解决方案。为了解决上述问题，互联网络层安全协议(internet protocol security，IPSec)应运而生。

6.3.1　IPSec 协议的基本概念

IPSec 工作在 IP 层，是为 IP 网络提供安全性的协议和服务的集合，是一组基于网络层的、采用了密码技术的安全通信协议族，而不是具体指某一个协议。目前 IPSec 最主要的应用是构造虚拟专用网络(VPN)，通过构建三层隧道实现 VPN 通信，为 IP 网络通信提供透明的安全传输服务，确保数据的完整性和机密性，抵御数据篡改、窃听等攻击。

1. 发展历程

IPSec 由 IETF 提出并制定，用于实现敏感信息在互联网上的安全传输。该协议设计之初是希望将其打造为 IPv6 的核心协议，但鉴于 IPv4 协议的应用仍然很广泛，IPSec 在后来的制定中也增加了对 IPv4 的支持，成为 IPv4 的可选扩展协议。

　　1995 年，IETF 发布了第一个版本的 IPSec(RFC 1825～RFC 1829)，但是这个版本的 IPSec 在部署实施方面非常困难，且存在其他一些未解决的问题，导致其应用并不广泛。1998 年，IETF 发布了 IPSec 的第二个版本(RFC 2401～RFC 2412)，解决了第一个版本的一些问题，实现了更好的密钥管理和更优的性能，并根据 IP 网络的发展引入了 NAT 穿透、MPLS 支持等新功能。2005 年，IETF 发布了 IPSec 的第三个版本(RFC4301～RFC 4309)，除了更好的性能和安全性之外，还提供了动态密钥交换(dynamic key exchange，DKE)和 IPSec NAT 穿透等功能。2014 年，IETF 发布了 IPSec 的第四个版本(RFC 7296 等[①])，同样对其性能和安全性进行了优化，同时引入了更新的 IKEv2 和 AES-GCM 加密等功能。

　　IETF 发布的每个版本的 IPSec 都包含了十数个 RFC 文档和 IETF 草案，掌握 IPSec 最好的方法是查阅最新的 IPSec 文档，以第三个版本为例：

　　(1)IPSec 体系在 RFC 4301 文档中定义，阐述了基本概念、安全需求和机制等；

　　(2)IPSec 两种基本协议在 RFC 4302、RFC 4303、RFC 4305 中定义，详细描述了认证头 (AH)协议和封装安全载荷(ESP)协议；

　　(3)IPSec 密钥管理协议在 RFC 4304、RFC 4306 中定义，阐述了密钥协商方面的协议，如 ISAKMP、IKEv2 等；

　　(4)IPSec 协议文档中有一类是定义和描述用于加密、消息认证、伪随机函数和密钥交换的密码算法的文档，如 RFC 4308、4309、4312 等。

2. 协议族组成

　　根据 IPSec 的标准化文档(RFC 4301)规定，IPSec 主要为 IP 分组提供访问控制、无连接完整性、数据源认证、抗重放攻击、数据机密性和限制流量保密性等安全服务，这些安全服务的核心支撑为数据加密和认证功能。因此 IPSec 协议的设计核心是实现加密和认证，而为了能够执行完整的加密和认证协议，还需要具备密钥管理和交换功能。因此，IPSec 主要包括三个功能域：认证、加密和密钥管理，对应的协议族主要包含三类协议：认证头 (authentication header，AH)协议、封装安全载荷(encapsulating security payload，ESP)协议和互联网密钥交换(internet key exchange，IKE)协议。

　　(1)AH 协议又称为鉴别头协议，主要提供数据源认证、数据完整性校验和抗重放等功能。需要注意的是，该协议仅提供认证功能，并不提供报文加密功能。

　　(2)ESP 协议主要提供 IP 报文的加密功能，同时也可选提供数据源认证、完整性校验和抗重放功能。需要注意的是，其完整性校验不涉及 IP 首部。

　　(3)IKE 协议是一种建立在 ISAKMP 框架之上的应用层协议，用于提供加密认证算法、密钥、工作模式等安全参数协商以及自动安全参数刷新等功能，以简化 IPSec 的配置和维护工作。

　　以上三种协议的关系如图 6-15 所示。

----

① 实际上，每个版本的 IPSec 都包括了一组协议，且每个协议都在持续更新，本书所列 RFC 编号仅做参考，具体版本读者可至 RFC 文档官网 https://www.rfc-editor.org 查询。

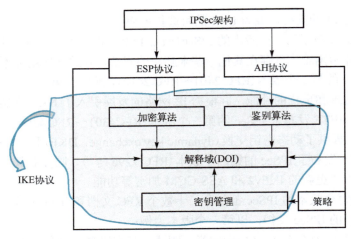

图 6-15　IPSec 协议族

3. 安全关联

对于端到端的 IP 流量，人们可以单独使用 AH 协议和 ESP 协议分别为其提供认证和加密服务，也可以同时使用两者为其提供安全服务。从后面的章节也将看到，AH 协议和 ESP 协议会涉及一些参数信息，如所使用的算法、密钥、密钥生存期等。这就需要在安全服务与服务对象之间建立一种"连接"，使 IP 流量能够关联到相应的安全服务，这就是安全关联(SA)概念的基本思想。

安全关联(SA)是 IPSec 体系中的一个核心概念，与 AH、ESP 和 IKE 协议的工作过程紧密相关。AH 协议和 ESP 协议的工作运行需要应用 SA，而 IKE 的主要功能就是 SA 的建立和维护。例如，如果通信双方希望使用 IPSec 建立一条安全的传输通道(可以使用 AH、ESP 或两者同时使用)，首先需要使用 IKE 协议协商好将要采用的安全策略，包括加密算法、密钥、密钥生存期等，当双方协商好这些安全策略后，即双方建立了一个 SA，在后续的 AH、ESP 协议过程中将采用该 SA 约定的安全参数来保护相应的数据流。

需要注意的是，安全关联(SA)是单向的[1]，在两个对等体之间的双向通信最少需要两个 SA 分别对两个方向的数据流进行安全保护，即入站数据流和出站数据流分别由入站 SA 和出站 SA 进行保护。还有一种情况，如果用户希望同时使用 AH 和 ESP 来保护对等体之间的数据流，则分别需要两个 SA，一个用于 AH，另一个用于 ESP。

借助 SA，IPSec 允许系统、网络中的用户或管理员控制对等体之间通信安全服务的策略。例如，某个组织的安全策略可能规定来自特定子网的数据流应同时使用 AH 和 ESP 进行保护，并使用三重 DES(triple data encryption standard，3DES)进行加密；另外，策略可能规定来自另一个站点的数据流只使用 ESP 保护，并使用 DES 加密。此外，IPSec 通过 SA 也能够对不同的数据流提供不同级别的安全保护。

一个安全关联(SA)由三个参数唯一标识，分别为安全参数索引(security parameter index，

---

[1] 在有的参考书中，将 SA 定义为从发送方到接收方之间的一个单向逻辑连接或者单向关系，且该关联为双方的通信提供安全服务；本书更倾向于 SA 是与一个 IP 流量相关联的安全信息参数的集合，且该安全参数集合所关联的流量是单向的。两种说法本质上没有冲突，请读者注意。

SPI)、目的 IP 地址和安全协议号。

（1）安全参数索引：一个与 SA 相关的 32 位的比特串，通常由目的端/接收端选择生成，该比特串将在 IPSec 的报文首部中携带传输。

（2）目的 IP 地址：与此 SA 相关的目的地址，可以是用户终端、防火墙或路由器。

（3）安全协议号：又称为安全协议标识，表示该关联所应用的安全协议是 AH 协议还是 ESP 协议。

在 IPSec 的实现中，存储了所有 SA 相关参数的数据库称为安全关联数据库(security association database，SAD)，其中所存储的 SA 参数除了唯一标识三元组(SPI、目的 IP 地址和安全协议号)外，还包括以下类型参数的定义。

（1）AH 安全参数信息：认证算法、密钥、密钥生存期及 AH 的其他相关参数。

（2）ESP 安全参数信息：加密和认证算法、密钥、初始值、密钥生存期及 ESP 的其他相关参数。

（3）SA 生存期：一个特定的时间间隔或字节数，超过该值后必须终止或替换 SA(及 SPI)。

（4）IPSec 工作模式：隧道、传送或通配符。

（5）Path MTU：最大传输单元。

（6）序列号计数器：记录最新的数据报序列号。

（7）序列号溢出标志：标志序列号计数器是否溢出，生成审核事件，当该标志溢出时，相关 SA 不再继续传输新的报文。

（8）抗重放窗口参数：用于判定一个内部 AH 或 ESP 数据报是否是重放报文。

在现实设备中，IP 流量与特定 SA 的关联，即某 IP 流量是否需要 IPSec 安全服务以及需要何种类型的 IPSec 安全服务，通过安全策略数据库(security policy database，SPD)实现。SPD 中存储"哪些数据要进行哪些处理"等信息，当终端或主机处理 IPSec 报文出站和入站时会首先从 SPD 中查询，并根据查询结果进行后续处理。该数据库中的内容较多，通常用来执行入口匹配的信息(称为"选择子")包括源 IP 地址、目的 IP 地址、源端口、目的端口、上层协议等。

表 6-3 给出了一台主机上 SPD 的例子：假设本地规划了两个网络，办公网的 IP 地址是 1.2.3.0/24，DMZ 网的 IP 地址是 1.2.4.0/24，DMZ 和办公网之间通过防火墙隔离互通，本例中用户主机的 IP 地址是 1.2.3.101，DMZ 中某台服务器 IP 地址是 1.2.4.10，用户主机以安全的方式连接到服务器。

表 6-3　主机 SPD 示例

协议	本地 IP	端口	远程 IP	端口	动作	备注
UDP	1.2.3.101	500	*	500	BYPASS	IKE
ICMP	1.2.3.101	*	*	*	BYPASS	错误消息
*	1.2.3.101	*	1.2.3.0/24	*	PROTECT:ESP in transport-mode	加密内部流量
TCP	1.2.3.101	*	1.2.4.10	80	PROTECT:ESP in transport-mode	加密到服务器的流量
TCP	1.2.3.101	*	1.2.4.10	443	BYPASS	TLS:避免双重加密
*	1.2.3.101	*	1.2.4.0/24	*	DISCARD	DMZ 中的其他流量
*	1.2.3.101	*		*	BYPASS	因特网

4．IPSec 报文处理过程

　　IPSec 报文在主机侧的处理原理类似于包过滤防火墙，也可以将其看作对包过滤防火墙的一种扩展。包过滤防火墙中设置有一批过滤规则，当找到一个相匹配的规则时，包过滤防火墙就按照该规则指定的方法对收到的 IP 数据包进行处理。IPSec 对数据包的处理也是逐包进行的，在实现了 IPSec 的设备上，每一个出站的 IP 数据包都会在发送之前根据 IPSec 逻辑进行处理，每一个入站的数据包在传递给上层（如 TCP 或 UDP）之前也会根据 IPSec 的逻辑进行处理。图 6-16、图 6-17 分别为出站报文和入站报文的处理过程，图中 AH 和 ESP 协议处理过程见本章后续内容。

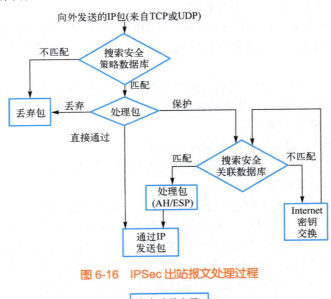

图 6-16　IPSec 出站报文处理过程

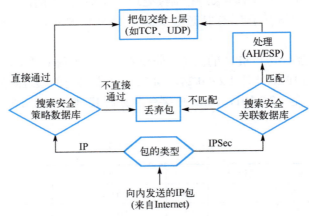

图 6-17　IPSec 入站报文处理过程

5．IPSec 工作模式

　　IPSec 提供两种工作模式：隧道模式和传输模式，无论是 AH 协议封装还是 ESP 协议封装，都支持这两种工作模式。

　　在传输模式下，IPSec 协议处理模块会在原始 IP 首部和数据之间插入一个 IPSec 首部，原来的 IP 数据部分则被封装成被保护的数据。IPSec 协议处理过的 IP 报文首部与原始 IP 报文首部基本一致，只是其中的协议号字段会被修改为 IPSec 的协议号（50 或 51），并重新计算首部校验和，如图 6-18 所示。显然，在该模式下原始的源 IP 地址和目的 IP 地址均以明文形式在网络上传输。

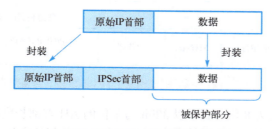

图 6-18　IPSec 的传输模式

　　在隧道模式下，原始 IP 报文整体作为载荷被封装成一个新的 IP 报文，并在原始 IP 首部和新 IP 首部之间插入 IPSec 首部，新 IP 首部的源和目的地址由隧道的起点和终点决定，如图 6-19 所示。显然，该模式下原始的 IP 地址也被当作有效载荷受到 IPSec 的保护，如果再采取 ESP 加密，则原始的源 IP 地址和目的 IP 地址均以密文形式在网络上进行传输，更加有效地保护了端到端数据通信的安全。

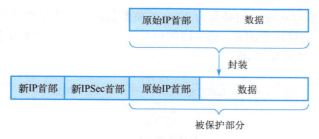

图 6-19　IPSec 的隧道模式

　　隧道模式通常应用于两个安全网关之间的通信，传输模式通常应用于两台主机之间的通信。

▶▶ 6.3.2　认证头协议

　　AH 协议是 IPSec 协议族中仅提供认证功能的协议，最新的协议文档是 RFC 4302（IP authentication header），该协议既能够单独使用，又可以与 ESP 协议结合使用，其分配到的网络层协议号为 51。如果主机在解析 IP 报文时，发现其首部的协议号字段是 51，则表明此 IP 首部之后存在一个 AH 首部，图 6-20 展示了传输模式和隧道模式下 AH 协议报文封装格式。

1. 报文格式

　　AH 首部格式如图 6-21 所示，下面介绍每个字段的含义。

　　（1）下一个首部：长度为 8 位，指当前 AH 首部之后的协议首部的类型，即使用 IP 协议号来标识 IP 有效载荷。例如，如果载荷部分是一个 TCP 报文，即该 AH 首部之后紧接 TCP

首部，则该字段为 6。类似地，如果载荷部分是一个 IPv4 报文，则该字段为 4；如果是 IPv6 报文，则该字段为 41。

图 6-20　传输模式和隧道模式下 AH 协议报文封装格式

（2）**负载长度**：长度为 8 位，表示以 32bit 为单位的 AH 首部长度（含认证数据部分）再减 2。例如，某 AH 实例选择认证数据长度为 96bit，则 AH 首部长度整体为 6 个 32bit，此时负载长度字段为 4[①]。

（3）**保留**：长度为 16 位，留作将来使用，目前必须将其置 0。

（4）**SPI**：长度为 32 位，用于标识一个 SA（安全关联）。SPI 即 IKE 协商 SA 时指定的安全参数索引，与目的地址及安全协议（AH 或 ESP）组合使用，以确保通信的正确安全关联。

（5）**序列号**：长度为 32 位，表示报文的编号。在安全关联的生存期内序列号不能重复，从而为安全关联提供抗重放保护。

（6）**认证数据**：长度可变，但必须为 32bit 的整数倍，包含完整性校验值，用来进行报文认证与完整性验证。需要注意的是，该字段的值是将散列函数（又称为哈希函数）在整个 IP 数据报上计算的结果，包括 IP 首部。

图 6-21　AH 首部格式

2. 安全服务

可见，AH 协议提供的安全服务如下。

（1）无连接数据完整性：通过哈希函数产生的校验值来保证。

（2）数据源认证：通过在计算验证码时加入一个共享密钥来实现。

（3）抗重放服务：利用 AH 报头中的序列号实现抗重放。

6.3.3　封装安全载荷协议

ESP 协议是 IPSec 协议族中可以同时提供加密和认证功能的安全协议，最新的协议文档是 RFC 4302，IP 封装安全载荷（IP encapsulating security payload）。同样地，该协议既能够单

---

① IPv6 对此字段有不一样的规定，详请参考 RFC 4302。

独使用，也能够与 AH 协议组合使用，其分配到的网络层协议号为 50。如果主机在解析 IP 报文时，发现其首部的协议号字段是 50，则表明此 IP 首部之后存在一个 ESP 首部。此外，被 ESP 封装的报文不仅有一个 ESP 首部，还会增加一个包含有用信息的 ESP 尾部。图 6-22 展示了传输模式和隧道模式下 ESP 报文封装格式。

图 6-22　传输模式和隧道模式下 ESP 报文封装格式

与 AH 协议不同的是，ESP 将需要保护的用户数据进行加密后再封装到 IP 包中，以保证数据的机密性。常见的加密算法有 DES、3DES、AES 等。同时，作为选项，用户可以选择 MD5、SHA-1 算法保证报文的完整性。

1. 报文格式

图 6-23 给出了 ESP 封装后报文的完整格式，其中 ESP 首部字段包括安全参数索引(SPI) 和序列号。

(1) SPI：长度为 32 位，用于标识一个 SA(安全关联)。SPI 即 IKE 协商 SA 时指定的安全参数索引，与目的地址及安全协议(AH 或 ESP)组合使用，以确保通信的正确安全关联。

(2) 序列号：长度为 32 位，从 1 开始递增，不允许重复，唯一地标识了发送的数据包，为安全关联提供抗重放保护。接收端可以通过该字段检查当前数据包是否已经被接收过，若是，则拒收该数据包。

载荷数据部分指被 ESP 协议所保护的数据，长度可变，在传输模式下指上层协议报文(如 TCP 或 UDP)，隧道模式下则指原始的 IP 报文。

ESP 尾部字段包括填充域、填充长度以及下一个首部。

(1) 填充域：在 0~255 字节范围内长度可变，其功能主要如下。

① 如果加密算法需要明文满足一定的长度要求，则填充域用于扩展其原始长度(包括载荷数据、填充域、填充长度、下一个首部)以使其满足加密要求。

② 仅 ESP 封装时，需要填充长度和下一个首部为右对齐的 32bit 字，以及密文长度满足 32bit 的整数倍，不足位需要填充域来补充。

③ 增加额外的填充域可以隐藏载荷实际长度，以提供部分流量保护。

(2) 填充长度：长度为 8 位，以字节为单位表示填充域的长度。

(3) 下一个首部：表示紧跟 ESP 首部后方载荷中第一个报文的协议类型，例如，6 表示后面载荷封装的为 TCP 报文，4 表示后面封装的是 IPv4 报文。

认证数据即完整性校验值(ICV)，当选择了认证服务时启用该字段。该字段长度可变，但必须为 32bit 的整数倍,用来进行报文认证与完整性验证。与 AH 协议不同,该字段值的计算是将散列函数作用在除认证数据之外的 ESP 报文上,不包括新报文的 IP 首部。

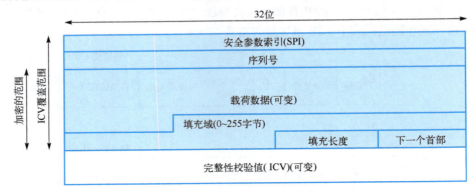

图 6-23　ESP 封装后的报文的完整格式

2.　安全服务

可见,ESP 提供的安全服务包括:
(1)无连接数据完整性;
(2)数据源认证;
(3)抗重放服务;
(4)数据保密;
(5)有限的数据流保护。

3.　加密和认证算法要求

载荷数据、填充数据、填充长度和邻接头域(即下一个首部域)在 ESP 中均被加密。如果加密载荷的算法需要初始向量(IV)这样的同步数据,则必须从载荷数据域报头取值,IV 通常作为密文的开头不被加密。

ICV 是可选的,只有当选用了完整性服务时才存在,一般由单独的完整性算法产生。ICV 的计算在对数据加密之后执行,按此顺序进行可以方便接收方在解密包之前快速检测并拒绝重放和伪造的包,因此在一定程度上降低了拒绝服务攻击的影响。接收方也可以同时对包进行解密和完整性检测。值得注意的是,由于 ICV 没有用密码保护,因此必须使用一个基于密钥的完整性算法来计算 ICV。

4.　同时实现加密和认证

实际上,IPSec 提供了 IP 流量同时加密和认证的多种实现途径。
(1)使用带认证的 ESP:直接启用 ESP 协议的认证功能,在传输模式下,认证和加密可以用来保护待传输的 IP 载荷,而不保护 IP 首部;在隧道模式下,认证和加密用来保护整个原始 IP 报文,并在目的地进行验证。无论哪种情况,认证都是直接对密文进行而非明文。
(2)使用组合 SA:对特定的 IP 流量提供多个 SA,内部使用 ESP SA,外部使用 AH SA,此时 ESP 不启用认证功能。

6.3.4　互联网密钥交换协议

根据 IPSec 体系结构文档描述，安全关联的建立支持两种类型。

（1）手动：系统管理员手工为每个系统配置自己的密钥和其他通信系统密钥，应用于小规模、相对静止的环境。

（2）自动：自动系统在大型分布式系统中使用可变的配置，为安全关联动态按需创建和更新密钥。

IKE 协议是 IPSec 协议族中为 AH 协议和 ESP 协议提供自动化的安全参数协商和更新功能的安全协议。该协议是一种基于 UDP 的应用层协议，迄今为止历经两个版本：IKEv1 和 IKEv2。其中 IKEv1 在文档 RFC 2408（ISAKMP）和 RFC 2409（IKEv1）中[1]定义，最新版本的 IKEv2 最初在文档 RFC 4306 中定义，后更新于文档 RFC 5996、RFC 7296。

如前所述，在利用 IPSec 保护 IP 报文之前，必须要建立安全关联（SA）。图 6-24 展示了 IKE 协议在 IPSec 体系结构中的作用，无论是哪个版本的 IKE，都需要事先在两个对等体之间建立一个 IKE SA，完成初始的身份认证和密钥信息交换；之后在 IKE SA 的保护下，对等体根据 AH/ESP 协议配置情况，针对具体的保护对象协商出一对 IPSec SA（在 IKEv2 的文档中称为"子 SA"）。此后，对等体之间的 IP 报文将在 IPSec SA 的保护下传输。

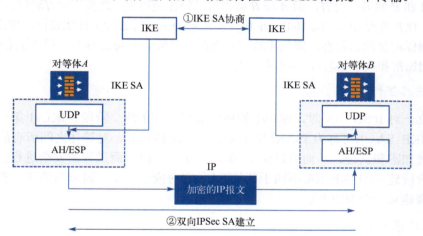

图 6-24　IKE 协议基本原理及其在 IPSec 体系结构中的作用

考虑到读者获取知识的完整性，本节首先介绍 IKE 的一个基础组件协议，即 Diffie-Hellman（DH）协议，之后简要介绍 IKEv1，最后重点对 IKEv2 的细节进行阐述。

1. Diffie-Hellman 协议及其应用

Diffie-Hellman 协议是一种在不可靠的信道上为通信双方协商共享密钥的协议（该密钥可用于保护后续的通信数据）。该协议也是 IKE 协议最基础的协议。

假设用户 A 和用户 B 需要协商一组共享的会话密钥，首先双方要在两个公开的全局参数

---

[1] ISAKMP 协议可以看作 IKEv1 的子协议，主要明确 IKE 协商包的封装格式、交换过程和模式的切换等，IKEv2 对其进行了继承和修改。

上达成一致：大素数 p 和 g，然后执行如下过程。

(1)用户 A 选择一个秘密的随机数 x_A，计算公钥 $y_A = g^{x_A} \bmod p$，将其发送给用户 B，并暂时保存 x_A。

(2)用户 B 同样选择一个秘密的随机数 x_B，计算公钥 $y_B = g^{x_B} \bmod p$，将其发送给用户 A，并暂时保存 x_B。

(3)用户 B 在接收到 A 发送的 y_A 之后，计算 $K_{AB} = y_A^{x_B} \bmod p = g^{x_A x_B} \bmod p$。类似地，用户 A 在接收到 y_B 之后，计算 $K_{AB} = y_B^{x_A} \bmod p = g^{x_A x_B} \bmod p$，同时双方不需要再保留 x_A、x_B。

至此，A 和 B 双方获得了共同的密钥 K_{AB}，显然其安全性基于这样一个问题，即给定 $g^{x_A} \bmod p$ 和 $g^{x_B} \bmod p$ 而不知道 x_A、x_B 的前提下，如何求 $g^{x_A x_B} \bmod p$。这个问题也称为 Diffie-Hellman 难题，其求解难度与求解离散对数的难度是等价的。

以上是 Diffie-Hellman 密钥交换协议的理论设计，在现实应用中还存在一些安全问题。

(1)阻塞攻击风险：攻击者在短时间内发起大量的密钥协商请求，受害者主机需要执行大量的指数、取模计算，导致资源被空耗占用。

(2)中间人攻击：攻击者 E 可以在 A 与 B 的协商过程中实施中间人攻击，冒充 B 与 A 通信，并冒充 A 与 B 通信，导致 E 可以分别与 A 和 B 生成密钥 K_{AE} 和 K_{BE}，从而使其在中间截获并转发 A 和 B 的通信内容，而 A 和 B 认为自己仍在使用 K_{AB} 直接与对方通信。

因此，IKE 在使用 Diffie-Hellman 协议实现密钥生成时进行了优化设计，使用临时随机数机制来确保消息的新鲜性，降低重放和阻塞攻击风险；对协商双方进行认证(通过预共享密钥、公钥加密和数字签名)，防止中间人攻击。

2. IKEv1 工作过程

要建立一对 IPSec SA 时，IKEv1 的协商过程包含了两个阶段。IKEv1 第一阶段的目的是建立 IKE SA(也可称为 ISAKMP SA)，该 SA 建立后，对等体之间所有的 ISAKMP 消息都将被加密和认证，从而可以保证 IKEv1 第二阶段协商过程的安全进行。需要注意的是，该阶段建立的 IKE SA 不同于其他 SA，它对应了一个逻辑双向连接，在两个对等体之间仅需建立一个 IKE SA。

1)IKEv1 第一阶段

IKEv1 第一阶段交换有两种协商模式：主模式(main mode)和野蛮模式(aggressive mode)，如图 6-25 所示。

主模式协商包含 3 次双向交换，共 6 个 ISAKMP 报文。

报文①和报文②用于策略协商：发起方发送一个或多个 IKE 安全提议，包括散列类型、加密算法、认证方法、DH 组标识①、SA 存活期等，响应方收到后查找匹配的提议，并将最先匹配到的提议作为响应返回给发起方，如果无匹配项，则响应拒绝。

报文③和报文④用于 DH 密钥协商：双方执行 Diffie-Hellman 密钥交换过程，交换密钥生成信息，最终双方生成共享密钥，并进一步衍生出认证密钥和加密密钥。

---

① IKE 密钥协商支持 Diffie-Hellman 密钥交换时使用不同的组，每个组包含两个全局参数和算法标识。

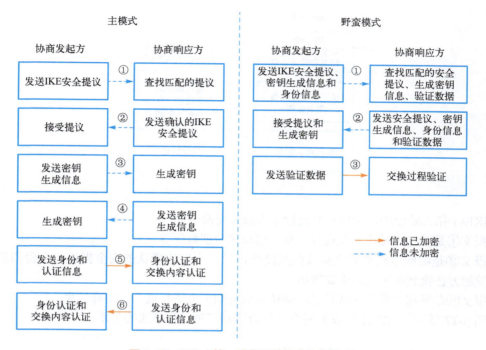

图 6-25   IKEv1 第一阶段两种协商工作模式

报文⑤和报文⑥用于身份和认证信息交换：双方进行身份认证和对整个主模式交换内容的认证。对等体利用两条 ISAKMP 消息交换身份信息(预共享密钥方式下为 IP 地址或名称，数字证书方式下还需传送证书内容)，该身份信息通过前一交换过程衍生的加密密钥进行加密，因此身份信息以密文形式传输，保证了安全性。这次交换中如果认证通过，则第二阶段协商 IPSec SA 策略参数的安全通道立即打开，后续的协商报文将利用 IKE SA 进行安全保护。

野蛮协商模式一共利用 3 个报文完成交换协商。

报文①用于发起方发送 IKE 安全提议、密钥生成信息和身份信息。

报文②用于对发起方报文①进行确认，响应匹配的安全提议，以及密钥生成信息、身份信息和验证数据。

报文③用于发起方响应身份验证数据，并建立 IKE SA。

显然，与主模式相比，野蛮模式减少了交换报文的数量，协商效率高，但是其中并没有对对等体的身份信息进行加密保护。即便如此，野蛮模式仍有不少适用场景，例如，IPSec 隧道中存在 NAT 设备时，无法用固定的 IP 地址来标识身份，因而只能用野蛮模式进行 NAT 穿越。

2)IKEv1 第二阶段

IKEv1 第二阶段的目的是建立用于安全数据传输的 IPSec SA，并为数据传输衍生出相关密钥。此外，还可以用来进行周期性的密钥更新。

该阶段使用 IKEv1 第一阶段生成的密钥对 ISAKMP 报文进行完整性保护和加密保护，同时进行身份认证。该阶段采用快速模式(quick mode)，协商过程如图 6-26 所示。

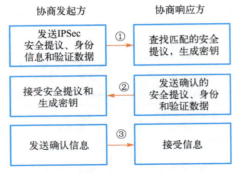

图 6-26　IKEv1 第二阶段快速模式

IKEv1 第二阶段的快速模式共进行 3 次报文交换。

报文①是发起方发送安全提议、身份信息和验证数据等。

报文②是响应方根据安全提议匹配结果向发起方发送确认的安全提议、身份和验证数据，发起方在收到响应之后生成密钥。

报文③是发起方发送确认信息，确认可以与响应方进行通信，协商结束。

图 6-27 展示了 IKEv1 协议的两个工作阶段和三种工作模式的关系。

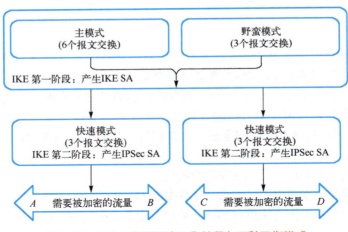

图 6-27　IKEv1 协议两个工作阶段与三种工作模式

3. IKEv2 工作过程

由前面的介绍可知，要建立一对 IPSec SA，IKEv1 至少要交换 6 个报文，而在新版本的 IKEv2 协议中，SA 协商过程更加简化，正常情况下只需要通过 2 次双向交换共 4 个报文就可以完成一对 IPSec SA 的建立。

IKEv2 定义了三种交换：初始交换（initial exchange）、创建子 SA 交换（create-child-SA exchange）以及信息交换（informational exchange）。

1）初始交换

通常情况下，对等体通过执行初始交换就可以完成 IKE SA 的协商和 IPSec SA 的协商。该交换过程又包含了两类交换：IKE_SA_INIT 交换和 IKE_AUTH 交换。

其中前两条消息属于 IKE_SA_INIT 交换，以明文方式完成 IKE SA 的协商，包括协商加密和验证算法、交换临时随机数和 DH 交换。IKE_SA_INIT 交换结束后生成共享密钥，而后可以衍生出 IPSec SA 的所有密钥。

第三条与第四条消息属于 IKE_AUTH 交换，以受保护的方式完成身份认证以及 IPSec SA 的参数协商。IKEv2 的认证方法支持数字签名认证、预先共享密钥认证和可扩展认证协议（EAP）。

图 6-28 为初始交换的消息详情，其中各符号的含义为：HDR 表示 IKE 首部；SAx1 为 IKE SA 选择的算法和参数；SAx2 为 IPSec SA 选择的算法和参数；KEx 表示密钥交换信息（即 DH 公钥）；Nx 为当前随机数；SK{*}表示加密并产生消息认证码（message authentication code，MAC）；IDx 为双方的身份标识；CERT 表示证书；CERTREQ 表示证书请求；AUTH 为认证信息（基于预先共享密钥或数字签名）；TSx 为流选择器 Traffic Selector，表示对流量的一些约束和控制。

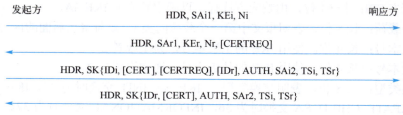

图 6-28　IKEv2 的初始交换

2）创建子 SA 交换

初始交换所协商的 IPSec SA 可以看作对等体之间的第一对子 SA。如果用户希望利用 IKE SA 创建不止一对 IPSec SA，可以通过创建子 SA 交换来继续协商新的 IPSec SA。当然，创建子 SA 交换还可以用来进行 IKE SA 的重新协商。

如图 6-29 所示，创建子 SA 交换包含两条消息交互，对应了 IKEv1 协商的第二阶段，交换的发起方可以是初始交换的发起方，也可以是初始交换的响应方。创建子 SA 交换必须在初始交换完成后进行，交换的消息由初始交换协商 IKE_SA_INIT 阶段生成的密钥进行保护。该交换结束后将为此"子 SA"生成新的共享密钥，进一步可以衍生出所需的加密和认证密钥。

图 6-29　IKEv2 创建子 SA 交换

3）信息交换

运行 IKE 的两端有时会交换一些控制信息，如错误信息或通告信息，如图 6-30 所示[1]。

图 6-30　IKEv2 信息交换

---

① 对于详细的消息设计，读者需自行参考 RFC 文档。

信息交换必须在 IKE SA 的保护下进行，即信息交换只能发生在初始交换之后。控制信息如果是 IKE SA 的，那么信息交换必须由该 IKE SA 进行保护；如果是某子 SA 的，那么该信息交换必须由生成该子 SA 的 IKE SA 来保护。

4. IKE 报文格式

IKE 定义了建立、协商、修改和删除安全关联的过程和报文格式。IKE 报文由 IKE 首部和一个或多个载荷组成，整个 IKE 报文被封装在 UDP 报文中。

1) IKE 报文首部

图 6-31(a) 指明了 IKE 报文的首部格式，它由以下域组成。

(1) 发起方 SPI：长 64 位，由发起方选择，以确定一个独立的安全关联(SA)。

(2) 响应方 SPI：长 64 位，由响应方选择，以确定独立的 IKE SA。

(3) 邻接载荷：长 8 位，表明报文中第一个载荷的类型(载荷将在后面的内容中讨论)。

(4) 主版本号：长 4 位，使用 IKE 的主版本号，为 1 或者 2。

(5) 从版本号：长 4 位，使用 IKE 的从版本号，通常设置为 0。

(6) 交换类型：长 8 位，表明交换类型，IKE_SA_INIT 交换时为 34，IKE_AUTH 交换时为 35，CREATE_CHILD_SA 交换时为 36，INFORMATIONAL 交换时为 37。

(7) 标志：长 8 位，IKE 交换的选项集合，详情参考 RFC 文档。

(8) 报文标志：长 32 位，报文的唯一标志，用来重传丢失的报文或匹配请求和响应。

(9) 长度：长 32 位，表示报文(首部+所有载荷)总的字节长度。

2) IKE 载荷

IKE 的载荷都包括一个载荷首部，其一般格式如图 6-31(b) 所示。

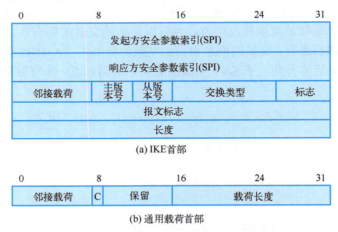

(a) IKE首部

(b) 通用载荷首部

图 6-31　IKE 报文格式

(1) 邻接载荷：长 8 位，表示当前报文中下一个载荷的类型。

(2) Critical 位：即图 6-31(b) 中 "C" 标识的位置，长 1 位，当接收方不理解前一个载荷中下一个载荷域的载荷类型码，并且发送方希望其跳过该载荷时，Critical 位就置为 0。当接收方不理解载荷类型时，并且发送方希望其拒绝整条消息时，将 Critical 置为 1。

(3)保留：长 7 位，通常设置为 0。

(4)载荷长度：长 16 位，表示当前载荷的长度，包括载荷首部。

表 6-4 总结了 IKE 中定义的载荷类型，列举了每种载荷的部分域参数及其主要作用。

表 6-4　IKE 中定义的载荷类型及其参数

类型	参数	作用
SA	建议	SA 载荷用于创建一个 SA。该载荷是一个复杂的层次化结构，可包含有多个建议，每一个建议又包含多个协议，每个协议又包含多个转换，每个转换包含多个属性
密钥交换	DH 群、密钥交换数据	密钥交换载荷可以被各种密钥交换技术使用，包括 Oakley、Diffie-Hellman 和 PGP 使用的基于 RSA 的密钥交换。密钥交换数据域包括生成会话密钥所需的数据，与所使用的密钥交换算法相关
标志	标志类型、标志数据	标志载荷用于确定通信方的标志和使用的认证信息。一般，标志数据域包含 IPv4 或 IPv6 地址
证书	证书编码、证书数据	证书载荷用于传送公钥证书。证书编码域标明证书类型(X.509 证书、PGP 证书、SPKI 证书等)或与证书相关的信息
证书请求	证书编码、证书中心	在任何 IKE 交换中，发送方都可以使用证书请求载荷去请求其他通信实体的证书。载荷必须列举可接受的多种证书类型和可接受的多个签证机构
认证	认证方法、认证数据	认证载荷中包含了用于消息认证目的的数据。当前定义了的认证方法类型有 RSA 数字签名、共享密钥消息完整性码和 DSS 数字签名
随机数	随机数值	随机数载荷包含用于交互的随机数据，以防止重放攻击
公告/通知	协议标志、SPI 大小、公告消息类型、SPI 公告数据	公告/通知载荷包含与 SA 或 SA 协商相关的出错或状态信息
删除	协议标志、SPI 大小、SPI	删除载荷表明发送方将一个或多个 SA 从它的数据库中删除，从而不再合法
生产商标志	生产商标志	生产商标志载荷包含一个生产商定义的常量。生产商用该常量来标志并识别他们的设备。该机制可以使生产商在满足后向兼容性的同时尝试一些新的特性
通信选择器	通信选择器(TS)的值、通信选择器	通信选择器载荷允许对等实体通过 IPSec 服务标志数据包的流
加密	初始向量、加密的 IKE 载荷、填充、填充长度、ICV	加密载荷包含其他载荷的加密形式。加密载荷的格式与 ESP 相似。当要求有加密时会有初始向量(IV)并且当要求有认证时会有 ICV
配置	配置(CFG)类型、配置属性	配置载荷用于 IKE 对等实体间交换配置信息
可扩展认证协议	可扩展认证协议(EAP)消息	可扩展认证协议(EAP)载荷允许 IKE SA 用 EAP 进行认证

6.3.5　IPSec 协议的特点与应用

IPSec 协议具有如下几个特点。

(1)提供了端到端的安全保护，可以保护 IP 层及 IP 层以上协议的数据完整性和机密性。

(2)支持多种加密和认证算法，可以根据需要选择合适的安全算法。

(3)具有较好的互操作性，不依赖任何特定的硬件或软件平台。

(4)能够应用于各种网络环境，包括局域网、广域网和虚拟专用网络(VPN)等。

(5)透明地工作在网络层，对应用程序没有侵入性。

IPSec 可用于三个不同的安全域：虚拟专用网络、应用程序级安全性和路由安全性。目前，IPSec 主要用于 VPN，当在应用程序级或路由安全性中使用时，IPSec 不是一个完整的解决方案，必须与其他安全措施结合才能有效发挥其作用。

由于 IPSec 可以在 IP 层加密和(或)认证所有流量，在很多分布式的网络传输中都能够应用，如远程登录、客户/服务器、E-mail、文件传输、Web 访问等。

图 6-32 是 IPSec 的一个典型应用场景。假设某组织在多个地区建立了局域网(LAN)，这些局域网之间使用具有 IPSec 功能的网络设备进行互联。当两个网络设备之间建立 IPSec 隧道(即 VPN)时，就可以实现 LAN 内的流量在 LAN 内部直接流转，而通过公网的外部流量则由 IPSec 协议提供保护。IPSec 网络设备将对所有进入公网的流量加密、压缩，并解密和解压来自公网的流量，并且这些操作对 LAN 上的工作站和服务器是透明的。当然，使用拨号上网的个人用户也可以基于 IPSec 协议进行安全的数据传输。总体来看，IPSec 的应用场景可分为 Site-to-Site 和 Host-to-Site 两类。

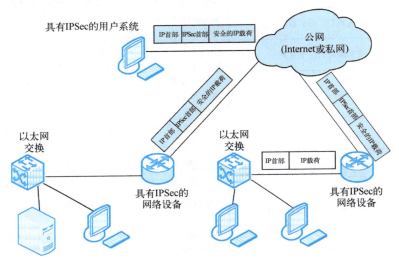

图 6-32　IPSec 典型应用场景

6.4　传输层安全协议

SSL/TLS 是目前互联网上应用最为广泛的传输层安全协议。SSL/TLS 基于 TCP 提供端到端的数据安全传输服务，在浏览器、电子邮箱、即时通信、VoIP、网络传真等应用程序中得到广泛应用。

SSL 是 1994 年 Netscape 公司提出的一套协议，起初用于解决 HTTP 数据明文传输的问题。1996 年，SSL 3.0(SSLv3)发布。IETF 在 SSL 3.0 基础上对 SSL 进行了标准化，将其命名为传输层安全(transport layer security，TLS)，并于 1999 年发布文档 RFC 2246，定义了第一个版本 TLS 1.0。目前 TLS 的最新版本为 TLS 1.3，相关定义于 2018 年发布在文档 RFC 8446 中。TLS 可以看作 SSL 的后续版本，有资料将 TLS 1.0 标识为 SSL 3.1，TLS 1.1 标识为 SSL 3.2，TLS 1.2 标识为 SSL 3.3[①]。

---

① 出于严谨考虑，本书不采用这种对照关系。

到目前为止，SSL 协议和 TLS 协议在连接过程、工作方式、报文格式等方面均相同，两者的主要区别在于所支持的加密算法、使用的密码组件(如伪随机函数、消息认证码等)等有所不同。

6.4.1　SSL/TLS 体系结构

如图 6-33 所示，从 TCP/IP 参考模型来看，SSL/TLS 位于应用层和传输层(TCP)之间，应用程序不再将数据直接传递给传输层，而是先传递给 SSL/TLS 层，SSL/TLS 层对数据进行加密和完整性保护后，添加 SSL 首部，之后再将其传递给传输层进行 TCP 封装。即便如此，在应用程序看来其也扮演了传输层的角色，因此本书将 SSL/TLS 归为传输层安全服务。

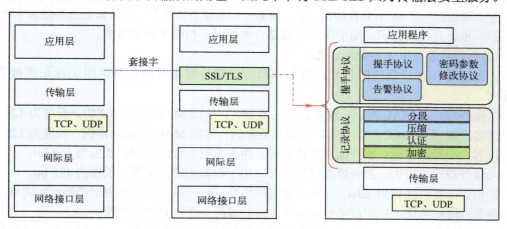

图 6-33　SSL/TLS 体系结构

SSL/TLS 协议根据功能又可以划分为两层：记录协议层和握手协议层，其中 SSL/TLS 记录协议(record protocol)层直接为高层应用提供基本的安全服务,基于 TCP 为高层协议提供分段、压缩、认证、加密等功能。例如，Web 客户端与服务器交互的 HTTP 协议可以直接访问 SSL/TLS 记录协议。SSL/TLS 记录协议之上定义了三个高层子协议：握手协议(handshake protocol)、密码参数修改协议[①](change cipher spec protocol)和告警协议(alert protocol)。在接下来的内容中，将分别对这四个协议进行介绍，在此之前，需要区分两个重要概念。

一是连接：表示两个通信节点间的网络关系，用于进行特定类型服务数据的传输。一般来说，连接维持的时间比较短，且每个连接一定与某个会话相关联；

二是会话：表示客户端和服务器之间的关联关系，会话通过握手协议来创建，且需要定义一组密码安全参数。

一次会话通常会发起多条连接，这些连接共享一组安全参数，以避免每次连接都协商安全参数从而引入昂贵的交互开销。例如，当浏览器访问某网站时，需要同时发起多个 SSL/TLS 或 TCP 连接来同时下载其中的多个页面或页面上的多个组件，在这个过程中只需进行一次安全参数协商，提高了通信的效率。

此外，在会话和连接中还有一个概念——状态，每个会话或连接都会对应一组状态，即会话状态或连接状态。会话状态或连接状态表现为一组与之相关的参数集合，当然这些参数

---

① TLS 1.3 之前的版本存在该协议，最新的 1.3 版本 TLS 则不再使用该协议。

集合中主要是安全参数。对等体之间通信算法状态的同步通过 SSL/TLS 握手协议实现。

(1)根据 SSL 协议的约定，会话状态由以下参数来定义。

①会话标识符：由服务器选择的任意字节序列，用于标识活动的会话或可恢复的会话状态。

②对方的证书：会话对方的 X.509v3 证书。该参数可为空。

③压缩算法：在加密之前用来压缩数据的算法。

④密码规范：用于说明对大块数据进行加密采用的算法，以及计算 MAC 所采用的散列算法。

⑤主密值：一个 48 字节长的秘密值，由客户端和服务器共享，用来衍生出其他共享密钥。

⑥可重新开始的标识：用于指示会话是否可以用于初始化新的连接。

(2)连接状态由以下参数来定义。

①服务器和客户端的随机数：服务器和客户端为每条连接选择的用于标识连接的字节序列。

②服务器写入 MAC 密钥：服务器发送数据时，生成 MAC 使用的密钥，长度为 128 bit。

③客户端写入 MAC 密钥：客户端发送数据时，生成 MAC 使用的密钥，长度为 128 bit。

④客户端写入密钥：客户端发送数据时，用于数据加密的密钥，长度为 128 bit。

⑤服务器写入密钥：服务器发送数据时，用于数据加密的密钥，长度为 128 bit。

⑥初始向量：当使用 CBC 模式的分组密码算法时，需要为每个密钥维护初始向量，该域由握手协议初始化，并在后续使用每个记录的最后一个密码块来更新。

⑦序列号：通信的每一端都为每个连接中的发送和接收报文维持一个序列号，当接收或发送一个密码参数修改协议报文时，序列号设为 0。序列号不能超过 $2^{64}-1$。

(3)SSL/TLS 提供的安全服务可以归纳为三种。

①保密：在握手协议中定义了会话密钥后，所有的消息都被加密。

②鉴别/认证：可选的客户端认证和强制的服务器认证。

③完整性：传送的消息包括消息完整性检查(使用 MAC)。

6.4.2 SSL/TLS 工作原理

虽然 SSL/TLS 的工作过程是先执行握手协议，再利用握手协议协商获得的安全参数执行记录协议，但为了使读者更容易理解 SSL/TLS 的工作机制，下面先介绍记录协议，再介绍其他协议。

1. 记录协议

记录协议为 SSL/TLS 连接提供两种安全服务。

(1)数据机密性：使用握手协议定义的加密共享密钥对传送数据加密。

(2)消息完整性：使用握手协议定义的用于生成消息认证码 MAC 的共享密钥计算传送数据的 MAC 值。

图 6-34 所示为记录协议的工作过程，记录协议收到应用程序传送的消息后，依次执行数据分段、压缩(可选)、附加 MAC、加密，最后附加 SSL 首部后封装成 TCP 报文发送出去。接收方对数据进行解密、验证、解压缩、重组，将消息的内容还原，传送给上层应用程序，

具体步骤如下。

（1）分段：每个上层应用数据被分成若干小于或等于 2^{16}（64K）字节的数据块。

（2）压缩：可选的，且必须是无损压缩。

（3）附加 MAC：使用 MD5、SHA 等 Hash 函数产生消息摘要 MAC，并附加在压缩数据块后，用于数据完整性检查，注意这一步要用到共享 MAC 密钥。

（4）加密：使用共享加密密钥，对压缩数据及 MAC 进行加密，保证数据的机密性。加密对内容增加的长度不能超过 1024 字节，支持的加密算法包括 AES、IDEA、RC2-40、DES-40、DES、3DES、Fortezza（TLS 不支持）、RC4-40、RC4-128 等。

（5）附加 SSL 首部：附加 SSL 首部后将数据封装为 TCP 报文送至下层协议。

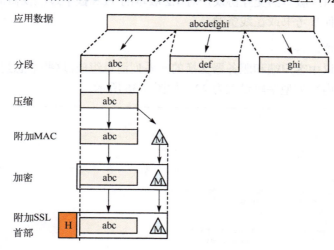

图 6-34　SSL/TLS 记录协议工作基本过程

SSL 记录报文的格式如图 6-35 所示，其首部共包含四个字段。

（1）内容类型：长 8 位，表示封装段的数据类型和高层协议类型（20——密码参数修改，21——告警，22——握手，23——应用数据，24——心跳）。

（2）主版本号：长 8 位，表明 SSL 使用的主版本号，例如，SSLv3 的值为 3，TLS 1.0～TLS 1.3 中该字段均为 3。

（3）从版本号：长 8 位，表明 SSL 使用的从版本号，例如，SSLv3 的值为 0，TLS 1.0～TLS 1.3 通常设置为 1，以保持历史版本兼容[1]。

图 6-35　SSL 记录报文格式

（4）压缩长度：长 16 位，明文段（如果使用了压缩，则为压缩段）的字节长度，最大值为 2^4+2048。

---

[1] 根据 RFC 文档描述，记录协议首部中主版本号、从版本号字段已被弃用，为了保持历史客户端的兼容，才保留了该字段。

2. 握手协议

握手协议是 SSL/TLS 中最复杂、最重要的协议。在该协议中，服务器和客户端相互认证，协商加密算法和 MAC 算法，以及生成加密密钥，用来保护在 SSL 记录中发送的数据。握手协议在应用程序的数据传输之前使用。

前面已经介绍，TLS 1.3 是 IETF 发布的 TLS 新标准，该版本是 TLS 标准更新历史上变动最大的一次，涉及密码算法的支持范围、密码套件的选择、密钥的计算方式以及握手协议的优化。相比之前的版本，TLS 1.3 具有更强的安全性和更高的交互效率。虽然 TLS 1.2 会在将来相当一段时间内被普遍使用，但毋庸置疑 TLS 1.3 将是未来发展的重要方向，因此本部分将重点介绍 TLS 1.3 版本的交互协议，对 1.2 版本的 TLS 握手过程仅做简要介绍，感兴趣的读者可以查阅其他参考书或在线资源。

1)握手协议的消息格式

TLS 的握手协议由客户端和服务器交换的一系列消息组成，这些消息封装在记录报文中，在记录报文首部的内容类型字段设置为 22，如图 6-36 所示。

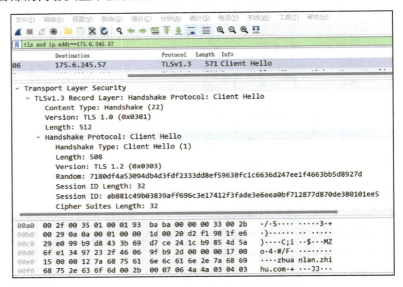

图 6-36　实网捕获的 TLS 报文格式分析

就握手协议的消息而言，其格式如图 6-37 所示，每个握手消息包含三个域。

1字节	3字节	≥0字节
类型	长度	内容

图 6-37　握手消息一般格式

(1)类型：1 字节，表示握手消息的类型，根据 TLS 1.3 的文档 RFC 8446 描述，共定义了 11 种握手消息，详见表 6-5。

(2)长度：3 字节，表示握手消息的长度。

(3)内容：表示与当前消息类型相关的参数。

表 6-5 TLS 1.3 握手消息类型[①]

消息类型	编号	参数
client_hello	1	协议版本、随机数、会话 ID、密码套件、压缩方法、扩展部分(1.3 版本新增)
server_hello	2	协议版本、随机数、会话 ID、密码套件、压缩方法、扩展部分(1.3 版本新增)
new_session_ticket	4	ticket 生存期、ticket 寿命增加、ticket_nonce、ticket、扩展部分
end_of_early_data	5	空
encrypted_extensions	8	受保护的扩展部分列表
certificate	11	证书请求上下文、证书列表
certificate_request	13	证书请求上下文、扩展部分
certificate_verify	15	签名算法、数字签名
finished	20	校验数据(Hash 值)
key_update	24	密钥更新请求
message_hash	25	消息 Hash 值

从表 6-5 可以看出,扩展部分作为 TLS 1.3 的新特性,与 1.2 版本的握手消息类型对比可以发现,1.2 版本消息的参数在 1.3 版本中定义在扩展部分,共包含 22 类不同的扩展,包括 signature_algorithms（RFC 8446）、client_certificate_type（RFC 7250）、server_certificate_ type（RFC 7250）、certificate_authorities（RFC 8446）、oisignature_algorithms_cert（RFC 8446）等。

2) TLS 1.2 协议握手过程

图 6-38 展示了 1.2 版本的 TLS 握手协议的消息交互过程,分为 4 个阶段:

(1)阶段 1:建立安全功能。此阶段在 TCP 连接握手完成之后执行,建立初始的 TLS 逻辑连接,并建立与之相关联的安全能力,包括协议版本、会话 ID、密码套件、压缩方法和初始随机数等。在该阶段中客户端首先向服务器发出 client_hello 消息并等待服务器响应,随后服务器向客户端返回 server_hello 消息,对 client hello 消息中的信息进行确认。

(2)阶段 2:服务器认证和密钥交换。此阶段服务器向客户端发送消息,包括服务器证书、密钥交换(根据密钥交换算法不同而不同)、证书请求(可选),并最终发送一个 server_hello_done 的结束信号。

(3)阶段 3:客户端认证和密钥交换。此阶段客户端向服务器发送消息,包括客户端证书(可选,如果前期服务器发送证书请求)、密钥交换信息以及证书验证信息(可选)。

(4)阶段 4:完成安全连接。此阶段变更密码套件并结束握手协议,这个阶段前 2 个消息来自客户端,后 2 个消息来自服务器。

3) TLS 1.3 协议握手过程

TLS 1.3 的握手协议主要分为三个阶段,这三个阶段完成后就可以进行应用层的数据传输,如图 6-39 所示。

(1)密钥交换阶段:选择 TLS 协议版本和加密算法,并且协商算法所需的参数。该阶段的数据以明文传输,此后两个阶段的数据以密文传输。

---

① TLS 1.3 的消息类型兼容 1.2 版本的消息类型,但是此处做了省略。

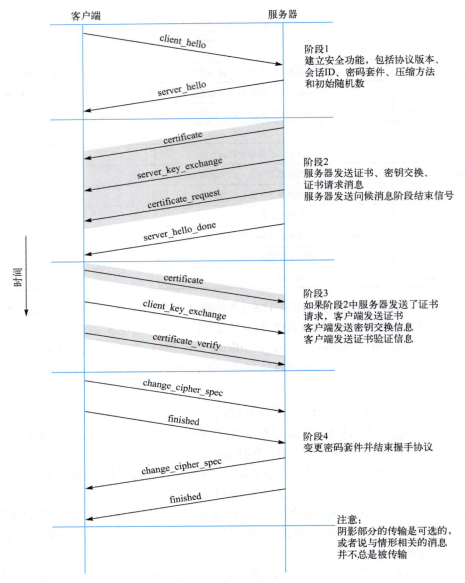

图 6-38　TLS 1.2 握手过程

当客户端第一次连接服务器的时候，首先需要发送 ClientHello 消息，该消息包含以下内容。

①版本(legacy_version)：客户端支持的协议版本号(通常为支持的最高版本号)，TLS 1.3中必须设置为 0x0303，对应的 supported_versions 扩展设置为 0x0304。

②随机数(random)：由客户端生成的 32 字节的随机数，用来防止重放攻击。

③密码套件(cipher_suites)：按照优先级降序排列的、客户端支持的密码套件列表。

此外，在 ClientHello 消息中，还包括以下内容。

①key_share：可选，TLS 1.3 的密钥协商默认使用 ECDHE 算法，因此这个扩展字段主要

包含了客户端支持的椭圆曲线类型及对应的密钥协商参数（DH 协议中的公钥，用来交换后生成共享密钥，详情回顾 DH 密钥交换协议）。

②signature_algorithms：可选，客户端支持的数字签名算法列表。

③psk_key_exchange_modes：可选，客户端支持的从 PSK 生成主密钥的模式列表。

④pre_shared_key：可选，预共享密钥的标识。

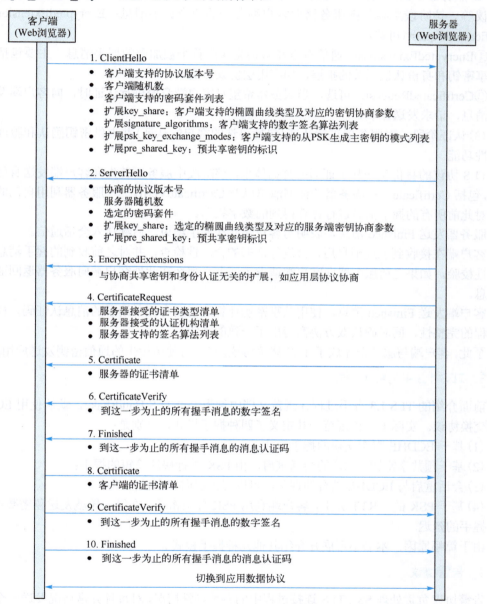

图 6-39　TLS 1.3 握手详细过程

服务器在收到客户端发来的 ClientHello 消息后，会根据自身配置情况选定相应的密码安全参数，并封装在 ServerHello 消息中返回，其中包含了协商的协议版本号、服务器随机数、选定的密码套件，并将可选的 key_share 字段设置为选定的椭圆曲线类型及对应的服务端密钥协商参数，将可选的 pre_shared_key 字段设置为选定的预共享密钥标识。

客户端收到 ServerHello 消息并完成解析后，客户端与服务器就完成了 TLS 安全功能的建立，同时从 key_share 中分别提取对方的公钥，计算共享的主密钥。

（2）服务器参数阶段：建立其他握手协议参数，如是否需要认证客户端、支持何种应用层协议等。该阶段主要包括服务器向客户端发送的两个握手消息：EncryptedExtensions 和 CertificatedRequest（可选）。

①EncryptedExtensions：通信双方在密钥交换后首个被加密的握手消息，主要包括与协商共享密钥和身份认证无关的扩展，如应用层协议协商。

②CertificatedRequest：可选，当服务器希望对客户端身份进行认证时，向客户端发送该类型消息，请求发送证书。

（3）认证阶段：对服务器进行认证（包括可选的客户端认证）并提供密钥确认和验证握手完整性功能。

TLS 协议的身份认证基于证书的公钥体系，该阶段中服务器首先向客户端发送身份认证信息，包括 Certificate——服务器的证书清单以及 CertificateVerify——服务器利用自己的证书私钥对此前所有的握手消息进行计算得到的数字签名。

服务器发送 Finished 消息，表明与客户端此次握手结束，后续转入会话通信。

客户端在接收到上述消息后，会进行证书的合法性检查，并对之前收到的握手消息进行完整性校验。如果之前服务器向客户端请求了证书，那么在此处客户端向服务器返回证书验证消息。

客户端发送 Finished 消息，使用共享密钥计算之前所有握手消息的消息认证码，检验握手过程的完整性，同时确认双方协商得出了一致的密钥。

至此，客户端与服务器完成了 TLS 握手协议，双方将使用衍生的通信密钥发送应用数据。

3. TLS 1.3 中的握手模式

前面介绍的 TLS 1.3 握手过程在规范文档中称为 Full TLS Handshake，默认使用 ECDHE 密钥交换协议。实际上，该规范一共定义了四种握手模式，分别是：

（1）基于 ECDHE 密钥交换的握手模式；

（2）基于预共享密钥（PSK）的会话重启，由 PSK 进行快速简短的握手；

（3）会话重启与 ECDHE 结合的握手，可以提供前向安全性；

（4）基于 PSK 的 0-RTT 握手，客户端利用 PSK 导出密钥，在第一轮就发送秘密数据，降低了握手的延迟。

由于篇幅原因，本书不再展开介绍其他几种握手模式。

4. 告警协议

告警协议负责处理 SSL/TLS 连接过程中的各种异常情况，对每种异常情况发送一个告警消息报文，报文中附加一些错误处理需要的信息，与其他 SSL/TLS 服务一样，告警消息也按照当前安全参数进行加密。

此协议的每条消息由两个字节组成——Alert Level 和 Alert Description。Alert Level 为告警级

别,致命 Fatal 级别时置2,错误 Warning 级别时置1。TLS 1.3 规范中定义了 27 种 Alert Description,包括 close_notify(0)、unexpected_message(10)、bad_record_mac(20)、handshake_failure(40)、bad_certificate(42)、certificate_revoked(44)等,详情请读者自行查阅 RFC 文档。

5. TLS 1.3 协议的特点

TLS 1.3 相比前几个版本的协议做出了较大改进,主要体现在:

(1)考虑到前向安全,密钥交换算法不再支持基于 RSA 的密钥交换、普通 DH 密钥交换等;

(2)考虑到原版本的 TLS 中将 MAC 和加密依次执行的方法存在一定的安全缺陷,TLS 1.3 废弃了使用 MAC 的块加密和流加密机制,仅采用 AEAD 类对称加密算法作为唯一的加密选项;

(3)因为 RSA 密钥交换过程的安全性完全依赖于服务器私钥的安全性,TLS 1.3 彻底废弃了 RSA 密钥交换算法;

(4)TLS 1.3 引入了一种新的密钥协商机制——PSK,支持 0-RTT 的握手协商;

(5)废弃了 3DES、RC4、AES-CBC 等加密组件,以及 SHA-1、MD5 等哈希算法;

(6)考虑到原压缩方案存在安全缺陷,TLS 1.3 不再允许对加密报文进行压缩;

(7)不再允许双方发起重协商,密钥的改变不再需要发送 change_cipher_spec 报文给对方;

(8)大幅改进握手,注重隐私,在握手尽可能早的阶段加密消息,ServerHello 之后的所有消息都是加密的,客户端只需要一次往返就能与服务器建立安全连接。

▶▶ 6.4.3　SSL/TLS 协议的实现——OpenSSL

OpenSSL 是一个用于实现 SSL/TLS 协议的开源软件包,可以用于创建证书、生成密钥、测试 SSL/TLS 连接等。OpenSSL 采用 C 语言作为开发语言,具有优秀的跨平台性能,支持 Linux、UNIX、Windows、Mac 等多种平台。

OpenSSL 最早的版本在 1995 年发布,1998 年后由 OpenSSL 项目组维护和开发。当前版本完全实现了对 SSLv1、SSLv2、SSLv3 和 TLS 的支持。目前,OpenSSL 已得到了广泛的应用,许多软件中的安全部分都使用了 OpenSSL 的库。

OpenSSL 软件包可分成三个主要的功能部分:密码算法库、SSL/TLS 协议库、应用程序命令工具。

1. 密码算法库

OpenSSL 提供了 8 种对称加密算法,包括 7 种分组加密算法和 1 种流加密算法 RC4。这 7 种分组加密算法分别是 AES、DES、Blowfish、CAST、IDEA、RC2、RC5,都支持电子密码本(electronic codebook book,ECB)模式、密文分组链接(cipher block chaining,CBC)模式、密文反馈(cipher feedback,CFB)模式和输出反馈(output feedback,OFB)模式等四种常用的分组加密模式。其中,AES 使用的 CFB 和 OFB 模式的分组长度是 128 位,其他算法使用的则是 64 位。事实上,OpenSSL 提供的 DES 算法不仅包含常用的 DES 算法,还包括三个密钥和两个密钥 3DES 算法。

OpenSSL 一共实现了 4 种非对称加密算法,包括 DH 算法、RSA 算法、DSA 算法和椭圆曲线加密算法(elliptic curve cryptography,ECC)。DH 算法一般用于密钥交换。RSA 算法既可以用于密钥交换,也可以用于数字签名和数据加密。DSA 算法一般只用于数字签名。

OpenSSL 实现了 5 种信息摘要算法，分别是 MD2、MD5、MDC2、SHA（SHA-1）和 RIPEMD。SHA 算法事实上包括了 SHA 和 SHA-1 两种信息摘要算法，此外，OpenSSL 还实现了 DSS 标准中规定的两种信息摘要算法 DSS 和 DSS1。

2. SSL/TLS 协议库

OpenSSL 完全实现和封装了 SSL 协议的三个版本和 TLS 协议，SSL/TLS 协议库是在密码算法库的基础上实现的。基于该协议库可以建立一个 SSL 服务器和 SSL 客户端。

3. 应用程序命令工具

应用程序部分是 OpenSSL 最生动的部分，也是 OpenSSL 使用入门部分。该部分基于上述的密码算法库和 SSL/TLS 协议库实现了很多范例性的应用程序，覆盖了众多的密码学应用，主要包括各种算法的加密程序和各种类型密钥的产生程序（如 rsa、md5、enc 等）、证书签发和验证程序（如 ca、x509、crl 等）、SSL 连接测试程序（如 s_client 和 s_server 等）以及其他的标准应用程序（如 pkcs12 和 smime 等）。某些时候不需要做二次开发，仅仅使用这些应用程序便能满足应用要求，例如，采用 ca 程序就能基本上实现一个小型的 CA 功能。

1）OpenSSL 的常用命令

OpenSSL 的常用命令见表 6-6。

表 6-6　OpenSSL 常用命令

命令	注释	命令	注释
ca	证书颁发机构管理	md5	MD5 Digest
crl	证书撤销列表管理	sha256	SHA-256 Digest
genpkey	生成私钥或参数	sha512	SHA-512 Digest
rand	生成随机数	base64	base64 编码
x509	X.509 证书数据管理	des3	三重 DES 密码
pkey	公钥和私钥管理	idea	IDEA 密码
rsa	RSA 密钥管理	cast5-cbc	CAST5 密码
enc	用于加解密	dgst	生成信息摘要
version	OpenSSL 版本信息	rc5	RC5 密码

2）命令举例

命令语法：openssl command [command_opts] [command_args]。

（1）生成随机数。

```
openssl rand [-out file] [-rand file(s)] [-base64] [-hex] num
```

-out file：将生成的随机数保存至指定文件中。

-rand file(s)：指定随机数种子文件。

-base64：使用 base64 编码格式。

-hex：使用 16 进制编码格式。

num：随机数长度。

例如，生成使用 base64 编码格式的 100 位随机数保存到 test.txt 文件中。

```
openssl rand -base64 -out test.txt 100
```

（2）生成信息摘要。

```
openssl dgst [-sha | -sha1 | -mdc2 | -ripemd160 | -sha256 | -sha384 | -sha512
| -md2 | -md4 | -md5 | -dss1] [-hex | -binary] [-c] [-d] [-r] [-non-fips-allow]
[-out filename] [-sign filename] [-keyform arg] [-passin arg] [-verify filename]
[-prverify filename] [-signature filename] [-hmac key] [-fips-fingerprint]
[file ...]
```

-sha | -sha1 | -mdc2 | -ripemd160 | -sha256 | -sha384 | -sha512 | -md2 | -md4 | -md5 | -dss1：摘要算法，多选一。

-hex | -binary：输出格式为十六进制还是二进制，二选一。

-c：当设置了-hex 后，输出结果为每两个字符中加一个冒号。

-d：打印出 BIO 调试信息值。

-r：以 sha1sum 的 coreutils 格式输出摘要。

-non-fips-allow：允许在 FIPS 模式使用非 FIPS 算法。

-out filename：输出指定文件名的文件，默认标准输出。

-sign filename：使用指定文件中的私钥签名。

-keyform arg：私钥格式 PEM 或 DER。

-passin arg：私钥密码。

-verify filename：公钥验签。

-prverify filename：私钥验签。

-signature filename：签名文件。

-hmac key：HMAC 密钥。

-fips-fingerprint：在某些 OpenSSL FIPS 中会用特殊密钥计算 HMAC。

file ...：输入文件。

例如，将文件 test.txt 使用 SHA-256 算法生成十六进制格式的摘要，输出到文件 md.sha256。

```
openssl dgst -sha256 -hex -c -out md.sha256 test.txt
```

6.5　应用层安全协议

应用层安全协议指工作在应用层且提供各类网络安全功能的协议。应用层安全协议可以由用户根据实际需求、网络结构等自行定义。前面提到的 IPSec 协议族中的密钥交换协议 IKE 就是一种应用层安全协议。常见的应用层安全协议还有很多，如 HTTPS 协议、PGP 协议、Kerberos 协议、S/MIME 协议、安全电子交易协议等。限于篇幅，本书主要介绍 HTTPS 协议和 PGP 协议。

6.5.1　HTTPS 协议

HTTPS 又称为 HTTP over TLS 或 HTTP Secure。为了便于理解 HTTPS 的工作过程，首先回顾 HTTP 基本交互过程，如图 6-40 所示。

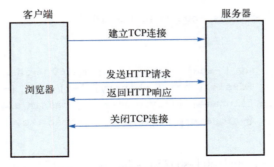

图 6-40　HTTP 基本交互过程

当用户在浏览器中输入 http://XXX 这类 URL 地址进行网络访问时，客户端浏览器首先与服务器(80 端口或 8080 端口)之间建立一条或多条 TCP 连接，然后在每条 TCP 连接上发送 GET、PUT、POST 等 HTTP 请求；服务器收到请求之后，将对应的 HTML 等网络资源以及状态码等信息通过 HTTP 响应报文返回给客户端浏览器；完成一次请求-响应后，客户端与服务器之间的 TCP 连接关闭。

然而，HTTP 协议并没有采用安全机制，其数据均以明文进行传输，攻击者可能通过中间人攻击截获客户端浏览器与服务器之间交互的报文，甚至伪造数据发起会话劫持。

1. HTTPS 协议工作过程

为了解决上述问题，1994 年网景公司提出了 HTTPS 协议，用来提供服务器的身份认证、数据加密和完整性保护等安全功能。

显然 HTTPS 协议是以 HTTP 协议为基础，并基于前面介绍的 SSL/TLS 协议来提供安全功能的应用层协议，即 HTTPS=HTTP+SSL/TLS，如图 6-41 所示。有了 SSL/TLS 协议的基础后，很容易理解 HTTPS 的工作原理。同样以一次网页访问的请求-响应过程为例，HTTPS 模式下，客户端浏览器与服务器之间的交互过程如图 6-42[①]所示。

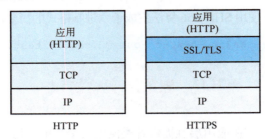

图 6-41　HTTP 与 HTTPS 协议体系对比

(1)客户端发起 HTTPS 请求(即在浏览器输入网址并访问)，与服务器的 443 端口(HTTPS 默认端口)建立 TCP 连接，之后马上向服务器发送 SSL/TLS 的握手请求，包括 TLS 版本、密码套件、候选算法等。

---

① 该图省略了 TCP 连接建立和连接关闭过程。

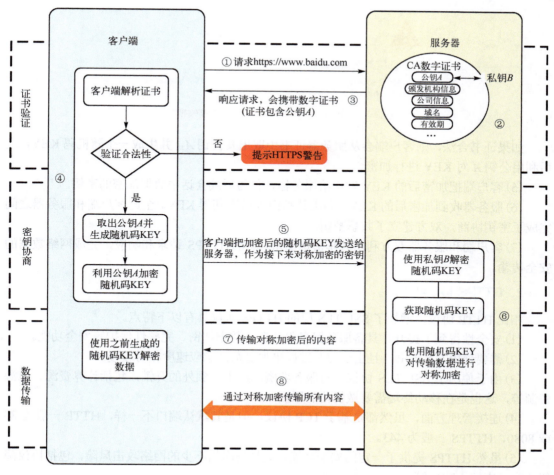

图 6-42　HTTPS 模式下客户端浏览器与服务器交互过程

（2）提供 HTTPS 服务的服务器必须要配置一套数字证书，该证书由数字证书认证机构 CA 审核并发放。本质上这套证书包含了服务器公钥，并配套有一组私钥①，该私钥由服务器自己存储，通常假设是安全的。公钥可以随证书公开在互联网上传输，且证书本身附带电子签名，任何用户都可以对该电子签名进行验证以确认证书的合法性和真实性。

（3）服务器响应客户端的请求，并将证书传递给客户端，证书包含了服务器公钥、证书颁发机构信息、拥有该证书的公司信息、域名、证书有效期等。

（4）客户端解析证书各字段，并利用电子签名对其进行验证，如果证书不合法（非可信机构颁发、域名与实际域名不一致、证书过期、被篡改等），则会利用浏览器向用户提供一个警告，如图 6-43 所示。

---

① 公钥和私钥是非对称加密体制中两类重要的密钥，简单理解就是由公钥加密的数据可以由私钥解密，公钥是公开的，私钥是由用户自行安全保存的，攻击者利用公钥难以推断出私钥的值。

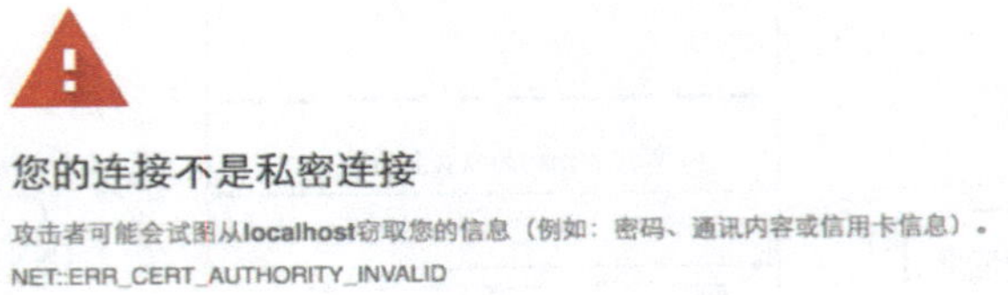

您的连接不是私密连接

攻击者可能会试图从localhost窃取您的信息（例如：密码、通讯内容或信用卡信息）。

NET::ERR_CERT_AUTHORITY_INVALID

图 6-43　HTTPS 访问时证书不合法警告截图

如果证书合法，则客户端会从服务器证书中取出其公钥 A，并生成一个随机码 KEY，之后利用公钥 A 对 KEY 进行加密[①]。

(5)客户端把加密后的 KEY 发送给服务器，作为后续会话中数据加密的密钥。

(6)服务器收到加密后的 KEY，利用其私钥 B 解密获得 KEY。至此客户端和服务器之间完成了密钥协商，双方建立了共享密钥。

(7)客户端和服务器双方利用共享密钥加密(解密)HTTPS 请求和响应，完成网络数据的安全传输。

2. HTTPS 协议特点分析

相比 HTTP 协议，增加了 SSL/TLS 层的 HTTPS 协议具有以下特点。

(1)安全性得到了提升，具备服务器身份认证、数据加密、完整性保护等安全功能。

(2)需要使用 CA 证书，且由于交互过程更加复杂，响应速度相对较慢。

(3)由于使用了 SSL/TLS 协议，对服务器资源产生了额外的开销，包括计算资源、电源资源等，这也是在移动终端需要做优化的原因。

(4)连接管理方面，虽然都是基于 TCP 协议，但是其默认端口不一样，HTTP 一般为 80 或 8080，HTTPS 一般为 443。

(5)虽然 HTTPS 提供了一定的安全功能，但是仍面临不少的网络攻击风险，包括协议降级攻击、中间人攻击等。

6.5.2　PGP 协议

电子邮件协议是应用最为广泛的一种互联网协议。在最初的电子邮件通信过程中，邮件内容基本处于不加密状态，而电子邮件在传输过程中可能会经过多跳路由器和服务器的转发，任何一个节点的非法行为都可能导致邮件内容的泄露。与前面讨论的 IPSec、SSL/TLS 协议工作场景不同(这两个协议都是基于"会话"进行通信保护的)，电子邮件场景中发送端和接收端并不是时刻在线的，即两者之间无法像前面两种协议一样通过握手完成密钥、算法的协商。这就需要另一套机制来确保电子邮件的安全传送、发送方的真实性和邮件内容的完整性，接下来介绍的优良保密(pretty good privacy，PGP)协议就是这样一类协议。

1. PGP 发展历史

PGP 由菲利普·齐默曼在 1991 年创造，最初是一套用于信息加密、认证、签名等的应用程序套件，可用于实现电子邮件保密和安全传输。PGP 发布后不久便上传到互联网，迅速

[①] 该过程其实对应了 TLS 协议中握手协议的密钥交换过程，只是此处为了便于读者理解，使用了基于静态 RSA 的密钥协商，在 TLS 1.3 中该方法已经被去除，默认以 ECDHE 方法进行密钥协商。

在全球范围内吸引了大量关注者。1993 年 2 月菲利普·齐默曼被美国联邦政府以"未经许可出口军需品"为由调查（当时的美国出口法中将使用大于 40 位密钥的密码系统视为军需品）。不过，菲利普·齐默曼巧妙地规避了这些规定，他将全部的源码印刷成书籍并通过麻省理工学院出版社发行，用户可以通过先将书籍扫描成文本再使用 GCC 重新编译来获得 PGP 程序。很快 PGP 成为世界上使用最广泛的电子邮件加密软件。

在 1996 年初联邦政府撤诉后，菲利普·齐默曼和他的团队成立了一家公司：PGP Inc.，开发新版本的 PGP。后来，该公司及其知识产权于 1997 年被 Network Associates Inc（NAI）收购，2002 年又被出售给了 PGP Corp.（由前 PGP 团队成员创办，并由菲利普·齐默曼担任特别顾问）。2010 年，Symantec Corp.（赛门铁克）宣布以 3 亿美元收购 PGP。不过，早在 1997 年，PGP Corp.就向 IETF 提议制定一项名为 OpenPGP 的统一标准，IETF 接受了该提议，并成立了 OpenPGP 工作组，发布标准规范 RFC 4880。任何支持这一标准的程序都称为 OpenPGP。自由软件基金会开发的 OpenPGP 程序称为 GnuPG（GPG），可以看作 PGP 程序的开源实现。

实际上，PGP 并不涉及算法和协议创新，只是提供了一个框架把已有的广泛使用的加密算法、签名算法、压缩算法等进行了综合。PGP 协议即这些算法的组合应用，可以用来保护电子邮件的安全。

2. PGP 工作模式

PGP 支持的操作包括消息加密、数字签名、公钥加密、摘要计算等密码操作以及压缩、报文分段与重组等数据处理操作。用户可以根据实际应用场景和需求选择相应的算法。

PGP 支持的密码算法包括以下 4 种。

（1）非对称算法：RSA、ELGamal、DSA、ECDH、ECDSA、EDDSA。

（2）对称算法：IDEA、3DES、CAST5、Blowfish、AES、AES-192、AES-256、Twofish、Camellia128、Camellia192、Camellia256。

（3）哈希算法：SHA-1、RIPEMD-160、SHA-256、SHA-384、SHA-512、SHA-224。

（4）压缩算法：Uncompressed、ZIP、ZLIB、BZIP2。

就工作模式而言，PGP 支持三种：仅加密、仅签名以及同时加密和签名。下面以同时加密和签名工作模式为例，简要介绍 PGP 的工作过程。对于另外两种工作模式，读者可以自行学习。

假设发送方 A 向接收方 B 发送电子邮件消息，现在用 PGP 进行加密，那么 A 需要三个密钥，即 A 的私钥、B 的公钥[①]以及随机生成的一次性对称密钥，B 需要两个密钥，即 B 自己的私钥和 A 的公钥。基于 PGP 协议完成电子邮件发送的基本过程如图 6-44 所示。

利用 PGP 提供的密码学工具，发送方 A 要完成以下工作。

（1）对邮件消息（即邮件正文）进行散列运算（MD5、SHA-1 等），得到消息散列值（又称为摘要），之后发送方 A 用自己的私钥对散列值进行运算得到消息的数字签名，并把它拼接在邮件消息后面。

[①] PGP 提供了多种公钥发布方法，包括依靠第三方的公钥托管服务器，或点到点之间邮件发送等。

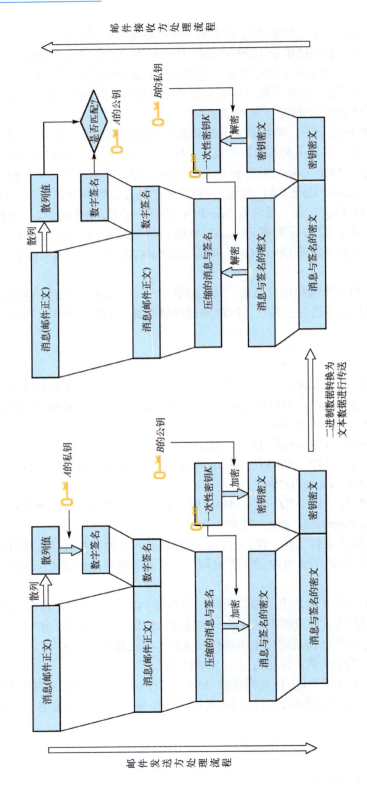

图 6-44 基于 PGP 安全发送邮件的基本工作过程

(2)根据需要，对消息及其数字签名进行压缩处理。

(3)随机生成一次性密钥 K，并利用该密钥对压缩后的消息及其数字签名进行加密，获得消息与签名的密文。

(4)利用接收方 B 的公钥对一次性密钥进行加密，获得密钥密文，并将密钥密文拼接在消息与签名的密文后面。

(5)根据现实场景需要，发送方可以将得到的二进制数据转换为文本数据，然后利用邮件收发协议，将其发送至接收方服务器。

利用 PGP 提供的密码学工具，接收方 B 要完成以下工作。

(1)根据收到的消息格式，接收方将其转换为二进制数据，并解析获得消息与签名的密文和密钥密文。

(2)利用 B 自身的私钥解密密钥密文，获得一次性密钥 K。

(3)利用一次性密钥 K 解密消息与签名的密文，获得压缩后的消息及数字签名。

(4)根据需要，对获得的压缩数据进行解压处理，获得原始的消息及数字签名。

(5)对消息执行散列运算，并利用发送方 A 的公钥验证获得的散列值和数字签名之间是否匹配，如果匹配，则邮件消息在传送过程中没有被篡改、伪造，否则说明邮件正文不完整。

从前面的介绍可知，邮件正文(即消息)加密所用的密钥为发送方每次随机生成的一次性密钥，使用接收方的公钥加密后随邮件正文发送给接收方。由于只有接收方拥有自己的私钥，因此只有接收方能够解密获得一次性的加密密钥，从而保证邮件内容的机密性。另外，使用一次性密钥的好处还在于，即便某次邮件发送的密钥被泄露，也仅会影响当次邮件传输的安全性，而不会影响前序和后续邮件传输的安全性。

PGP 还提供将二进制数据与文本数据相互转换的功能，这主要是考虑到某些电子邮件系统无法处理二进制数据，需要将二进制数据转换为文本数据。PGP 提供的方案是将二进制数据转换为 ASCII radix-64 格式，该格式在常用的 base64 编码的基础上增加了检测数据错误的校验和部分。

习　题　六

6-1　OSI 安全体系结构中定义了哪些安全服务？哪些安全机制？安全服务和安全机制之间存在什么关系？试举例说明。

6-2　MACSec 作为一种数据链路层的安全协议，在数据平台和控制管理平面分别对应了802.1AE 和 802.1X，这两个标准中分别定义了哪些内容？

6-3　请简要描述点到点组网场景中，MACSec 协议的交互过程。

6-4　请根据 MACSec 的帧结构，简要解释 MACSec 提供的安全服务有哪几类。

6-5　IPSec 有哪两种运行模式？它们分别适用于什么样的安全通信场合？画出示意图说明在两种模式下，IPSec 协议对原有的 IP 数据包进行怎样的修改来实现安全通信。

6-6　IKE 协议的作用是什么？它与 AH 和 ESP 协议有什么关系？

6-7　AH 协议主要为 IP 数据报提供验证功能，ESP 在提供验证功能的同时还为数据包提供加密功能，那么 ESP 协议是否能从根本上取代 AH 协议？为什么？

6-8　从网上下载并安装免费的 PGP 软件，生成属于自己的密钥对，并且实现以下 3 个功能：①对邮件进行加密和签名；②对邮件只签名而不加密；③对邮件只进行加密。

6-9　SSL 主要包括哪几个子协议？其中哪两个是主要的？它们分别完成什么功能？

6-10　SSL 记录协议提供哪些服务？画出示意图说明 SSL 记录协议传输包括哪些步骤。

6-11　简要描述 TLS 1.2 和 TLS 1.3 中握手协议的基本过程，指出两者之间的区别在哪里。

6-12　自行查找资料，简要描述 SCPS-SP 协议的基本工作过程，并将其与 IPSec 协议进行对比。

参 考 文 献

陈伟, 李频, 2023. 网络安全原理与实践[M]. 2 版. 北京: 清华大学出版社.

啜钢, 等, 2019. 移动通信原理与系统[M]. 4 版. 北京: 北京邮电大学出版社.

董佳林, 2022. 面向深空探测的混合协议体系设计与仿真研究[D]. 成都: 电子科技大学.

郭雅, 李泗兰, 2022. 计算机网络实验指导书[M]. 北京: 电子工业出版社.

韩路, 2019. 深空通信中基于 DTN 的传输协议研究[D]. 杭州: 浙江大学.

韩荣敢, 2015. 卫星通信网络运输层协议研究[D]. 西安: 西安电子科技大学.

韩仲祥, 2022. 通信网络原理与技术[M]. 北京: 电子工业出版社.

胡谷雨, 等, 2023. 卫星通信组网控制和管理技术[M]. 北京: 电子工业出版社.

黄薇, 卢立常, 万鹏, 2009. 空间信息传输网络层协议分析[J]. 无线电工程, 39(12): 1-3, 16.

蒋东霖, 2017. 测控网络多用户接入技术研究[D]. 西安: 西安电子科技大学.

蒋瑞红, 冯一哲, 孙耀华, 等, 2023. 面向低轨卫星网络的组网关键技术综述[J]. 电信科学, 39(2): 37-47.

蒋文婷, 2015. 深空通信快速文件传输方法研究[D]. 北京: 北京理工大学.

李清凡, 2014. CCSDS AOS 系统中虚拟信道复用技术的研究[D]. 沈阳: 沈阳理工大学.

李昀翰, 马建鹏, 何熊文, 等, 2022. 多层卫星网络动态接入技术[J]. 天地一体化信息网络, 3(1): 35-43.

林陶, 2020. 面向空间信息网络协议的轻量化仿真平台的设计与实现[D]. 南京: 南京大学.

马婵娟, 2019. 卫星网络多址接入技术研究[D]. 西安: 西安电子科技大学.

马西飞, 2014. CCSDS AOS 空间协议信道复用机制的 OPNET 仿真[D]. 上海: 上海交通大学.

倪少杰, 岳洋, 左勇, 等, 2023. 卫星网络路由技术现状及展望[J]. 电子与信息学报, 45(2): 383-395.

斯托林斯, 2021. 密码编码学与网络安全: 原理与实践 [M]. 8 版. 陈晶, 等译. 北京: 电子工业出版社.

孙韶辉, 戴翠琴, 徐晖, 等, 2021. 面向 6G 的星地融合一体化组网研究[J]. 重庆邮电大学学报(自然科学版),
    33(6): 891-901.

特南鲍姆, 费姆斯特尔, 韦瑟罗尔, 2022. 计算机网络[M]. 6 版. 潘爱民, 译. 北京: 清华大学出版社.

汪昊, 2022. 基于图神经网络的低轨卫星网络动态路由算法研究[D]. 重庆: 重庆邮电大学.

王丽冲, 2016. 分布式卫星组网系统关键技术研究[D]. 北京: 中国科学院国家空间科学中心.

王志文, 等, 2019. 计算机网络原理[M]. 2 版. 北京: 机械工业出版社.

吴署光, 王宏艳, 王宇, 等, 2021. 低轨卫星网络路由技术研究分析[J]. 卫星与网络, (9): 66-74.

谢希仁, 2021. 计算机网络[M]. 8 版. 北京: 电子工业出版社.

谢志聪, 2019. 高动态卫星网络切换技术研究[D]. 西安: 西安电子科技大学.

杨冠男, 赵康健, 封涛, 等, 2022. 面向空间通信的 DTN——体化传输性能约束研究[J]. 中国空间科学技术,
    42(5): 34-43.

张路, 2021. 中低轨卫星通信网络路由算法研究[D]. 南京: 东南大学.

郑杰, 2015. CCSDS-TC 协议的识别方法研究[D]. 哈尔滨: 哈尔滨工业大学.

钟义信, 1999. 信息网络: 现代信息工程学的前沿[J]. 中国工程科学, 1(1): 24-29.

周大卫, 2013. 基于喷泉编码的深空通信文件传输协议[D]. 哈尔滨: 哈尔滨工业大学.

朱红梅, 李宝荣, 2007. HSPA+技术及系统分析[J]. 通信世界, (28): 56-57.

朱立东, 张勇, 贾高一, 2021. 卫星互联网路由技术现状及展望[J]. 通信学报, 42(8): 33-42.

朱明, 2020. 基于集成学习的CCSDS空间链路层协议识别技术研究[D]. 北京: 中国科学院国家空间科学中心.

邹业楠, 2016. 基于 CFDP 标准的空间数据链路传输协议的研究与实现[D]. 北京: 中国科学院国家空间科学中心.

CHANG H S, KIM B W, LEE C G, et al., 1998. FSA-based link assignment and routing in low-Earth orbit satellite networks[J]. IEEE transactions on vehicular technology, 47(3): 1037-1048.

LIU P L, CHEN H Y, WEI S J, et al., 2018. Hybrid-traffic-detour based load balancing for onboard routing in LEO satellite networks[J]. China communications, 15(6): 28-41.

TALEB T, MASHIMO D, JAMALIPOUR A, et al., 2009. Explicit load balancing technique for NGEO satellite IP networks with on-board processing capabilities[J]. IEEE/ACM transactions on networking, 17(1): 281-293.